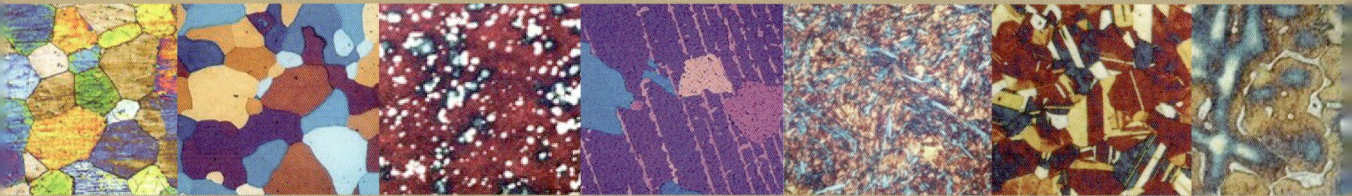

Metallographic Atlas of Precious Metals and Alloys

贵金属及合金金相图谱

许 昆 陈 力 编著

其他编写人员：

戴 华 赖丽君

李 俊 张健康

中南大学出版社 · 长沙
www.csupress.com.cn

内容简介
Introduction

　　贵金属及其合金具有优良的性能，是高新技术发展中的关键重要材料，应用于航空、航天、航海、电子、化工等领域，因其在地球中的储量较少，价格昂贵，不可替代，被称为"工业的维生素"。《贵金属及合金金相图谱》是对贵金属及合金组织的直观展示，通过光学或电子显微镜观察组织随加工及热处理工艺的变化，从而了解组织尺寸、形貌对材料性能的影响。本书介绍了贵金属及其合金的主要性能和用途，并展示了 Ag、Au、Pt、Pd、Rh、Ir 等大多数常用贵金属及其合金的金相组织照片。

图书在版编目（CIP）数据

　　贵金属及合金金相图谱 / 许昆，陈力编著. —长沙：中南大学出版社，2023.2
　　ISBN 978-7-5487-5141-0

　　Ⅰ. ①贵… Ⅱ. ①许… ②陈… Ⅲ. ①贵金属合金—相图—图谱 Ⅳ. ①TG146.3-64

　　中国版本图书馆 CIP 数据核字（2022）第 189829 号

贵金属及合金金相图谱
GUIJINSHU JI HEJIN JINXIANG TUPU

许昆　陈力　编著

□ 出 版 人	吴湘华	
□ 责任编辑	史海燕	
□ 责任印制	唐　曦	
□ 出版发行	中南大学出版社	
	社址：长沙市麓山南路	邮编：410083
	发行科电话：0731-88876770	传真：0731-88710482
□ 印　　装	湖南省众鑫印务有限公司	

□ 开　　本	787 mm×1092 mm　1/16	□ 印张 29	□ 字数 741 千字
□ 版　　次	2023 年 2 月第 1 版	□ 印次 2023 年 2 月第 1 次印刷	
□ 书　　号	ISBN 978-7-5487-5141-0		
□ 定　　价	280.00 元		

图书出现印装问题，请与经销商调换

前　言

　　贵金属包括 Au、Ag、Pt、Pd、Rh、Ir、Os、Ru 8 个元素。贵金属及其合金具有优良的导电性、导热性、高硬度、高强度、耐高温、抗氧化、耐腐蚀等性能，常用来制备成导电材料、电阻材料、钎焊材料、测温材料、应变材料、催化材料、电子浆料、医用材料、坩埚器皿材料、半导体封装材料、饰品材料、电接触材料、燃料电池材料、货币等。用贵金属材料制备的元器件具有高稳定性、高可靠性和寿命长的特点，是工业中的关键重要材料，广泛应用于航空、航天、航海、兵器、原子能、电子、化工、冶金等诸多领域。贵金属由于在地球中的储量较少，价格昂贵，不可替代，用量受到限制，被称为"工业的维生素"。

　　金相图谱是对金属组织的直观展示，通过光学或电子显微镜观察组织的尺寸、形貌和相组成，进行相鉴别，研究不同加工方式和热处理条件下组织尺寸、形貌和相的变化规律，从而了解组织尺寸、形貌和相组成对材料性能的影响。《贵金属及合金金相图谱》以贵金属及其合金为主要对象，以光学金相照片为主、扫描电镜照片为辅，展示了贵金属及合金的金相组织随冷、热加工和不同方法的热处理产生的变化，同时介绍了贵金属及其合金的主要性能和用途。本书涵盖了绝大多数常用贵金属及合金的金相组织照片。

　　本书是作者几十年从事贵金属金相分析工作的经验积累，金相制备材料来源于生产和科研过程的产品检验和科研分析，有的科研样品是在长时间和极其严苛的实验条件下完成的，实属难得。为了让本书涵盖更多的贵金属及合金金相组织照片，有针对性地配制和加工了一些合金，按照合金的相变特性进行热处理，以求用照片的形式展现合金的相变规律，使本书的内容更加完善。由于贵金属价格较高，提高了金相制备成本，通常熔炼样品质量都较小，有的样品代表性可能会受到一定影响，即使这样也很难做到求全。在编写过程中由于受到贵金属材料和金相分析设备仪器等的限制，有的工作做得不够深入细致，留下了一些遗憾。金相图谱是一个无止境的工作，随着新型合金品种的不断出现、科学仪器功能的不断开发，贵金属和合金金相照片可以进一步增加和完善。本书的金相组织主要结合相图、XRD、扫描电镜、电子探针等方法进行分析，对于二元合金大多能查阅到二元相图，对组织分析有很好的指导作用；对于三元体系，能找到的相图相对少了很多；而三元以上体系的相图就极少了。因此，多元合金的组织分析主要依靠仪器分析完成，受分析仪器的限制，有的相鉴别也是很困难的，不一定很准确，有待科研工作者进一步完善。由于编者水平所限，难免在编写中出现错误，敬请各位读者批评指正。

本书为"十一五"国家重点图书出版规划项目，由于编者单位工作繁多，没有按时完成图书编写及出版任务，一直延续到现在才完成书稿。本书共5章，分别是第1章，银及银合金；第2章，金及金合金；第3章，铂及铂合金；第4章，钯及钯合金；第5章，铑、铱、锇、钌及合金；其后的附录中列有附表一个。第5章的内容在前面几章中都有叙述，并且铑铱锇钌及合金实际应用的合金品种较少，因此该章的内容也较少。

随着社会经济和科技的不断发展，贵金属及合金的应用领域不断扩展，用量也在不断增加，更加凸现其重要作用。本书可供从事贵金属教学、科研和生产的人员参考。

本书在编写过程中得到作者所在单位昆明贵金属研究所和贵研铂业股份有限公司在经费上的支持，得到本单位刘典有、黄宁、马永华、祁更新、毛端和昆明理工大学王剑华教授的帮助，得到中南大学出版社田荣璋教授的帮助，责编对本书进行精心审阅和加工，作者在此一并表示衷心感谢。

许　昆

2022 年 4 月 8 日

目　录

第1章　银及银合金

1.1　银

纯银(Ag)具有优良的导电性、导热性和良好的压力加工性，价格是贵金属中最低的，因此在贵金属中 Ag 是用量最大、用途最广泛的金属。银的主要应用包括：①感光材料；②装饰材料；③接触材料；④复合材料；⑤银合金焊料；⑥银浆；⑦能源工业用银；⑧催化剂用银；⑨医药用银；⑩银系列抗菌材料。化学成分满足国家银锭标准 GB/T 4135—2002(表 1.1-1)的银可称为纯银(Ag)。

表 1.1-1　银锭的化学成分

牌号	w_{Ag} 不小于	化学成分(质量分数)/%								
		杂质质量分数，不大于								
		Cu	Bi	Fe	Pb	Sb	Pd	Se	Te	总和
IC-Ag99.99	99.99	0.003	0.0008	0.001	0.001	0.001	0.001	0.0005	0.0005	0.01
IC-Ag99.95	99.95	0.025	0.001	0.002	0.005	0.002	—	—	—	0.05
IC-Ag99.90	99.90	0.05	0.002	0.002	—	—	—	—	—	0.10

注：1. IC-Ag99.99、IC-Ag99.95 牌号，银质量分数是以 100% 减去表中杂质实测质量分数所得。IC-Ag99.90 牌号银质量分数是直接测定值。2. 铅系统回收银，IC-Ag99.99 牌号中的铋质量分数可大于 0.001%

1.1.1　银的金相组织

Ag 和 Cu、Au 同属面心立方结构，具有很好的加工性能。它们的铸态和加工态组织相似。由于层错能较高，退火组织中容易产生退火孪晶，退火组织呈现不规则多边形。Ag 的再结晶温度与其纯度和冷变形量有关，如 99.999% 高纯 Ag 在冷变形 50% 和 90% 时其再结晶温度分别为 75℃ 和 64℃，而 99.99% 纯 Ag 在相同冷变形条件下的再结晶温度分别达到 180℃ 和 145℃，见图 1.1.1-1。显然，Ag 的纯度越高，再结晶温度越低，而对相同纯度的 Ag 材，其冷变形程度越大，再结晶温度越低。因此，当高纯银(如 99.999%Ag)承受大的冷变形时，因其再结晶温度低至 60~75℃，使其在较低温度(如 50℃)甚至室温下发生回复效应。当然，一些其他因素如原始组织、形变与热处理历史、加热速度与时间等也都会影响 Ag 的再结晶温度。一般，纯金属的开始再结晶温度(T_T)与其熔点的绝对温度(T_m)大体有如下关系：

$T_T(K) = (0.35 \sim 0.4)T_m(K)$。因此，对于纯银($99.99\%$ Ag)，视其冷变形量不同，其再结晶温度 $T_T \approx (430 \sim 495)K(160 \sim 220℃)$。

纯银的铸态、加工态和退火态组织见图1.1.1-2～图1.1.1-10。

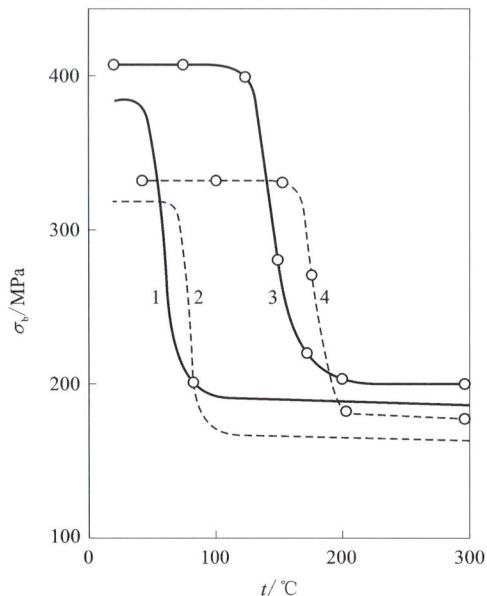

1—99.999%Ag，$\varepsilon = 90\%$；2—99.999%Ag，$\varepsilon = 50\%$；
3—99.99%Ag，$\varepsilon = 90\%$；4—99.99%Ag，$\varepsilon = 50\%$。

**图1.1.1-1　Ag的再结晶温度与其纯度和
冷变形量的关系(退火时间1 h)**

牌　　号：Ag
状　　态：真空熔炼，石墨模浇铸铸锭
组织说明：宏观照片，铸锭表面冷隔

图1.1.1-2　银铸锭

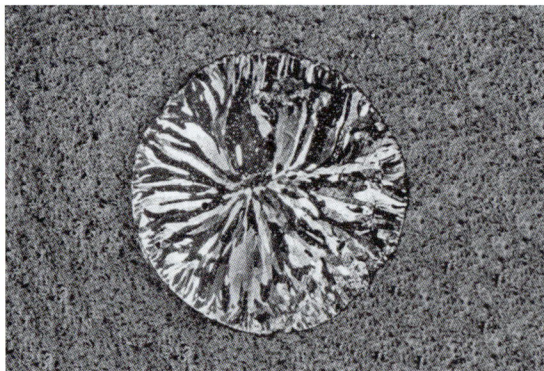

牌　　号：99.99%Ag
状　　态：真空熔炼铸锭横截面
组织说明：低倍照片，由周边向心部生长的柱状晶组织
浸蚀剂：Ag-m2

图1.1.1-3　银铸锭横截面

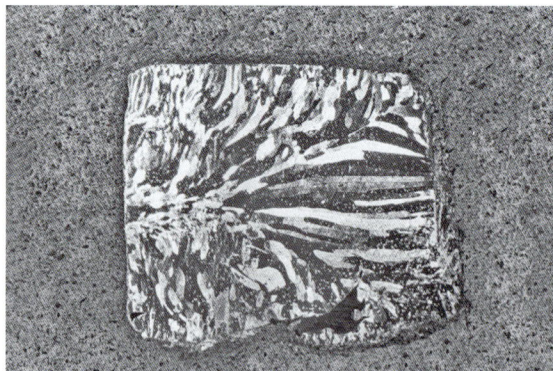

牌　　号：99.99%Ag
状　　态：真空熔炼铸锭纵截面
组织说明：低倍照片，由周边向心部生长的柱状晶组织
浸蚀剂：Ag-m2

图1.1.1-4　银铸锭纵截面

牌　　　号：99.99%Ag
状　　　态：真空熔炼铸锭纵截面
组织说明：低倍照片，深度浸湿呈现不同晶粒取向组织
浸 蚀 剂：Ag-m1

图 1.1.1-5

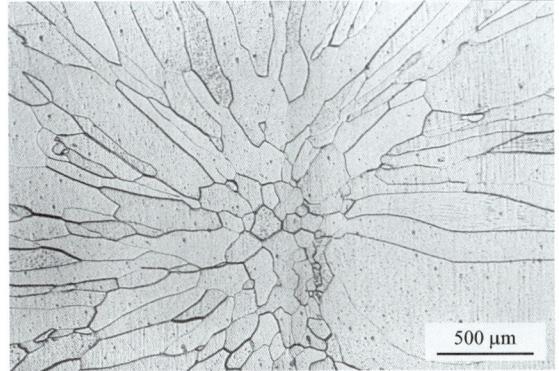

牌　　　号：99.99%Ag
状　　　态：真空熔炼铸锭横截面
组织说明：向铸锭心部生长的柱状晶组织
浸 蚀 剂：Ag-m2

图 1.1.1-6

牌　　　号：99.99%Ag
状　　　态：真空熔炼，铸锭冷加工
组织说明：冷加工形变组织
浸 蚀 剂：Ag-m2

图 1.1.1-7

牌　　　号：99.99%Ag
状　　　态：真空熔炼，铸锭冷加工，650℃/30 min 热处理
组织说明：不规则多边形具有孪晶再结晶组织
浸 蚀 剂：Ag-m2

图 1.1.1-8

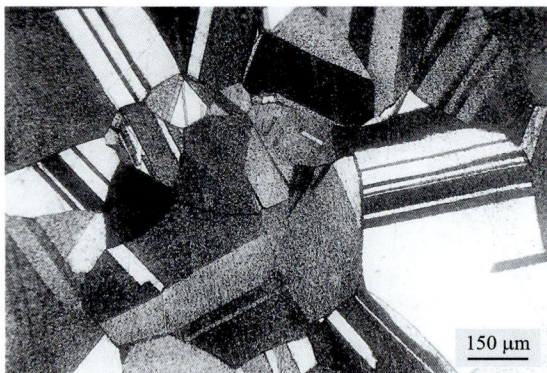

牌　　　号：99.99%Ag
状　　　态：真空熔炼，铸锭冷加工，700℃/40 min 热处理
组织说明：孪晶为主的再结晶晶面衬度腐蚀组织
浸 蚀 剂：Ag-m5

图 1.1.1-9

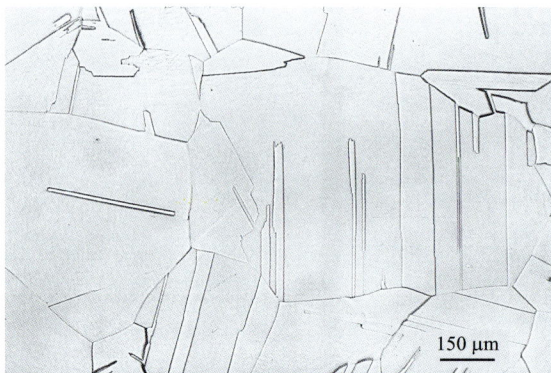

牌　　　号：99.99%Ag
状　　　态：真空熔炼，铸锭冷加工，850℃/2 h 退火热处理
组织说明：具有退火孪晶的不规则多边形再结晶组织
浸 蚀 剂：Ag-m2

图 1.1.1-10

1.1.2　氧对银组织的影响

氧在 Ag 中有高的溶解度，熔融 Ag 可以溶解超过 20 倍体积的氧气。根据 Ag-O 相图（图 1.1.2-1），当饱和氧的 Ag 熔体凝固时，在 Ag 熔点（961.93℃）以下约 951℃才开始凝固，在约 931℃完成凝固。这时溶解于 Ag 中的氧释放，发生猛烈的飞溅现象。如果在 Ag 中含有少量的 Cu 或其他贱金属，溶解于 Ag 中的氧便与这些贱金属结合形成氧化物，这样 Ag 凝固时的飞溅程度就减弱。因此，"飞溅"程度可以作为 Ag 纯度的一个定性而直观的度量标准。

在 1 atm（10^5 Pa）的氧气中与 Ag 发生反应（相图 1.1.2-1）的氧以原子氧形式溶解于 Ag 中。略高于熔点的熔化的 Ag 中氧的溶解度最大，达到 0.32%（质量分数）。随着温度的升高或 Ag 熔体过热度增大，氧的溶解度减小。氧在固态 Ag 中最大溶解度达到 0.006%（质量分数，931℃）。随着温度降低，氧在固态 Ag 中溶解度直线降低。氧在 Ag 中的溶解度可表示为

$$\lg S = -0.840 - 2250/T + 0.5\ \lg p$$

式中：S 为氧浓度，cm^3/g，即立方厘米氧每克银；T 为绝对温度，K；p 为压强，mmHg[①]。

可以看出，氧的溶解度除与温度有关外，还与压力有关。随着压力增加，溶解度增大，Ag 与氧的反应也发生变化，如 $414×10^5$ Pa 时，Ag 与 Ag_2O 形成共晶。含氧 Ag 的宏观及微观组织见图 1.1.2-2~图 1.1.2-8。

---

①　1 mm Hg≈0.133 kPa。

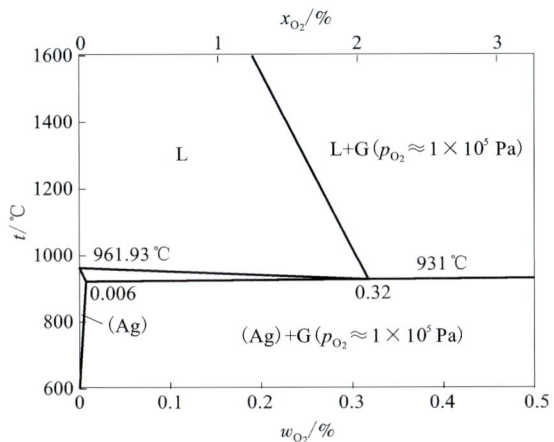

图 1.1.2-1　Ag-O 系相图

牌　　号：Ag
状　　态：大气熔炼，铸锭纵截面
组织说明：宏观照片，熔铸中部有较深气孔缺陷

图 1.1.2-2

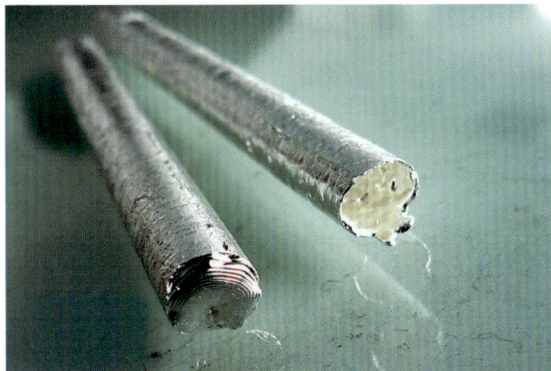

牌　　号：Ag
状　　态：真空熔铸和大气熔铸铸锭
组织说明：宏观照片，左侧为真空熔铸无缩孔样，右侧为大气熔铸有缩孔样

图 1.1.2-3

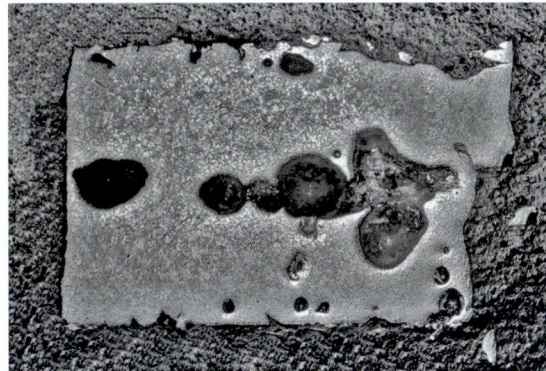

牌　　号：Ag
状　　态：大气熔炼，铸锭纵截面
组织说明：低倍照片，气孔缺陷
浸 蚀 剂：Ag-m2

图 1.1.2-4

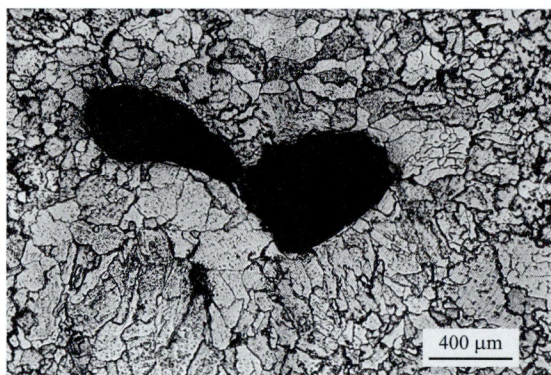

牌　　　号：Ag
状　　　态：大气熔炼铸锭纵截面
组织说明：缩孔缺陷和金相组织
浸　蚀　剂：Ag-m2

图 1.1.2-5

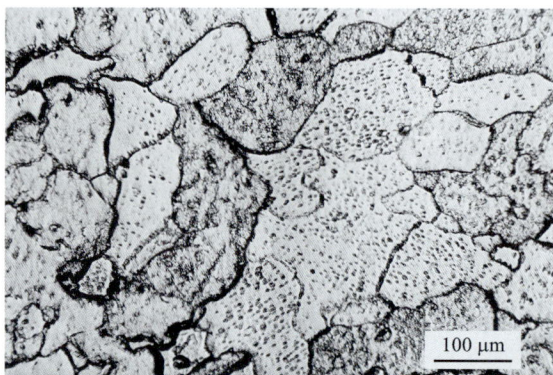

牌　　　号：Ag
状　　　态：大气熔炼铸锭
组织说明：晶界较粗，晶粒内部含有 Ag_2O 颗粒的组织
浸　蚀　剂：Ag-m2

图 1.1.2-6

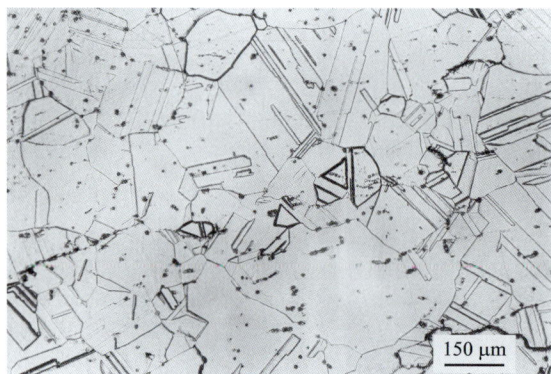

牌　　　号：Ag
状　　　态：大气熔炼铸锭冷加工，850℃/2 h 退火处理
组织说明：Ag_2O 颗粒分布于晶粒内部的再结晶组织
浸　蚀　剂：Ag-m2

图 1.1.2-7

牌　　　号：Ag
状　　　态：大气熔炼铸锭冷加工
组织说明：宏观照片，冷加工更容易表面开裂

图 1.1.2-8

1.1.3　杂质对银组织性能的影响

从国家银锭标准（表 1.1-1）GB/T 4135—2002 中可以看出，银的主要杂质为 Fe、Sb、Pb、Bi、Cu、Se、Te。微量杂质将使银的电阻率很快上升，杂质元素对银电阻率影响程度由大到小依次是 Bi、Sb、Pb、Cu。

从相图 1.1.3-1 可以看出，Ag、Fe 在液态下互溶很少，固态下不互溶。Ag 中加入 0.5% 的 Fe，其铸锭组织没有发现有偏析，冷加工退火热处理后也没有 Fe 相出现。详见图 1.1.3-2 和图 1.1.3-3。

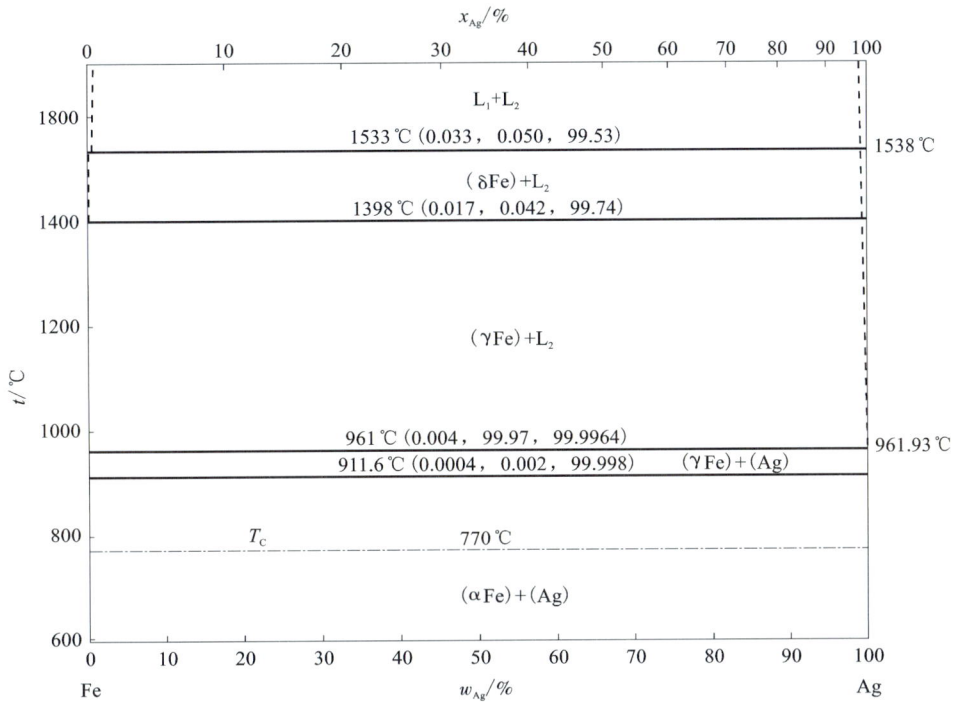

图 1.1.3-1 Ag-Fe 系二元合金相图

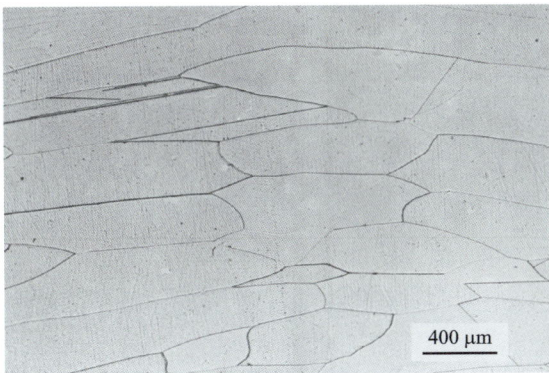

牌　　号：Ag-0.5Fe
状　　态：真空熔炼铸锭
组织说明：单相柱状组织
浸 蚀 剂：Ag-m3

图 1.1.3-2

牌　　号：Ag-0.5Fe
状　　态：冷加工，850℃/2 h 退火处理
组织说明：含有退火孪晶的再结晶组织
浸 蚀 剂：Ag-m3

图 1.1.3-3

　　Sb 在 Ag 中可以溶解，最大溶解度为 9.8%，Ag 中加入 0.5% 的 Sb，合金处于相图单相（Ag）区（见图 1.1.3-4）。Ag-0.5Sb 合金铸态组织有晶内成分偏析现象，通过热处理可以消除偏析，见图 1.1.3-5~图 1.1.3-6。

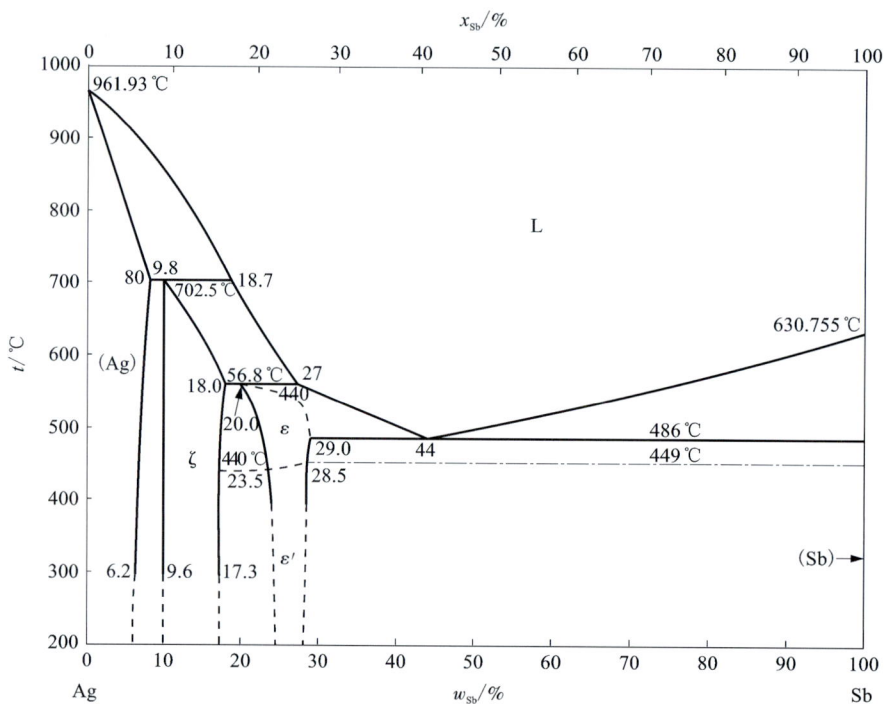

图 1.1.3-4　Ag-Sb 系二元合金相图

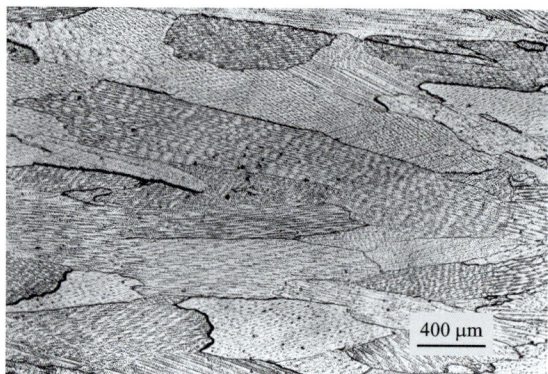

牌　　号：Ag-0.5Sb
状　　态：铸态
组织说明：(Ag) 晶内偏析组织
浸 蚀 剂：Ag-m3

图 1.1.3-5

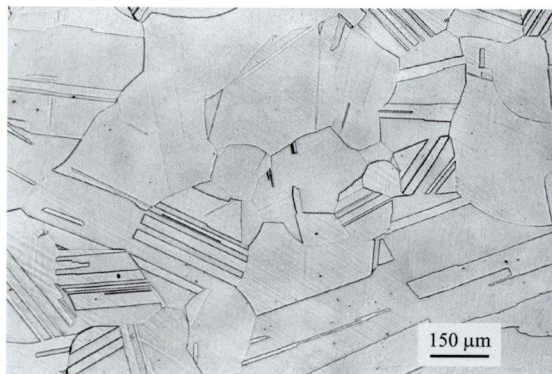

牌　　号：Ag-0.5Sb
状　　态：冷加工，850℃/2 h 热处理
组织说明：(Ag) 具有退火孪晶的单相固溶体组织
浸 蚀 剂：Ag-m3

图 1.1.3-6

　　Pb 在 Ag 中的溶解度很小(见相图 1.1.3-7)，Ag 中加入 0.5% 的 Pb 其铸态组织形成晶内成分偏析，热处理后偏析可以消除，见图 1.1.3-8~图 1.1.3-9。

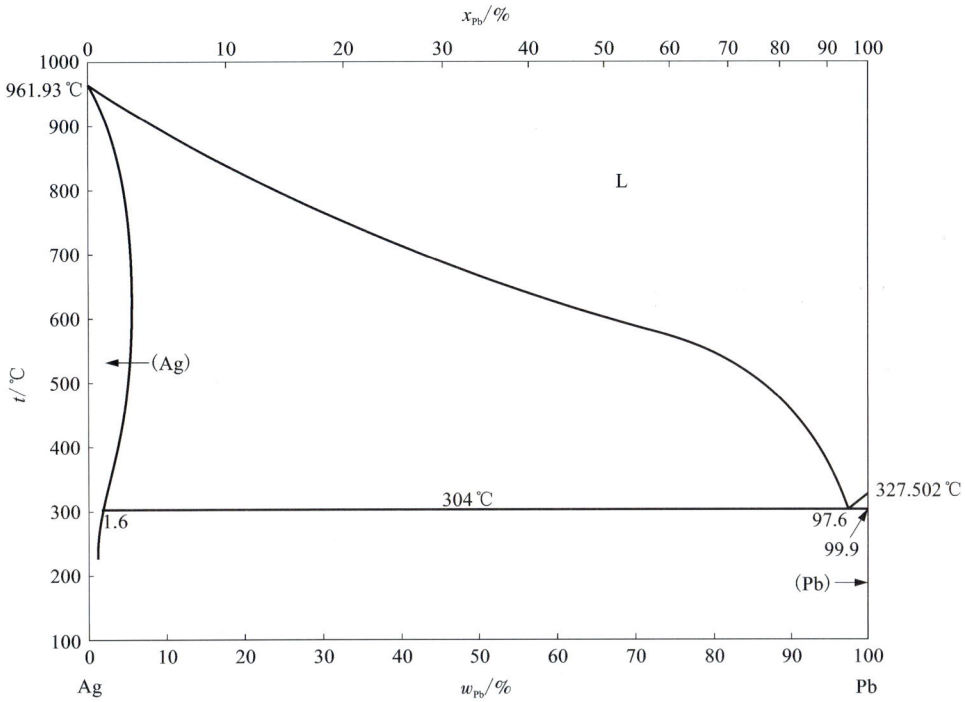

图 1.1.3-7　Ag-Pb 系二元合金相图

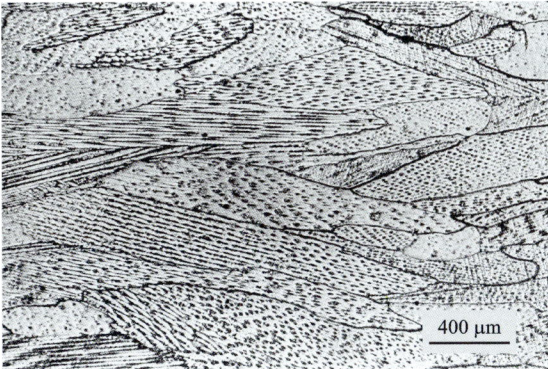

牌　　　号：Ag-0.5Pb
状　　　态：铸态
组织说明：(Ag)晶内偏析组织
浸 蚀 剂：Ag-m3

图 1.1.3-8

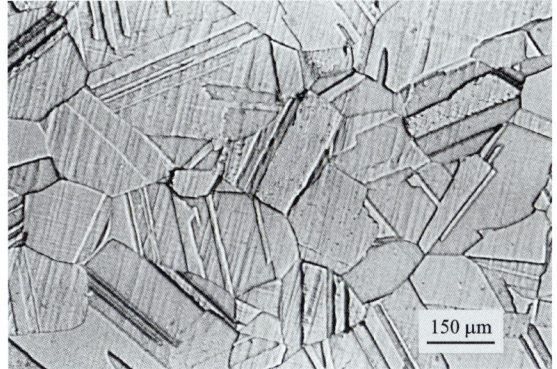

牌　　　号：Ag-0.5Pb
状　　　态：冷加工，850℃/2 h 热处理
组织说明：(Ag)具有退火孪晶的单相固溶体组织
浸 蚀 剂：Ag-m3

图 1.1.3-9

　　从相图 1.1.3-10 可以看出，Bi 在 Ag 中的溶解度很小，Ag 中加入 0.5% 的 Bi 其铸态组织存在晶内成分偏析，热处理后其中的 Bi 分散于晶粒内部，详见图 1.1.3-11 和图 1.1.3-12。

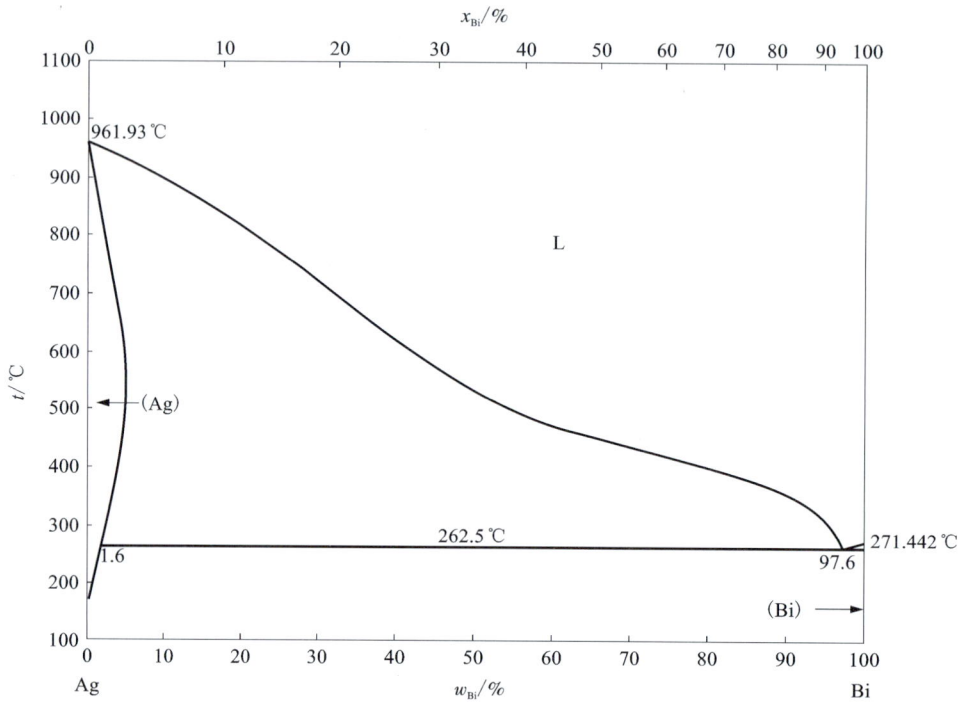

图 1.1.3-10　Ag-Bi 系二元合金相图

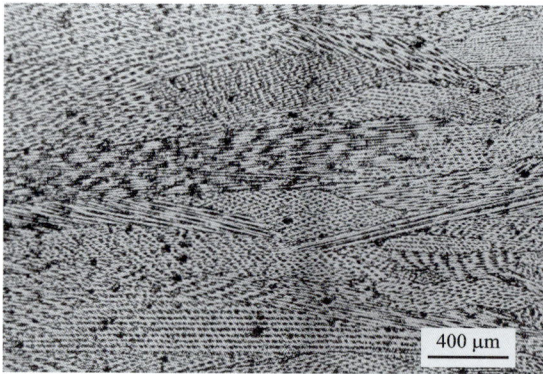

牌　　　号：Ag-0.5Bi
状　　　态：铸态
组织说明：(Ag)+(Bi)，晶内偏析组织
浸 蚀 剂：Ag-m3

图 1.1.3-11

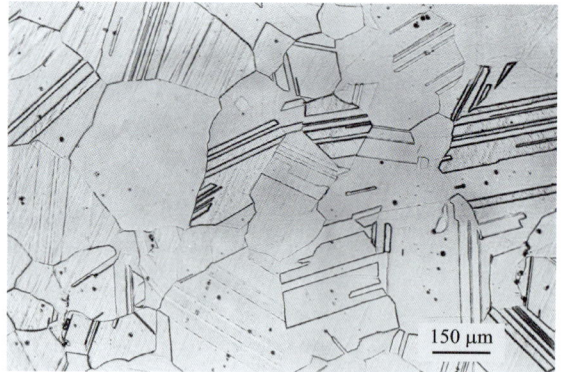

牌　　　号：Ag-0.5Bi
状　　　态：冷加工，850℃/2 h 热处理
组织说明：(Ag)+(Bi)，再结晶组织
浸 蚀 剂：Ag-m3

图 1.1.3-12

1.2　银铜系合金

1.2.1　银铜系合金的性能和用途

Ag-Cu 系合金的主要性能见图 1.2.1-1。Cu 是 Ag 与 Ag 合金的主要固溶强化元素，富 Ag 和富 Cu 固溶体合金也具有明显的时效硬化效应。利用 Ag-Cu 共晶结构和采用大变形可将 Ag-Cu 合金制备成具有高强度和高电导率的原位复合材料。单相 Ag(Cu) 固溶体具有较高的耐腐蚀性，而 (Ag)+(Cu) 两相合金的耐腐蚀性变差。

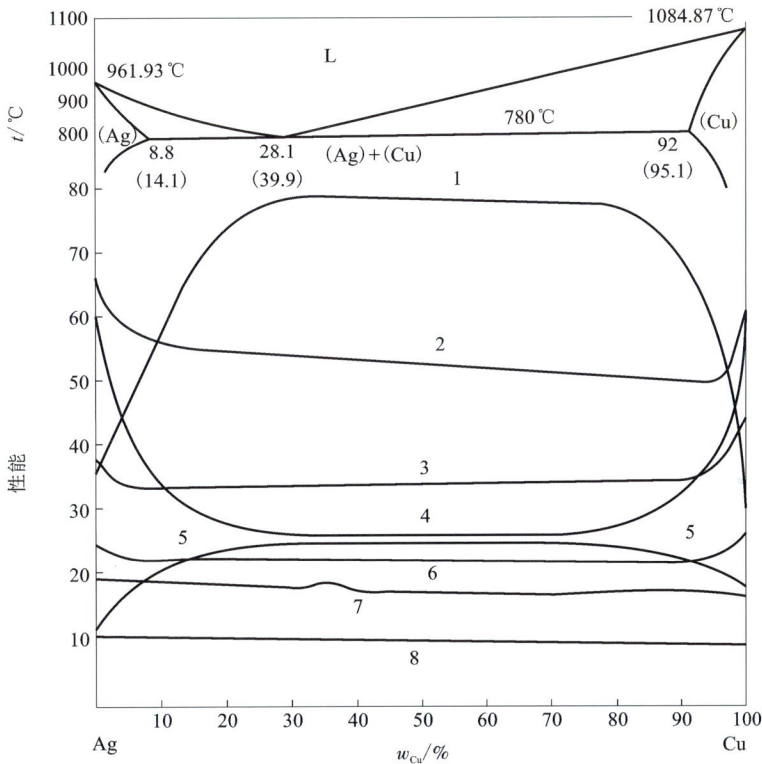

（图中括号内数字为原子分数 x_{Cu}，%）

1—硬度，HB；2—电导率，$\times 10^{-4}$ S；3—电导率温度系数，10^{-4}℃$^{-1}$；4—延伸率，%；

5—强度，σ_b MPa；6—对铅热电势，10^{-5}；7—膨胀系数，10^{-6}；8—密度，g/cm^3

图 1.2.1-1　Ag-Cu 系合金的各项物理性能与成分的关系

在 Ag-Cu 系合金中，任何成分的合金都是有用材料。Ag-Cu 共晶合金熔点低且无结晶间隔，有极好的流散性与浸润性，焊缝导电、导热性好，使用于电子管、真空器件和电子元件钎焊。富 Ag 的亚共晶合金钎料如 Ag-7.5Cu 合金几乎不溶解和不渗入基体金属，适于钎焊铜、钢和不锈钢等薄片。过共晶合金 Ag-50Cu 含 Ag 低，熔点与流点温度相差较大，填充性能好，在多级钎焊中往往用作前级钎焊。Ag-Cu 合金系除了大量用作钎焊材料外，还用于电接触材料、饰品和硬币材料等。事实上，Ag-Cu 合金是 Ag 合金中应用最广泛的材料，也是构成许多三元和多元合金的基础合金。Ag-Cu 系主要合金的化学成分和性能见表 1.2.1-1。

表 1.2.1-1 Ag-Cu 系主要合金的化学成分与性能

钎料牌号	质量分数/%		熔化温度 /℃	抗拉强度 /MPa	电阻率 /($\mu\Omega \cdot cm$)	密度 /($g \cdot cm^{-3}$)	导热系数 /$[W \cdot (cm \cdot K)^{-1}]$
	Ag	Cu					
Ag-0.6Cu	余量	0.6±0.2	—	—	—	—	—
Ag-2Cu	余量	2~2.5	—	—	—	—	—
Ag-3Cu	余量	3	900		1.8	10.4	
Ag-4Cu	余量	4.3~4.5			1.8		
Ag-5Cu	余量	5	870	240	1.8	10.4	3.35
Ag-7.5Cu	余量	7.5±0.5	—	254.8	1.9		
Ag-10Cu	余量	10±0.5	779	264.6	1.9	10.3	3.35
Ag-12.5Cu	余量	12.5±0.5		254.8	2.0		
Ag-15Cu	余量	15±0.5	—	290	2.1	10.2	3.35
Ag-20Cu	余量	20±0.5	779	294	2.1	10.2	3.30~
Ag-23Cu	余量	23±0.5		313.6	2.1		
Ag-25Cu	余量	25±1.0	—	320	2.1	10	
Ag-28Cu	余量	28±1.0	779	375	2.2	9.9	—
Ag-30Cu	余量	30±1.0	780~945	—			
Ag-45Cu	余量	45±1.0	780~880	—			
Ag-50Cu	余量	50±1.0	780~875	—	2.2	9.7	3.14
Ag-54Cu	余量	54±1.0					
Ag-70Cu	余量	70±1.0					
Ag-75Cu	余量	75±1.0					

1.2.2 银铜系合金的金相组织

Ag-Cu 系合金为简单共晶系，共晶温度为 779.1℃，共晶点成分中 Cu 的质量分数为28.1%。在共晶温度下 Cu 在 Ag 中的固溶度为 8.8%，Ag 在 Cu 中的固溶度为 92%。Ag-Cu 合金最典型的特征是由两个边端固溶体形成共晶，两个边端固溶体有相似的性质。另外，两条边端固溶度曲线随温度降低迅速下降，在室温下几乎所有成分的合金实际上均由两相组成。因此，Ag-Cu 系合金物理性质在富 Ag 和富 Cu 两端呈固溶体特性，而在两相区则呈机械混合物特征，如图 1.2.2-1 所示。典型 Ag-Cu 合金和不同状态的组织见图 1.2.2-2~图 1.2.2-35。

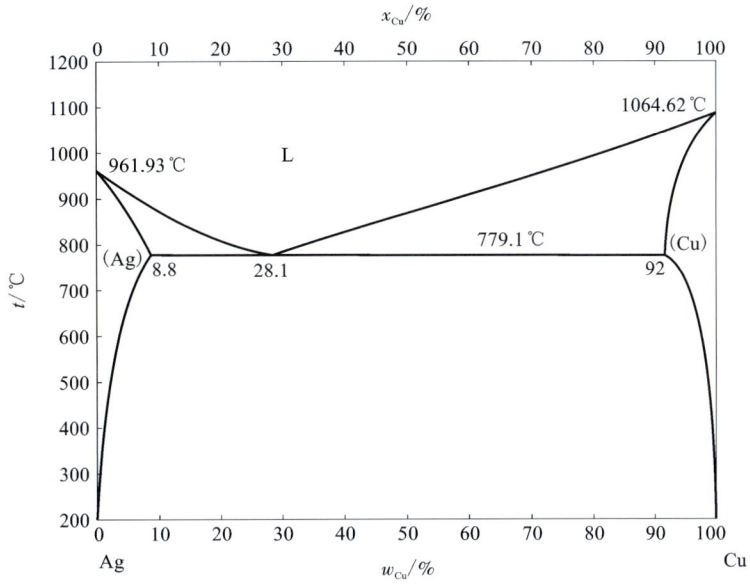

图 1.2.2-1　Ag-Cu 系二元合金相图

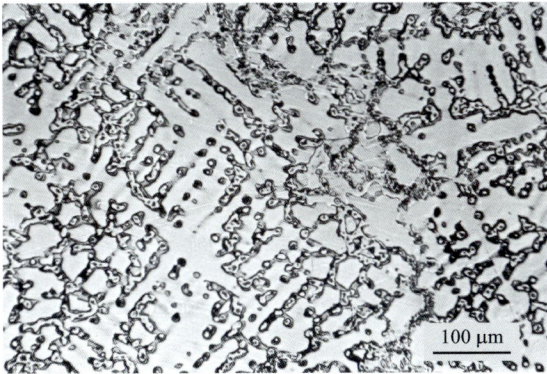

牌　　　号：Ag-4Cu

状　　　态：铸态

组织说明：(Ag)晶内偏析组织

浸 蚀 剂：Ag-m3

图 1.2.2-2

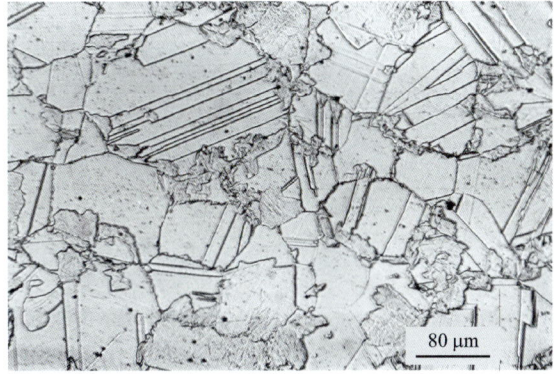

牌　　　号：Ag-4Cu

状　　　态：冷加工，700℃/3 h 缓慢冷却热处理

组织说明：(Ag)+(Cu)，再结晶组织

浸 蚀 剂：Ag-m3

图 1.2.2-3

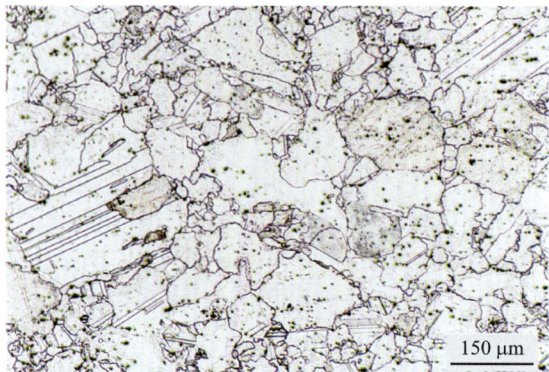

牌　　　号：Ag-4Cu
状　　　态：冷加工，720℃/5 h 急冷热处理
组织说明：(Ag) 再结晶组织
浸 蚀 剂：Ag-m3

图 1.2.2-4

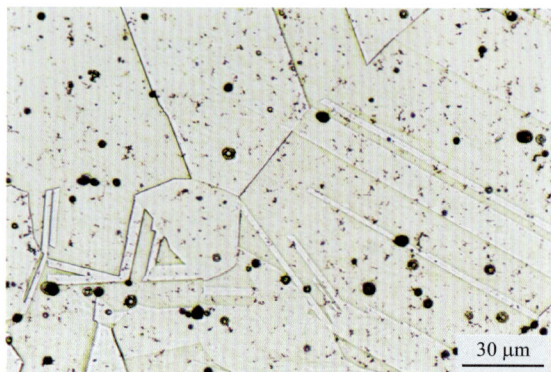

牌　　　号：Ag-4Cu
状　　　态：冷加工，545℃/5 h 缓慢冷却热处理
组织说明：α(Ag)+β′(Cu)，再结晶组织
浸 蚀 剂：Ag-m3

图 1.2.2-5

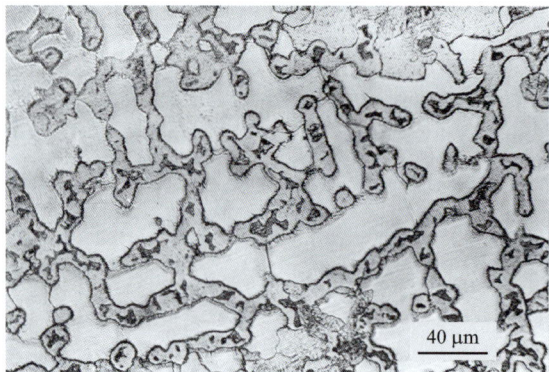

牌　　　号：Ag-7.5Cu
状　　　态：铸态
组织说明：(Ag) 凝固结晶偏析组织
浸 蚀 剂：Ag-m3

图 1.2.2-6

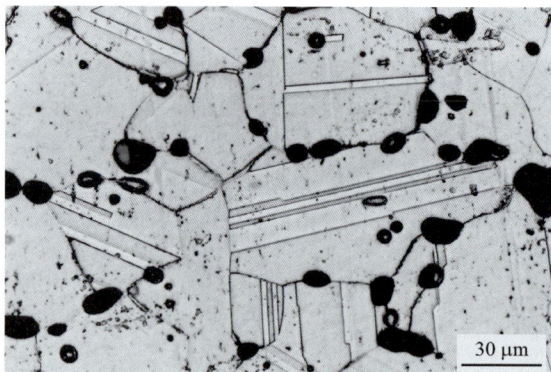

牌　　　号：Ag-7.5Cu
状　　　态：冷加工，720℃/5 h 水淬热处理
组织说明：α(Ag)+未完全固溶的 β(Cu)，再结晶组织
浸 蚀 剂：Ag-m3

图 1.2.2-7

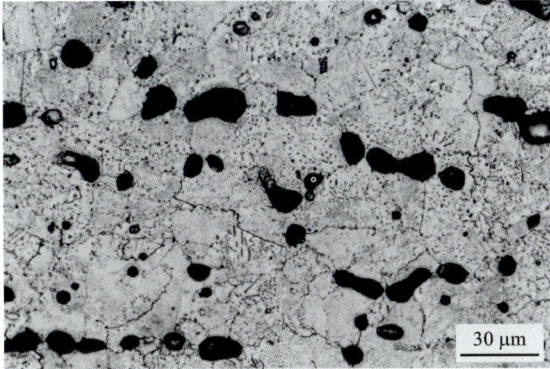

30 μm

牌　　　号：Ag-7.5Cu

状　　　态：冷加工，720℃/5 h 水淬，700℃/3 h 缓慢冷却热
　　　　　　处理

组织说明：α(Ag)+未完全固溶的 β(Cu)+β′(Cu)，再结晶
　　　　　　组织

浸 蚀 剂：Ag-m3

图 1.2.2-8

40 μm

牌　　　号：Ag-10Cu

状　　　态：铸态

组织说明：(Ag)+[(Cu)+(Ag)]，凝固结晶组织

浸 蚀 剂：Ag-m7

图 1.2.2-9

20 μm

牌　　　号：Ag-10Cu

状　　　态：冷加工纵截面

组织说明：(Ag)+(Cu)，冷加工形变纤维状组织

浸 蚀 剂：Ag-m3

图 1.2.2-10

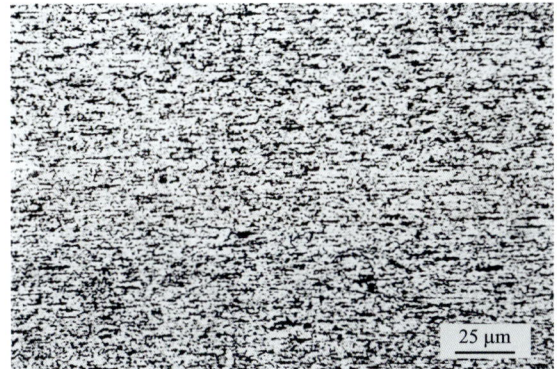

25 μm

牌　　　号：Ag-10Cu

状　　　态：冷加工，700℃/30 min 热处理

组织说明：(Ag)+(Cu)，再结晶组织

浸 蚀 剂：Ag-m3

图 1.2.2-11

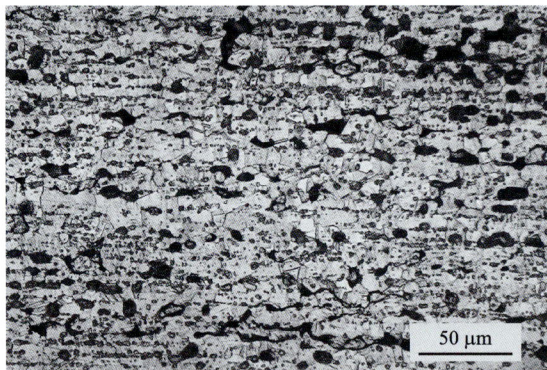

牌　　号：Ag-10Cu
状　　态：冷加工，700℃/8 h 热处理
组织说明：(Ag)+(Cu)，再结晶组织
浸 蚀 剂：Ag-m5

图 1. 2. 2-12

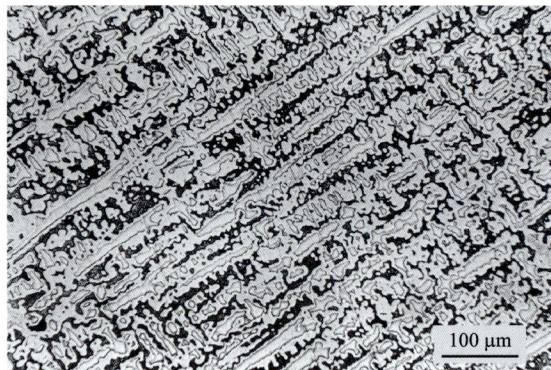

牌　　号：Ag-12. 5Cu
状　　态：铸态
组织说明：(Ag)+[(Cu)+(Ag)]，凝固结晶组织
浸 蚀 剂：Ag-m3

图 1. 2. 2-13

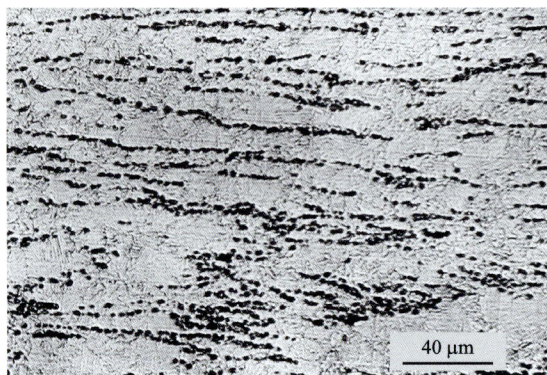

牌　　号：Ag-12. 5Cu
状　　态：冷加工，700℃/3 h 热处理
组织说明：(Ag)+(Cu)，再结晶组织
浸 蚀 剂：Ag-m3

图 1. 2. 2-14

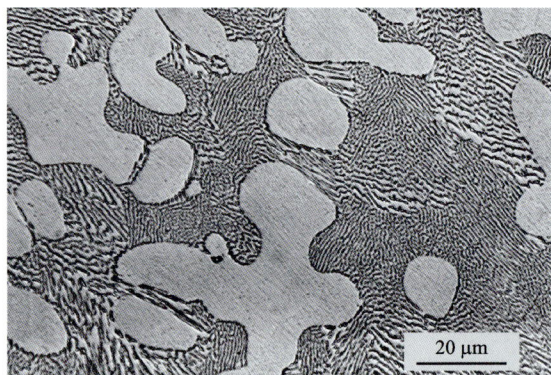

牌　　号：Ag-20Cu
状　　态：铸态
组织说明：(Ag)+[(Ag)+(Cu)]，凝固结晶组织
浸 蚀 剂：Ag-m3

图 1. 2. 2-15

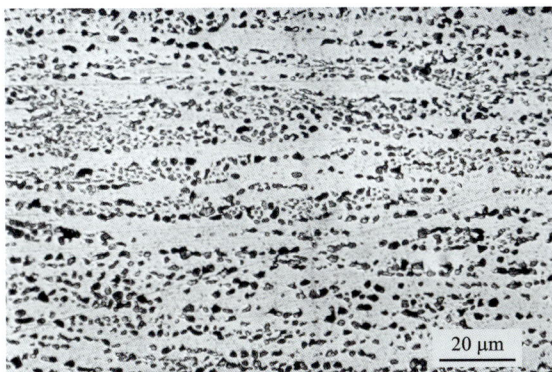

牌　　　号：Ag-20Cu
状　　　态：冷加工，700℃/3 h 热处理
组织说明：(Ag)+(Cu)，再结晶组织
浸　蚀　剂：Ag-m3

图 1.2.2-16

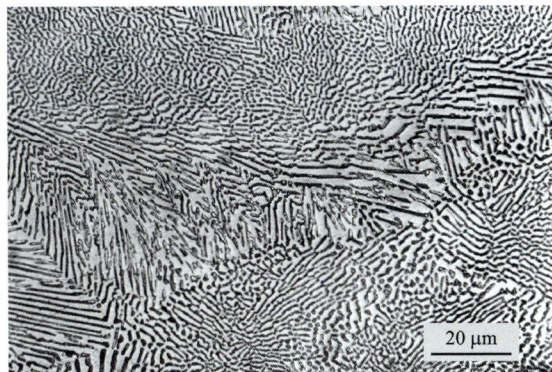

牌　　　号：Ag-28Cu
状　　　态：铸态
组织说明：[(Ag)+(Cu)]片状共晶组织
浸　蚀　剂：Ag-m3

图 1.2.2-17

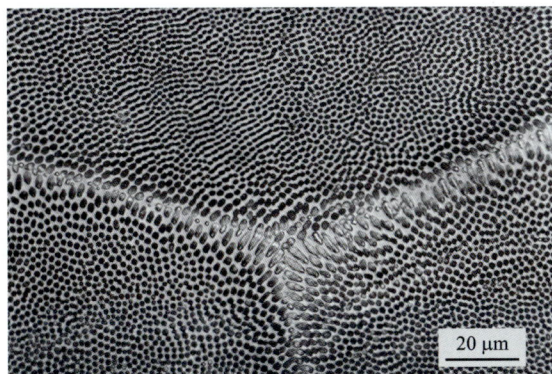

牌　　　号：Ag-28Cu
状　　　态：铸态
组织说明：[(Ag)+(Cu)]针状共晶组织
浸　蚀　剂：Ag-m3

图 1.2.2-18

牌　　　号：Ag-28Cu
状　　　态：快速凝固
组织说明：[(Ag)+(Cu)]放射状共晶组织
浸　蚀　剂：Ag-m3

图 1.2.2-19

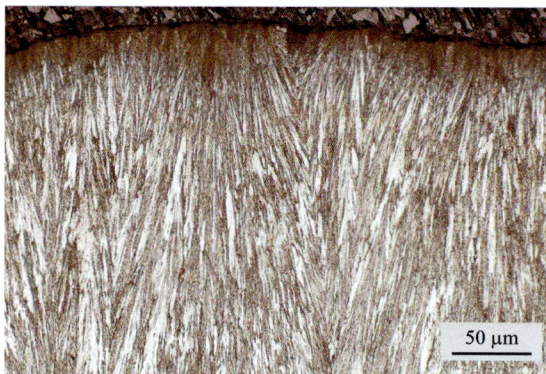

牌　　　号：Ag-28Cu
状　　　态：连续铸造，铸锭横截面
组织说明：[（Ag）+（Cu）]从边沿向心部生长的共晶组织
浸 蚀 剂：Ag-m2

图 1.2.2-20

牌　　　号：Ag-28Cu
状　　　态：连续铸造，铸锭横截面
组织说明：[（Ag）+（Cu）]共晶组织，在铸锭中部不同生长
　　　　　方向的晶粒相遇形成晶界
浸 蚀 剂：Ag-m2

图 1.2.2-21

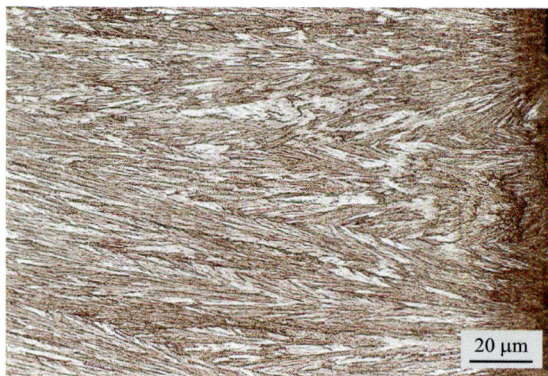

牌　　　号：Ag-28Cu
状　　　态：连续铸造，铸锭纵截面
组织说明：[（Ag）+（Cu）]从边沿向心部生长的共晶组织
浸 蚀 剂：Ag-m2

图 1.2.2-22

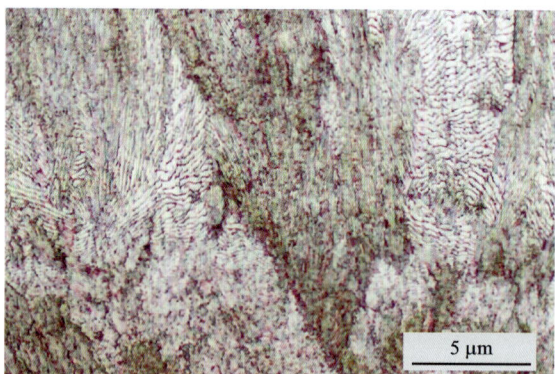

牌　　　号：Ag-28Cu
状　　　态：连续铸造，铸锭纵截面
组织说明：[（Ag）+（Cu）]共晶组织
浸 蚀 剂：Ag-m2

图 1.2.2-23

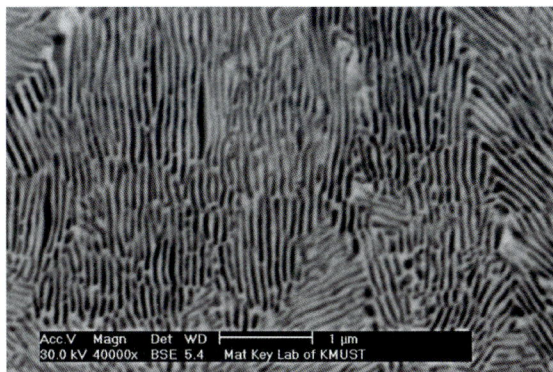

牌　　　号：Ag-28Cu
状　　　态：连续铸造
组织说明：[（Ag）+（Cu）]共晶组织
浸 蚀 剂：Ag-m3

图 1.2.2-24

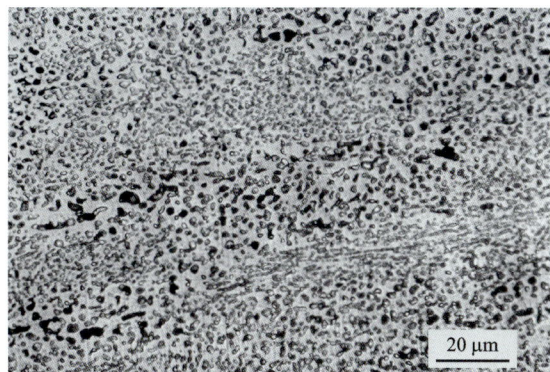

牌　　　号：Ag-28Cu
状　　　态：冷加工，700℃/3 h 热处理
组织说明：（Ag）+（Cu），再结晶组织
浸 蚀 剂：Ag-m3

图 1.2.2-25

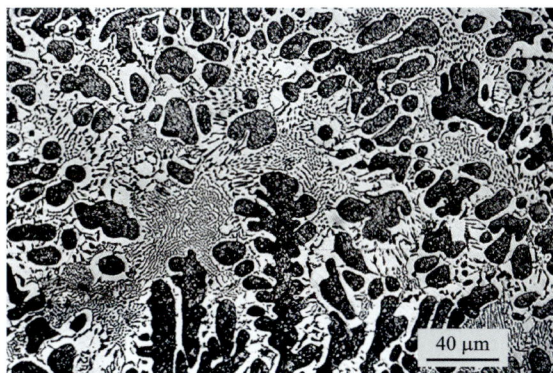

牌　　　号：Ag-50Cu
状　　　态：铸态
组织说明：（Cu）+[（Cu）+（Ag）]，凝固结晶组织
浸 蚀 剂：Ag-m3

图 1.2.2-26

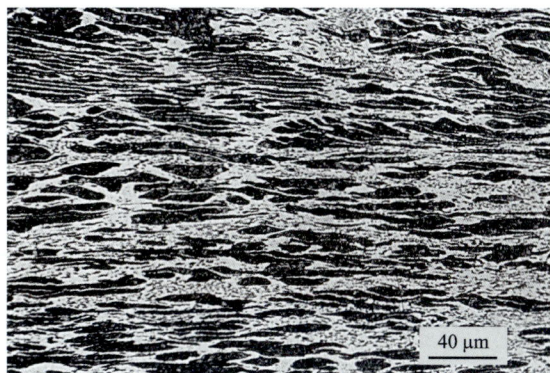

牌　　　号：Ag-50Cu
状　　　态：冷加工，650℃/40 min 热处理
组织说明：（Ag）+（Cu），再结晶组织
浸 蚀 剂：Ag-m3

图 1.2.2-27

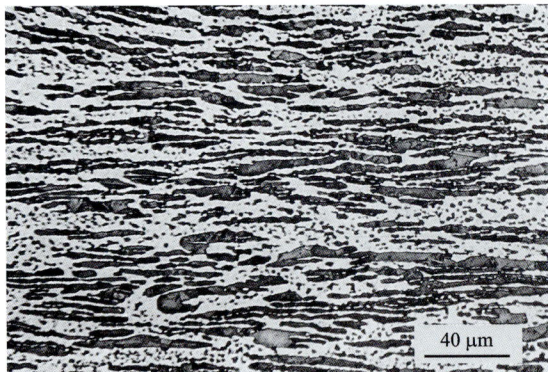

牌　　　号：Ag-50Cu
状　　　态：冷加工，700℃/3 h 热处理
组织说明：（Ag）+（Cu），再结晶组织
浸　蚀　剂：Ag-m3

图 1. 2. 2-28

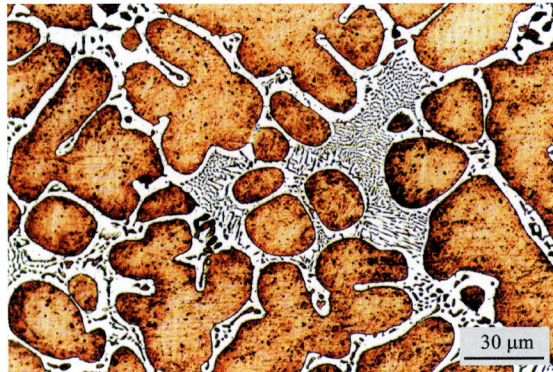

牌　　　号：Ag-63Cu
状　　　态：铸态
组织说明：（Cu）+［（Cu）+（Ag）］，凝固结晶组织
浸　蚀　剂：Ag-m2

图 1. 2. 2-29

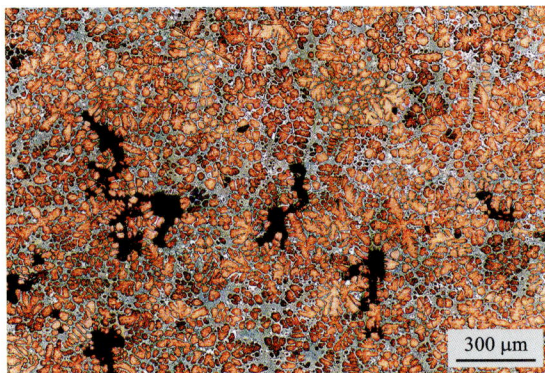

牌　　　号：Ag-63Cu
状　　　态：铸态
组织说明：（Cu）+［（Cu）+（Ag）］，有局部疏松孔的凝固结
　　　　　晶组织
浸　蚀　剂：Ag-m2

图 1. 2. 2-30

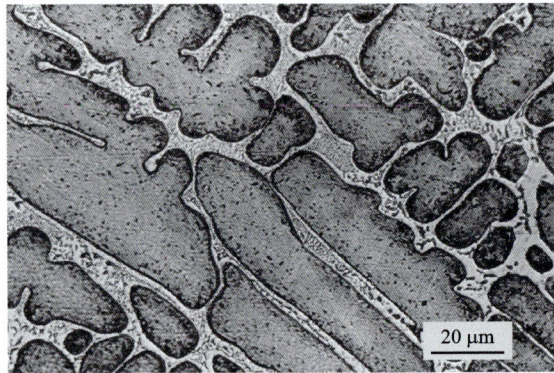

牌　　　号：Ag-75Cu
状　　　态：铸态
组织说明：（Cu）+［（Ag）+（Cu）］，凝固结晶组织
浸　蚀　剂：Ag-m3

图 1. 2. 2-31

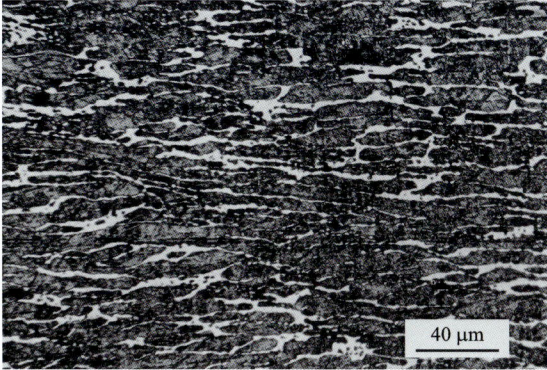

牌　　　号：Ag-75Cu
状　　　态：冷加工，700℃/3 h 热处理
组织说明：（Cu）+（Ag），再结晶组织
浸 蚀 剂：Ag-m3

图 1.2.2-32

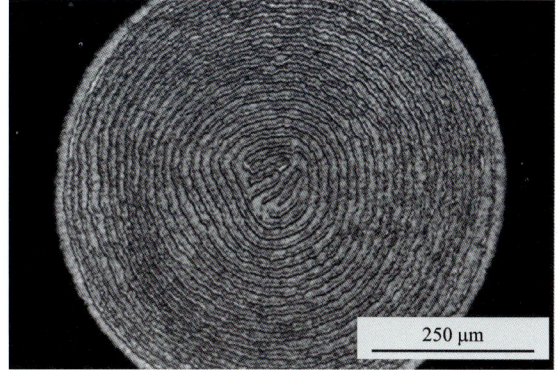

牌　　　号：Ag/Cu
状　　　态：Ag、Cu 包卷复合
组织说明：（Ag）+（Cu），层状组织
浸 蚀 剂：Ag-m3

图 1.2.2-33

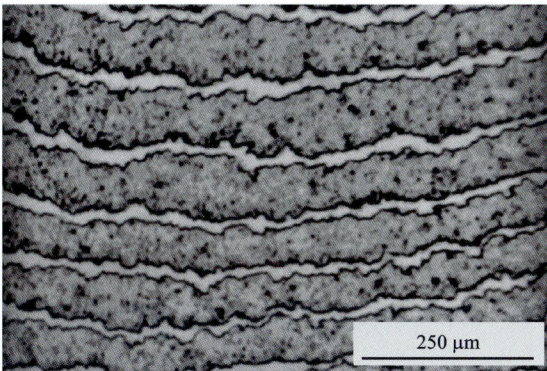

牌　　　号：Ag/Cu
状　　　态：Ag、Cu 包卷复合
组织说明：（Ag）+（Cu），层状组织
浸 蚀 剂：Ag-m3

图 1.2.2-34

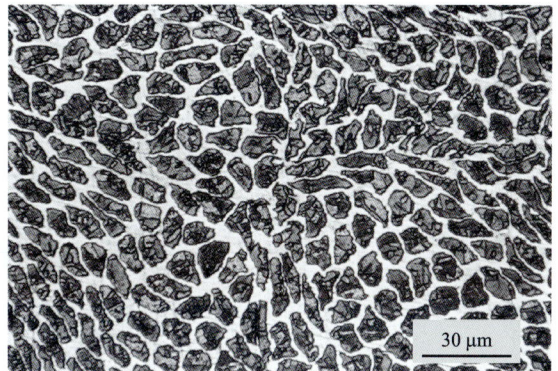

牌　　　号：Ag/Cu
状　　　态：Ag、Cu 纤维复合丝横截面
组织说明：（Ag）+（Cu）
浸 蚀 剂：Ag-m3

图 1.2.2-35

1.3 银铜锌系合金

1.3.1 银铜锌系合金的性能和用途

在 Ag-Cu 合金系中加入 Zn 可以降低合金的熔化温度。Ag-Cu-Zn 合金具有良好的流动性与浸润性，对许多金属都具有良好的焊接性能，是工业中广泛应用的钎料合金。尤其是含 Ag 高（如含银 70%）的 Ag-Cu-Zn 钎料，具有高强度、高韧性和高导电性特点，适合钎焊导电性要求高的工件。随着 Zn 含量增加和 Ag 含量降低，合金结晶温度区间变大，脆性倾向增大，钎焊接点韧性变差。在 Ag-Cu-Zn 系钎料中应用最广泛的是 Ag-30Cu-25Zn 合金。因 Zn 为易挥发元素，Ag-Cu-Zn 合金钎料不能用于真空钎焊。向 Ag-Cu-Zn 三元合金中添加 Cd、Sn、Ni、Mn 等元素，可进一步改善合金的熔化温度与焊接性能，构成以 Ag-Cu-Zn 三元合金为基础的多元合金钎料。

Ag-Cu-Zn-Cd 系合金具有更低的熔点，更高的强度与塑性以及更好的流动性，是 Ag 基钎料合金中性能最好的一种。最常用的含 Cd 钎料有 BAg50CuZnCd、BAg45CuZnCd、BAg35CuZnCd 以及含有少量 Ni 的钎料等。为了避免脆性 γ 相出现，合金系中 Zn+Cd 总量不得超过 40%~50%。添加 Ni 可以提高钎料的均匀性和钎焊接头的耐蚀性与热强性，但同时也会提高钎料液相线温度。也可以添加少量 Mn，可降低合金液相线温度和提高耐热强度。Ag-Cu-Zn-Cd 合金钎料适于钎焊铍青铜、铬青铜等铜合金及调质钢等要求钎焊温度低的材料。由于 Cd 有毒，Cd 蒸气挥发温度低，对环境和人体有害，因此含 Cd 钎料已被列为慎用或不用钎料。为了寻找不含 Cd 的钎料合金，经研究发现 Sn 可以取代 Cd，构成 Ag-Cu-Zn-Sn 系合金钎料。Sn 的添加量不宜太高，根据 Ag 含量不同，Sn 添加量为 2%~5%，更高的 Sn 含量使钎料变脆。虽然 Ag-Cu-Zn-Sn 钎料无公害，但其熔化温度与 Ag-Cu-Zn-Cd 合金有差异，其工艺性能、力学性能也不如 Ag-Cu-Zn-Cd 钎料。常用的含 Sn 钎料有 BAg56CuZnSn、BAg50CuZnSnNi、BAg40CuZnSnNi，前两个钎料可以取代 BAg50CuZnCd 钎料，后一个钎料可以取代 BAg35CuZnCd 钎料。某些含 Ga 的 Ag-Cu—Zn-Ga 合金也可取代含 Cd 的钎料，如 Ag-10Cu-16Zn-10Ga（钎焊温度 620℃）、Ag-10Cu-10Zn-18Ga（钎焊温度 590℃）、Ag-20Cu-7Zn-15Ga（钎焊温度 620℃）等合金钎料的性能与 BAg40CuZnCdNi 钎料相当。很明显，和含 Cd 的钎料合金一样，含 Ga 的钎料合金也有低的熔点。但是，由于 Ga 是稀散元素，资源少、价格高，这类含 Ga 钎料应用较少。

Ag-Cu-Zn 三元和多元焊料合金牌号很多，在工业上得到广泛应用。这些焊料主要用来钎焊结构钢、不锈钢、铜及其合金。由于这类焊料含有加热时易挥发的组元，故一般不用在电真空工业上，又由于其高温强度低，只能用来钎焊工作温度低于 200℃ 的零件。Ag-Cu-Zn 系合金的化学成分和性能见表 1.3.1-1。

表 1.3.1-1 Ag-Cu-Zn 系合金化学成分和性能

合金牌号	质量分数/%						熔化温度/℃	抗拉强度/MPa
	Ag	Cu	Zn	Cd	Sn	Ni		
BAg70CuZn	70±1	26±1	余量	—	—	—	730~755	353
BAg65CuZn	65±1	20±1	余量	—	—	—	685~720	384
BAg60CuZn	60±1	余量	10±0.5	—	—	—	602~718	—
BAg50CuZn	50±1	34±1	余量	—	—	—	677~775	343
BAg45CuZn	45±1	30±1	余量	—	—	—	677~743	386
BAg25CuZn	25±1	40±1	余量	—	—	—	745~775	353
BAg10CuZn	10±1	53±1	余量	—	—	—	815~850	451
BAg50CuZnCd	余量	15.5±1	16.5±2	18±1	—	—	627~635	419
BAg45CuZnCd	余量	15±1	16±2	24±1	—	—	607~618	—
BAg40CuZnCdNi	余量	16±0.5	17.8±0.5	26±0.5	—	0.2±0.1	595~605	392
BAg35CuZnCd	余量	26±1	21±2	18±1	—	—	607~702	411
BAg50CuZnCdNi	余量	15.5±1	15.5±1	16±1	—	3±0.5	632~688	431
BAg56CuZnSn	余量	22±1	17±2	—	5±0.5	—	618~652	—
BAg34CuZnSn	余量	36±1	27±1	—	3±0.5	—	630~730	—
BAg50CuZnSnNi	余量	21.5±1	27±1	—	1±0.3	0.3~0.65	650~670	—
BAg40CuZnSnNi	余量	25±1	30.5±1	—	3±0.3	2.1.30~1.65	630~640	—
BAg49CuZnMnNi	49±1	27.5±1	余量	—	Mn2.5±0.5	0.5±0.1	695~705	456
BAg49CuZnMnNi	49±1	16±1	余量	—	Mn7.5±0.5	3.5±0.5	695~730	576
BAg50CuZnMnNi	50±1	16±1	余量	—	Mn4.5±0.5	3±1	695~714	490
BAg20CuZnMnNi	20±1	25.6±1	余量	—	Mn7.2±0.5	4.8±1	—	—
BAg15CuZnMnNi	15±1	27.2±1	余量	—	Mn7.65±0.5	5.1±1	—	—

1.3.2 银铜锌系合金的金相组织

Ag-Cu-Zn 系合金在室温时共析出 6 个相：α_1(Ag, Zn)/α(Cu, Zn)、β、γ、δ、ε、η，见图 1.3.2-1~图 1.3.2-8。靠近浓度三角形的 3 个角均有一个狭窄的固溶体区，它们是以纯金属为基体晶格并生成与该金属晶格相同的固溶体。靠近银角的为 α_1(Ag, Zn) 相、靠近铜角的为 α(Cu, Zn) 相，靠近 Zn 角的为 η 相。这 3 个固溶体区的范围随温度的升高而扩大。其余 4 个相也是固溶体，但不是以纯金属为基体，而是以电子型金属间化合物为基体而形成的。这 4 个相中只有 β 相有较好的塑性，其余各相都是很脆的。所以 Ag-Cu-Zn 焊料的成分大都选择在未出现 γ 相和 δ 相的范围内，锌含量都不超过 40%。Ag-Cu-Zn 及多元合金的组织见图 1.3.2-9~图 1.3.2-43。

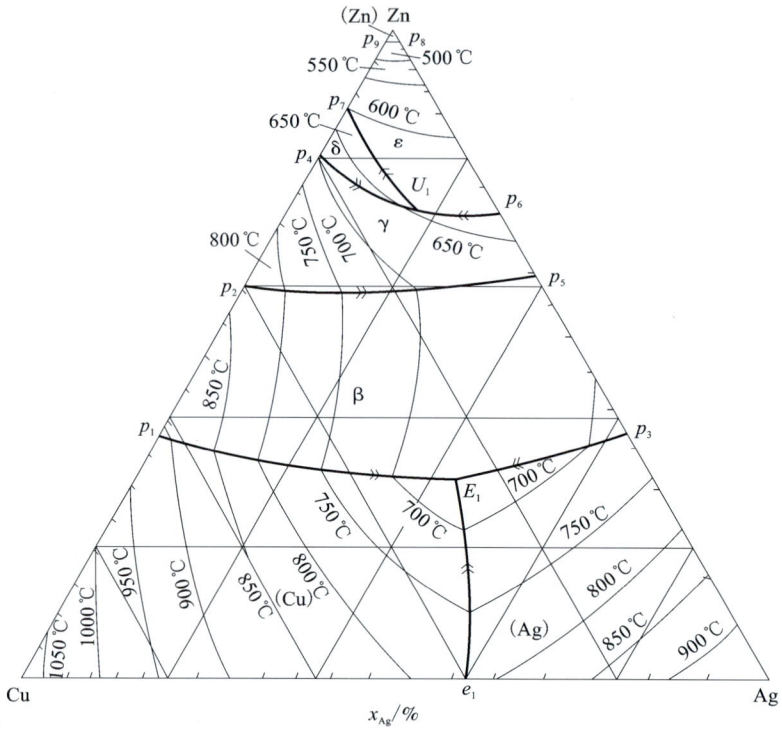

图 1.3.2-1　Ag-Cu-Zn 系合金液相面投影图

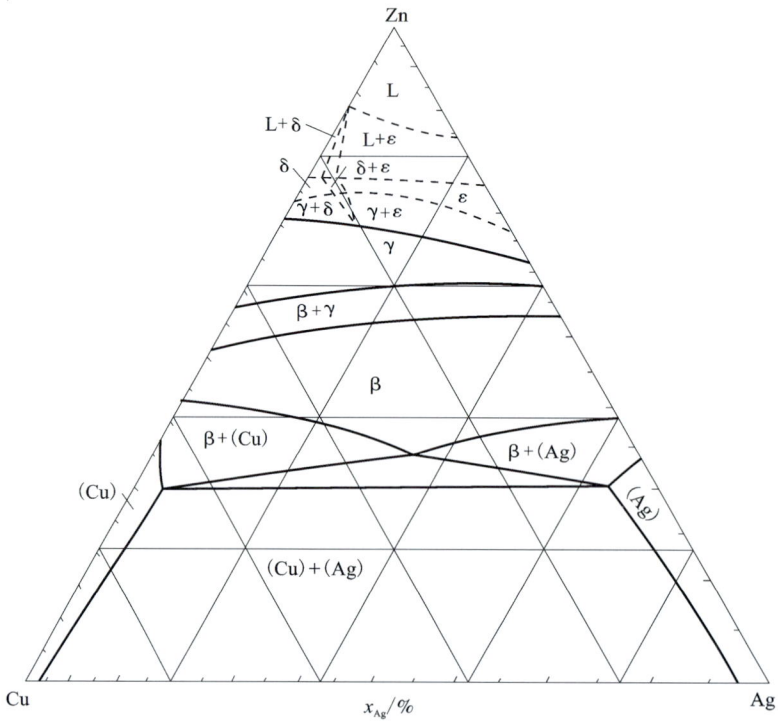

图 1.3.2-2　Ag-Cu-Zn 系合金 600℃等温截面图

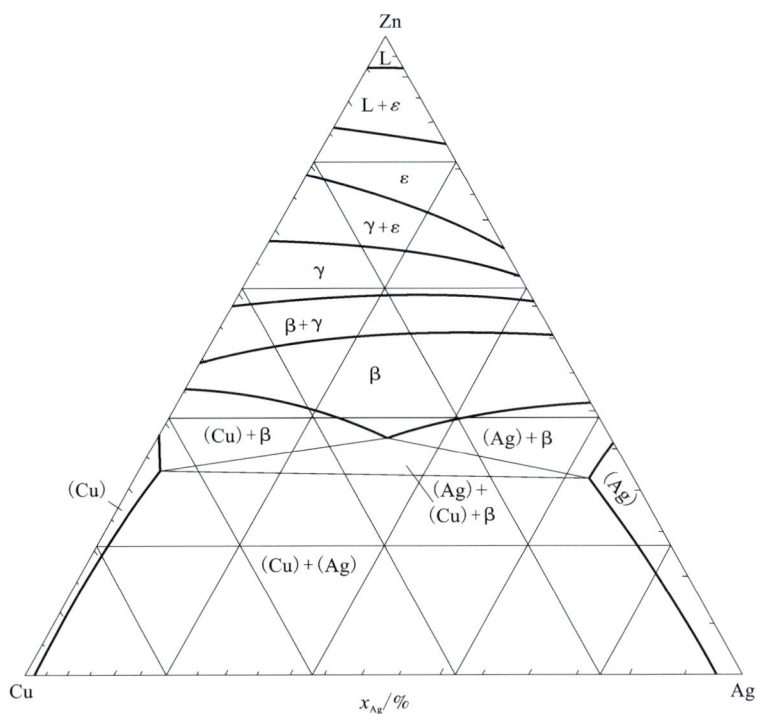

图 1.3.2-3　Ag-Cu-Zn 系合金 500℃等温截面图

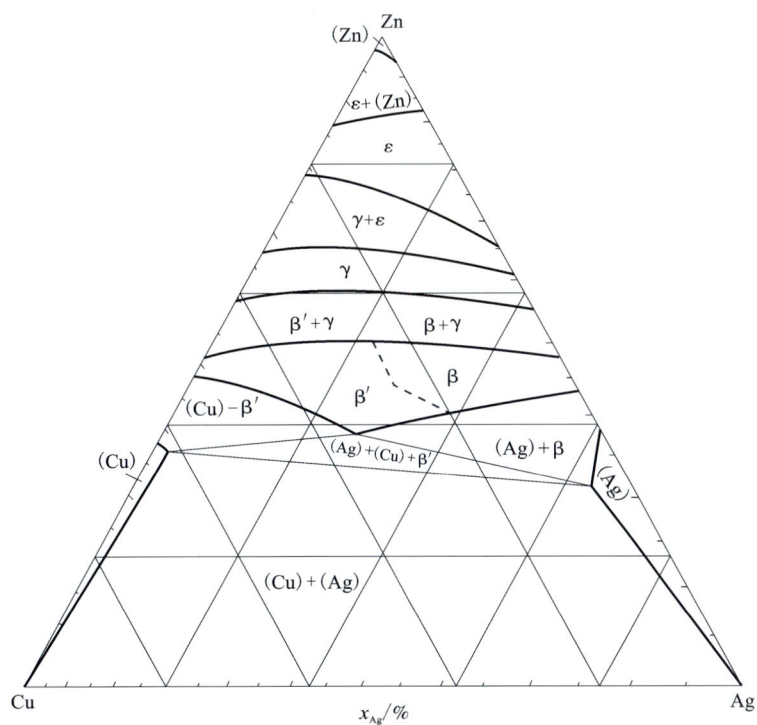

图 1.3.2-4　Ag-Cu-Zn 系合金 350℃等温截面图

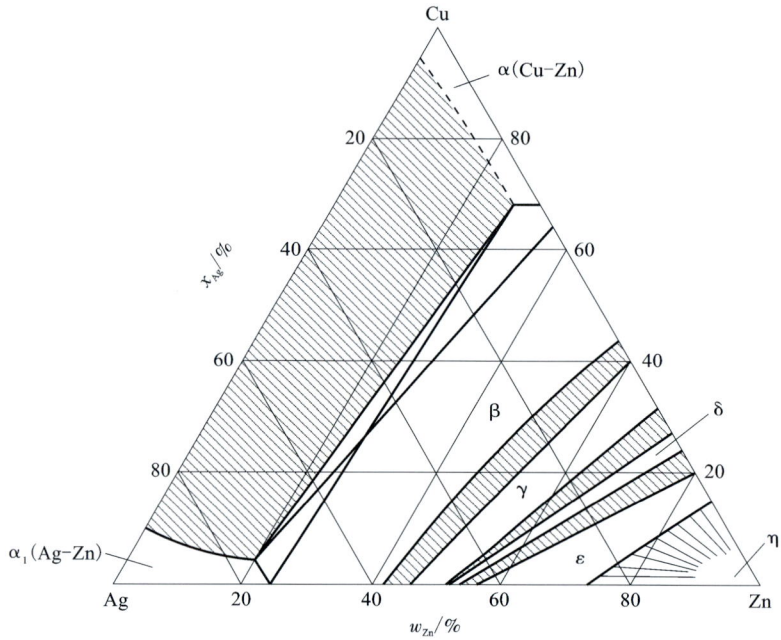

图 1.3.2-5 Ag-Cu-Zn 系合金室温相分布图

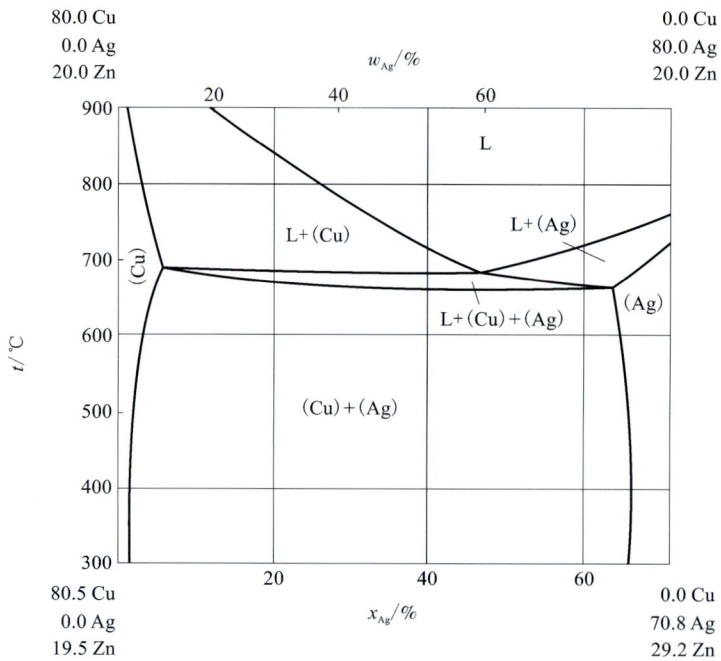

图 1.3.2-6 Ag-Cu-Zn 系 $w_{Zn}=20\%$ 等值截面图

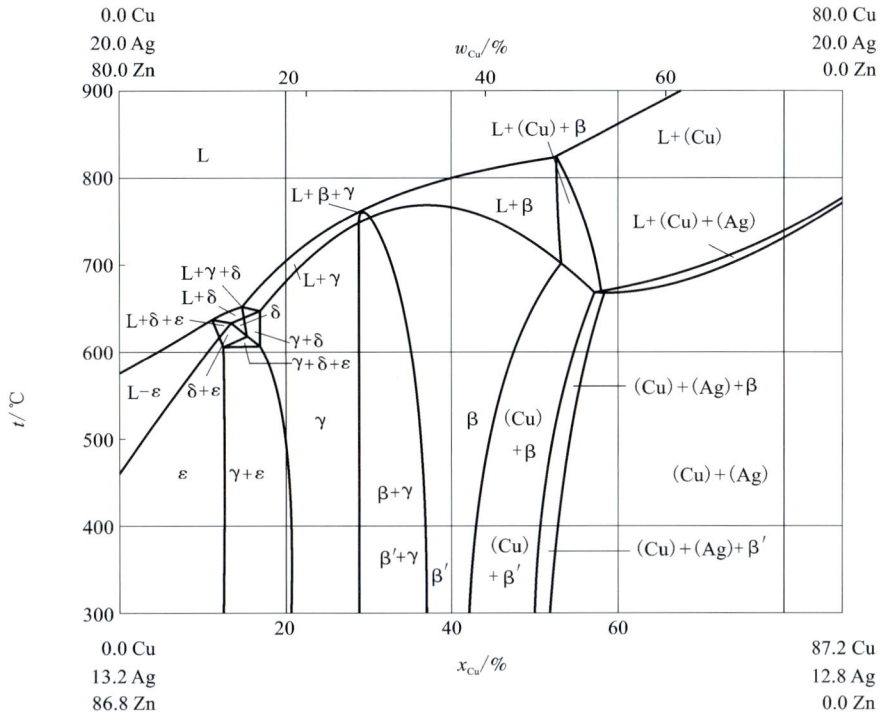

图 1.3.2-7　Ag-Cu-Zn 系 $w_{Ag}=20\%$ 等值截面图

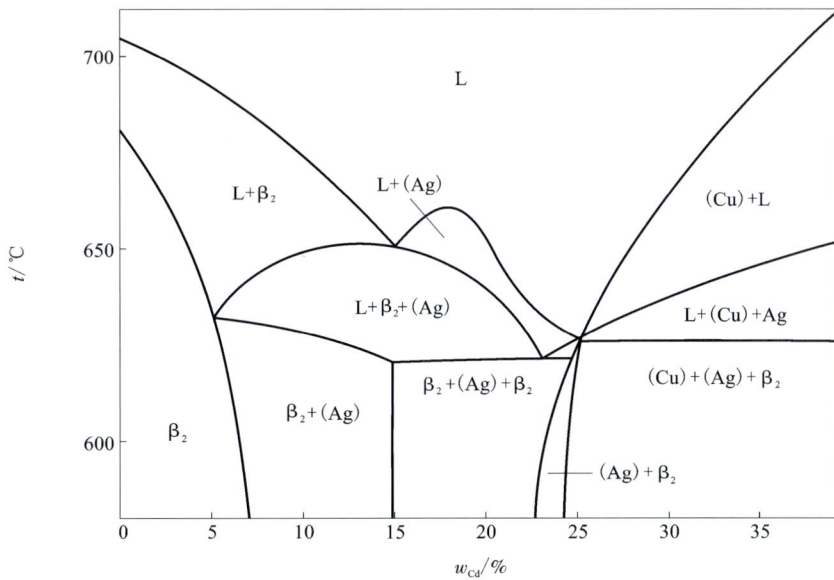

图 1.3.2-8　Ag-Cd-Cu-Zn 系 $w_{Ag}=45\%$ 和 $w_{Cu}=15\%$ 等值截面图

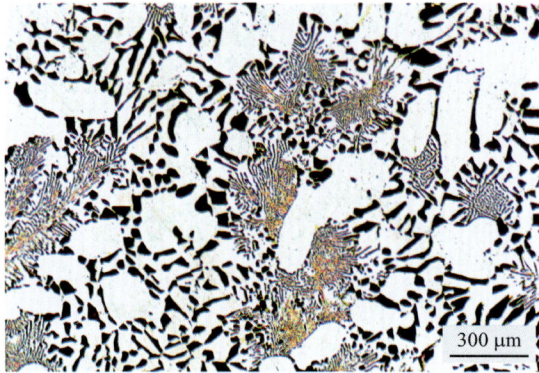

牌　　号：Ag-26Cu-4Zn
状　　态：铸态
组织说明：（Ag）+［（Ag）+（Cu）］（1）+［（Ag）+（Cu）］（2），
　　　　　凝固结晶组织
浸 蚀 剂：Ag-m2

图 1.3.2-9

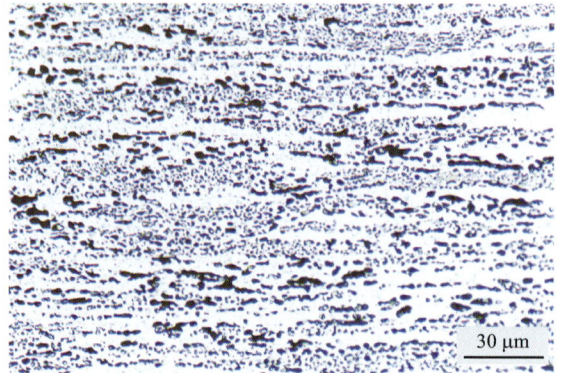

牌　　号：Ag-26Cu-4Zn
状　　态：冷加工，640℃/3 h 热处理
组织说明：（Ag）+（Cu），再结晶组织
浸 蚀 剂：Ag-m2

图 1.3.2-10

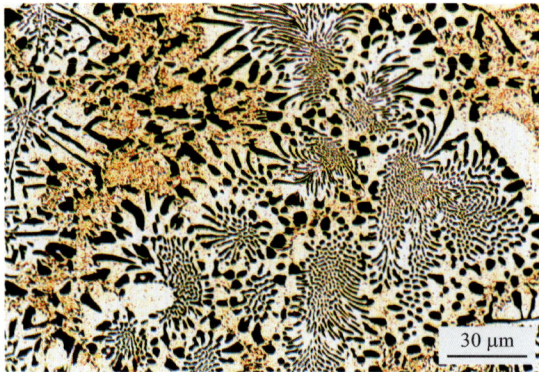

牌　　号：Ag-31Cu-15.5Zn
状　　态：铸态
组织说明：（Cu）+［（Ag）+（Cu）］（一次共晶）+［（Ag）+
　　　　　（Cu）］（二次共晶）
浸 蚀 剂：Ag-m2

图 1.3.2-11

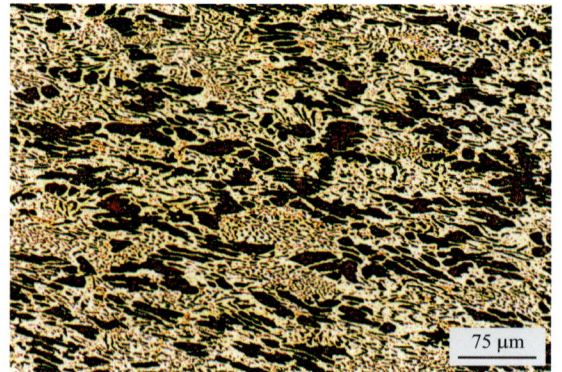

牌　　号：Ag-31Cu-15.5Zn
状　　态：铸锭 550℃热锻
组织说明：（Cu）+［（Cu）+（Ag）］，热加工形变组织
浸 蚀 剂：Ag-m2

图 1.3.2-12

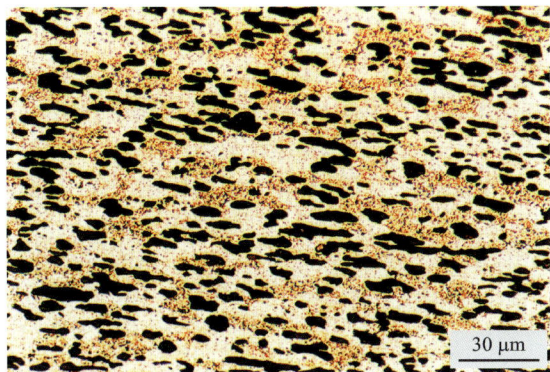

牌　　　号：Ag-31Cu-15.5Zn

状　　　态：铸锭 550℃热锻，550℃/1 h 热处理

组织说明：（Cu）+[（Cu）+（Ag）]′，再结晶组织

浸　蚀　剂：Ag-m2

图 1.3.2-13

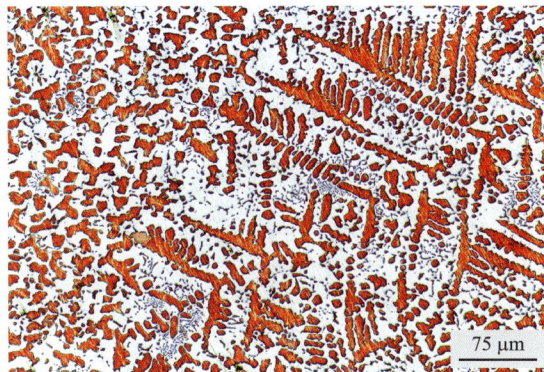

牌　　　号：Ag-34Cu-16Zn

状　　　态：铸态

组织说明：（Cu）+（Ag）+[（Cu）+（Ag）]，凝固结晶组织

浸　蚀　剂：Ag-m2

图 1.3.2-14

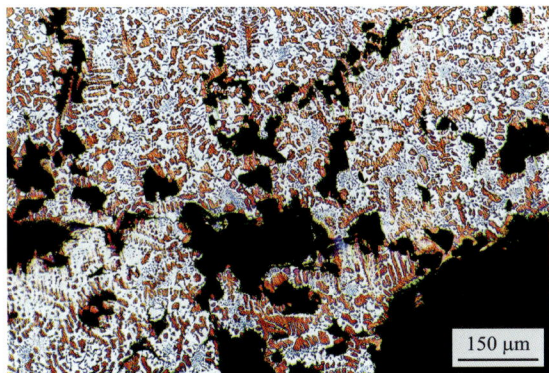

牌　　　号：Ag-34Cu-16Zn

状　　　态：铸态

组织说明：（Cu）+（Ag）+[（Cu）+（Ag）]+疏松孔，凝固结晶
　　　　　组织

浸　蚀　剂：Ag-m2

图 1.3.2-15

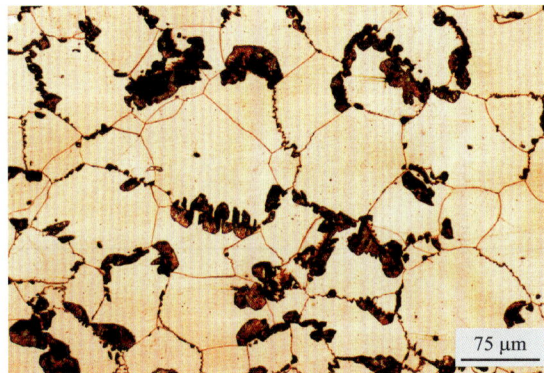

牌　　　号：Ag-34Cu-16Zn

状　　　态：冷加工，640℃/3 h 快速冷却热处理

组织说明：（Cu）+（Ag），再结晶组织

浸　蚀　剂：Ag-m2

图 1.3.2-16

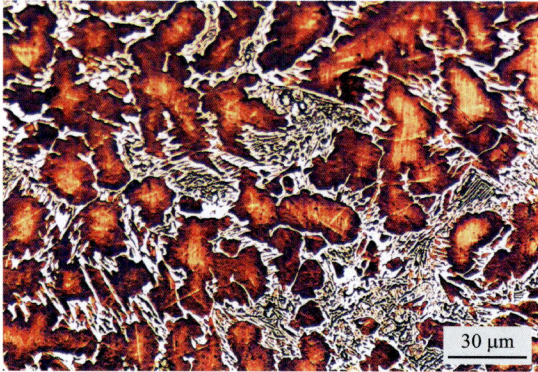

牌　　　号：Ag-40Cu-35Zn
状　　　态：铸态
组织说明：（Cu）+（Ag）+［CuZn+（Ag）］，凝固结晶组织
浸 蚀 剂：Ag-m2

图 1.3.2-17

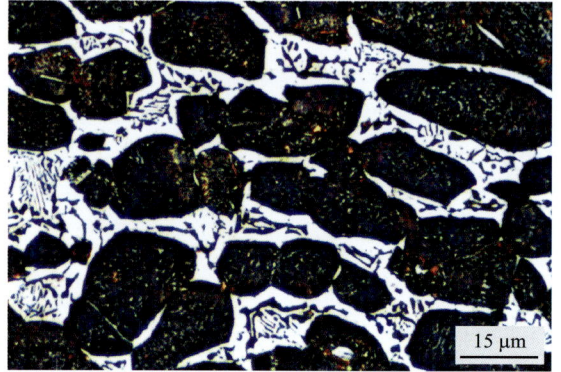

牌　　　号：Ag-40Cu-35Zn
状　　　态：冷加工，640℃/3 h 热处理
组织说明：（Cu）+［CuZn+（Ag）］′，再结晶组织
浸 蚀 剂：Ag-m2

图 1.3.2-18

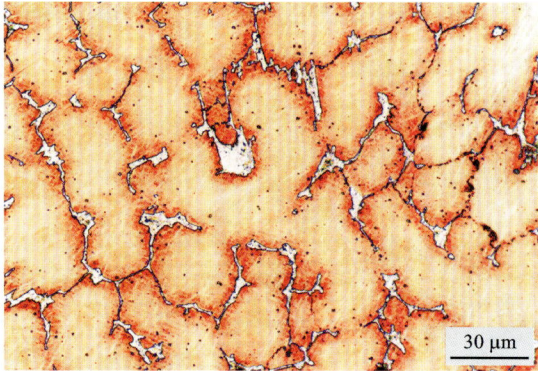

牌　　　号：Ag-53Cu-37Zn
状　　　态：铸态
组织说明：（Cu）+β′，凝固结晶组织
浸 蚀 剂：Ag-m2

图 1.3.2-19

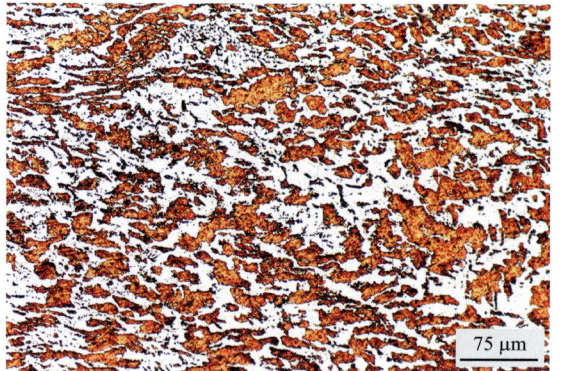

牌　　　号：Ag-53Cu-37Zn
状　　　态：冷加工，640℃/3 h 热处理
组织说明：（Cu）+β′，再结晶组织
浸 蚀 剂：Ag-m2

图 1.3.2-20

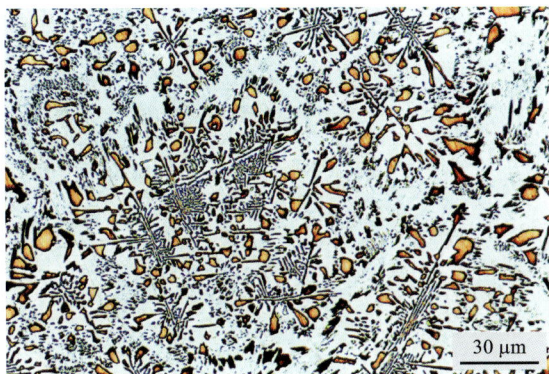

牌　　　号：Ag-22Cu-17Zn-5Sn

状　　　态：铸态

组织说明：(Ag)+(Cu)+[CuSn+(Ag)]，凝固结晶组织

浸　蚀　剂：Ag-m2

图 1.3.2-21

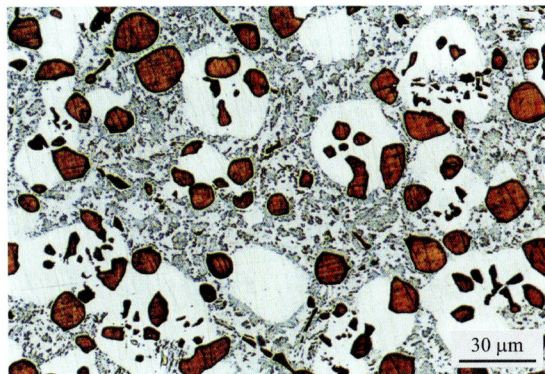

牌　　　号：Ag-22Cu-17Zn-5Sn

状　　　态：铸态，缓慢冷却

组织说明：(Ag)+(Cu)+[CuSn+(Ag)]，凝固结晶组织

浸　蚀　剂：Ag-m2

图 1.3.2-22

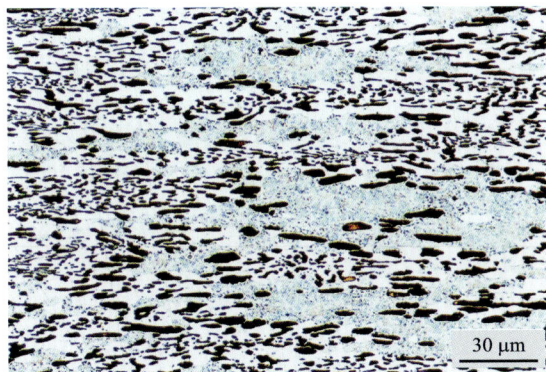

牌　　　号：Ag-22Cu-17Zn-5Sn

状　　　态：铸锭 550℃热锻

组织说明：(Ag)+(Cu)+[CuSn+(Ag)]，热锻形变组织

浸　蚀　剂：Ag-m2

图 1.3.2-23

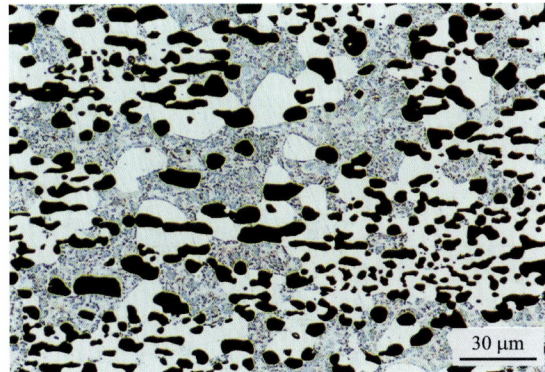

牌　　　号：Ag-22Cu-17Zn-5Sn

状　　　态：铸锭 550℃热锻，550℃/3 h 热处理

组织说明：(Ag)+(Cu)+[CuSn+(Ag)]，再结晶组织

浸　蚀　剂：Ag-m2

图 1.3.2-24

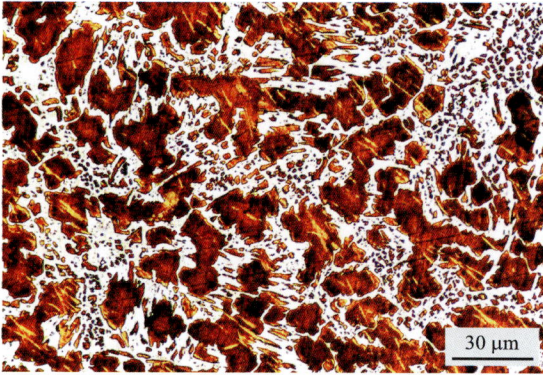

牌　　　号：Ag-36Cu-27Zn-3Sn

状　　　态：铸态

组织说明：（Cu）+［（Ag）+CuSn］，凝固结晶组织

浸　蚀　剂：Ag-m2

图 1. 3. 2-25

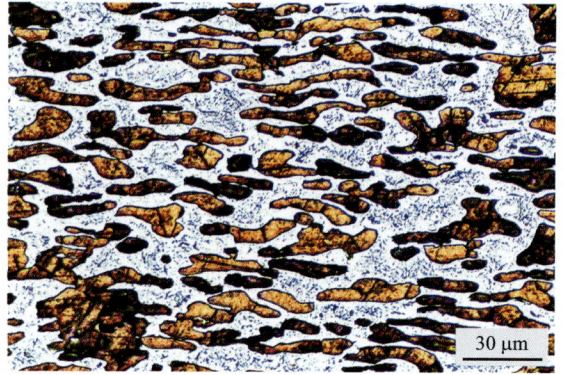

牌　　　号：Ag-36Cu-27Zn-3Sn

状　　　态：铸锭 550℃热锻

组织说明：（Cu）+［（Ag）+CuSn］，热锻形变组织

浸　蚀　剂：Ag-m2

图 1. 3. 2-26

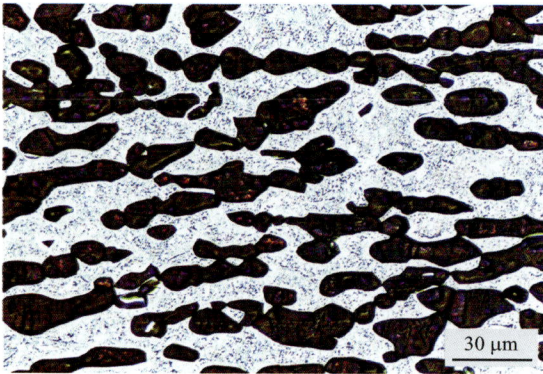

牌　　　号：Ag-36Cu-27Zn-3Sn

状　　　态：铸锭 550℃热锻，550℃/3 h 热处理

组织说明：（Cu）+［（Ag）+CuSn］，再结晶组织

浸　蚀　剂：Ag-m2

图 1. 3. 2-27

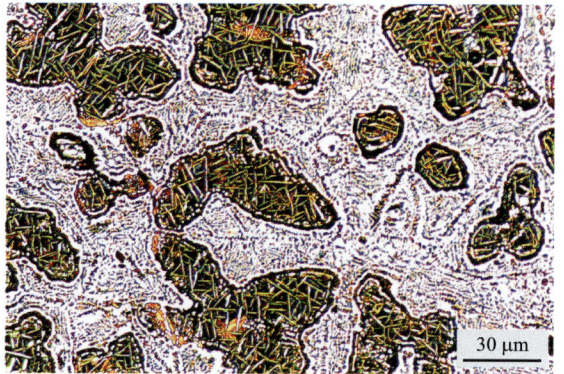

牌　　　号：Ag-25Cu-30.5Zn-3Sn-1.5Ni

状　　　态：铸态

组织说明：［（Ag）+（Cu）+CuSn］+［（Ag）+CuSn］，凝固结晶
　　　　　组织

浸　蚀　剂：Ag-m2

图 1. 3. 2-28

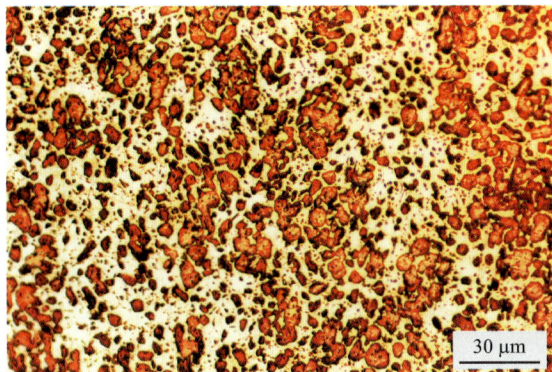

牌　　　号：Ag-25Cu-30.5Zn-3Sn-1.5Ni

状　　　态：冷加工，550℃/3 h 热处理

组织说明：（Ag）+（Cu）+CuSn，再结晶组织

浸 蚀 剂：Ag-m2

图 1.3.2-29

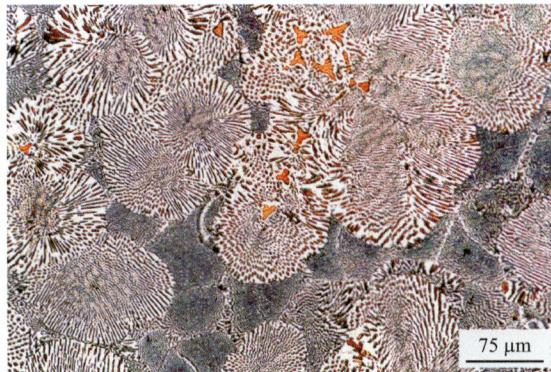

牌　　　号：Ag-15Cu-16Zn-24Cd

状　　　态：铸态

组织说明：（Ag）+β_2+[（Ag）+β_2]，凝固结晶组织

浸 蚀 剂：Ag-m2

图 1.3.2-30

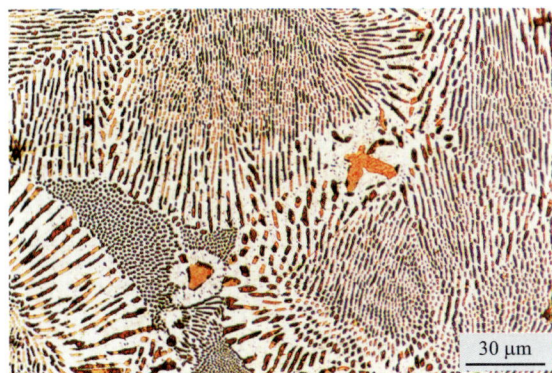

牌　　　号：Ag-15Cu-16Zn-24Cd

状　　　态：铸态

组织说明：（Ag）+β_2+[（Ag）+β_2]，凝固结晶组织

浸 蚀 剂：Ag-m2

图 1.3.2-31

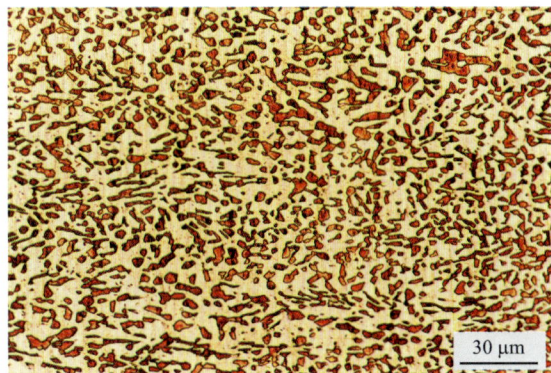

牌　　　号：Ag-15Cu-16Zn-24Cd

状　　　态：冷加工，550℃/3 h 热处理

组织说明：（Ag）+β_2，再结晶组织

浸 蚀 剂：Ag-m2

图 1.3.2-32

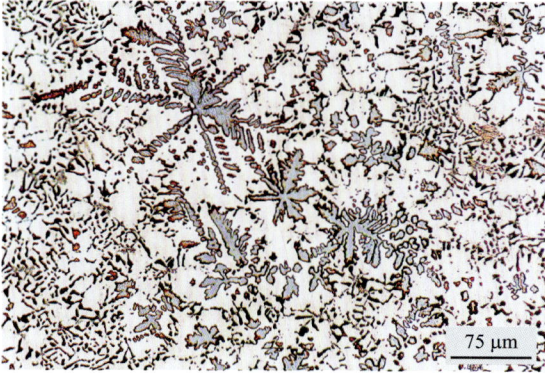

75 μm

牌　　号：Ag-15.5Cu-15.5Zn-16Cd-3Ni
状　　态：铸态
组织说明：（Cu）+（Ag）+[（Cu）+CuZn]，凝固结晶组织
浸 蚀 剂：Ag-m2

图 1.3.2-33

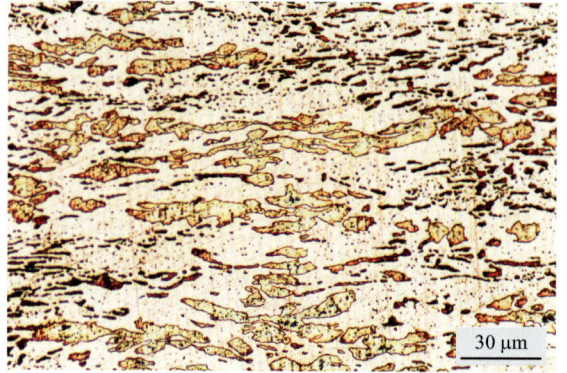

30 μm

牌　　号：Ag-15.5Cu-15.5Zn-16Cd-3Ni
状　　态：冷加工，550℃/3 h 热处理
组织说明：（Cu）+（Ag）+CuZn，再结晶组织
浸 蚀 剂：Ag-m2

图 1.3.2-34

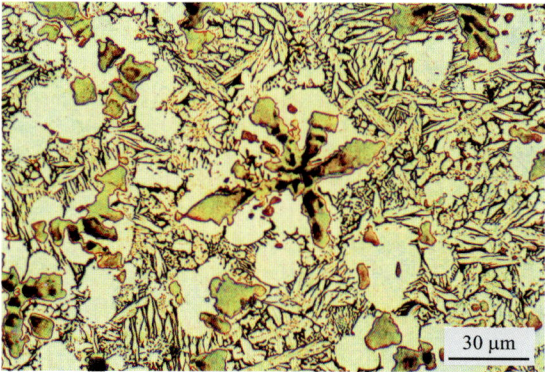

30 μm

牌　　号：Ag-16Cu-23Zn-7.5Mn-4.5Ni
状　　态：铸态
组织说明：（Cu）+（Ag）+CuZn，凝固结晶偏析组织
浸 蚀 剂：Ag-m2

图 1.3.2-35

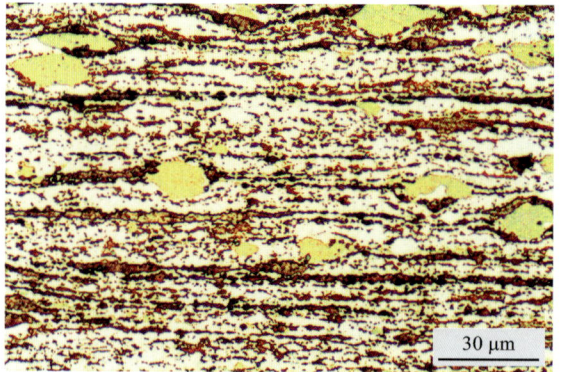

30 μm

牌　　号：Ag-16Cu-23Zn-7.5Mn-4.5Ni
状　　态：铸锭 520℃热挤压
组织说明：（Cu）+（Ag）+CuZn，热加工形变组织
浸 蚀 剂：Ag-m2

图 1.3.2-36

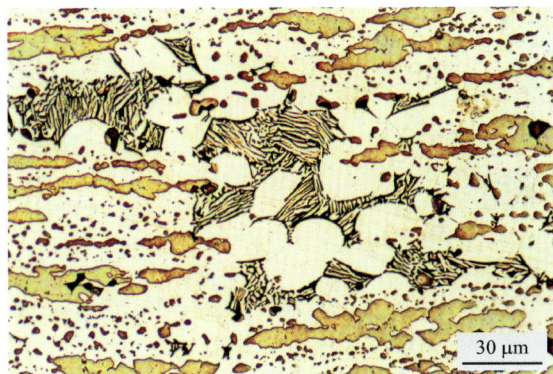

30 μm

牌　　号：Ag-16Cu-23Zn-7.5Mn-4.5Ni
状　　态：冷加工，610℃/5 h 热处理
组织说明：α_2(Cu)+α_1(Ag)+CuZn，保留少量铸态组织+再
　　　　　结晶组织
浸 蚀 剂：Ag-m2

图 1.3.2-37

25 μm

牌　　号：Ag-16Cu-23Zn-7.5Mn-4.5Ni
状　　态：大形变冷加工，500℃/1 h 热处理
组织说明：(Cu)+(Ag)+CuZn，再结晶组织
浸 蚀 剂：Ag-m2

图 1.3.2-38

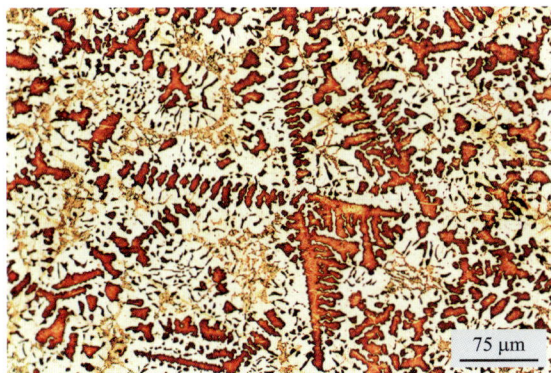

75 μm

牌　　号：Ag-28Cu-20Zn-2.5Mn-0.5Ni
状　　态：铸态
组织说明：(Cu)+(Ag)+[(Ag)+CuZn]，凝固结晶组织
浸 蚀 剂：Ag-m2

图 1.3.2-39

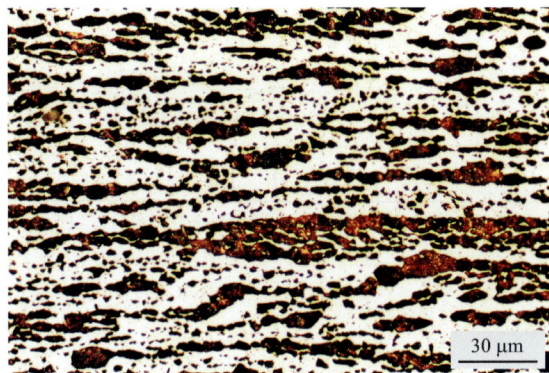

30 μm

牌　　号：Ag-28Cu-20Zn-2.5Mn-0.5Ni
状　　态：冷加工，610℃/5 h 热处理
组织说明：(Cu)+(Ag)+CuZn，再结晶组织
浸 蚀 剂：Ag-m2

图 1.3.2-40

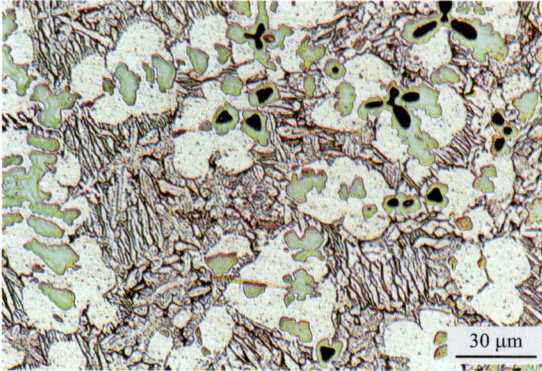

牌　　号：Ag-16Cu-24Zn-7.5Mn-3Ni
状　　态：铸态
组织说明：[(Ag)+AgZn]+(Cu)+(Ag)+CuMn，凝固结晶
　　　　　组织
浸 蚀 剂：Ag-m2

图 1.3.2-41

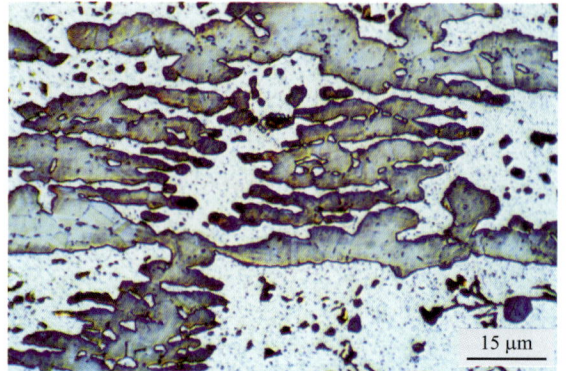

牌　　号：Ag-16Cu-24Zn-7.5Mn-3Ni
状　　态：冷加工，610℃/5 h 热处理
组织说明：(Cu)+(Ag)+CuMn+AgZn，再结晶组织
浸 蚀 剂：Ag-m2

图 1.3.2-42

牌　　号：Ag-28Cu-20Zn-2.5Mn-0.5Ni 复合铜材
状　　态：机械复合
组织说明：中间为 Cu，两侧为 Ag-28Cu-20Zn-2.5Mn-0.5Ni
浸 蚀 剂：加热氧化着色

图 1.3.2-43

1.4　银铜镍系合金

1.4.1　银铜镍系合金的性能和用途

在 Ag-Cu 系二元合金中添加少量 Ni(≤1.0%)可以提高钎料对不锈钢的浸润性，显著减少银铜合金的偏析，并能提高合金的耐蚀性和耐磨性。随着 Ni 含量增加钎料的液相线升高，钎料的熔化间隔加大，降低了钎料的流动性。Ag-Cu-Ni 钎料蒸汽压低，可作为电真空钎料使用，也可用作导电环和开关电接触片材料。Ag-Cu-Ni 系主要合金的化学成分与性能见表 1.4.1-1。

表 1.4.1-1　Ag-Cu-Ni 系主要合金的化学成分与性能

合金牌号	质量分数/%				熔化温度 /℃
	Ag	Cu	Ni	Al	
Ag81.5CuNi	余量	15.5±1.0	3±0.5	—	—
Ag78CuNi	余量	20±1.0	2±0.5	—	780~820
Ag75CuNi	余量	24.5±1.0	0.5±0.25	—	—
Ag71.5CuNi	余量	28±1.0	0.5±0.25	—	—
Ag72.25CuNi	余量	28±1.0	0.75±0.25	—	780~800
Ag70CuNi	余量	28±1.0	2±0.5	—	785~820
Ag69CuNi	余量	28±1.0	3±0.5	—	780~820
Ag63CuNi	余量	32±1.0	5±0.5	—	785~820
Ag56CuNi	余量	42±1.0	2±0.5	—	790~830
Ag56CuNi	余量	62±1.0	3±0.5	—	—
Ag77CuNiAl	余量	20±1.0	2±0.5	1±0.5	—

1.4.2　银铜镍系合金的金相组织

Ag-Ni 在室温下溶解度较小，熔融的 Ag-Ni 凝固后以(Ag)+(Ni)机械混合物形式存在，Cu-Ni 可以形成无限固溶体，Ag-Cu 也具有很好的互溶性。Ag-Cu-Ni 三元合金的结构主要由基本不互溶的 Ag-Ni 二元系所制约，在固态由 Ag-Cu 共晶分解所形成的(Ag)+(Cu)两相区可延伸到含 5%Ni 的三元合金相区。Cu-Ni 固溶体中，加入 Ag 后，单相固溶体可以保持到约 5%Ag 的三元相区。在室温下 Ag-Cu-Ni 三元系形成(Ag)、(Cu，Ni)相。见 Ag-Cu-Ni 系相图 1.4.2-1~1.4.2-3。常用 Ag-Cu-Ni 合金的金相组织见图 1.4.2-4~图 1.4.2-22。

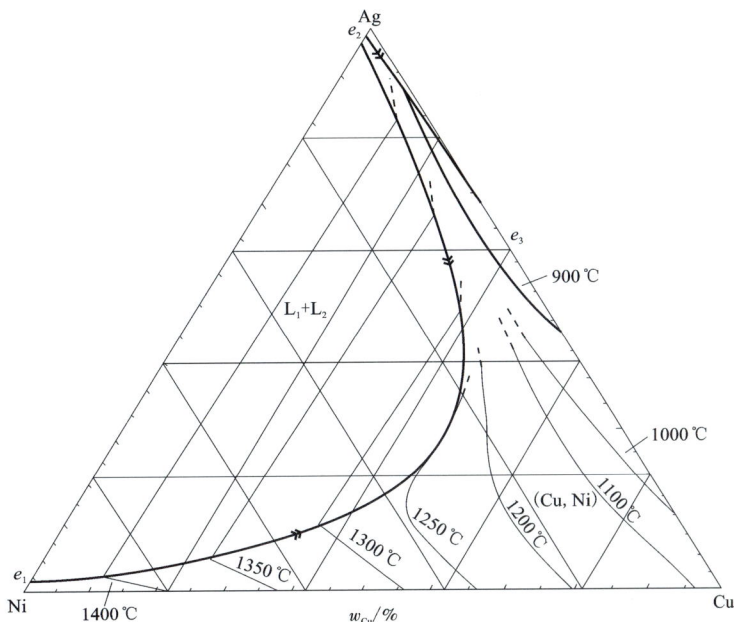

图 1.4.2-1　Ag-Cu-Ni 系(at%)液相面投影图

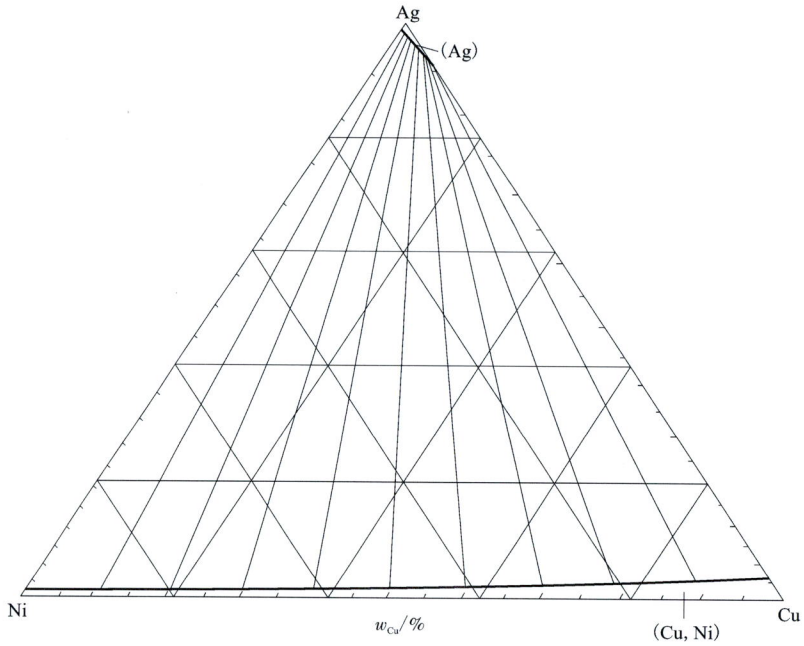

图 1.4.2-2　Ag-Cu-Ni 系合金 700℃等温截面

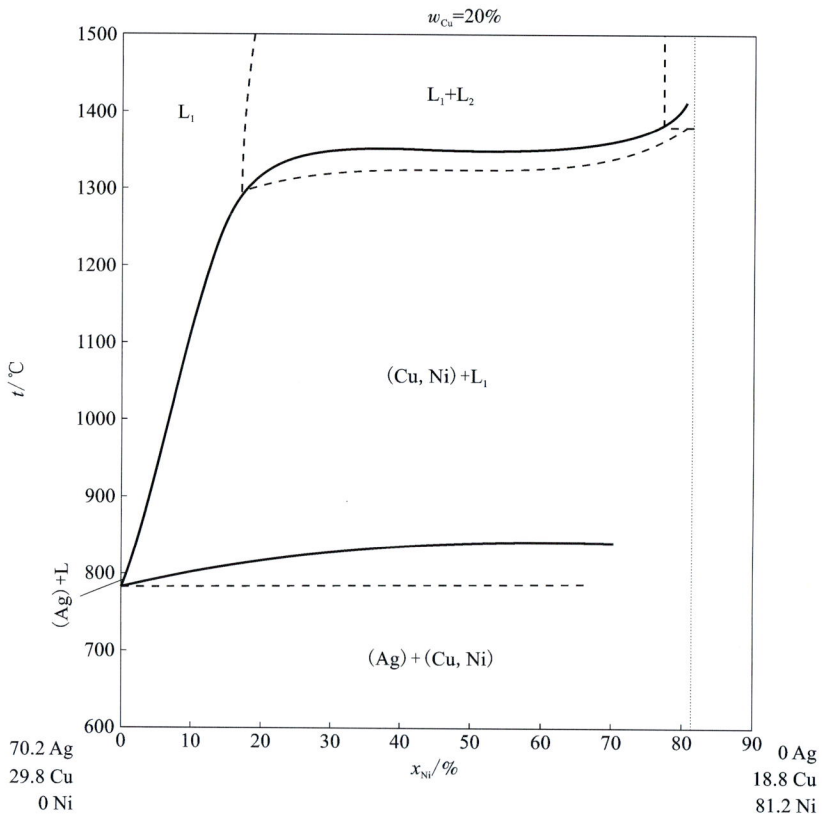

图 1.4.2-3　Ag-Cu-Ni 系 $w_{Cu}=20\%$ 等值截面

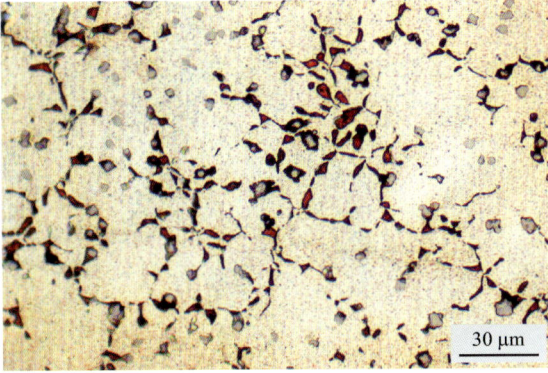

牌　　　号：Ag-15.5Cu-3Ni
状　　　态：铸态
组织说明：(Cu，Ni)+(Ag)，凝固结晶组织
浸　蚀　剂：Ag-m2

图 1.4.2-4

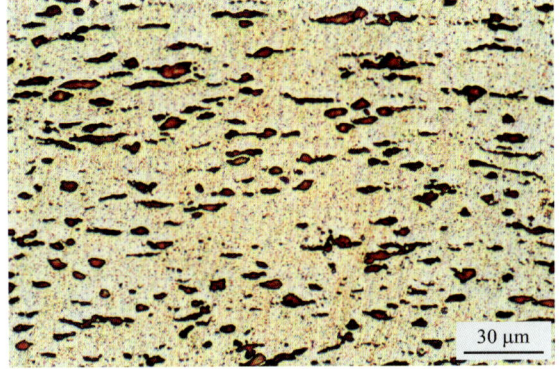

牌　　　号：Ag-15.5Cu-3Ni
状　　　态：冷加工，720℃/3 h 退火热处理
组织说明：(Cu，Ni)+(Ag)，再结晶组织
浸　蚀　剂：Ag-m2

图 1.4.2-5

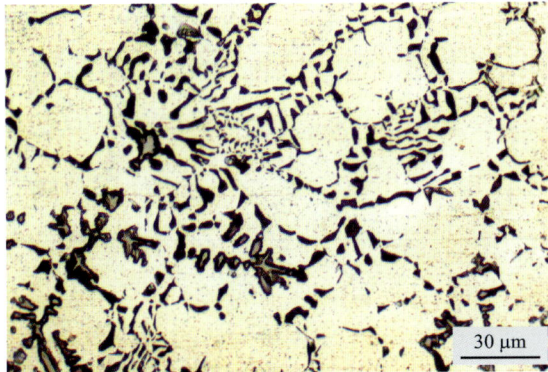

牌　　　号：Ag-20Cu-2Ni
状　　　态：铸态
组织说明：(Cu，Ni)+(Ag)+[(Ag)+(Cu，Ni)]，凝固结晶
　　　　　组织
浸　蚀　剂：Ag-m2

图 1.4.2-6

牌　　　号：Ag-20Cu-2Ni
状　　　态：冷加工，720℃/3 h 退火热处理
组织说明：(Ag)+(Cu，Ni)，其中大块为未熔化的 Ni
浸　蚀　剂：Ag-m2

图 1.4.2-7

牌　　号：Ag-20Cu-2Ni

状　　态：冷加工，720℃/3 h 退火热处理

组织说明：（Ag）+（Cu，Ni），铸态形变组织

浸 蚀 剂：Ag-m2

图 1.4.2-8

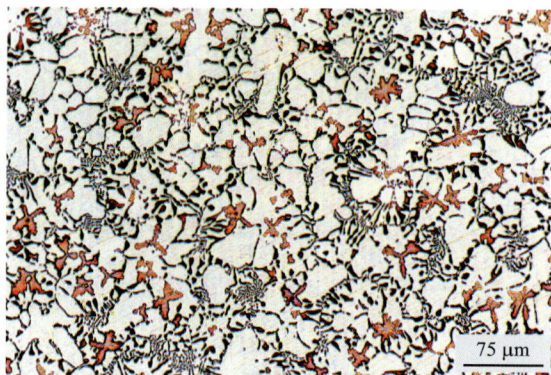

牌　　号：Ag-24.5Cu-0.5Ni

状　　态：铸态

组织说明：（Cu，Ni）+（Ag）+[（Ag）+（Cu，Ni）]，凝固结晶组织

浸 蚀 剂：Ag-m2

图 1.4.2-9

牌　　号：Ag-24.5Cu-0.5Ni

状　　态：冷加工，720℃/3 h 退火热处理

组织说明：（Cu，Ni）+（Ag），再结晶组织

浸 蚀 剂：Ag-m2

图 1.4.2-10

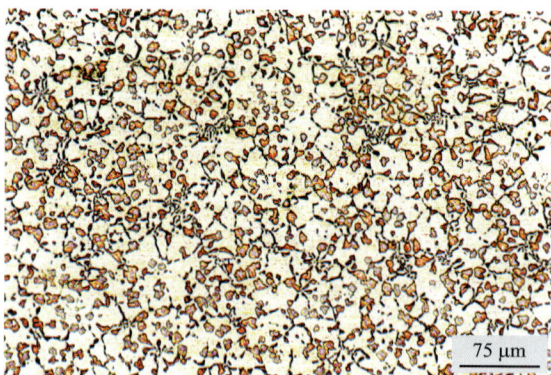

牌　　号：Ag-28Cu-0.75Ni

状　　态：铸态

组织说明：（Cu，Ni）+（Ag）+[（Cu，Ni）+（Ag）]，凝固结晶组织

浸 蚀 剂：Ag-m2

图 1.4.2-11

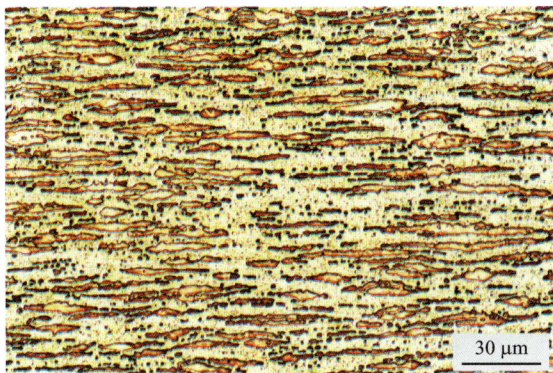

牌　　　号：Ag-28Cu-0.75Ni
状　　　态：冷加工，720℃/3 h 退火热处理
组织说明：(Cu，Ni)+(Ag)，再结晶组织
浸 蚀 剂：Ag-m2

图 1.4.2-12

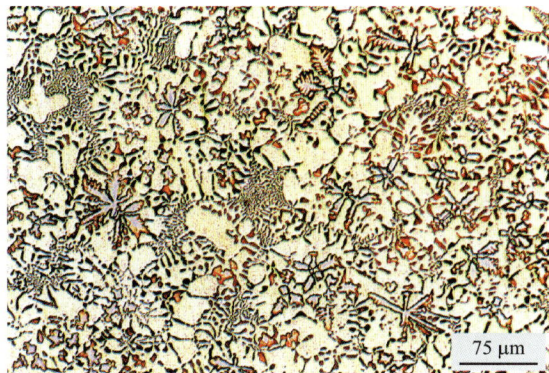

牌　　　号：Ag-28Cu-2Ni
状　　　态：铸态
组织说明：(Cu，Ni)+(Ag)+[(Ag)+(Cu，Ni)]，凝固结晶
　　　　　组织
浸 蚀 剂：Ag-m2

图 1.4.2-13

牌　　　号：Ag-28Cu-2Ni
状　　　态：冷加工，720℃/3 h 退火热处理
组织说明：(Ag)+(Cu，Ni)，再结晶组织
浸 蚀 剂：Ag-m2

图 1.4.2-14

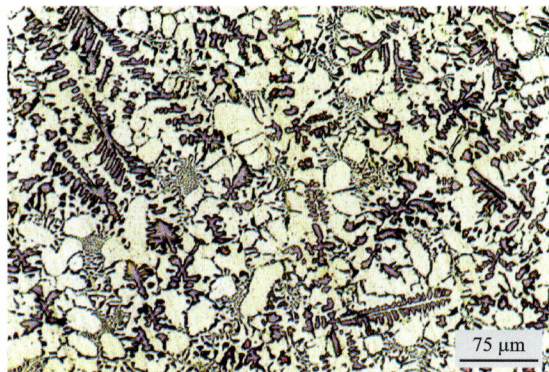

牌　　　号：Ag-28Cu-3Ni
状　　　态：铸态
组织说明：(Cu，Ni)+(Ag)+[(Ag)+(Cu，Ni)]，凝固结晶
　　　　　组织
浸 蚀 剂：Ag-m2

图 1.4.2-15

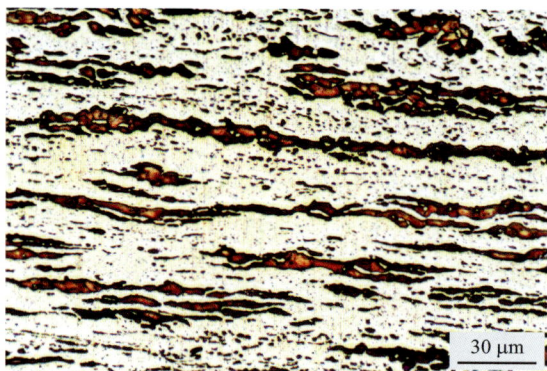

牌　　　号：Ag-28Cu-3Ni

状　　　态：冷加工，720℃/3 h 退火热处理

组织说明：（Ag）+（Cu，Ni），再结晶组织

浸 蚀 剂：Ag-m2

图 1.4.2-16

牌　　　号：Ag-32Cu-5Ni

状　　　态：铸态

组织说明：（Cu，Ni）+（Ag）+［（Ag）+（Cu，Ni）］，凝固结晶组织

浸 蚀 剂：Ag-m2

图 1.4.2-17

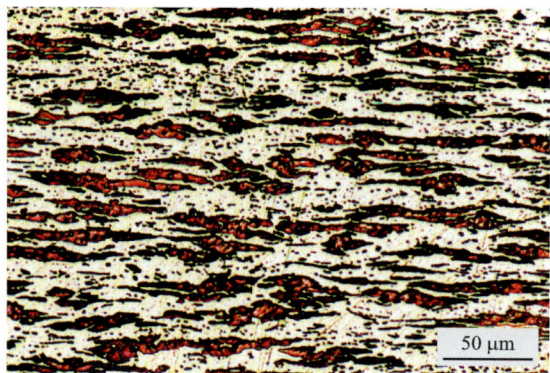

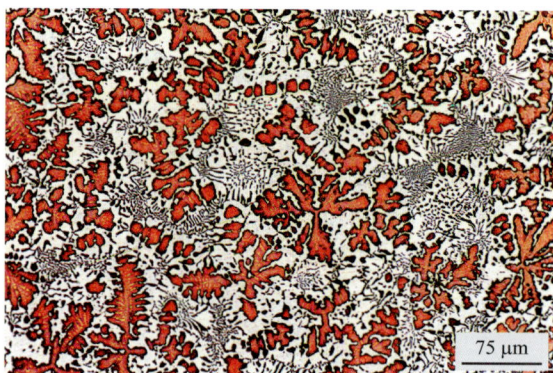

牌　　　号：Ag-32Cu-5Ni

状　　　态：冷加工，720℃/3 h 退火热处理

组织说明：（Cu，Ni）+（Ag），再结晶组织

浸 蚀 剂：Ag-m2

图 1.4.2-18

牌　　　号：Ag-42Cu-2Ni

状　　　态：铸态

组织说明：（Cu，Ni）+（Ag）+［（Ag）+（Cu，Ni）］，凝固结晶组织

浸 蚀 剂：Ag-m2

图 1.4.2-19

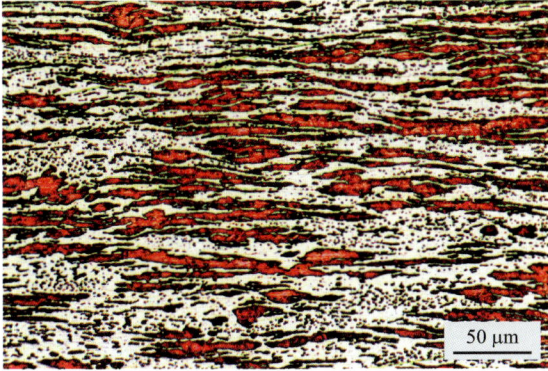

牌　　　号：Ag-42Cu-2Ni
状　　　态：冷加工，720℃/3 h 退火热处理
组织说明：(Cu，Ni)+(Ag)，再结晶组织
浸　蚀　剂：Ag-m2

图 1.4.2-20

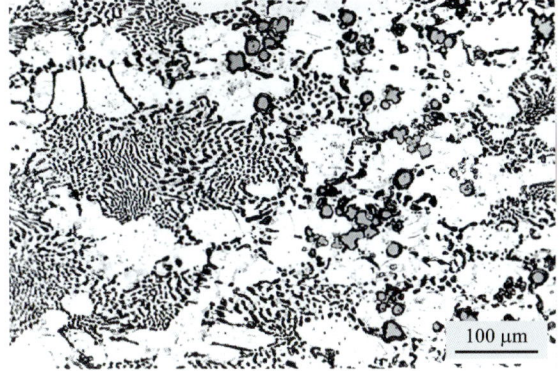

牌　　　号：Ag-17Cu-13Ni-7Al
状　　　态：铸态
组织说明：(Ag)+[(Cu)+(Ag)]+AlNi$_3$，凝固结晶组织
浸　蚀　剂：Ag-m3

图 1.4.2-21

牌　　　号：Ag-17Cu-13Ni-7Al
状　　　态：冷加工态
组织说明：(Ag)+(Cu)+AlNi$_3$，加工形变组织
浸　蚀　剂：Ag-m3

图 1.4.2-22

1.5 银铜锡系合金

1.5.1 银铜锡系合金的性能和用途

　　Ag-Cu-Sn 钎料蒸汽压低，浸润性好，可用作电真空焊料，钎焊铜、镍、钢、可伐合金等同类或异种金属的构件和零件。Ag-30Cu-10Sn 还被用来钎接工业纯钛与不锈钢零件。最常用的 Ag-Cu-Sn 钎料合金有 Ag-27Cu-5Sn、Ag-85Cu-8Sn、Ag-30Cu-10Sn 和 Ag-23Cu-17Sn 等。Ag-Cu-Sn 三元钎料合金中 Sn 含量最好不要超过 20%，否则加工性能严重下降。Ag-Cu-Sn 合金化学成分和性能见表 1.5.1-1。

表 1.5.1-1 Ag-Cu-Sn 合金化学成分和性能

合金牌号	化学成分(质量分数)/%				熔化温度/℃
	Ag	Cu	Sn	Mn	
BAg68CuSn	余量	27±1.0	5±0.5	—	730~755
BAg62CuSn	余量	28±1.0	10±0.5	—	660~700
BAg60CuSn	余量	30±1.0	10±0.5	—	600~720
BAg57.6CuSn	余量	22.4±1.0	20±0.5	—	548~563
BAg53CuSn	余量	32±1.0	15±0.5	—	670~690
BAg49CuSn	余量	15±1.0	36±0.5	—	478~491
BAg42CuSn	余量	33±1.0	25±0.5	—	600~630
BAg40CuSn	余量	35±1.0	25±0.5	—	560~579
BAg56CuSnMn	余量	31±1.0	9.6~10.5	2.5~3.5	660~720

1.5.2 银铜锡系合金的金相组织

在图 1.5.2-1~图 1.5.2-8 三元合金相图中，Sn 在 Ag 中溶解度为 12.5%，Sn 具有降低合金熔点和降低塑性的作用；富 Ag-Cu 的三元共晶合金熔点约 620℃。室温下，约 20%Sn 以下的三元相区为富 Cu 固溶体相区，由(Cu)、ε_1、ε_2、(Ag)相组成，超过 20%Sn 的广大相区中，出现脆性的 ε_1、ε_2'、θ、η' 等三元电子化合物，材料加工困难，应避开这个区域。Ag-Cu-Sn 金相组织见图 1.5.2-9~图 1.5.2-23。

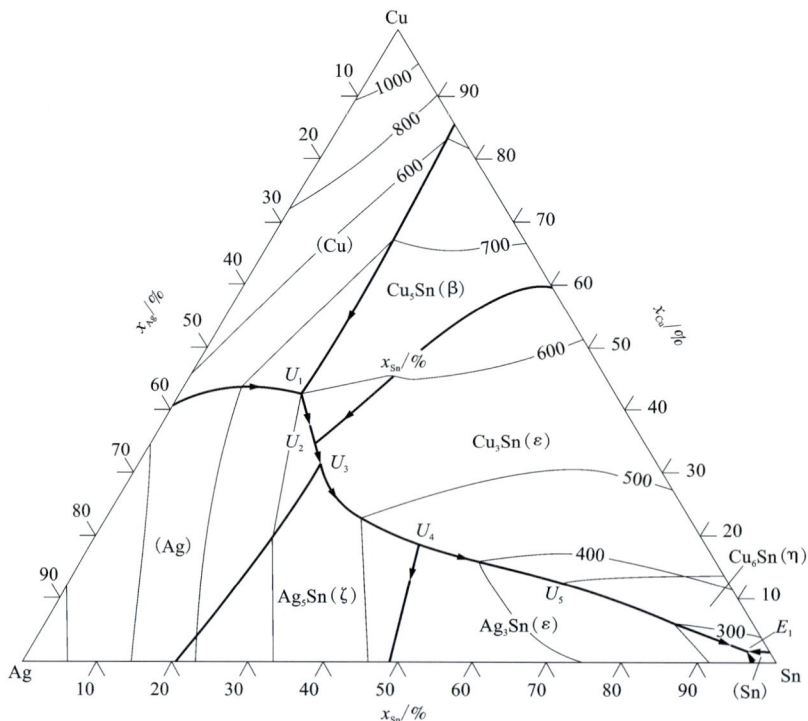

图 1.5.2-1 Ag-Cu-Sn 系液相面投影图

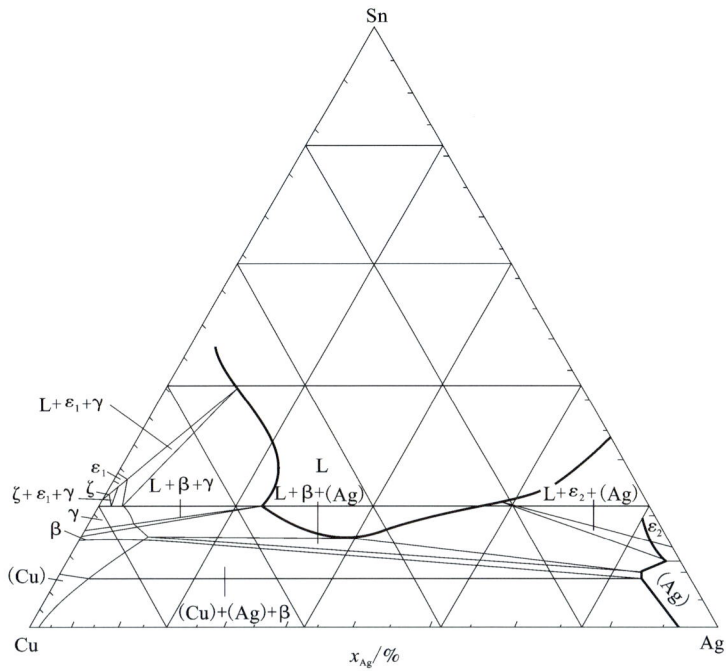

图 1.5.2-2　Ag-Cu-Sn 系 600℃等温截面图

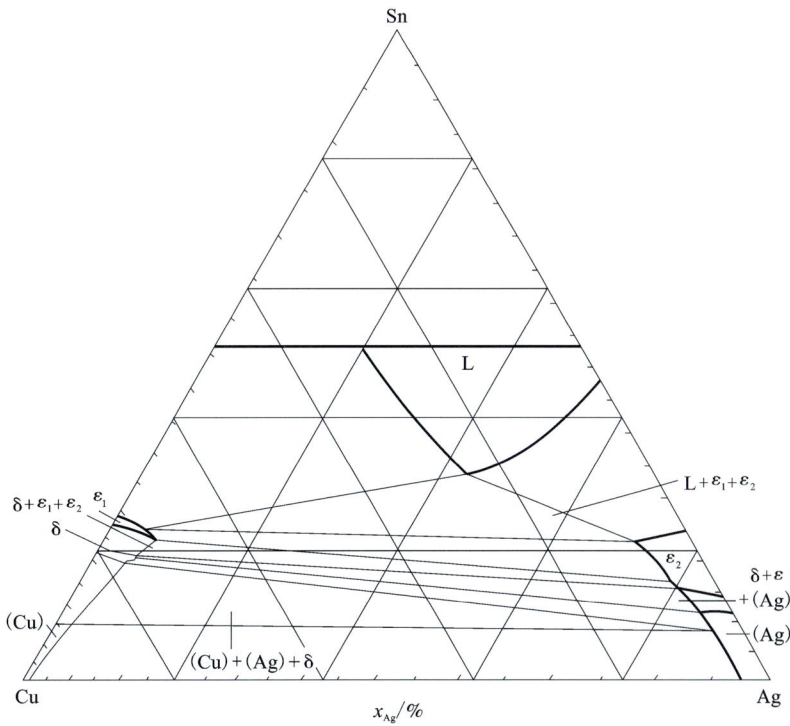

图 1.5.2-3　Ag-Cu-Sn 系 500℃等温截面图

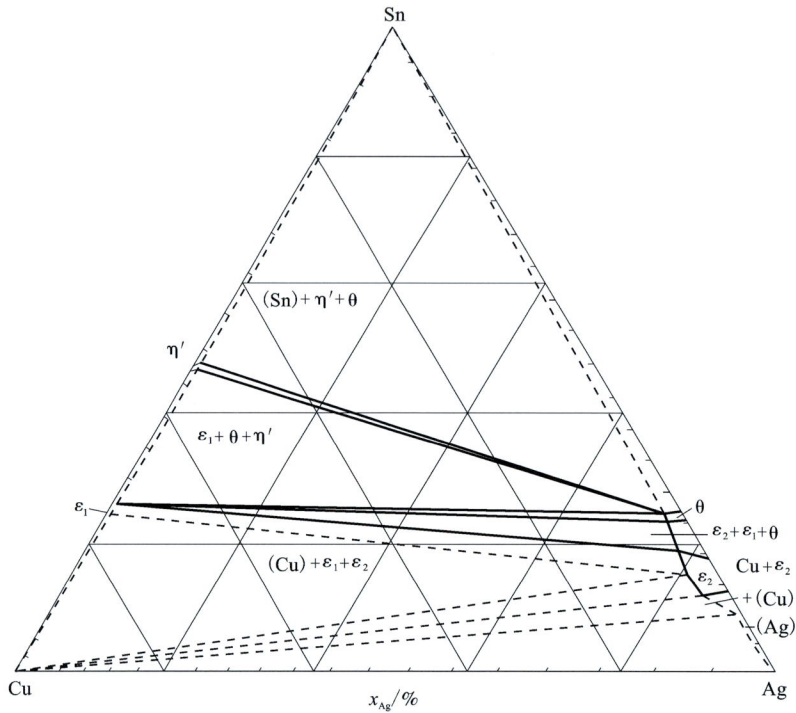

图 1.5.2-4　Ag-Cu-Sn 系 37℃等温截面图

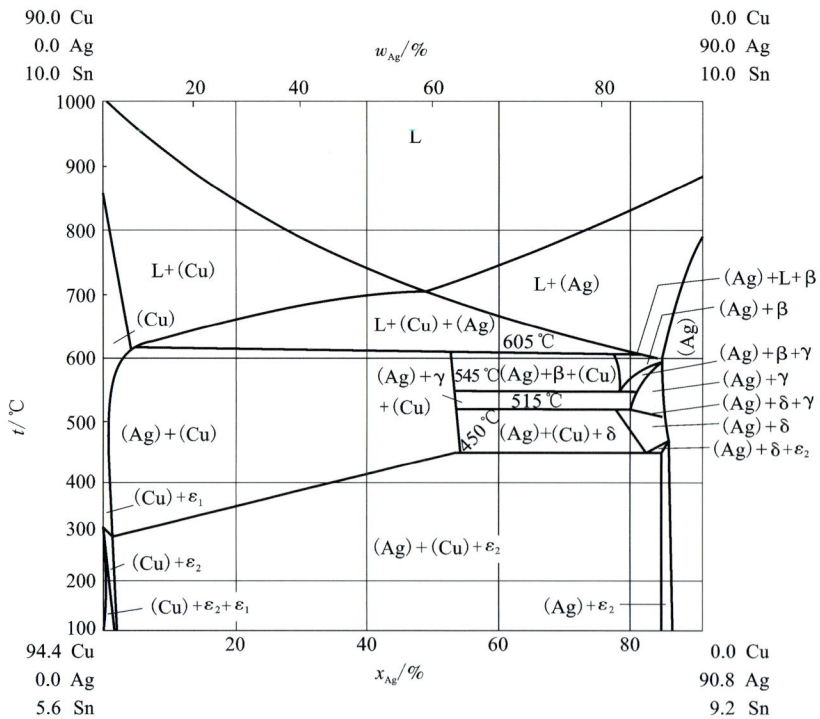

图 1.5.2-5　Ag-Cu-Sn 系 w_{Sn} = 10％等值截面图

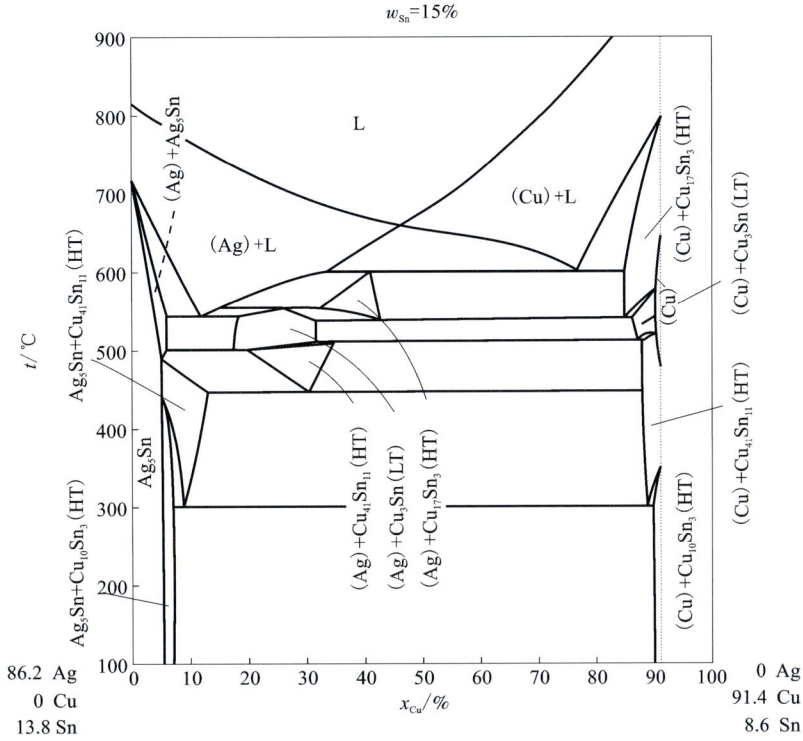

图 1.5.2-6　Ag-Cu-Sn 系 $w_{Sn}=15\%$ 等值截面图

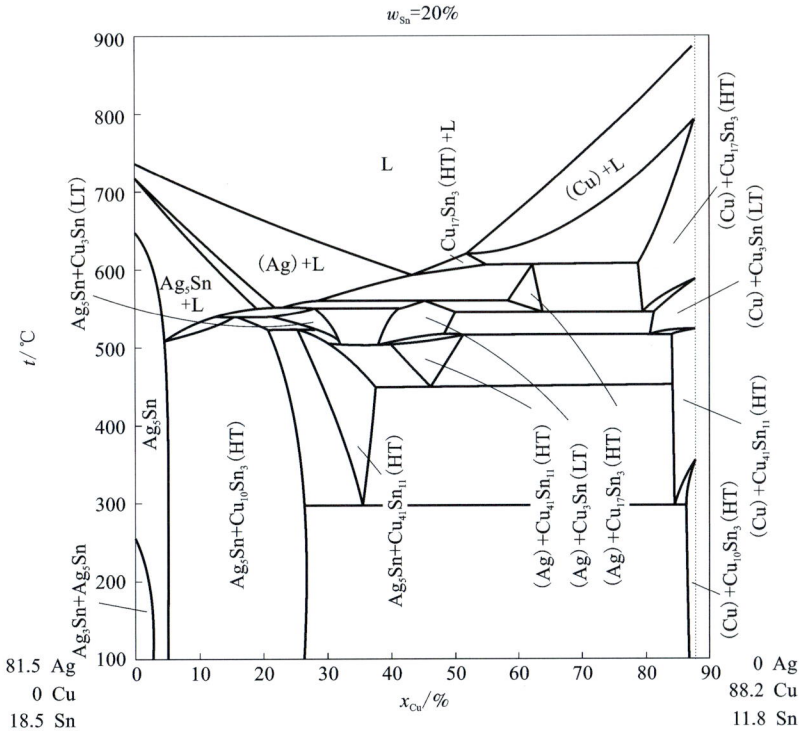

图 1.5.2-7　Ag-Cu-Sn 系 $w_{Sn}=20\%$ 等值截面图

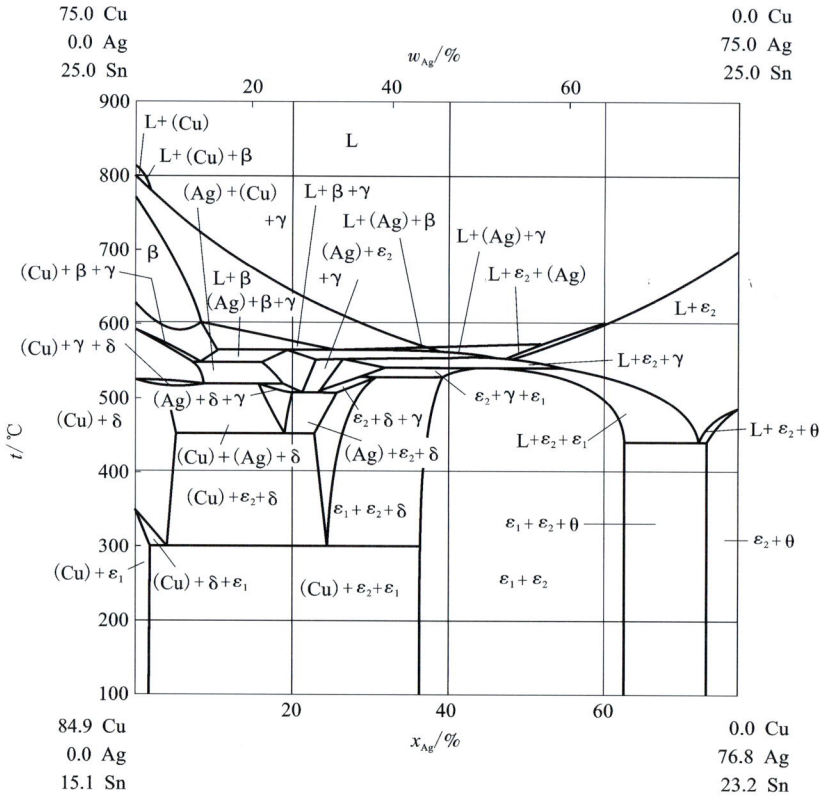

图 1.5.2-8　Ag-Cu-Sn 系 $w_{Sn}=25\%$ 等值截面图

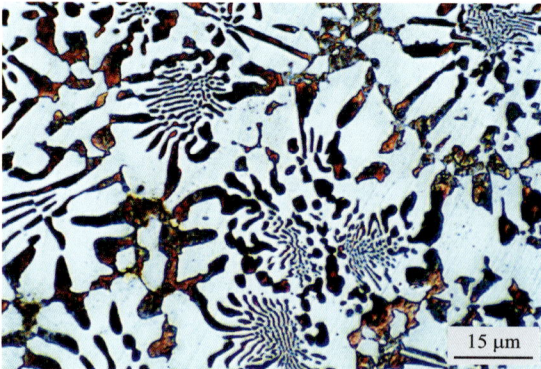

15 μm

牌　　　号：Ag-27Cu-5Sn
状　　　态：铸态
组织说明：(Ag)+(Cu)+[(Cu)+(Ag)]，凝固结晶组织
浸 蚀 剂：Ag-m2

图 1.5.2-9

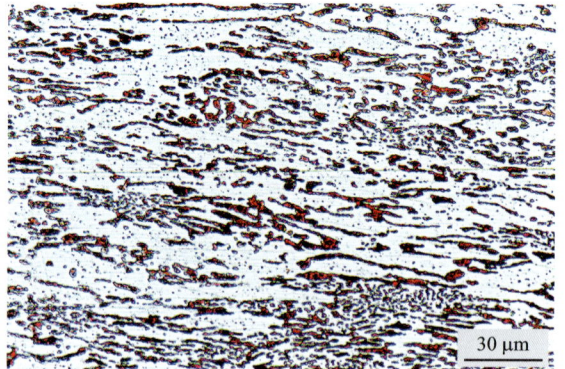

30 μm

牌　　　号：Ag-27Cu-5Sn
状　　　态：冷加工，550℃/3 h 退火热处理
组织说明：(Ag)+(Cu)，再结晶组织
浸 蚀 剂：Ag-m2

图 1.5.2-10

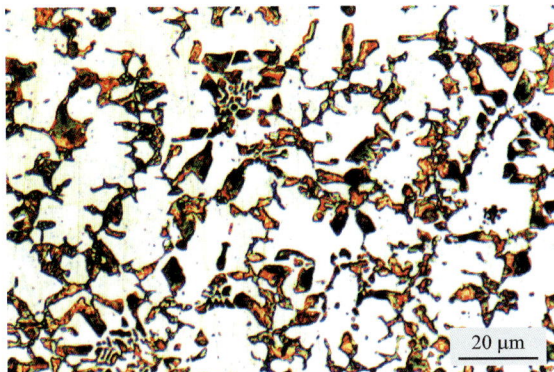

牌　　　号：Ag-28Cu-10Sn

状　　　态：铸态

组织说明：(Ag)+[Cu]+ε₂(Ag₅Sn)]，凝固结晶组织

浸　蚀　剂：Ag-m2

图 1.5.2-11

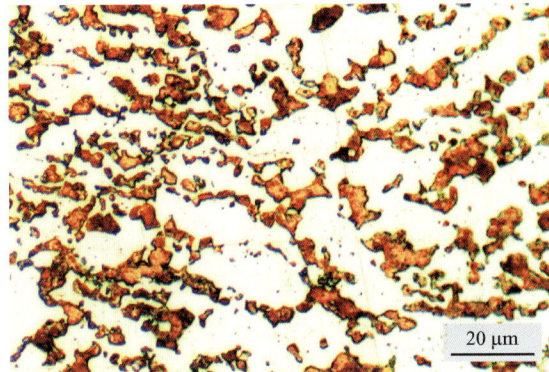

牌　　　号：Ag-28Cu-10Sn

状　　　态：冷加工，550℃/3 h 退火热处理

组织说明：(Ag)+(Cu)+ε₂(Ag₅Sn)，再结晶组织

浸　蚀　剂：Ag-m2

图 1.5.2-12

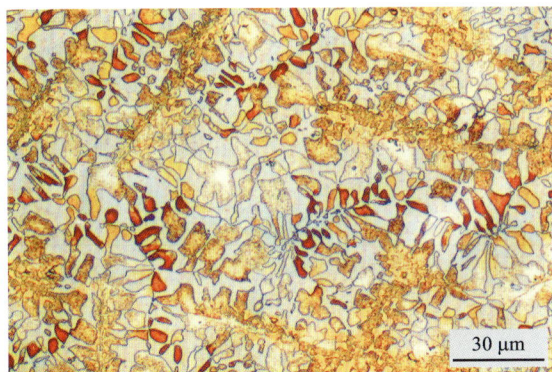

牌　　　号：Ag-32Cu-15Sn

状　　　态：铸态

组织说明：ε₂(Ag₅Sn)+[ε₂(Ag₅Sn)+ε₁(Cu₁₀Sn₃)]，凝固结晶组织

浸　蚀　剂：Ag-m2

图 1.5.2-13

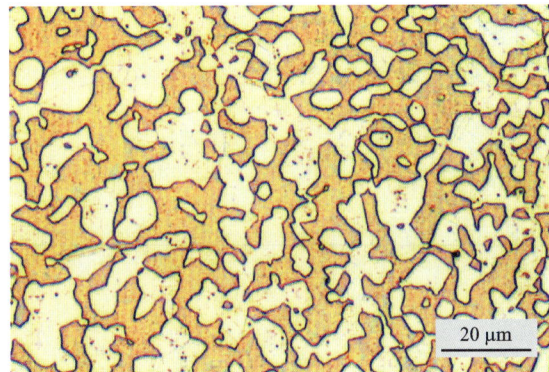

牌　　　号：Ag-32Cu-15Sn

状　　　态：冷加工，550℃/3 h 退火热处理

组织说明：ε₂(Ag₅Sn)+ε₂(Ag₅Sn)+ε₁(Cu₁₀Sn₃)，再结晶组织

浸　蚀　剂：Ag-m2

图 1.5.2-14

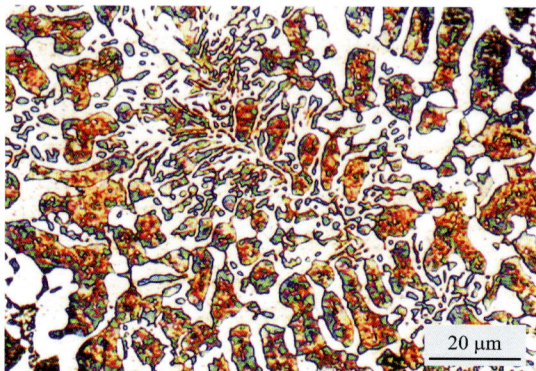

牌　　　号：Ag-31Cu-10Sn-3Mn

状　　　态：铸态

组织说明：（Ag）+（Cu+Ag$_5$Sn），凝固结晶组织

浸　蚀　剂：Ag-m2

图 1.5.2-15

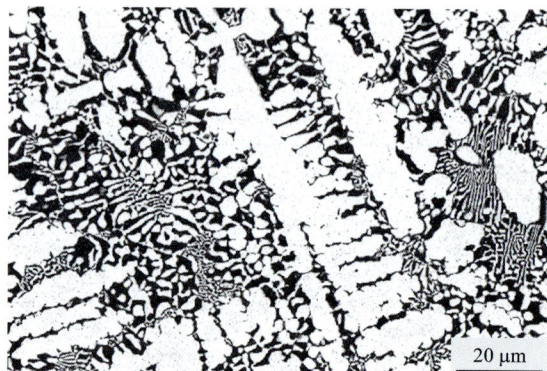

牌　　　号：Ag-22.4Cu-20Sn

状　　　态：铸态

组织说明：ε_2（Ag$_5$Sn）+［ε_2（Ag$_5$Sn）+ε_1（Cu$_{10}$Sn$_3$）］，凝固
　　　　　结晶组织

浸　蚀　剂：Ag-m3

图 1.5.2-16

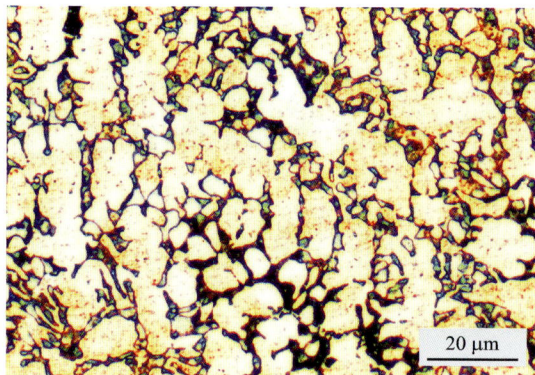

牌　　　号：Ag-22.4Cu-20Sn

状　　　态：铸态

组织说明：ε_2（Ag$_5$Sn）+ε_2（Ag$_5$Sn）+ε_1（Cu$_{10}$Sn$_3$），凝固结
　　　　　晶组织

浸　蚀　剂：Ag-m2

图 1.5.2-17

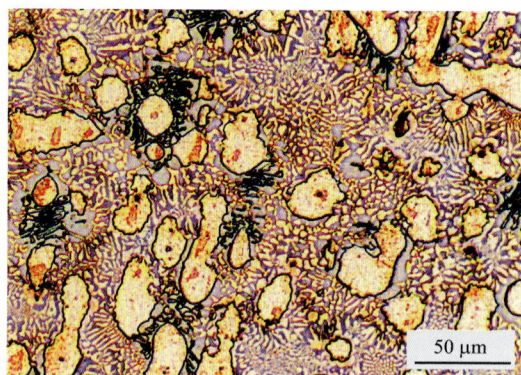

牌　　　号：Ag-22.4Cu-20Sn

状　　　态：缓慢凝固

组织说明：ε_2（Ag$_5$Sn）+［ε_2（Ag$_5$Sn）+ε_1（Cu$_{10}$Sn$_3$）］，凝
　　　　　固结晶组织

浸　蚀　剂：Ag-m2

图 1.5.2-18

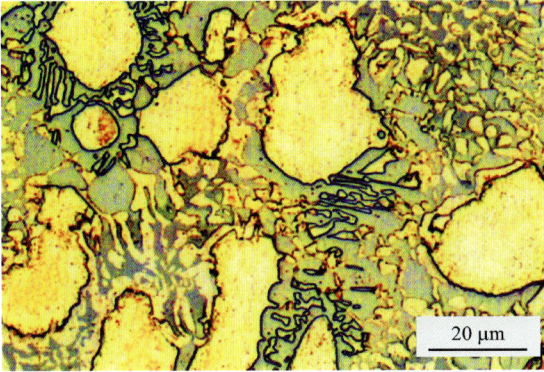

牌　　　号：Ag-22.4Cu-20Sn

状　　　态：缓慢凝固

组织说明：$\varepsilon_2(Ag_5Sn)+\varepsilon_2(Ag_5Sn)+\varepsilon_1(Cu_{10}Sn_3)$，凝固结晶
　　　　　组织

浸　蚀　剂：Ag-m2

图 1.5.2-19

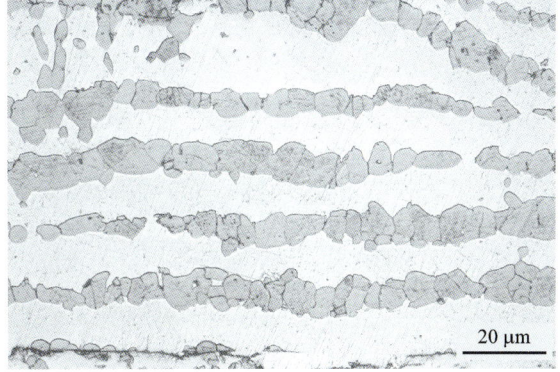

牌　　　号：Ag-22.4Cu-20Sn

状　　　态：Ag/Sn/Cu 多层复合，扩散热处理

组织说明：$\varepsilon_2(Ag_5Sn)+\varepsilon_2(Ag_5Sn)+\varepsilon_1(Cu_{10}Sn_3)$，完全扩散
　　　　　合金化组织

浸　蚀　剂：Ag-m3

图 1.5.2-20

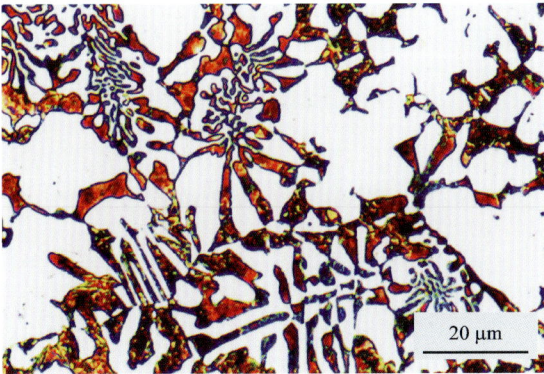

牌　　　号：Ag-35Cu-25Sn

状　　　态：铸态

组织说明：$\varepsilon_2(Ag_5Sn)+[\varepsilon_2(Ag_5Sn)+\varepsilon_1(Cu_{10}Sn_3)]$，凝固结
　　　　　晶组织

浸　蚀　剂：Ag-m2

图 1.5.2-21

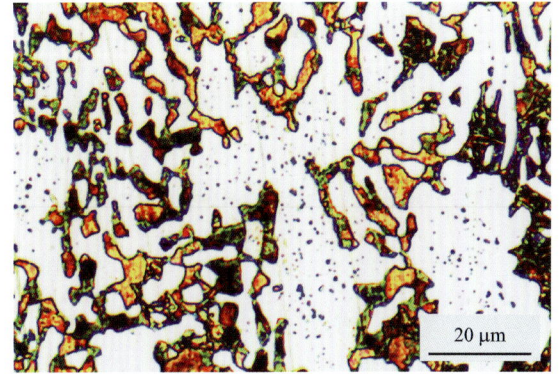

牌　　　号：Ag-35Cu-25Sn

状　　　态：铸态，550℃/3 h 退火热处理

组织说明：$\varepsilon_2(Ag_5Sn)+\varepsilon_1(Cu_{10}Sn_3)$，再结晶组织

浸　蚀　剂：Ag-m2

图 1.5.2-22

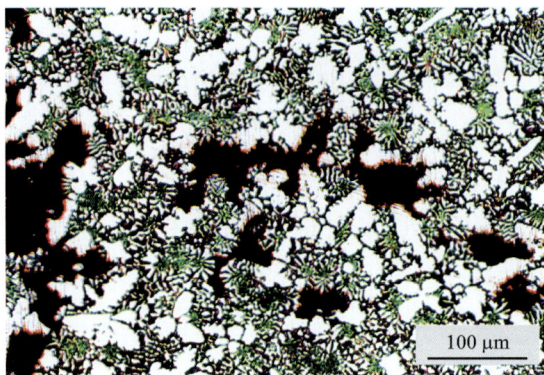

牌　　　号：Ag-35Cu-25Sn

状　　　态：铸态

组织说明：$\varepsilon_2(Ag_5Sn) + [\varepsilon_2(Ag_5Sn) + \varepsilon_1(Cu_{10}Sn_3)] +$ 铸造
　　　　　疏松孔，凝固结晶组织

浸 蚀 剂：Ag-m2

图 1.5.2-23

1.6　银铜铟系合金

1.6.1　银铜铟系合金的性能和用途

Ag-Cu-In 三元合金主要用作钎焊材料，合金熔点在 550 至 750℃ 之间，其中最常用的是 Ag-27Cu-10In、Ag-24Cu-15In 等。当合金中 In 含量增高超过 30% 时，合金的熔点可进一步降低，但 In 含量高的合金脆性增大，加工困难。Ag-Cu-In 系合金钎料具有低熔点和低蒸气压的特点，适于真空电子器件的钎焊和真空腔体的钎焊，包括 Cu、Ni、钢、可伐合金等同种或异种金属之间的钎焊，也可用于 Ti 和不锈钢的钎焊。它们可以作为单独钎料应用，也可作为 Ag-28Cu 钎焊过的零件下一级钎焊的分级钎料。

为了进一步减少 Ag 含量和降低钎料的熔化温度，可在 Ag-Cu-In 钎料中添加 Sn，即在含 57.6%Ag 和 22.4% 的 Cu 合金基础上添加 5%～20% 的 In 和 2%～15% 的 Sn，实质上是使 Ag 含量降低，且在每一个钎料合金中 In 和 Sn 含量之和约为 20%。这样的钎料熔点低，液相线温度大多低于 600℃。在 Ag-Cu-In-Sn 合金的基础上添加少量 Ni(0.1%～0.5%)，可进一步改善钎料的润湿性和钎焊接头热强性。Ag-Cu-In 合金的化学成分和性能见表 1.6.1-1。

表 1.6.1-1 Ag-Cu-In 合金化学成分和性能

合金牌号	化学成分(质量分数)/%				熔化温度/℃
	Ag	Cu	In	Sn	
BAg65CuIn	余量	30±1.0	5±0.5	—	770~800
BAg63CuIn	余量	27±1.0	10±0.5	—	685~710
BAg61CuIn	余量	24±1.0	15±0.5	—	630~705
BAg60CuIn	余量	27±1.0	13±0.5	—	
BAg60CuIn	余量	30±1.0	10±0.5	—	600~720
BAg57.6CuIn	余量	22.4±1.0	20±0.5	—	589~626
BAg49CuIn	余量	20±1.0	31±0.5	—	540~575
BAg45CuIn	余量	17±1.0	38±0.5	—	534~548
BAg70.6-44.6CuInSn	余量	22.4±1.0	5~18	2~15	(550~589)~ (558~617)
BAg55.4CuInSn	余量	21.6±1.0	20±0.5	3±0.5	573~592

1.6.2 银铜铟系合金的金相组织

Ag-Cu-In 系合金相图见图 1.6.2-1~图 1.6.2-6,靠 Ag-Cu 边的三元共晶合金熔点约为 600℃,在固态,约 20%In 以下的三元相区为富 Cu 固溶体相区,超过 20%In 的广大相区中,出现 β'、γ'、δ 等三元电子化合物。因这些电子化合物为脆性相,应在合金中避免出现。Ag-Cu-In 金相组织照片见图 1.6.2-7~图 1.6.2-38。

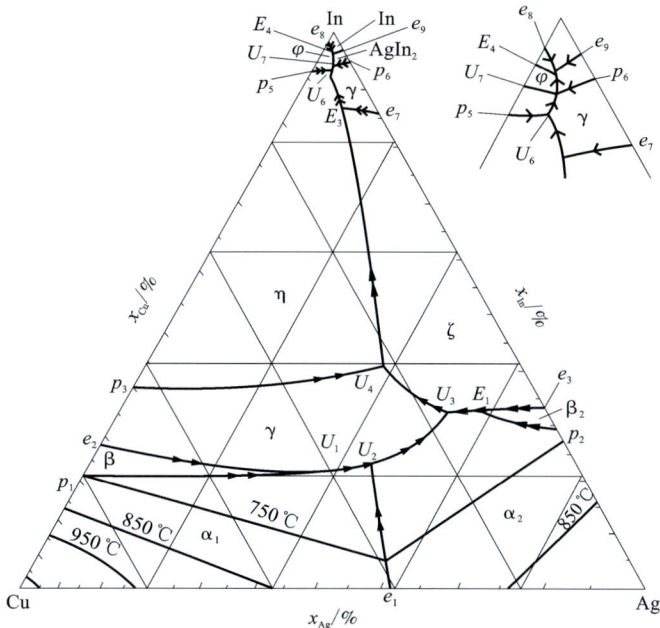

图 1.6.2-1 Ag-Cu-In 系液相面投影图

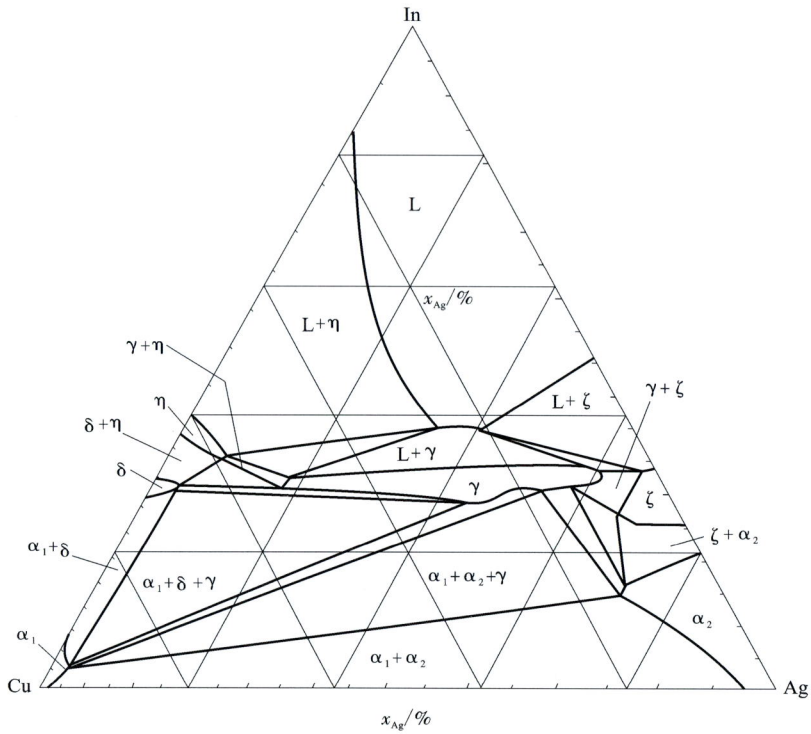

图 1.6.2-2　Ag-Cu-In 系合金 505℃等温截面

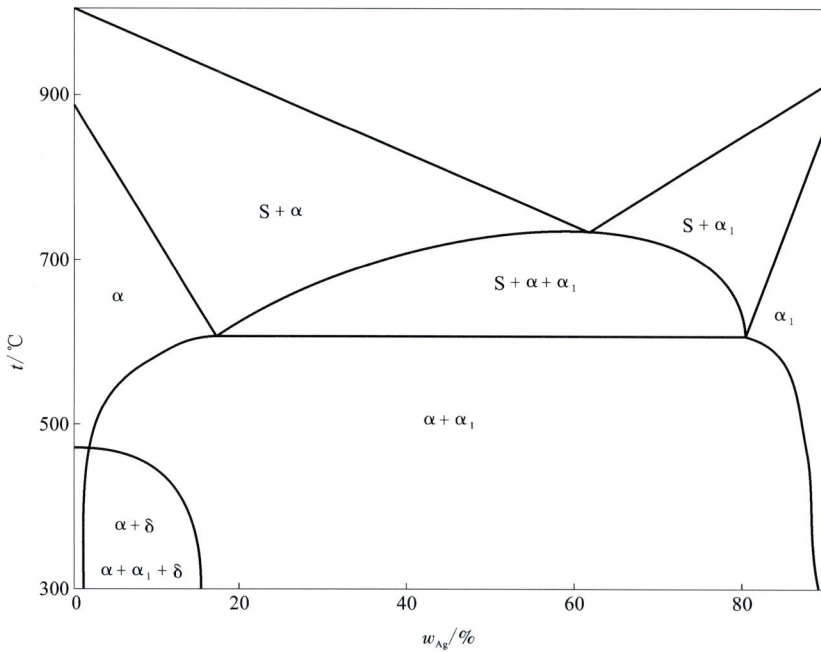

图 1.6.2-3　Ag-Cu-In 系 $w_{In} = 10\%$ 等值截面

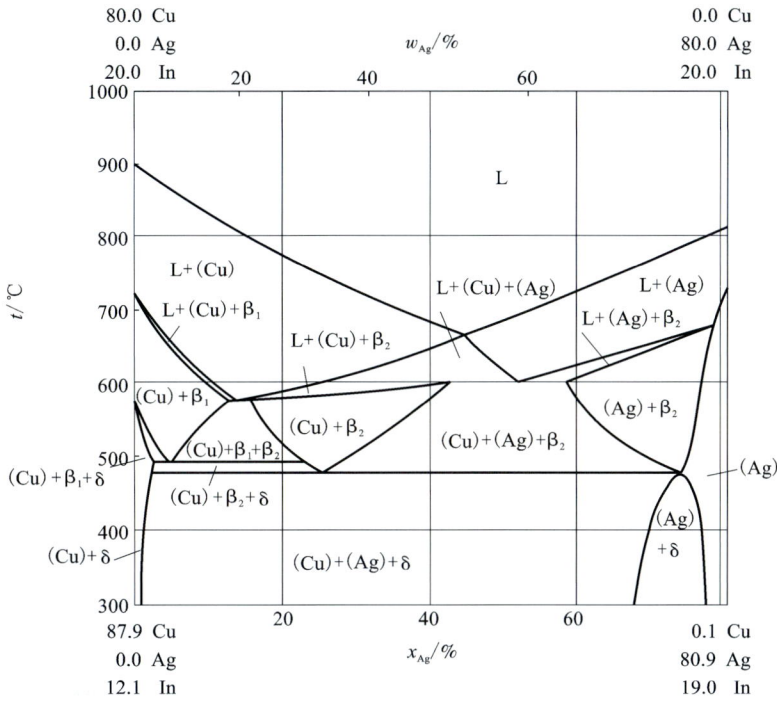

图 1.6.2-4 Ag-Cu-In 系 $w_{In}=20\%$ 等值截面

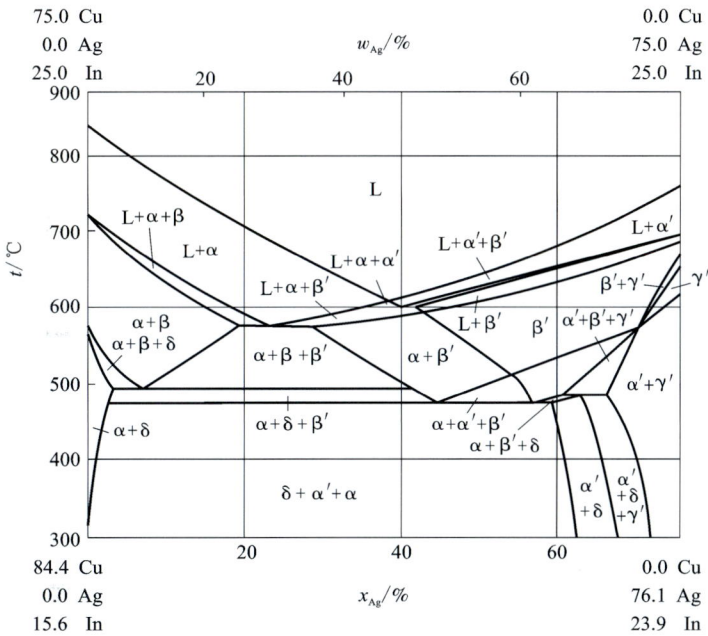

图 1.6.2-5 Ag-Cu-In 系 $w_{In}=25\%$ 等值截面

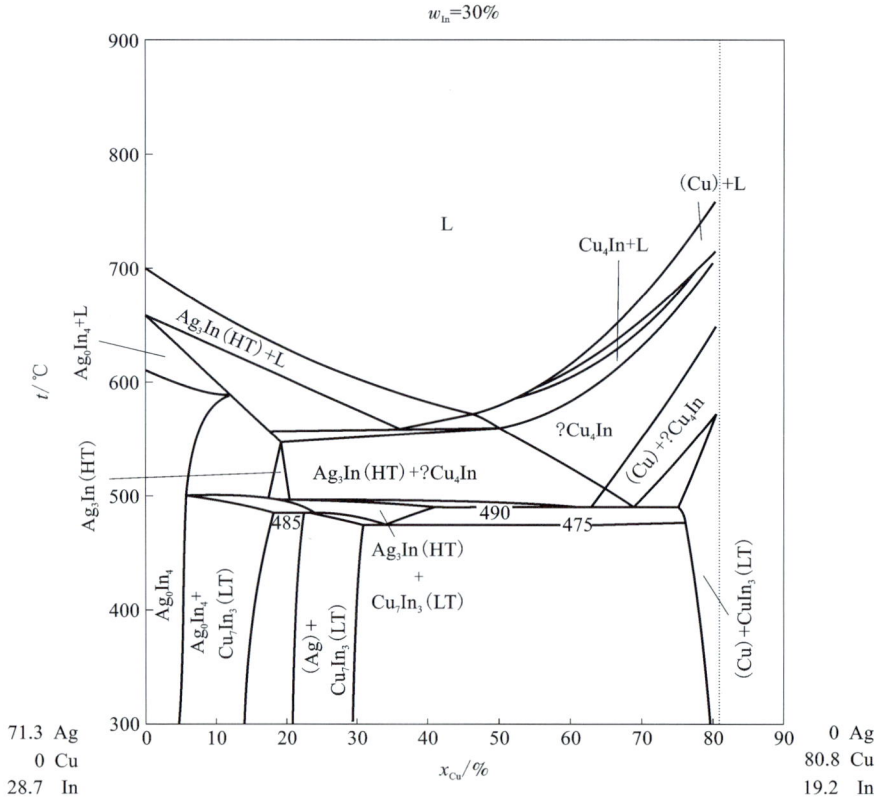

图 1.6.2-6   Ag-Cu-In 系 w_{In} = 30% 等值截面

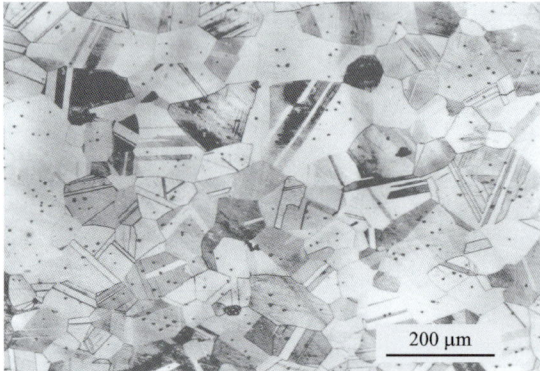

牌   号：Ag-2Cu-10In
状   态：冷加工，810℃/20 min 退火热处理
组织说明：α_1（Ag）单相再结晶组织
浸 蚀 剂：Ag-m5

图 1.6.2-7

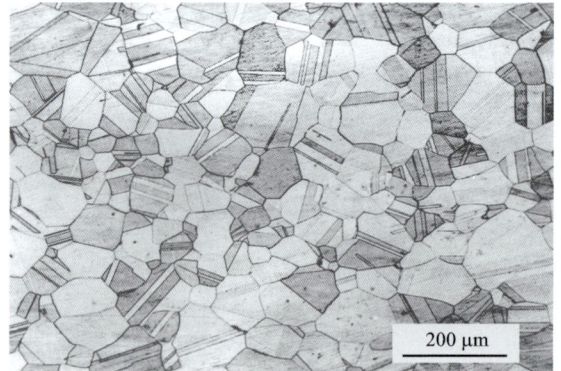

牌   号：Ag-5Cu-10In
状   态：冷加工，770℃/20 min 退火热处理
组织说明：α_1（Ag）单相再结晶组织
浸 蚀 剂：Ag-m5

图 1.6.2-8

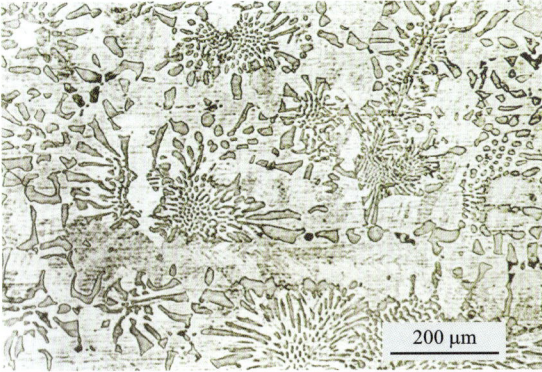

牌　　　号：Ag-26Cu-10In

状　　　态：铸态

组织说明：α_1(Ag)+α(Cu)+[α_1(Ag)+α(Cu)]，凝固结晶
　　　　　　组织

浸 蚀 剂：Ag-m5

图 1. 6. 2-9

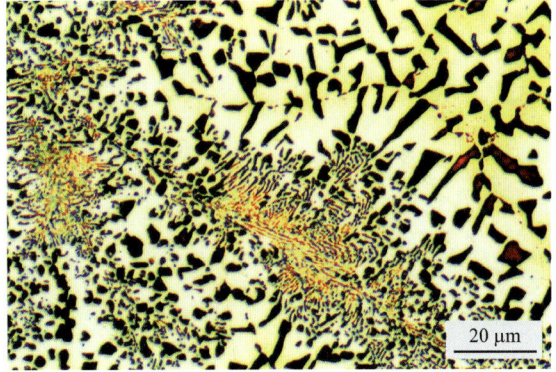

牌　　　号：Ag-31Cu-5In

状　　　态：铸态

组织说明：α_1(Ag)+α(Cu)+[α_1(Ag)+α(Cu)]，凝固结晶
　　　　　　组织

浸 蚀 剂：Ag-m2

图 1. 6. 2-10

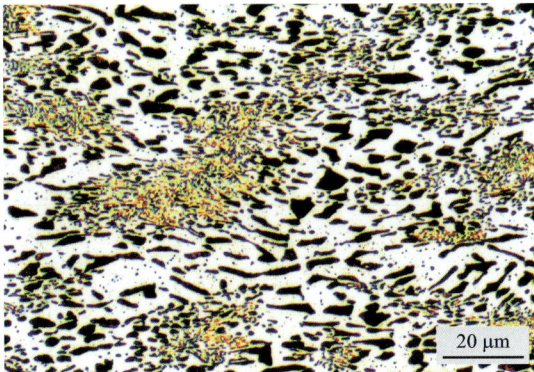

牌　　　号：Ag-31Cu-5In

状　　　态：铸态，500℃热锻

组织说明：α_1(Ag)+α(Cu)，热加工形变组织

浸 蚀 剂：Ag-m2

图 1. 6. 2-11

牌　　　号：Ag-31Cu-5In

状　　　态：冷加工，510℃/5 h 退火热处理

组织说明：α_1(Ag)+α(Cu)，再结晶组织

浸 蚀 剂：Ag-m2

图 1. 6. 2-12

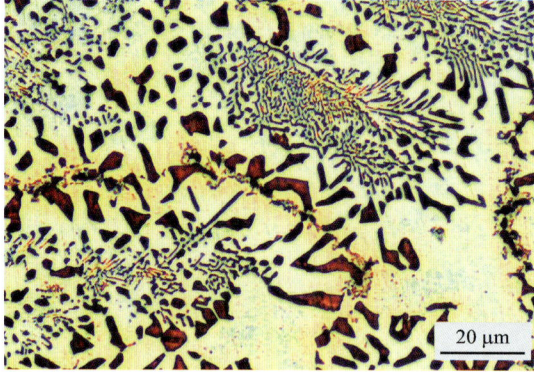

牌　　　号：Ag-27Cu-10In
状　　　态：铸态
组织说明：α₁(Ag)+α(Cu)+[α₁(Ag)+α(Cu)]，凝固结晶
　　　　　　组织
浸　蚀　剂：Ag-m2

图 1.6.2-13

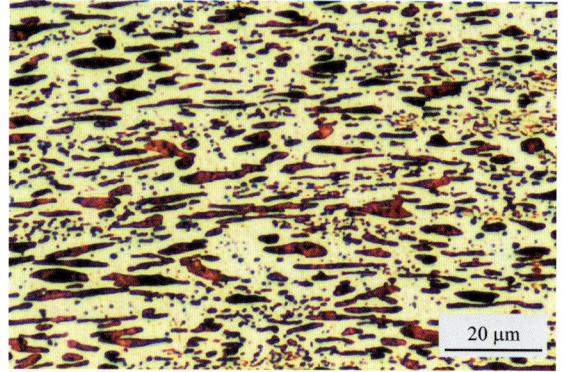

牌　　　号：Ag-27Cu-10In
状　　　态：铸锭，500℃热锻
组织说明：α₁(Ag)+α(Cu)，再结晶组织
浸　蚀　剂：Ag-m2

图 1.6.2-14

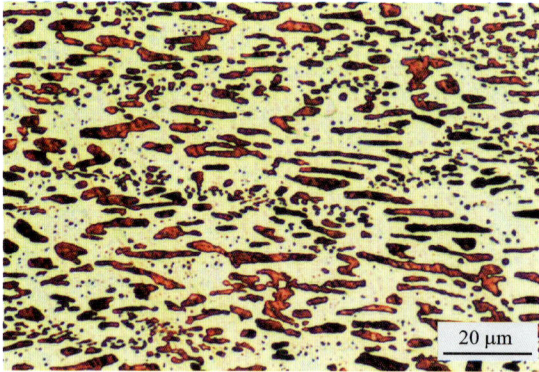

牌　　　号：Ag-27Cu-10In
状　　　态：500℃热锻，510℃/5 h 退火热处理
组织说明：α₁(Ag)+α(Cu)，再结晶组织
浸　蚀　剂：Ag-m2

图 1.6.2-15

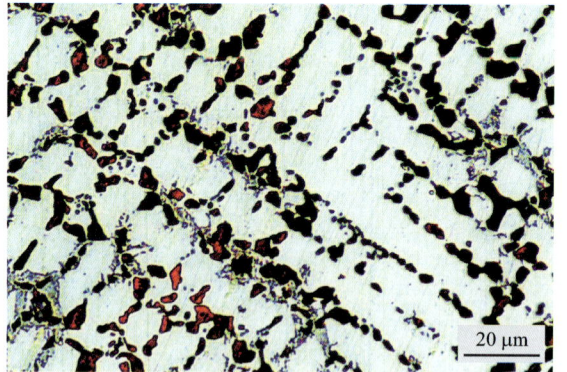

牌　　　号：Ag-24Cu-15In
状　　　态：铸态
组织说明：α₁(Ag)+[α(Cu)+δ(Cu₇In₃)]，凝固结晶组织
浸　蚀　剂：Ag-m2

图 1.6.2-16

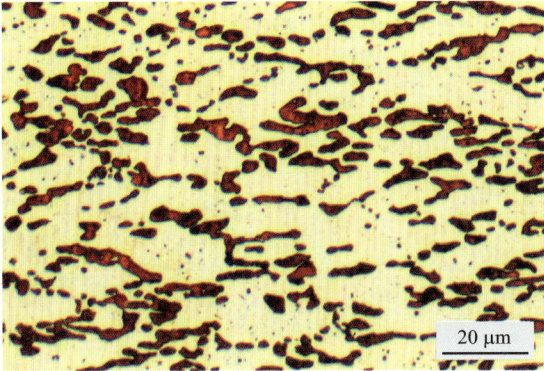

牌　　　号：Ag-24Cu-15In

状　　　态：铸锭，500℃热锻

组织说明：α_1(Ag)+α(Cu)+δ(Cu$_7$In$_3$)，再结晶组织

浸 蚀 剂：Ag-m2

图 1.6.2-17

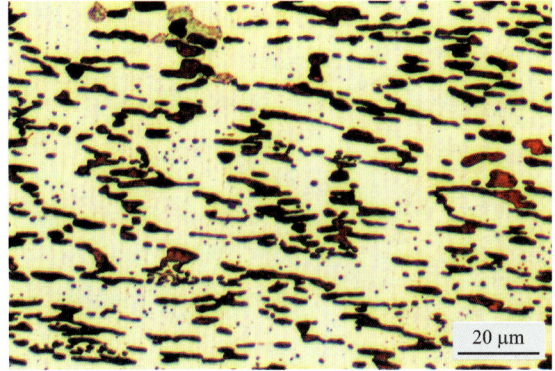

牌　　　号：Ag-24Cu-15In

状　　　态：500℃热锻，510℃/5 h 退火热处理

组织说明：α_1(Ag)+α(Cu)+δ(Cu$_7$In$_3$)，再结晶组织

浸 蚀 剂：Ag-m2

图 1.6.2-18

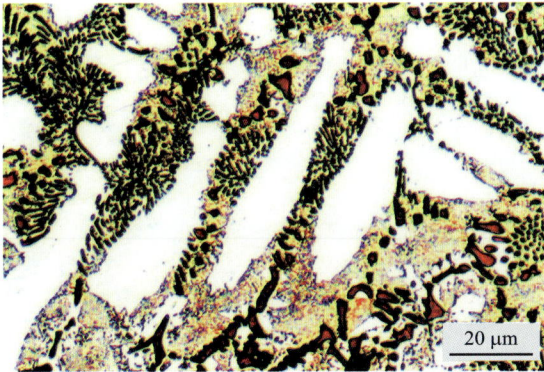

牌　　　号：Ag-22.4Cu-20In

状　　　态：铸态

组织说明：α_1(Ag)+[α_1(Ag)+α(Cu)]+[α_1(Ag)+α(Cu)+

　　　　　δ(Cu$_7$In$_3$)]，凝固结晶组织

浸 蚀 剂：Ag-m2

图 1.6.2-19

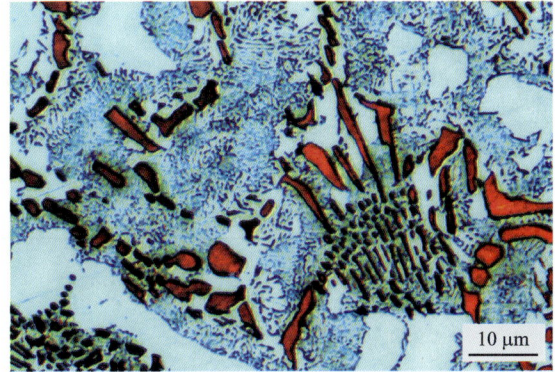

牌　　　号：Ag-22.4Cu-20In

状　　　态：铸态

组织说明：α_1(Ag)+[α_1(Ag)+α(Cu)]+[α_1(Ag)+α(Cu)+

　　　　　δ(Cu$_7$In$_3$)]，凝固结晶组织

浸 蚀 剂：Ag-m2

图 1.6.2-20

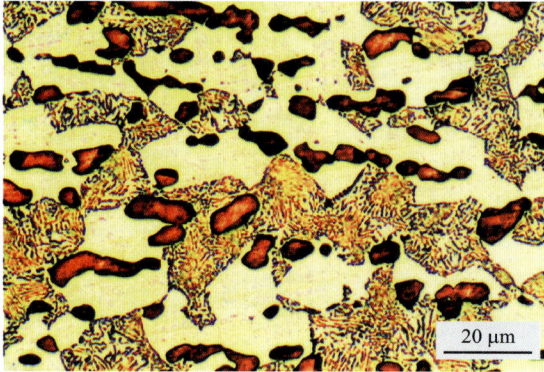

牌　　号：Ag-22.4Cu-20In

状　　态：铸锭，500℃热锻

组织说明：α_1（Ag）+ α（Cu）+ [α_1（Ag）+ α（Cu）+
　　　　　δ（Cu_7In_3）]′，再结晶组织

浸 蚀 剂：Ag-m2

图 1.6.2-21

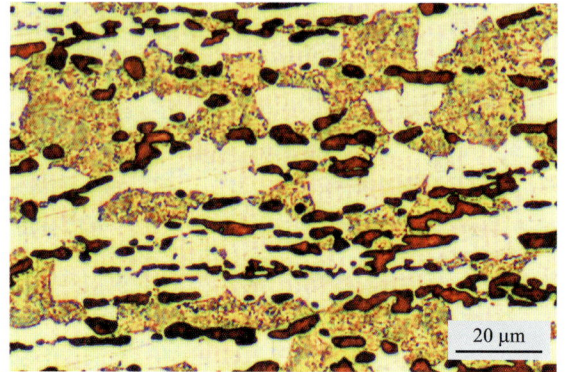

牌　　号：Ag-22.4Cu-20In

状　　态：500℃热锻，510℃/5 h 退火热处理

组织说明：α_1（Ag）+ α（Cu）+ [α_1（Ag）+ α（Cu）+
　　　　　δ（Cu_7In_3）]′，再结晶组织

浸 蚀 剂：Ag-m2

图 1.6.2-22

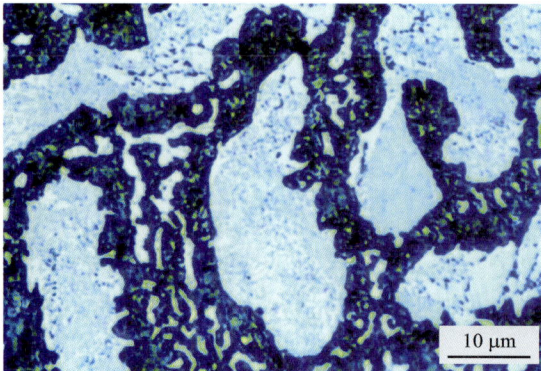

牌　　号：Ag-20Cu-31In（x：Ag-30Cu-26In）

状　　态：铸态

组织说明：[α_1（Ag）+ δ（Cu_7In_3）] + [α（Cu）+ δ（Cu_7In_3）]，
　　　　　凝固结晶组织

浸 蚀 剂：Ag-m2

图 1.6.2-23

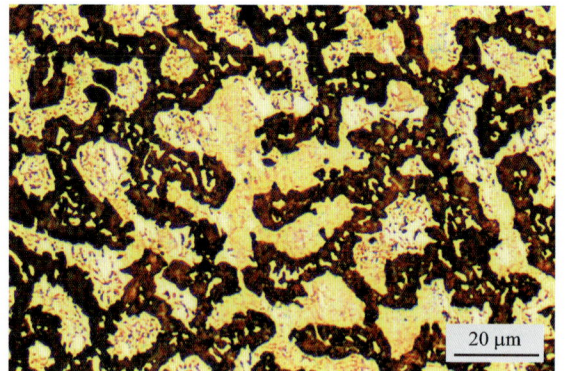

牌　　号：Ag-17Cu-38In

状　　态：铸态

组织说明：[α_1（Ag）+ δ（Cu_7In_3）] + [α（Cu）+ δ（Cu_7In_3）]，
　　　　　凝固结晶组织

浸 蚀 剂：Ag-m2

图 1.6.2-24

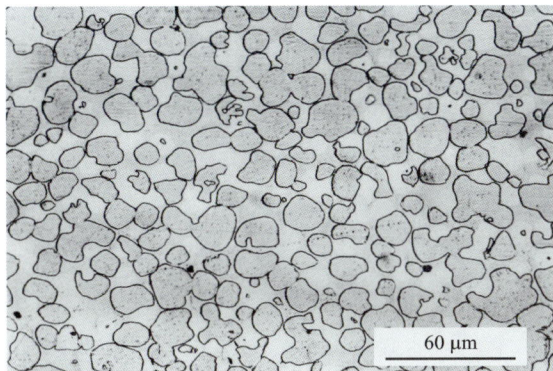

牌　　　号：Ag-50Cu-10In
状　　　态：冷加工，660℃/30 min 退火热处理
组织说明：α_1(Ag)+α(Cu)
浸　蚀　剂：Ag-m5

图 1.6.2-25

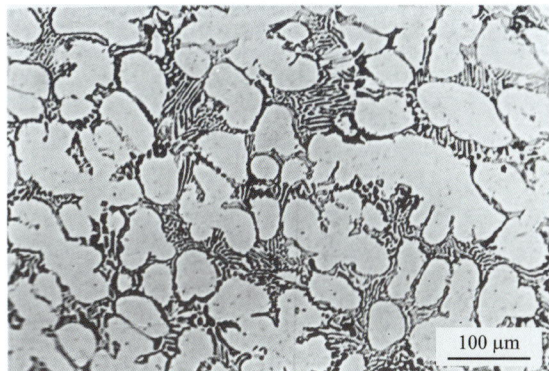

牌　　　号：Ag-17Cu-13In-7Sn
状　　　态：铸态
组织说明：(Ag)+[(CuSn)+(Ag)]，凝固结晶组织
浸　蚀　剂：Ag-m5

图 1.6.2-26

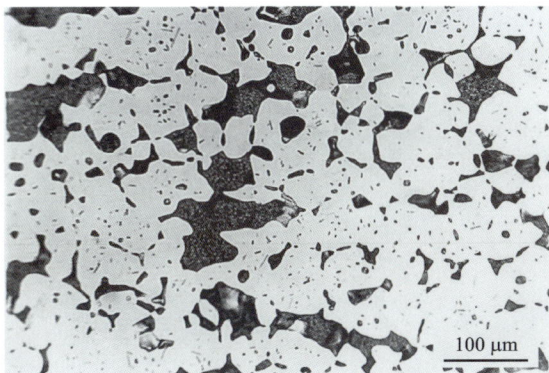

牌　　　号：Ag-17Cu-13In-7Sn
状　　　态：冷加工，520℃/4 h 退火热处理
组织说明：(Ag)+(CuSn)，再结晶组织
浸　蚀　剂：Ag-m5

图 1.6.2-27

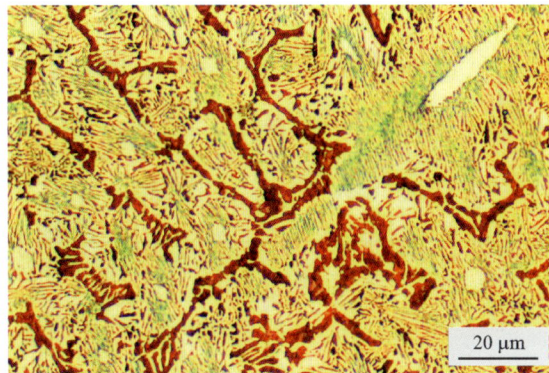

牌　　　号：Ag-21.6Cu-20In-3Sn
状　　　态：铸态
组织说明：[(Ag)+δ(Cu$_7$In$_3$)+[(Ag)+(Cu)]，凝固结晶组
　　　　　织
浸　蚀　剂：Ag-m2

图 1.6.2-28

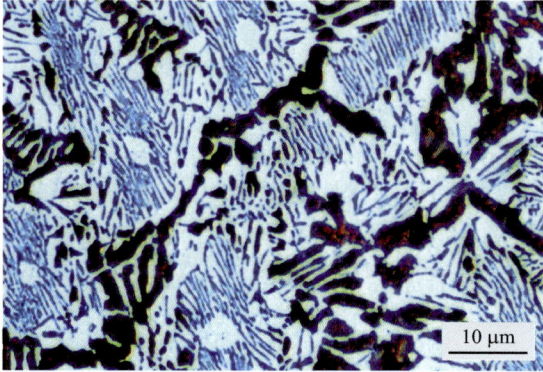

10 μm

牌　　　号：Ag-21.6Cu-20In-3Sn

状　　　态：铸态

组织说明：[（Ag）+δ（Cu$_7$In$_3$）]+[（Ag）+（Cu）]，凝固结晶
　　　　　组织

浸　蚀　剂：Ag-m2

图 1.6.2-29

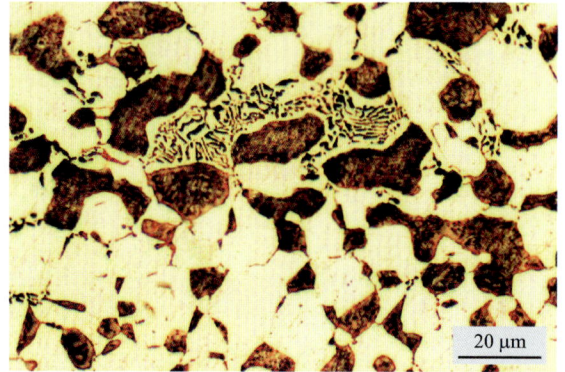

20 μm

牌　　　号：Ag-21.6Cu-20In-3Sn

状　　　态：铸锭，500℃热锻

组织说明：（Ag）+（Cu）+[（Ag）+δ（Cu$_7$In$_3$）]′，再结晶组织

浸　蚀　剂：Ag-m2

图 1.6.2-30

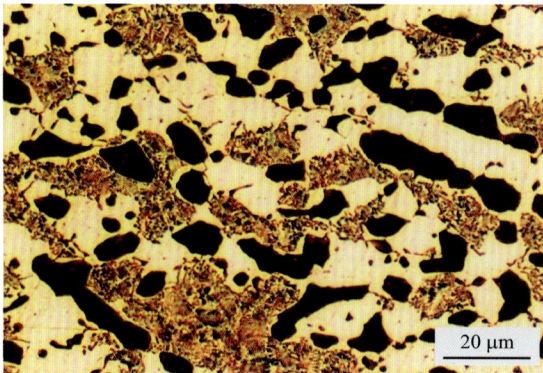

20 μm

牌　　　号：Ag-21.6Cu-20In-3Sn

状　　　态：500℃热锻，510℃/5 h 退火热处理

组织说明：（Ag）+（Cu）+[（Ag）+δ（Cu$_7$In$_3$）]′，再结晶组织

浸　蚀　剂：Ag-m2

图 1.6.2-31

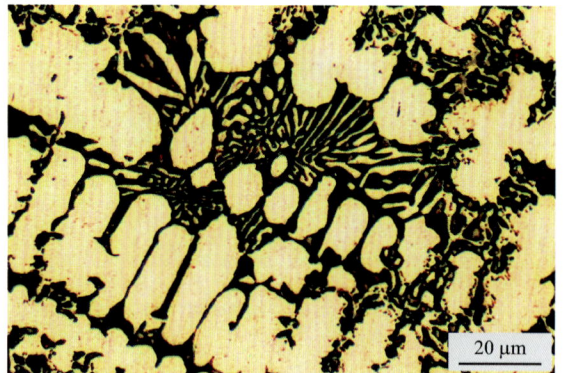

20 μm

牌　　　号：Ag-22.4Cu-12In-7Sn

状　　　态：铸态

组织说明：（Ag）+[（Ag）+（CuSn）]，凝固结晶组织

浸　蚀　剂：Ag-m2

图 1.6.2-32

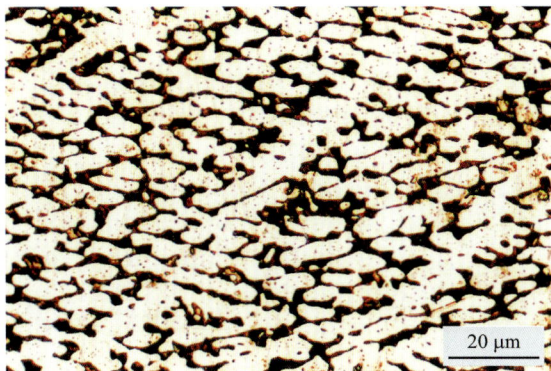

牌　　　号：Ag-22.4Cu-12In-7Sn
状　　　态：铸锭，500℃热锻
组织说明：(Ag)+(CuSn)
浸 蚀 剂：Ag-m2

图 1.6.2-33

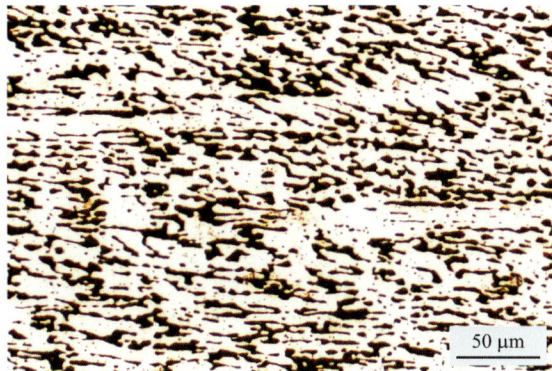

牌　　　号：Ag-22.4Cu-12In-7Sn
状　　　态：500℃热锻，510℃/5 h 退火热处理
组织说明：(Ag)+(CuSn)
浸 蚀 剂：Ag-m2

图 1.6.2-34

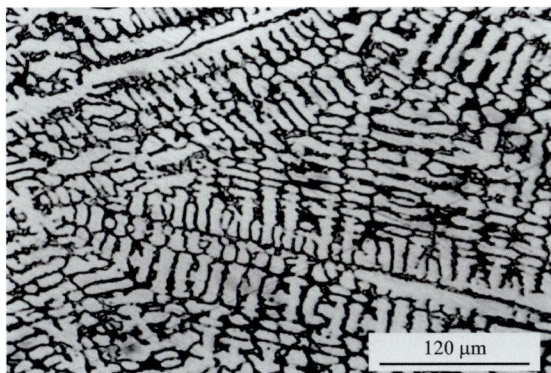

牌　　　号：Ag-17Cu-3In-7Sn
状　　　态：铸态
组织说明：(Ag)+[(Ag)+(CuSn)]，凝固偏析组织
浸 蚀 剂：Ag-m5

图 1.6.2-35

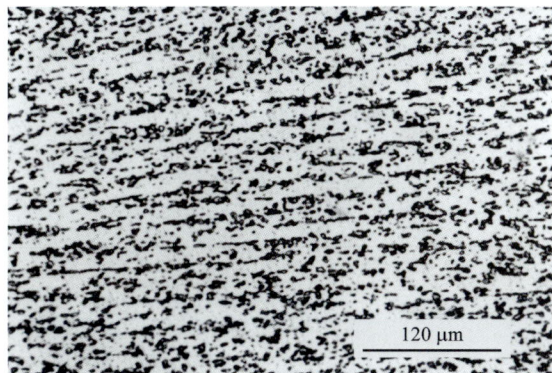

牌　　　号：Ag-17Cu-3In-7Sn
状　　　态：铸锭，500℃热轧
组织说明：(Ag)+(CuSn)
浸 蚀 剂：Ag-m5

图 1.6.2-36

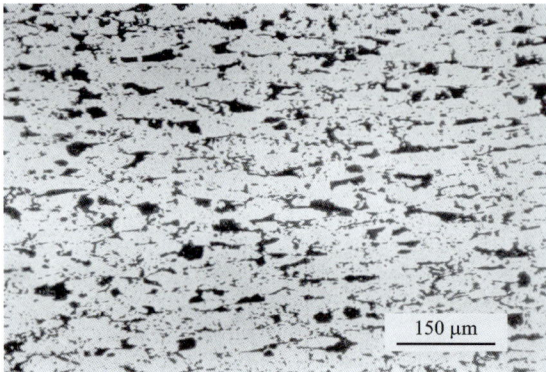

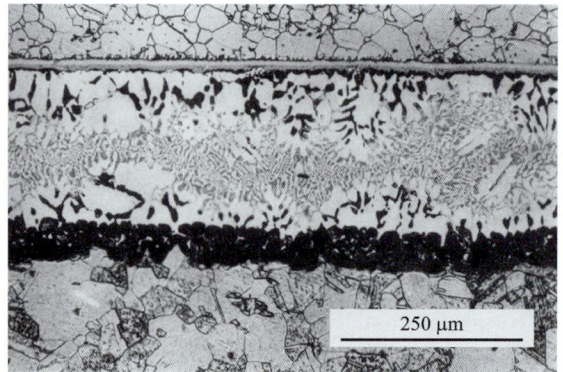

牌　　号：Ag-17Cu-3In-7Sn
状　　态：500℃/2 h 退火热处理
组织说明：（Ag）+（CuSn）
浸 蚀 剂：Ag-m5

图 1.6.2-37

牌　　号：Ag-17Cu-13In-7Sn
状　　态：镀镍钢/焊料/Cu
组织说明：Ag-17Cu-13In-7Sn 焊缝组织
浸 蚀 剂：Ag-m3

图 1.6.2-38

1.7   银锂和银铜镍锂合金

1.7.1   银锂和银铜镍锂合金的性能和用途

采用 Ag 基合金钎料进行钎焊，一般需使用辅助钎剂，如用钎剂钎焊不锈钢可在较低温度下除去不锈钢表面的 Cr_2O_3 和 TiO_2 等氧化物膜。自钎剂是指钎料合金中的某种或几种组元本身具有还原作用，它们能与母材表面的氧化物作用生成黏度小和熔点低于钎焊温度的产物，可被液态钎料排开并使钎焊得以实现。锂（Li）是具有这种还原作用的首选元素。金属 Li 的熔点很低，仅 186℃，它在 Ag 中溶解度很大，不会在 Ag 中形成脆性相；它的氧化物 Li_2O 的熔点虽然很高，达到 1430℃，但它能与许多氧化物反应形成低熔点复合化合物，如 Li_2O 与 Cr_2O_3 作用形成 Li_2CrO_4，其熔点为 517℃，远低于钎焊温度；氧化锂易与水反应，可与环境中水气反应形成熔点为 450℃的 LiOH，熔融的氢氧化锂几乎能溶解所有氧化物，呈薄膜覆盖在金属表面上并起保护作用；Li 是表面活性剂，能提高钎料的润湿性。因此，含 Li（≤0.5%）的 Ag 合金构成了自钎剂钎料。向 Ag-Cu-Li 合金中添加少量 Ni 可进一步增加钎焊接头热强性与耐蚀性。含 Li 的 Ag 基自钎剂钎料可在氩气保护下钎焊不锈钢，工作温度可达 400℃。Ag-Li、Ag-Cu-Ni-Li 合金的化学成分和熔化温度见表 1.7.1-1。

表 1.7.1-1　Ag-Li、Ag-Cu-Ni-Li 合金化学成分和熔化温度

合金牌号	化学成分(质量分数)/%				熔化温度 /℃	钎焊温度 /℃
	Ag	Cu	Li	Ni		
Ag92CuLi	余量	7.5±1.0	0.5±0.1	—	779~881	881~980
Ag72CuNiLi	余量	27.5±1.0	0.5±0.1	0.5±0.1	780~800	880~940
Ag97Li	余量	—	3±0.5	—	600	800

1.7.2　银锂和银铜镍锂合金的金相组织

在 Ag-Li 二元系合金相图中(图 1.7.2-1),Li 在 Ag 中的最大溶解度为 9.1%,Li 作为活性组元加入 Ag 中,一般不超过 3%,合金处于(Ag)单相区。Ag-Li 及 Ag-Cu-Ni-Li 系合金金相组织见图 1.7.2-2~图 1.7.2-13。

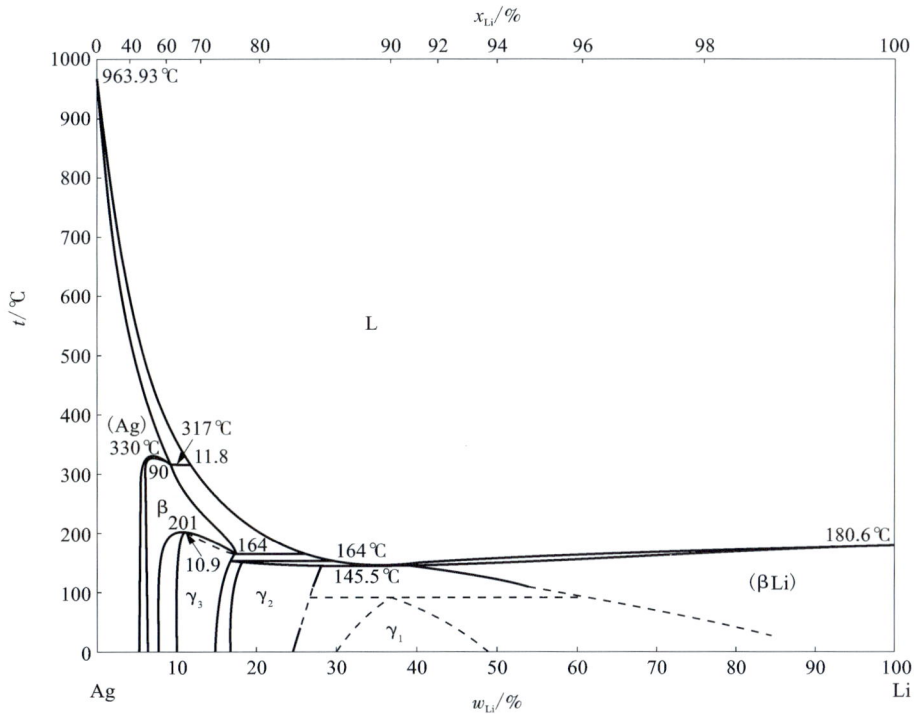

图 1.7.2-1　Ag-Li 二元系合金相图

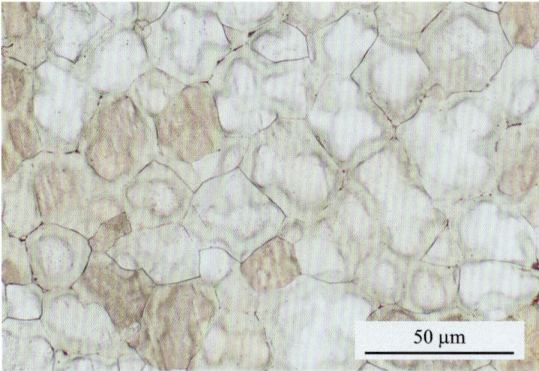

牌　　号：Ag-3Li
状　　态：铸态
组织说明：（Ag）凝固结晶组织
浸 蚀 剂：Ag-m2

图 1.7.2-2

牌　　号：Ag-3Li
状　　态：冷加工态
组织说明：（Ag）加工形变组织
浸 蚀 剂：Ag-m2

图 1.7.2-3

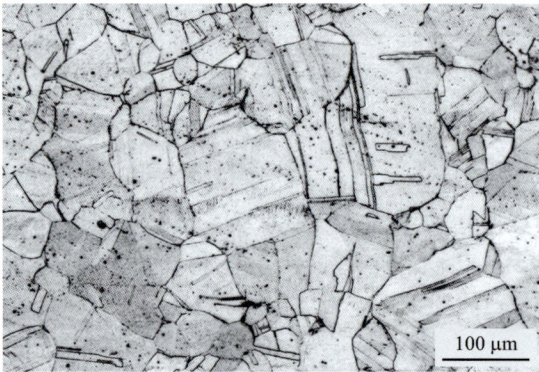

牌　　号：Ag-3Li
状　　态：冷加工，510℃/5 h 退火热处理
组织说明：（Ag）再结晶组织
浸 蚀 剂：Ag-m2

图 1.7.2-4

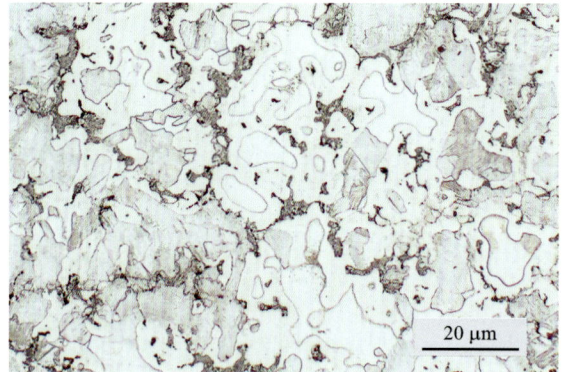

牌　　号：Ag-7.5Cu-0.5Li
状　　态：铸态
组织说明：（Ag）+[（Ag）+（Cu）]，凝固结晶组织
浸 蚀 剂：Ag-m2

图 1.7.2-5

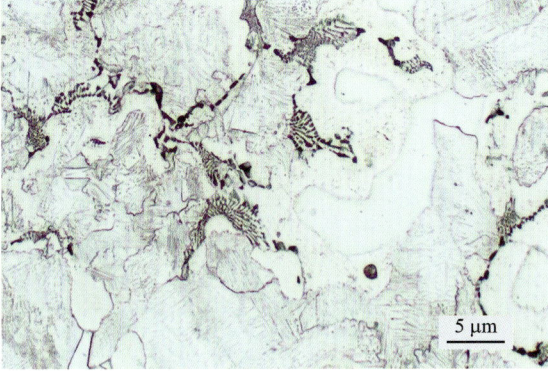

牌　　　号：Ag-7.5Cu-0.5Li
状　　　态：铸态
组织说明：(Ag)+[(Ag)+(Cu)]，再结晶组织
浸　蚀　剂：Ag-m2

图 1.7.2-6

牌　　　号：Ag-7.5Cu-0.5Li
状　　　态：加工态
组织说明：(Ag)+[(Ag)+(Cu)]，加工形变组织
浸　蚀　剂：Ag-m2

图 1.7.2-7

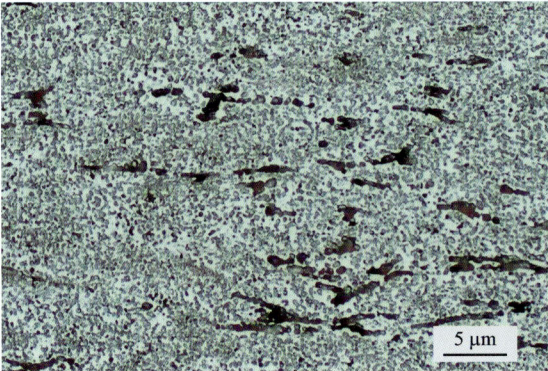

牌　　　号：Ag-7.5Cu-0.5Li
状　　　态：冷加工，650℃/1 h 退火热处理
组织说明：(Cu)+(Ag)，再结晶组织
浸　蚀　剂：Ag-m2

图 1.7.2-8

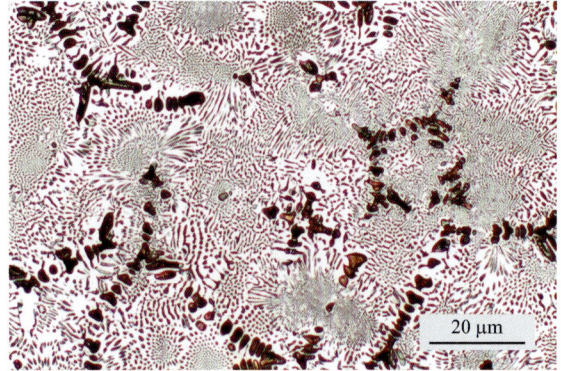

牌　　　号：Ag-27.5Cu-0.5Ni-0.5Li
状　　　态：铸态
组织说明：(Cu)+[(Ag)+(Cu)]，凝固结晶组织
浸　蚀　剂：Ag-m2

图 1.7.2-9

牌　　　号：Ag-27.5Cu-0.5Ni-0.5Li
状　　　态：铸态
组织说明：(Cu)+[(Ag)+(Cu)]，凝固结晶组织
浸　蚀　剂：Ag-m2

图 1.7.2-10

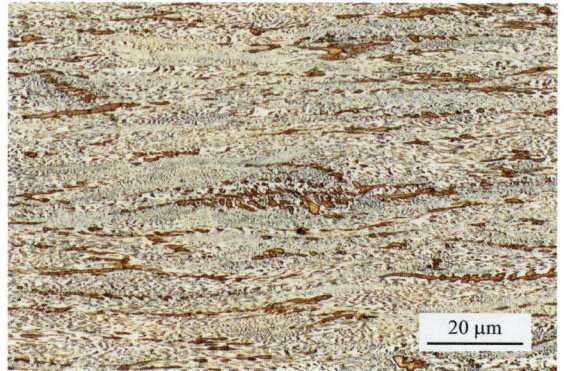

牌　　　号：Ag-27.5Cu-0.5Ni-0.5Li
状　　　态：加工态
组织说明：(Cu)+[(Ag)+(Cu)]，加工形变组织
浸　蚀　剂：Ag-m2

图 1.7.2-11

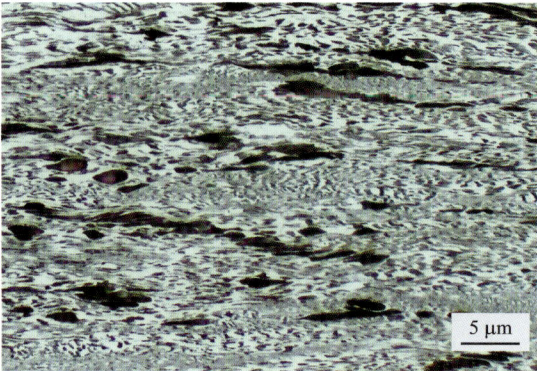

牌　　　号：Ag-27.5Cu-0.5Ni-0.5Li
状　　　态：加工态
组织说明：(Cu)+[(Ag)+(Cu)]，加工形变组织
浸　蚀　剂：Ag-m2

图 1.7.2-12

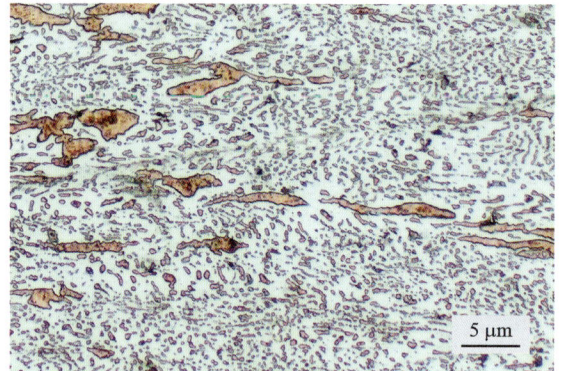

牌　　　号：Ag-27.5Cu-0.5Ni-0.5Li
状　　　态：冷加工，650℃/1 h 热处理
组织说明：(Ag)+(Cu)，再结晶组织
浸　蚀　剂：Ag-m2

图 1.7.2-13

1.8　银基活性合金

1.8.1　银基活性合金的性能和用途

Ti、Zr、Hf 及其氢化物具有强的化学活性，对于氧化物、硅酸盐等有较强的亲和力，它们可用于氧化物和非氧化物陶瓷与各种无机材料的连接。Ag-Cu—Ti 合金钎料，即在 Ag-Cu 共晶钎料中加入 2%~4%Ti 构成 Ag-(10~35)Cu-(2~5)Ti 钎料合金，也可添加第 4 组元 In 构成 Ag-Cu-In-Ti 钎料合金(表 1.8.1-1)。添加 Ti 的目的是使其钎料熔化时具有高活性。钎料合金焊缝中存在微量化合物相使其强度与基材(如陶瓷)更匹配，保持了 Ag-Cu 共晶焊料固有的优良钎焊特性；添加 In 的目的是降低合金熔点和增强钎料润湿性。Ag-Cu-Ti 合金(图 1.8.2-1~图 1.8.2-3)中(Ag)、(Cu)具有很好的压力加工性能，γ、ε、β、ζ、η、λ 为脆性相，Ag-Cu-Ti 合金中的 Ti 含量一般控制在 10% 以内，过高的 Ti 含量使钎料合金的熔化温度间隔增大，合金中的脆性相随着 Ti 含量增加而增多，这样给材料压力加工成型带来困难。

表 1.8.1-1　Ag-Cu-Ti 合金钎料的化学成分和性能

序号	合金成分(质量分数)/%				熔化温度/℃	钎焊温度/℃
	Ag	Cu	Ti	In		
1	余量	27.5	2~5	—	780~810	850~950
2	余量	34.5	1.5	—	770~810	850~950
3	余量	195	3	5	730~760	850~950
4	余量	27.5	2.5	14	675~700	—
5	余量	—	1	1	950~960	1030

1.8.2　银铜钛系合金的金相组织

Ag-Cu-Ti 系合金中包含有(Ag)、(Cu)和 γ、ε、β、ζ、η、λ 脆性相，作为钎焊用合金 Ti 含量应控制在 10% 以内，在这个范围内钎料由(Ag)、(Cu)和 γ 相构成，见相图 1.8.2-2。普通熔炼法制备的 Ag-Cu-Ti 合金易形成不均匀组织，造成压力加工困难。Ag-Cu-Ti 系合金金相组织见图 1.8.2-4~图 1.8.2-17。

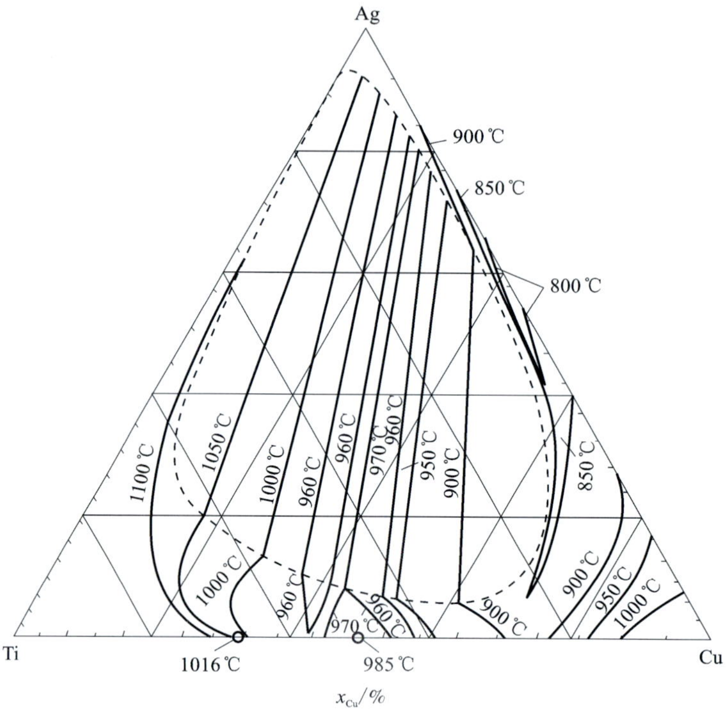

图 1.8.2-1　Ag-Cu-Ti 系合金液相面投影图

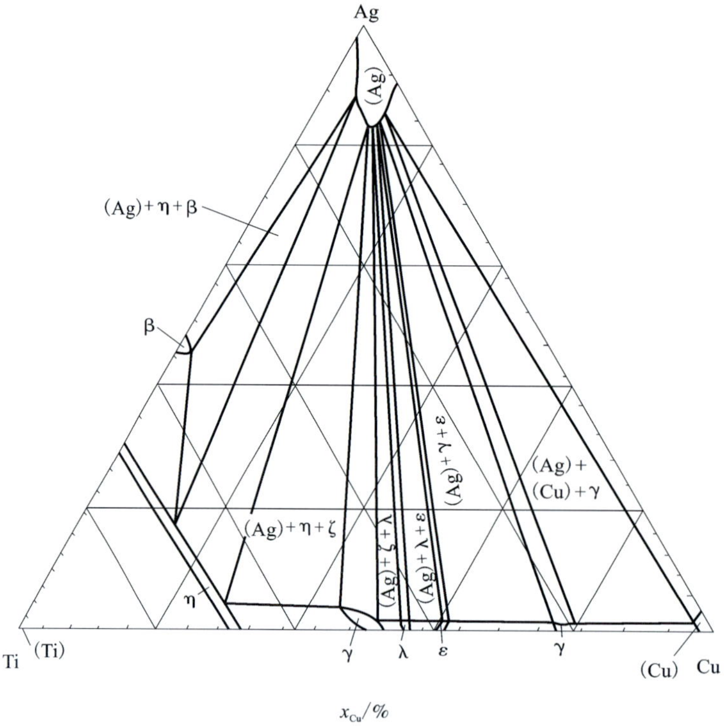

图 1.8.2-2　Ag-Cu-Ti 系合金 700℃等温截面图

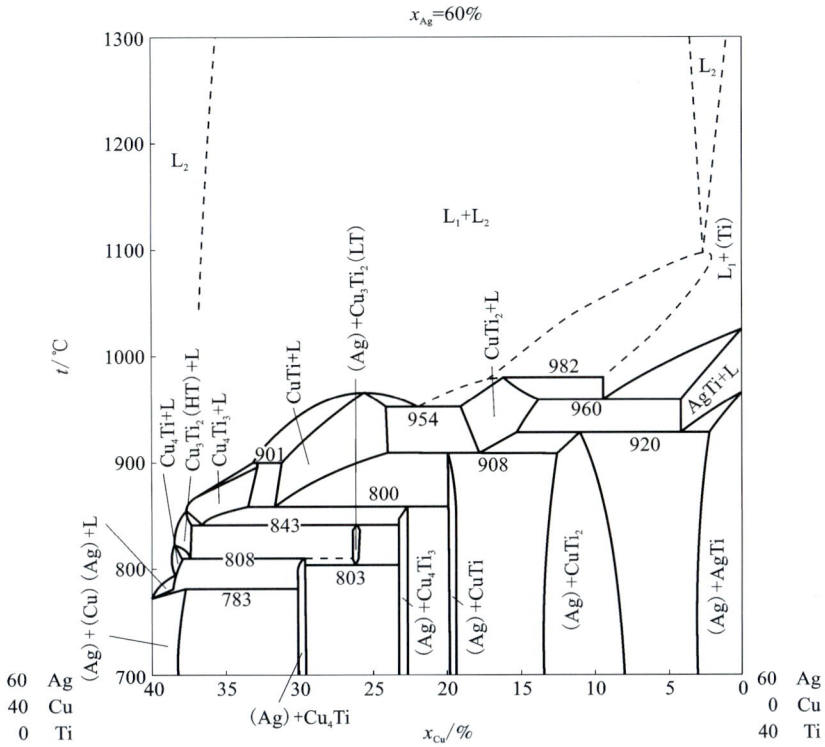

图 1.8.2-3 Ag-Cu-Ti 系合金 $x_{Ag} = 60\%$ 等值截面

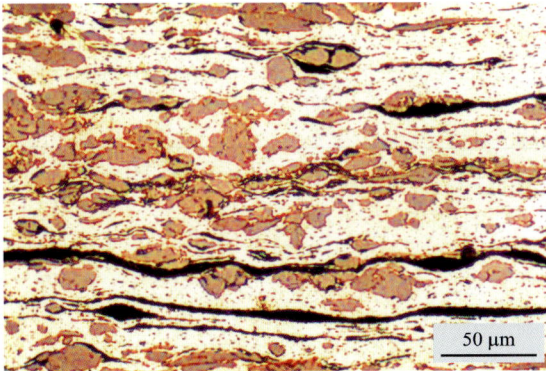

牌　　　号：Ag-27Cu-3.5Ti

状　　　态：粉末冶金法制备，真空 510℃/5 h 热处理

组织说明：（Ag）+（Cu）+γ（Cu₄Ti）

浸 蚀 剂：Ag-m2

图 1.8.2-4

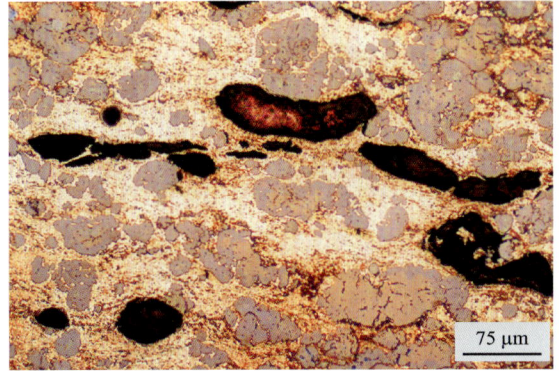

牌　　　号：Ag-26Cu-6.5Ti

状　　　态：粉末冶金法制备，真空 510℃/5 h 热处理

组织说明：（Ag）+（Cu）+γ（Cu₄Ti）

浸 蚀 剂：Ag-m2

图 1.8.2-5

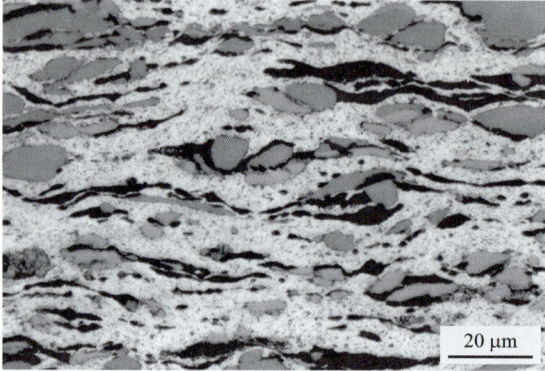

牌　　　号：Ag-27Cu-3.5Ti-1Pd
状　　　态：粉末冶金法制备，真空 510℃/5 h 热处理
组织说明：(Ag)+(Cu)+γ(Cu₄Ti)
浸 蚀 剂：Ag-m2

图 1.8.2-6

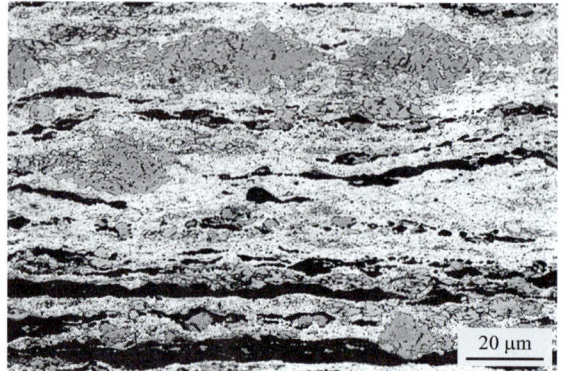

牌　　　号：Ag-27Cu-3.5Ti-1Ni
状　　　态：粉末冶金法制备，真空 510℃/5 h 热处理
组织说明：(Ag)+(Cu)+γ(Cu₄Ti)
浸 蚀 剂：Ag-m2

图 1.8.2-7

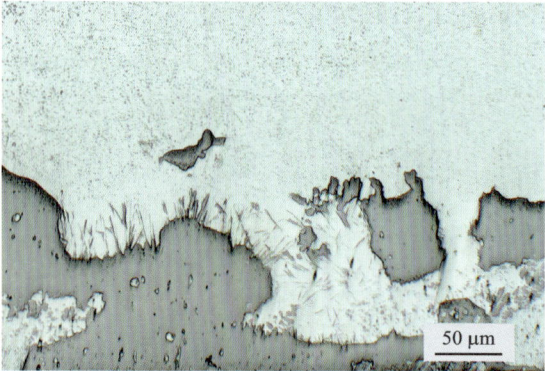

牌　　　号：Ag-28Cu-3.5Ti
状　　　态：电弧熔炼铸锭
组织说明：(Ag)+[(Ag)+(Cu)]+γ(Cu₄Ti)，严重偏析凝固
　　　　　结晶组织
浸 蚀 剂：未腐蚀

图 1.8.2-8

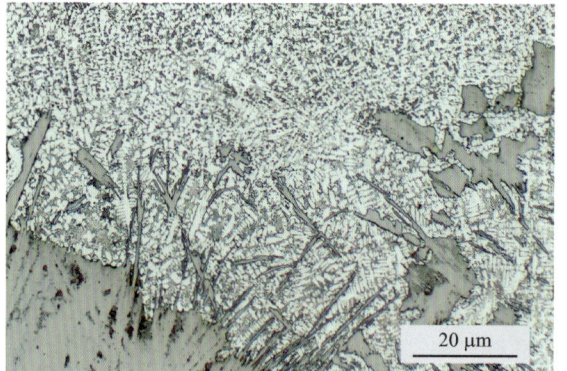

牌　　　号：Ag-28Cu-3.5Ti
状　　　态：电弧熔炼铸锭边沿
组织说明：(Ag)+[(Ag)+(Cu)]+γ(Cu₄Ti)，严重偏析凝固
　　　　　结晶组织
浸 蚀 剂：Ag-m2

图 1.8.2-9

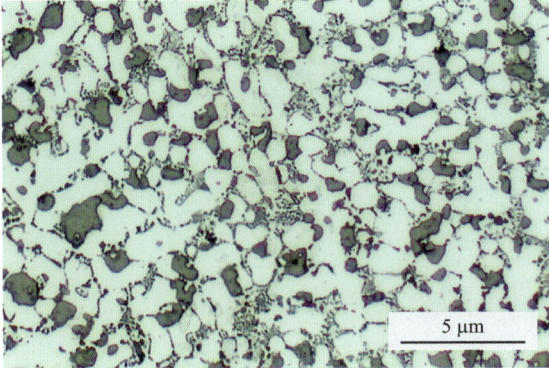

牌　　　号：Ag-28Cu-3.5Ti
状　　　态：电弧熔炼铸锭中部
组织说明：（Ag）+［（Ag）+（Cu）］+γ（Cu₄Ti），均匀凝固结晶
　　　　　组织
浸 蚀 剂：Ag-m2

图 1.8.2-10

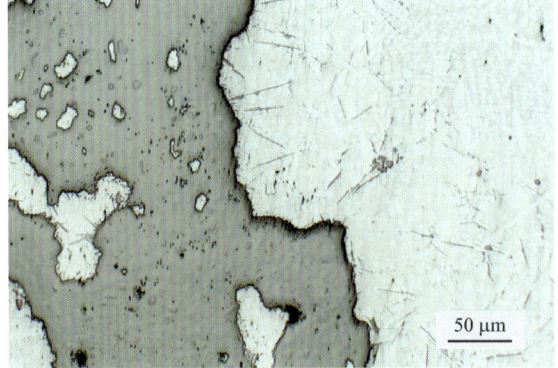

牌　　　号：Ag-28Cu-3.5Ti
状　　　态：感应熔炼铸锭边沿
组织说明：（Ag）+［（Ag）+（Cu）］+γ（Cu₄Ti），严重偏析凝固
　　　　　结晶组织
浸 蚀 剂：未腐蚀

图 1.8.2-11

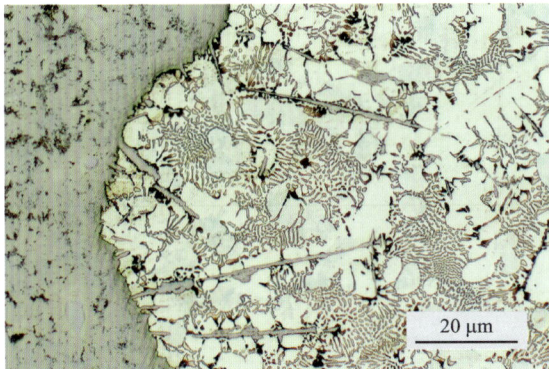

牌　　　号：Ag-28Cu-3.5Ti
状　　　态：感应熔炼铸锭边沿
组织说明：（Ag）+［（Ag）+（Cu）］+γ（Cu₄Ti），严重偏析凝固
　　　　　结晶组织
浸 蚀 剂：Ag-m2

图 1.8.2-12

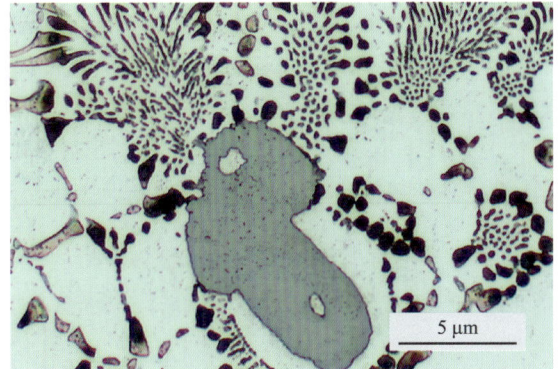

牌　　　号：Ag-28Cu-3.5Ti
状　　　态：感应熔炼铸锭中部
组织说明：（Ag）+［（Ag）+（Cu）］+γ（Cu₄Ti），少量 γ 相凝固
　　　　　结晶组织
浸 蚀 剂：Ag-m2

图 1.8.2-13

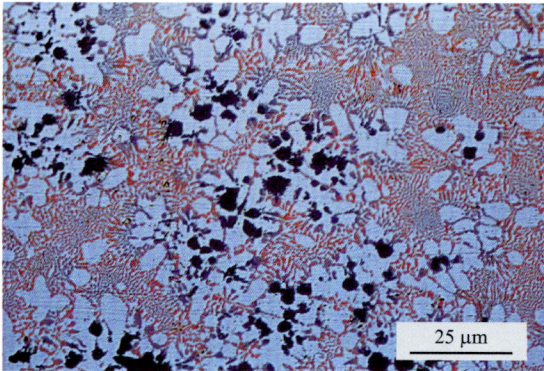

牌　　号：Ag-27Cu-3.5Ti-1Ni
状　　态：感应熔炼铸锭中部
组织说明：（Ag）+［（Ag）+（Cu）］+γ（Cu₄Ti），凝固结晶组织
浸 蚀 剂：未腐蚀

图 1.8.2-14

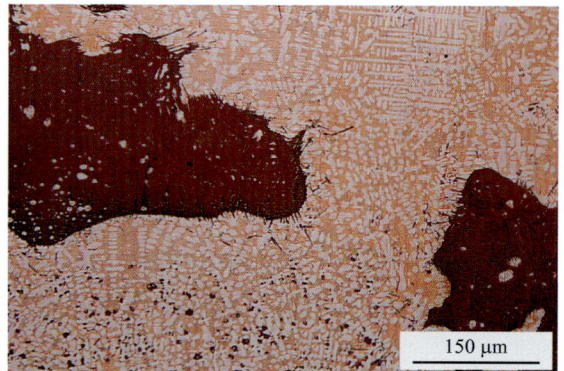

牌　　号：Ag-27Cu-4.5Ti
状　　态：感应熔炼铸锭中部
组织说明：（Ag）+（Cu）+γ（Cu₄Ti），凝固偏析结晶不均匀
　　　　　组织
浸 蚀 剂：未腐蚀

图 1.8.2-15

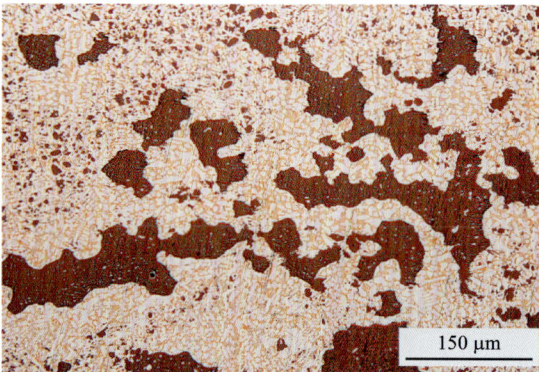

牌　　号：Ag-26Cu-5.5Ti
状　　态：感应熔炼铸锭
组织说明：（Ag）+（Cu）+γ（Cu₄Ti），凝固偏析结晶组织
浸 蚀 剂：未腐蚀

图 1.8.2-16

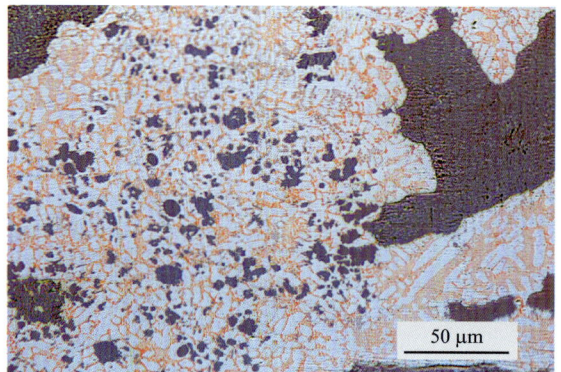

牌　　号：Ag-26Cu-6.5Ti
状　　态：感应熔炼铸锭
组织说明：（Ag）+（Cu）+γ（Cu₄Ti），凝固偏析结晶组织
浸 蚀 剂：未腐蚀

图 1.8.2-17

1.8.3　银铜锆系合金及金相组织

Ag-Cu-Zr 系三元合金的结构主要由 Ag-Zr 和 Cu-Zr 二元系制约，在该三元系相图研究中，发现了一个高硬度 M 相，其相区范围为 $Cu_{66.4}Ag_{18}Zr_{17.6}$ 至 $Cu_{70.6}Ag_{13}Zr_{16.4}$，其组成为 $Cu_{16.7}Ag_{66.6}Zr_{17.7}$ 的化合物，HV 为 556。含 Zr 的 Ag-Cu 合金由于含有高硬度的 M 相，具有很好的抗耐磨性能。Ag-Cu-Zr 系三元相图见图 1.8.3-1~图 1.8.3-2，金相组织见图 1.8.3-3~图 1.8.3-7。

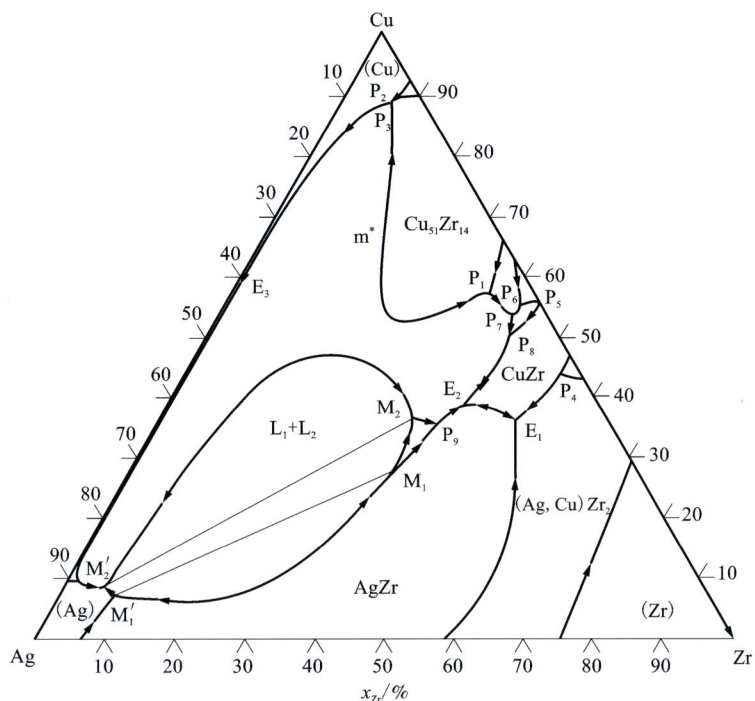

图 1.8.3-1　Ag-Cu-Zr 系合金液相面投影图

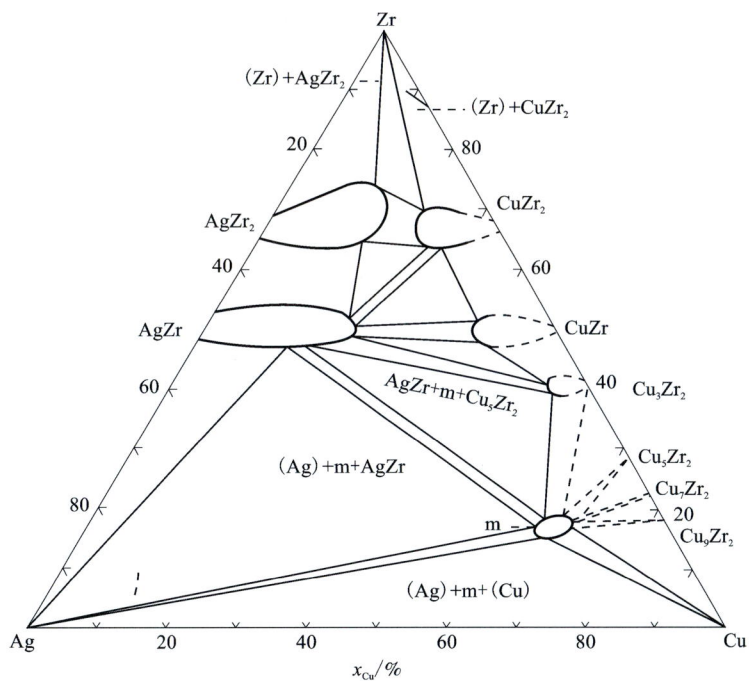

图 1.8.3-2　Ag-Cu-Zr 系合金室温等温截面

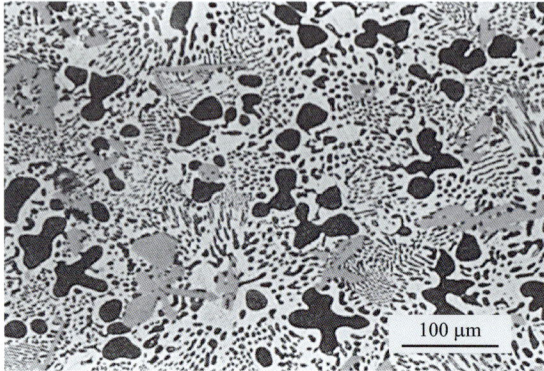

牌　　号：Ag-49Cu-1Zr
状　　态：铸态
组织说明：（Cu）+m（AgCu₄Zr）+[（Cu）+（Ag）]，凝固结晶
　　　　　组织
浸 蚀 剂：Ag-m2

图 1.8.3-3

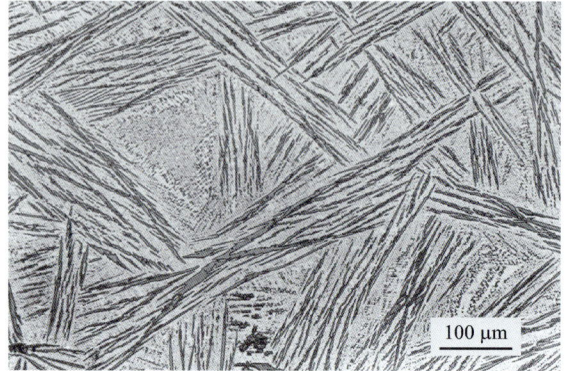

牌　　号：Ag-10Cu-15Zr
状　　态：铸态
组织说明：AgZr+[（Ag）+AgZr+m（AgCu₄Zr）]，凝固结晶
　　　　　组织
浸 蚀 剂：Ag-m2

图 1.8.3-4

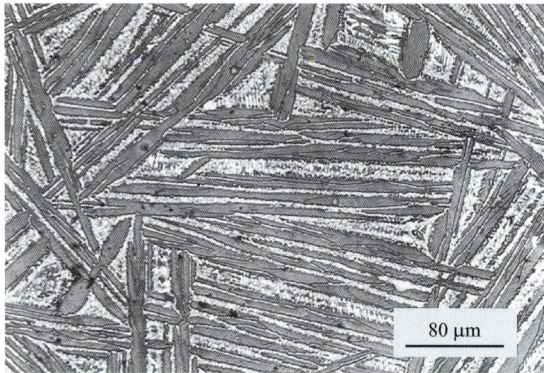

牌　　号：Ag-15Cu-35Zr
状　　态：铸态
组织说明：AgZr+[（Ag）+AgZr+m（AgCu₄Zr）]，凝固结晶
　　　　　组织
浸 蚀 剂：Ag-m2

图 1.8.3-5

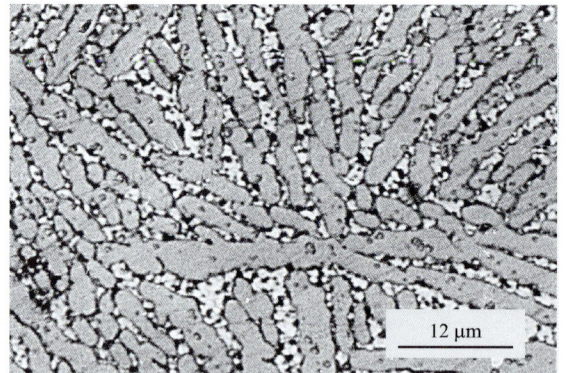

牌　　号：Ag-25Cu-25Zr
状　　态：铸态
组织说明：AgZr+（Ag）+m（AgCu₄Zr），凝固结晶组织
浸 蚀 剂：Ag-m2

图 1.8.3-6

牌　　号：Ag-94Zr
状　　态：铸态
组织说明：AgZr$_2$+αZr，凝固结晶组织
浸 蚀 剂：Ag-m2

图 1.8.3-7

1.9　银铜锰系合金

1.9.1　银铜锰系合金的性能和用途

银含铜和锰的三元合金，主要有 AgCuMn10-10，AgCuMn20-20，AgCuMn50-10 和 AgCuMn60-20 等合金牌号，熔化温度分别为 880~900℃、740~760℃、820~840℃和 730~760℃。用中频炉真空熔炼，可加工成线材和片材。这类合金具有特殊用途，用来钎焊钨及碳化钨，浸润性良好；钎焊钨与钴合金时，钎焊接头的剪切强度为 147.1~196.1 MPa。Ag-Cu-Mn 系合金的成分和性能见表 1.9.1-1。

表 1.9.1-1　Ag-Cu-Mn 系合金成分和性能

合金牌号	质量分数/%				熔化温度 /℃
	Ag	Cu	Mn	Ni	
BAg80CuMn	余量	10±0.5	10±0.5	—	880~900
BAg40CuMn	余量	40±1.0	20±1.0	—	740~760
BAg40CuMn	余量	10±1.0	50±1.0	—	820~840
BAg20CuMn	余量	60±0.5	20±1.0	—	730~760
BAg65CuMnNi	余量	28±1.0	5±0.5	2±0.5	780~825

1.9.2　银铜锰系合金的金相组织

Ag-Cu、Ag-Mn 二元系合金都有共晶点，Cu-Mn 在高温下都可以形成(Cu，γMn)固溶体，在靠近 Mn 一侧随着温度升高可以形成含 Cu 的 αMn、βMn、γMn 固溶体。Ag-Cu-Mn 三元系合金无金属间化合物生成，以(Ag)、(Cu)、αMn、βMn、γMn、δMn 固溶体存在，具有较好的加工性能。图 1.9.2-1～图 1.9.2-4 分别是 Ag-Cu-Mn 三元系液相面、700℃、400℃ 和 25℃ 的水平投影图。Ag-Cu-Mn 系合金金相组织见图 1.9.2-5～图 1.9.2-20。

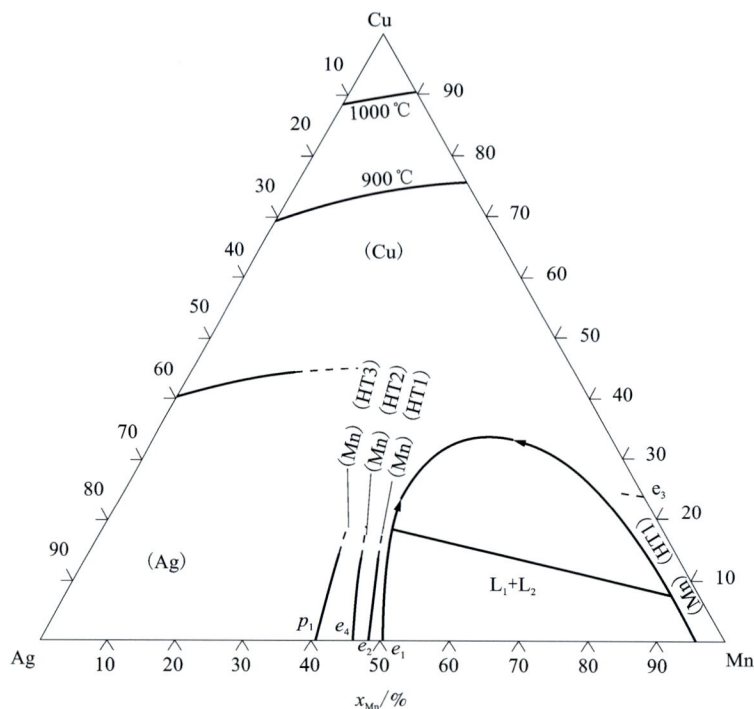

图 1.9.2-1　Ag-Cu-Mn 系液相面投影图

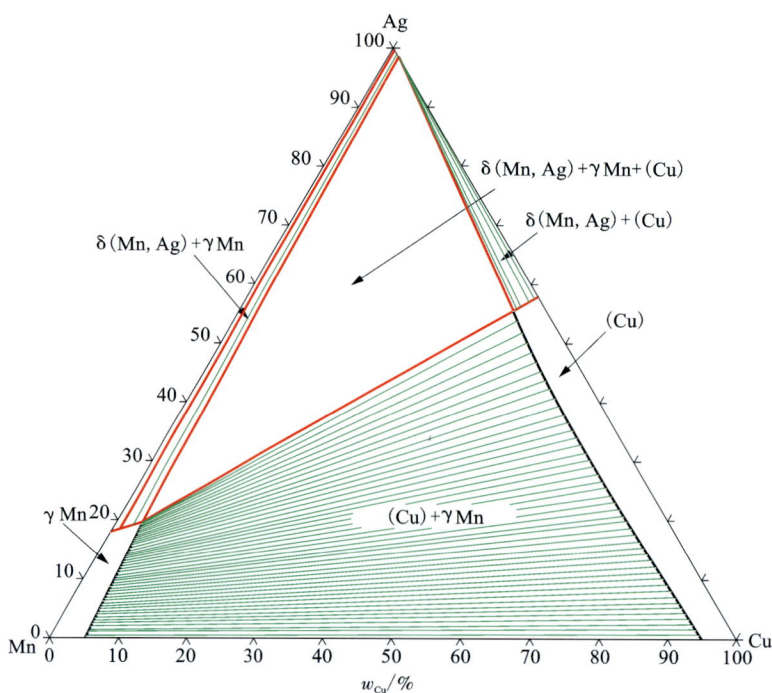

图 1.9.2-2　Ag-Cu-Mn 系 700℃ 等温截面图(计算图)

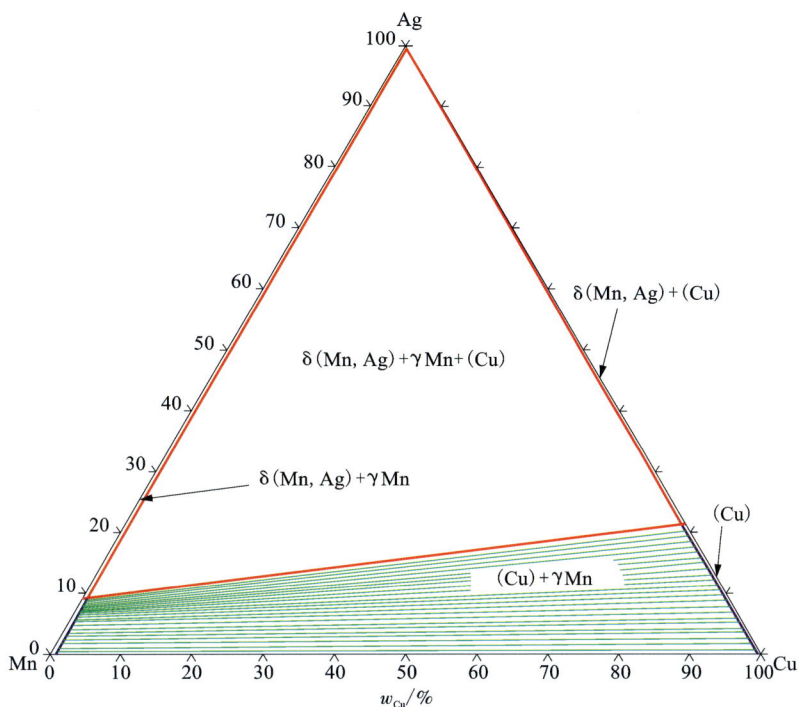

图 1.9.2-3　Ag-Cu-Mn 系 400℃等温截面图(计算图)

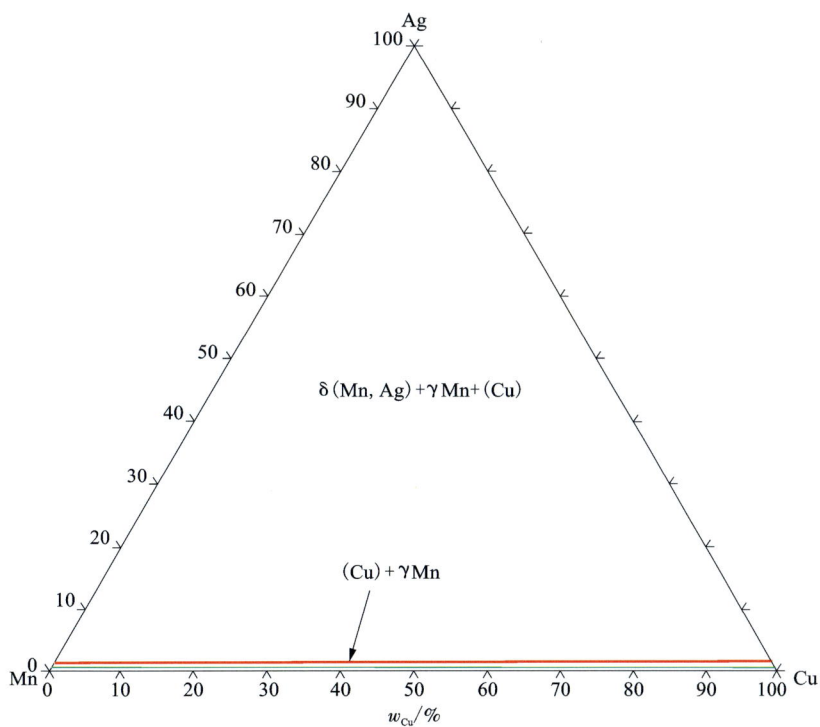

图 1.9.2-4　Ag-Cu-Mn 系 25℃等温截面图(计算图)

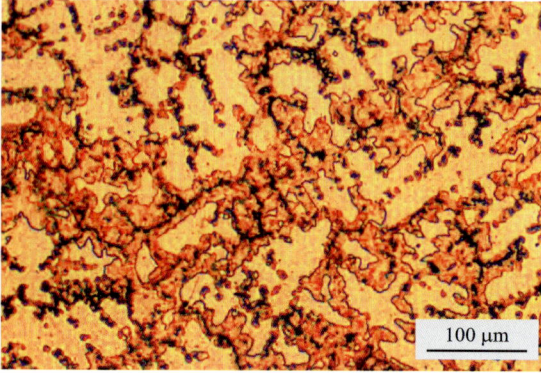

牌　　号：Ag-10Cu-10Mn
状　　态：铸态
组织说明：δ(Mn)+[γMn+(Cu)]，凝固结晶组织
浸 蚀 剂：Ag-m2

图 1.9.2-5

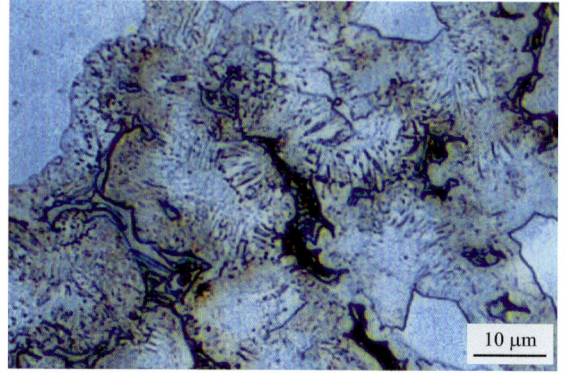

牌　　号：Ag-10Cu-10Mn
状　　态：铸态
组织说明：δ(Mn)+[γMn+(Cu)]，凝固结晶组织
浸 蚀 剂：Ag-m2

图 1.9.2-6

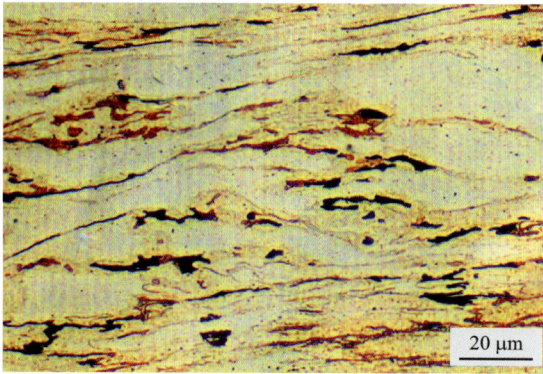

牌　　号：Ag-10Cu-10Mn
状　　态：加工态
组织说明：γMn+δ(Mn)+(Cu)，加工形变组织
浸 蚀 剂：Ag-m2

图 1.9.2-7

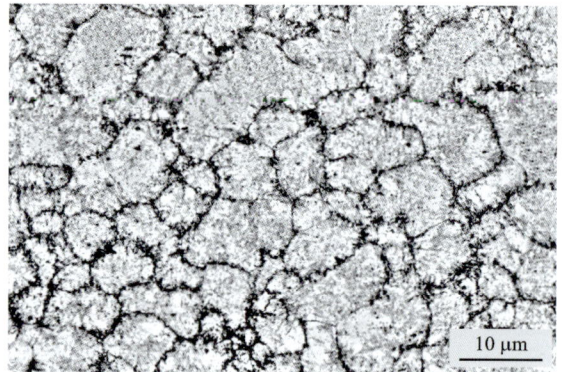

牌　　号：Ag-10Cu-10Mn
状　　态：冷加工，700℃/3.5 h 退火热处理
组织说明：γMn+δ(Mn)+(Cu)，再结晶组织
浸 蚀 剂：Ag-m2

图 1.9.2-8

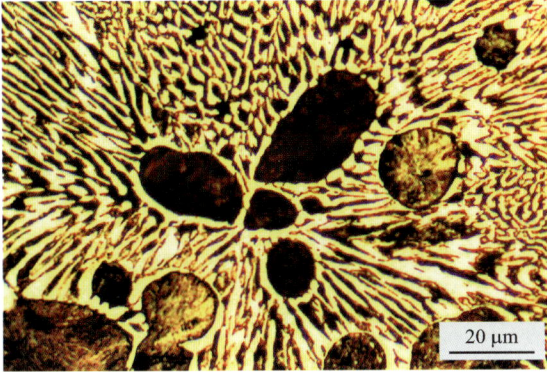

牌　　　号：Ag-40Cu-20Mn
状　　　态：铸态
组织说明：δ(Mn)+[γMn+(Cu)]，凝固结晶组织
浸 蚀 剂：Ag-m2

图 1.9.2-9

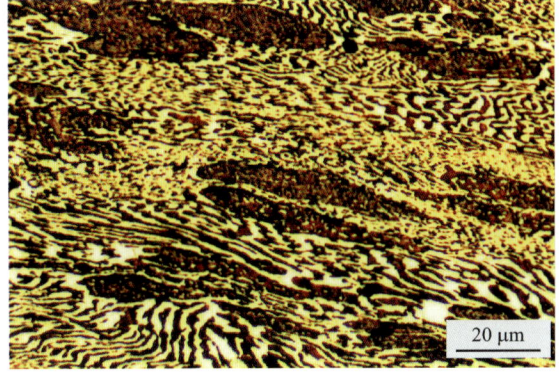

牌　　　号：Ag-40Cu-20Mn
状　　　态：铸锭，650℃热锻
组织说明：γMn+δ(Mn)+(Cu)，热锻形变组织
浸 蚀 剂：Ag-m2

图 1.9.2-10

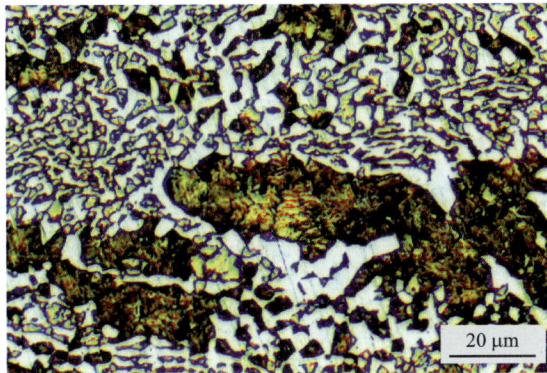

牌　　　号：Ag-40Cu-20Mn
状　　　态：650℃热锻，700℃/3.5 h 退火热处理
组织说明：γMn+δ(Mn)+(Cu)，再结晶组织
浸 蚀 剂：Ag-m2

图 1.9.2-11

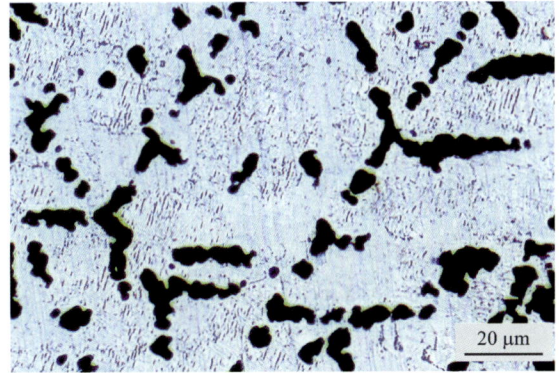

牌　　　号：Ag-10Cu-50Mn
状　　　态：铸态
组织说明：δ(Mn)+[γMn+(Cu)]，凝固结晶组织
浸 蚀 剂：Ag-m2

图 1.9.2-12

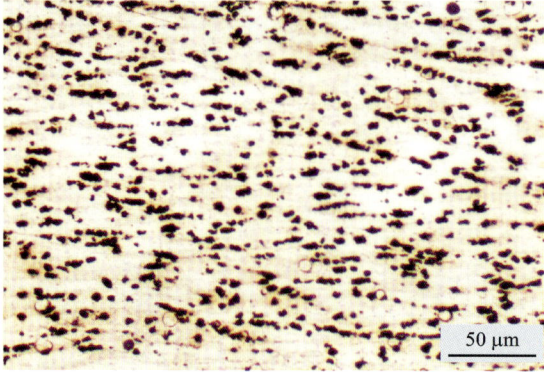

牌　　号：Ag-10Cu-50Mn
状　　态：铸锭 650℃热锻
组织说明：γMn+δ(Mn)+(Cu)，热锻形变组织
浸 蚀 剂：Ag-m2

图 1.9.2-13

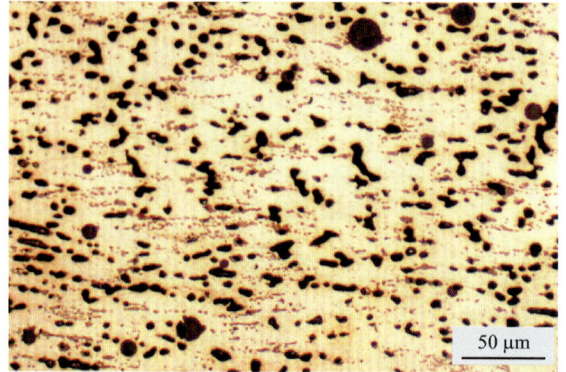

牌　　号：Ag-10Cu-50Mn
状　　态：650℃热锻，700℃/3.5 h 热处理
组织说明：γMn+δ(Mn)+(Cu)，再结晶组织
浸 蚀 剂：Ag-m2

图 1.9.2-14

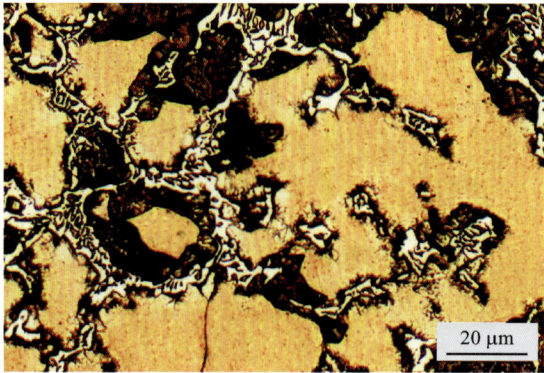

牌　　号：Ag-60Cu-20Mn
状　　态：铸态
组织说明：δ(Mn)+[γMn+(Cu)]，凝固结晶组织
浸 蚀 剂：Ag-m2

图 1.9.2-15

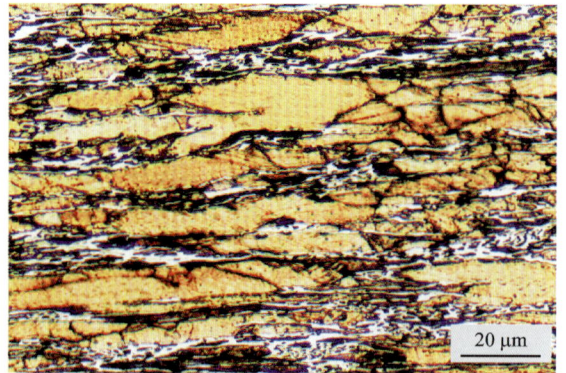

牌　　号：Ag-60Cu-20Mn
状　　态：铸锭 650℃热锻
组织说明：γMn+δ(Mn, Ag)+(Cu)，热锻形变组织
浸 蚀 剂：Ag-m2

图 1.9.2-16

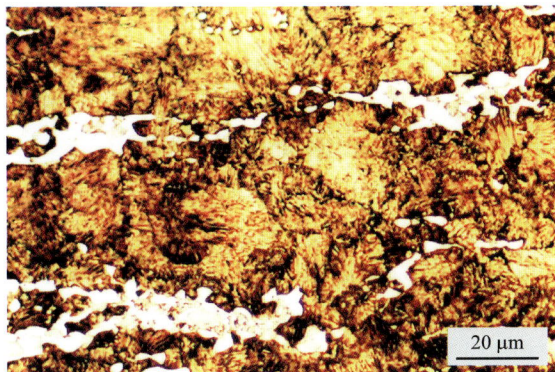

牌　　　号：Ag-60Cu-20Mn
状　　　态：650℃热锻，700℃/3.5 h 退火热处理
组织说明：γMn+δ(Mn)+(Cu)，再结晶组织
浸　蚀　剂：Ag-m2

图 1.9.2-17

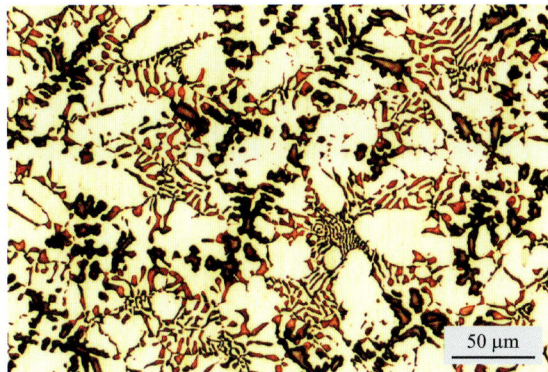

牌　　　号：Ag-28Cu-5Mn-2Ni
状　　　态：铸态
组织说明：(Ag)+〔(Ag)+(Cu)〕+(γMn)，凝固结晶组织
浸　蚀　剂：Ag-m2

图 1.9.2-18

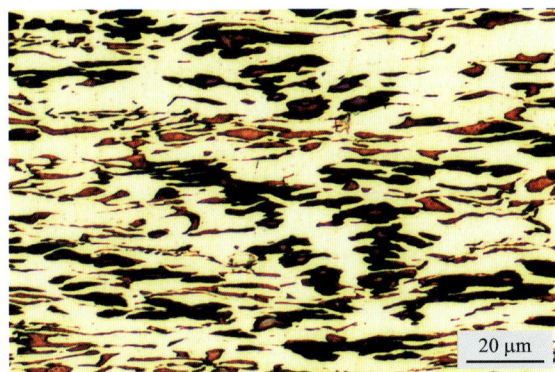

牌　　　号：Ag-28Cu-5Mn-2Ni
状　　　态：铸锭 650℃热锻
组织说明：(Ag)+(Cu)+(γMn)，热锻形变组织
浸　蚀　剂：Ag-m2

图 1.9.2-19

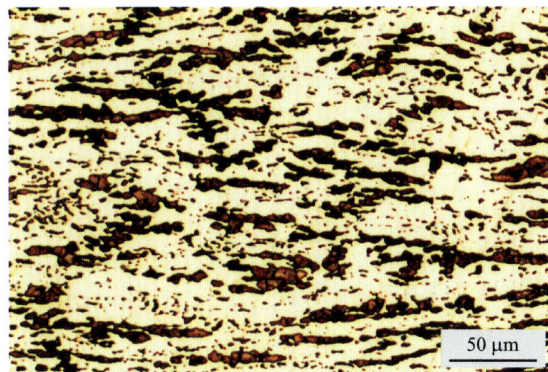

牌　　　号：Ag-28Cu-5Mn-2Ni
状　　　态：650℃热锻，700℃/3.5 h 热处理
组织说明：(Ag)+(Cu)+(γMn)，再结晶组织
浸　蚀　剂：Ag-m2

图 1.9.2-20

1.10　铜银磷系合金

1.10.1　铜银磷系合金的性能和用途

P 加入 Cu 中能明显降低熔点并起自钎剂作用。在钎焊 Cu 合金过程中，Cu 受热所形成的氧化物可被熔融 P 还原从而可使钎料金属得以在干净的 Cu 表面铺展。Cu-P 钎料可钎焊 Cu、Cu 合金、钨和钼等金属，钎焊 Cu 时无需添加钎剂，但钎焊 W、Mo 仍需添加钎剂。钎焊黄铜也要添加钎剂，因在黄铜表面形成的氧化锌不能被 P 消除。Cu-P 钎料不能用于钎焊 Fe

或 Ni 合金，因为 P 与 Fe 或 Ni 在钎缝处可形成脆性金属间化合物层。

　　向 Cu-P 钎料合金中添加 Ag 可以降低熔点和增大流动性，也能改善钎料抗腐蚀、抗冲击、抗振动性能和变形加工性。Cu-Ag-Cu$_3$P 三元系合金液相面投影图见图 1.10.2-1。3 个二元共晶系合并形成一个简单三元共晶系，共晶温度为 646℃，共晶点浓度为 30.4%Cu、17.9%Ag 和 51.7%Cu$_3$P（在 Cu-Ag-Cu$_3$P 三元系中）或 74.9%Cu、17.9%Ag 和 7.2%P（在 Ag-Cu-P 三元系中）。但是，这个三元共晶合金也呈脆性，难以加工成形，并无实用价值。真正使用的 Cu-Ag-P 钎料的成分范围为 Cu-Ag-Cu$_3$P 三元系中靠近 Cu-Cu$_3$P 边的一个小区域。含 40%～60%Cu，35%～55%Cu$_3$P 和 0～15%Ag，亦即含 78%～95%Cu，0～15%Ag 和 5%～7%P（在 Cu-Ag-P 三元系中）。与三元共晶成分相比较，使用 Cu-Ag-P 钎料合金，增大了 Cu 的含量，使之更远离脆断区，因此具有更好的力学性能。为了进一步降低钎料合金的熔点和 Ag 含量，可以向 Cu-P 或 Cu-Ag-P 合金中加入 3%～7%Sn 或 Sn+Ni。表 1.10.1-1 列出了 Cu-Ag-P 钎料合金的化学成分。在 Cu-P 钎料合金中，随着 P 含量增高，其流动性增大。如 BCu93P 流动性极好，可填充小间隙（如 0.03～0.08 mm 间隙）接头，而 BCu95P 钎料流动性相对较差。这两个钎料可热加工成丝或片材。Cu-P 钎料中增加 1.5%～2.0%Sb 可使流动性变差，可用于间隙大的接头钎焊。在 Cu-Ag-P 钎料中，随着 Ag 含量增高，P 含量降低，流动性变差，但导电性、抗蚀性和韧性得到改善。BCu91PAg 韧性好、易加工，高温下流动性好，低温下能填充较大间隙，可用于电机与仪表等装备中的 Cu 和 Cu 合金零件钎焊；BCu89PAg 流动性降低，可钎焊 0.05～0.13 mm 间隙，如钎焊热交换器管件接头；BCu80PAg 的韧性和导电性较高，适于钎焊导电要求高和钎缝不易控制的零件。

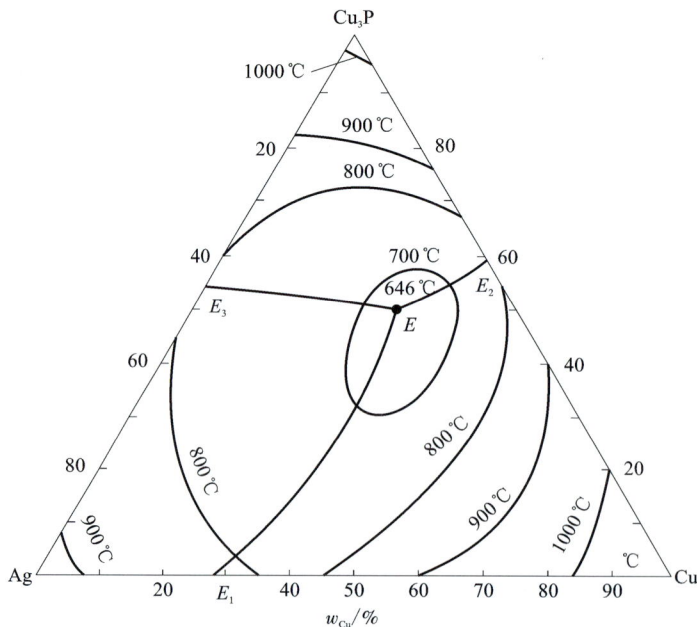

图 1.10.2-1　Ag-Cu-Cu$_3$P 三元系合金液相面投影图

表 1.10.1-1 **Cu-P-Ag 合金成分和熔化温度**

钎料牌号	质量分数/%				熔化温度 /℃
	Cu	P	Ag	Sn(Ni)	
BCu91PAg	余量	7.0±0.2	2±0.2		545~810
BCu89PAg	余量	5.8~6.7	5±0.2		650~800
BCu80PAg	余量	4.8~5.3	1 5±0.5		640~815
BCu70PAg	余量	5±0.5	25±0.5		650~710
BCu80PSnAg	余量	5.3±0.5	5.0±0.5	1 0±0.5	560~650
BCu85PSnAg	余量	7	4	4	626~670
BCu87PSnAg	余量	6.1	4.1	3.1	626~668
BCu83PSnAg	余量	7	6	4	658~683
BCu77PNiAg	余量	7	9.7	5.7(Ni)	591~643

1.10.2 铜银磷系合金的相组成和金相组织

在 Cu-P 合金系中，Cu 与 Cu_3P 形成共晶，共晶温度为 714℃。按单质元素浓度计，共晶点合金含 8.4%P 和 91.6%Cu，而在 Cu 与 Cu_3P 伪二元系中，共晶点浓度则约为 59%Cu_3P。这个共晶合金显脆性，因此，实用 Cu-P 钎料合金偏离共晶成分，含 4.5%~7.5% 的 P。Cu-P-Ag 三元系合金相图见图 1.10.2-2~图 1.10.2-7，合金金相组织见图 1.10.2-8~图 1.10.2-25。

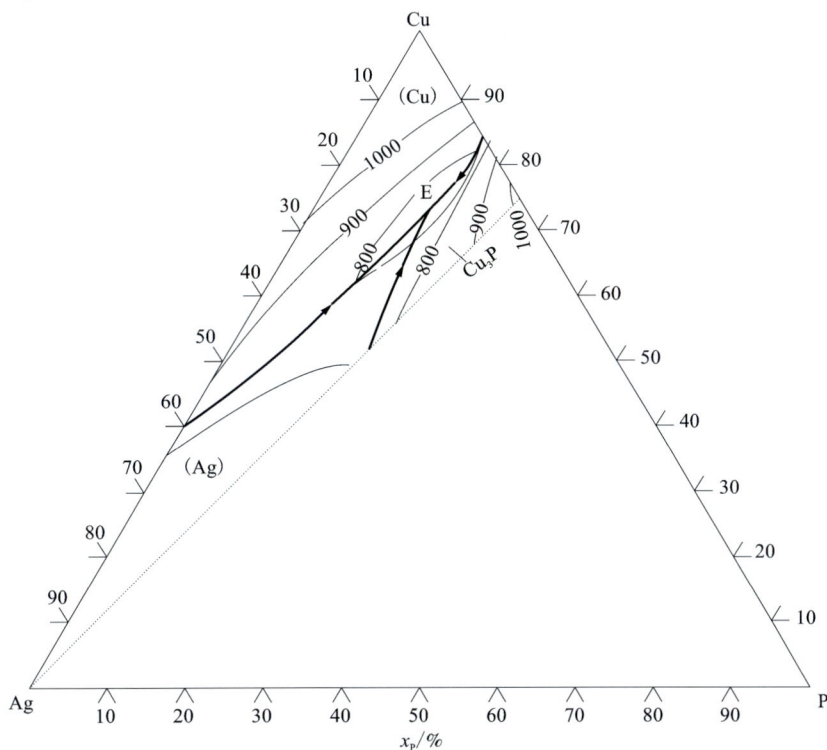

图 1.10.2-2 **Cu-P-Ag 系合金部分液相面投影图**

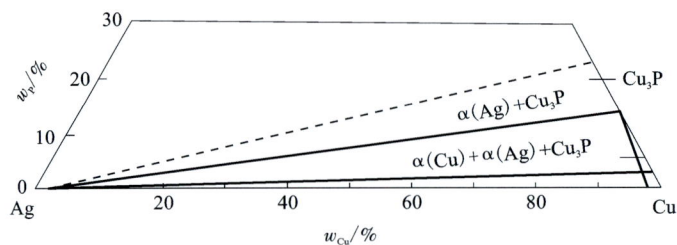

图 1.10.2-3　Cu-P-Ag 系合金相图 500℃等温截面

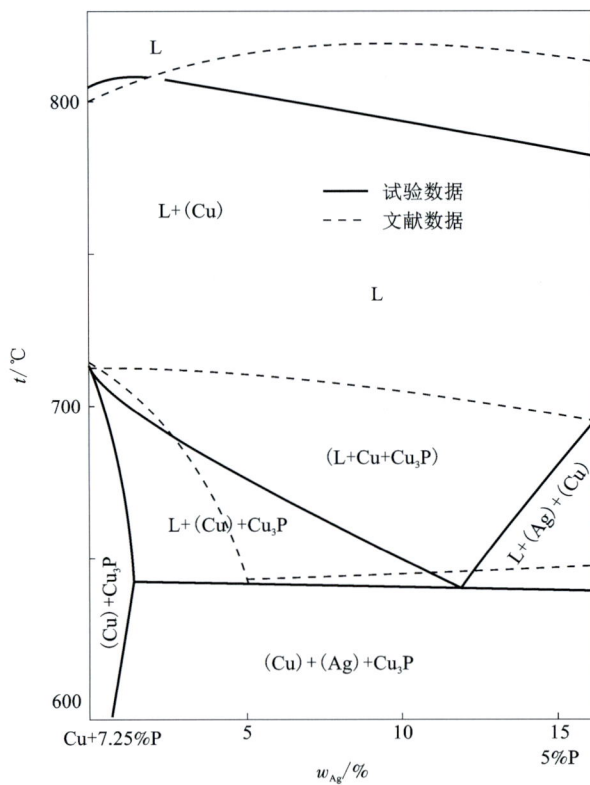

图 1.10.2-4　Cu-P-Ag 系 CuP7.25-CuP5 等值截面

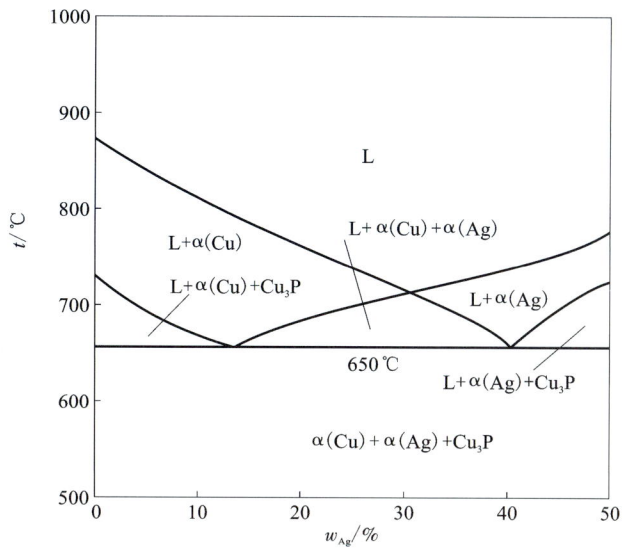

图 1.10.2-5　Cu-P-Ag 系 $w_P = 6\%$ 等值截面

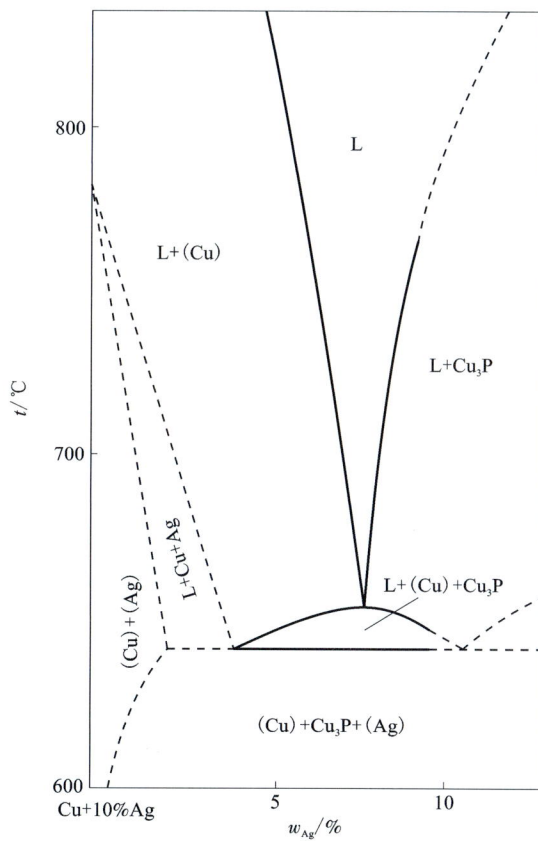

图 1.10.2-6　Cu-P-Ag 系 $w_{Ag} = 10\%$ 等值截面

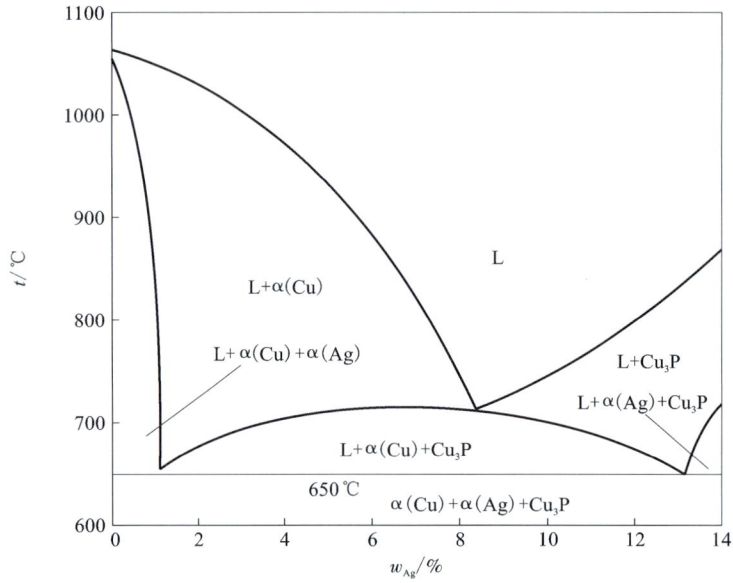

图 1.10.2-7　Cu–P–Ag 系 $w_{Ag} = 2\%$ 等值截面

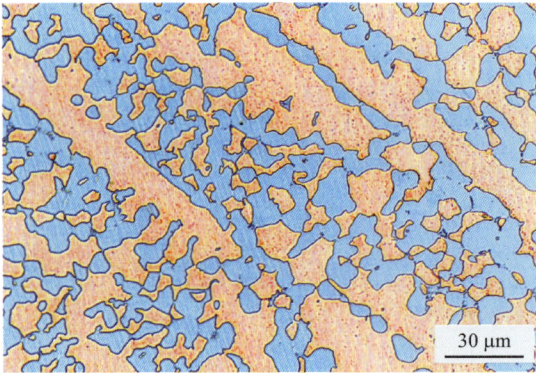

牌　　　号：Cu–7P–2Ag
状　　　态：铸态
组织说明：$\alpha(Cu) + Cu_3P$，凝固结晶组织
浸　蚀　剂：Ag–m2

图 1.10.2-8

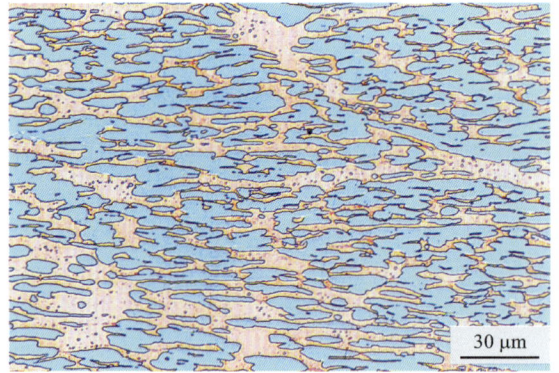

牌　　　号：Cu–7P–2Ag
状　　　态：铸锭 500℃ 热锻
组织说明：$\alpha(Cu) + Cu_3P$，加工形变组织
浸　蚀　剂：Ag–m2

图 1.10.2-9

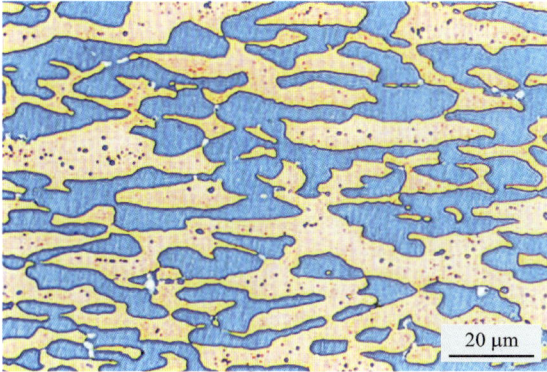

牌　　　号：Cu-7P-2Ag
状　　　态：铸锭 500℃热锻，510℃/5 h 热处理
组织说明：α(Cu)+Cu₃P+α(Ag)′，再结晶组织
浸 蚀 剂：Ag-m2

图 1.10.2-10

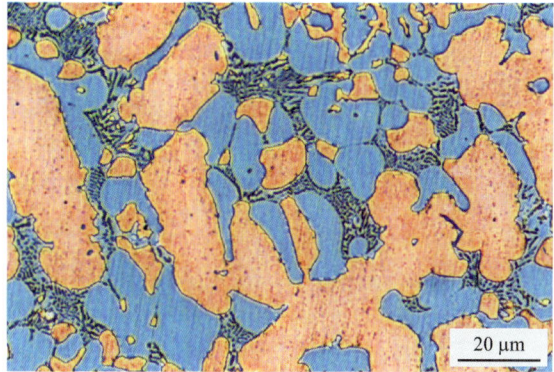

牌　　　号：Cu-6P-5Ag
状　　　态：铸态
组织说明：α(Cu)+Cu₃P+[α(Cu)+α(Ag)+Cu₃P]，凝固结
　　　　　晶组织
浸 蚀 剂：Ag-m2

图 1.10.2-11

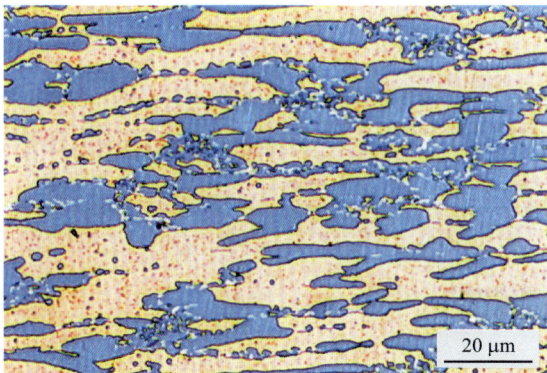

牌　　　号：Cu-6P-5Ag
状　　　态：铸锭 500℃热锻
组织说明：α(Cu)+Cu₃P+α(Ag)，加工形变组织
浸 蚀 剂：Ag-m2

图 1.10.2-12

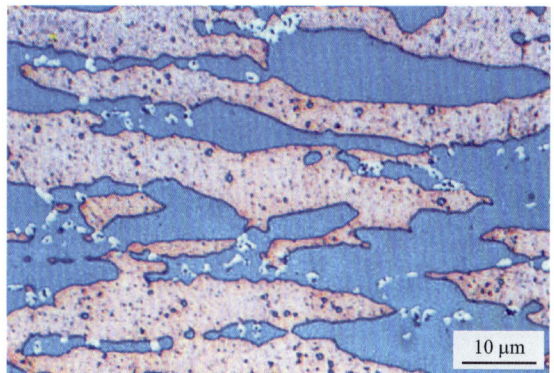

牌　　　号：Cu-6P-5Ag
状　　　态：500℃热锻，510℃/5 h 热处理
组织说明：α(Cu)+Cu₃P+α(Ag)，再结晶组织
浸 蚀 剂：Ag-m2

图 1.10.2-13

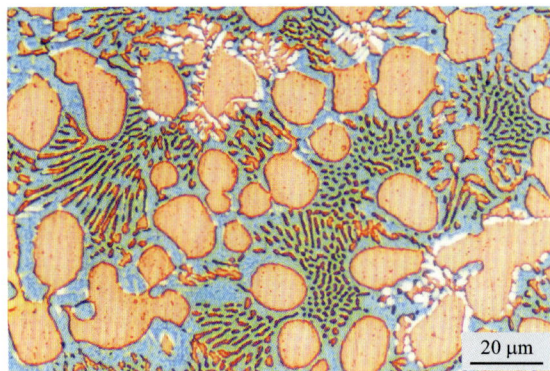

牌　　号：Cu-5P-1Ag
状　　态：铸态
组织说明：α(Cu)+Cu₃P+[α(Cu)+α(Ag)+Cu₃P]，凝固结
　　　　　晶组织
浸 蚀 剂：Ag-m2

图 1.10.2-14

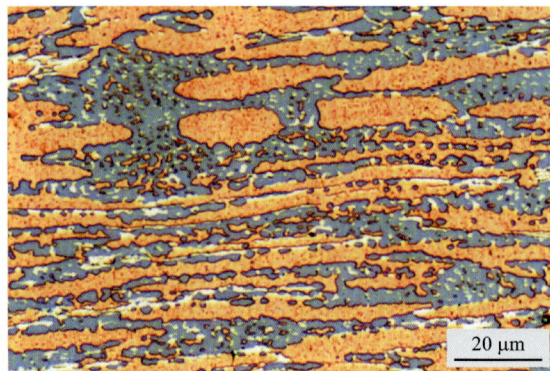

牌　　号：Cu-5P-1Ag
状　　态：铸锭500℃热锻
组织说明：α(Cu)+Cu₃P+α(Ag)，热锻形变组织
浸 蚀 剂：Ag-m2

图 1.10.2-15

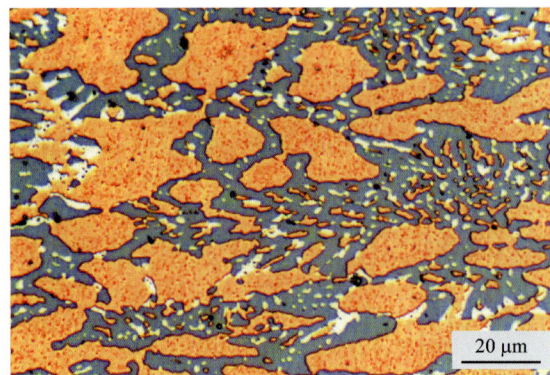

牌　　号：Cu-5P-1Ag
状　　态：铸锭500℃热锻，510℃/5 h热处理
组织说明：α(Cu)+Cu₃P+α(Ag)，再结晶组织
浸 蚀 剂：Ag-m2

图 1.10.2-16

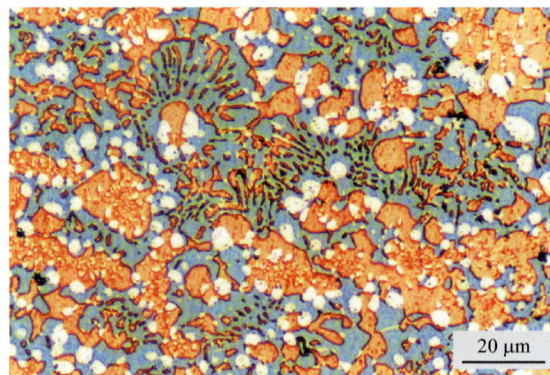

牌　　号：Cu-5P-25Ag
状　　态：铸态
组织说明：[α(Cu)+α(Ag)]+[α(Cu)+α(Ag)+Cu₃P]，凝
　　　　　固结晶组织
浸 蚀 剂：Ag-m2

图 1.10.2-17

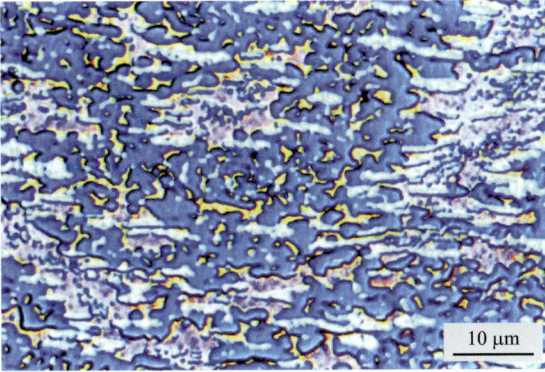

牌　　　号：Cu-5P-25Ag

状　　　态：铸锭500℃热锻

组织说明：α(Cu)+Cu$_3$P+α(Ag)，热锻组织

浸　蚀　剂：Ag-m2

图 1.10.2-18

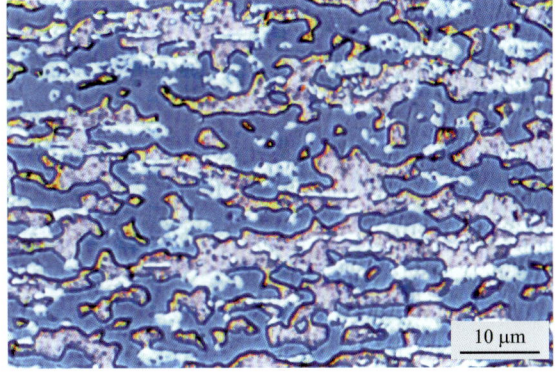

牌　　　号：Cu-5P-25Ag

状　　　态：铸锭500℃热锻，510℃/5 h 热处理

组织说明：α(Cu)+Cu$_3$P+α(Ag)，再结晶组织

浸　蚀　剂：Ag-m2

图 1.10.2-19

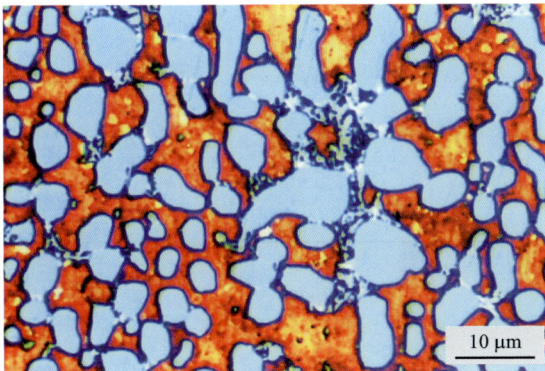

牌　　　号：Cu-5.3P-5Sn-10Ag

状　　　态：铸态

组织说明：α(Cu)+Cu$_3$P+[α(Cu)+Cu$_3$P+α(Ag)]，凝固结
　　　　　　晶组织

浸　蚀　剂：Ag-m2

图 1.10.2-20

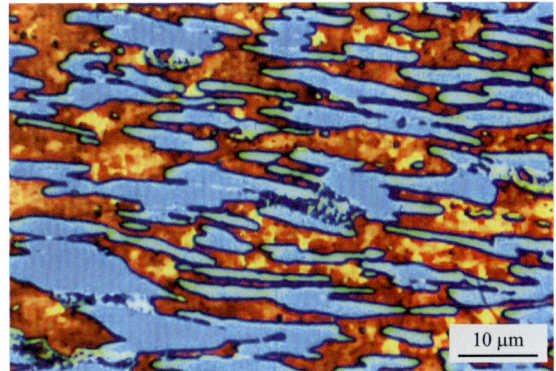

牌　　　号：Cu-5.3P-5Sn-10Ag

状　　　态：铸锭500℃热锻

组织说明：α(Cu)+α(Ag)+Cu$_3$P，加工形变组织

浸　蚀　剂：Ag-m2

图 1.10.2-21

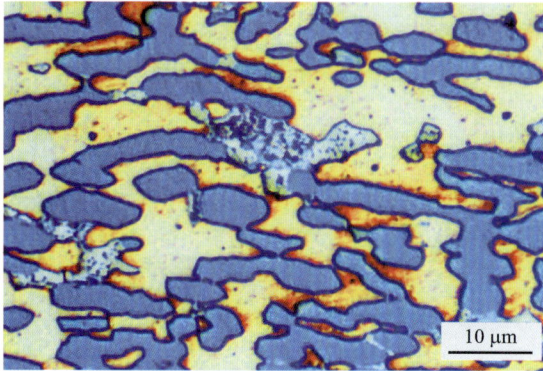

牌　　　号：Cu-5.3P-5Sn-10Ag

状　　　态：铸锭 500℃ 热锻，510℃/5 h 热处理

组织说明：α(Cu)+α(Ag)+Cu₃P，再结晶组织

浸 蚀 剂：Ag-m2

图 1.10.2-22

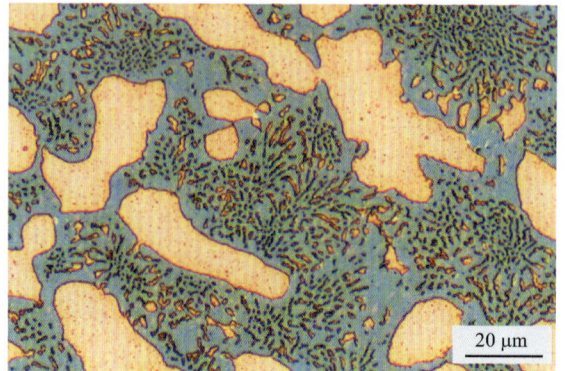

牌　　　号：Cu-6P-4Ni-3Ag

状　　　态：铸态

组织说明：α(Cu)+[α(Cu)+Cu₃P+α(Ag)]，凝固结晶组织

浸 蚀 剂：Ag-m2

图 1.10.2-23

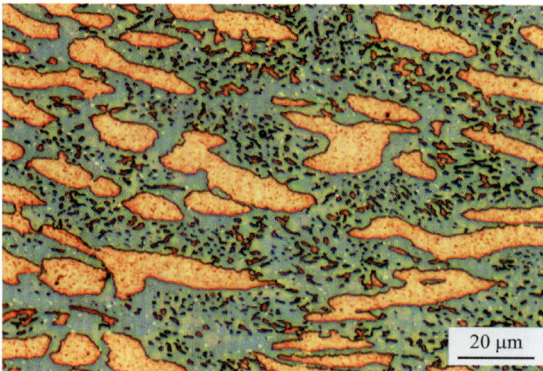

牌　　　号：Cu-6P-4Ni-3Ag

状　　　态：铸锭 500℃ 热锻

组织说明：α(Cu)+α(Ag)+Cu₃P，热锻形变组织

浸 蚀 剂：Ag-m2

图 1.10.2-24

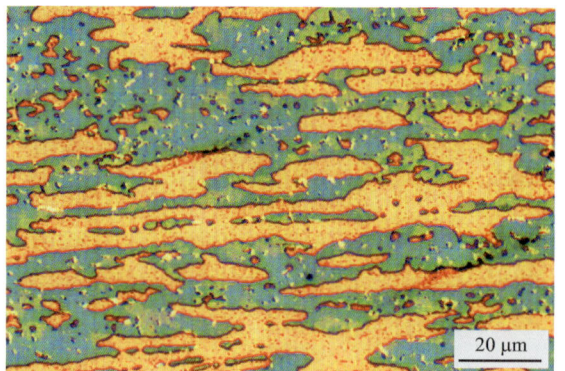

牌　　　号：Cu-6P-4Ni-3Ag

状　　　态：铸锭 500℃ 热锻，510℃/5 h 热处理

组织说明：α(Cu)+α(Ag)+Cu₃P，再结晶组织

浸 蚀 剂：Ag-m2

图 1.10.2-25

1.11　铜银硅系合金

1.11.1　铜银硅系合金的性能和用途

Ag-Cu(如 BAg72Cu、BAg50 Cu)、Ag-Cu-Sn(如 BAg60CuSn)、Ag-Cu-In 和 Ag-Cu-In-Sn 等合金体系的钎料具有低蒸汽压、高塑性和优良钎焊特性,广泛用于真空电子器件的分级钎焊,但这些钎料 Ag 含量高,因而价格较贵。为了节约 Ag,自 20 世纪 80 年代以来日本和中国等国家开发了低 Ag 量并有低蒸汽压的 Cu-Ag-Si 合金钎料。

Cu-Ag-Si 钎料具有低蒸汽压,在 600℃其蒸汽压为(1~4)×10⁻⁶ Pa,略低于 BAg72Cu 和 BAg60CuSn 钎料。Cu-Ag-Si 钎料在无氧铜、可伐合金、不锈钢、镀镍不锈钢等基体上具有良好润湿性能,如在不锈钢母材上的漫流性优于 BAg72Cu 和 BAg60CuSn,Si 组元有提高 Cu-Ag 合金润湿性的作用。当 Si 含量低于 3%时,Cu-Ag-Si 钎料具有良好塑性。Cu-Ag-Si 系列钎料钎焊镀镍不锈钢可以获得较高的接头强度(250~330 MPa),能满足电真空器件钎焊强度的要求。因此,Cu-Ag-Si 系列钎料可在真空或氢气氛中钎焊可伐合金、无氧铜、不锈钢和镀镍不锈钢等。钎料合金液相线温度为 759~927℃,钎焊温度为 800~950℃,可以完成 800~850℃/920~925℃二级钎焊。图 1.11.2-1 示出了 Cu-Ag-Si 系合金液相面投影图。

1.11.2　铜银硅系合金金相组织

根据二元合金相图,Cu-Ag 为两个边端固溶体组成的简单共晶系,Ag-Si 为两个单质元素形成的简单共晶系,即 Ag 与 Si 互不相溶,也不形成中间相。Si 在 Cu 中有较大固溶度(最大固溶度达 5.3%),但 Si 与 Cu 形成 β、γ、δ、ε、η、ζ 等中间相。因此在 Cu-Ag-Si 三元系中,Si 主要固溶于 Cu 中。当 Si 含量超过其固溶度后,便形成铜硅化合物中间相,这使合金强度升高,但塑性与压力加工性能降低。因此,在 Cu-Ag-Si 钎料合金中,虽然某些合金 Si 含量达到 4%~7.5%,但一般应使 Si 含量控制在 3%以下为宜,Ag 的含量可以控制在 45%以内,在满足应用性能的前提下应尽可能减少 Ag 用量。另外,还可向 Cu-Ag-Si 合金中添加 1%~5%的 Fe、Co、Ni 以提高钎焊接头强度;添加 1%~4%的 Sn、In 以降低合金熔点和改善润湿性;添加 0.5%以下的 Li、B 以降低合金含气量和提高抗氧化特性。表 1.11.2-1 列出了一些 Cu-Ag-Si 钎料的化学成分与熔化温度。Cu-Ag-Si 系合金金相组织见图 1.11.2-2~图 1.11.2-19。

表 1.11.2-1   Cu-Ag-Si 合金化学成分及熔化温度

序号	质量分数/%						熔化温度/℃
	Cu	Ag	Si	Ni	Fe	Co	
1	余量	20~21.2	7.0	—	—	—	(740~746)~(740~756)
2	余量	25	3.5	—	—	—	746~835
3	余量	30	6.0	—	—	—	744~759
4	余量	34	2.5	—	—	—	746~840
5	余量	40	2.5~3	—	—	—	(757~779)~798
6	余量	40~45	3.0	1.5~4.5	—	—	(742~757)~(792~833)
7	余量	45	1~3	0.3	0.8	0.4	(757~789)~(798~927)

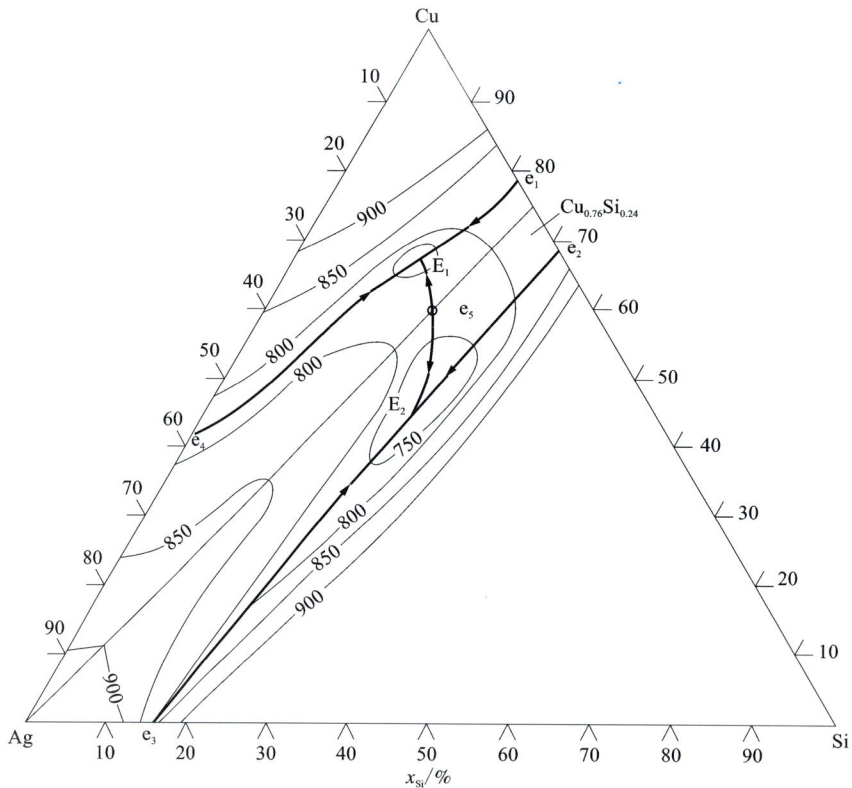

图 1.11.2-1   Cu-Ag-Si 系液相面投影图

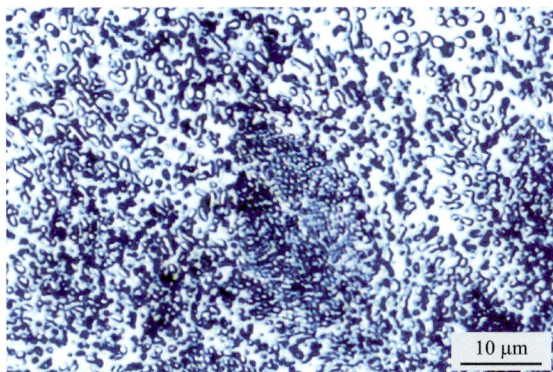

牌　　　号：Cu-21Ag-7Si
状　　　态：铸态
组织说明：(Ag)+(Cu, Si)，凝固结晶组织
浸 蚀 剂：Ag-m2

图 1.11.2-2

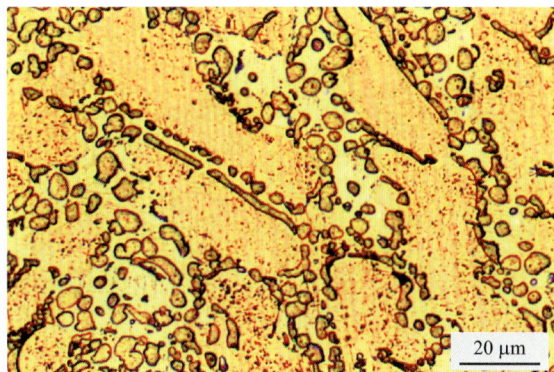

牌　　　号：Cu-25Ag-3.5Si
状　　　态：铸态
组织说明：(Cu, Si)+[(Ag)+(Cu, Si)]，凝固结晶组织
浸 蚀 剂：Ag-m2

图 1.11.2-3

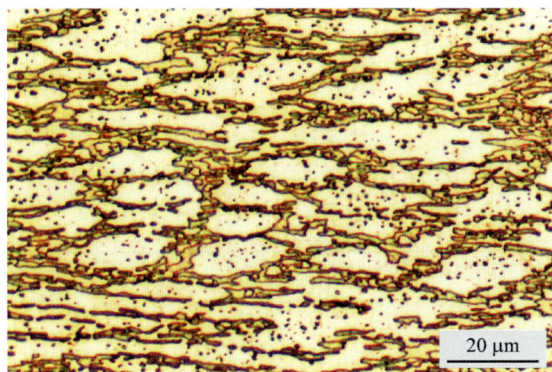

牌　　　号：Cu-25Ag-3.5Si
状　　　态：铸锭650℃热锻
组织说明：(Ag)+(Cu, Si)，热锻形变组织
浸 蚀 剂：Ag-m2

图 1.11.2-4

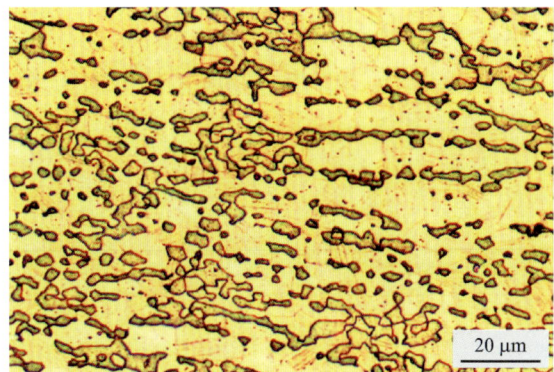

牌　　　号：Cu-25Ag-3.5Si
状　　　态：700℃/3.5 h热处理
组织说明：(Ag)+(Cu, Si)，再结晶组织
浸 蚀 剂：Ag-m2

图 1.11.2-5

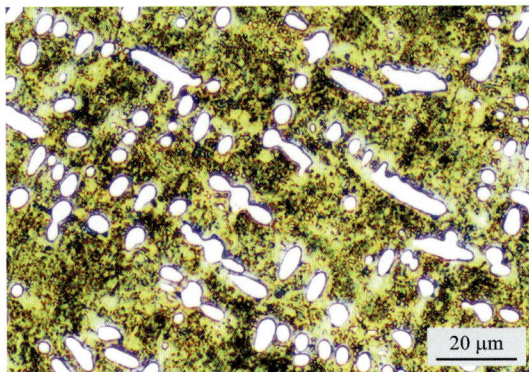

牌　　　号：Cu-30Ag-6Si
状　　　态：铸态
组织说明：（Ag）+［（Ag）+（Cu，Si）］，凝固结晶组织
浸 蚀 剂：Ag-m2

图 1.11.2-6

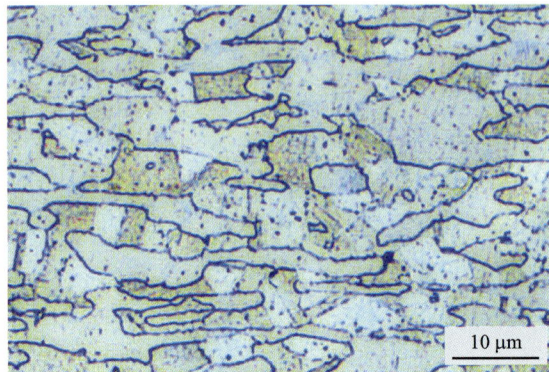

牌　　　号：Cu-30Ag-6Si
状　　　态：650℃热锻，700℃/3.5 h 退火态
组织说明：（Cu，Si）+（Ag），再结晶组织
浸 蚀 剂：Ag-m2

图 1.11.2-7

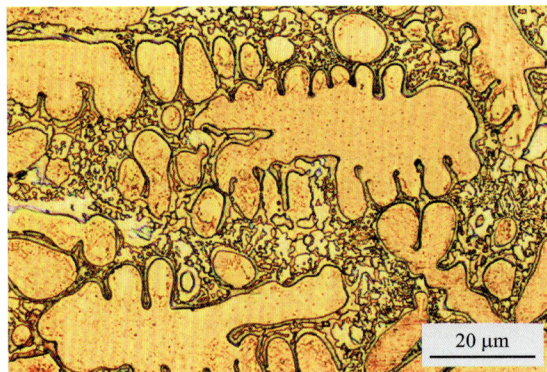

牌　　　号：Cu-34Ag-2.5Si
状　　　态：铸态
组织说明：（Cu，Si）+［（Ag）+（Cu，Si）］，凝固结晶组织
浸 蚀 剂：Ag-m2

图 1.11.2-8

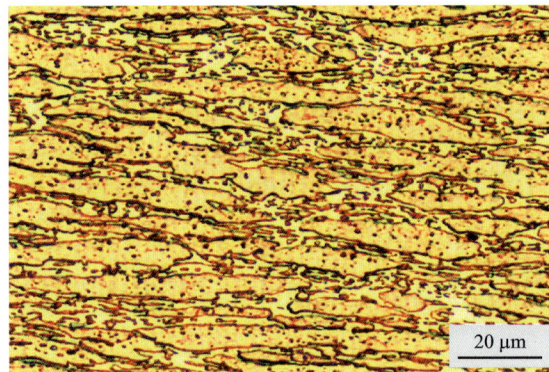

牌　　　号：Cu-34Ag-2.5Si
状　　　态：铸锭 650℃热锻
组织说明：（Ag）+（Cu，Si），热锻形变组织
浸 蚀 剂：Ag-m2

图 1.11.2-9

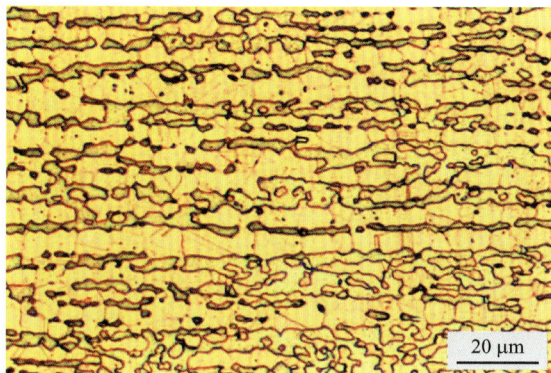

牌　　号：Cu-34Ag-2.5Si
状　　态：铸锭 650℃热锻，700℃/3.5 h 热处理
组织说明：（Ag）+（Cu，Si），再结晶组织
浸 蚀 剂：Ag-m2

图 1. 11. 2-10

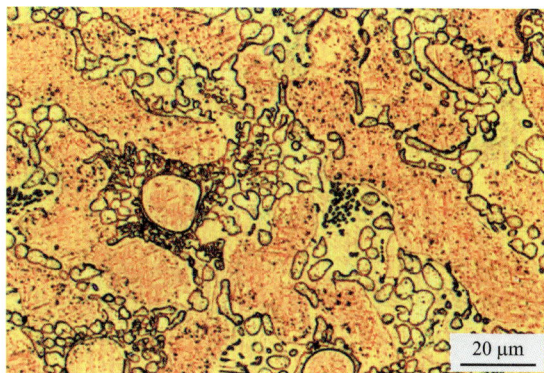

牌　　号：Cu-40Ag-2.5Si
状　　态：铸态
组织说明：（Cu，Si）+［（Ag）+（Cu，Si）］，凝固结晶组织
浸 蚀 剂：Ag-m2

图 1. 11. 2-11

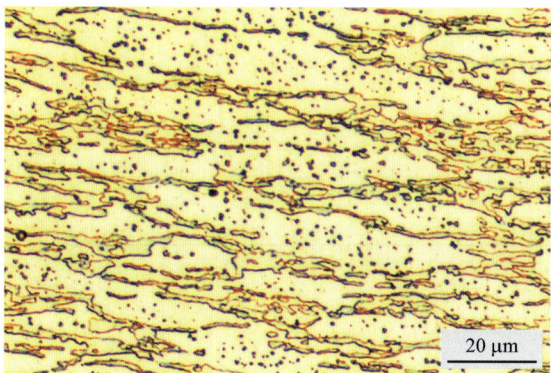

牌　　号：Cu-40Ag-2.5Si
状　　态：铸锭 650℃热锻
组织说明：（Ag）+（Cu，Si），热锻形变组织
浸 蚀 剂：Ag-m2

图 1. 11. 2-12

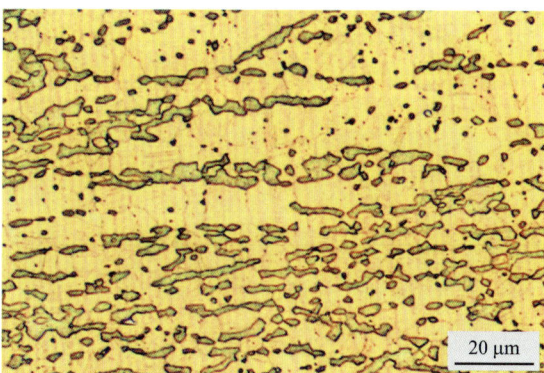

牌　　号：Cu-40Ag-2.5Si
状　　态：铸锭 650℃热锻，700℃/3.5 h 热处理
组织说明：（Ag）+（Cu，Si），再结晶组织
浸 蚀 剂：Ag-m2

图 1. 11. 2-13

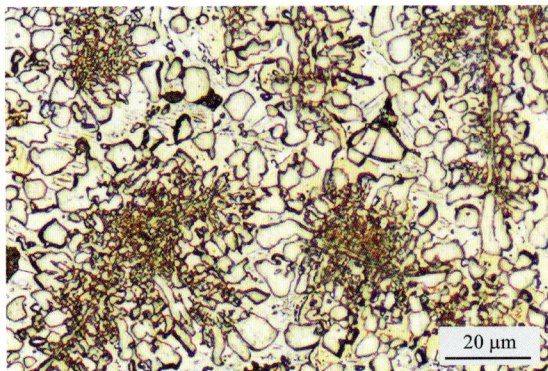

牌　　号：Cu-43Ag-3Si-3Ni
状　　态：铸态
组织说明：（Ag）+[（Ag）+（Cu，Si，Ni）]，凝固结晶组织
浸 蚀 剂：Ag-m2

图 1.11.2-14

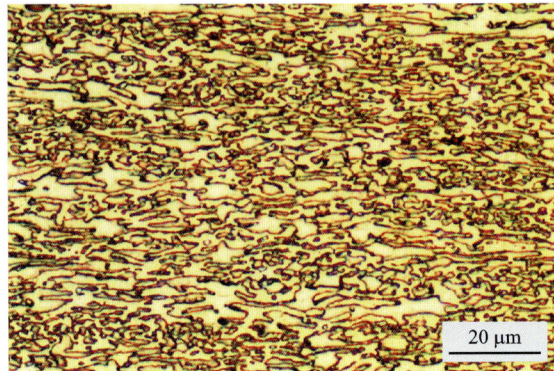

牌　　号：Cu-43Ag-3Si-3Ni
状　　态：铸锭 650℃热锻
组织说明：（Ag）+（Cu，Si，Ni），热锻形变组织
浸 蚀 剂：Ag-m2

图 1.11.2-15

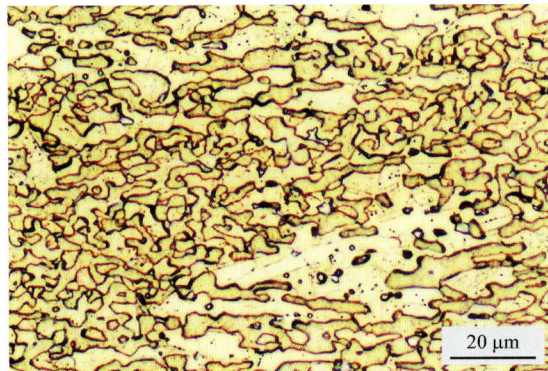

牌　　号：Cu-43Ag-3Si-3Ni
状　　态：铸锭 650℃热锻，700℃/3.5 h 热处理
组织说明：（Ag）+（Cu，Si，Ni），再结晶组织
浸 蚀 剂：Ag-m2

图 1.11.2-16

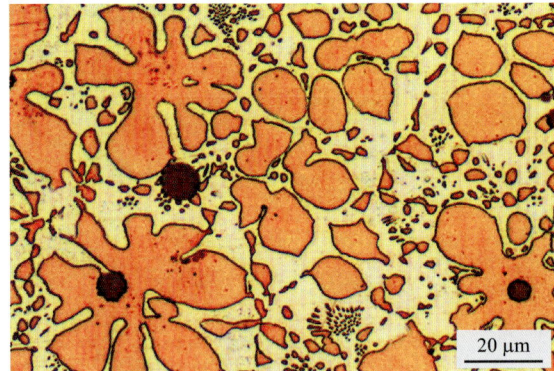

牌　　号：Cu-45Ag-2Si-0.3Ni-0.8Fe-0.4Co
状　　态：铸态
组织说明：（Cu，Si）+FeNi+（Ag），凝固结晶组织
浸 蚀 剂：Ag-m2

图 1.11.2-17

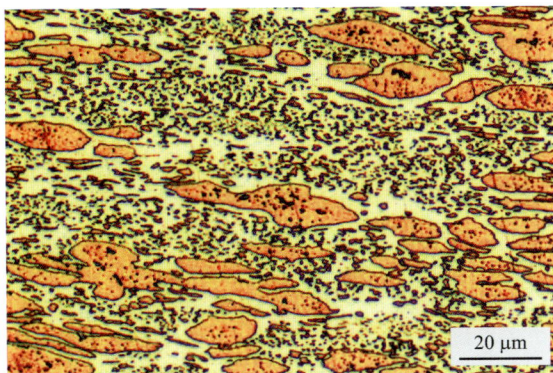

牌　　　号：Cu-45Ag-2Si-0.3Ni-0.8Fe-0.4Co
状　　　态：铸锭 650℃ 热锻
组织说明：(Cu，Si)+(Ag)+FeNi，热锻形变组织
浸　蚀　剂：Ag-m2

图 1.11.2-18

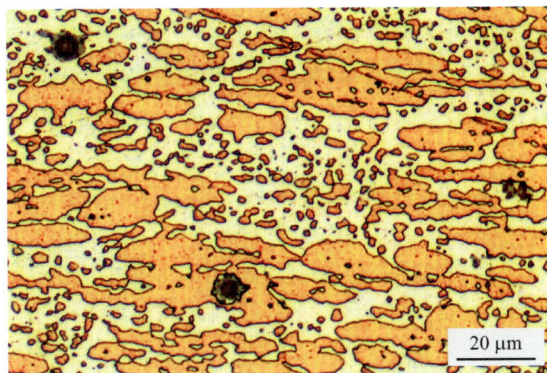

牌　　　号：Cu-45Ag-2Si-0.3Ni-0.8Fe-0.4Co
状　　　态：铸锭 650℃ 热锻 700℃/3.5 h 热处理
组织说明：(Cu，Si)+(Ag)+FeNi，再结晶组织
浸　蚀　剂：Ag-m2

图 1.11.2-19

1.12　银基复合电接触材料

1.12.1　银颗粒复合电接触材料的性能和用途

银和银基系列电接触材料是电接触材料中用途最广、用量最大的贵金属功能材料。在电器设备和电子仪器系统上有许多接触器、电位器、继电器等电转换装置，在这些装置中大量使用了电触点、电刷、滑环、换向片、整流片和接插件等元件，这些元件绝大多数是选用银和银基电接触功能材料制造。用这类材料做成固定的、滑动的和周期开闭的电接触元件，可传递电讯号、电能和接通或切断各种电路，以保证电转换器件以及整个设备和仪器、仪表的可靠性、精度、寿命和价值，因而银和银基系列电接触材料是一类与电接触有关的重要功能材料。

银颗粒复合电接触材料是电接触材料中用量最大的材料之一，主要用于制造中等负荷和重负荷开闭和滑动触点。中等负荷用材料要求具有高电导率，抗熔焊、抗腐蚀、抗氧化特性，除用 Ag 及 Ag-Cu，Ag-Pd 等合金材料外，大量使用内氧化法、粉末冶金法生产的 Ag/CdO、Ag/C 或共沉淀法生产的 Ag/Ni、Ag/Fe 等。Ag/CdO 由于具有毒性正在被性能与之相当的 Ag/SnO$_2$ 所取代，相关材料的化学成分和性能见表 1.12.1-1~1.12.1-3。重负荷开关电器要求触头材料熔点高、抗熔焊，抗电弧腐蚀更强的材料为常用粉末冶金法生产的难熔金属或难熔金属化合物粒子增强的银基复合材料。属重负荷的材料主要有 Ag/W、Ag/Mo、Ag/WC 等，牌号和性能见表 1.12.1~表 1.12.4。

表 1.12.1-1　中等负荷颗粒复合电接触材料的牌号和性能

材料	制作方法	电导率 /(S·m^{-1})	硬度(HRF 洛氏硬度)		抗拉强度/MPa	
			退火态	加工态	退火态	加工态
Ag-10CdO	粉末冶金	75	42	84	11.2	—
Ag-10CdO	后氧化	75	45	81	18.9	—
Ag-10CdO	预氧化	81	71	88	27.3	36.4
Ag-13.5CdO	后氧化	68	48	84	20.3	—
Ag-15CdO	后氧化	65	50	85	21.0	—
Ag-15CdO	预氧化	73	74	89	28.0	37.1
Ag-20CdO	预氧化	65	70	90	28.0	35.0
Ag-12ZnO	—	—	—	—	—	—
Ag-10CuO	—	—	—	—	—	—
Ag-12CuO	—	—	—	—	—	—
Ag-10Ni	粉末冶金	87	35	89	17.5	38.5
Ag-15Ni	粉末冶金	80	40	93	18.9	42.0
Ag-40Ni	—	44	38	92	24.5	42.0
Ag-60Ni	—	25	42	97	—	—
Ag-15Ni-0.1Y	—	—	—	—	—	—
Ag-7Fe	—	—	—	—	—	—
Ag-10Fe	—	90	48	81	21.7	27.7
Ag-0.25C	—	103	45	73	17.5	26.0
Ag-2C	—	—	—	—	—	—
Ag-5C	—	55	25	—	—	—
Ag-10Ni-2C	—	70	26	64	—	—

表 1.12.1-2　Ag-Ni 合金成分和性能

w_{Ni} /%	密度 γ /(g·cm^{-3})	布氏硬度 HB		电阻率 ρ/(Ω·m)	电阻温度系数 α_P/(×10^{-3}·℃$^{-1}$)	导热系数 /[W·(m·K)$^{-1}$]	电导率 /(S·m^{-1})
		退火态	硬态				
0.1	10.5	37	90	1.8	—	—	—
10	10.1	50	90	1.8	3.5	—	>80
20	9.9	60	95	2.1	3,5	3.1	—
30	9.7	65	105	2.4	3.4	—	>55
40	9.5	70	115	2,7	2.9	—	>44
50	9.25	75	—	4.3	—	2.9	—

表 1.12.1-3 Ag/(SnO$_2$+MO)合金成分和性能

w_{MO} /%	制造工艺	密度 γ /(g·cm^{-3})	硬度 HB	电阻率 ρ /(Ω·m)	不熔焊电流 /A
(SnO$_2$+In$_2$O$_3$)$_{10.5}$	内氧化	10.1	119	2.52	≥40
(SnO$_2$+In$_2$O$_3$)$_{14.0}$	内氧化	9.9	123	3.05	≥38
(SnO$_2$+In$_2$O$_3$)$_{15.0}$	内氧化	9.85	124	—	≥38
(SnO$_2$+MO)$_8$	粉末冶金	10.1	69	2.11	—
(SnO$_2$+MO)$_{10}$	粉末冶金	9.9	84	2.05	—
(CdO)$_{10}$	内氧化	10.2	84	2.05	38
(CdO)$_{15}$	粉末冶金	10.2	—	2.31	≤38

表 1.12.1-4 重负荷颗粒复合电接触材料的牌号和性能

材料	密度 /(g·cm^{-3})	硬度 HV/ ×9.8 MPa	电导率 /(S·m^{-1})	导热系数 /[W·(m·K)$^{-1}$]
Ag-40W	11.7~12.1	130~160	24~30	—
Ag-50W	13.2~13.6	120~140	26~32	—
Ag-60W	14.0~14.4	140~160	24~29	2.76
Ag-65W	14.5~14.9	150~180	22~27	—
Ag-70W	15.0~15.4	160~190	20~26	2.55
Ag-75W	15.5~15.9	170~200	19~25	—
Ag-80W	16.1~16.5	180~220	18~23	2.38
Ag-40WC	11.7~12.1	130~160	24~30	—
Ag-50WC	12.2~12.6	140~170	22~27	—
Ag-65WC	13.0~13.4	160~190	20~25	—
Ag-50Mo	9.9~10.3	120~160	20~24	—
Ag-65Mo	9.9~10.3	140~170	18~22	—

1.12.2 银颗粒复合电接触材料的金相组织

银颗粒复合电接触材料中的颗粒与 Ag 在固态时都不互溶,从其二元合金相图可以看出,详见图 2.12.2-1~2.12.2-3。用机械合金化法、粉末冶金法、共沉淀法和内氧化法制备的材料在颗粒分布和颗粒粒度上有所不同,内氧化法制备的材料颗粒粒度分布更均匀,粒度尺寸也更小。无论用上述何种方法制备的材料,颗粒与 Ag 都形成机械混合物。其组织见图 1.12.2-4~图 1.12.2-36。

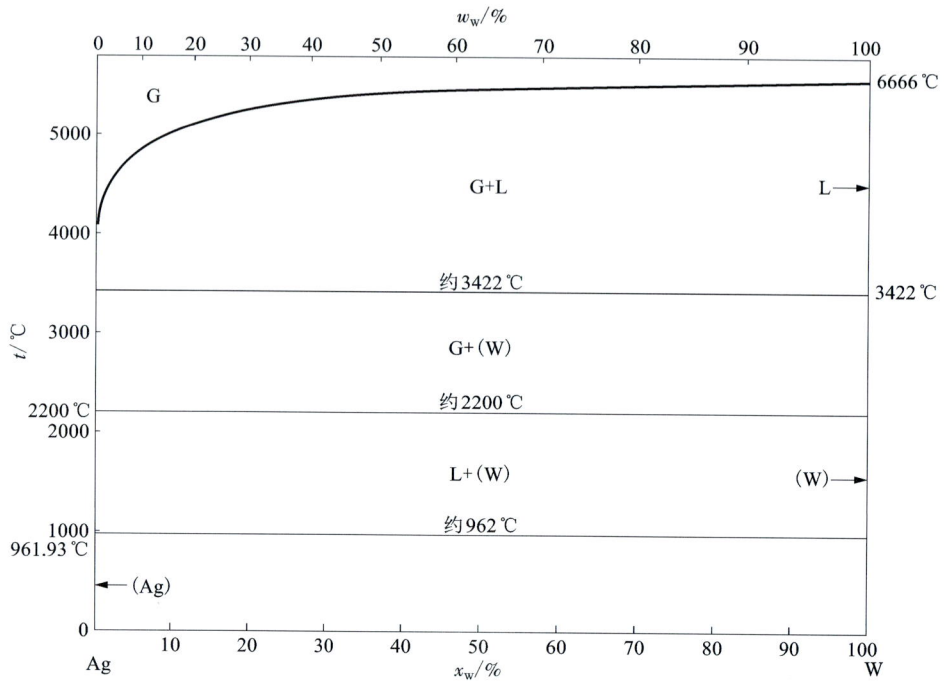

图 1.12.2-1　Ag-W 系二元合金相图

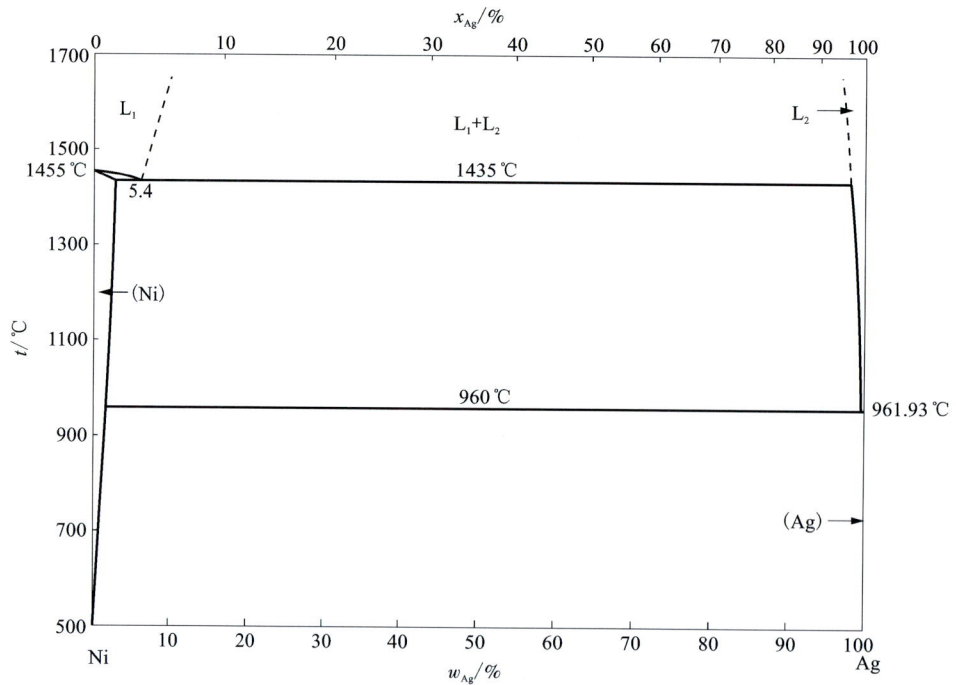

图 1.12.2-2　Ag-Ni 系二元合金相图

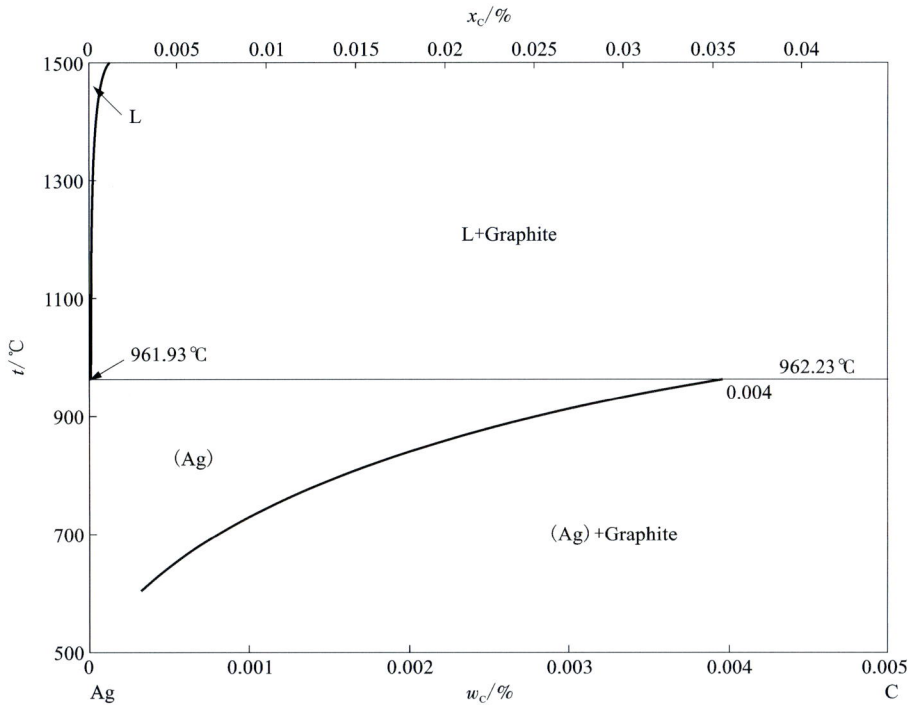

图 1.12.2-3　Ag-C 系二元合金相图

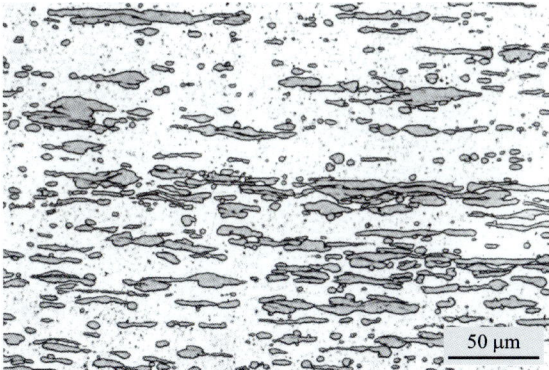

牌　　　号：Ag-10Ni
状　　　态：粉末冶金制备，加工态纵截面
相 组 成：Ag+Ni
浸 蚀 剂：Ag-m2

图 1.12.2-4

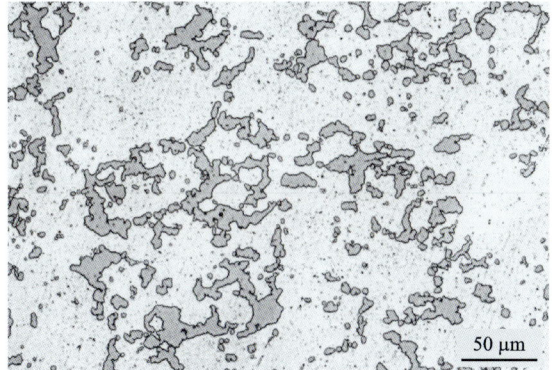

牌　　　号：Ag-10Ni
状　　　态：粉末冶金制备，加工态横截面
相 组 成：Ag+Ni
浸 蚀 剂：Ag-m2

图 1.12.2-5

牌　　号：Ag-20Ni
状　　态：粉末冶金制备, 加工态纵截面
相 组 成：Ag+Ni
浸 蚀 剂：Ag-m2

图 1. 12. 2-6

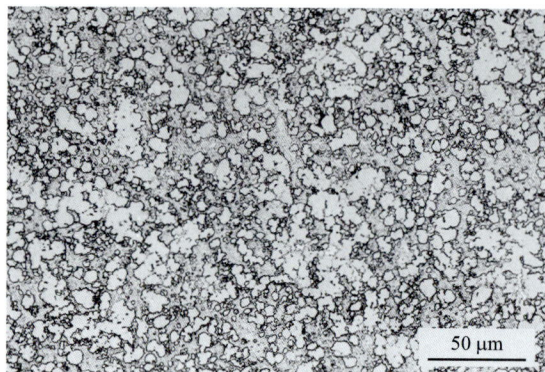

牌　　号：Ag-30Ni
状　　态：化学共沉淀粉末冶金法制备, 加工态横截面
相 组 成：Ag+Ni
浸 蚀 剂：Ag-m2

图 1. 12. 2-7

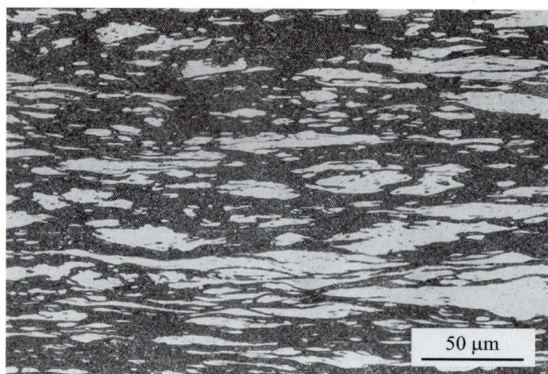

牌　　号：Ag-30Ni
状　　态：化学共沉淀粉末冶金法制备, 加工态纵截面
相 组 成：Ag+Ni
浸 蚀 剂：Ag-m2

图 2. 12. 2-8

牌　　号：Ag-30Ni-3C
状　　态：粉末冶金制备, 加工态横截面
相 组 成：Ag+Ni+C
浸 蚀 剂：未腐蚀

图 1. 12. 2-9

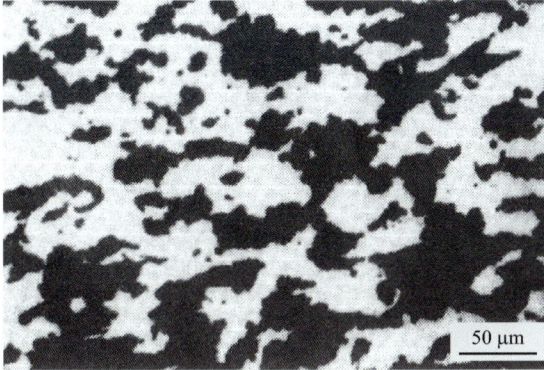

牌　　　号：Ag-40Ni

状　　　态：机械合金化粉末冶金制备，加工态横截面

相　组　成：Ag+Ni

浸　蚀　剂：Ag-m2

图 1.12.2-10

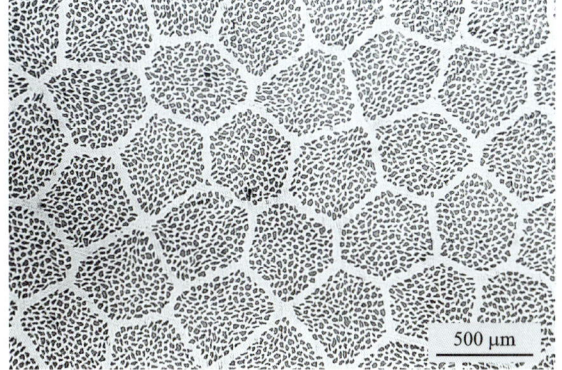

牌　　　号：Ag-10Ni

状　　　态：纤维复合法制备，加工态横截面

相　组　成：Ag+Ni

浸　蚀　剂：Ag-m2

图 1.12.2-11

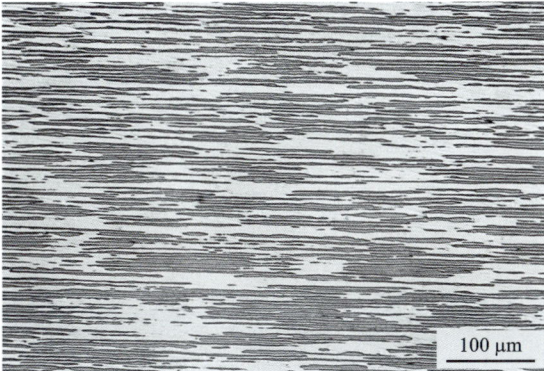

牌　　　号：Ag-10Ni

状　　　态：纤维复合法制备，加工态纵截面

相　组　成：Ag+Ni

浸　蚀　剂：Ag-m2

图 1.12.2-12

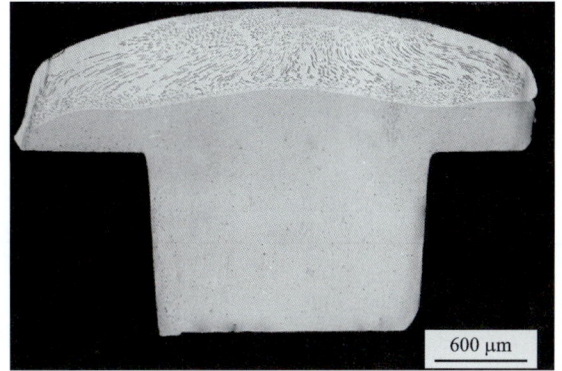

牌　　　号：Ag-10Ni/Cu

状　　　态：纤维复合 Ag-10Ni 材料复合 Cu 电接触触头

相　组　成：上部为 Ag-10Ni，下部为 Cu

浸　蚀　剂：Ag-m2

图 1.12.2-13

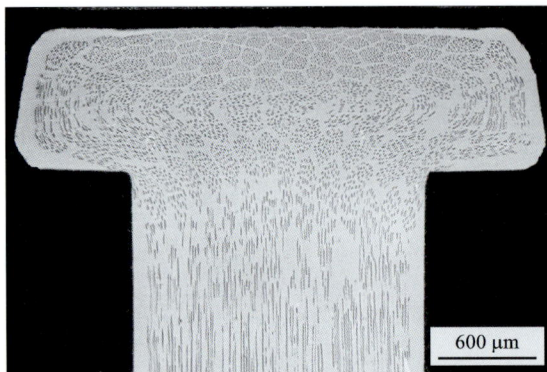

牌　　　号：Ag-10Ni
状　　　态：纤维复合 Ag-10Ni 电接触触头
相　组　成：Ag+Ni
浸　蚀　剂：Ag-m2

图 1. 12. 2-14

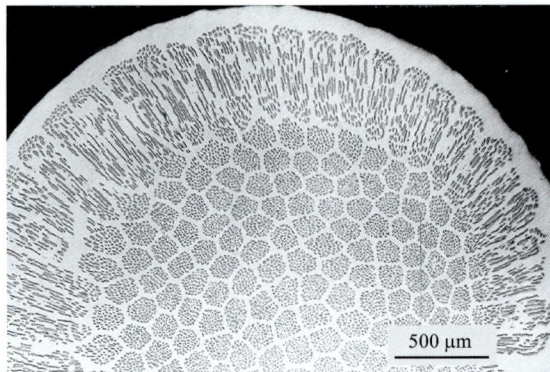

牌　　　号：Ag-10Ni
状　　　态：纤维复合 Ag-10Ni 电接触触头横截面
相　组　成：Ag+Ni
浸　蚀　剂：Ag-m2

图 1. 12. 2-15

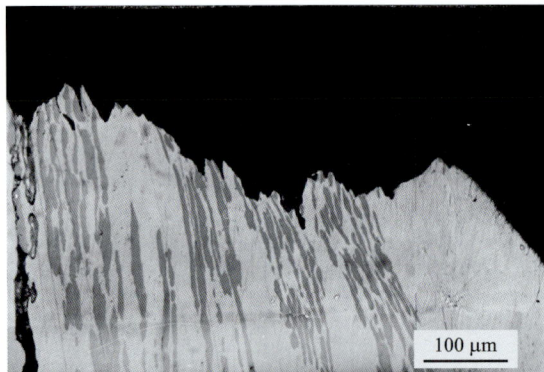

牌　　　号：Ag-10Ni
状　　　态：纤维复合 Ag-10Ni 材料断口
相　组　成：Ag+Ni
浸　蚀　剂：Ag-m2

图 1. 12. 2-16

牌　　　号：Ag-10ZnO
状　　　态：粉末冶金，加工态横截面
相　组　成：Ag+ZnO
浸　蚀　剂：未腐蚀

图 1. 12. 2-17

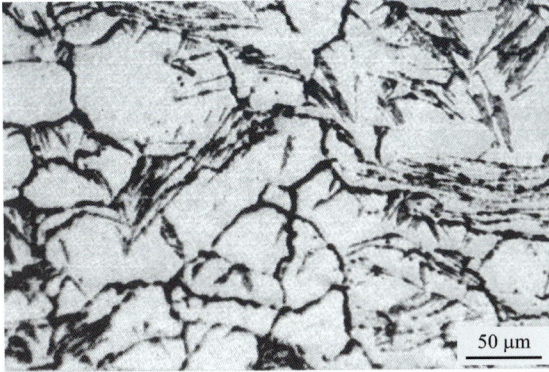

牌　　　号：Ag-10ZnO
状　　　态：内氧化
相 组 成：Ag+ZnO
浸 蚀 剂：Ag-m2

图 1. 12. 2-18

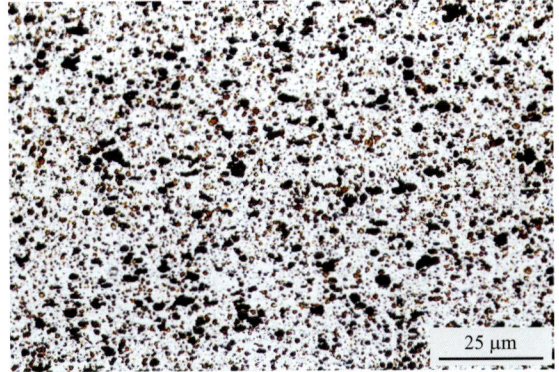

牌　　　号：Ag-12CdO
状　　　态：粉末冶金制备, 加工态横截面
相 组 成：Ag+CdO
浸 蚀 剂：未腐蚀

图 1. 12. 2-19

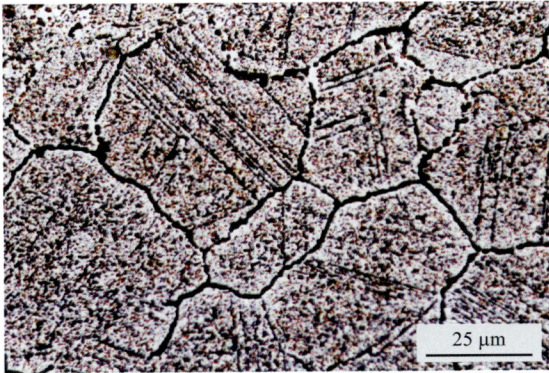

牌　　　号：Ag-12CdO
状　　　态：内氧化法制备, 加工态横截面
相 组 成：Ag+CdO 晶界和晶内分布, 再结晶组织
浸 蚀 剂：Ag-m2

图 1. 12. 2-20

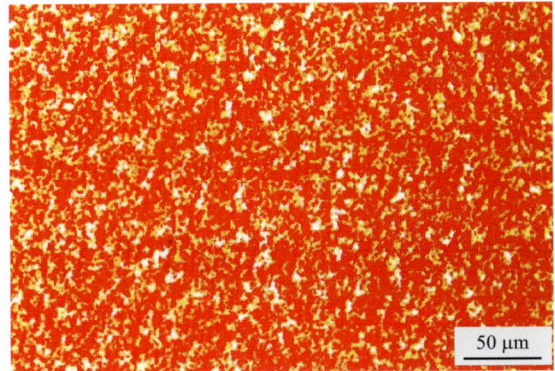

牌　　　号：Ag-10SnO$_2$
状　　　态：粉末冶金
相 组 成：Ag+SnO$_2$
浸 蚀 剂：Ag-m2

图 1. 12. 2-21

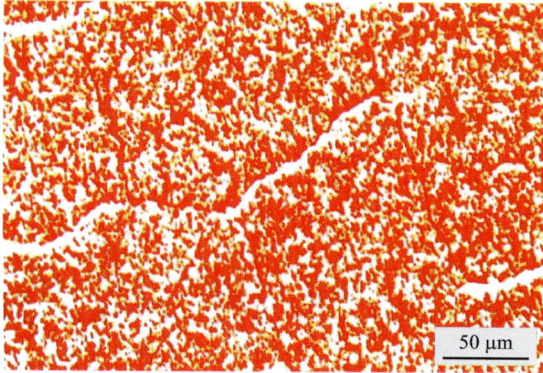

牌　　　号：Ag-8SnO$_2$-2In$_2$O$_3$

状　　　态：内氧化制备，热挤压横截面

相 组 成：Ag+SnO$_2$+In$_2$O$_3$

浸 蚀 剂：Ag-m2

图 1. 12. 2-22

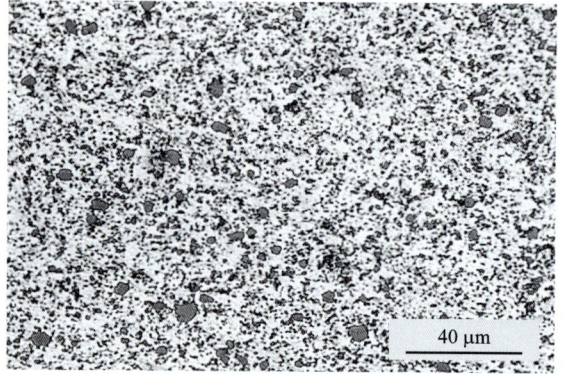

牌　　　号：Ag-12SnO$_2$

状　　　态：机械合金化制备，加工态横截面

相 组 成：Ag+SnO$_2$

浸 蚀 剂：Ag-m2

图 1. 12. 2-23

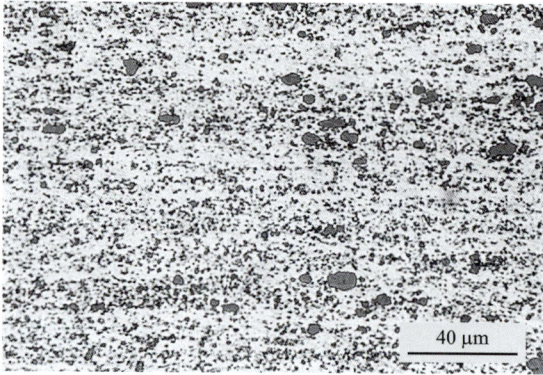

牌　　　号：Ag-12SnO$_2$

状　　　态：机械合金化制备，加工态纵截面

相 组 成：Ag+SnO$_2$

浸 蚀 剂：Ag-m2

图 1. 12. 2-24

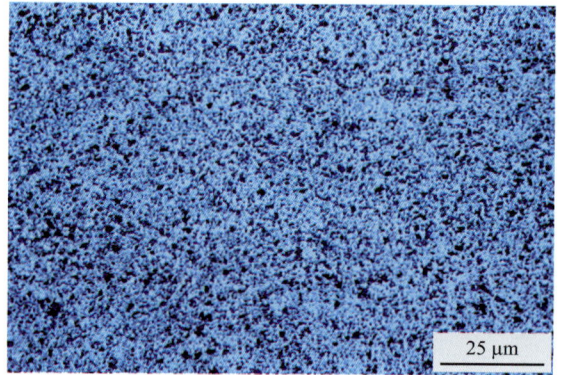

牌　　　号：Ag-12SnO$_2$

状　　　态：反应合成法制备，加工态横截面

相 组 成：Ag+SnO$_2$

浸 蚀 剂：Ag-m2

图 1. 12. 2-25

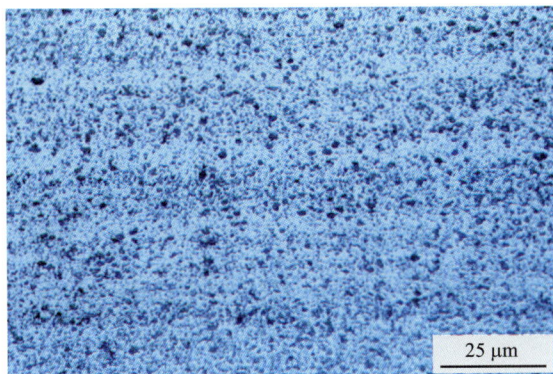

牌　　　号：Ag-12SnO₂
状　　　态：反应合成法制备，加工态纵截面
相 组 成：Ag+SnO₂
浸 蚀 剂：Ag-m2

图 1.12.2-26

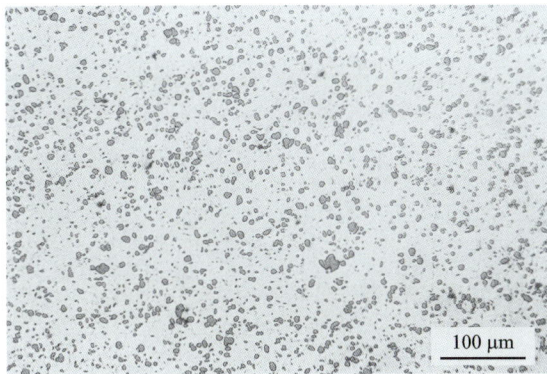

牌　　　号：Ag-8.5CuO
状　　　态：机械合金化制备，加工态纵截面
相 组 成：Ag+CuO
浸 蚀 剂：Ag-m2

图 1.12.2-27

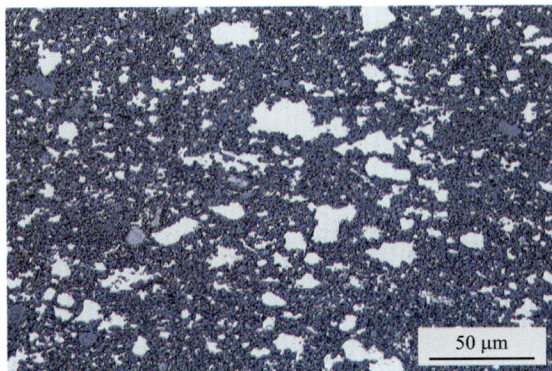

牌　　　号：Ag-40W
状　　　态：熔渗法制备
相 组 成：Ag+W
浸 蚀 剂：Ag-m2

图 1.12.2-28

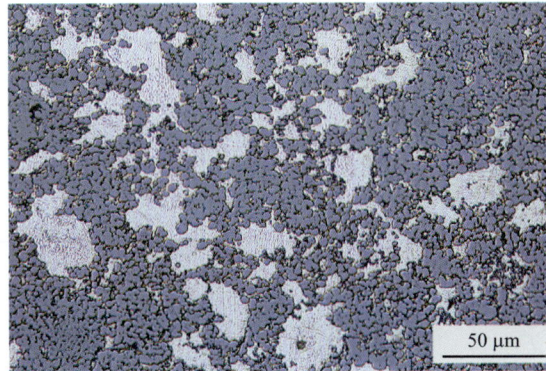

牌　　　号：Ag-50W
状　　　态：熔渗法制备
相 组 成：Ag+W
浸 蚀 剂：Ag-m2

图 1.12.2-29

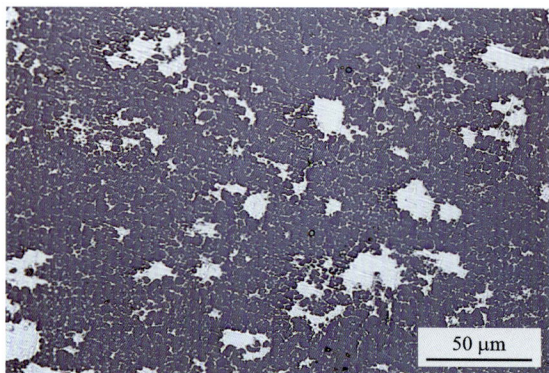

牌　　　号：Ag-65W
状　　　态：熔渗法制备
相 组 成：Ag+W
浸 蚀 剂：未腐蚀

图 1. 12. 2–30

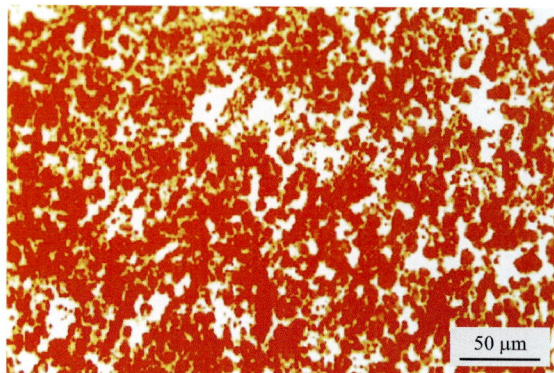

牌　　　号：Ag-50WC
状　　　态：粉末冶金
相 组 成：Ag+WC
浸 蚀 剂：Ag-m2

图 1. 12. 2–31

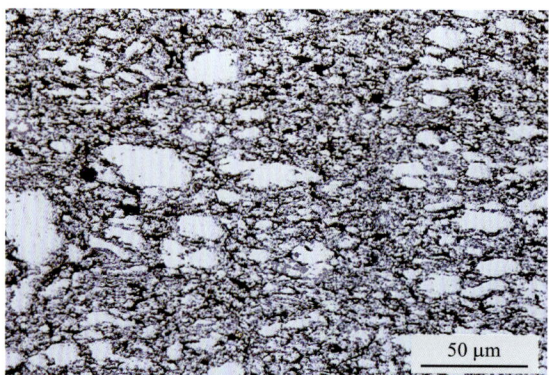

牌　　　号：Ag-12WC-3C
状　　　态：粉末冶金
相 组 成：Ag+WC+C
浸 蚀 剂：未腐蚀

图 1. 12. 2–32

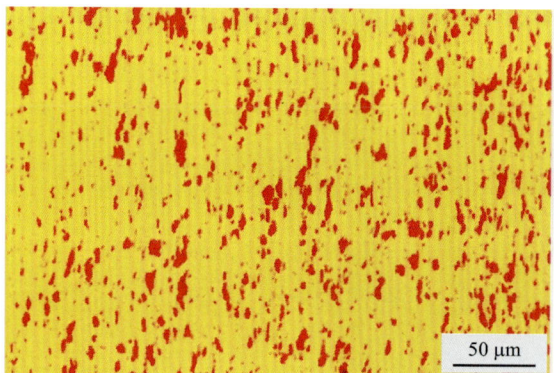

牌　　　号：Ag-2C
状　　　态：粉末冶金
相 组 成：Ag+C
浸 蚀 剂：Ag-m2

图 1. 12. 2–33

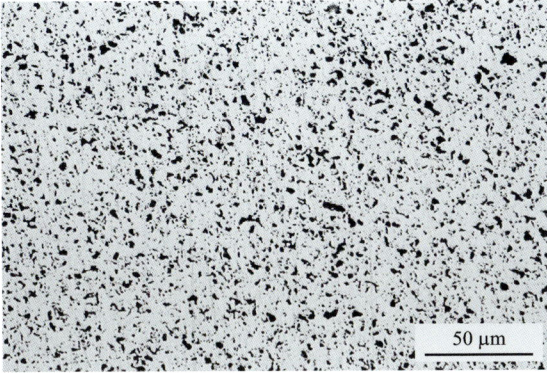

牌　　　号：Ag-3C
状　　　态：粉末冶金
相 组 成：Ag+C
浸 蚀 剂：未腐蚀

图 1.12.2-34

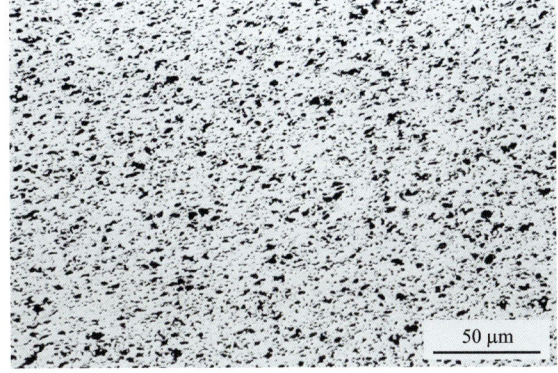

牌　　　号：Ag-4C
状　　　态：粉末冶金
相 组 成：Ag+C
浸 蚀 剂：未腐蚀

图 1.12.2-35

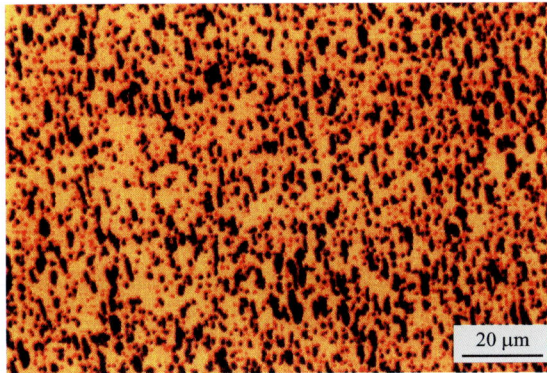

牌　　　号：Ag-5C
状　　　态：粉末冶金
相 组 成：Ag+C
浸 蚀 剂：Ag-m2

图 1.12.2-36

1.13   银基稀土合金

1.13.1   银基稀土合金的性能和用途

银中添加微量稀土金属的合金,导电性能好,散热快,强度、硬度和耐蚀性都显著提高。其合金主要有 Ag-0.5Ce、Ag-5Cu-0.15Ce、AgCuZnSnZrY、AgCuSmNiB 和 AgSmYInSi 等。它们的维氏硬度分别为大于 750 HV、大于 1000 HV、大于 1200 HV、1176 HV 和 1146 HV;电阻率分别为 2.11、2.13、2.0、2.7、1.79 和 2.54 $\Omega \cdot m$。用熔炼和压力加工法制造,易加工成材,是优良的中小负荷电器的电触点材料,使用寿命长。

1.13.2   银基稀土合金的金相组织

作为电接触材料的银基稀土合金其中稀土金属含量均较低,一般不超过1%。Ag-Ce 系二元合金相图 1.13.2-1 显示,靠近 Ag 一侧的共晶合金,其 Ce 含量为 0.06%~25%,共晶点化学成分为 13%Ce,共晶转变温度为 798℃。可以看出 Ce 在 Ag 中溶解度很小,固态下 Ce 在其中生成 Ag_4Ce 金属化合物。Ag 基稀土合金金相组织见图 1.13.2-2~图 1.13.2-17。

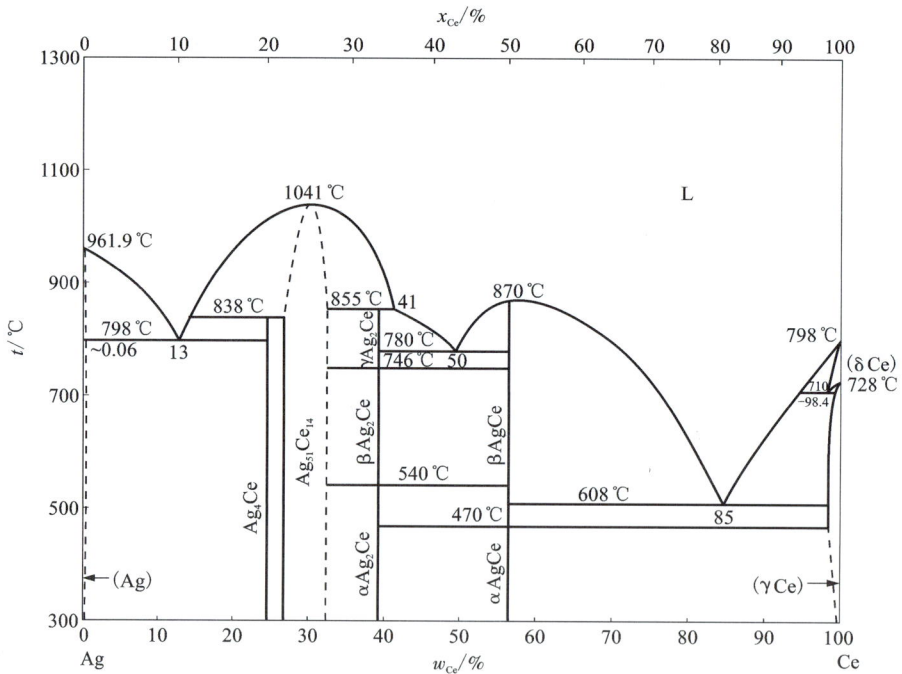

图 1.13.2-1   Ag-Ce 系二元合金相图

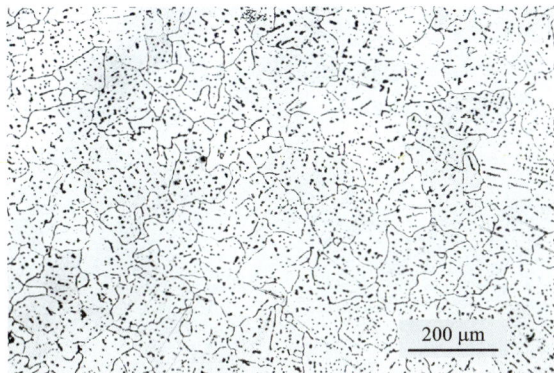

牌　　　号：Ag-0.5Ce

状　　　态：铸态

组织说明：(Ag)+Ag_4Ce，凝固结晶组织

浸　蚀　剂：Ag-m2

图 1.13.2-2

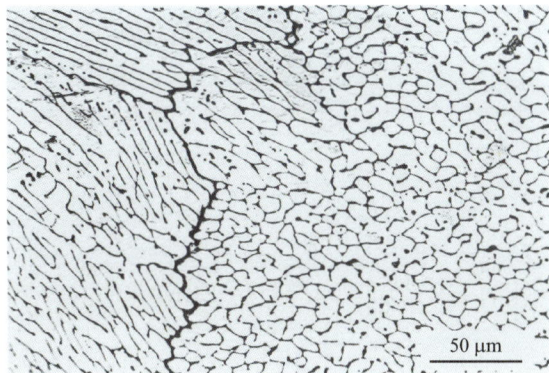

牌　　　号：Ag-0.5Ce

状　　　态：铸态

组织说明：(Ag)+Ag_4Ce，凝固结晶组织

浸　蚀　剂：Ag-m2

图 1.13.2-3

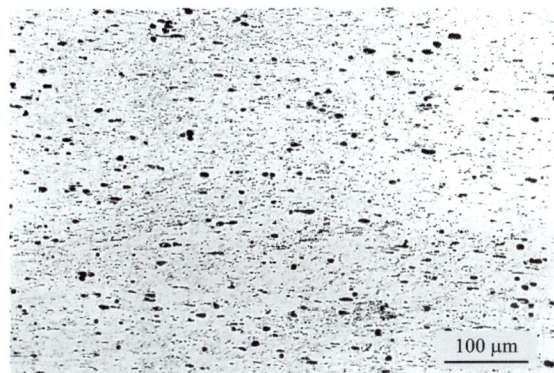

牌　　　号：Ag-0.5Ce

状　　　态：冷加工态

组织说明：(Ag)+Ag_4Ce，加工形变组织

浸　蚀　剂：电解抛光，未腐蚀

图 1.13.2-4

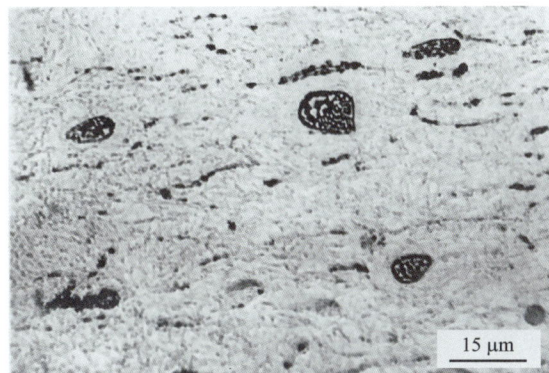

牌　　　号：Ag-0.5Ce

状　　　态：冷加工态

组织说明：(Ag)+Ag_4Ce，加工形变组织

浸　蚀　剂：电解抛光，未腐蚀

图 1.13.2-5

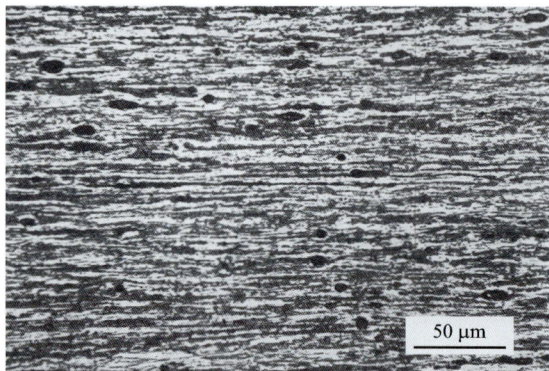

牌　　　号：Ag-0.5Ce

状　　　态：冷加工态

组织说明：(Ag)+Ag$_4$Ce，大形变纤维组织

浸　蚀　剂：Ag-m2

图 1.13.2-6

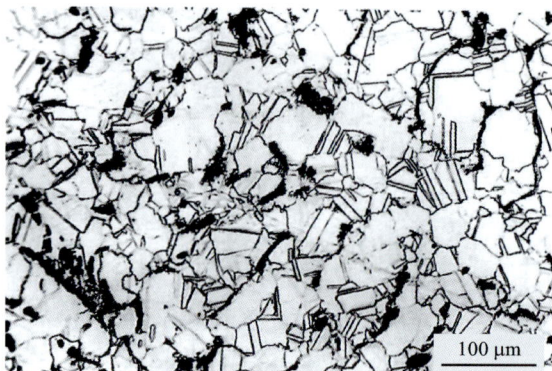

牌　　　号：Ag-0.5Ce

状　　　态：热加工，600℃/1 h 退火热处理

组织说明：(Ag)+Ag$_4$Ce，再结晶组织

浸　蚀　剂：Ag-m2

图 1.13.2-7

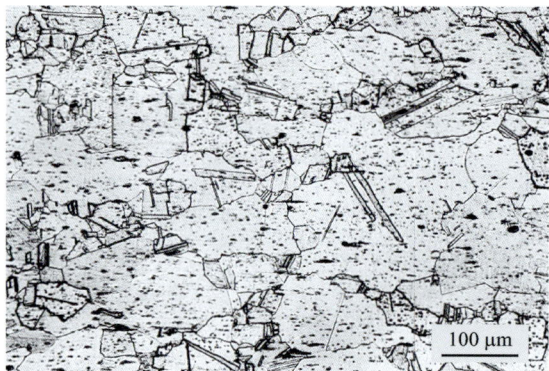

牌　　　号：Ag-0.5Ce

状　　　态：冷加工，800℃/20 min 退火热处理

组织说明：(Ag)+Ag$_4$Ce，再结晶组织

浸　蚀　剂：Ag-m2

图 1.13.2-8

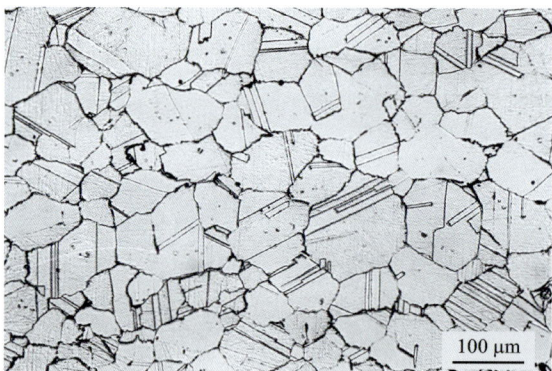

牌　　　号：Ag-0.5Ce

状　　　态：冷加工，900℃/2 h 退火热处理

组织说明：(Ag)+Ag$_4$Ce 晶界分布，再结晶组织

浸　蚀　剂：Ag-m2

图 1.13.2-9

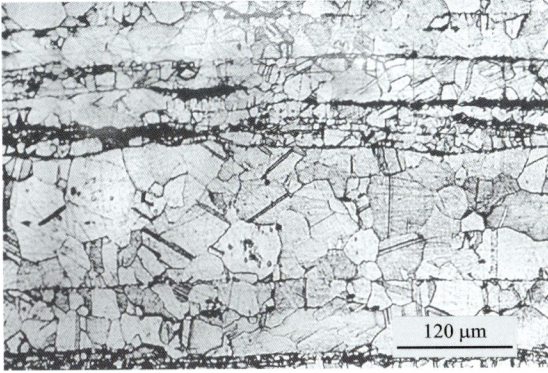

牌　　　号：Ag-0.5Gd
状　　　态：冷加工，800℃/20 min 退火热处理
组织说明：（Ag）+Ag$_{51}$Gd$_{14}$，再结晶组织
浸　蚀　剂：Ag-m2

图 1.13.2-10

牌　　　号：Ag-0.5Y-0.5La
状　　　态：铸态
组织说明：Ag+Ag$_{51}$Y$_{14}$+Ag$_5$La，凝固结晶组织
浸　蚀　剂：Ag-m2

图 1.13.2-11

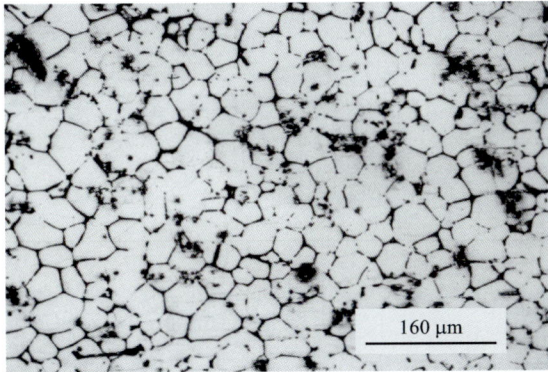

牌　　　号：Ag-1Zr-0.5Ce
状　　　态：铸态
组织说明：（Ag）+AgZr+Ag$_4$Ce，凝固结晶组织
浸　蚀　剂：Ag-m5

图 1.13.2-12

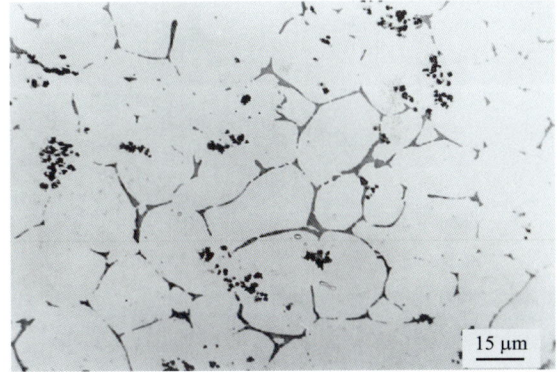

牌　　　号：Ag-1Zr-0.5Ce
状　　　态：铸态
组织说明：（Ag）+AgZr+Ag$_4$Ce，凝固结晶组织
浸　蚀　剂：Ag-m5

图 1.13.2-13

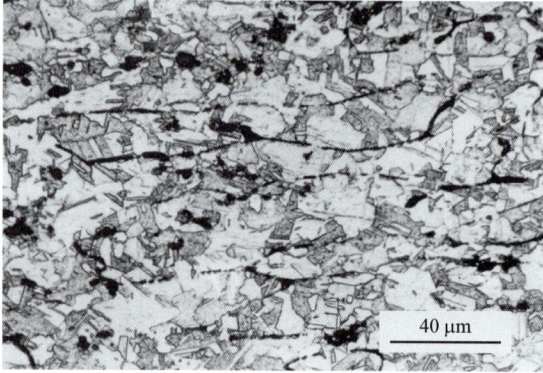

牌　　号：Ag-1Zr-0.5Ce
状　　态：冷加工，650℃/2 h 退火热处理
组织说明：（Ag）+AgZr+Ag₄Ce，再结晶组织
浸 蚀 剂：Ag-m5

图 1.13.2-14

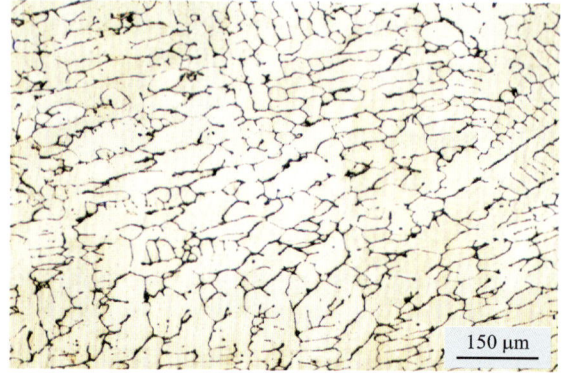

牌　　号：Ag-1Sn-0.5Ce-0.5La
状　　态：铸态
组织说明：（Ag）+Ag₄Ce+Ag₅La 晶界分布，凝固结晶组织
浸 蚀 剂：Ag-m2

图 1.13.2-15

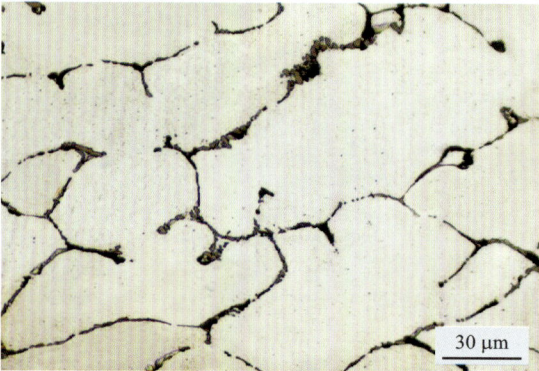

牌　　号：Ag-1Sn-0.5Ce-0.5La
状　　态：铸态
组织说明：（Ag）+Ag₄Ce+Ag₅La 晶界分布，凝固结晶组织
浸 蚀 剂：Ag-m2

图 1.13.2-16

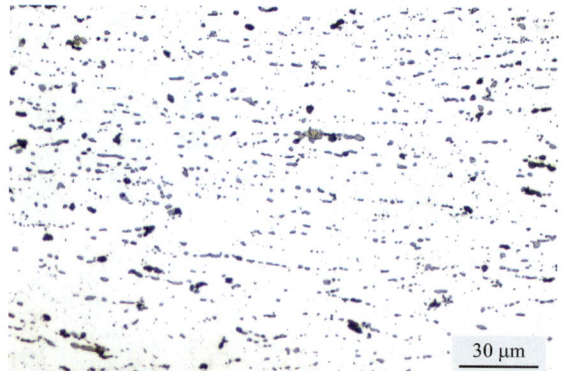

牌　　号：Ag-1Sn-0.5Ce-0.5La
状　　态：冷加工，550℃/30 min 热处理
组织说明：（Ag）+Ag₄Ce+Ag₅La，再结晶组织
浸 蚀 剂：Ag-m2

图 1.13.2-17

1.14 银镁和银镁镍系合金

1.14.1 银镁和银镁镍系合金的性能和用途

银中加入少量的镁能强化银,但会使其电导率显著降低。银镁合金的电气性能、力学性能与化学成分见图 1.14.1-1 和表 1.14.1-1。Ag-1.8Mg、Ag-2.7Mg、Ag-3Mg 和 Ag-4.7Mg 合金都是单相固溶体,具有良好的压力加工性能,并对光线有很强的反射性能。合金被用在电气仪表和光学仪器上。

在 Ag-Mg-Ni 合金中,目前得到应用的只有含少量 Mg(0.3% 以下)和 Ni 的合金。这种合金有所谓"内氧化"硬化的特性。合金中的 Mg 原先以固溶状态存在,但在空气或氧中加热时,由于氧由表向里的扩散速度大于 Mg 由里往外的扩散速度,使镁氧化成氧化镁,并以微粒状态弥散在基体中,从而使合金大大强化。Ni 在合金中则可阻止加热时晶粒长大,起细化晶粒、增加塑性的作用。

内氧化后的 Ag-Mg-Ni 合金最突出的特点是有良好的弹性、导电性、导热性和耐蚀性,其硬度不受工作温度的影响(因这种硬化是不可逆的),并有很小的蠕变速度(约为纯 Ag 的 1/10)。

这种合金在退火状态下像银一样软,很容易进行冲压、拉伸、弯曲、旋压等加工。但一经内氧化处理,其强度是纯银的 2 倍,类似于硬状态的 Ag-7.5Cu 和 Ag-10Cu,而在高温时的强度和硬度则远高于它们。

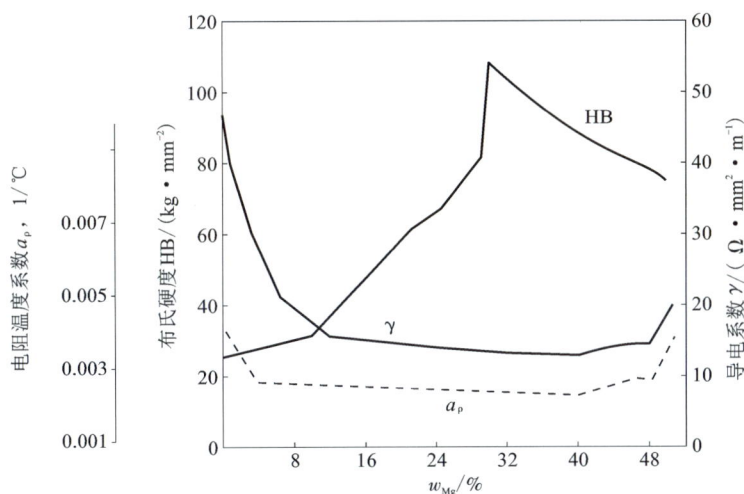

图 1.14.1-1 Ag-Mg 合金的性能

表 1.14.1-1　Ag-Mg 和 Ag-Mg-Ni 合金成分和性能

合金系	质量分数/%			维氏硬度/HV	抗拉强度 σ_b /MPa	延伸率 δ/%	电阻率 ρ /($\mu\Omega \cdot m$)
	Ag	Mg	Ni				
Ag-Mg	余量	1.8	—	—	—	—	—
	余量	2.7	—	—	—	—	—
	余量	3	—	—	—	—	—
	余量	4.7	—	—	—	—	—
Ag-Mg-Ni	余量	0.205	0.185	140	440	11.5	2.65
	余量	0.255	0.195	140~150	—	5.5	
	余量	0.26	0.24	155	450	2.5	2.99
	余量	0.27	0.285	150~153	—		
	余量	0.277	0.295	145~150	440	1.5	
	余量	0.30	0.32	160~167	—		3.1
	余量	0.05~0.4	0.05~1(Zr)	—	—	—	—
	余量	0.05~0.4	0.05~0.4	—	—	—	—

内氧化处理后，此合金能容易地被电镀（如镀金），并可用任何一种银焊料钎接，但不能塑性变形，所以需在制成零件后才能内氧化处理。此外，不能在含氢的气氛中处理，否则会脆化，因此不能使用氢氧焰焊接。此合金还有一弱点是与纯银一样不耐硫蒸气腐蚀。

内氧化处理后合金的性能主要取决于 Mg 的含量。随着 Mg 含量的增加，硬度增高，伸长率下降。当 Mg 含量高于 0.3% 时便开始发脆，到 0.32% 时便严重发脆以致不能使用。合金中的 Ni 除了能提高塑性之外，还有不利的影响，使合金的弹性和导电性降低。最合适的合金成分，Mg 含量一般定为 0.25% 左右，Ni 含量有逐渐降低的趋势，最低含量在 0.18%。变形程度不影响内氧化后合金的性能。内氧化温度为 400~800℃。硬度随着温度的升高迅速增加，在 550~800℃，硬度随着温度的升高稍有下降。

由于内氧化处理后的 Ag-Mg-Ni 合金具有优良的弹性和导电性，因此被广泛用于制作微型继电器的弹簧接点元件。又由于这种合金在制成零件后可被硬化，因而可用在承受机械应力作用的大型开关中作分流接点元件。此外，根据它的特性还可用在小型电子管上作高导热性的弹簧夹板，也可用作要求高导电性并在高温下工作的仪表和继电器的弹簧以及电缆连接器等。

1.14.2　银镁和银镁镍系合金金相组织

Ag-Mg 系二元相图复杂，见图 1.14.2-1，原子分数 33.4%Mg 和 82.43%Mg 分别为 2 个共晶点，原子分数 75%Mg 为包晶转变点。常用 Ag-Mg 合金中 Mg 含量都小于 5%，在这个成分范围内为单相固溶体合金。Ag-Mg 和 Ag-Mg-Ni 系合金金相组织见图 1.14.2-2~图 1.14.2-14。

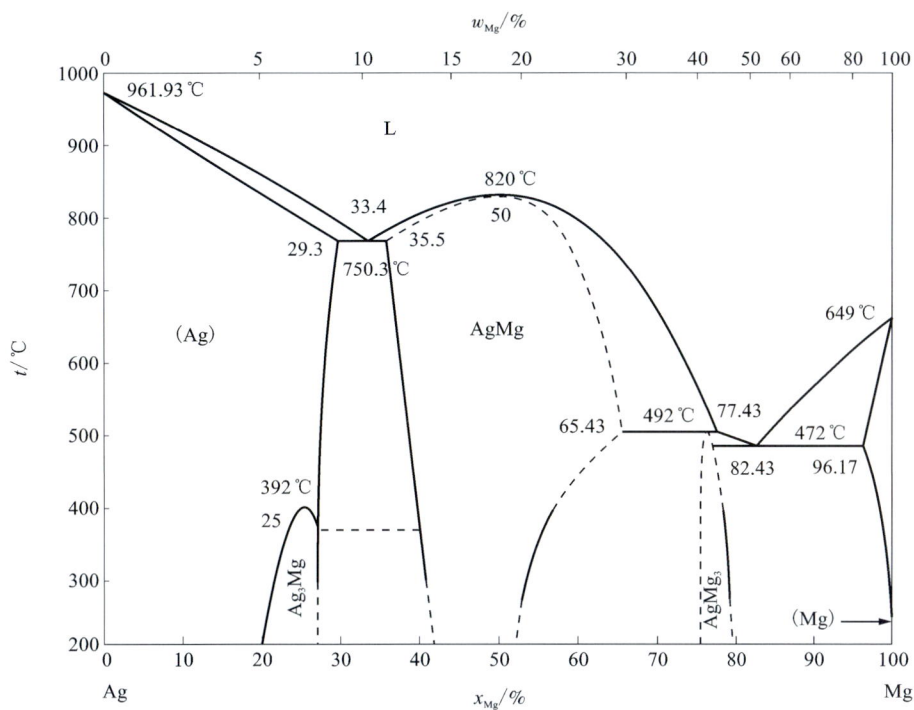

图 1.14.2-1　Ag-Mg 系二元合金相图

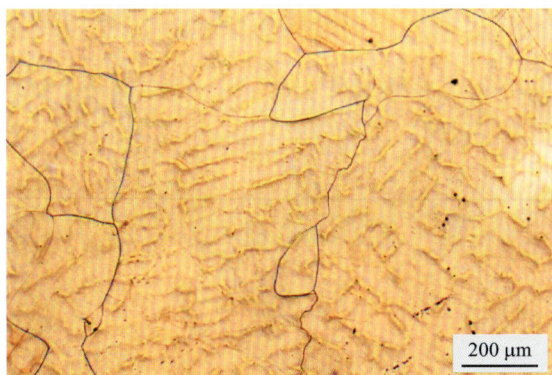

牌　　号：Ag-1.8Mg
状　　态：铸态
组织说明：(Ag)晶内偏析组织
浸 蚀 剂：Ag-m2

图 1.14.2-2

牌　　号：Ag-1.8Mg
状　　态：冷加工态
组织说明：(Ag)加工形变组织
浸 蚀 剂：Ag-m2

图 1.14.2-3

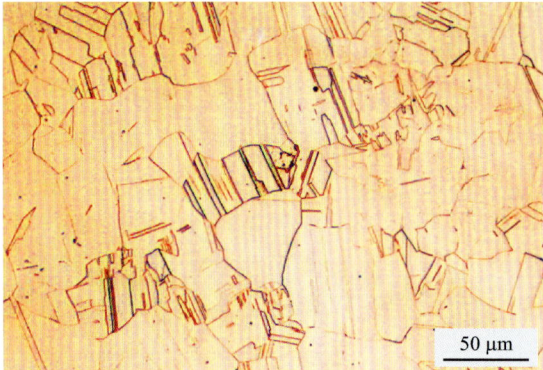

牌　　号：Ag-1.8Mg
状　　态：冷加工，600℃/3 h 退火热处理
组织说明：(Ag)单相再结晶组织
浸 蚀 剂：Ag-m2

图 1.14.2-4

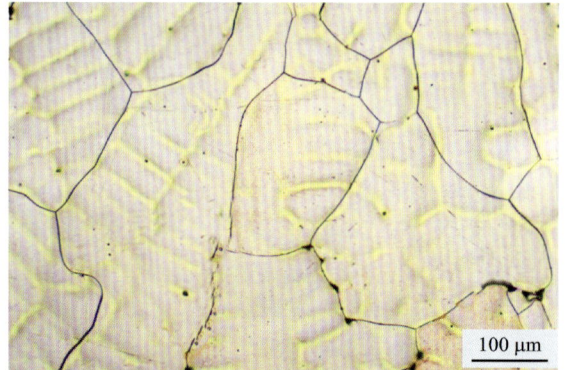

牌　　号：Ag-3Mg
状　　态：铸态
组织说明：(Ag)晶内偏析组织
浸 蚀 剂：Ag-m2

图 1.14.2-5

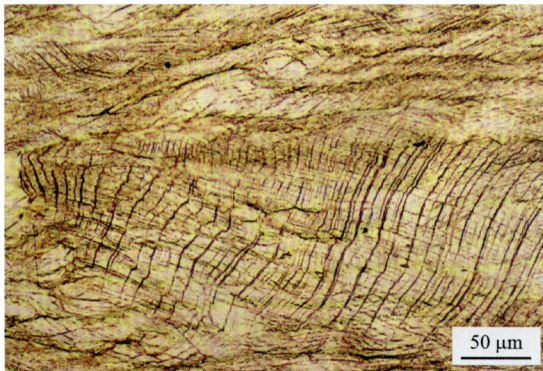

牌　　号：Ag-3Mg
状　　态：冷加工态
组织说明：(Ag)有明显位错滑移的加工形变组织
浸 蚀 剂：Ag-m2

图 1.14.2-6

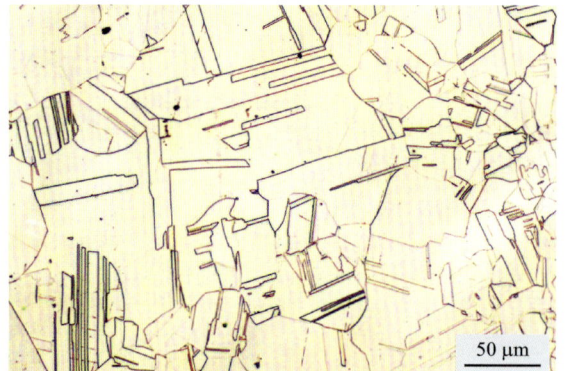

牌　　号：Ag-3Mg
状　　态：冷加工，600℃/3 h 退火热处理
组织说明：(Ag)单相再结晶组织
浸 蚀 剂：Ag-m2

图 1.14.2-7

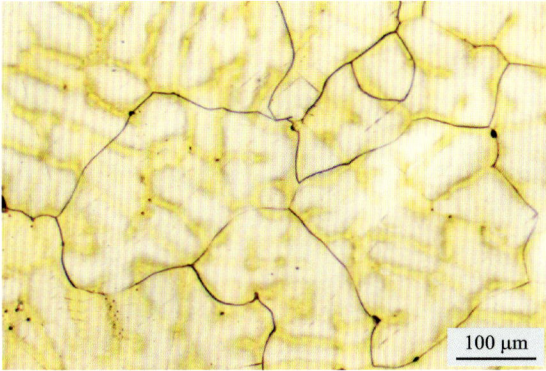

牌　　号：Ag-4.7Mg
状　　态：铸态
组织说明：(Ag)晶内偏析组织
浸 蚀 剂：Ag-m2

图 1.14.2-8

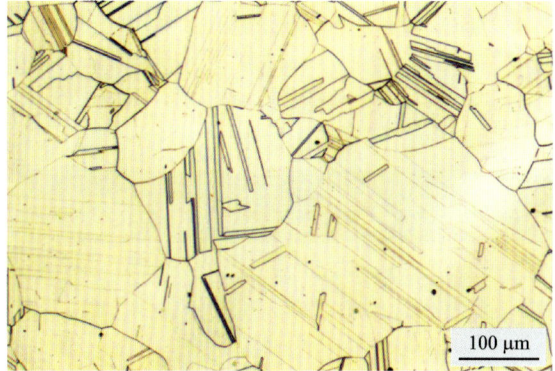

牌　　号：Ag-4.7Mg
状　　态：冷加工，600℃/3 h 退火热处理
组织说明：(Ag)单相再结晶组织
浸 蚀 剂：Ag-m2

图 1.14.2-9

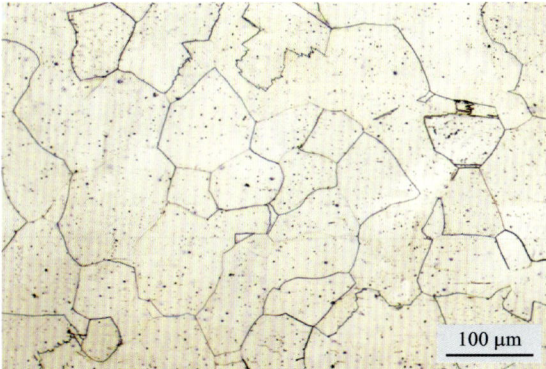

牌　　号：Ag-0.29Mg-0.24Ni
状　　态：铸态
组织说明：(Ag)+(Ni)均匀分布，凝固结晶组织
浸 蚀 剂：Ag-m2

图 1.14.2-10

牌　　号：Ag-0.24Mg-0.29Ni
状　　态：铸锭冷加工
组织说明：(Ag)+(Ni)，冷加工形变组织
浸 蚀 剂：Ag-m2

图 1.14.2-11

牌　　号：Ag-0.24Mg-0.29Ni
状　　态：铸锭冷加工，800℃/8 h 内氧化处理
组织说明：（Ag）+（Ni）+MgO，再结晶组织
浸　蚀　剂：Ag-m2

图 1.14.2–12

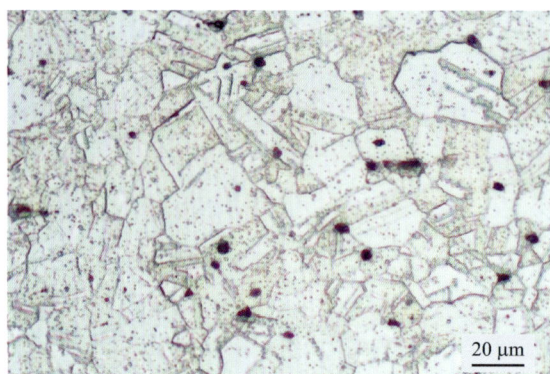

牌　　号：Ag-0.24Mg-0.29Ni
状　　态：冷加工，800℃/8 h 内氧化处理
组织说明：（Ag）+（Ni）+MgO，再结晶组织
浸　蚀　剂：Ag-m2

图 1.14.2–13

牌　　号：Ag-0.24Mg-0.29Ni
状　　态：冷加工，真空 650℃/3 h 退火热处理
组织说明：（Ag）+（Ni）均匀分布，再结晶组织
浸　蚀　剂：Ag-m2

图 1.14.2–14

1.15　银锰和银铝锰合金

1.15.1　银锰和银铝锰合金的性能和用途

Mn 加入 Ag 中升高合金固相线和液相线温度，因此，Ag-15Mn 合金主要作为高温钎料使用。Mn 可改善钎料合金对不锈钢、钛合金等工件的润湿性并提高接头强度。Ag-15Mn 和 Ag-14.5Mn-0.5Li 两种钎料可钎焊不锈钢和耐热合金，接头具有良好高温性能，工作温度可

达 480℃，在小负荷下工作温度可到 650℃。在这种应用中，钎料既不溶解也不渗入基体，没有破坏基体金属的危险，因此可钎焊不锈钢薄件，如钎焊飞机和导弹上的蜂窝结构。含 40%~80%Ag 的 Ag-Cu-Mn 钎料，对 W 和 WC 具有良好润湿性和较高的钎焊接头强度(150~190 MPa)。由于 Mn 易氧化并具有高蒸气压，含 Mn 钎料不宜在大气和高真空中钎焊，可在保护气氛中钎焊。另外，Ag-Mn 钎料有焊缝腐蚀倾向。

Ag-Al 系钎料与 Ti 的合金化反应较弱，并具有优良的抗高温氧化和抗盐雾腐蚀性能。典型的钎料有 Ag-5Al-(0.5~1.0)Mn 合金，对 Ti 的钎焊接头具有抗氧化和抗盐雾腐蚀(经盐雾腐蚀 500 h 仍未失效)性能，并有较高强度，钎焊接头抗拉强度为 600~850 MPa(与钎缝间隙有关)，抗剪强度为 170~190 MPa，即使在 400℃下，接头的抗拉与抗剪强度仍分别保持在 338~400 MPa 和 97 MPa 水平上。因此，Ag-5Al-(0.5~1.0)Mn 钎料很适合钎焊 Ti 合金薄壁构件(散热器、蜂窝结构等)。工业中也采用 Al 含量高的 Ag-30Al-5Cu 共晶型钎料，这种钎料钎焊 Ti 件的接头强度高，如 0.05 mm 间隙的接头抗拉强度为 800~1000 MPa，抗剪强度达到 470 MPa，10^7 循环疲劳极限 200 MPa，经 250℃和 350℃ 24 h 热处理，抗拉和抗剪强度仍保持 920 MPa 和 420 MPa，直到 480℃时强度才明显下降。这种钎料填充性好，接头强度对钎缝间隙变化不敏感，缺点是接头韧性和耐腐蚀性较差，不耐盐雾腐蚀，只适用于对接头韧性和抗腐蚀性要求不高的钛件钎焊。表 1.15.1 列出了 Ag-Mn 和 Ag-Al 合金的化学成分和熔化温度。

表 1.15.1 Ag-Mn 和 Ag-Al 合金化学成分和熔化温度

合金系	合金成分(质量分数)/%					熔化温度/℃
	Ag	Al	Mn	Cu	Li	
Ag-Mn	余量	—	15			960~971
	余量	—	14.5		0.5	—
Ag-Al	余量	5	—	—		780~850
	余量	5	0.5			780~825
	余量	5	0.3~0.35		0.15~0.2	899
	余量	12	0.2			
	余量	30	—	5		

1.15.2 银锰和银铝锰合金的金相组织

Al 和 Mn 在 Ag 中具有大的固溶度，Ag-Mn 和 Ag-Al 系富 Ag 端形成固溶体(见图 1.15.2-1~图 1.15.2-5)。作为钎料使用的 Ag-Mn 和 Ag-Al 合金成分一般落在固溶体区内。在 Ag-Mn 合金中添加 Li 还可形成自钎剂钎料。Al 和 Mn 也可作为合金元素加入 Ag-Cu 共晶合金中构成三元或多元钎料合金，如 Ag-Cu-Al、Ag-Cu-Mn 系共晶钎料。Ag-Mn 和 Ag-Al-Mn 系合金金相组织见图 1.15.2-6~图 1.15.2-22。

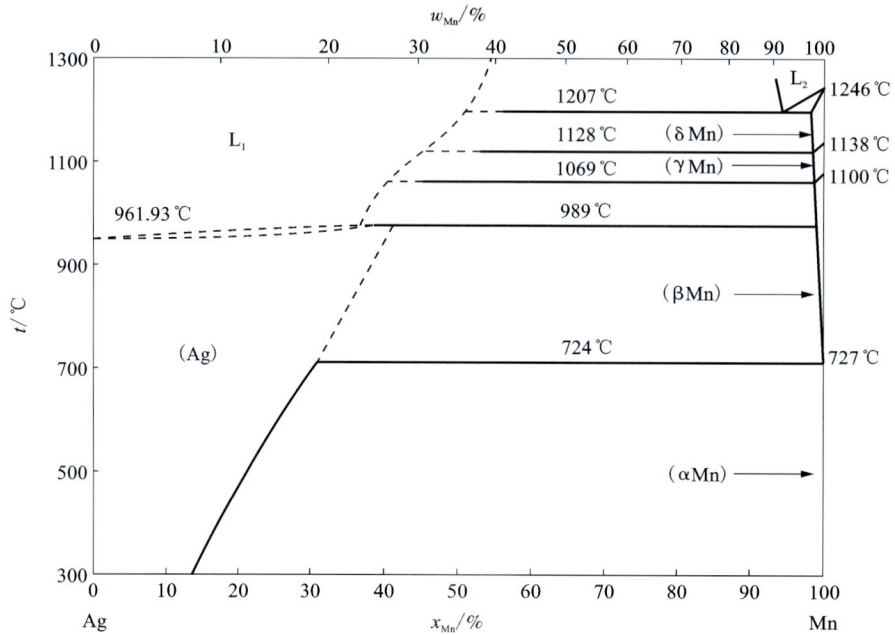

图 1.15.2-1　Ag-Mn 系二元合金相图

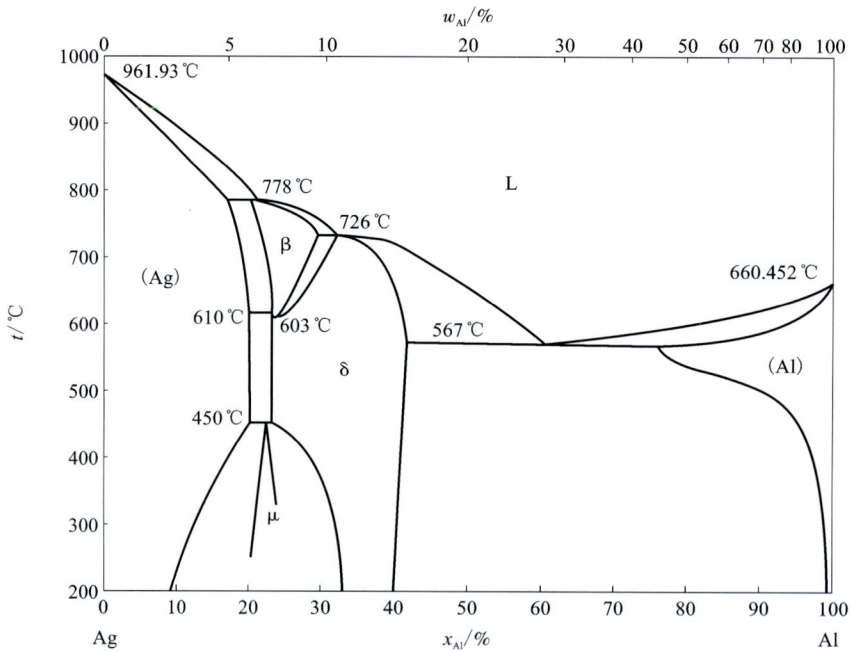

图 1.15.2-2　Ag-Al 系二元合金相图

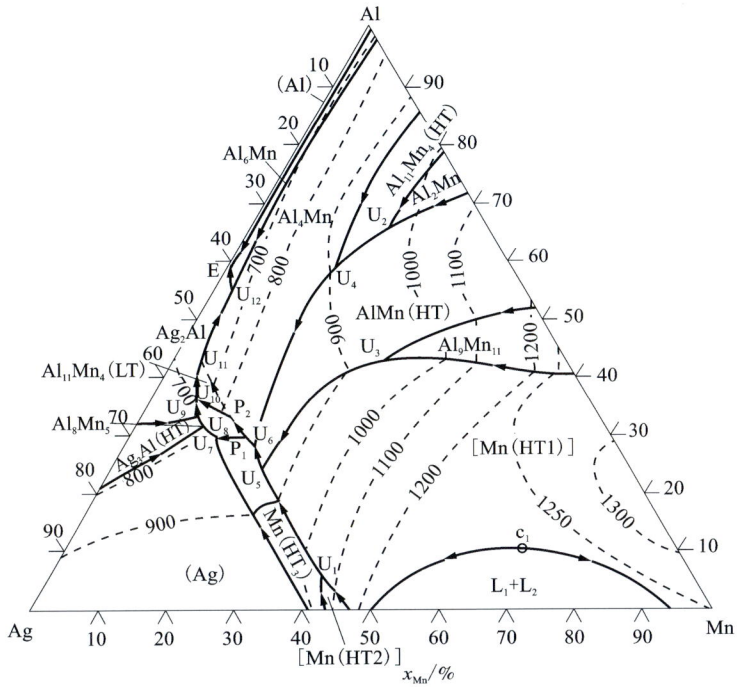

图 1.15.2-3 Ag-Al-Mn 系液相面投影图

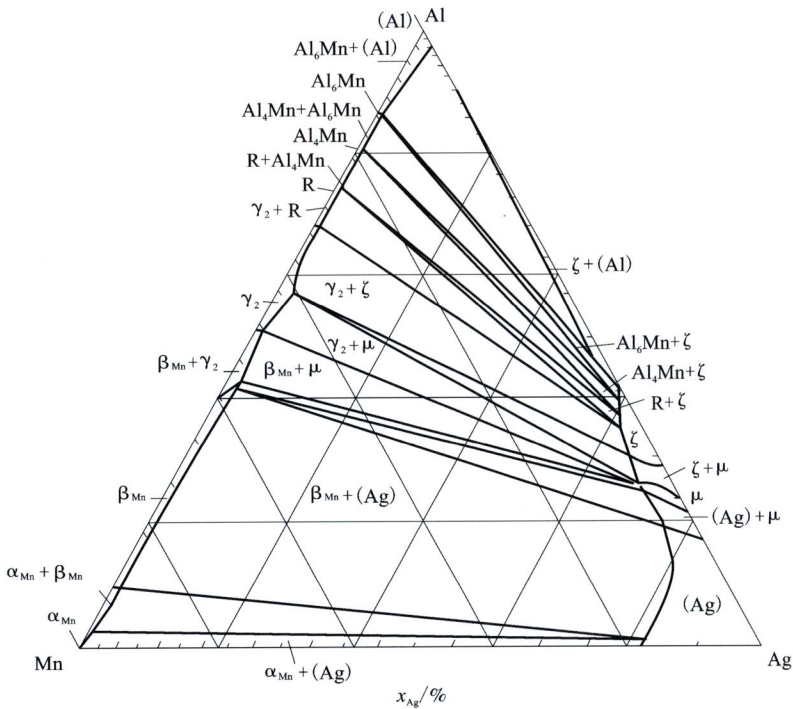

图 1.15.2-4 Ag-Al-Mn 系 400℃等温截面

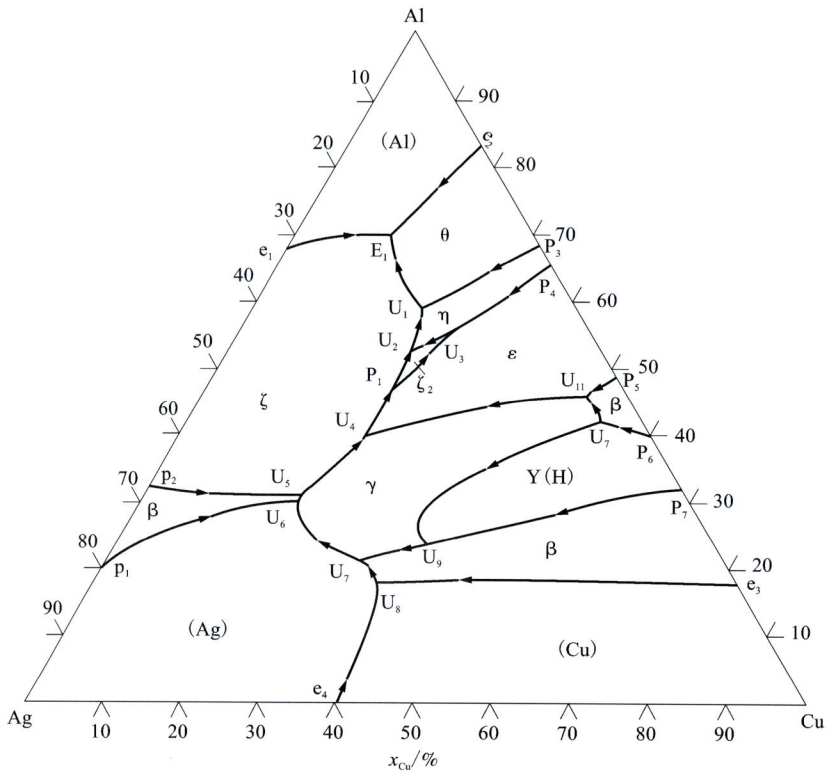

图 1.15.2-5　Ag-Al-Cu 系液相线投影图

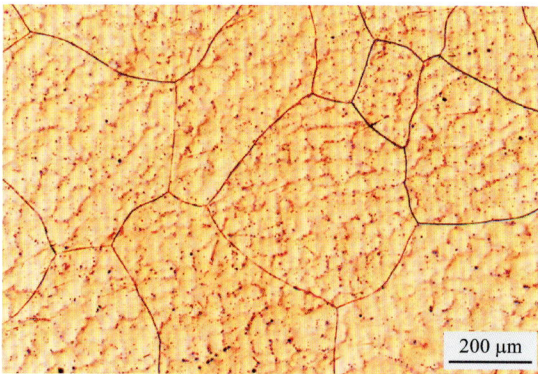

牌　　　号：Ag-15Mn
状　　　态：铸态
组织说明：(Ag)晶内偏析组织
浸 蚀 剂：Ag-m2

图 1.15.2-6

牌　　　号：Ag-15Mn
状　　　态：冷加工，700℃/3.5 h 热处理
组织说明：(Ag)单相再结晶组织
浸 蚀 剂：Ag-m2

图 1.15.2-7

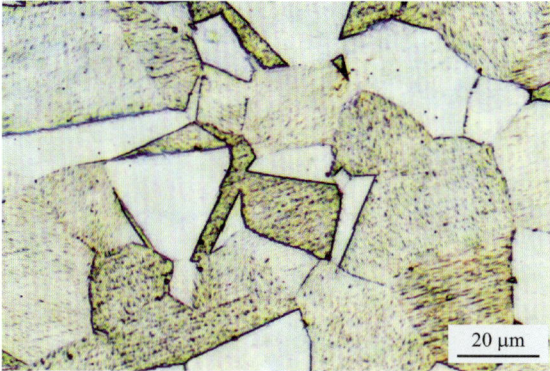

牌　　　号：Ag-14.5Mn-0.5Li
状　　　态：铸态
组织说明：(Ag)凝固结晶组织
浸 蚀 剂：Ag-m2

图 1.15.2-8

牌　　　号：Ag-14.5Mn-0.5Li
状　　　态：冷加工，700℃/3.5 h 热处理
组织说明：(Ag)单相再结晶组织
浸 蚀 剂：Ag-m2

图 1.15.2-9

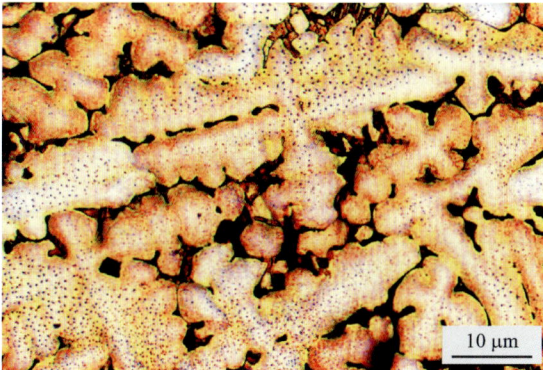

牌　　　号：Ag-5Al
状　　　态：铸态
组织说明：(Ag)晶内偏析组织
浸 蚀 剂：Ag-m2

图 1.15.2-10

牌　　　号：Ag-5Al
状　　　态：冷加工，700℃/3.5 h 热处理
组织说明：(Ag)单相再结晶组织
浸 蚀 剂：Ag-m2

图 1.15.2-11

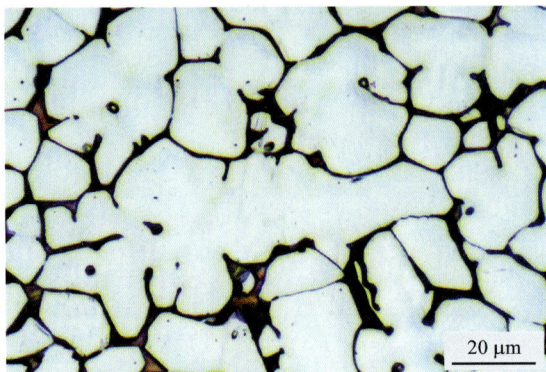

20 μm

牌　　号：Ag-5Al-0.35Mn-0.2Li
状　　态：铸态
组织说明：（Ag）+αMn（晶界分布），凝固结晶组织
浸 蚀 剂：Ag-m2

图 1.15.2-12

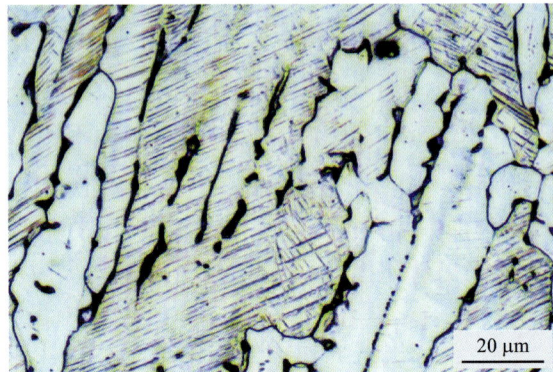

20 μm

牌　　号：Ag-5Al-0.35Mn-0.2Li
状　　态：铸态
组织说明：（Ag）+αMn，材料较软制样时表面局部出现位错
　　　　　滑移带
浸 蚀 剂：Ag-m2

图 1.15.2-13

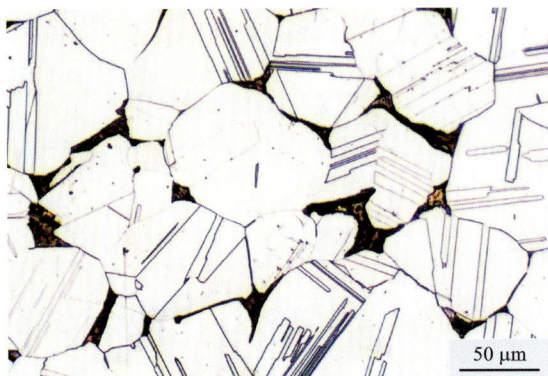

50 μm

牌　　号：Ag-5Al-0.35Mn-0.2Li
状　　态：冷加工，700℃/3.5 h 热处理
组织说明：（Ag）+αMn 晶界处，再结晶组织
浸 蚀 剂：Ag-m2

图 1.15.2-14

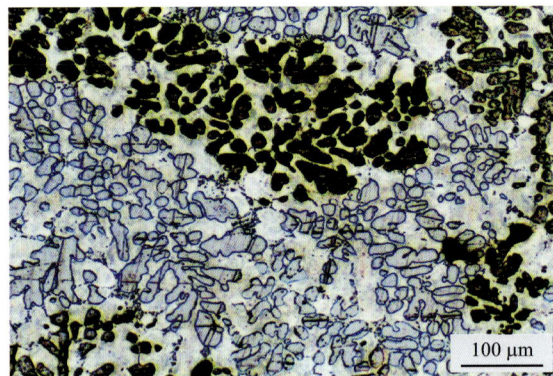

100 μm

牌　　号：Ag-50Al-5Cu
状　　态：铸态
组织说明：（Al）+（Ag）+θ（AlCu），凝固结晶组织
浸 蚀 剂：Ag-m2

图 1.15.2-15

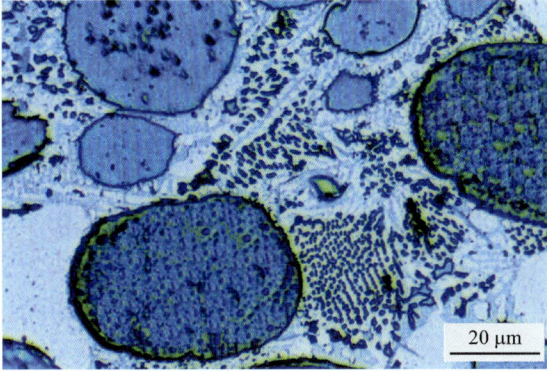

牌　　　号：Ag-50Al-5Cu
状　　　态：铸态，缓慢冷却
组织说明：（Al）+（Ag）+θ（AlCu），凝固结晶组织
浸 蚀 剂：Ag-m2

图 1. 15. 2-16

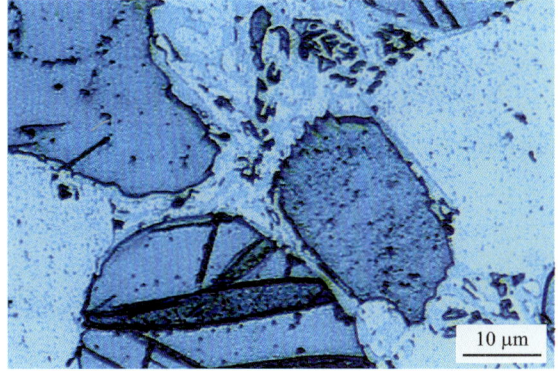

牌　　　号：Ag-50Al-5Cu
状　　　态：铸态，缓慢冷却
组织说明：（Al）+（Ag）+θ（AlCu），凝固结晶组织
浸 蚀 剂：Ag-m2

图 1. 15. 2-17

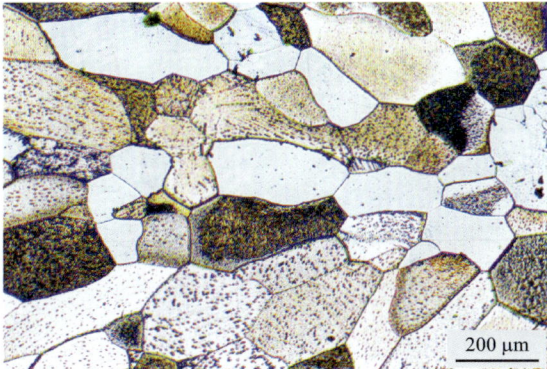

牌　　　号：Ag-12Al-0. 2Mn
状　　　态：铸态
组织说明：（Ag）凝固结晶组织
浸 蚀 剂：Ag-m2

图 1. 15. 2-18

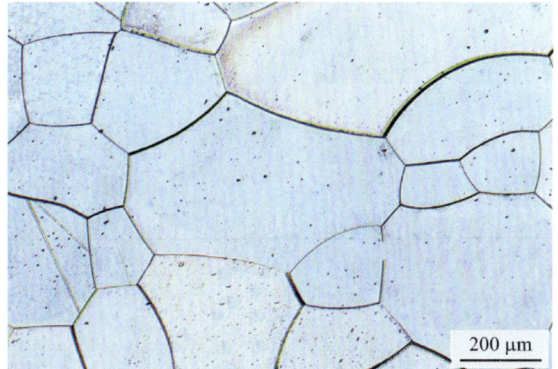

牌　　　号：Ag-12Al-0. 2Mn
状　　　态：冷加工，700℃/3. 5 h 退火热处理
组织说明：（Ag）单相再结晶组织
浸 蚀 剂：Ag-m2

图 1. 15. 2-19

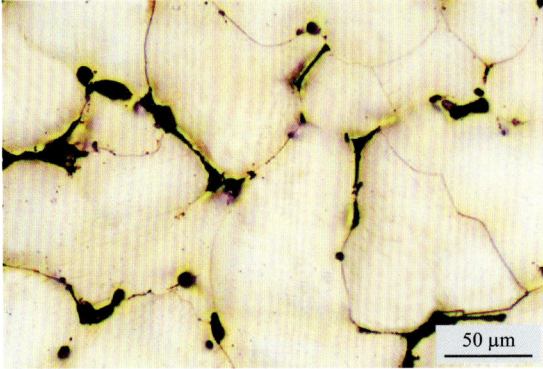

牌　　　号：Ag-5Al-0.5Mn
状　　　态：铸态
组织说明：（Ag）+αMn，凝固结晶组织
浸　蚀　剂：Ag-m2

图 1.15.2-20

牌　　　号：Ag-5Al-0.5Mn
状　　　态：冷加工，700℃/3.5 h 退火热处理
组织说明：（Ag）+αMn，再结晶组织
浸　蚀　剂：Ag-m2

图 1.15.2-21

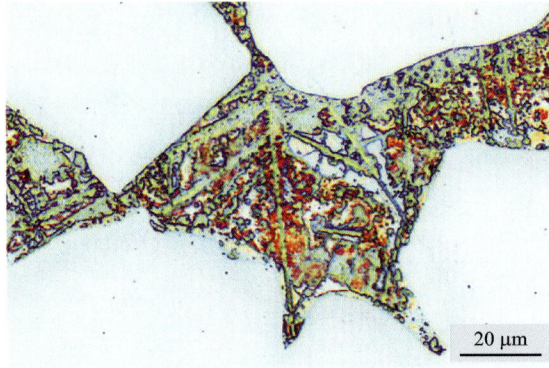

牌　　　号：Ag-5Al-0.5Mn
状　　　态：冷加工，700℃/3.5 h 退火热处理
组织说明：（Ag）+αMn，再结晶组织
浸　蚀　剂：Ag-m2

图 1.15.2-22

1.16　银基固溶型电接触材料

1.16.1　银基固溶型电接触材料的性能和用途

银有硬度低、熔点和沸点低、易硫化、生弧电压和生弧电流低、易转移和易熔焊等缺点。在直流电的作用下，其挥发量大和转移量大，接点耗损快，并会形成尖刺，使开闭动作失效；在负荷较大的条件下，需要通过合金化手段来克服银这些缺点。

银中加入少量其他元素可克服银硬度偏低、易产生"自软化"等缺点，能提高力学性能和耐磨性，避免银在常温下与 H_2S 和 SO_2 气体迅速反应生成硫化物膜，以满足轻负荷弱电流条件下的使用要求，在 Ag 中加 Au、Pd 等元素可提高 Ag 抗硫化能力。为提高抗盐雾气氛的腐蚀能力，可在 Ag-Cu 合金中加 V。基于上述种种目的，开发出了一系列以银为基，添加少量其他元素的 Ag 基固溶体合金。

（1）Ag-Au 合金。

Ag 与 Au 在液态和固态都能互溶。含 10%~70%Au 的 Ag-Au 合金和 Au-Ag 合金，具有良好的导电性、导热性和耐腐蚀性，接触电阻低、稳定性好，适用于腐蚀介质中工作的轻负荷接点。其中 Ag-10Au 被大量用在电讯设备中的继电器、调节器上和低负荷触点。

（2）Ag-Cu(Ni、Be、V)合金。

Cu 在 Ag 中有较大的固溶度，共晶温度下 Cu 在 Ag 中的最大固溶度为 8.8%。Cu 能显著强化 Ag，但使其熔点、导电性和导热性、抗氧化性都显著降低。为了改善 Ag-Cu 合金的某些性能，添加少量 Ni、Be、V、Li 等元素发展成为一些三元合金，如 Ag-0.15Cu-0 1Ni 合金具有较高的耐腐蚀性和耐磨性；Ag-10Cu-0.5Be 比 Ag-10Cu 的硬度高，抗转移和耐电弧性能提高；在 Ag-10Cu 中添加 0.4% 的 V，除能显著提高其强度和硬度外，还可显著提高其在 H_2S、SO_2、NH_3 和盐雾及潮湿气氛中的化学稳定性。

用作电接触材料的合金主要有 Ag-3Cu、Ag-5Cu、Ag-7.5Cu、Ag-10Cu、Ag-15Cu、Ag-0.15Cu-0.1Ni、Ag-20Cu-2Ni 合金等。它们具有比纯银触点较好的力学性能、耐磨性和抗熔焊性能，但易氧化变色，并有较大的接触电阻。它们被用作高压和大电流继电器触点，以及用在轻负荷和中负荷的回路中，作一般空气断路器、电压控制器、电话继电器、接触器、启动器的触点。

（3）Ag-Pt 合金。

在常温下，银中溶解约 20%Pt，形成固溶体合金。以 Ag 为基的几种 Ag-Pt 合金触点材料常用在封闭的继电器和调节器中。

（4）Ag-Pd 合金。

Ag 和 Pd 在液态和固态为能互溶。图 1.16.1-1 表示以 Ag 为基的 Ag-Pd 合金的电性能与化学成分的关系。含 Pd60% 时，合金电阻率最高；Pd 含量增至 70% 时，硬度和拉伸强度达到最大值。另外，Pd 的添加能显著改善 Ag 的抗硫化性。一般使用的 Ag-Pd 合金含 Pd 为 10%~30%，主要用在通讯装置中的继电器和连接器中以及用在微电机的电刷和开关中。

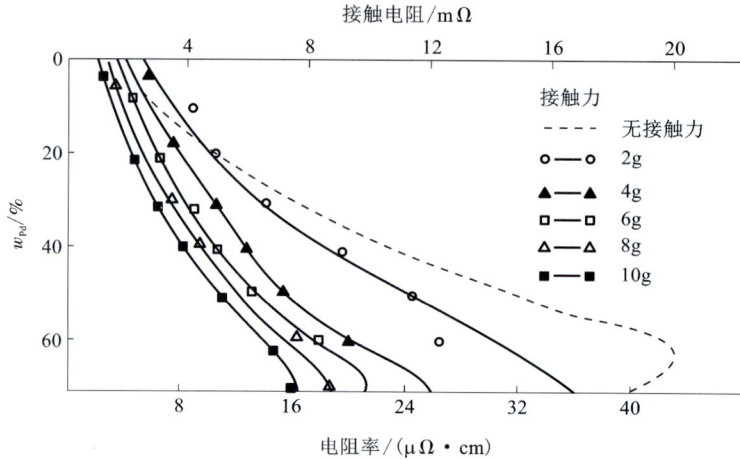

图 1.16.1-1 w_{Pd} 及接触电阻对 Ag-Pd 合金电性能的影响

（5）Ag-Cd 合金

在固态时，Cd 在 Ag 中有很大的固溶度。Ag-Cd 合金是一种性能较为优异的轻、中负荷电接触材料。Ag-Cd 触点多用于灵敏的低压继电器、制动继电器和轻、中负荷交流接触器。其突出特点是，合金在使用时会生成氧化镉，并分解为镉蒸气，结果既能使接点保持良好的金属接触面，同时镉蒸气还有灭弧作用。缺点是耐熔焊性和耐磨性较差。Cd 是对人体有害的元素。近几年来，由于人们对环境的重视，已限制含 Cd 材料的使用。

Ag 和 Ag 合金是电接触材料的重要组成部分，产品已成系列。一些轻负荷、中负荷用 Ag 基合金电接触材料的物理性能见表 1.16.1-1。

表 1.16.1-1   银基固溶型轻负荷、中负荷电接触材料的性能

合金系	质量分数/%	密度/(g·cm⁻³)	熔点/℃	沸点/℃	电阻率/(μΩ·cm)	导热率/[W·(cm·K)⁻¹]	硬度/HV
Ag-Cu	Ag-3Cu	10.4	900	2200	1.8	—	—
	Ag-4Cu	10.4	880	2200	1.8	—	—
	Ag-7.5Cu	10.35	870	2200	1.9	3.34	56
	Ag-10Cu	10.3	878	2200	1.9	3.34	62
	Ag-10Cu-0.5Be	—	—	—	—	—	—
	Ag-10Cu-0.2 V	—	—	—	—	—	—
	Ag-10Cu-0.4 V	—	—	—	—	—	—
	Ag-10Cu-0.2 V-1Zr	—	—	—	—	—	—
	Ag-0.15Cu-0.1Ni	—	—	—	—	—	—
	Ag-24.5Cu-0.5Ni	—	810	—	—	—	135
	Ag-20Cu-2Ni	—	—	—	—	—	—
	Ag-6Cu-2Cd	10.4	882	—	—	—	65

续表1.16.1-1

合金系	质量分数/%	密度/(g·cm⁻³)	熔点/℃	沸点/℃	电阻率/(μΩ·cm)	导热率/[W·(cm·K)⁻¹]	硬度/HV
Ag–Cd	Ag–4Cd	10.4	940	940	2.9	—	—
	Ag–14Cd	10.2	895		2.9		35
	Ag–15Cd	10.18	899		—		
	Ag–16Cd	10.0	875	906	4.8		35
	Ag–20Cd	—					
	Ag–24Cd–0.4Ni	9.99	840		2.4		--
	Ag–24Cd–1Ni						
	Ag–22Cd–10Ni–5Fe						
	Ag–25Cd						
	Ag–97Cd						
Ag–Pt	Ag–5Pt	10.5	965		3.8	2.22	33
	Ag–10Pt	10.6	968		5.8	1.42	40
	Ag–12Pt	11.23	970		12.0		
Ag–Pd	Ag–22Pd	10.79	1070	2200	10.2	2.42	35
	Ag–30Pd	10.94	1175	2200	15.0	2.51	60
	Ag–40Pd	11.10	1225	2200	20.0	1.92	65
	Ag–50Pd	11.2	1350		—		70
	Ag–20Pd–0.3Mg	10.7	1070		12.1		
Ag–In	Ag–18In	—			—		
Ag–Si	Ag–1.5Si	10.45	950		2.1		
Ag–5Mg–Ni	Ag–0.25Mg–0.25Ni	10.5	960		7.3		
Ag–Au–Mg–Ni	Ag–2Au–0.3Mg–0.2Ni	10.6	963		2.8		

含镉和锌的三元合金可以用作低温钎焊材料，如：Ag-67Cd-23Zn、Ag-73Cd-22Zn、Ag-69Cd-30Zn、Ag-79Cd-16Zn 和 Ag-96Cd-1Zn 等（见图 1.16.2-2～图 1.16.2-6）。它们具有较好的耐蚀性和耐热性，良好的导电性、导热性，抗蠕变能力为锡铅钎料的 2000 倍。其合金用熔铸和压力加工法制取，制作时应注意排风集尘，其加工性能良好。低温钎料钎焊工艺性能良好，用于钎焊钢以及铜合金零件等，钎焊接头强度较高、耐冲击，工作温度低于 200℃。

1.16.2　银基固溶型电接触材料的金相组织

Ag-Cd 二元系合金相图见图 1.16.2-1，由 6 个包晶转变和 2 个共析转变组成，Cd 可在较大范围内与 Ag（Cd 含量小于 40%）形成单相固溶体。图 1.16.2-2～图 1.16.2-6 示出了 Ag-Cd-Zn 三元系合金相图。图 1.16.2-7～图 1.16.2-38 示出了部分 Ag 基固溶型合金的金相组织。

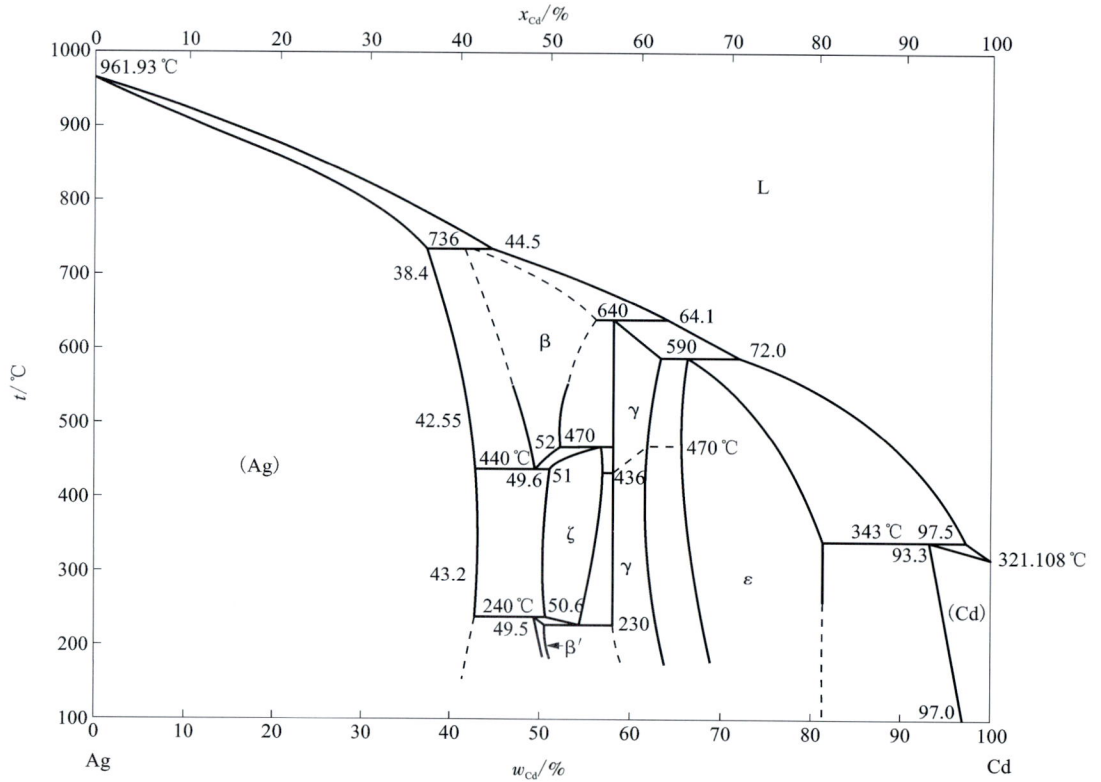

图 1.16.2-1 Ag-Cd 二元系合金相图

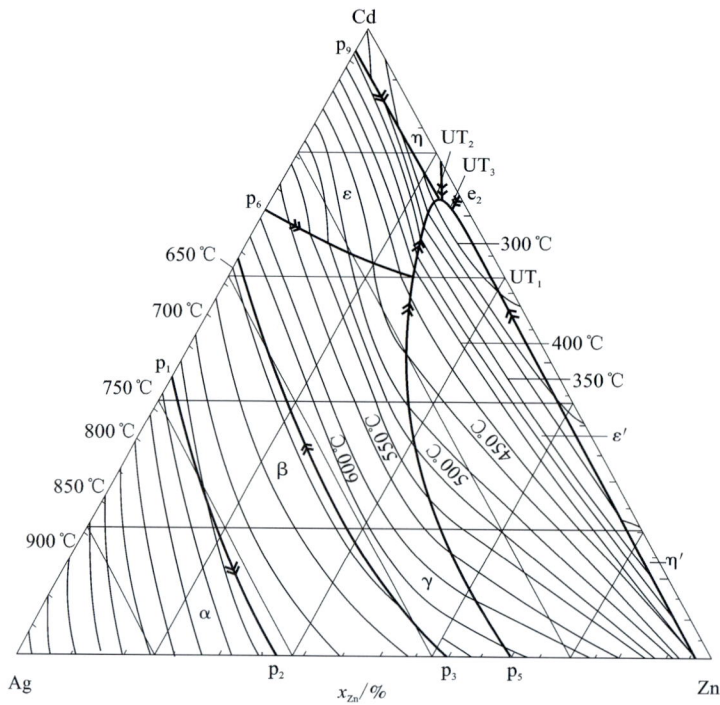

图 1.16.2-2 Ag-Cd-Zn 三元系合金液相面投影图

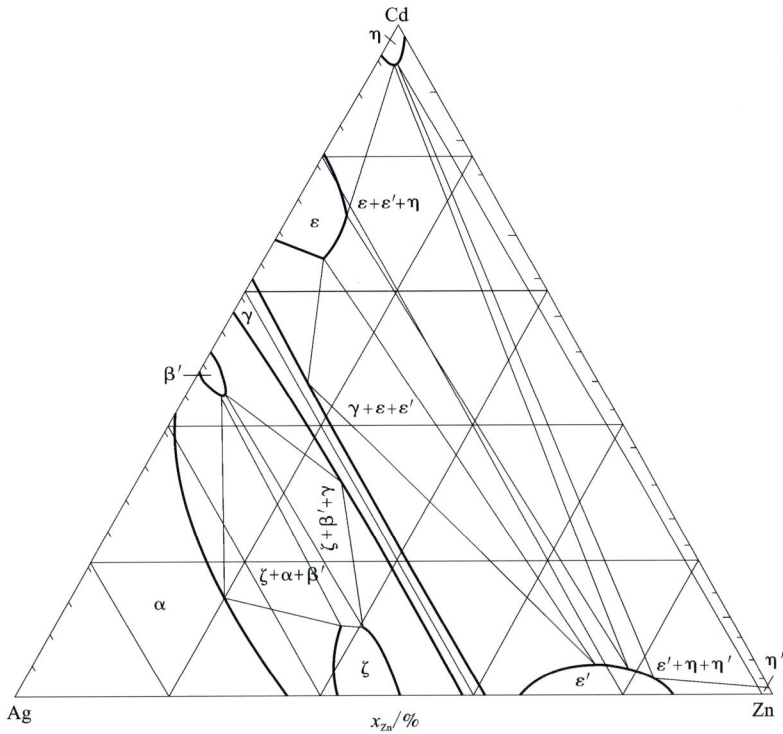

图 1.16.2-3　Ag-Cd-Zn 系三元合金 200℃等温截面图

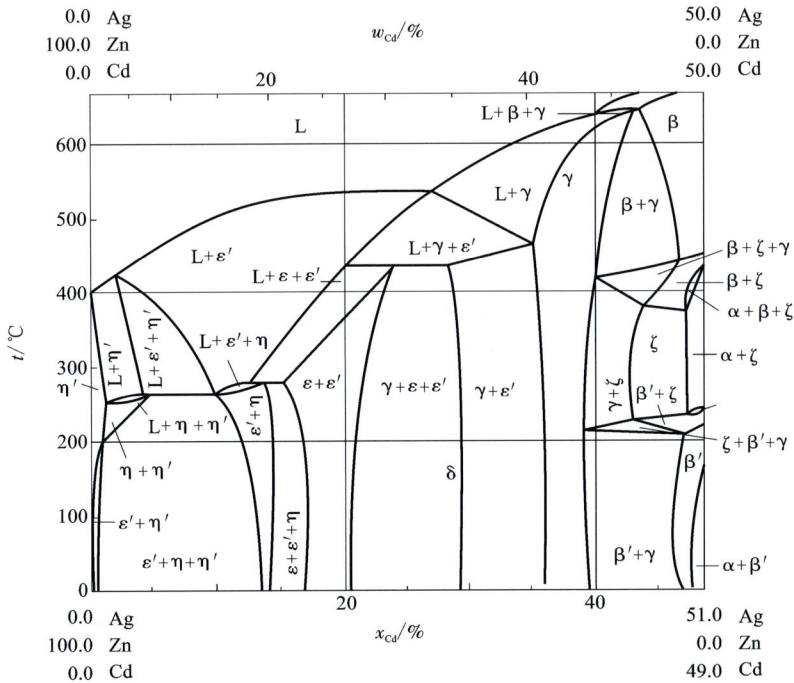

图 1.16.2-4　Ag-Cd-Zn 系三元合金 $x_{Ag}:x_{Cd}=1:1$ 的截面图

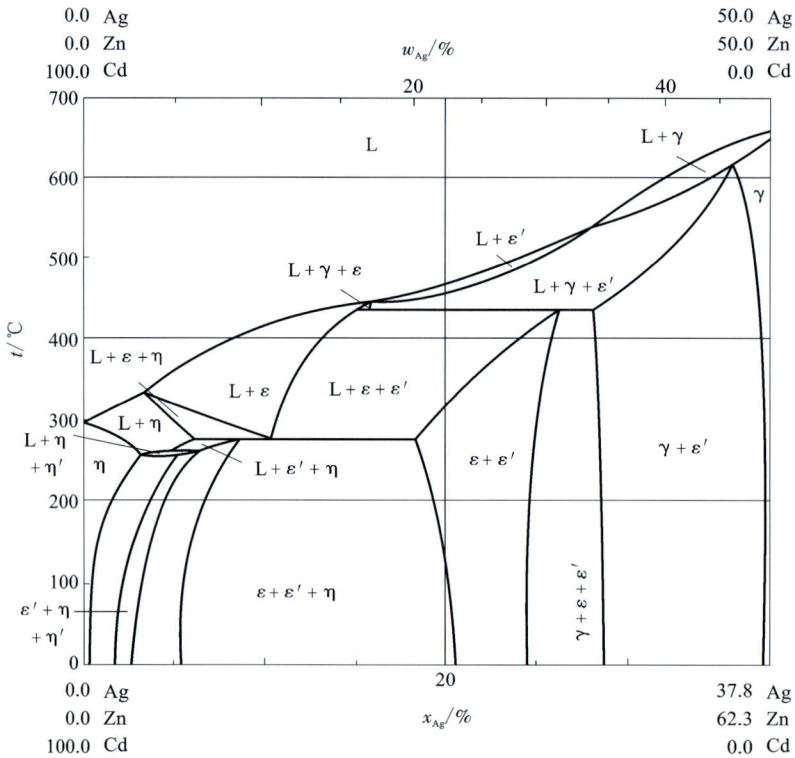

图 1.16.2-5　Ag–Cd–Zn 系三元合金 $x_{Ag} : x_{Zn} = 1 : 1$ 的截面图

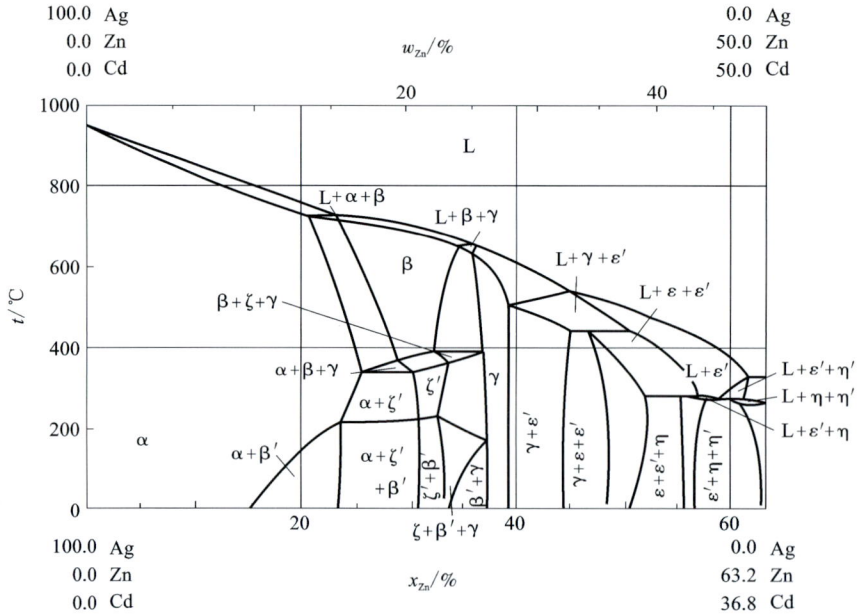

图 1.16.2-6　Ag–Cd–Zn 系三元合金 $x_{Cd} : x_{Zn} = 1 : 1$ 的截面图

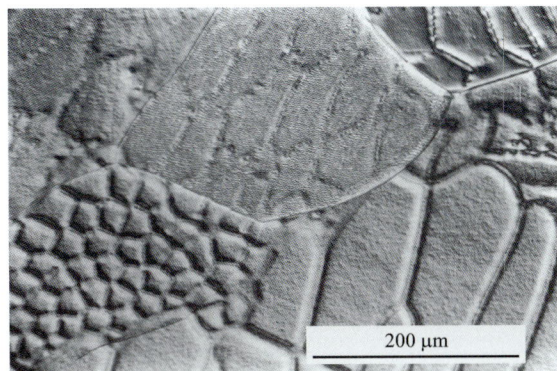

牌　　号：Ag-1Cd
状　　态：铸态
组织说明：（Ag）晶内偏析组织
浸 蚀 剂：Ag-m2

图 1.16.2-7

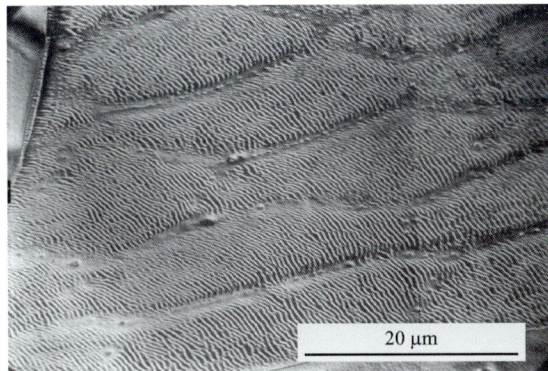

牌　　号：Ag-1Cd
状　　态：铸态
组织说明：（Ag）晶内偏析及层状亚组织
浸 蚀 剂：Ag-m2

图 1.16.2-8

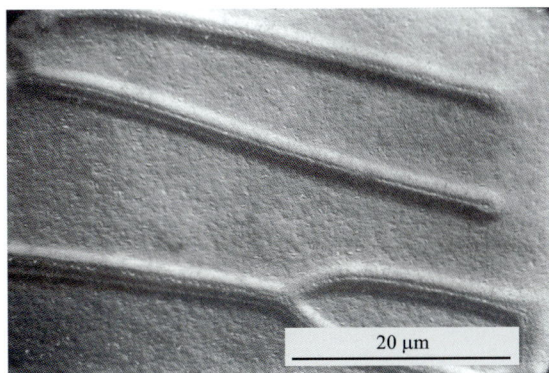

牌　　号：Ag-1Cd
状　　态：铸态
组织说明：（Ag）晶内偏析支状亚组织
浸 蚀 剂：Ag-m2

图 1.16.2-9

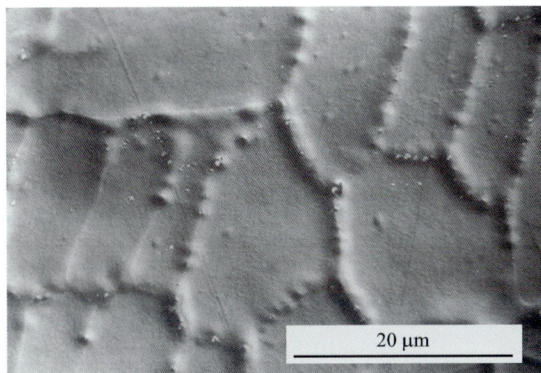

牌　　号：Ag-1Cd
状　　态：铸态
组织说明：（Ag）晶内偏析网状亚组织
浸 蚀 剂：Ag-m2

图 1.16.2-10

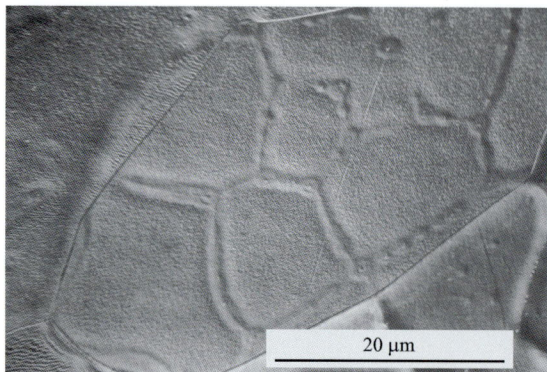

牌　　号：Ag-1Cd

状　　态：铸态

组织说明：（Ag）晶内偏析网状亚组织

浸　蚀　剂：Ag-m2

图 1. 16. 2-11

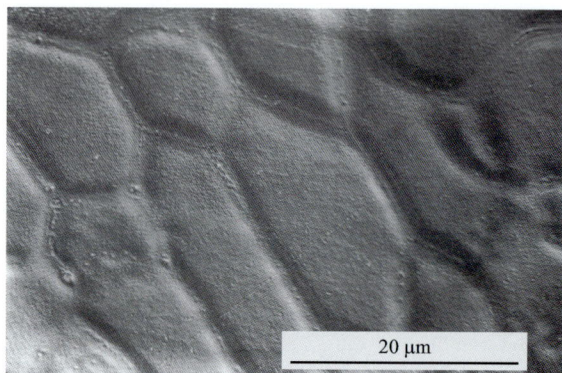

牌　　号：Ag-1Cd

状　　态：铸态

组织说明：（Ag）晶内偏析组织

浸　蚀　剂：Ag-m2

图 1. 16. 2-12

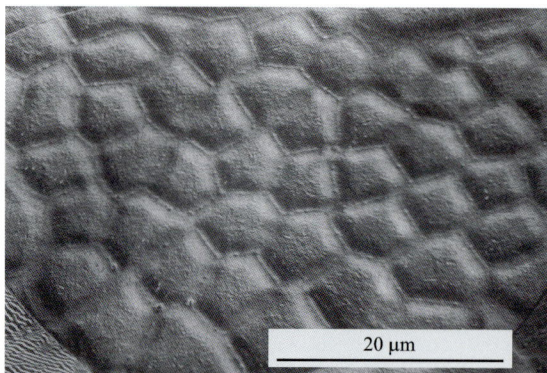

牌　　号：Ag-1Cd

状　　态：铸态

组织说明：（Ag）晶内包状亚组织

浸　蚀　剂：Ag-m2

图 1. 16. 2-13

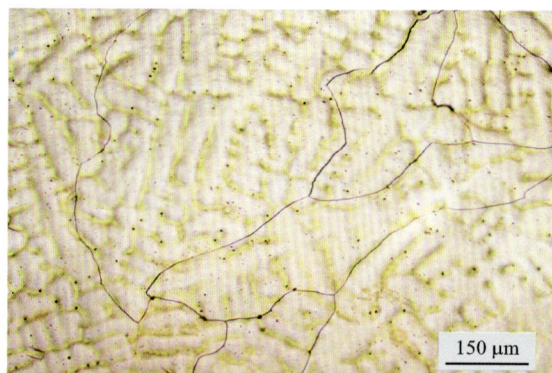

牌　　号：Ag-14Cd

状　　态：铸态

组织说明：（Ag）晶内偏析组织

浸　蚀　剂：Ag-m2

图 1. 16. 2-14

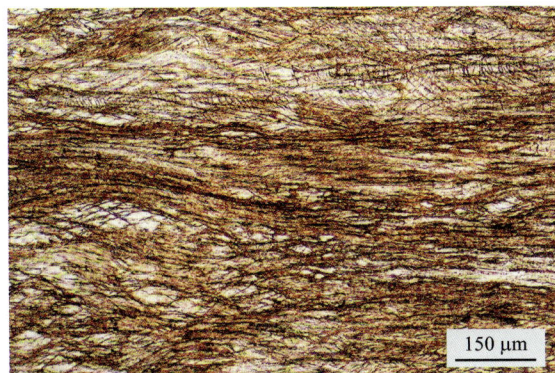

牌　　号：Ag-14Cd
状　　态：冷加工
组织说明：(Ag)加工形变组织
浸 蚀 剂：Ag-m2

图 1.16.2-15

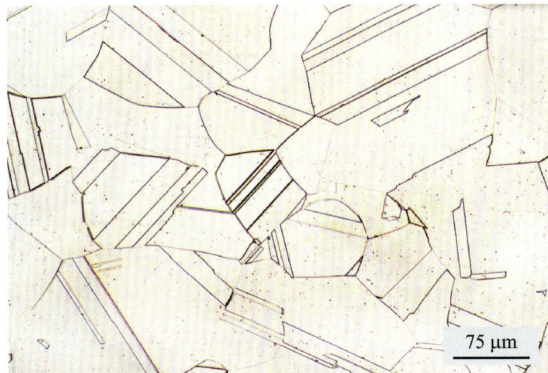

牌　　号：Ag-14Cd
状　　态：冷加工，600℃/3.5 h 热处理
组织说明：(Ag)单相再结晶组织
浸 蚀 剂：Ag-m2

图 1.16.2-16

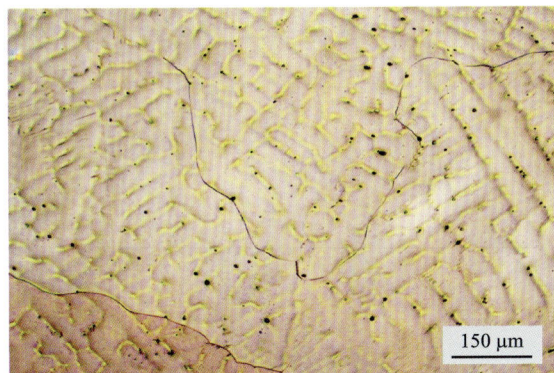

牌　　号：Ag-17Cd
状　　态：铸态
组织说明：(Ag)晶内偏析组织
浸 蚀 剂：Ag-m2

图 1.16.2-17

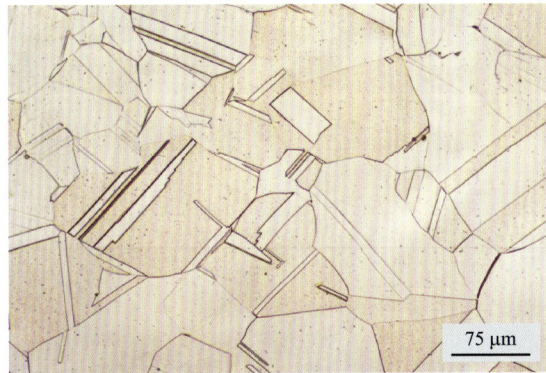

牌　　号：Ag-17Cd
状　　态：冷加工，600℃/3.5 h 热处理
组织说明：(Ag)单相再结晶组织
浸 蚀 剂：Ag-m2

图 1.16.2-18

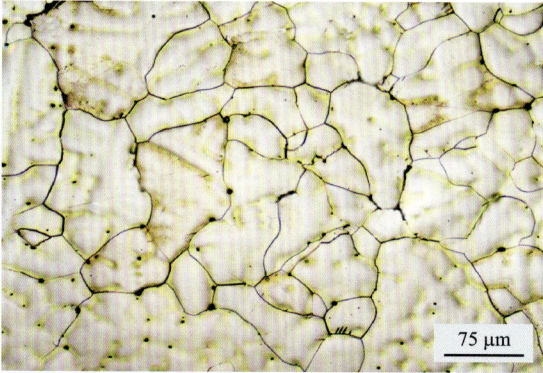

牌　　　号：Ag-20Cd
状　　　态：铸态
组织说明：（Ag）晶内偏析组织
浸 蚀 剂：Ag-m2

图 1.16.2-19

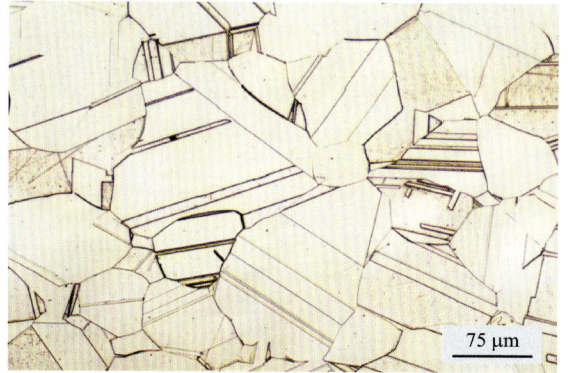

牌　　　号：Ag-20Cd
状　　　态：冷加工，600℃/3.5 h 热处理
组织说明：（Ag）单相再结晶组织
浸 蚀 剂：Ag-m2

图 1.16.2-20

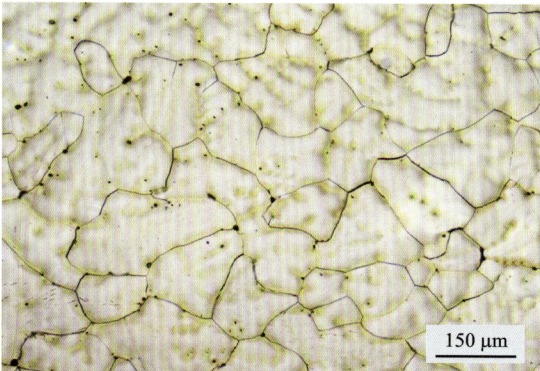

牌　　　号：Ag-25Cd
状　　　态：铸态
组织说明：（Ag）晶内偏析组织
浸 蚀 剂：Ag-m2

图 1.16.2-21

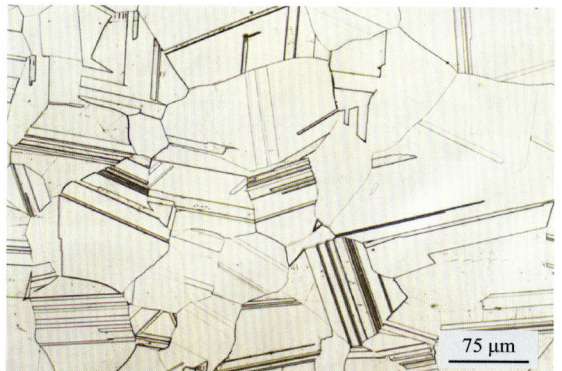

牌　　　号：Ag-25Cd
状　　　态：冷加工，600℃/3.5 h 退火热处理
组织说明：（Ag）单相再结晶组织
浸 蚀 剂：Ag-m2

图 1.16.2-22

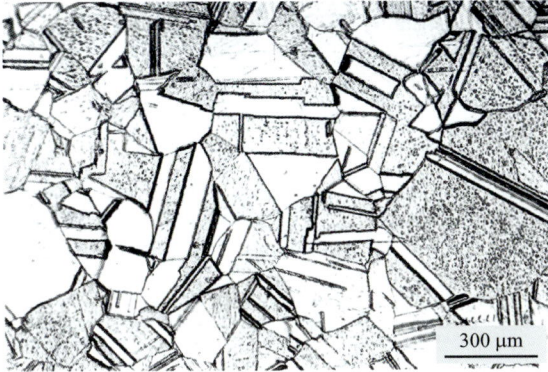

牌　　　号：Ag-28Cd

状　　　态：冷加工，550℃/20 min 退火热处理

组织说明：(Ag)单相再结晶组织

浸 蚀 剂：Ag-m2

图 1.16.2-23

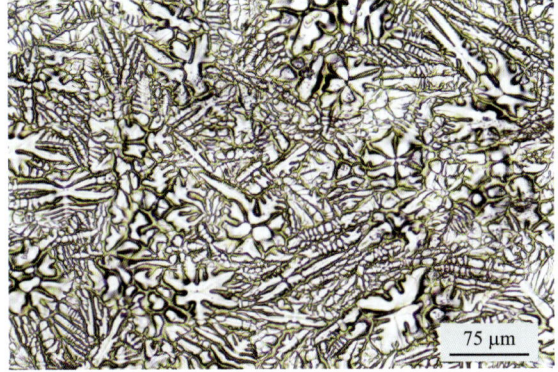

牌　　　号：Ag-97Cd

状　　　态：铸态

组织说明：(Cd)+ε，凝固偏析组织

浸 蚀 剂：Ag-m2

图 1.16.2-24

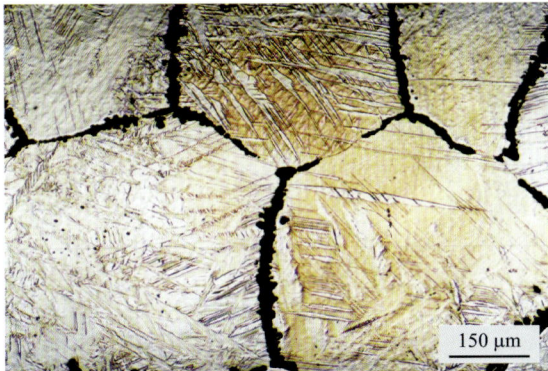

牌　　　号：Ag-97Cd

状　　　态：冷加工，300℃/2 h 热处理

组织说明：(Cd)+ε(分布于晶界)，再结晶组织

浸 蚀 剂：Ag-m2

图 1.16.2-25

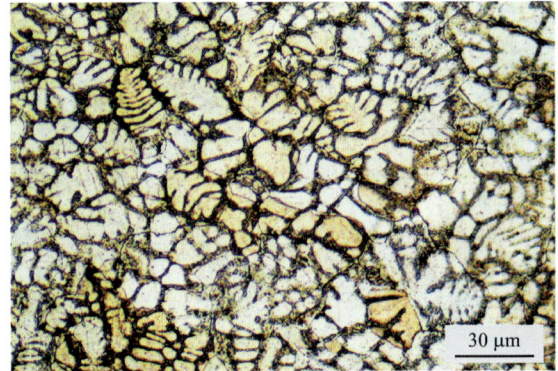

牌　　　号：Ag-96Cd-1Zn

状　　　态：铸态

组织说明：η(Cd)，偏析组织

浸 蚀 剂：Ag-m2

图 1.16.2-26

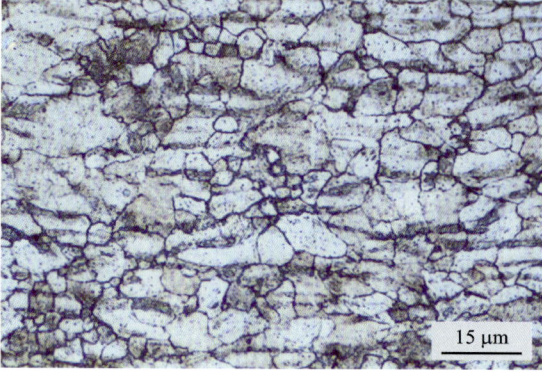

牌　　　号：Ag-96Cd-1Zn
状　　　态：冷加工，250℃/2 h 退火热处理
组织说明：η(Cd)，单相再结晶组织
浸 蚀 剂：Ag-m2

图 1.16.2-27

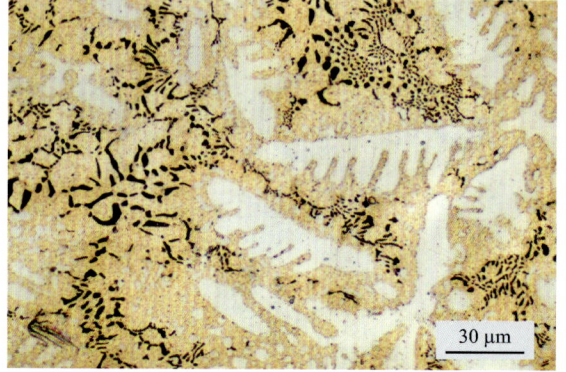

牌　　　号：Ag-79Cd-16Zn
状　　　态：铸态，缓慢冷却
组织说明：ε′+η′(Zn)+[η(Cd)+η′(Zn)]，凝固结晶组织
浸 蚀 剂：Ag-m2

图 1.16.2-28

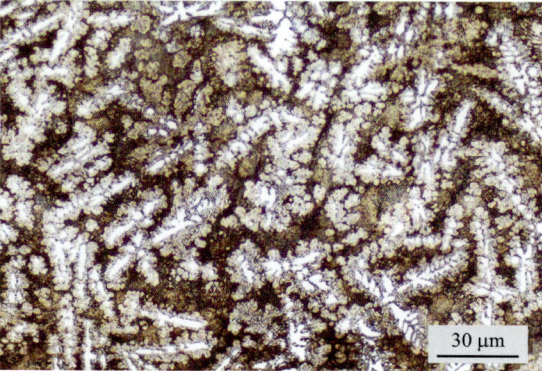

牌　　　号：Ag-79Cd-16Zn
状　　　态：铸态
组织说明：ε′+η′(Zn)+[η(Cd)+η′(Zn)]，凝固结晶组织
浸 蚀 剂：Ag-m2

图 1.16.2-29

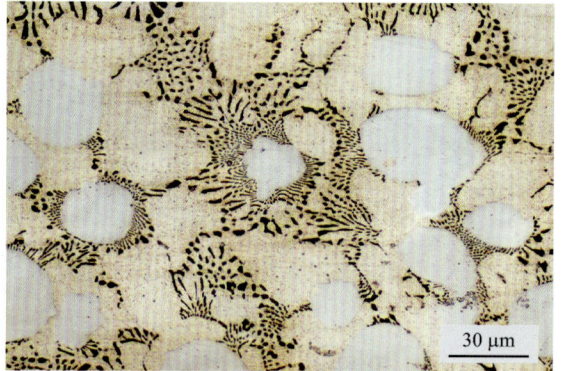

牌　　　号：Ag-67Cd-23Zn
状　　　态：铸态，缓慢冷却
组织说明：ε′+η′(Zn)+[η(Cd)+η′(Zn)]，凝固结晶组织
浸 蚀 剂：Ag-m2

图 1.16.2-30

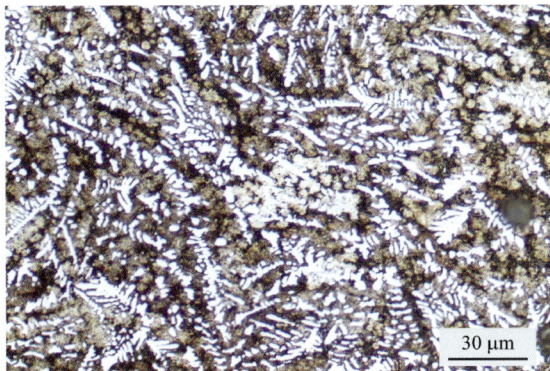

牌　　号：Ag-67Cd-23Zn
状　　态：铸态
组织说明：ε′+η′(Zn)+[η(Cd)+η′(Zn)]，凝固结晶组织
浸 蚀 剂：Ag-m2

图 1.16.2-31

牌　　号：Ag-73Cd-22Zn
状　　态：铸态
组织说明：ε′+η′(Zn)+[η(Cd)+η′(Zn)]，凝固结晶组织
浸 蚀 剂：Ag-m2

图 1.16.2-32

牌　　号：Ag-73Cd-22Zn
状　　态：铸态，缓冷
组织说明：ε′+η′(Zn)+[η(Cd)+η′(Zn)]，凝固结晶组织
浸 蚀 剂：Ag-m2

图 1.16.2-33

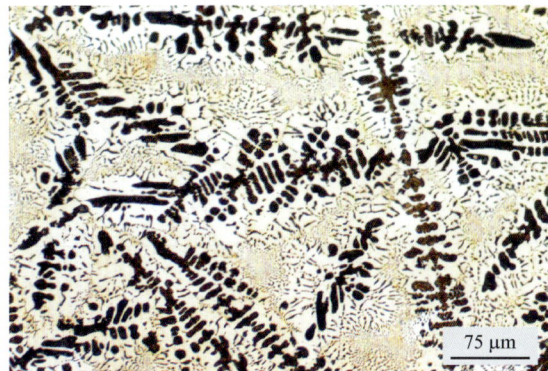

牌　　号：Ag-69Cd-30Zn
状　　态：铸态
组织说明：η′(Zn)+[η(Cd)+η′(Zn)]，凝固结晶组织
浸 蚀 剂：Ag-m2

图 1.16.2-34

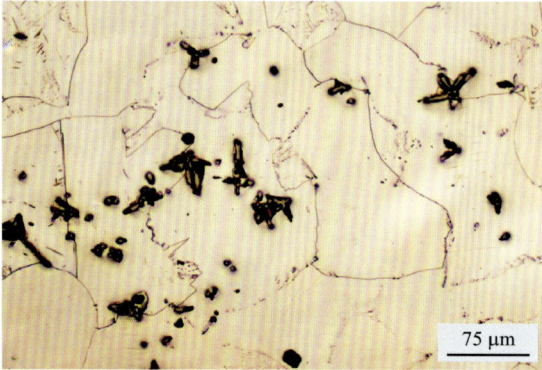

牌　　　号：Ag-22Cd-1Ni-0.5Fe
状　　　态：铸态
组织说明：（Ag）+Cd$_5$Ni，凝固结晶组织
浸 蚀 剂：Ag-m2

图 1. 16. 2-35

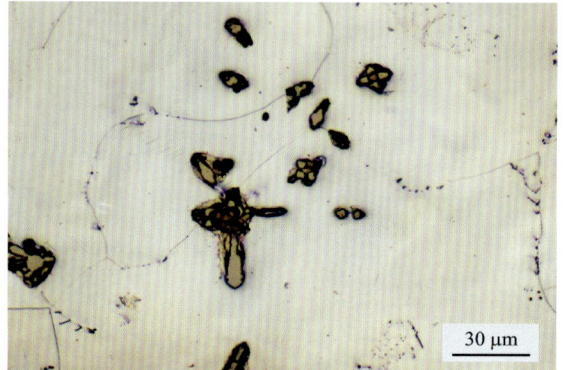

牌　　　号：Ag-22Cd-1Ni-0.5Fe
状　　　态：铸态
组织说明：（Ag）+［Cd$_5$Ni+γ（Fe，Ni）］，凝固结晶组织
浸 蚀 剂：Ag-m2

图 1. 16. 2-36

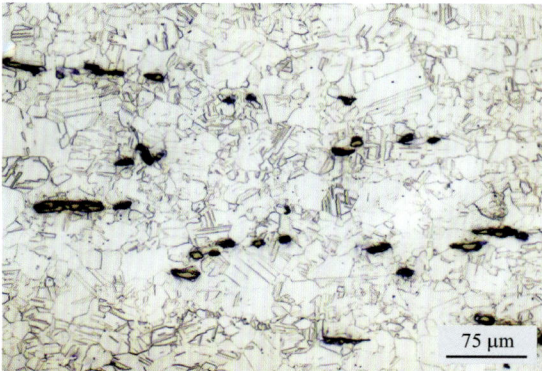

牌　　　号：Ag-22Cd-1Ni-0.5Fe
状　　　态：冷加工，600℃/3.5 h 热处理
组织说明：（Ag）+［Cd$_5$Ni+γ（Fe，Ni）］，再结晶组织
浸 蚀 剂：Ag-m2

图 1. 16. 2-37

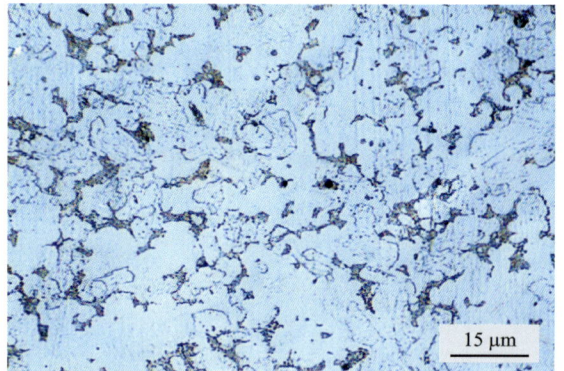

牌　　　号：Ag-10Cu-0.2 V
状　　　态：铸态
组织说明：（Ag）+［（Ag）+（Cu）］+（V），凝固结晶组织
浸 蚀 剂：Ag-m2

图 1. 16. 2-38

牌　　号：Ag-10Cu-0.2 V
状　　态：冷加工，650℃/3 h 退火热处理
组织说明：(Ag)+(Cu)+(V)，再结晶组织
浸 蚀 剂：Ag-m2

图 1.16.2-39

1.17　银的其他合金

1.17.1　Ag-Zn 合金的性能和用途

　　Ag-50%Zn * 合金在室温下为密排六方 ζ 相(银白色)，加热至约 280℃ 以上转变为体心立方结构 β 相(淡红色)，快速冷却又变为 CsCl 结构 β′ 相(淡红色)，见图 1.17.1-1。通过激光束脉冲照射产生的局部加热与急冷效应，使之产生相变，利用各个相对光反射率的变化可读取信息，并制成高密度相变型可擦除光盘或其他温度传感器。

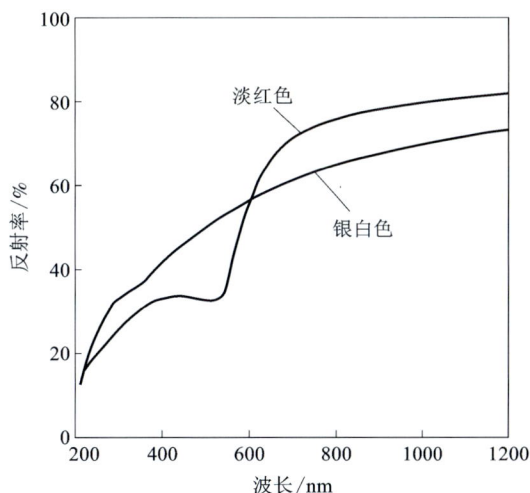

图 1.17.1-1　Ag-50%Zn 合金对光的反射率

* 本节单位都为原子分数。

1.17.2　Ag-Zn 合金的金相组织

图 1.17.2-1 示出了 Ag-Zn 系二元合金相图,包括 4 个包晶转变,其中 Zn 成分为 45.6%~50.4% 的合金可发生色彩变化,具有光记录效应。Ag-50%Zn 合金金相组织图见图 1.17.2-2~图 1.17.2-6。

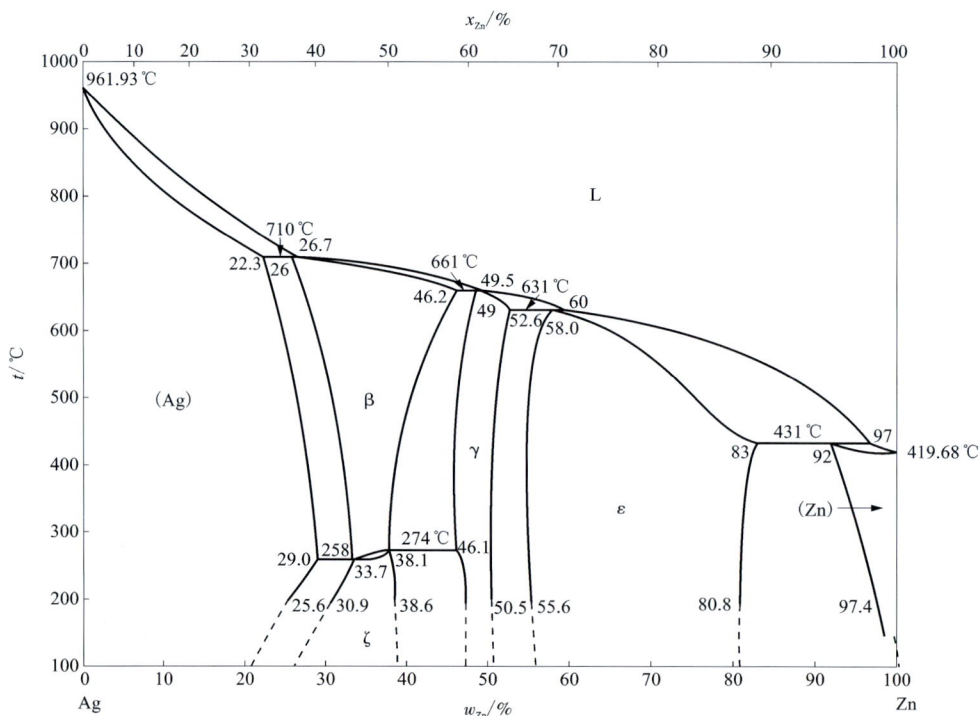

图 1.17.2-1　Ag-Zn 系二元合金相图

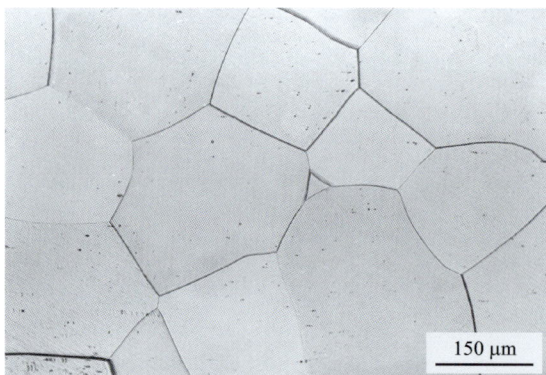

牌　　号:Ag-50%Zn
状　　态:500℃/10 min 急冷
组织说明:β 单相再结晶组织
浸 蚀 剂:Ag-m2

图 1.17.2-2

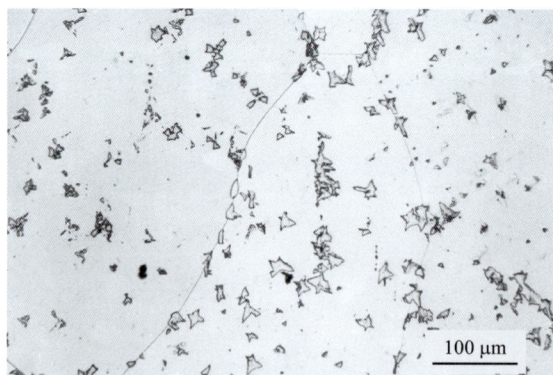

牌　　号:Ag-50%Zn
状　　态:500℃/10 min 急冷,150℃/3 min 热处理
组织说明:β+ζ,少部分转变为 ζ 相组织
浸 蚀 剂:Ag-m2

图 1.17.2-3

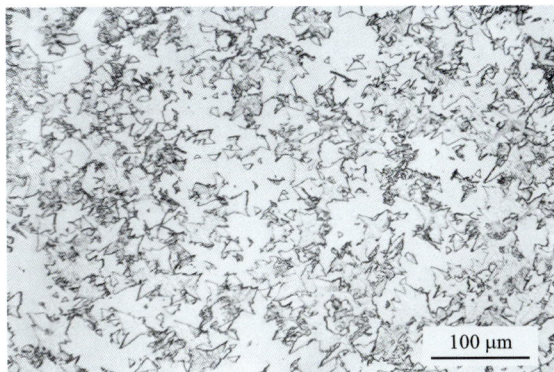

牌　　　号：Ag-50%Zn

状　　　态：500℃/10 min 急冷，150℃/7 min 热处理

组织说明：β+ζ，大部分转变为 ζ 相组织

浸　蚀　剂：Ag-m2

图 1.17.2-4

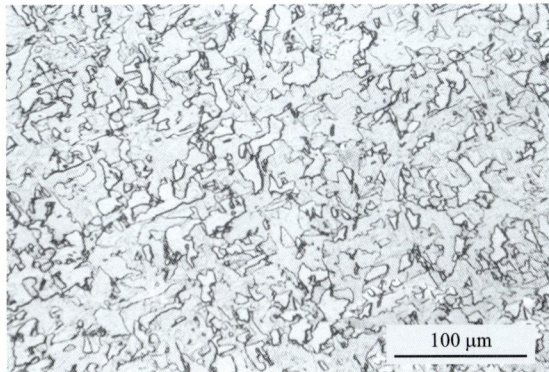

牌　　　号：Ag-50%Zn

状　　　态：500℃/10 min 急冷，150℃/10 min 热处理

组织说明：ζ 单相组织

浸　蚀　剂：Ag-m2

图 1.17.2-5

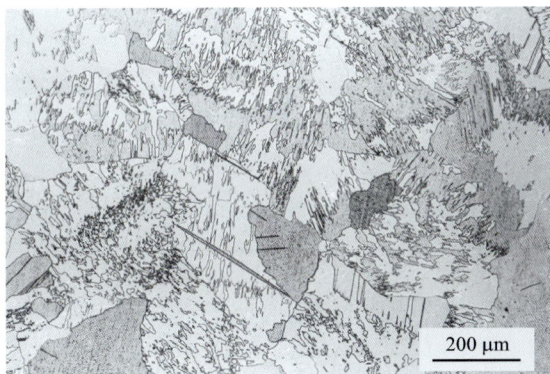

牌　　　号：Ag-50%Zn

状　　　态：500℃/10 min 急冷，250℃/10 min 热处理

组织说明：ζ 单相组织

浸　蚀　剂：Ag-m2

图 1.17.2-6

1.17.3   Ag-In 合金的性能及用途

铟在银中的最大溶解度约 21%。其合金主要有 Ag-10In，Ag-18In，Ag-90In，Ag-97In 等。用熔炼和压力加工法，可加工成线材和片材。Ag-10In、Ag-18In 可作滑动元件、换向器等；Ag-90In 和 Ag-97In 可作低温材料，也用作核反应堆控制棒。

Ag-15In-5Cd 具有高的中子吸收性能，使用期成分变化小。镉热中子吸收截面大，银和铟的热中子吸收截面 π 大，三种元素互补的结果，使其具有反应堆要求的控制能力。Ag-15In-5Cd 采用烧结法制取，广泛用于压水堆的控制。

1.17.4   Ag-In 合金的金相组织

Ag-In 相图包含包晶和共晶转变，成分低于 22% In（质量分数）的合金为单相固溶体（Ag），这其中包括常用合金 Ag-10In 和 Ag-18In。富 In 区的合金有 Ag-90In、Ag-97In，分别由（Ag）+ AgIn$_2$ 组成，见相图 1.17.4 - 1。Ag - In 系合金金相组织见图 1.17.4 - 2 ~ 图 1.17.4 - 11。

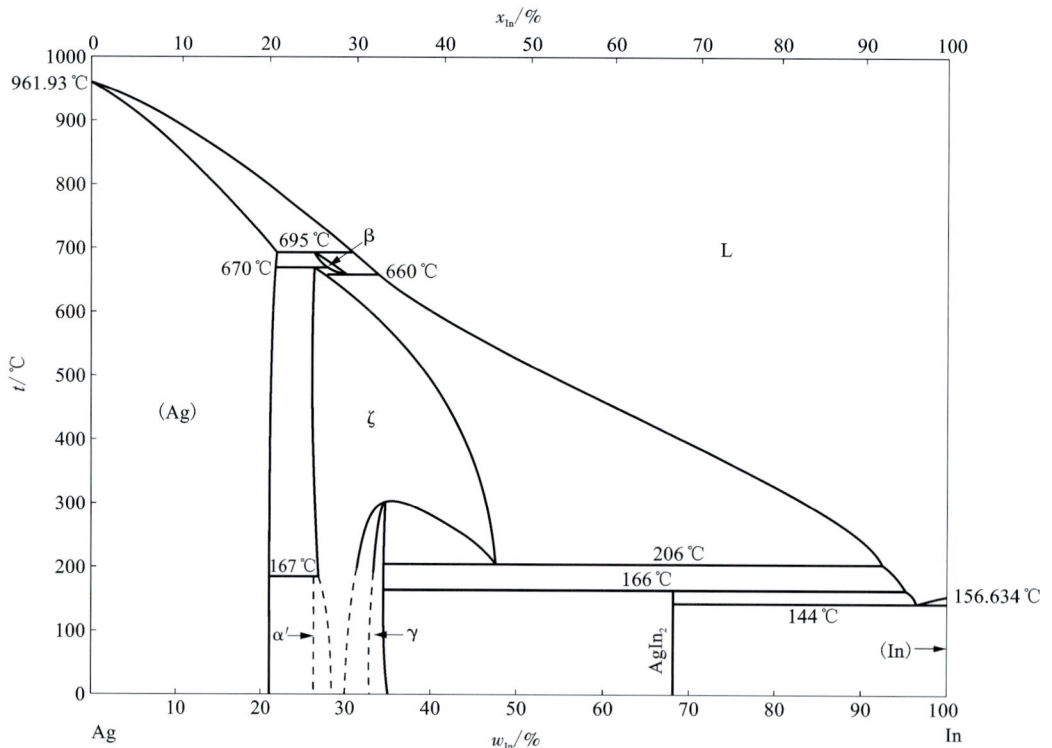

图 1.17.4-1   Ag-In 二元系合金相图

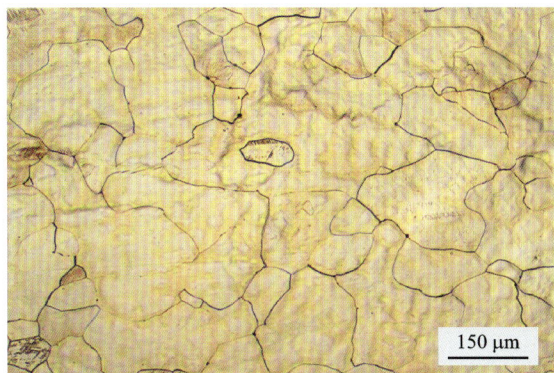

牌　　号：Ag-10In
状　　态：铸态
组织说明：(Ag)晶内偏析组织
浸 蚀 剂：Ag-m2

图 1.17.4-2

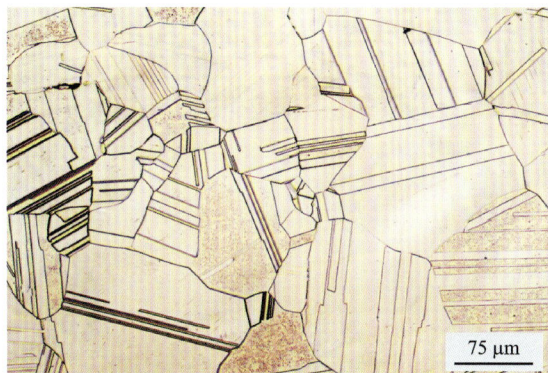

牌　　号：Ag-10In
状　　态：冷加工，650℃/3 h 热处理
组织说明：(Ag)单相再结晶组织
浸 蚀 剂：Ag-m2

图 1.17.4-3

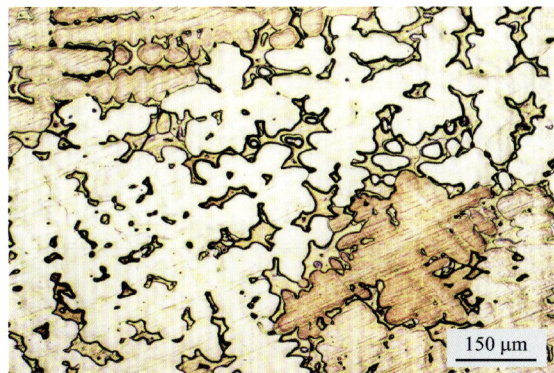

牌　　号：Ag-18In
状　　态：铸态
组织说明：(Ag)晶内偏析组织
浸 蚀 剂：Ag-m2

图 1.17.4-4

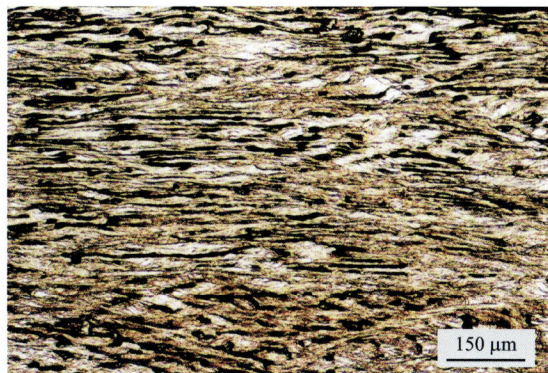

牌　　号：Ag-18In
状　　态：加工态
组织说明：(Ag)加工形变组织
浸 蚀 剂：Ag-m2

图 1.17.4-5

牌　　　号：Ag-18In
状　　　态：冷加工，650℃/3 h 热处理
组织说明：(Ag)晶内偏析组织
浸　蚀　剂：Ag-m2

图 1.17.4-6

Ag-In-Cd 三元合金中，富 Ag 区为 α(Ag) 单相固溶体，反应堆控制材料 Ag-15In-5Cd 就在这个区域内(见图 1.17.4-7)。

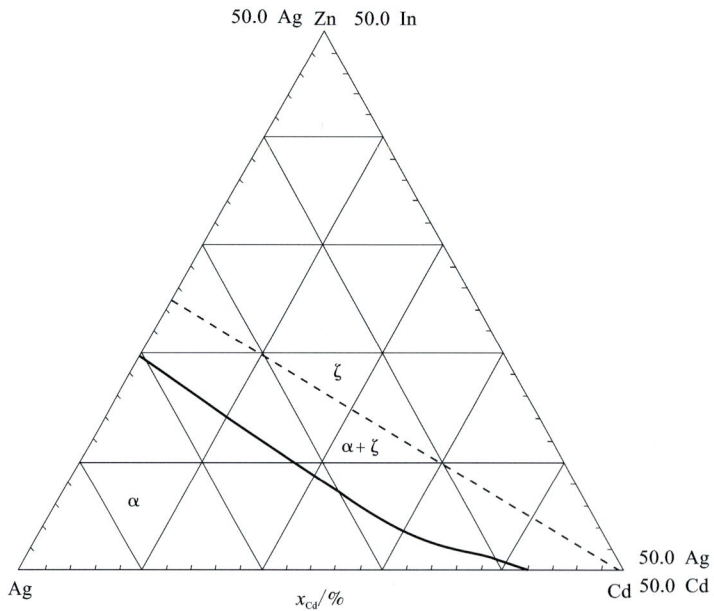

图 1.17.4-7　Ag-In-Cd 系 315℃部分成分等温截面

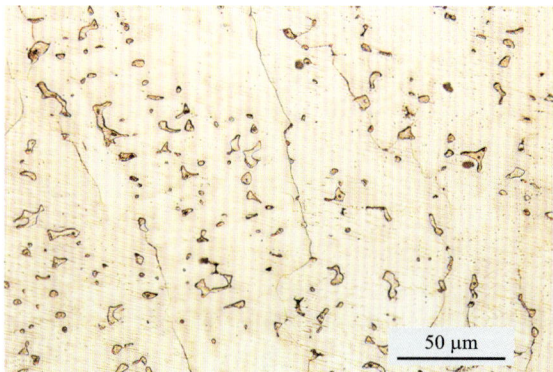

牌　　号：Ag-15In-5Cd
状　　态：铸态
组织说明：α(Ag)晶内偏析组织
浸 蚀 剂：Ag-m2

图 1. 17. 4-8

牌　　号：Ag-15In-5Cd
状　　态：冷加工，550℃/3 h 热处理
组织说明：α(Ag)单相再结晶组织
浸 蚀 剂：Ag-m2

图 1. 17. 4-9

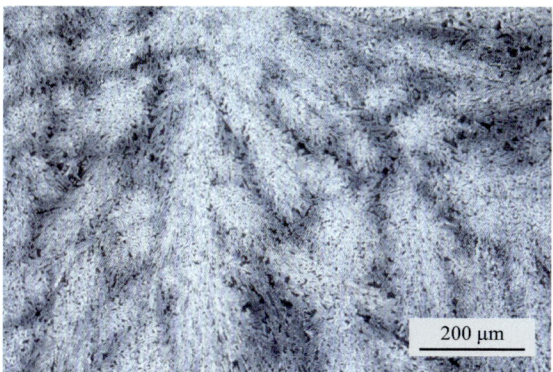

牌　　号：Ag-25.5Cu-24.5Ge
状　　态：铸态
组织说明：(Ag)+Cu$_3$Ge+(Ge)，凝固结晶组织
浸 蚀 剂：Ag-m2

图 1. 17. 4-10

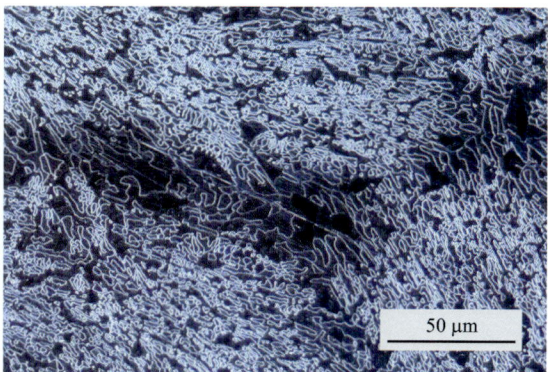

牌　　号：Ag-25.5Cu-24.5Ge
状　　态：铸态
组织说明：(Ag)+Cu$_3$Ge+(Ge)，凝固结晶组织
浸 蚀 剂：Ag-m2

图 1. 17. 4-11

第2章　金及金合金

2.1　金

　　金具有金黄色光泽，化学稳定性很好，在加热时不变色，具有良好的抗氧化性。在贵金属中，金的弹性模量最小，体积模量与切变模量的比值最大，退火态的抗拉强度最低，伸长率最大。金具有极为优良的延展性能。在冷加工过程中，可以不用中间退火连续加工。可拉成极细的丝，锤成极薄的片。民间长期流传的"羊皮金"术加工成的金箔能够达到半透明状态。金导热和导电性能仅次于银和铜。金不与空气、水、酸和碱作用，只溶于王水，化学稳定性很好。

　　金主要用作货币、首饰、工艺品、瓷器、催化剂等。仪表中的游丝有时也用细金丝。金合金可用作电接触材料、导电材料、电阻材料、电阻应变材料、测温材料和钎焊材料等，表2.1-1所列为金锭的化学成分。

表 2.1-1　金锭的化学成分

牌号	w_{Ag} 不小于	化学成分(质量分数)/%						
		质量分数，不大于						
		Ag	Cu	Fe	Pb	Bi	Sb	Si
IC-Au99.995	99.995	0.001	0.001	0.001	0.001	0.001	—	0.001
IC-Au99.99	99.99	0.005	0.005	0.002	0.001	0.002	0.001	0.005
IC-Au99.95	99.95	0.020	0.015	0.003	0.003	0.002	0.002	—
IC-Au99.5	99.50	—	—	—	—	—	—	—
牌号	w_{Ag} 不小于	化学成分(质量分数)/%						
		质量分数，不大于						
		Pd	Mg	As	Sn	Cr	Ni	Mn
IC-Au99.995	99.995	0.001	0.001	—	0.001	0.0003	—	0.0003
IC-Au99.99	99.99	0.005	0.003	0.003	0.001	0.0003	0.0003	0.0003
IC-Au99.95	99.95	0.02	—	—	—	—	—	—
IC-Au99.5	99.50	—	—	—	—	—	—	—

2.1.1　金的金相组织

与其他金属一样，Au 的再结晶温度与其纯度和变形量有关。如图 2.1.1-1 所示 Au 的纯度和变形程度对 Au 再结晶温度的影响具有代表意义。这两条直线具有不同斜率，在变形程度低于 97% 时，商业纯(99.96%) Au 比高纯(99.999%) Au 有更高的再结晶温度。如变形量程度为 70% 时，商业纯 Au 的再结晶温度为 160℃。当变形程度超过 97% 时，商业纯 Au 的再结晶温度反而低于高纯 Au。如形变量为 99.5% 时，前者为 70℃，后者为 80℃。这可能归因于原始晶粒度的影响，在相同熔铸与热处理条件下，商业纯 Au 比高纯 Au 有更细的晶粒。在高变形程度下，大的形变能促使商业纯 Au 在较低的温度非均质形核，降低了再结晶温度。由于 Au 箔的再结晶温度低，因此甚至在室温下高形变量的 Au 箔就发生回复软化。Au 的金相组织见图 2.1.1-2~图 2.1.1-7。

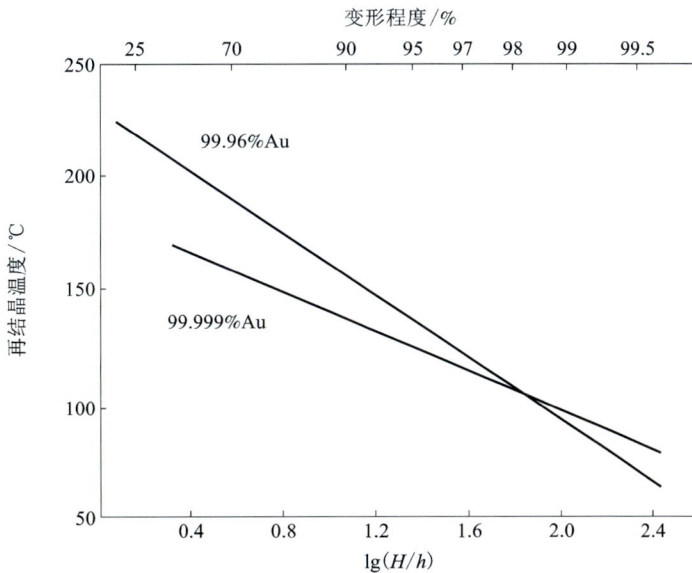

H 和 h 分别为试样原始厚度和最终厚度

图 2.1.1-1　Au 的再结晶温度随变形程度的变化

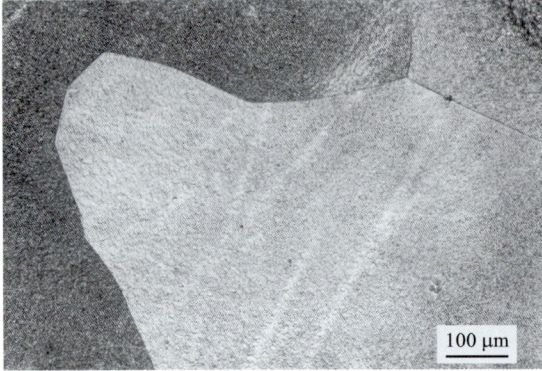

牌　　　号：Au

状　　　态：铸态

组织说明：粗大的等轴晶结晶组织

浸蚀剂：Au-m5

图 2.1.1-2

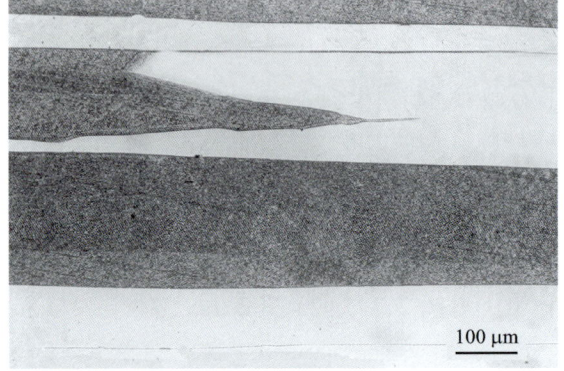

牌　　　号：Au

状　　　态：连铸

组织说明：延结晶方向生长的组织

浸蚀剂：Au-m5

图 2.1.1-3

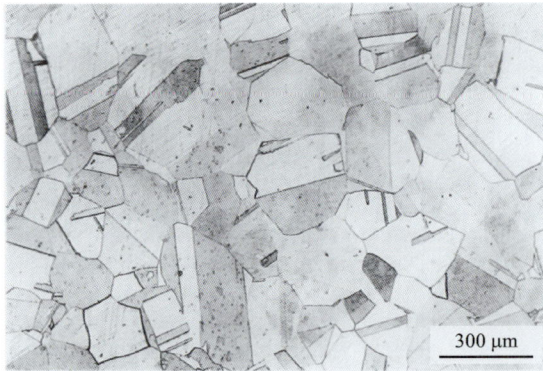

牌　　　号：Au

状　　　态：冷加工，400℃/1 h 热处理

组织说明：具有退火孪晶的再结晶组织

浸蚀剂：Au-m5

图 2.1.1-4

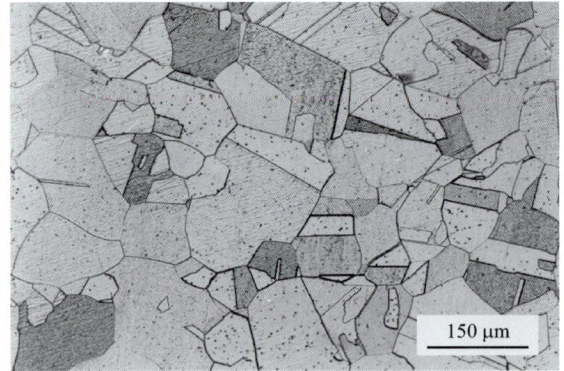

牌　　　号：Au

状　　　态：冷加工，650℃/30 min 热处理

组织说明：具有退火孪晶的再结晶组织

浸蚀剂：Au-m5

图 2.1.1-5

牌　　号：Au
状　　态：冷加工，650℃/30 min 热处理
组织说明：具有退火孪晶的再结晶组织（暗场照片）
浸 蚀 剂：Au-m5

图 2.1.1-6

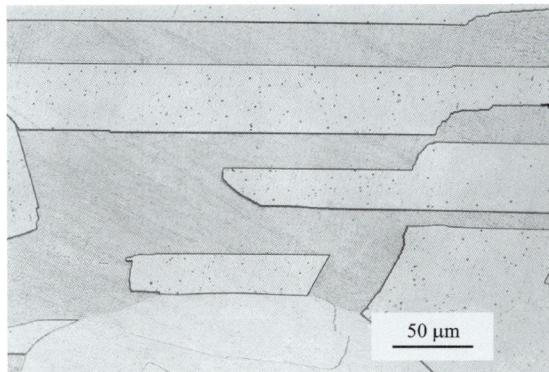

牌　　号：Au
状　　态：冷加工，650℃/2 h 热处理
组织说明：退火孪晶发达的再结晶组织
浸 蚀 剂：Au-m5

图 2.1.1-7

2.1.2　杂质和合金元素对金组织性能的影响

从国家金锭标准 GB/T 4134—2003（表 2.1-1）中可以看出，金的主要杂质为 Ag、Cu、Fe、Pb、Bi、Sb、Si 等。合金元素的加入使金的电阻系数显著增加，其中铁的作用较明显，钯、银的作用较弱。若在金中同时加入铁、钯、铝，则所组成的合金经过一定条件的处理，就能获得性能优良的高阻材料（见图 2.1.2-1）。

使金强化的合金元素中，以钴、镍的强化作用较显著，银较弱。金中同时加入镍、铬、钆或银、铜、锰、钆的合金做电位计绕组材料时，不仅强度高，电阻稳定，抗磨损性好，而且在有机气氛中使用无"褐粉"现象，接触可靠，成为用于电位计的铂基合金及钯基合金较好的代用材料（见图 2.1.2-2）。

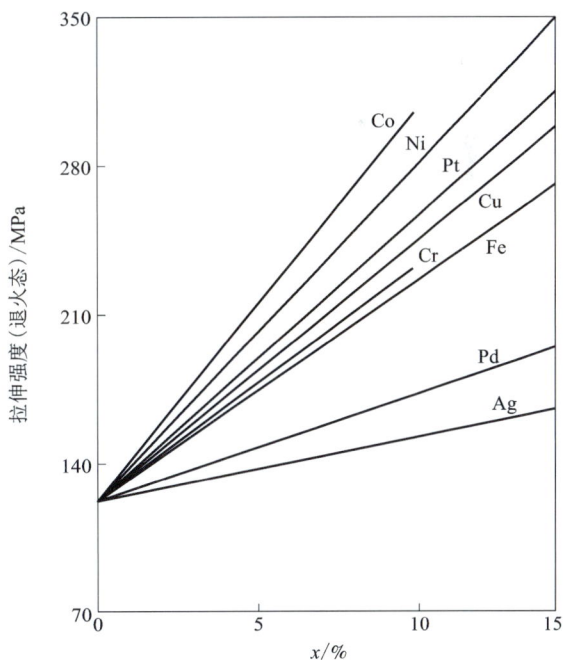

图 2.1.2-1　合金元素对 Au 强度的影响

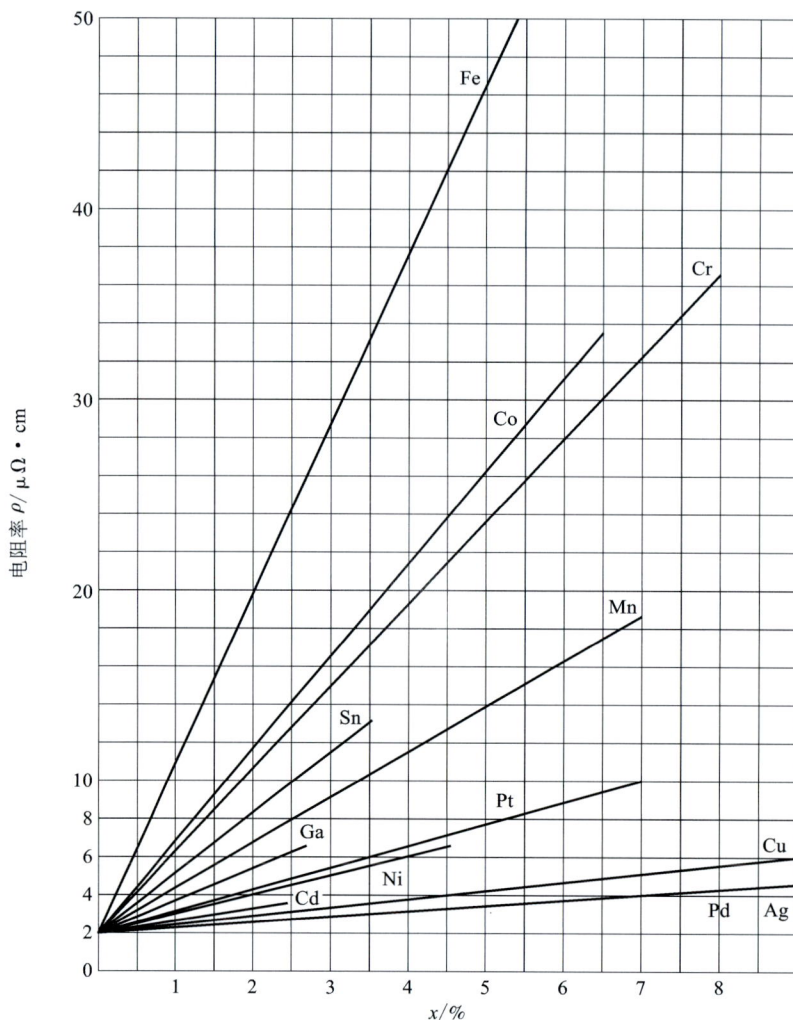

图 2.1.2-2　合金元素对 Au 电阻率的影响

　　许多添加元素能使金和金合金的晶粒尺寸细化。图 2.1.2-3 与图 2.1.2-4 显示了某些合金元素对纯金晶粒尺寸的影响。一般，在很低浓度范围内，具有高熔点和低固溶度的合金元素能显著地细化金的铸态晶粒。对于冷轧后退火态金的晶粒尺寸也存在类似影响：高熔点（如 Zr、Ta、Nb）和低溶解度（如 Ba）的金属也明显能细化晶粒；低熔点类金属元素如 Sb、Bi、Pb、Sn、In 等，对金的晶粒细化作用不大；低浓度的 Cr、Co、Ni 等过渡金属元素对晶粒细化作用较小，但在较高浓度下显示了较大细化晶粒作用。

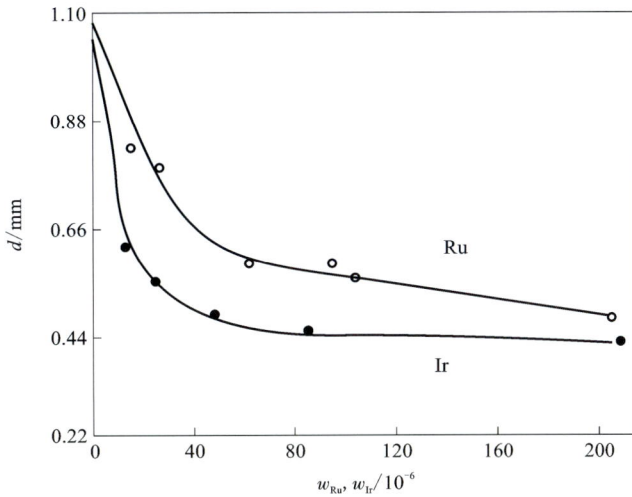

图 2.1.2-3　Ru 和 Ir 对铸态 Au 晶粒尺寸的影响

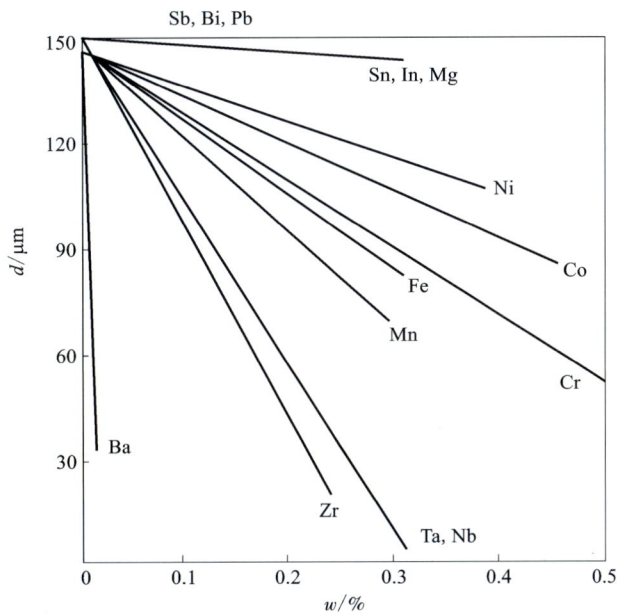

图 2.1.2-4　合金元素对 Au 晶粒尺寸的影响

　　合金元素对金合金晶粒尺寸的影响也有相同趋势：添加少量高熔点和低溶解度元素，如 Ir、Ru、Rh、Re、Zr 和 Ba 等到金合金中可明显细化晶粒。也有一些添加元素不仅不细化晶粒，反而使晶粒粗化，如 18 开 Au-Ag-Cu 合金中添加 0.3%~0.5%Cr 或 Fe 使退火态合金的晶体明显粗化。图 2.1.2-5~图 2.1.2-33 是少量合金元素对 Au 的晶粒尺寸影响的金相分析。

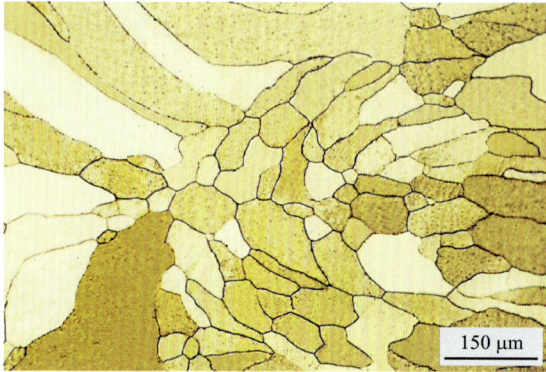

牌　　　号：Au-0.5Zr
状　　　态：铸态
组织说明：(Au，Zr)铸态结晶组织
浸　蚀　剂：Au-m5

图 2.1.2-5

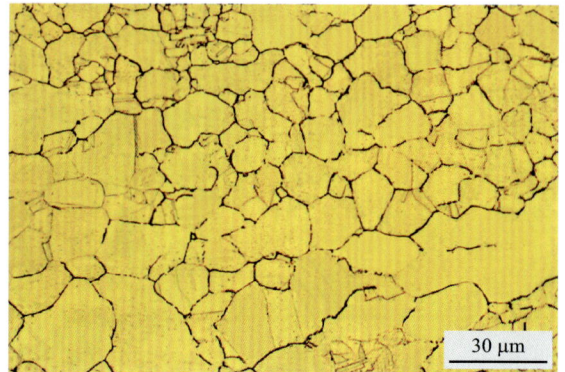

牌　　　号：Au-0.5Zr
状　　　态：冷加工，550℃/2 h 热处理
组织说明：(Au，Zr)单相再结晶组织
浸　蚀　剂：Au-m5

图 2.1.2-6

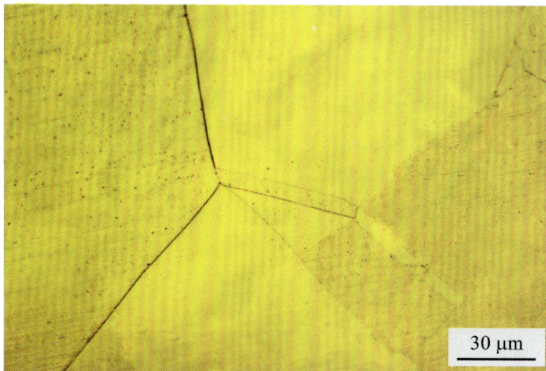

牌　　　号：Au-0.5Zr
状　　　态：冷加工，750℃/2 h 热处理
组织说明：(Au，Zr)单相再结晶组织
浸　蚀　剂：Au-m5

图 2.1.2-7

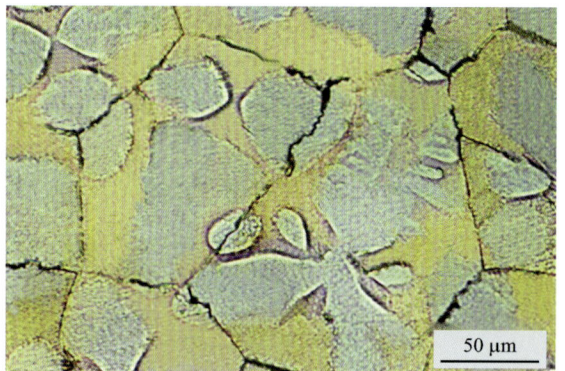

牌　　　号：Au-0.5Nb
状　　　态：铸态
组织说明：(Au，Nb)铸态晶内偏析组织
浸　蚀　剂：Au-m5

图 2.1.2-8

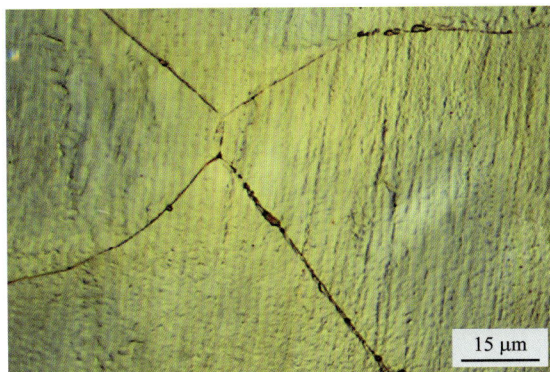

牌　　　号：Au-0.5Nb
状　　　态：铸态
组织说明：(Au，Nb)铸态晶内偏析组织
浸　蚀　剂：Au-m5

图 2.1.2-9

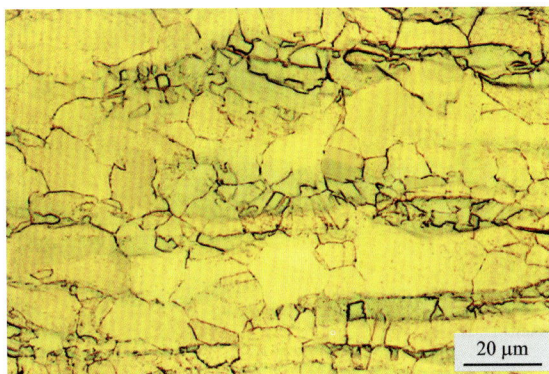

牌　　　号：Au-0.5Nb
状　　　态：冷加工，550℃/2 h 热处理
组织说明：(Au，Nb)单相再结晶组织
浸　蚀　剂：Au-m5

图 2.1.2-10

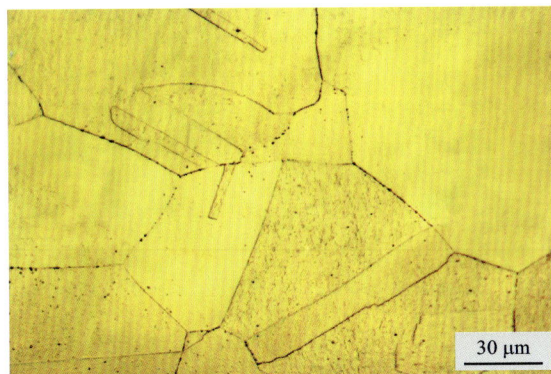

牌　　　号：Au-0.5Nb
状　　　态：冷加工，750℃/2 h 热处理
组织说明：(Au，Nb)具有退火孪晶的单相再结晶组织
浸　蚀　剂：Au-m5

图 2.1.2-11

牌　　　号：Au-0.5Fe
状　　　态：铸态
组织说明：(Au，Fe)铸态结晶组织
浸　蚀　剂：Au-m5

图 2.1.2-12

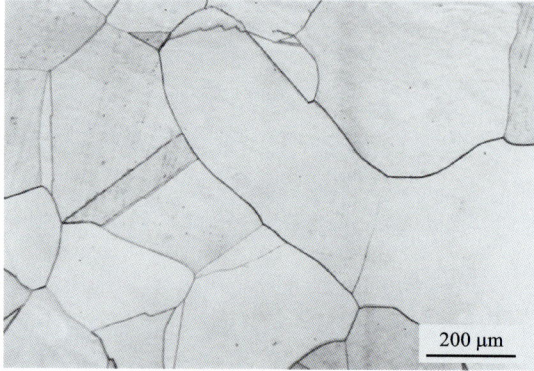

牌　　　号：Au-0.03Fe
状　　　态：铸态
组织说明：(Au)铸态结晶组织
浸 蚀 剂：Au-m5

图 2.1.2-13

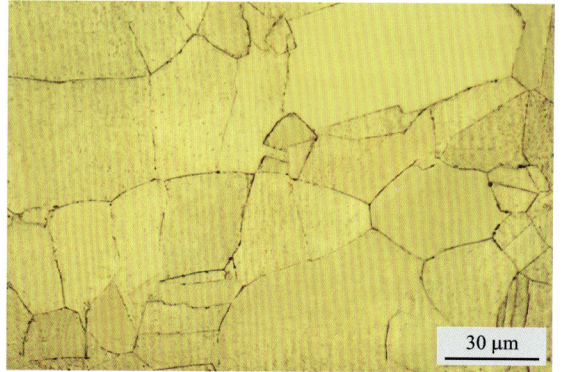

牌　　　号：Au-0.5Fe
状　　　态：冷加工，550℃/2 h 热处理
组织说明：(Au，Fe)单相再结晶组织
浸 蚀 剂：Au-m5

图 2.1.2-14

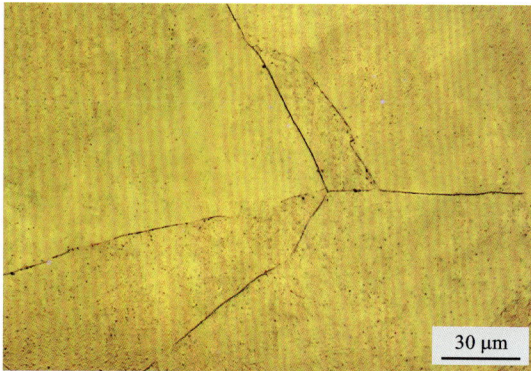

牌　　　号：Au-0.5Fe
状　　　态：冷加工，750℃/2 h 热处理
组织说明：(Au，Fe)单相再结晶组织
浸 蚀 剂：Au-m5

图 2.1.2-15

牌　　　号：Au-0.5Cr
状　　　态：铸态
组织说明：(Au，Cr)铸态结晶组织
浸 蚀 剂：Au-m5

图 2.1.2-16

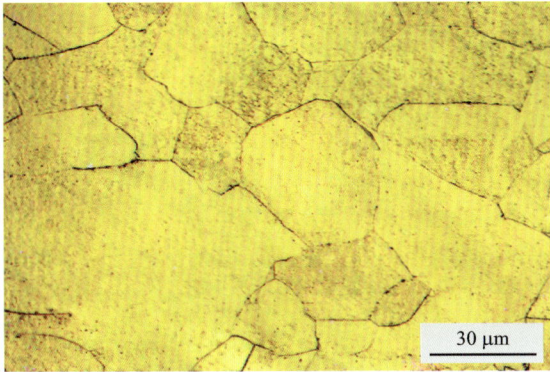

牌　　　号：Au-0.5Cr
状　　　态：冷加工，550℃/2 h 热处理
组织说明：(Au，Cr)单相再结晶组织
浸　蚀　剂：Au-m5

图 2.1.2-17

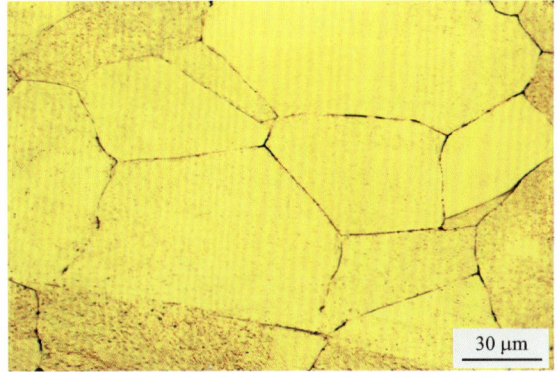

牌　　　号：Au-0.5Cr
状　　　态：冷加工，750℃/2 h 热处理
组织说明：(Au，Cr)单相再结晶组织
浸　蚀　剂：Au-m5

图 2.1.2-18

牌　　　号：Au-0.5Co
状　　　态：铸态
组织说明：(Au，Co)铸态结晶组织
浸　蚀　剂：Au-m5

图 2.1.2-19

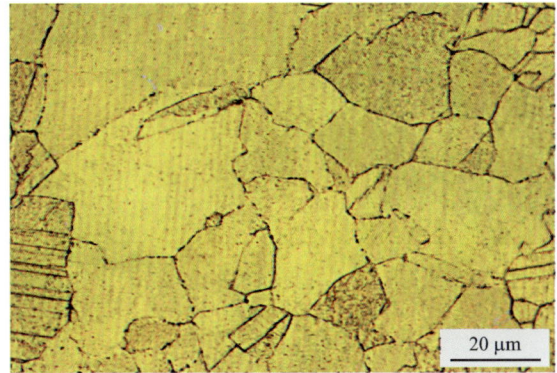

牌　　　号：Au-0.5Co
状　　　态：冷加工，550℃/2 h 热处理
组织说明：(Au，Co)单相再结晶组织
浸　蚀　剂：Au-m5

图 2.1.2-20

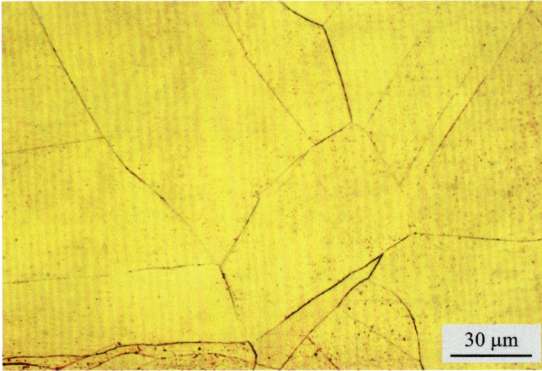

牌　　　号：Au-0.5Co
状　　　态：冷加工，750℃/2 h 热处理
组织说明：（Au，Co）单相再结晶组织
浸 蚀 剂：Au-m5

图 2.1.2-21

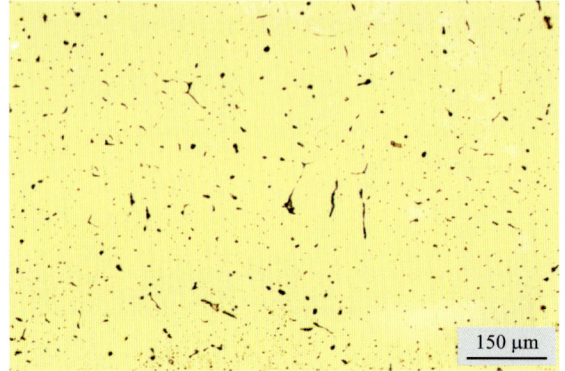

牌　　　号：Au-0.5Sb
状　　　态：铸态
组织说明：（Au）铸态偏析组织
浸 蚀 剂：Au-m5

图 2.1.2-22

牌　　　号：Au-0.5Sb
状　　　态：冷加工，550℃/2 h 热处理
组织说明：（Au）单相再结晶组织
浸 蚀 剂：Au-m2

图 2.1.2-23

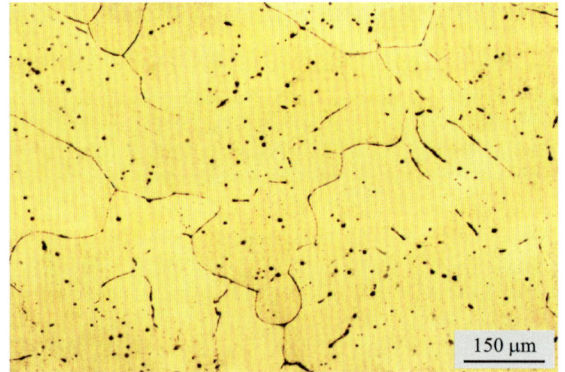

牌　　　号：Au-0.5Bi
状　　　态：铸态
组织说明：（Au）+（Bi），铸态结晶组织
浸 蚀 剂：Au-m5

图 2.1.2-24

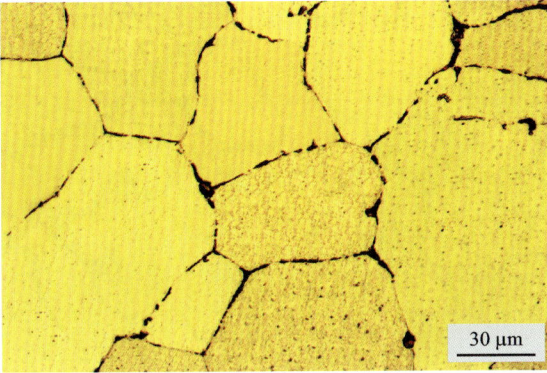

牌　　　号：Au-0.5Bi
状　　　态：冷加工，550℃/2 h 热处理
组织说明：(Au)+(Bi)沿晶界分布，再结晶组织
浸　蚀　剂：Au-m5

图 2.1.2-25

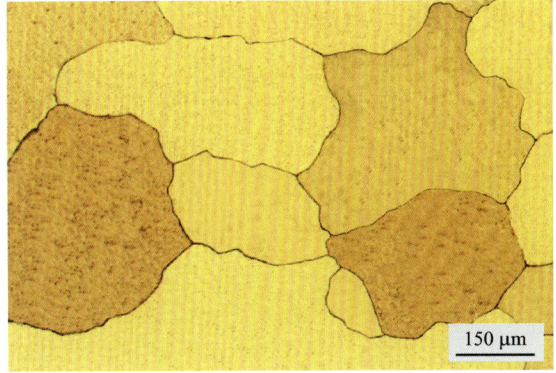

牌　　　号：Au-0.5Sn
状　　　态：铸态
组织说明：(Au)铸态结晶组织
浸　蚀　剂：Au-m5

图 2.1.2-26

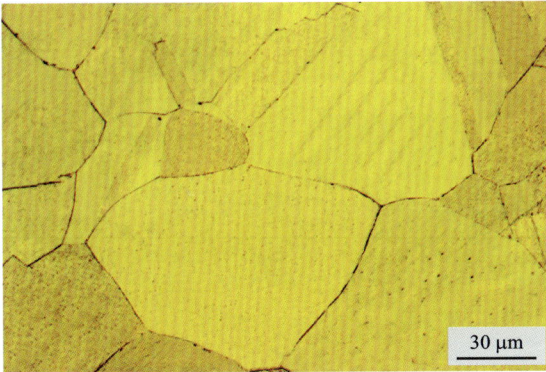

牌　　　号：Au-0.5Sn
状　　　态：冷加工，550℃/2 h 热处理
组织说明：(Au)单相再结晶组织
浸　蚀　剂：Au-m5

图 2.1.2-27

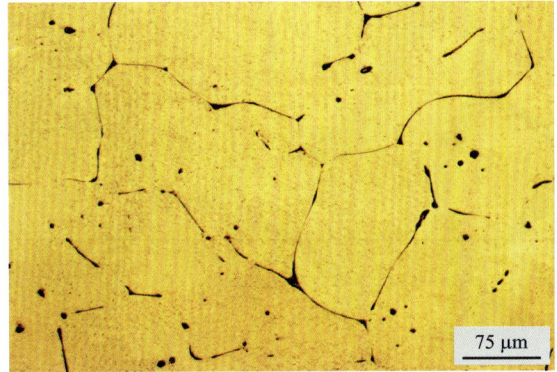

牌　　　号：Au-0.5Pb
状　　　态：铸态
组织说明：(Au)+Au$_2$Pb，铸态结晶组织
浸　蚀　剂：Au-m5

图 2.1.2-28

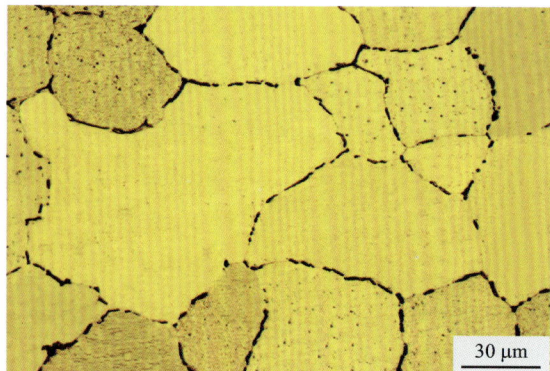

30 μm

牌　　号：Au-0.5Pb
状　　态：冷加工，550℃/2 h 热处理
组织说明：（Au）+Au₂Pb 沿晶界分布，再结晶组织
浸 蚀 剂：Au-m5

图 2.1.2-29

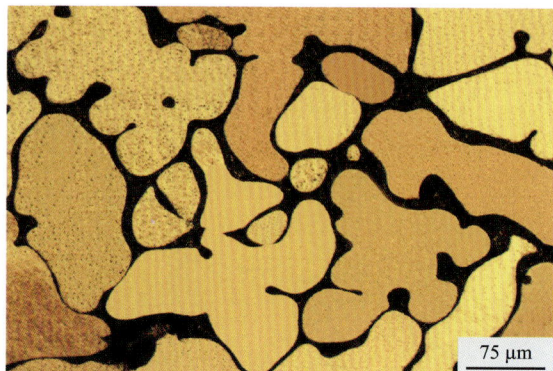

75 μm

牌　　号：Au-0.5Si
状　　态：铸态
组织说明：（Au）+（Si），铸态结晶组织
浸 蚀 剂：Au-m5

图 2.1.2-30

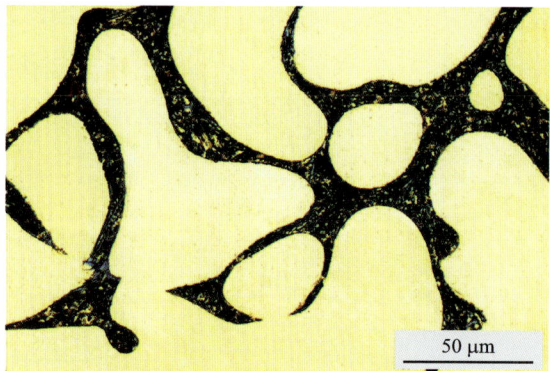

50 μm

牌　　号：Au-0.5Si
状　　态：铸态
组织说明：（Au）+（Si），铸态凝固组织
浸 蚀 剂：Au-m5

图 2.1.2-31

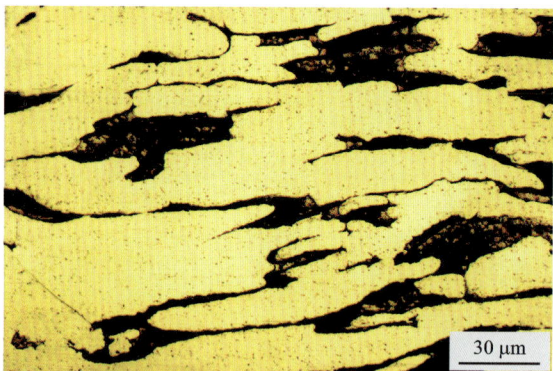

30 μm

牌　　号：Au-0.5Si
状　　态：冷加工，550℃/2 h 热处理
组织说明：（Au）+（Si），加工形变组织
浸 蚀 剂：Au-m5

图 2.1.2-32

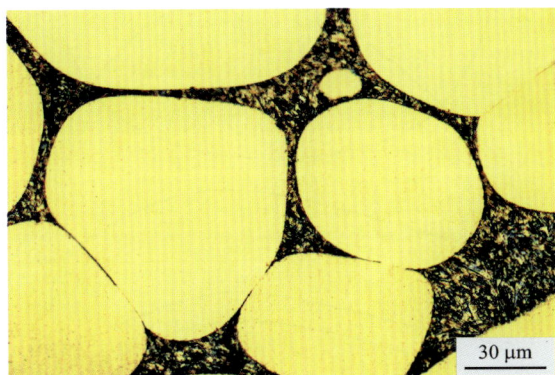

牌　　号：Au-0.5Si
状　　态：冷加工，750℃/2 h 热处理
组织说明：(Au)+(Si)，再结晶组织
浸 蚀 剂：Au-m5

图 2.1.2-33

2.2 金银系合金

2.2.1 金银系合金的性能和用途

Au 与 Ag 在液态与固态都能无限互溶，其液相线与固相线的温度间隔很窄。因此，固态 Au-Ag 系合金为连续固溶体，可用作焊料。含 Ag 量为 20%~40% 的 Au-Ag 合金焊料的熔化温度(液相线温度)介于 950℃ 至 1050℃ 之间，具有极好的导电、导热和耐蚀性。

Au-Ag 合金强度较低而延伸率很高(40%~50%)，配以低温退火，使得 Au-Ag 合金具有特别好的可加工性。Au-Ag 合金适中的熔点使之具有良好的铸造性能。但随着 Ag 含量增加，氧在合金中溶解度增大，合金的硫化倾向增强。因此，对高 Ag 含量合金要避免在氧化气氛中熔炼，避免在氧化与还原气氛中交替加热以及避免在硫气氛中加热。

Au-Ag 合金除用作焊料外，还可用作在强腐蚀介质条件下工作的轻负荷电接触材料，但因强度低和耐磨性差，其应用受到限制，也用作齿科用铸造合金等。通常采用 Pt、Pd、Cu、Ni 等元素使之强化。

在 Au-Ag 合金中，随着 Ag 含量的增加电阻率和强度增大，电阻温度系数则下降。在 50%Ag 浓度处，电阻率 ρ 达到最大值；在 50%~60%Ag 处电阻温度系数达到最低值；在 60%~70% 处强度达到最大值，Au-Ag 合金性能如图 2.2.1-1、表 2.2.1-1 所示。

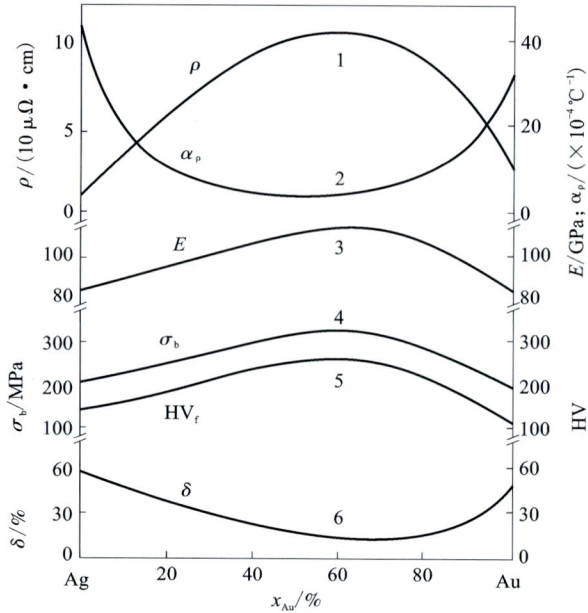

1—ρ_{25}，电阻率（25℃），$\mu\Omega \cdot cm$；2—α_p，电阻温度系数，$\times 10^{-4}/℃$；3—E，弹性模量，GPa；

4—σ_b，极限拉伸强度，MPa；5—HV，维氏硬度；6—δ，延伸率，%

图 2.2.1-1 Au-Ag 合金的物理性质

表 2.2.1-1 金银系合金成分和性能

合金成分 （质量分数）/%	熔点 /℃	密度 /(g·cm⁻³)	电阻率 /(μΩ·cm)	强度 /MPa	硬度 /HV
Au-8Ag	1058	18.0	约6.0	约140	30
Au-10Ag	1055	17.9	约6.5	约150	30
Au-20Ag	1045	16.6	约9.5	约180	33
Au-25Ag	1029	16.1	10.1	约190	35
Au-30Ag	1025	15.4	—	—	—
Au-35Ag	—	—	—	—	—
Au-40Ag	1005	14.5	约11.0	约195	40
Au-60Ag	—	13.2	8.5	230	30
Au-80Ag	—	12.1	6.0	190	26
Au-90Ag	970	11.0	3.6	约110	29
Au-5Ag-2Sb	—	—	36	—	172
Au-27.3Ag-2.2Sb	—	—	14.5~15.8	—	156~164
Au-37Ag-8Cd	—	—	—	—	—
Au-37Ag-4Cd-4In	—	—	—	—	—
Au-37Ag-8In	—	—	—	—	—

续表2.2.1-1

合金成分 （质量分数）/%	熔点 /℃	密度 /(g·cm⁻³)	电阻率 /(μΩ·cm)	强度 /MPa	硬度 /HV
Au-25Ag-6Pt	1029	16.07	14.7	450	120
Au-23.5Ag-5Pt	约1030	16.1	11.0	—	—
Au-22Ag-3Ni	1080	—	13.3	1400	300
Au-30Ag-35Pd-10Pt-Cu-Zn	1090	11.9	39.4	1400	290
Au-10Ag-5Pt-Cu-Zn	955	15.9	12.5	500	95
Au-30Ag-45Pd-5Pt	1371	12.8	—	1380	280
Au-Ag-Cu-Sm	—	13.94	—		

2.2.2　金银系合金的金相组织

　　Au-Ag 系合金相图如图 2.2.2-1 所示，系连续固溶体。液相线从 Au 的熔点 1064℃ 开始平滑地降低到 Ag 的熔点 961℃。液相线和固相线的最大间隙约 2℃。正如负值混合焓所预示的一样，Au-Ag 系在固态显示存在短程有序。图 2.2.2-2～图 2.2.2-10 示出了 Au-Ag 系合金的金相组织。

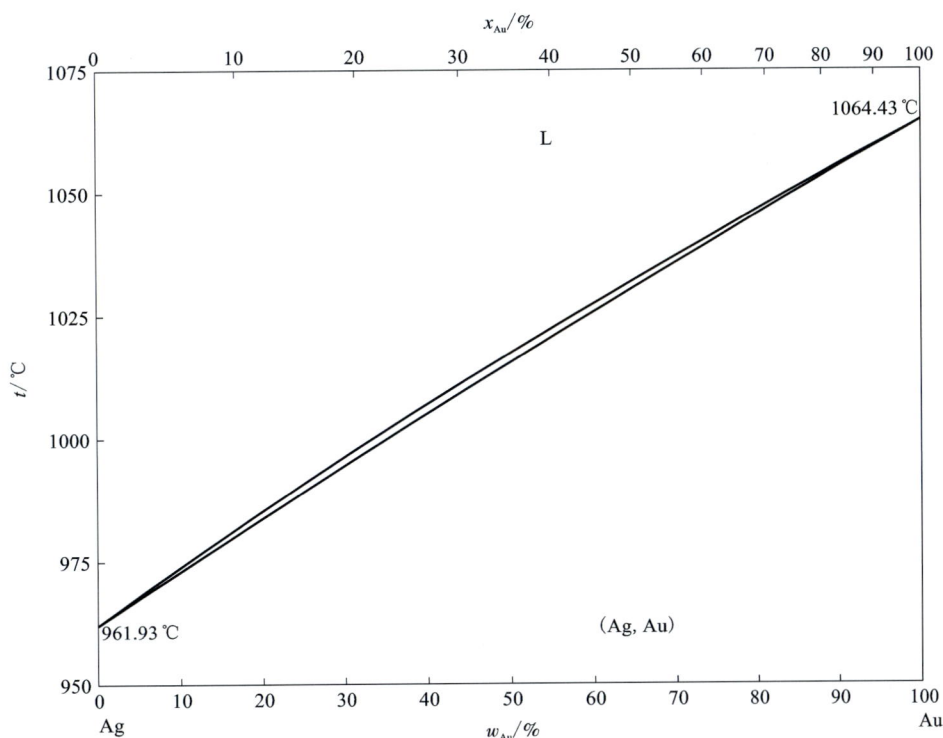

图 2.2.2-1　Au-Ag 系二元相图

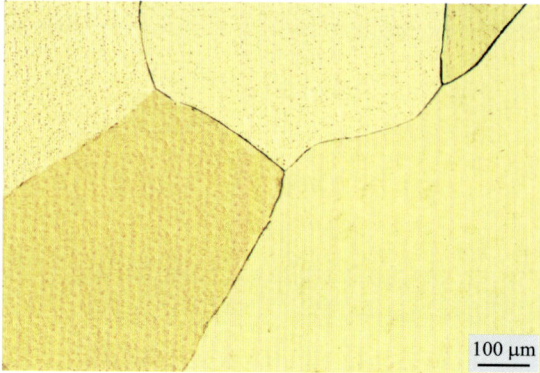

牌　　　号：Au-10Ag
状　　　态：铸态
组织说明：(Au，Ag)铸态结晶组织
浸　蚀　剂：Au-m5

图 2.2.2-2

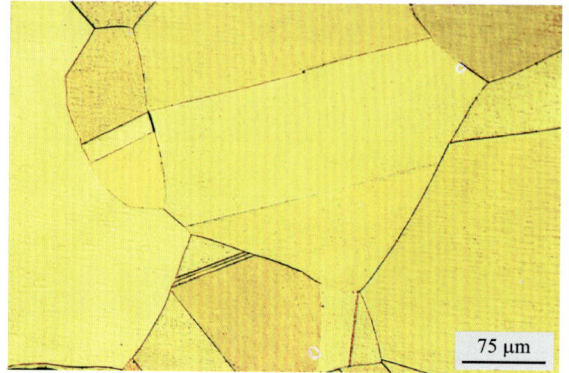

牌　　　号：Au-10Ag
状　　　态：冷加工，900℃/2 h 退火热处理
组织说明：(Au，Ag)具有退火孪晶的单相再结晶组织
浸　蚀　剂：Au-m5

图 2.2.2-3

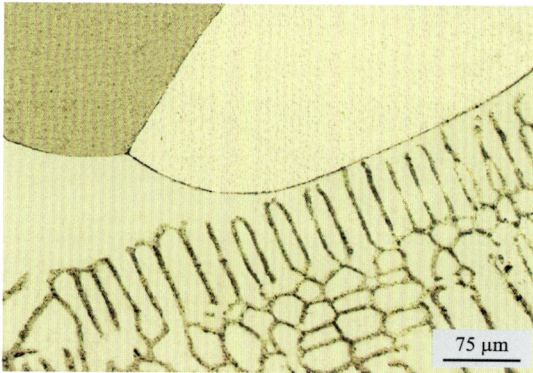

牌　　　号：Au-30Ag
状　　　态：铸态
组织说明：(Au，Ag)铸态晶内偏析组织
浸　蚀　剂：Au-m5

图 2.2.2-4

牌　　　号：Au-30Ag
状　　　态：冷加工，900℃/2 h 退火处理
组织说明：(Au，Ag)具有退火孪晶的单相再结晶组织
浸　蚀　剂：Au-m5

图 2.2.2-5

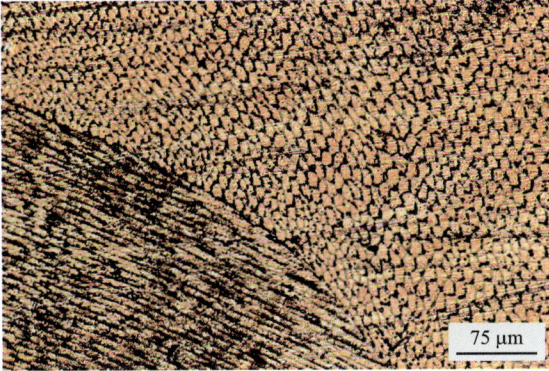

牌　　号：Au-60Ag

状　　态：铸态

组织说明：（Au，Ag)铸态晶内偏析组织

浸 蚀 剂：Au-m5

图 2.2.2-6

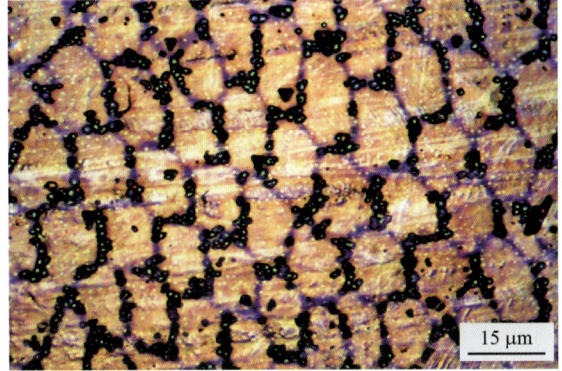

牌　　号：Au-60Ag

状　　态：铸态

组织说明：（Au，Ag)铸态晶内偏析组织

浸 蚀 剂：Au-m5

图 2.2.2-7

牌　　号：Au-60Ag

状　　态：冷加工，900℃/2 h 退火热处理

组织说明：冷加工，（Au，Ag)具有退火孪晶的单相再结晶
　　　　　组织

浸 蚀 剂：Au-m2

图 2.2.2-8

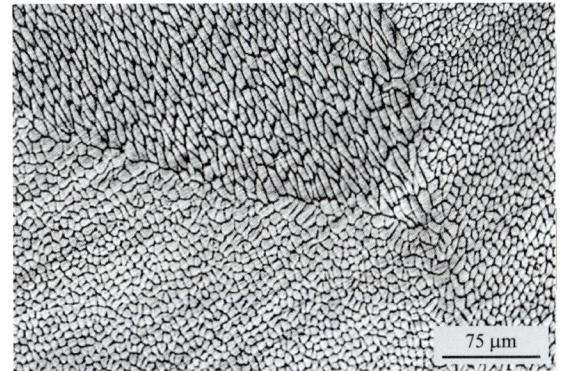

牌　　号：Au-90Ag

状　　态：铸态

组织说明：（Au，Ag)铸态晶内偏析组织

浸 蚀 剂：Au-m5

图 2.2.2-9

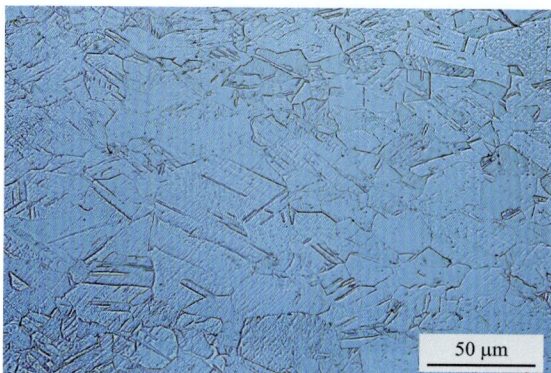

牌　　号：Au-90Ag
状　　态：冷加工，900℃/2 h 热处理
组织说明：（Au，Ag）具有退火孪晶的单相再结晶组织
浸 蚀 剂：Au-m2

图 2.2.2-10

　　Ag-Ni 二元系合金液态下部分溶解，固态下随着温度下降溶解度也随之降低，500℃以下基本不互溶，分别生成 Ag 和 Ni。Ag-Au 二元系合金完全互溶，固态下形成（Ag，Au）连续固溶体；Au-Ni 二元系合金固态下很大范围内形成（Au，Ni）固溶体。成分 Au-18Ni 的合金是该合金系中熔化温度最低点，熔点为955℃，含41.7%的 Ni，810℃以下合金出现条幅分解反应，生成（Au）和（Ni）。Au-Ag-Ni 三元系合金不形成金属化合物，加工性能较好。图 2.2.2-11 示出 Au-Ag-Ni 三元系合金液相面投影图，Au-Ag-Ni 系合金金相组织见图 2.2.2-12～图 2.2.2-20。

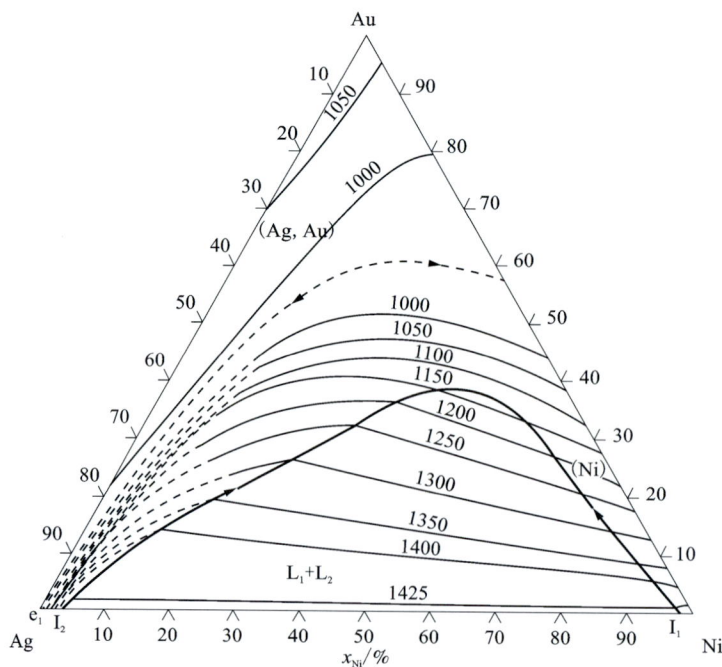

图 2.2.2-11　Au-Ag-Ni 三元系合金液相面投影图

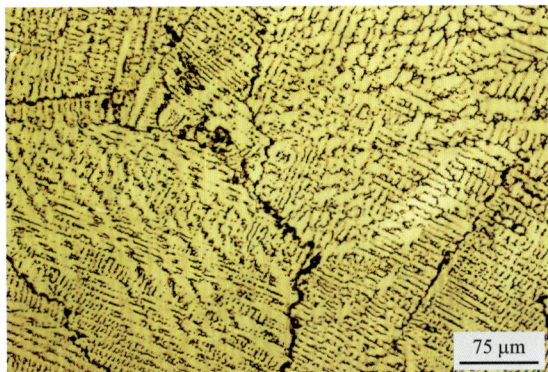

牌　　　号：Au-22Ag-3Ni
状　　　态：铸态
组织说明：（Au，Ag）+（Ni），晶内偏析组织
浸 蚀 剂：Au-m5

图 2.2.2-12

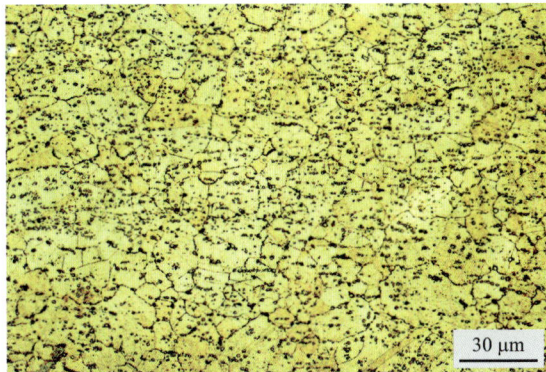

牌　　　号：Au-22Ag-3Ni
状　　　态：冷加工，900℃/2 h 快冷处理
组织说明：（Au，Ag）+（Ni），再结晶组织
浸 蚀 剂：Au-m5

图 2.2.2-13

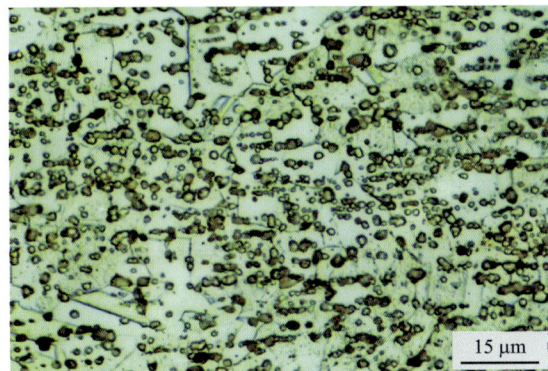

牌　　　号：Au-22Ag-3Ni
状　　　态：冷加工，900℃/2 h 热处理
组织说明：（Au，Ag）+（Ni），再结晶组织
浸 蚀 剂：Au-m5

图 2.2.2-14

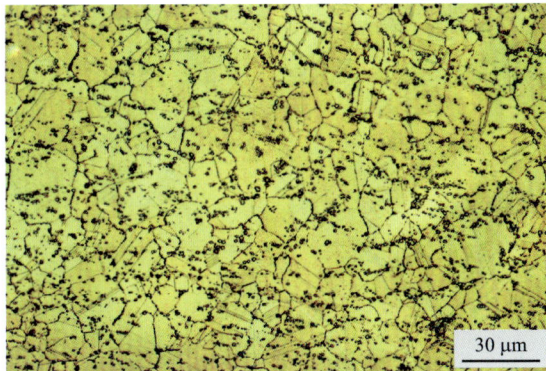

牌　　　号：Au-22Ag-3Ni
状　　　态：900℃/2 h 快冷处理，280℃/4 h 时效处理
组织说明：（Au，Ag）+（Ni），再结晶组织
浸 蚀 剂：Au-m5

图 2.2.2-15

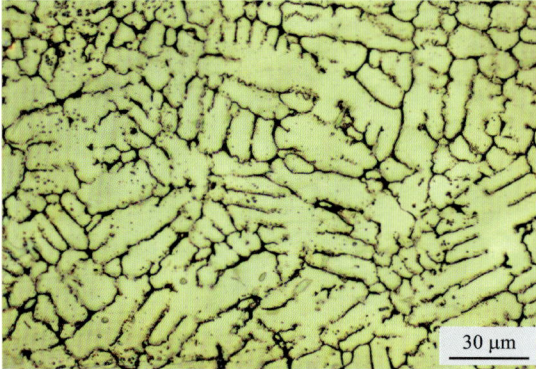

30 μm

牌　　　号：Au-26Ag-2Ni
状　　　态：铸态
组织说明：（Au，Ag）+（Ni）铸态偏析组织
浸　蚀　剂：Au-m5

图 2.2.2-16

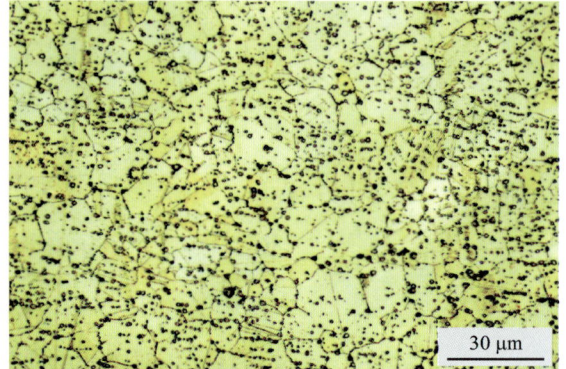

30 μm

牌　　　号：Au-26Ag-2Ni
状　　　态：冷加工，900℃/2 h 快冷处理
组织说明：（Au，Ag）+（Ni），再结晶组织
浸　蚀　剂：Au-m5

图 2.2.2-17

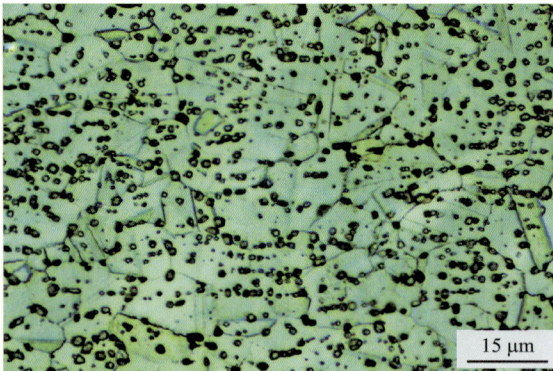

15 μm

牌　　　号：Au-26Ag-2Ni
状　　　态：冷加工，900℃/2 h 退火处理
组织说明：（Au，Ag）+（Ni），再结晶组织
浸　蚀　剂：Au-m5

图 2.2.2-18

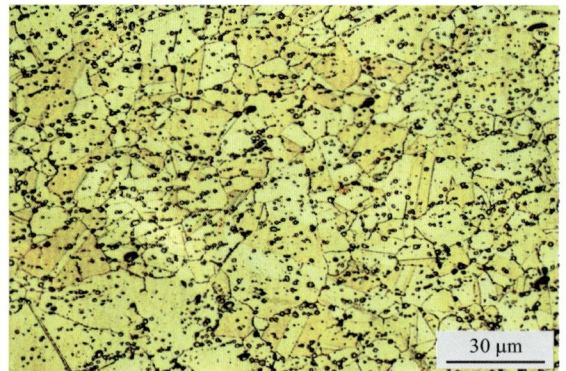

30 μm

牌　　　号：Au-26Ag-2Ni
状　　　态：900℃/2 h 退火处理，280℃/4 h 时效处理
组织说明：（Au，Ag）+（Ni），再结晶组织
浸　蚀　剂：Au-m5

图 2.2.2-19

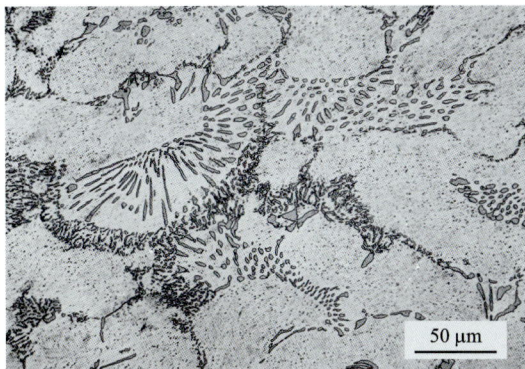

牌　　　号：Au-20Ag-6Ni
状　　　态：铸态
组织说明：(Au, Ag)+[(Au, Ag)+(Ni)]，铸态偏析组织
浸 蚀 剂：Au-m5

图 2.2.2-20

纯 Sb 是一种脆性金属，无加工性能。Ag-Sb 二元系合金中，Sb 含量超过 15%（原子百分数）后形成 Ag$_7$Sb 脆性相。Au-Sb 二元系合金中，Sb 含量超过 37%形成 AuSb$_2$。图 2.2.2-21，Au-Ag-Sb(Cd, In)系合金组织见图 2.2.2-22～图 2.2.2-32。Au-Ag-Sb 三元系合金中随着 Sb 含量增加，形成的化合物有：Ag$_7$S、AuSb$_2$、m_1(AgAuSb$_6$)和 m_2(Ag$_{13}$Au$_4$Sb$_3$)。应避免 Sb 含量过高生成大量脆性相，导致加工塑性下降。

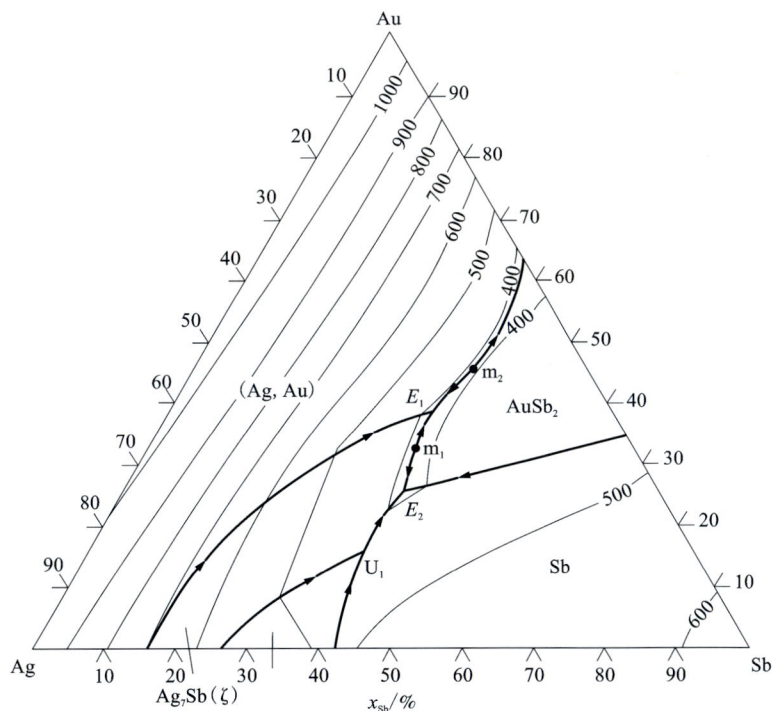

图 2.2.2-21　Au-Ag-Sb 系合金液相面投影图

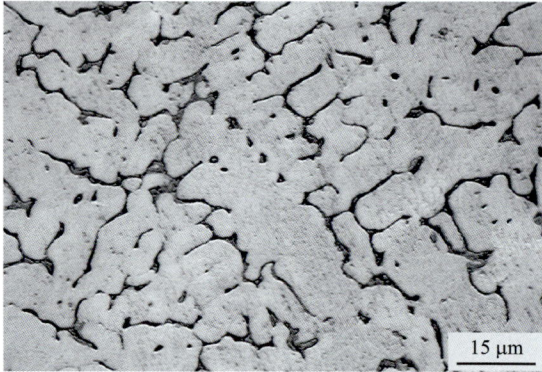

15 μm

牌　　　号：Au-5Ag-2Sb
状　　　态：铸态
组织说明：（Au）+[（Au）+AuSb$_2$]，铸态偏析组织
浸 蚀 剂：Au-m5

图 2.2.2-22

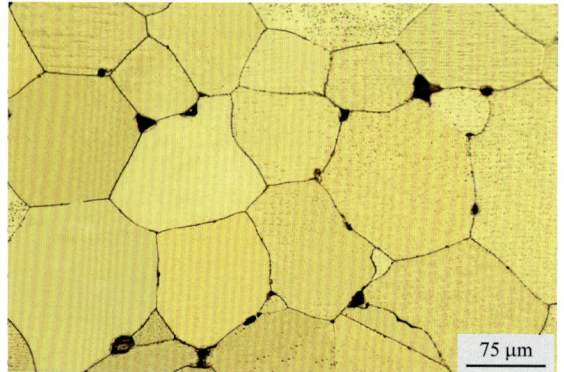

75 μm

牌　　　号：Au-5Ag-2Sb
状　　　态：冷加工，800℃/2 h 退火处理
组织说明：（Au）+AuSb$_2$，再结晶组织
浸 蚀 剂：Au-m5

图 2.2.2-23

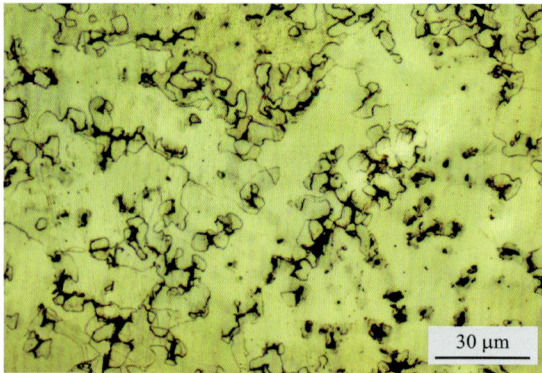

30 μm

牌　　　号：Au-27.3Ag-2.2Sb
状　　　态：铸态
组织说明：（Au）+[（Au）+AuSb$_2$]+AuSb$_2$，铸态结晶组织
浸 蚀 剂：Au-m5

图 2.2.2-24

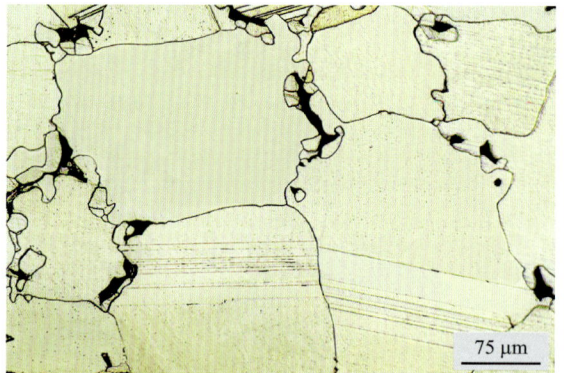

75 μm

牌　　　号：Au-27.3Ag-2.2Sb
状　　　态：冷加工，800℃/2 h 热处理
组织说明：（Au）+[（Au）+AuSb$_2$]+AuSb$_2$，再结晶组织
浸 蚀 剂：Au-m5

图 2.2.2-25

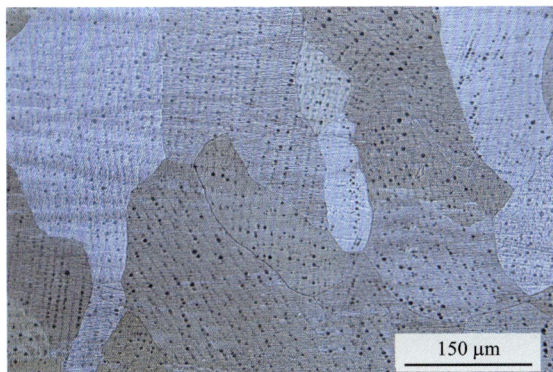

牌　　　号：Au-37Ag-8Cd
状　　　态：铸态
组织说明：(Au，Ag)铸态晶内偏析组织
浸 蚀 剂：Au-m5

图 2.2.2-26

牌　　　号：Au-37Ag-8Cd
状　　　态：冷加工，800℃/2 h 热处理
组织说明：(Au，Ag)具有退火孪晶的单相再结晶组织
浸 蚀 剂：Au-m2

图 2.2.2-27

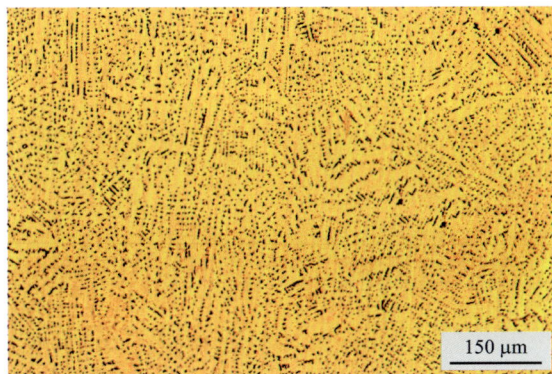

牌　　　号：Au-37Ag-4Cd-4In
状　　　态：铸态
组织说明：(Au，Ag)铸态晶内偏析组织
浸 蚀 剂：Au-m5

图 2.2.2-28

牌　　　号：Au-37Ag-4Cd-4In
状　　　态：冷加工，700℃/2 h 热处理
组织说明：(Au，Ag)具有退火孪晶的单相再结晶组织
浸 蚀 剂：Au-m5

图 2.2.2-29

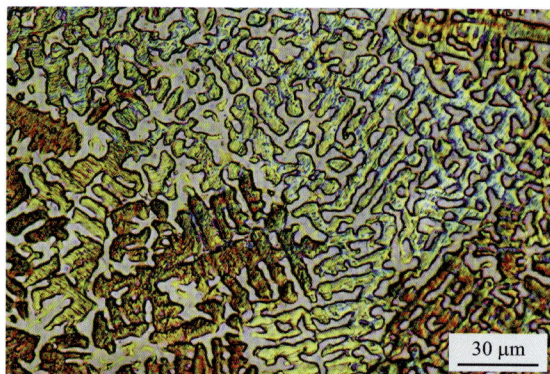

牌　　　号：Au-37Ag-8In
状　　　态：铸态
组织说明：(Au，Ag)铸态晶内偏析组织
浸　蚀　剂：Au-m5

图 2. 2. 2-30

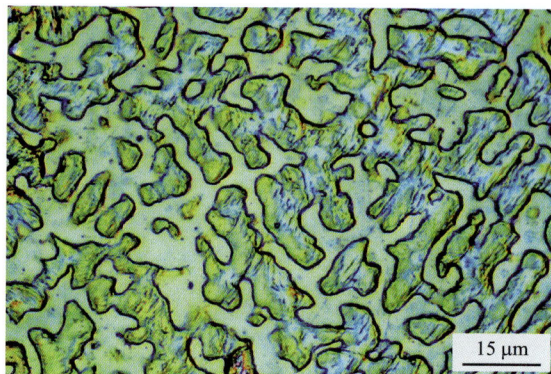

牌　　　号：Au-37Ag-8In
状　　　态：铸态
组织说明：(Au，Ag)铸态晶内偏析组织
浸　蚀　剂：Au-m5

图 2. 2. 2-31

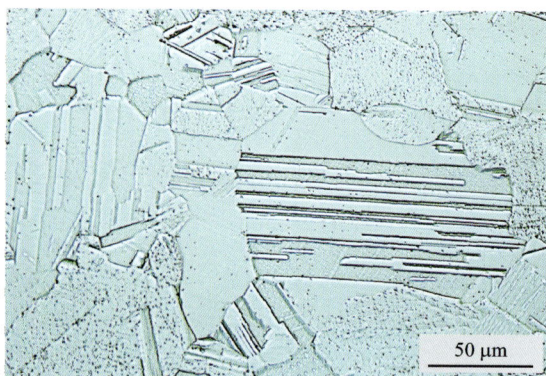

牌　　　号：Au-37Ag-8In
状　　　态：500℃/2 h 热处理
组织说明：(Au，Ag)具有退火孪晶的单相再结晶组织
浸　蚀　剂：Au-m2

图 2. 2. 2-32

　　Au-Ag 二元系固态下形成连续固溶体，Au-Ge 二元系中 200℃以下 Ge 基本不溶于 Au 中，Ag-Ge 二元系与 Au-Ge 二元系相似，室温下 Ge 不溶于 Ag 中。Au-Ag-Ge 三元系中的 Ge 室温下也不溶于(Au，Ag)中。因此，室温下 Au-Ag-Ge 三元合金形成 Ge+(Au，Ag)，详见图 2.2.2-33~图 2.2.2-34。部分 Au-Ag-Ge(Pt)金相组织见图 2.2.2-35~图 2.2.2-39。

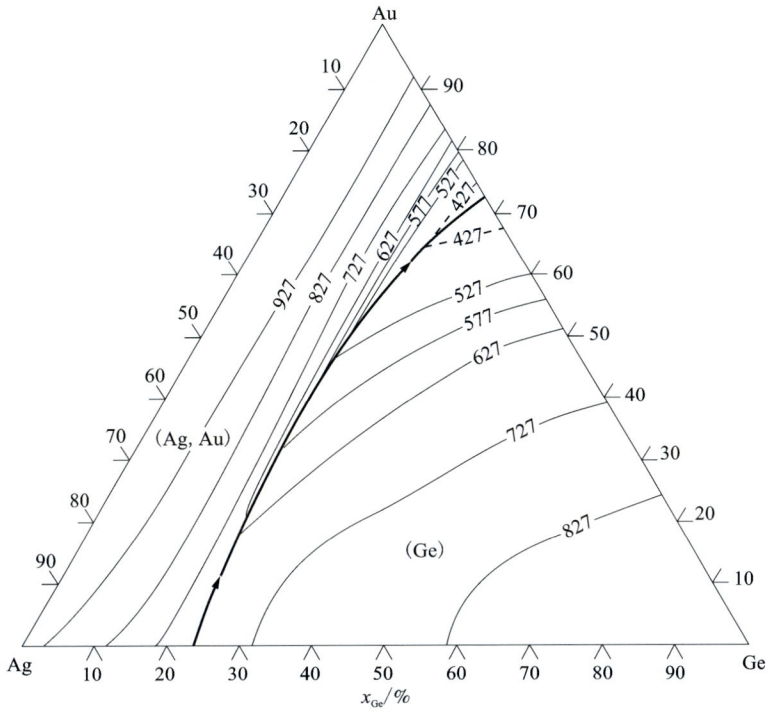

图 2.2.2-33　Au-Ag-Ge 三元系合金液相面投影图

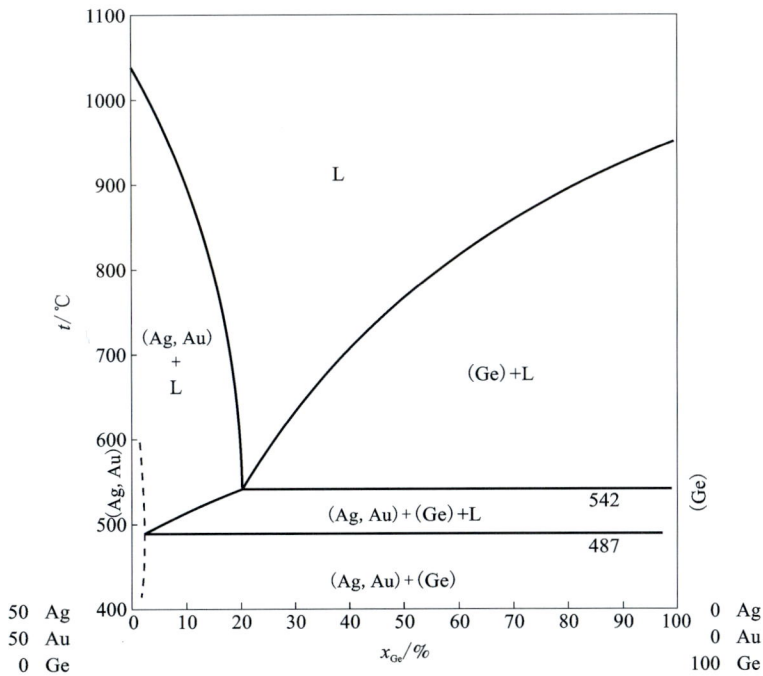

图 2.2.2-34　Au-Ag-Ge 三元系合金 $x_{Au} : x_{Ag} = 1 : 1$ 等值截面

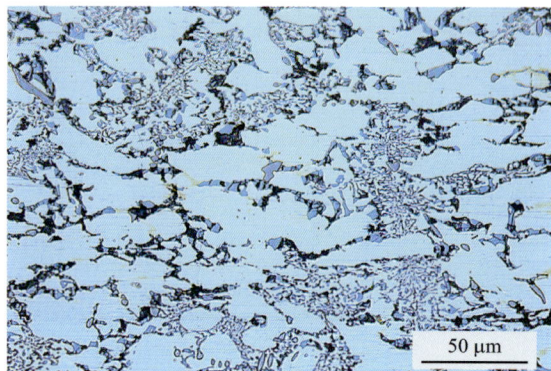

牌　　　号：Au-18.8Ag-12.5Ge

状　　　态：铸态

组织说明：(Ag,Au)+(Ge)+[(Ag,Au)+(Ge)]，铸态结晶
　　　　　组织

浸　蚀　剂：Au-m5

图 2.2.2-35

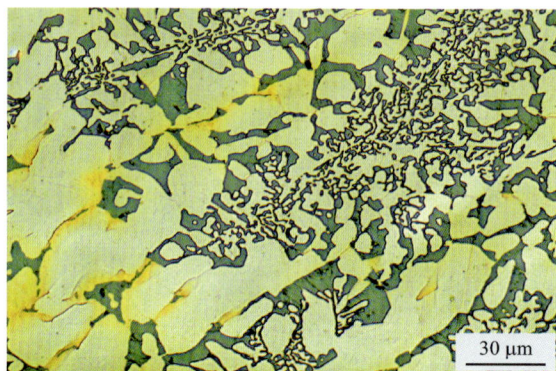

牌　　　号：Au-30.9Ag-12.2Ge-0.5Ni

状　　　态：铸态

组织说明：(Ag,Au)+(Ge)+[(Ag,Au)+(Ge)]，凝固结晶
　　　　　组织

浸　蚀　剂：Au-m5

图 2.2.2-36

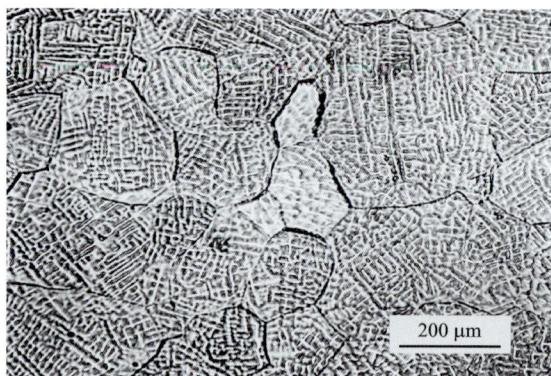

牌　　　号：Au-26Ag-5Pt

状　　　态：铸态

组织说明：(Ag,Au)铸态晶内偏析组织

浸　蚀　剂：Au-m5

图 2.2.2-37

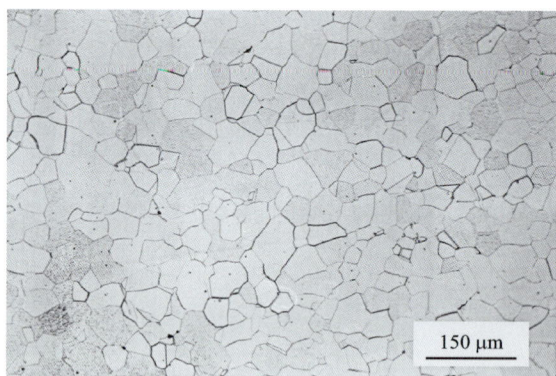

牌　　　号：Au-26Ag-5Pt

状　　　态：冷加工，900℃/2.5 h 热处理

组织说明：(Ag,Au)单相再结晶组织

浸　蚀　剂：Au-m5

图 2.2.2-38

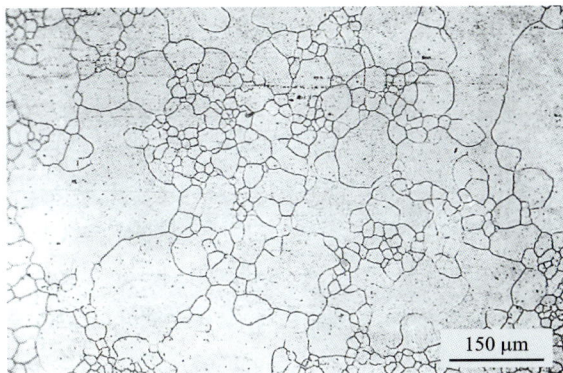

牌　　号：Au-25Ag-6Pt
状　　态：冷加工，900℃/2.5 h 热处理
组织说明：(Ag，Au) 单相再结晶组织
浸 蚀 剂：Au-m5

图 2. 2. 2-39

2.3　金铜系合金

2.3.1　金铜系合金的性能和用途

由 Au-Cu 合金系相图可知，Au 与 Cu 在高温区形成连续固溶体。它的液相线与固相线的温差很小，固相线的最低温度为 910℃，约在含 Cu20%处。根据这种结构特征可以发展出一系列不同成分的固溶体型 Au-Cu 合金钎料，其熔点(液相线温度)为 910℃~1100℃，其中 Au-20Cu 合金钎料(熔点 901℃)在工业上得到广泛应用。

Au-Cu 系钎料具有适中的熔点、低蒸汽压和高耐蚀性，很好的流动性、浸润性和填缝能力(见表 2.3.1-1)，对 Cu、Ni、Fe、Co、Ta、Mo、W、Nb、可伐和不锈钢等金属都有良好的润湿性。Au-Cu 焊料与基体金属之间一般不发生明显的化学反应，因而钎焊不会降低工件的强度与尺寸精度，广泛应用于高真空器件的焊接，如大功率电子管、磁控管、波导管、真空仪表等部件。高 Cu 含量的 Au-Cu 焊料可以节约金用量，降低钎料成本，但随着 Cu 含量增加，钎料的耐蚀性则逐渐下降。

Au-Cu 系合金在低温区存在 Au_3Cu、AuCu 和 $AuCu_3$ 有序相。将 Au-Cu 合金钎料由高温缓慢冷却到 400℃以下时将发生有序化相变，合金出现脆性有序相，这给合金的加工与生产带来困难。在钎焊过程中出现有序化，因有序相变所产生的体积变化以及脆性有序相的出现，可导致钎焊接头强度降低甚至开裂脆断，但从固态相变温度以上淬火得到的合金容易加工。有序相生成时合金的电阻系数下降，强度和硬度显著提高，在加工和焊接过程中应避免有序化相变出现。在 Au-Cu 合金中加入少量 Fe 和其他元素，可以防止有序化产生。向 Au-Cu 合金中添加第三组元，如 Ag、Zn、In、Cd、Ni、Pd、Pt 等，不仅可以调整钎料的熔化温度(如加 Ni、Pd、Pt 等元素可提高熔点，加 Ag、In、Zn、Cd 等元素则降低熔点)，还可以进一步改善其润湿性能和抗蚀性，提高焊接强度与质量。由此又发展了一系列的 Au-Cu 系多元合金钎料，如 Au-Cu-Pd、Au-Cu-Pt、Au-Ag-Cu、Au-Cu-Ag-Zn(Cd)、Au-Cu-Ni、Au-Cu-In 等。Au-Cu-Ag 合金钎料可用于部件的一级与二级钎焊。Au-Cu-Pd 系合金在高温时为固溶体，低温时效出现有序强化相，用作液相线温度 910℃ 至 1550℃ 之间多种钎料，主要有 Au-25Cu-5Pd 和 Au-34Cu-15Pd 等合金。它们具有良好的耐蚀性与钎焊性，用于真空器件的焊接。

Au-Cu 合金有着广泛的应用，其中 Au-20Cu 合金是优良的钎焊合金，应用最广。含 25%Cu 的 18KAu-Cu 合金呈美丽的红色，适于制作首饰和其他装饰材料。Au-8.33Cu，Au-10Cu 等合金在许多国家被用作货币。含有 Pt、Pd、Ag 和 Cu 等元素的 Au 合金具有很好的时效硬化能力，是重要的 Au 基牙科材料。这种合金因具有好的弹性、耐磨性和低接触电阻，而成为优良的电接触材料。表 2.3.1-1 列出 Au-Cu 系合金化学成分和性能。

表 2.3.1-1 Au-Cu 系合金化学成分和性能

质量分数/%			密度 /(g·cm^{-3})	电阻率 /(μΩ·cm)	熔化温度 /℃
Au	Cu	其他			
余量	5~10	—	—	—	930~970
余量	10	—	17.3	10.1	932
余量	15.5	3Ni	—	—	≈910
余量	19	1Fe	—	—	905~910
余量	20	—	—	—	908~910
余量	25~35	—	—	—	910~935
余量	37.5	—	—	—	930~940
余量	50~60	—	—	—	950~980
余量	62	3 Ni	—	—	973~1029
余量	62.5	—	—	—	985~1005
余量	65	—	—	—	970~1005
余量	70	—	—	—	995~1020
余量	70~80	—	—	—	1010~1060
余量	80	1Fe	—	—	1018~1040
余量	19	—	—	—	905~910
余量	35	3~5In	—	—	860~1025
余量	16.5	2Ni	—	—	910~925
余量	77	3In	—	—	975~1025
余量	25~35	5~15Pd	—	—	940~1030
余量	45.5	2.8Ni	—	—	924~963
余量	22	2.5Ni, 1Zn	—	19.0	915
余量	17	2Ni, 0.7Zn, 1Mn	—	—	—
余量	21.7	2.48Ni, 0.9Zn, 0.02Mn	—	16.9	—
余量	21.7	2.48Ni, 0.05Zn, 0.02Mn	—	19.6	—

续表2.3.1-1

质量分数/%			密度 /(g·cm⁻³)	电阻率 /(μΩ·cm)	熔化温度 /℃
Au	Cu	其他			
余量	15~20	15~20Ni, 15~20Zn, 5~10Mn	—	—	850~900
余量	21.5	3.4Ni, 10Pd, 2Rh	—	27.0	—
余量	14	10Pt, 10Pd, Ru, Ni	—	—	1088
余量	18	7 Cd	—	—	—
余量	22	3Cd	—	—	—
余量*	13.2	24.7Zn	—	—	—
余量*	15.2	28.2Zn	—	—	—
余量*	16.0	32.3Zn	—	—	—
余量*	22.3	31.4Zn	—	—	—
余量*	28.7	31.1Zn	—	—	—

注：*具有形状记忆特性的合金。

2.3.2 金铜系合金的金相组织

Au-Cu 系相图见图 2.3.2-1。随着合金中溶质 Cu（富 Au 端）或溶质 Au（富 Cu 端）含量增高，液相线降低，在 910℃和 44%（原子分数）Cu 处液相线达到最低点并与固相线重合，固相线以下的固相区为连续固溶体，在约 400℃发生有序无序转变，有序相为 Au_3Cu，AuCu 和 $AuCu_3$。

（Au，Cu）连续固溶体：随着 Cu 溶质浓度增加，合金晶格常数从纯 Au 的 0.4078 nm 连续平滑地降低到纯 Cu 的 0.3615 nm，但正偏离于 Vegard 定律。

Au_3Cu 有序相：具有 $AuCu_3$ 型结构，随着 Cu 含量增加晶格常数减小，其转变温度则随着 Au 含量增大而线性降低。

AuCu 有序相：等原子 Au-Cu 合金缓冷时，在 410℃转变为正交点阵（斜方）晶格的 AuCu（Ⅱ）有序相，其晶格点阵偏离于立方对称：$b/a = 1.004$，$c/a = 0.929$。低于 385℃，生成 $c/a = 0.92$ 的面心立方（$L1_0$）晶格的 AuCu（Ⅰ）相。AuCu（Ⅰ）有序相结构变化的实质是将面心立方晶格沿着 a_3 轴方向压缩了百分之几，使 Au 和 Cu 原子重新改组，（002）面被 Cu 和 Au 原子交替占据。因此形成两组有序畴，即 Cu 原子（002）面和 Au 原子（002）面，并在此相遇。AuCu（Ⅱ）相晶胞是由 10 个顺着 a_1 轴放着的正方晶系 AuCu（Ⅰ）相的晶胞组成，因此在晶胞中心存在着反相畴界，反向畴界垂直于 [100] 方向，呈周期性排列。

$AuCu_3$ 有序相：$AuCu_3$ 有序相的相变温度为 390℃，它也存在着 Ⅰ 型和 Ⅱ 型两种结构。$AuCu_3$（Ⅰ）相的晶体结构是 $L1_2$ 型有序立方结构的原型，其中元胞角为 Au 原子占据，面心为 Cu 原子占据，晶格参数 $a = 0.37426$ nm（相同成分无序态合金的晶格参数为 0.37604 nm）。这个有序合金晶型不变，只改变其指数。$AuCu_3$（Ⅱ）是四方结构，其元胞由 18 个 $AuCu_3$（Ⅰ）元胞组成，在第 9 个元胞处出现反相畴界，图 2.3.2-2~图 2.3.2-35 示出了 Au-Cu 系合金和 Au-Cu-Cd（Gd）合金的金相组织。

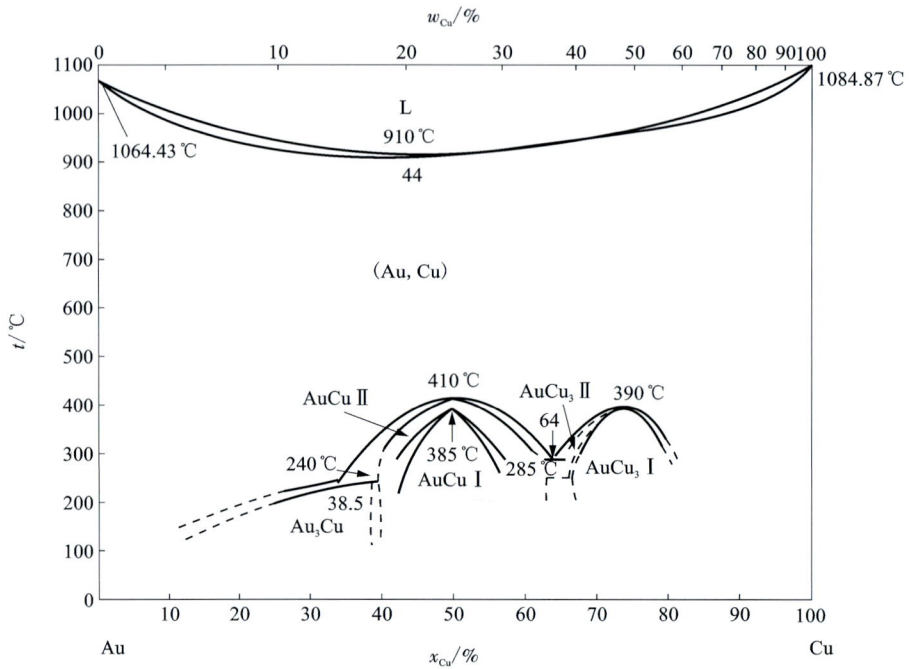

图 2.3.2-1　Au-Cu 二元系合金相图

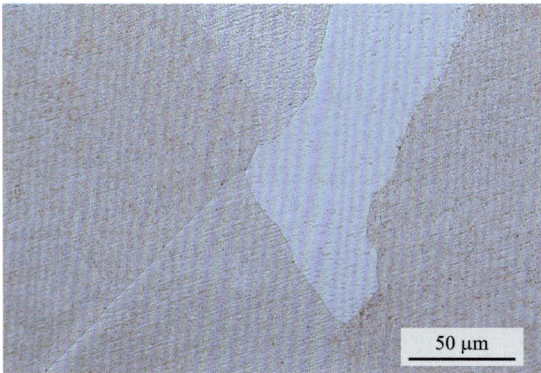

牌　　号：Au-10Cu
状　　态：铸态
组织说明：(Au) 铸态结晶组织
浸 蚀 剂：Au-m5

图 2.3.2-2

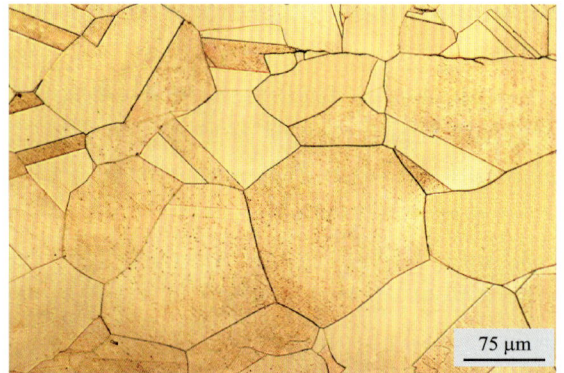

牌　　号：Au-10Cu
状　　态：冷加工，150℃/4 h 热处理
组织说明：(Au) 单相再结晶组织
浸 蚀 剂：Au-m5

图 2.3.2-3

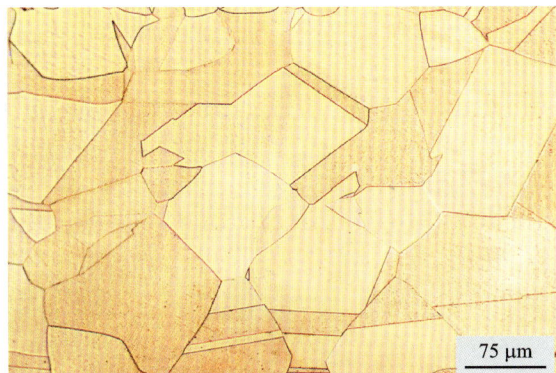

牌　　　号：Au-10Cu
状　　　态：冷加工，700℃/1 h 热处理
组织说明：(Au)单相再结晶组织
浸 蚀 剂：Au-m5

图 2.3.2-4

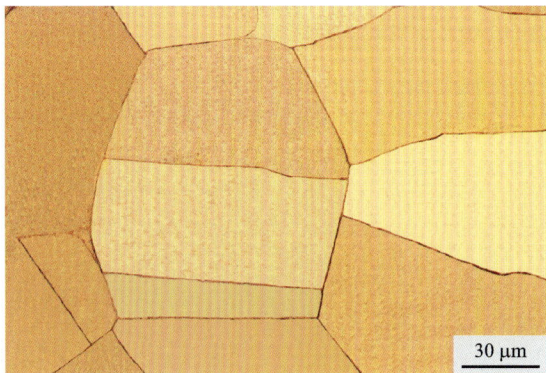

牌　　　号：Au-10Cu
状　　　态：冷加工，700℃/1 h 急冷处理
组织说明：(Au)单相再结晶组织
浸 蚀 剂：Au-m5

图 2.3.2-5

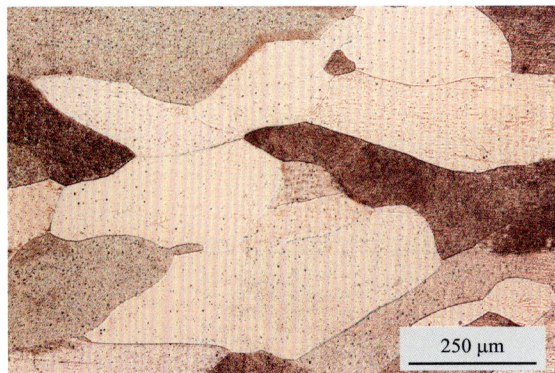

牌　　　号：Au-20Cu
状　　　态：铸态
组织说明：(Au)铸态结晶组织
浸 蚀 剂：Au-m2

图 2.3.2-6

牌　　　号：Au-20Cu
状　　　态：冷加工，700℃/1 h 缓慢冷却
组织说明：AuCu(Ⅰ)有序化组织
浸 蚀 剂：Au-m5

图 2.3.2-7

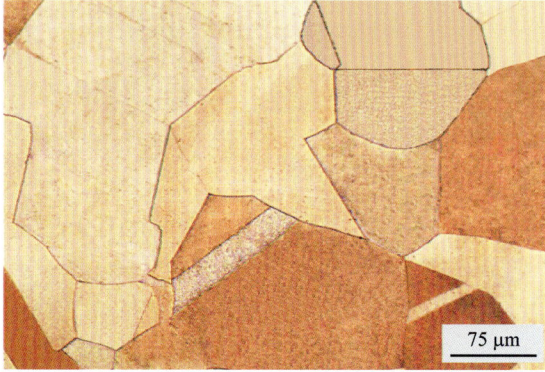

牌　　号：Au-20Cu

状　　态：冷加工，700℃/1 h 急冷处理

组织说明：(Au)单相再结晶组织

浸　蚀　剂：Au-m5

图 2.3.2-8

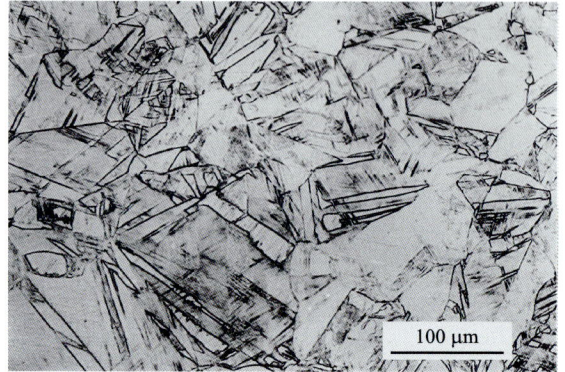

牌　　号：Au-20Cu

状　　态：冷加工，300℃/2 h 缓冷处理

组织说明：AuCu(Ⅰ)有序化组织

浸　蚀　剂：Au-m2

图 2.3.2-9

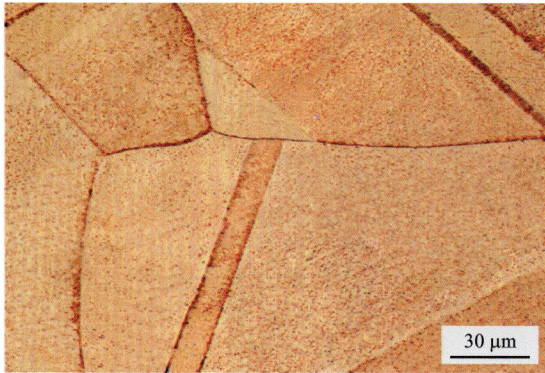

牌　　号：Au-20Cu

状　　态：冷加工，150℃/4 h 热处理

组织说明：(Au)单相再结晶组织

浸　蚀　剂：Au-m5

图 2.3.2-10

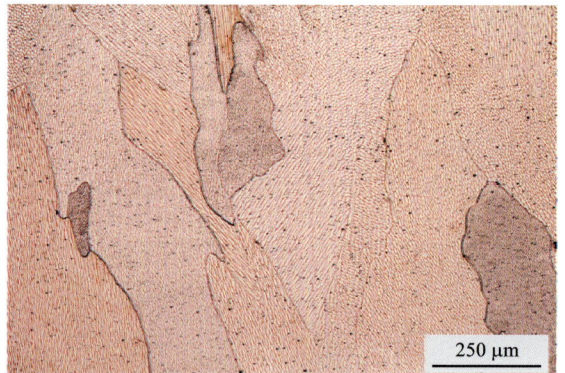

牌　　号：Au-30Cu

状　　态：铸态

组织说明：(Au)铸态晶内偏析组织

浸　蚀　剂：Au-m2

图 2.3.2-11

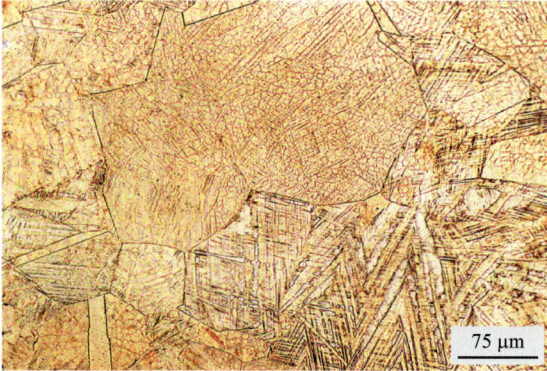

牌　　　号：Au-30Cu
状　　　态：冷加工，700℃/1 h 缓慢冷却处理
组织说明：AuCu（Ⅰ）有序化组织
浸　蚀　剂：Au-m5

图 2.3.2-12

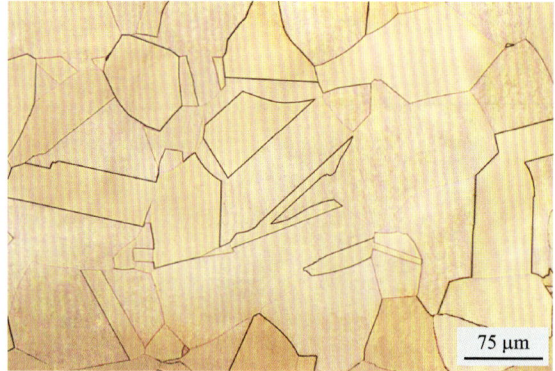

牌　　　号：Au-30Cu
状　　　态：冷加工，700℃/1 h 急冷处理
组织说明：（Au）单相再结晶组织
浸　蚀　剂：Au-m5

图 2.3.2-13

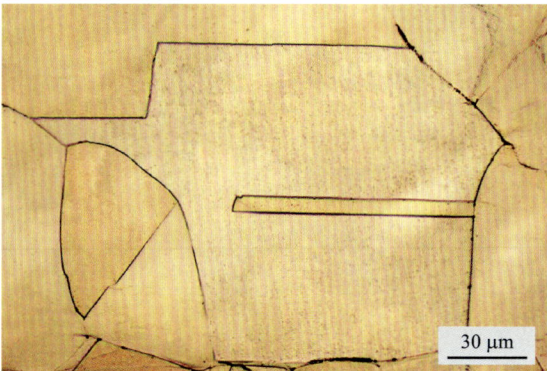

牌　　　号：Au-30Cu
状　　　态：冷加工，250℃/4 h 热处理
组织说明：（Au）单相再结晶组织
浸　蚀　剂：Au-m5

图 2.3.2-14

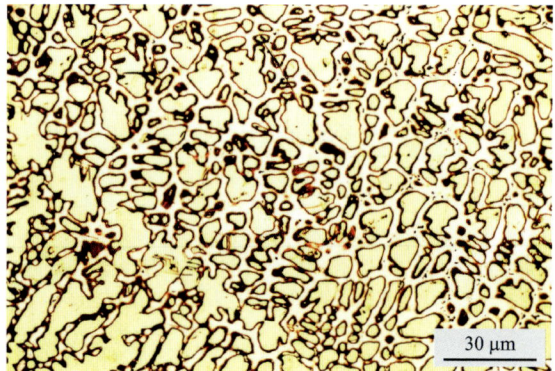

牌　　　号：Au-37.5Cu
状　　　态：铸态
组织说明：（Au）铸态偏析组织
浸　蚀　剂：Au-m5

图 2.3.2-15

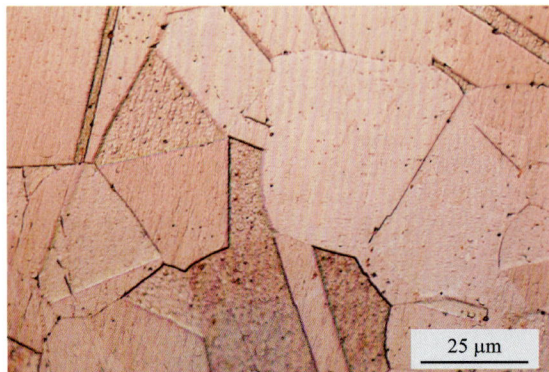

25 μm

牌　　　号：Au-37.5Cu
状　　　态：冷加工，700℃/1 h 热处理
组织说明：（Au）单相再结晶组织
浸 蚀 剂：Au-m2

图 2.3.2-16

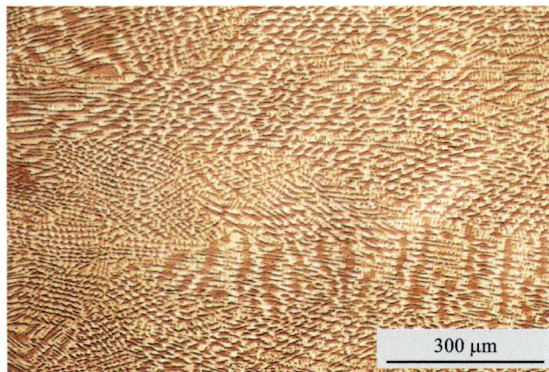

300 μm

牌　　　号：Au-50Cu
状　　　态：铸态
组织说明：（Au）铸态偏析组织
浸 蚀 剂：Au-m5

图 2.3.2-17

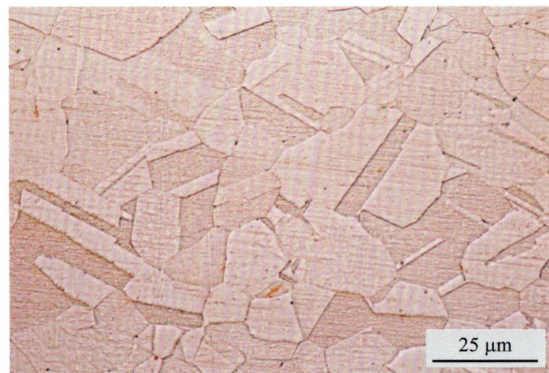

25 μm

牌　　　号：Au-50Cu
状　　　态：冷加工，700℃/1 h 热处理
组织说明：（Au）单相再结晶组织
浸 蚀 剂：Au-m2

图 2.3.2-18

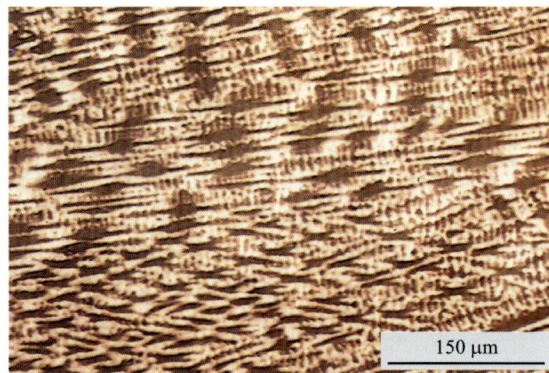

150 μm

牌　　　号：Au-60Cu
状　　　态：铸态
组织说明：（Au）铸态偏析组织
浸 蚀 剂：Au-m5

图 2.3.2-19

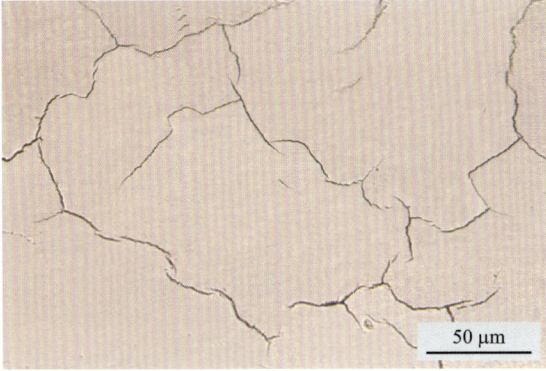

牌　　　号：Au-60Cu

状　　　态：冷加工，700℃/1 h 热处理

组织说明：表面应力腐蚀开裂

浸　蚀　剂：Au-m5

图 2.3.2-20

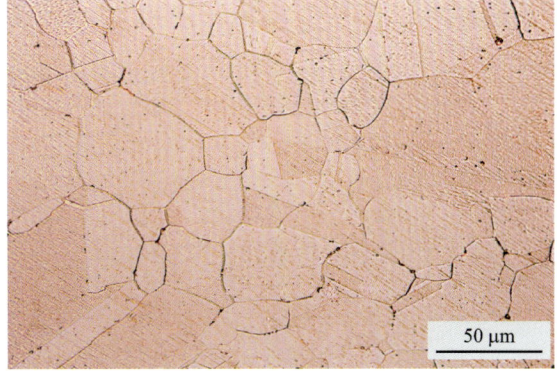

牌　　　号：Au-60Cu

状　　　态：冷加工，700℃/1 h 热处理

组织说明：(Cu, Au)单相再结晶组织

浸　蚀　剂：Au-m2

图 2.3.2-21

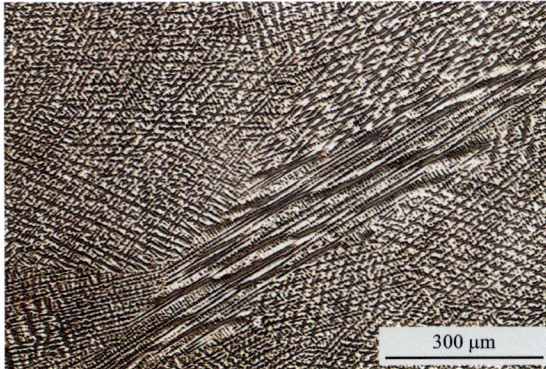

牌　　　号：Au-70Cu

状　　　态：铸态

组织说明：(Au)铸态偏析组织

浸　蚀　剂：Au-m5

图 2.3.2-22

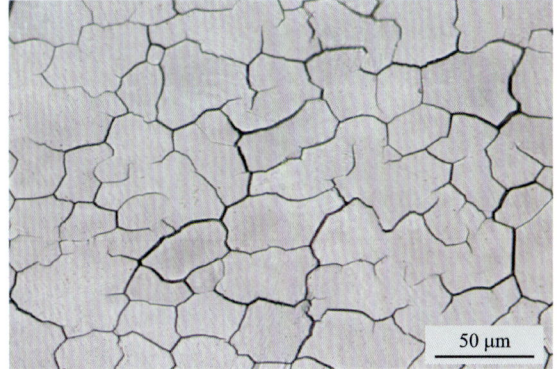

牌　　　号：Au-70Cu

状　　　态：冷加工，700℃/1 h 热处理

组织说明：表面应力腐蚀开裂

浸　蚀　剂：Au-m5

图 2.3.2-23

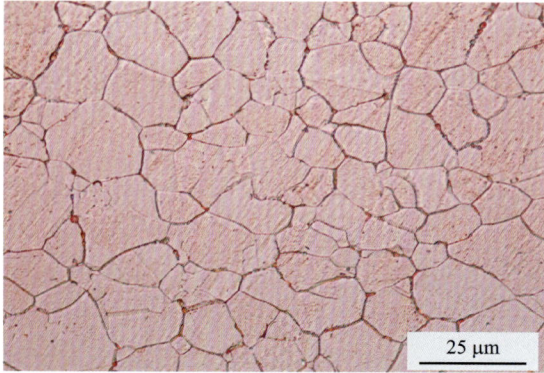

牌　　　号：Au-70Cu
状　　　态：冷加工，700℃/1 h 热处理
组织说明：（Cu，Au）单相再结晶组织
浸 蚀 剂：Au-m2

图 2.3.2-24

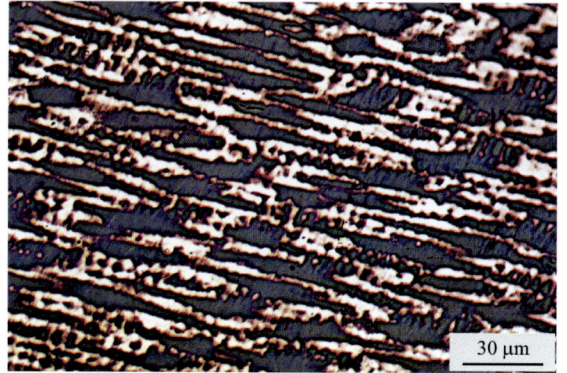

牌　　　号：Au-80Cu
状　　　态：铸态
组织说明：（Cu，Au）铸态晶内偏析组织
浸 蚀 剂：Au-m5

图 2.3.2-25

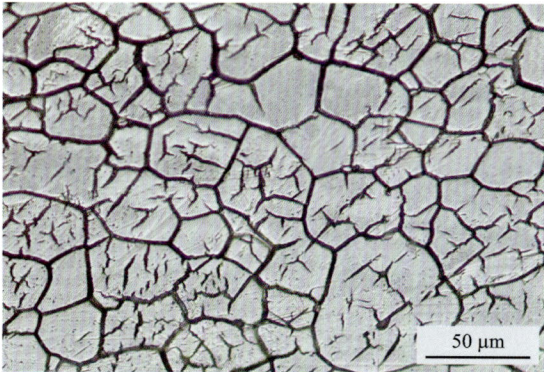

牌　　　号：Au-80Cu
状　　　态：冷加工，700℃/1 h 热处理
组织说明：表面应力腐蚀开裂
浸 蚀 剂：Au-m5

图 2.3.2-26

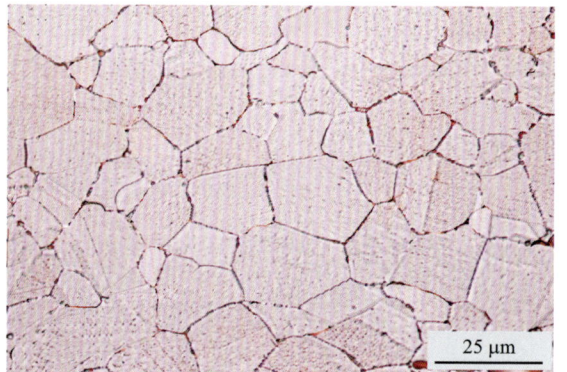

牌　　　号：Au-80Cu
状　　　态：冷加工，700℃/1 h 热处理
组织说明：（Cu，Au）单相再结晶组织
浸 蚀 剂：Au-m2

图 2.3.2-27

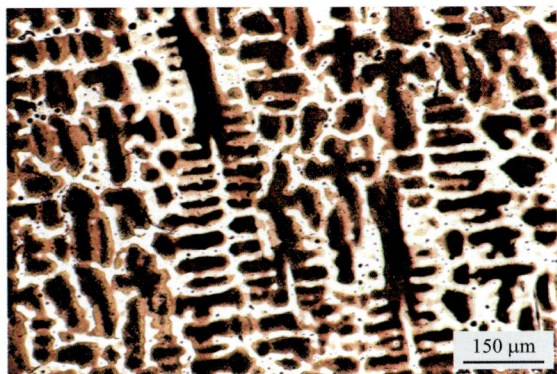

牌　　号：Au-90Cu
状　　态：铸态
组织说明：(Cu，Au)铸态晶内偏析组织
浸 蚀 剂：Au-m5

图 2.3.2-28

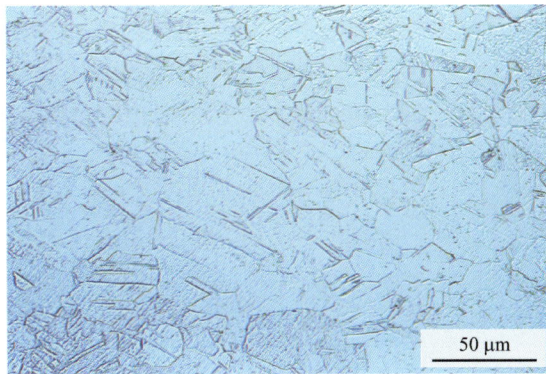

牌　　号：Au-90Cu
状　　态：冷加工，900℃/2 h 热处理
组织说明：(Au，Cu)单相再结晶组织
浸 蚀 剂：Au-m2

图 2.3.2-29

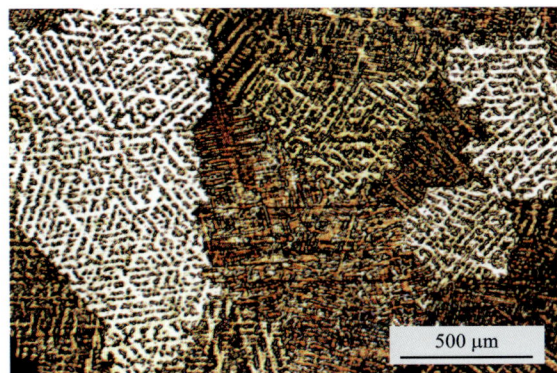

牌　　号：Au-18Cu-7Cd
状　　态：铸态
组织说明：(Au)铸态偏析组织
浸 蚀 剂：Au-m5

图 2.3.2-30

牌　　号：Au-18Cu-7Cd
状　　态：冷加工，600℃/1 h 热处理
组织说明：(Au)单相再结晶组织
浸 蚀 剂：Au-m5

图 2.3.2-31

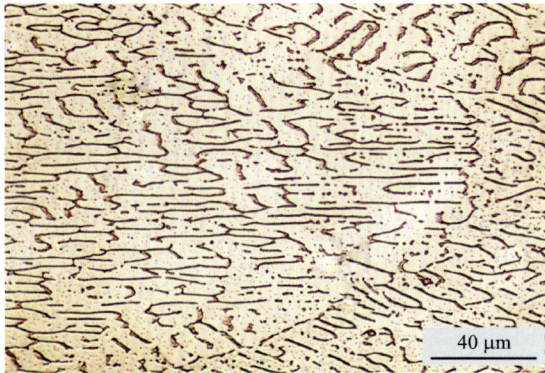

牌　　号：Au-20Cu-0.5Gd
状　　态：铸态
组织说明：(Au)+Cu₆Gd 铸态结晶组织
浸 蚀 剂：Au-m5

图 2.3.2-32

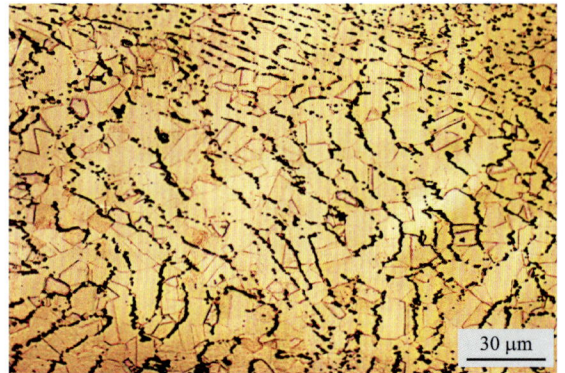

牌　　号：Au-20Cu-0.5Gd
状　　态：冷加工，700℃/1 h 热处理
组织说明：(Au)+Cu₆Gd 再结晶组织
浸 蚀 剂：Au-m5

图 2.3.2-33

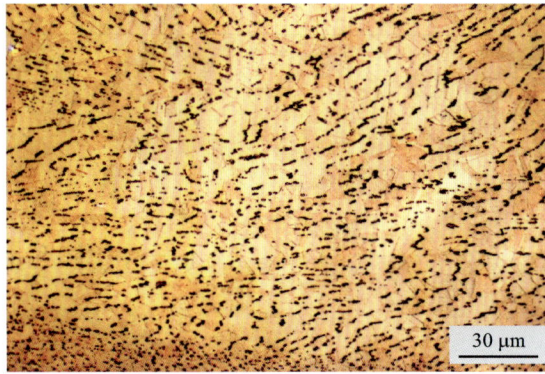

牌　　号：Au-20Cu-0.5Gd
状　　态：冷加工，700℃/1 h 急冷处理
组织说明：(Au)+Cu₆Gd 再结晶组织
浸 蚀 剂：Au-m5

图 2.3.2-34

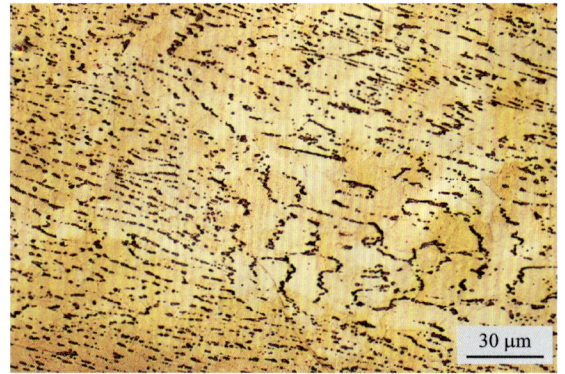

牌　　号：Au-20Cu-0.5Gd
状　　态：冷加工，200℃/4 h 热处理
组织说明：(Au)+Cu₆Gd 再结晶组织
浸 蚀 剂：Au-m5

图 2.3.2-35

Cu-Zn 与 Au-Zn 二元系中 β 相在高温下为 CsCl 型体心立方结构，淬火转变为 β′ 有序体心立方结构，属马氏体相变。Au-Cu-Zn 三元系 β 相亦存在马氏体相变，并伴随弹性效应，因而具有形状记忆特性，见图 2.3.2-37。图 2.3.2-36 是 Au-Cu-Zn 系合金 600℃、x_{Zn} 为 0 ~ 70% 和 400℃、x_{Zn} 为 70% ~ 100% 的等温截面图，在 600℃ 下合金主要由 α、β、β′、γ、$γ_c$ 相组成，在 400℃ 下主要由 Zn、ε、$ε_c$、$γ_2$、$γ_3$ 相组成。图 2.3.2-37 示出了三元合金 β 相区马氏体转变温度(Ms)的等高线，虚线示出具有最高 Ms 的合金成分，它大体是由 Au 和 Cu 的等原子浓度向增加 Zn 的方向发展。在虚线两侧合金的 Ms 值越来越低，形成了一个以虚线为"脊"的峰型。图 2.3.2-38 ~ 图 2.3.2-70 示出 Au-Cu-Zn(Ni, In, Pt, Ag) 等合金的金相组织。

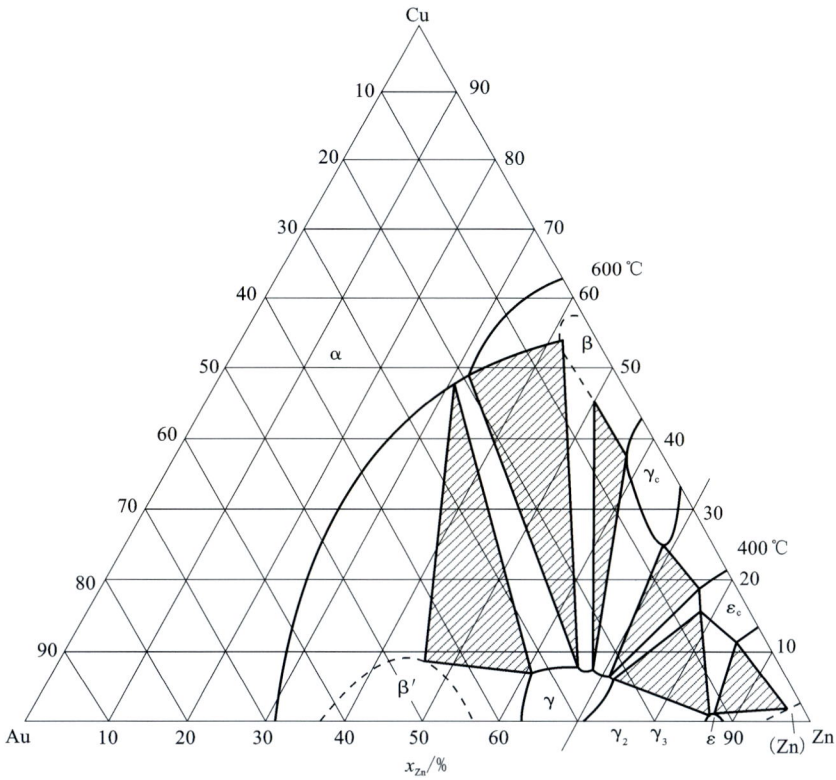

图 2.3.2-36　Au-Cu-Zn 系合金 600℃ x_{Zn}＝0～70％和 400℃ x_{Zn}＝70％～100％等温截面图

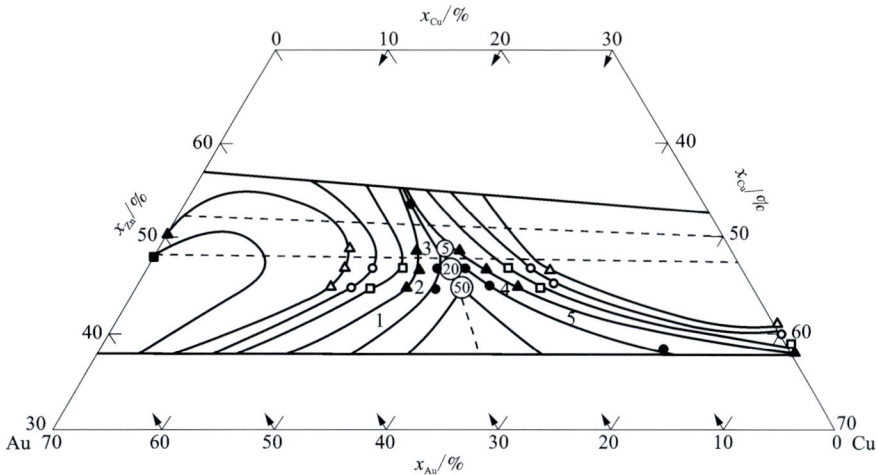

——从 CuZn850℃到 600℃ β 相区；----室温 β 相区；

Ms 温度：■—250℃；△—200℃；○—150℃；□—100℃；▲—50℃；●—0℃

图 2.3.2-37　Au-Cu-Zn 系合金 β 相区马氏体转变温度 Ms 的等高线

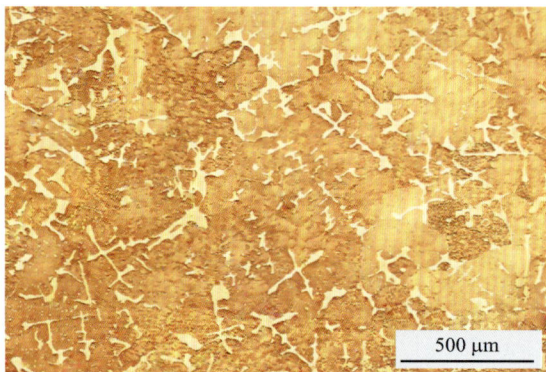

牌　　号：Au-16Cu-32.3Zn
状　　态：铸态
组织说明：α(Au)+δ(AuZn)，凝固结晶组织
浸　蚀　剂：Au-m5

图 2.3.2-38

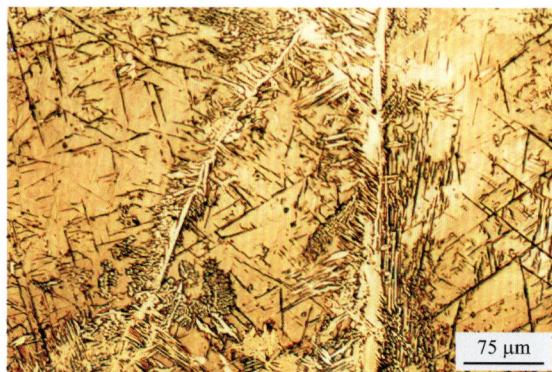

牌　　号：Au-28.7Cu-31.1Zn
状　　态：快速凝固
组织说明：α(Au)+Ms(马氏体)+δ(AuZn)，快速凝固结晶
　　　　　组织
浸　蚀　剂：Au-m5

图 2.3.2-39

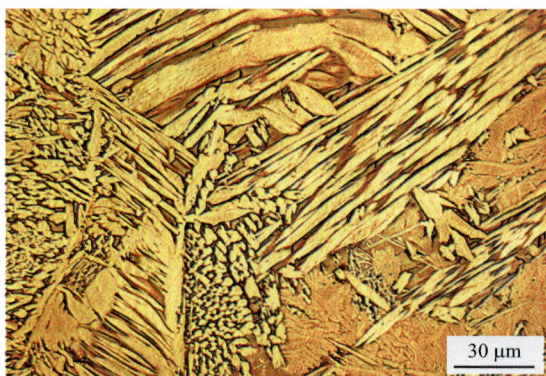

牌　　号：Au-28.7Cu-31.1Zn
状　　态：快速凝固
组织说明：α(Au)+Ms(马氏体)+δ(AuZn)，快速凝固结晶
　　　　　组织
浸　蚀　剂：Au-m5

图 2.3.2-40

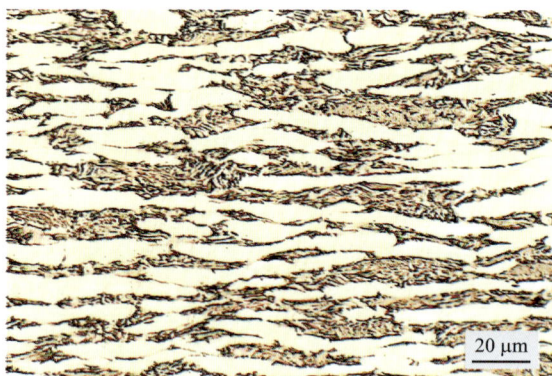

牌　　号：Au-28.7Cu-31.1Zn
状　　态：铸锭 750℃/30 min 水淬，冷加工
组织说明：α(Au)+δ(AuZn)，δ(AuZn)中有裂纹，加工形
　　　　　变组织
浸　蚀　剂：Au-m5

图 2.3.2-41

牌　　　号：Au-28.7Cu-31.1Zn
状　　　态：铸锭 750℃/30 min 水淬，320℃/7 h 热处理
组织说明：α(Au)+δ(AuZn)，结晶组织
浸　蚀　剂：Au-m5

图 2.3.2-42

牌　　　号：Au-28.7Cu-31.1Zn
状　　　态：冷加工，500℃/1 h 水淬处理
组织说明：α(Au)+δ(AuZn)，结晶组织
浸　蚀　剂：Au-m9

图 2.3.2-43

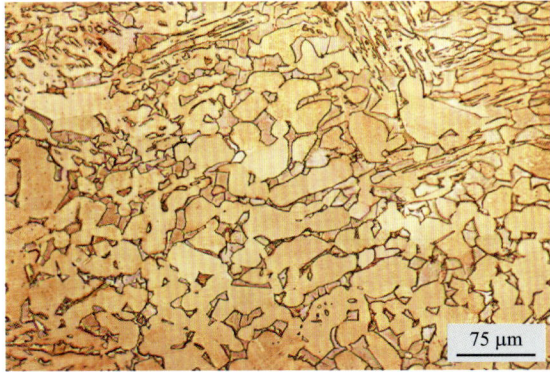

牌　　　号：Au-28.7Cu-31.1Zn
状　　　态：冷加工，500℃/1 h 急冷，200℃/4 h 热处理
组织说明：α(Au)+δ(AuZn)，结晶组织
浸　蚀　剂：Au-m5

图 2.3.2-44

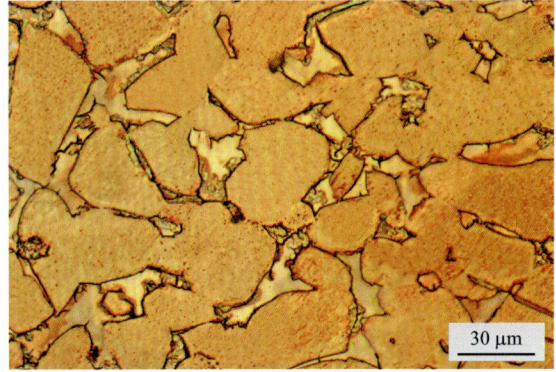

牌　　　号：Au-28.7Cu-31.1Zn
状　　　态：冷加工，500℃/1 h 热处理
组织说明：α(Au)+δ(AuZn)，结晶组织
浸　蚀　剂：Au-m5

图 2.3.2-45

牌　　　号：Au-45.5Cu-2.8Ni
状　　　态：铸态
组织说明：(Au, Cu)铸态晶内偏析组织
浸 蚀 剂：Au-m5

图 2.3.2-46

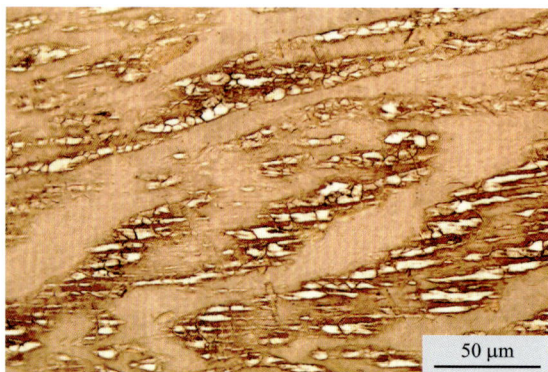

牌　　　号：Au-45.5Cu-2.8Ni
状　　　态：冷加工，600℃/1 h 热处理
组织说明：(Au, Cu)铸态偏析未完全消除仍保留部分加工
　　　　　　形变的再结晶组织
浸 蚀 剂：Au-m9

图 2.3.2-47

牌　　　号：Au-22Cu-2.5Ni-1Zn
状　　　态：铸态
组织说明：(Au, Cu)铸态结晶组织
浸 蚀 剂：Au-m5

图 2.3.2-48

牌　　　号：Au-22Cu-2.5Ni-1Zn
状　　　态：冷加工，600℃/1 h 热处理
组织说明：(Au, Cu)单相再结晶组织
浸 蚀 剂：Au-m5

图 2.3.2-49

牌　　号：Au-17Cu-2Ni-0.7Zn-1Mn
状　　态：铸态
组织说明：(Au，Cu)铸态结晶组织
浸 蚀 剂：Au-m5

图 2.3.2-50

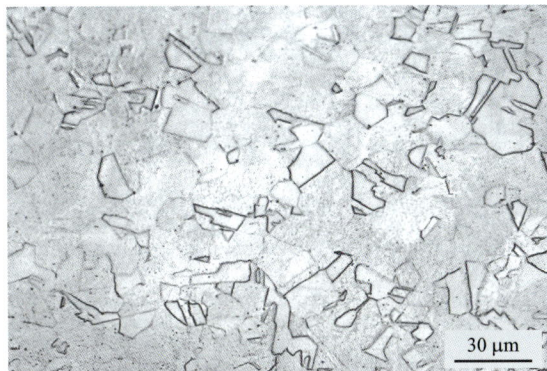

牌　　号：Au-17Cu-2Ni-0.7Zn-1Mn
状　　态：冷加工，600℃/1 h 退火处理
组织说明：(Au，Cu)单相再结晶组织
浸 蚀 剂：Au-m5

图 2.3.2-51

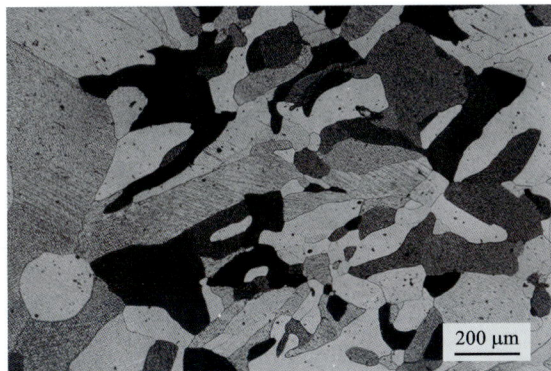

牌　　号：Au-18Cu-1.8Ni-0.7Zn-0.02Mn
状　　态：铸态
组织说明：(Au，Cu)单相再结晶组织
浸 蚀 剂：Au-m5

图 2.3.2-52

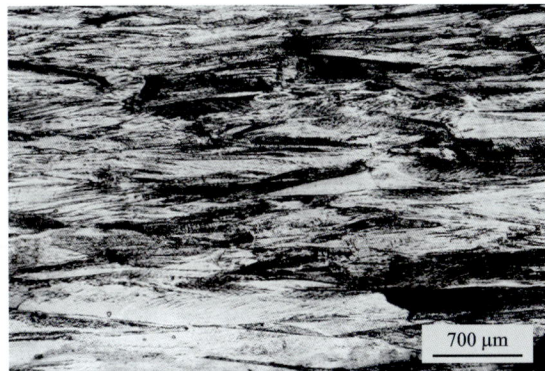

牌　　号：Au-18Cu-1.8Ni-0.7Zn-0.02Mn
状　　态：加工态
组织说明：(Au，Cu)加工形变组织
浸 蚀 剂：Au-m5

图 2.3.2-53

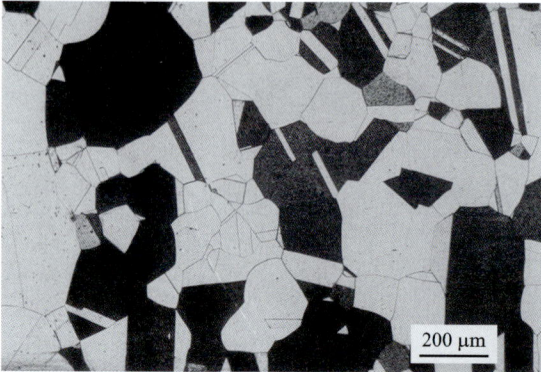

牌　　　号：Au-18Cu-1.8Ni-0.7Zn-0.02Mn
状　　　态：冷加工，600℃/1 h 退火处理
组织说明：（Au，Cu）单相再结晶组织
浸 蚀 剂：Au-m5

图 2.3.2-54

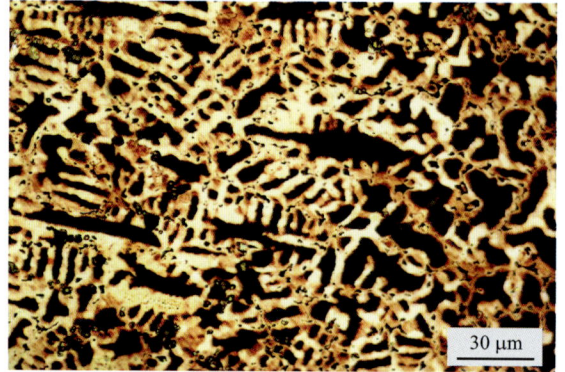

牌　　　号：Au-35Cu-5In
状　　　态：铸态
组织说明：（Au，Cu）铸态晶内偏析组织
浸 蚀 剂：Au-m5

图 2.3.2-55

牌　　　号：Au-35Cu-5In
状　　　态：600℃/1 h 热处理
组织说明：（Au，Cu）单相再结晶组织
浸 蚀 剂：Au-m2

图 2.3.2-56

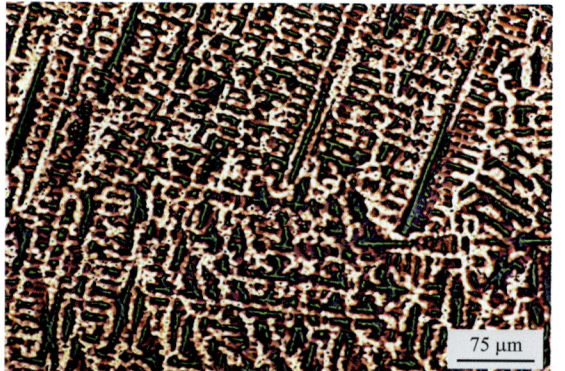

牌　　　号：Au-77Cu-3In
状　　　态：铸态
组织说明：（Au，Cu）铸态晶内偏析组织
浸 蚀 剂：Au-m5

图 2.3.2-57

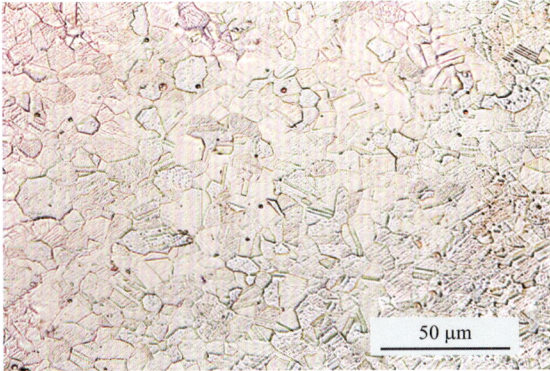

牌　　号：Au-77Cu-3In
状　　态：冷加工，600℃/1 h 热处理
组织说明：（Au，Cu）单相再结晶组织
浸 蚀 剂：Au-m2

图 2.3.2-58

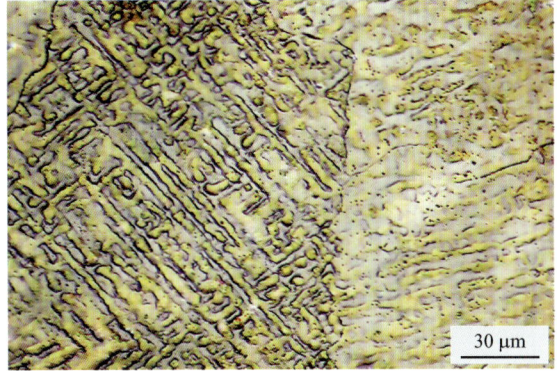

牌　　号：Au-15Cu-7.5Pt-5Ag-1Zn
状　　态：铸态
组织说明：（Au，Cu）铸态晶内偏析组织
浸 蚀 剂：Au-m5

图 2.3.2-59

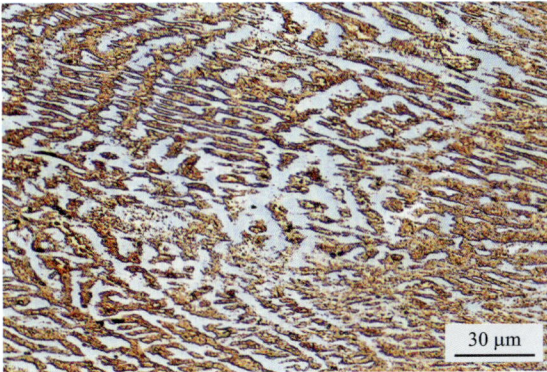

牌　　号：Au-15Cu-7.5Pt-5Ag-1Zn
状　　态：冷加工，650℃/30 min 热处理
组织说明：（Au，Cu）未能完全消除冷形变的组织
浸 蚀 剂：Au-m5

图 2.3.2-60

牌　　号：Au-15Cu-7.5Pt-5Ag-1Zn
状　　态：冷拉丝材，750℃/30 min 水淬热处理
组织说明：（Au，Cu）单相再结晶组织
浸 蚀 剂：Au-m5

图 2.3.2-61

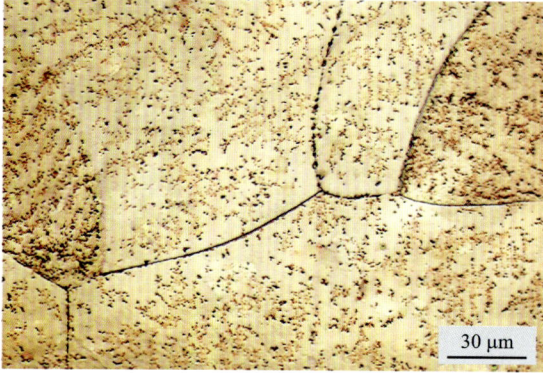

牌　　　号：Au-18Cu-1.4Co-0.5Cr-0.1Zr
状　　　态：铸态
组织说明：（Au）+（Co）+ZrAu₃+σ，铸态结晶组织
浸　蚀　剂：Au-m5

图 2.3.2-62

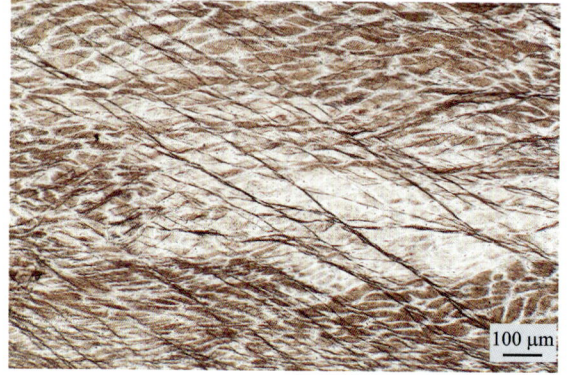

牌　　　号：Au-18Cu-1.4Co-0.5Cr-0.1Zr
状　　　态：铸锭 750℃/30 min 固溶处理，冷加工
组织说明：（Au）+（Co）+ZrAu₃+σ，加工形变组织
浸　蚀　剂：Au-m5

图 2.3.2-63

牌　　　号：Au-18Cu-1.4Co-0.5Cr-0.1Zr
状　　　态：铸锭 750℃/30 min 固溶处理，冷加工
组织说明：（Au）+（Co）+ZrAu₃+σ，加工形变组织
浸　蚀　剂：Au-m5

图 2.3.2-64

牌　　　号：Au-18Cu-1.4Co-0.5Cr-0.1Zr
状　　　态：冷加工，750℃/30 min 水淬处理
组织说明：（Au）+（Co）+ZrAu₃+σ，再结晶组织
浸　蚀　剂：Au-m5

图 2.3.2-65

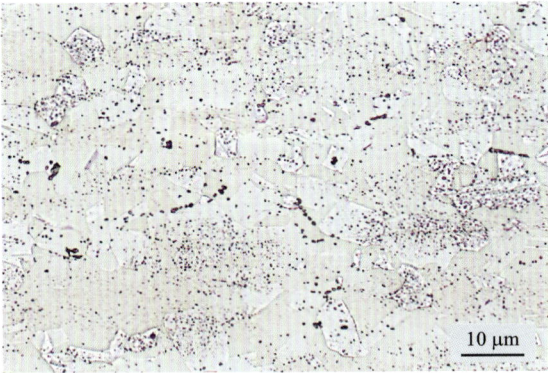

牌　　　号：Au-18Cu-1.4Co-0.5Cr-0.1Zr
状　　　态：冷加工，750℃/30 min 水淬处理
组织说明：(Au)+(Co)+ZrAu$_3$+σ，再结晶组织
浸　蚀　剂：Au-m5

图 2.3.2-66

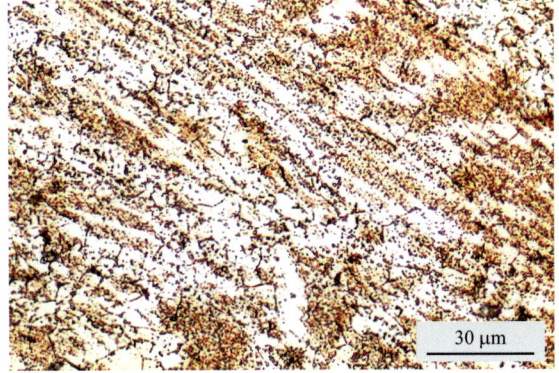

牌　　　号：Au-18Cu-1.4Co-0.5Cr-0.1Zr
状　　　态：冷加工，500℃/4 h 时效处理
组织说明：(Au)+(Co)+ZrAu$_3$+σ，再结晶组织
浸　蚀　剂：Au-m5

图 2.3.2-67

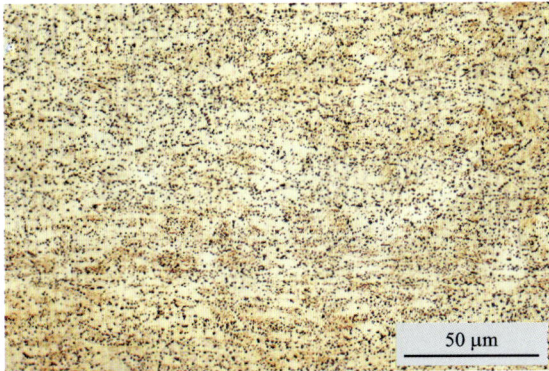

牌　　　号：Au-18Cu-1.4Co-0.5Cr-0.1Zr
状　　　态：冷加工，750℃/30 min 热处理
组织说明：(Au)+(Co)+ZrAu$_3$+σ，再结晶组织
浸　蚀　剂：Au-m5

图 2.3.2-68

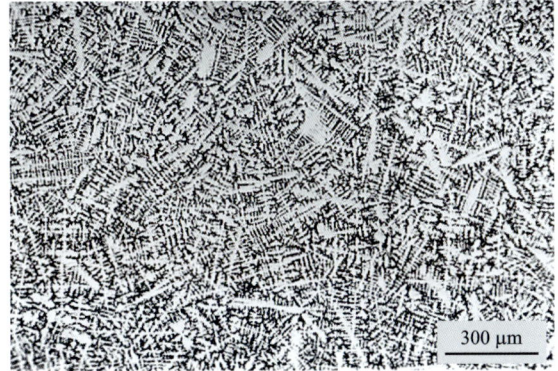

牌　　　号：Au-14Cu-10Ag-5Pt-1Ni
状　　　态：铸态
组织说明：(Au，Cu)铸态枝晶偏析组织
浸　蚀　剂：Au-m5

图 2.3.2-69

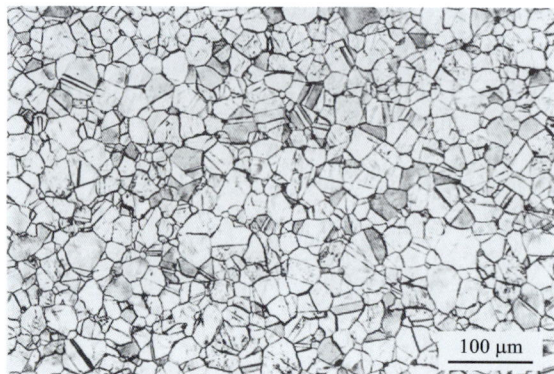

牌　　　号：Au-14Cu-10Ag-5Pt-1Ni
状　　　态：冷加工，750℃/5 h 热处理
组织说明：(Au，Cu) 单相再结晶组织
浸　蚀　剂：Au-m5

图 2.3.2-70

2.4　金银铜系合金

2.4.1　金银铜系合金的性能和用途

Au-Ag-Cu 合金可作钎焊材料使用，钎料合金的成分范围分布很广，其中 Cu 质量分数介于 10%～50%，Ag 质量分数介于 1%～35%，其熔点(固相线温度)介于 780～950℃，即介于 Ag-28Cu 和 Au-17.5Ni 两种合金钎料的熔点之间，故可作为电真空管一级钎焊的焊料和其他电真空焊料。在 Au-Ag-Cu 钎料合金中添加 Zn、Sn、Cd、In、Cd 等，可以降低合金熔点与焊接温度，改善合金的流散性与润湿性。对于用作金合金饰品的钎料，这些添加元素还可以调节颜色，可满足饰品对颜色与成色的要求。

740℃淬火态 Au-Ag-Cu 合金的强度、硬度和延伸率等高线分布示于图 2.4.1-1。可以看出，在 Au、Ag 和 Cu 三个角区的合金的强度和硬度值较低，延伸率高，随着合金组元含量增大，强度与硬度值逐渐增大，延伸率降低。在 Au-Ag-Cu 合金中，Au 是影响合金化学稳定性的主组元，Ag 与 Cu 的比例则影响合金强度、硬度、延伸率、时效硬化和熔化温度。表 2.4.1-1 列出部分 Au-Ag-Cu 合金的成分和性能。

Au-Ag-Cu 合金广泛地应用于精密仪表中，用作精密电阻材料和轻负荷电接触材料，也用作电真空焊料、弹簧材料、电刷材料、牙科材料以及首饰和饰品材料，也可以代替某些铂合金(如 Pt-Ir 合金)和钯合金(如 Pd-Ir 合金)使用。在 Au-Ag-Cu 中加入 Mn 可提高电阻率，加入 Ni 和稀土元素可提高强度及耐磨性，也有加入 Gd、Pt、Cd 等形成四元或五元合金，其中 AuAgCuCd 合金用于颜色金饰品的钎焊。

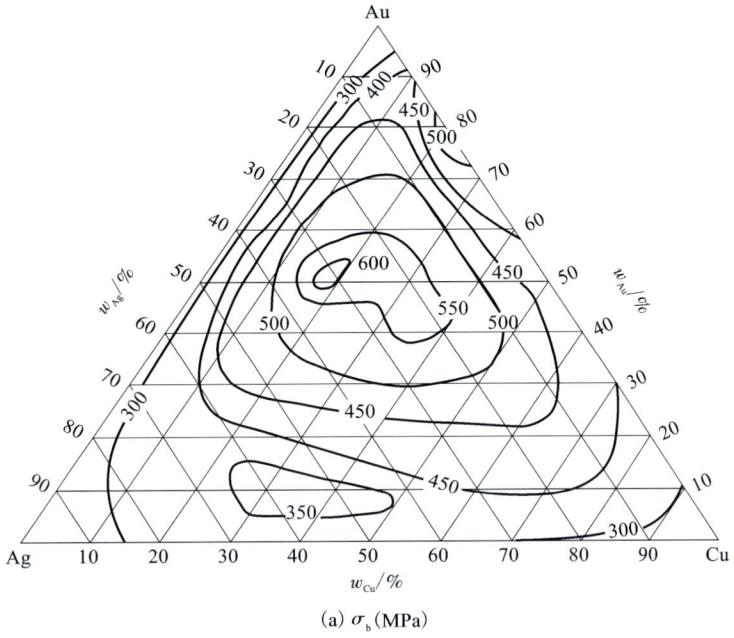

(a) σ_b(MPa)

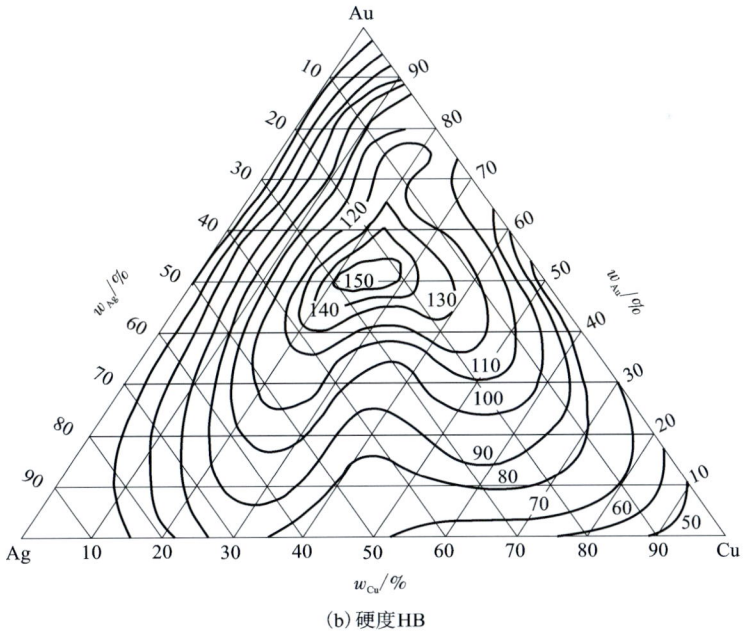

(b) 硬度 HB

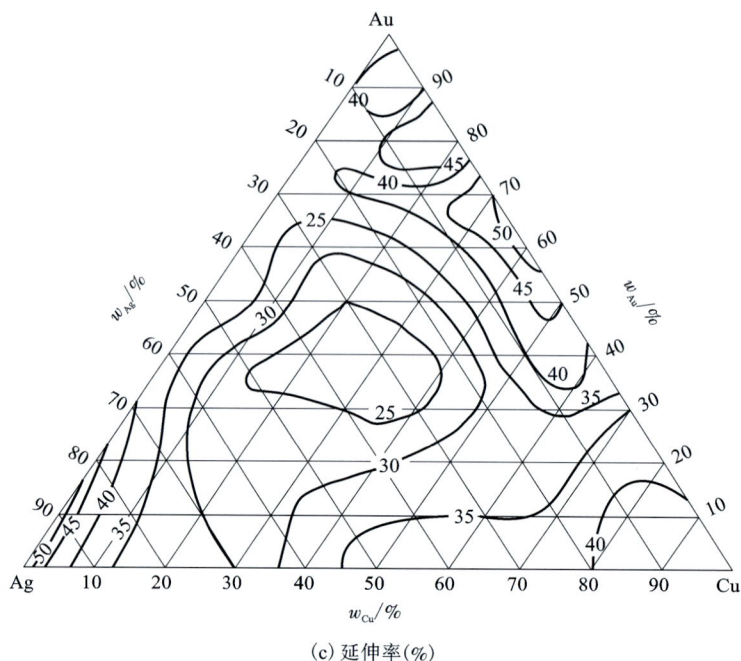

(c) 延伸率(%)

(740℃加热 20 min 后淬火态)

图 2.4.1-1　Au-Ag-Cu 合金的强度(a)硬度(b)和延伸率(c)等高线图

表 2.4.1-1　部分 Au-Ag-Cu 系合金化学成分和性能

合金成分 (质量分数)/%	熔点 /℃	密度 /(g·cm⁻³)	电阻率 /(μΩ·cm)	强度 /MPa	硬度 /HV
Au-35Ag-5Cu	950	—	12.0	~650	180
Au-20Ag-30Cu	850	12.75	13.5	900	250
Au-29Ag-8.5Cu	1014	14.4	~13.0	—	260
Au-22Ag-3Cu-1Ni	—		12.0	1000	200
Au-30Ag-7Cu-3Ni	—	14.4	13	1050	230
Au-33.5Ag-3Cu-3Mn	~1000	14.1	—	863	—
Au-33.5Ag-3Cu-2.5Mn-0.5Gd	—	—	—	588.4	1216
Au-30Ag-16.7Cu-20Cd	635~709				
Au-3Ag-10Cu-12Cd	738~750				
Au-12Ag-8Cu-5Cd	862~887				
Au-(5~15)Ag-(5~15)Cu-(0~3)Sn-(0~4)Zn	750~870			HB 80	
Au-(12~22)Ag-(12~22)Cu-(2~3)Sn-(2~4)Zn	724~835			HB 110	
Au-(30~35)Ag-(15~20)Cu-(2~3)Sn-(2~4)Zn	690~810			HB 140	
Au-50Ag-20Pd-5Cu-3Sn-2Zn					

2.4.2　金银铜系合金的金相组织

Au-Ag-Cu 系合金除靠 Au 角的富 Au 合金之外，几乎所有合金都有相变，具有明显时效硬化效应，随着温度降低，(Cu)+(Ag) 两相区不断扩大，均相区则不断缩小。图 2.4.2-1~图 2.4.2-3 显示了 3 个三元金合金的相变区。随着 Au 含量减少，单相固溶区减小甚至消失，两相固溶体分解区明显增大。若将含 58.33%（原子分数）Au 合金从高于 650℃ 温度淬火快冷，可得到单相固溶体，继而在低温时效，过饱和固溶体分解为含 Au、Ag 的 α_1 相和含 Au、Cu 的 α_2 相。除单相固溶体分解之外，缓冷或时效在合金中生成类似于在 Au-Cu 合金中发生的有序相，增加 Ag 含量可以逐渐抑制有序化过程。图 2.4.2-4~图 2.4.2-19 为部分 Au-Ag-Cu 系合金的金相组织。

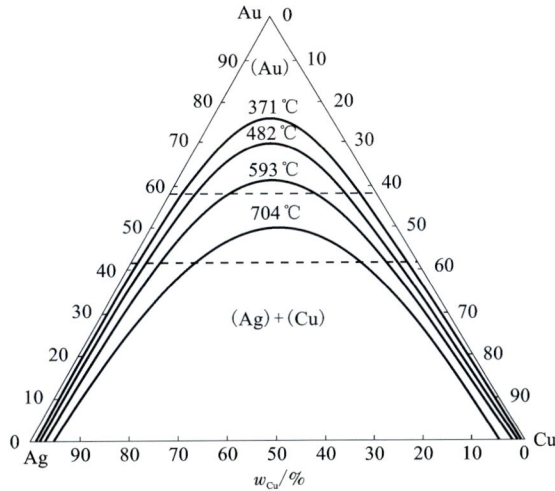

图 2.4.2-1　Au-Ag-Cu 系合金在两相区的投影图

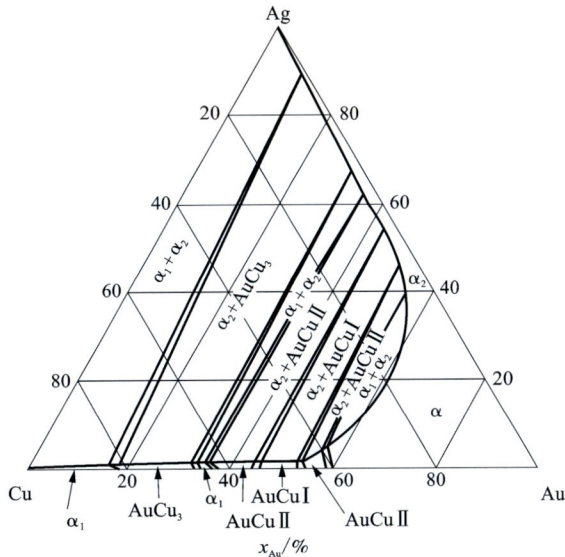

图 2.4.2-2　Au-Ag-Cu 系合金 350℃ 等温截面图

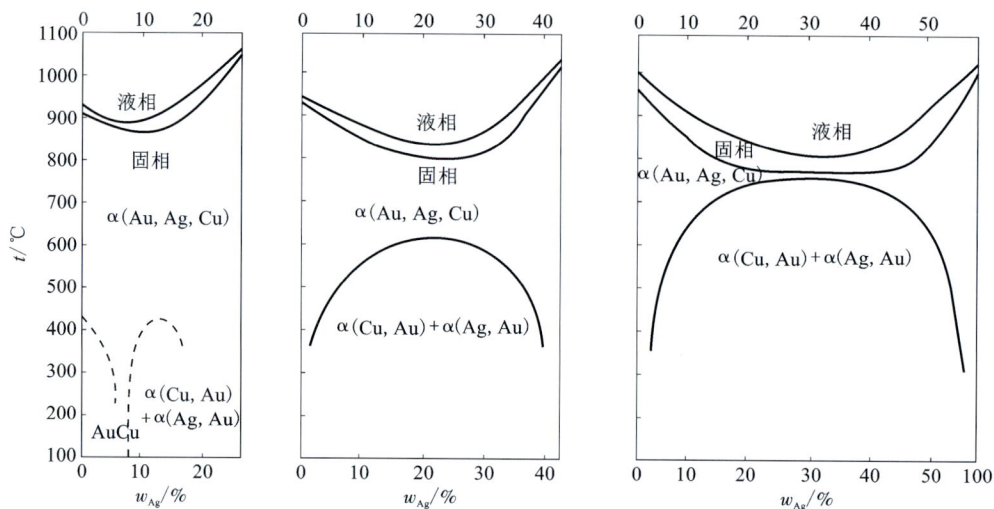

图 2.4.2-3　Au-Ag-Cu 三元系合金中 75%、58.5%、41.7%(质量分数)Au 合金准二元截面示意图

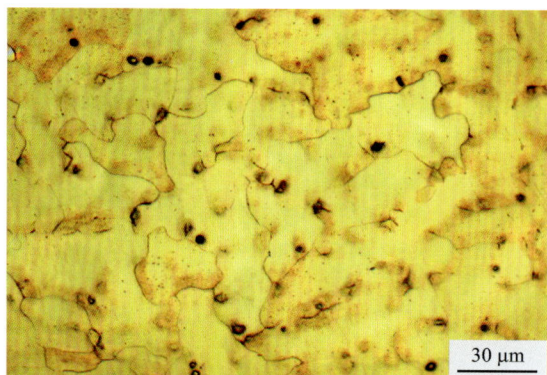

牌　　　号：Au-20Ag-10Cu
状　　　态：铸态
组织说明：α(Au，Ag，Cu)晶内偏析组织
浸　蚀　剂：Au-m5

图 2.4.2-4

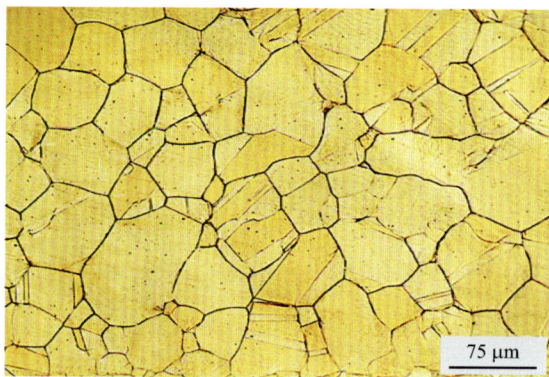

牌　　　号：Au-20Ag-10Cu
状　　　态：冷加工，300℃/4 h 热处理
组织说明：α(Au，Ag，Cu)单相再结晶组织
浸　蚀　剂：Au-m5

图 2.4.2-5

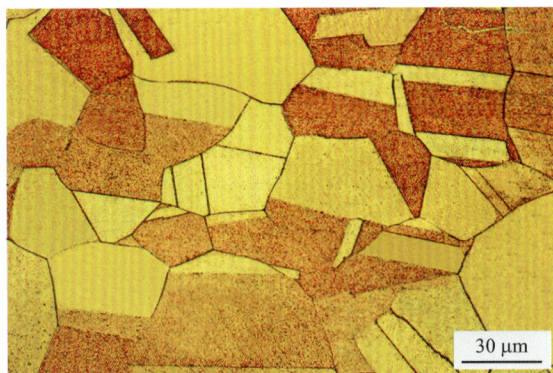

牌　　号：Au-20Ag-10Cu
状　　态：冷加工，700℃/1 h 急冷处理
组织说明：α(Au，Ag，Cu)单相再结晶组织
浸 蚀 剂：Au-m5

图 2.4.2-6

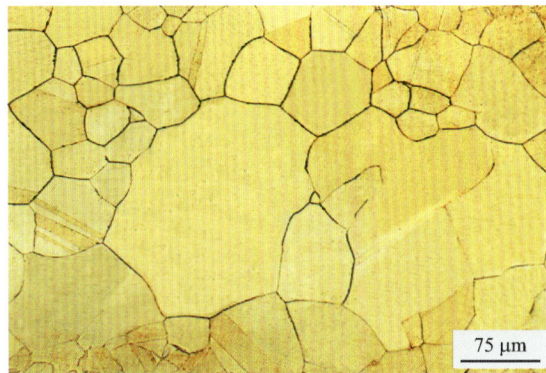

牌　　号：Au-20Ag-10Cu
状　　态：冷加工，700℃/1 h 热处理
组织说明：α(Au，Ag，Cu)单相再结晶组织
浸 蚀 剂：Au-m5

图 2.4.2-7

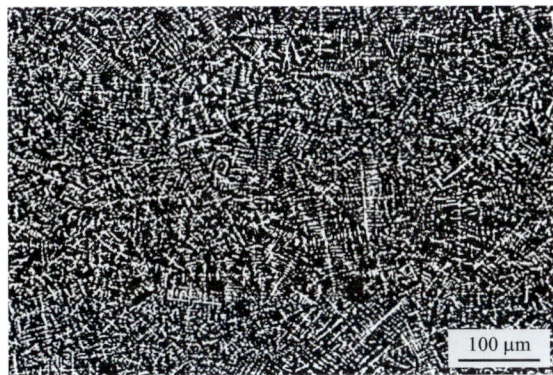

牌　　号：Au-20Ag-30Cu
状　　态：铸态
组织说明：α_1(Cu，Au)+α_2(Ag，Au)，枝晶偏析组织
浸 蚀 剂：Au-m5

图 2.4.2-8

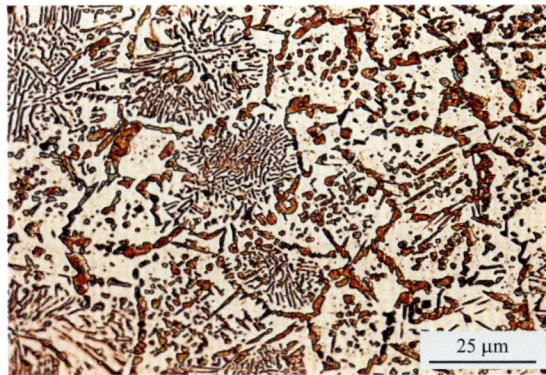

牌　　号：Au-20Ag-30Cu
状　　态：铸态，700℃/1 h 均匀化热处理
组织说明：α_1(Cu，Au)+α_2(Ag，Au)，仍保留晶内偏析的
　　　　　组织
浸 蚀 剂：Au-m3

图 2.4.2-9

牌　　号：Au-30Ag-20Cu
状　　态：冷加工，700℃/30 min 固溶处理
组织说明：α(Au，Ag，Cu)沿晶界裂纹单项再结晶组织
浸 蚀 剂：Au-m5

图 2.4.2-10

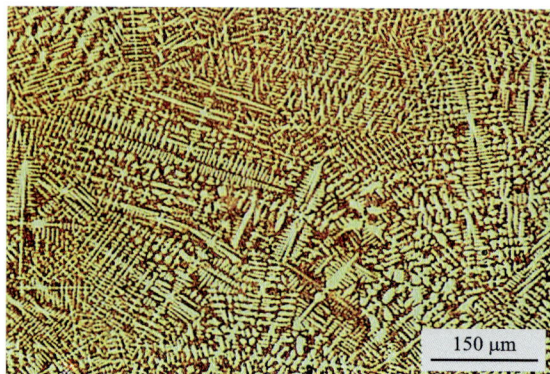

牌　　号：Au-35Ag-5Cu
状　　态：铸态
组织说明：α(Au，Ag，Cu)枝晶偏析组织
浸 蚀 剂：Au-m5

图 2.4.2-11

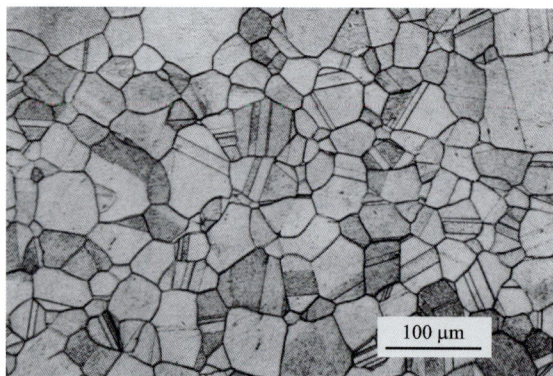

牌　　号：Au-35Ag-5Cu
状　　态：冷加工，700℃/30 min 热处理
组织说明：α(Au，Ag，Cu)单相再结晶组织
浸 蚀 剂：Au-m2

图 2.4.2-12

牌　　号：Au-35Ag-5Cu
状　　态：冷加工，700℃/25 min 热处理
组织说明：α(Au，Ag，Cu)单相再结晶组织，偏振光照片
浸 蚀 剂：Au-m2

图 2.4.2-13

牌　　号：Au-35Ag-5Cu-0.5Gd
状　　态：铸态
组织说明：α(Au，Ag，Cu)+Cu₆Gd，枝晶偏析组织
浸 蚀 剂：Au-m2

图 2.4.2-14

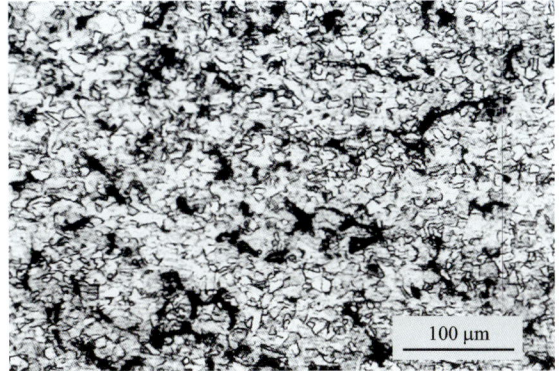

牌　　号：Au-35Ag-5Cu-0.5Gd
状　　态：冷加工，550℃/30 min 退火
组织说明：α(Au，Ag，Cu)+Cu₆Gd，再结晶组织
浸 蚀 剂：Au-m2

图 2.4.2-15

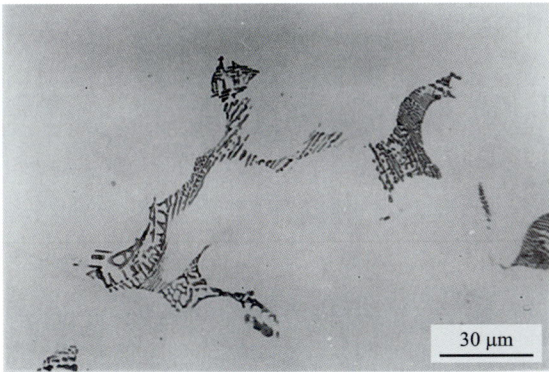

牌　　号：Au-30Ag-10Cu-0.5Gd
状　　态：铸态
组织说明：α(Au，Ag，Cu)+Cu₆Gd，凝固结晶组织
浸 蚀 剂：电解抛光，未腐蚀

图 2.4.2-16

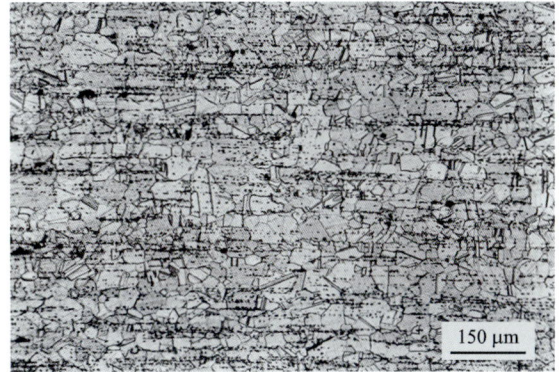

牌　　号：Au-30Ag-10Cu-0.5Gd
状　　态：冷加工，750℃/1 h 退火处理
组织说明：α(Au，Ag，Cu)+Cu₆Gd，再结晶组织
浸 蚀 剂：Au-m2

图 2.4.2-17

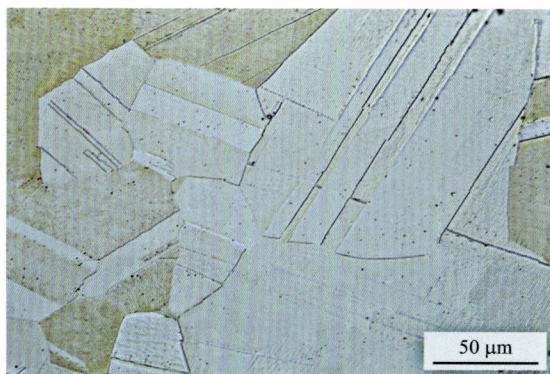

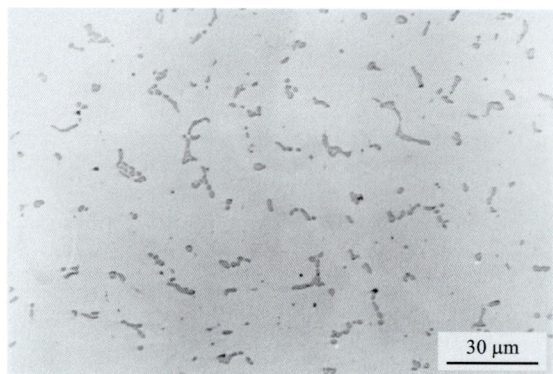

牌　　　号：Au-33.5Ag-3Cu-3Mn
状　　　态：冷加工，700℃/2 h 热处理
组织说明：（Au）单相再结晶组织
浸 蚀 剂：Au-m2

图 2.4.2-18

牌　　　号：Au-33.5Ag-3Cu-2.5Mn-0.4Gd
状　　　态：冷加工，700℃/2 h 热处理
组织说明：α（Au）+AuMn+Cu_6Gd，再结晶组织
浸 蚀 剂：电解抛光，未腐蚀

图 2.4.2-19

2.5 装饰用金合金

2.5.1 装饰用金合金的性能和用途

金因其美丽的颜色，高的化学稳定性和收藏观赏价值，自古以来就被用来制作饰品。随着人类生活水平提高，黄金饰品的种类日益增多，需求量日益增大。以西方国家为例，在20 世纪 80 年代末期，珠宝首饰业的用金量约占加工制造业用金总量的 2/3，而在 90 年代初期则上升到 80%。

黄金饰品合金中含 Au 量的多少被称为成色，根据饰品的成色，可将饰品分为纯金类与开金类。纯金饰品又称足金、千足金或 24K 金。

颜色开金合金主要有 Au-Ag-Cu、Au-Ag-Cu-Zn 和 Au-Ti 合金系。在 Au-Ag-Cu 合金系中，金含量控制合金的化学特性，包括化学稳定性和颜色稳定性，而 Ag、Cu 比控制合金系的相结构与性能。通过调配不同 Ag、Cu 比例，可以获得具有不同结构特征、强化机制和性能的颜色开金合金。Au-Ag-Cu 合金系的颜色在富金角呈金黄色，富银角呈银白色，富铜角呈铜红色（图 2.5.1-1）。富铜角的红色与淡红色区内的合金通过添加锌可以制成黄色合金。锌添加到 14K 和 18K 金合金中可以减小合金的表面张力，改善流动性和氧化行为，对黄色 K 金合金的铸造性和可加工性产生有利的影响，因而构成 Au-Ag-Cu-Zn 系列金合金系。23.76K Au-Ti 合金即 990Au-10Ti 合金（简称 990Au）的颜色呈黄色，是一种既保持了高开金的品质与色泽，又具有相当于 14K Au 的强度性质与耐磨性的新型颜色开金合金，可用于镶嵌宝石与钻石。该合金具有明显的时效强化效果，但因 Ti 组元的易氧化性，制备工艺应注意防护。

适于颜色开金饰品焊接的焊料合金除应满足对焊料的一般性要求外，还应满足饰品对颜

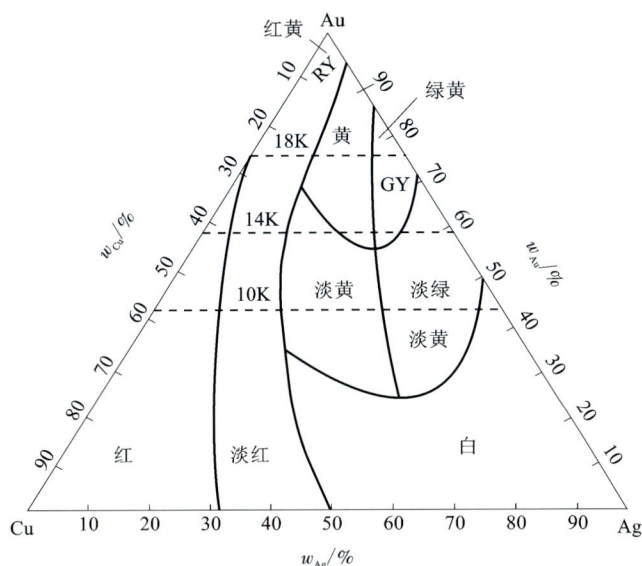

图 2.5.1-1　Au-Ag-Cu 系合金的颜色与成分的关系

色、熔点和分级焊等要求。因此，颜色开金饰品的焊料合金主要有 Au-Ag-Cu-Zn (Sn、In 等) 系固溶体型焊料以及 Au-Ag-Ge-Si 和 Au-Ge-Si 系共晶型焊料。对 Au-Ag-Cu 系合金焊料，Ag 与 Cu 的比例决定了 Au-Ag-Cu 合金的熔化温度，添加 Zn、Sn、In、Cd 等元素可降低合金熔点，改善浸润性与流散性。Au-Ag-Ge-Si 和 Au-Ge-Si 共晶型焊料合金的熔化温度较低，可用于焊接 8K、14K 和 18K 金合金饰品。这类焊料的流动性不好，焊接点常呈脆性，所以在应用中只能作为 Au-Ag-Cu-M (Zn、Sn、In) 焊料合金的一种补充。共晶型焊料合金本身也呈脆性，因而加工成型困难。

基于合金元素对 Au 的反射率和颜色的影响，许多过渡金属与简单金属添加元素都可使 Au 退色与漂白，从而制成白色开金合金，并于 20 世纪 20 年代开始被用来代替铂作饰品材料。基于对饰品合金的结构和性能的综合考虑，在诸多漂白元素中，主要漂白剂是 Ni 和 Pd，因而形成含 Ni 白色开金和含 Pd 白色开金两个系列。含 Ni 白色开金的优点是具有与 Pt 相匹配的白色，合金表面适于镀铑，具有良好的抗晦暗能力，液相线温度低，为 1100℃，成本低；缺点是高 Ni 合金加工困难，低 Ni 合金色泽较差，抗淬脆件差，高 Ni 会使人体过敏等。含 Pd 白色合金的优点是具有与 Pt 相媲美的优良色泽，抗腐蚀抗晦暗性强，硬度与加工硬化率低，加工性好，再循环使用简单；缺点是价格高，液相线温度超过 1100℃等。传统的含 Ni 和含 Pd 白色开金合金都有各自的局限性，一种新的合金设计是在 Au-Pd-Ag 合金系中加入 Ni、Cu 和 Zn，以综合这两类合金的优点和克服缺点。Fe、Mn 也具有良好的漂白能力，特别是当它们与 Pd 相结合使用时效果更好，因而近年来开发 Au-Pd-Ag-Cu-Mn 和 Au-Pd-Ag-Cu-Fe 系开金白色合金。综观发展趋势，白色开金合金近年向多元化方向发展，以求获得优良综合性能与降低成本。白色开金焊料合金也有固溶体型与共晶型。低熔点共晶型焊料有 Au-20Sn、Au-25Sb 以及 Au-Ag-Ge-Si 和 Au-Ge-Si 等系。固溶体型是以 Au-Ni 合金的低熔点成分为基础，再添加 Zn 和 Cu 以降低熔点和改善加工性。

　　传统的饰品金合金多呈彩色(如黄、红、绿、紫、蓝等)和白色。近年来,人们利用某些金合金中的马氏体与类马氏体相变所形成的表面浮凸与精细层状结构在光线作用下所产生的光栅衍射效应,使合金表面呈现斑斓闪烁的光学效果。这种效果被称为"斯斑效应"(Spangle effect),具有这种效应的合金称为"斯斑金"合金(Spangold alloy)。利用马氏体相变的可逆反应和"记忆"特性可产生叠加的类似"编筐"花纹的马氏体结构,称"反斯斑"效应。Au-Al 系中的 β 相的相变属马氏体相变,Au-Cu 合金系中的有序转变属类马氏体相变。利用这些相变制备 23K Au-Al 和 18K Au-Cu-Al 合金的"斯斑"与"反斯斑"结构具有独特的闪烁花纹,与镶嵌钻石的闪烁效果无异,极具美学观赏价值与装饰效果,构成了金合金饰品材料的新家族。表 2.5.1-1 列出部分典型颜色 KAu 合金的化学成分和颜色,表 2.5.1-2 为常用白色 Au 合金的成分,表 2.5.1-3 是特殊装饰 Au 合金成分表,表 2.5.1-4 为颜色 Au 合金焊料成分表,表 2.5.1-5 为白色 Au 合金成分表。

表 2.5.1-1　某些典型颜色 KAu 合金的化学成分(w)和颜色　　　　单位:%

合金	Au	Ag	Cu	Zn	其他	颜色
23.76K	99	—	—	—	1(Ti)	黄色
22K	91.66	8.34	—	—	—	淡黄
	91.66	6.20	2.14	—	—	黄色
	91.70	5.50	2.80	—	—	黄色
	91.66	5.50	2.84	—	—	黄色
	91.66	3.20	5.14	—	—	黄色
	91.70	3.20	5.18	—	—	深黄
	91.66	2.50	5.84	—	—	深黄
	91.66	1.23	7.11	—	—	深黄
	91.66	—	8.34	—	—	粉红
21K	87.50	4.50	8.00	—	—	淡黄(3N~4N)
	87.50	1.75	10.75	—	—	粉红(4N~5N)
	87.50	—	12.5	—	—	红色(5N)
20K	83.33	16.67	—	—	—	绿黄
	83.33	12.50	4.17	—	—	淡绿黄
	83.33	8.00	8.67	—	—	黄色
	83.33	6.67	10.00	—	—	黄色
	83.33	4.20	12.47	—	—	粉红
	83.33	—	16.67	—	—	红色
	80.00	—	—	—	20(Al)	紫色

续表2.5.1-1

合金	Au	Ag	Cu	Zn	其他	颜色
18K	75.0	25.00	—	—	—	绿黄
	75.0	22.00	3.00	—	—	淡绿黄
	75.0	16.00	9.00	—	—	淡黄(2N)
	75.0	15.00	10.00	—	—	黄色
	75.0	13.00	12.00	—	—	黄色
	75.0	12.50	12.50	—	—	黄色(3N)
	75.0	12.30	12.50	0.20	—	黄色
	75.0	10.00	13.00	2.00	—	黄色
	75.0	9.00	16.00	—	—	粉红(4N)
	75.0	7.50	17.50	—	—	粉红
	75.0	7.00	18.00	—	—	粉红
	75.0	4.50	20.50	—	—	红色(5N)
	75.0	3.00	22.00	—	—	红色
	75.0	—	25.00	—	—	红色
	75.0	—	—	—	25(Fe)	蓝色
	75.0	—	—	—	25(Co)	黑色
16K	66.70	33.30	—	—	—	绿色
	66.70	28.50	4.80	—	—	淡绿色
	66.70	22.20	11.10	—	—	黄色
	66.70	16.70	16.60	—	—	黄色
	66.70	11.10	22.20	—	—	粉红
	66.70	4.80	28.50	—	—	粉红
	66.70	—	33.30	—	—	红色
15K	62.50	37.50	—	—	—	绿黄
	62.50	28.80	8.70	—	—	淡绿色
	62.50	25.00	12.50	—	—	淡绿色
	62.50	18.75	18.75	—	—	黄色
	62.50	12.50	25.00	—	—	粉红
	62.50	8.00	25.50	4.0	—	粉红
	62.50	—	37.50	—	—	红色

续表2.5.1-1

合金	Au	Ag	Cu	Zn	其他	颜色
14K	58.50	41.50	—	—	—	绿黄
	58.50	34.00	7.5	—	—	绿黄(ON)
	58.50	33.50	8.00	—	—	淡绿黄
	58.50	31.00	10.50	—	—	淡绿黄
	58.50	27.75	13.75	—	—	淡绿黄
	58.50	26.50	15.00	—	—	淡黄(1N)
	58.50	22.83	18.67	—	—	黄色
	58.50	20.75	20.75	—	—	黄色
	58.50	13.10	26.50	1.90	—	淡黄
	58.50	11.60	26.90	3.00	—	淡黄
	58.50	10.40	31.10	—	—	粉红
	58.50	8.50	26.50	5.00	1.5(Ni)	粉红
	58.50	8.00	29.50	4.00	—	粉红
	58.50	6.00	29.50	6.00	—	粉红
	58.50	2.00	29.50	10.00	—	红色
	58.50	0.20	31.70	9.60	—	红色
	58.50	—	41.50	—	—	红色
12K	50.00	50.00	—	—	—	淡绿色
	50.00	42.90	7.10	—	—	淡绿黄
	50.00	33.30	16.70	—	—	淡绿黄
	50.00	25.00	25.00	—	—	黄色
	50.00	16.70	33.30	—	—	黄色
	50.00	11.50	37.50	1.00	—	粉红
	50.00	8.00	34.00	8.00	—	粉红
	50.00	5.50	36.50	7.00	1.00(Ni)	粉红
	50.00	5.00	36.00	9.00	—	粉红
	50.00	4.50	41.00	4.50	—	红色
	50.00	—	42.00	2.00	6.00(Ni)	淡红
	50.00	—	50.00	—	—	红色
	46.00	—	—	—	54(In)	蓝色

续表2.5.1-1

合金	Au	Ag	Cu	Zn	其他	颜色
10K	41.70	58.30	—	—	—	浅白
	41.70	50.00	8.30	—	—	淡绿色
	41.70	47.00	11.30	—	—	淡绿色
	41.70	35.00	23.30	—	—	淡黄
	41.70	29.15	29.15	—	—	淡黄
	41.70	23.00	35.30	—	—	淡黄
	41.70	11.66	46.64	—	—	粉红
	41.70	10.00	46.30	2.00	—	粉红
	41.70	9.00	40.30	9.00	—	粉红
	41.70	8.30	50.00	—	—	红色
	41.70	5.00	49.30	4.00	—	红色
	41.70	—	58.30	—	—	红色
9K	37.50	62.50	—	—	—	白色
	37.50	60.00	2.50	—	—	白色
	37.50	55.00	7.50	—	—	浅白
	37.50	49.00	13.50	—	—	淡绿黄
	37.50	42.00	20.50	—	—	淡绿黄
	37.50	40.00	15.50	7.00	—	淡黄
	37.50	35.50	27.00	—	—	淡黄
	37.50	24.00	38.50	—	—	淡黄
	37.50	20.00	40.00	2.50	—	淡黄
	37.50	11.50	51.00	—	—	粉红
	37.50	7.50	55.00	—	—	粉红
	37.50	3.00	59.50	—	—	红色
	37.50	—	62.50	—	—	红色

表 2.5.1-2　常用白色 Au 合金化学成分(质量分数)　　　　单位：%

合金	Au	Pd	Ag	Cu	Ni	Fe	Mn	其他
20K	83.30	16.70	—	—	—	—	—	—
18K	75.00	12.50	12.50	—	—	—	—	—
	75.00	10.00	8.00	—	7.00	—	—	—
	75.00	20.00	5.00	—	—	—	—	—
	75.00	5.40	9.90	5.10	1.10	—	—	3.5Zn
	70~75	5~25	—	—	—	—	—	15~25Pt
	75.00	15.00	—	7.00	—	—	3.00	—
	75.00	15.00	2.00	5.00	—	—	3.00	—
	75.00	5.00	10.00	—	—	—	10.00	—
	75.00	15.00	—	5.00	—	5.00	—	—
	75.00	13.50	—	9.50	—	2.00	—	—
	75.00	10.00	10.00	—	—	5.00	—	—
	75.00	10.00	—	—	10.00	5.00	—	—
	75.00	10.00	—	—	5.00	10.00	—	—
15K	62.50	12.64	24.86	—	—	—	—	—
14K	58.50	10.00	29.50	—	2.00	—	—	—
	58.50	16.60	23.70	—	1.20	—	—	—
	58.50	17.50	23.50	0.50	—	—	—	—
	58.50	16.60	24.10	—	0.80	—	—	—
	58.50	19.80	19.70	2.00	—	—	—	—
	58.50	20.00	18.50	—	—	—	—	—
	58.50	15.00	17.50	7.00	—	—	2.00	—
	58.50	6.00	23.50	3.00	—	—	9.00	—
	58.50	15.00	17.50	7.00	—	2.00	—	—
	59.00	—	—	22.0	12.0	—	—	0.7Zn(8N)
12K	50.15	15.00	32.55	1.00	1.50	—	—	—
10K	41.70	12.00	45.80	—	—	—	—	0.5Zn
9K	37.5	20.00	42.50	—	—	—	—	—
	37.5	17.50	45.00	—	—	—	—	—

表 2.5.1-3　特殊装饰金合金化学成分(质量分数)　　单位：%

合金	Au	Cu	Al	其他	颜色
11K	46	—	—	余量	鲜蓝色
14K	58.5	—	—	余量	浅蓝色
18K	79	—	余量	—	紫色
	余量	—	21	—	
	余量	—	15	—	
23K	余量	—	3	—	斯斑金
18K	76	19	5	—	
	76	18	6	—	

表 2.5.1-4　颜色金合金焊料化学成分

合金	质量分数 w/%									熔化温度/℃		有效温差/℃
	Au	Ag	Cu	Zn	Sn	Ge	Si	Ga	In	液相线	固相线	
23K	97.0	—	—	—	—	—	3.0	—	—	362	363	—
22K	91.7	—	—	—	—	6.6	1.7	—	—	376	362	—
	92.5	—	—	—	—	6.6	1.5	—	—	374	362	—
	92.0	—	—	—	—	7.0	1.0	—	—	382	362	—
	90.0	—	—	—	—	7.9	2.1	—	—	370	362	—
21K	88.0	—	—	—	—	12.0	—	—	—	361	361	—
	87.5	—	5.50	5.0	—	—	—	2.0	—	813	677	113
	87.5	—	4.5	4.0	4.0	—	—	—	—	813	662	113
	87.5	—	5.0	7.5	—	—	—	—	—	830	793	96
	87.5	—	8.5	—	—	—	—	4.0	—	836	644	90
	87.5	2.0	3.0	7.5	—	—	—	—	—	837	785	89
	87.5	—	5.5	4.8	—	—	—	—	2.2	840	751	86
	87.5	—	6.0	5.0	—	—	—	—	1.5	850	771	76
	87.5	1.5	6.0	5.0	—	—	—	—	—	884	840	42
	87.5	—	10.5	—	—	—	—	2.0	—	885	743	41
	87.5	—	8.5	—	—	—	—	—	4.0	894	786	32
	87.5	—	8.5	—	2.0	—	—	—	2.0	896	691	30
	87.5	2.0	8.5	—	—	—	—	2.0	—	898	740	28

续表2.5.1-4

合金	质量分数 w/%									熔化温度/℃		有效温差/℃
	Au	Ag	Cu	Zn	Sn	Ge	Si	Ga	In	液相线	固相线	
18K	75.0	12.0	8.0	—	5.0	—	—	—	—	887	826	—
	75.0	6.0	11.0	8.0	—	—	—	—	—	804	797	46
	75.0	6.0	10.0	7.0	—	—	—	—	2.0	781	765	74
	75.0	5.0	9.3	6.7	—	—	—	—	4.0	750	726	105
	75.0	21.7	—	—	—	—	3.3	—	—	520	500	—
	75.0	20.1	—	—	—	2.5	2.4	—	—	508	500	—
	75.0	18.0	—	—	—	5.0	2.0	—	—	495	470	—
	75.0	16.0	—	—	—	7.5	1.2	—	—	468	450	—
	75.0	14.3	—	—	—	10.0	0.7	—	—	455	450	—
16K	66.7	15.0	15.0	3.3	—	—	—	—	—	826	796	—
14K	58.33	20.0	18.7	3.5	—	—	—	—	—	807	795	48
	58.33	17.50	15.67	6.0	2.50	—	—	—	—	774	757	81
	58.33	14.42	13.0	11.75	—	—	—	—	2.50	728	685	127
	58.3	18.0	12.0	11.7	—	—	—	—	—	754	720	—
	58.3	20.8	19.0	1.9	—	—	—	—	—	830	793	—
12K	50.0	30.5	17.5	2.0	—	—	—	—	—	806	775	—
10K	41.67	33.25	23.85	1.23	—	—	—	—	—	795	777	35
	41.67	29.40	22.18	4.25	2.50	—	—	—	—	763	743	67
	41.67	27.10	20.90	5.33	2.50	—	—	—	2.50	730	680	100
	41.7	24.0	16.3	9.0	—	—	—	—	9.0Cd	720	643	—
8K	33.3	31.0	28.0	7.7	—	—	—	—	—	808	737	—

表 2.5.1-5 白色金合金焊料化学成分

合金	w/%									熔化温度 /℃	有效温差 /℃
	Au	Ag	Cu	Ni	Zn	Sn	Ge	Sb	Si		
19K	80.00	—	—	—	—	20.0				280~280	—
18K	75.0	—	1.00	16.50	7.50	—				902~888	13
	75.0	—	—	—	—	—	25.00			330~280	
	75.0	—	6.5	12.00	6.50	—				834~803	81
	75.0	1.00	6.00	8.00	10.00	—				—	—
	75.0	10.40	4.50	10.1Pd	—					—	—
14K	58.33	15.75	11.0	5.00	9.92	—	—			833~800	107
	58.33	15.75	5.00	5.00	15.92	—				729~707	211
10K	41.67	30.13	15.10	12.00	1.10	—				832~800	138
	41.67	28.10	14.10	10.00	6.13	—				784~736	186
	41.7	30.00	8.30	5.00	15.00	—				732~702	—
8K	33.30	42.00	10.00	5.00	9.70	—				788~721	—
	33.30	57.50	—	—	—	—	7.5		1.70	675—	—
	33.30	55.90	—	—	—	—	10.00		0.80	642—	—
18K 黄白色	58.50	38.00	—	—	—	—			3.50	636—	—
	58.50	36.30	—	—	—	—	2.50		2.70	608—	—
	58.50	34.40	—	—	—	—	5.00		2.10	582—	—
	58.50	32.60	—	—	—	—	7.50		1.40	557—	—

2.5.2 装饰用金合金的金相组织

装饰 Au 合金及其焊接材料主要为 Au-Ag-Cu、Au-Ag-Cu-Zn 等，这些合金在 Au-Ag-Cu 一节已进行较多介绍，这里主要介绍特殊装饰 Au 合金及 18K 金钎料金相组织，其中包括紫金、斯斑金(图 2.5.2-1~图 2.5.2-14)。

Au-21Al 为紫金，因颜色为紫色而得名，从相图 2.5.2-1 可以看出这个成分的合金由 AlAu+Al$_2$Au 构成，二相皆是金属间化合物，性质较脆，该材料没有加工性。图 2.5.2-2~图 2.5.2-14 系紫 Au 和部分 Au 焊料合金的金相组织。

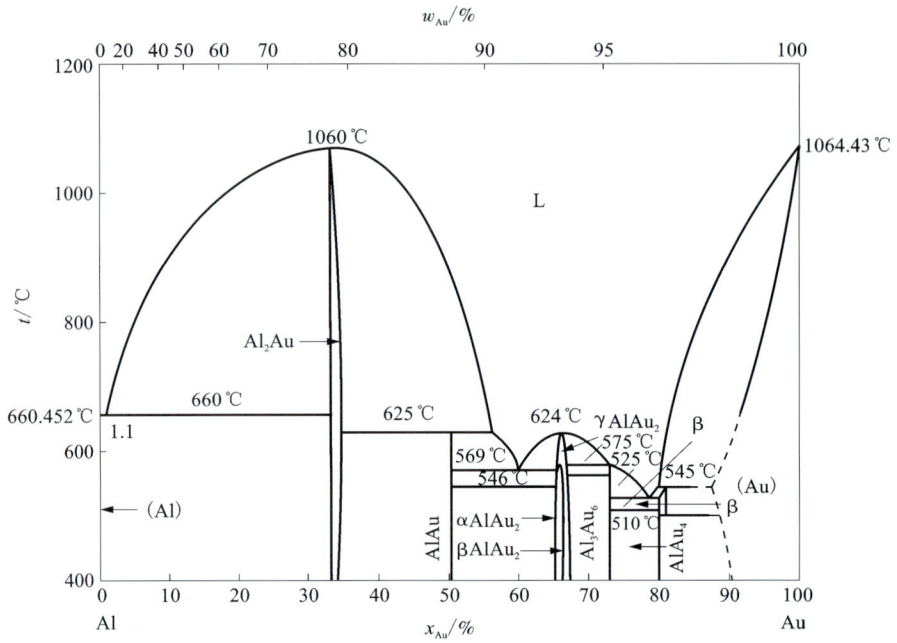

图 2.5.2-1   Al-Au 二元系合金相图

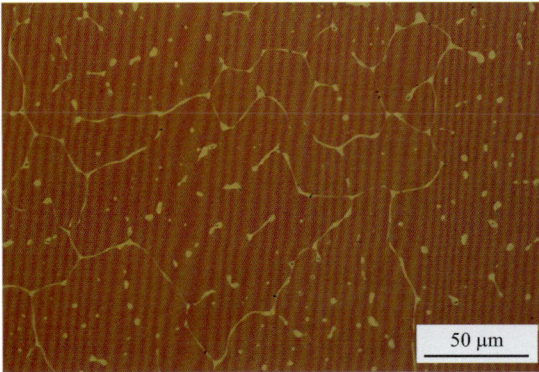

牌　　号：Au-21Al(紫金)
状　　态：铸态
组织说明：AlAu 紫色+Al₂Au 灰色，凝固结晶组织
浸 蚀 剂：未腐蚀

图 2.5.2-2

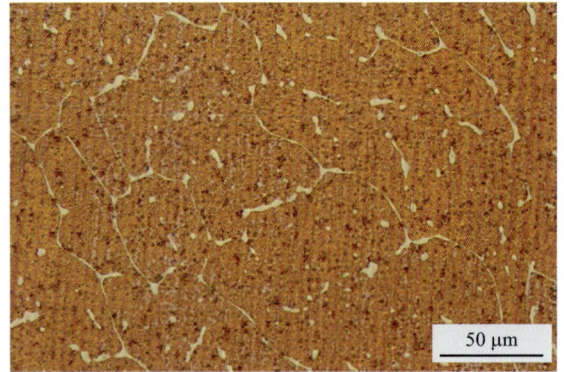

牌　　号：Au-21Al(紫金)
状　　态：铸态
组织说明：AlAu+Al₂Au，凝固结晶组织
浸 蚀 剂：Au-m5

图 2.5.2-3

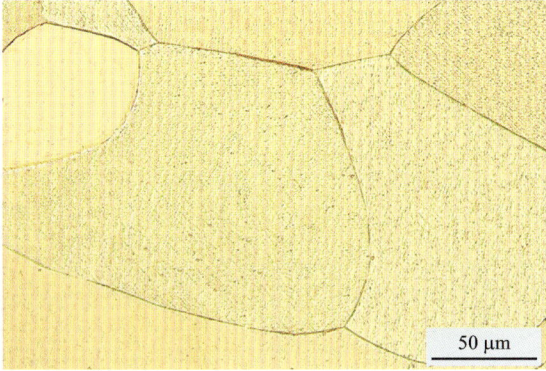

牌　　号：Au-19Cu-5Al(斯斑金)
状　　态：铸态
组织说明：(Au，Cu，Al)凝固结晶组织
浸 蚀 剂：Au-m5

图 2.5.2-4

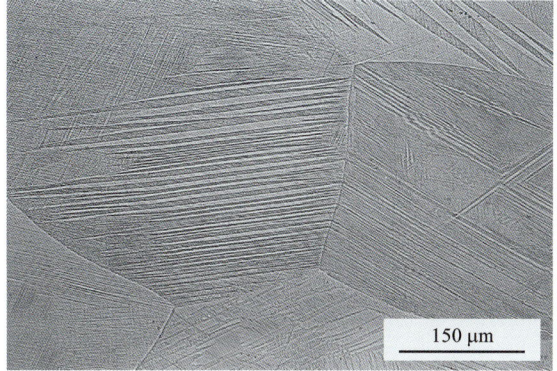

牌　　号：Au-19Cu-5Al(斯斑金)
状　　态：500℃/30 min 快冷处理
组织说明：(Au，Cu，Al)马氏体组织
浸 蚀 剂：Au-m2

图 2.5.2-5

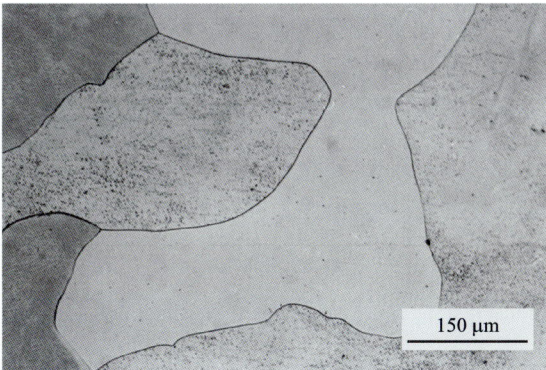

牌　　号：Au-5Zn
状　　态：铸态
组织说明：(Au)凝固结晶组织
浸 蚀 剂：Au-m5

图 2.5.2-6

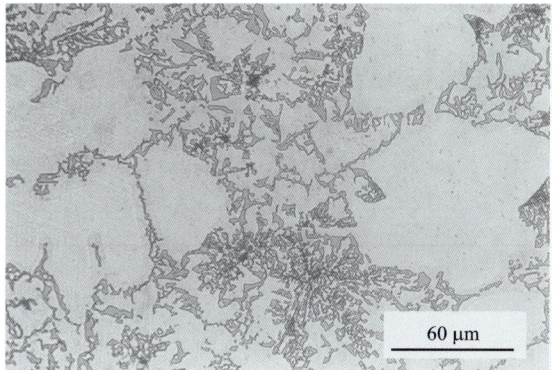

牌　　号：Au-3Zn-2Si
状　　态：铸态
组织说明：(Au)+[(Au)+(Si)]，铸态结晶组织
浸 蚀 剂：Au-m5

图 2.5.2-7

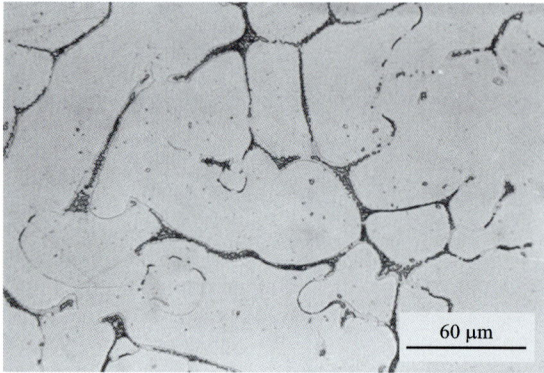

60 μm

牌　　号：Au-4.7Zn-0.3Si
状　　态：铸态
组织说明：(Au)+[(Au)+(Si)]，铸态结晶组织
浸 蚀 剂：Au-m5

图 2.5.2-8

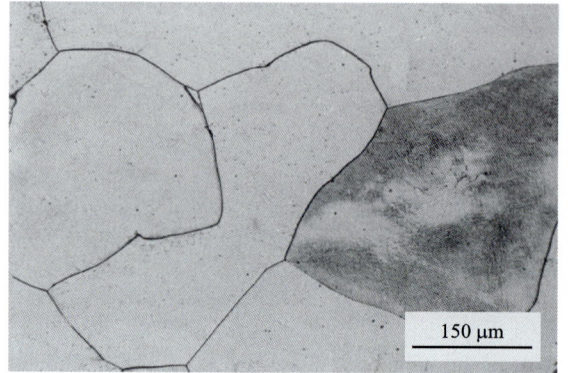

150 μm

牌　　号：Au-4Zn-1Cu
状　　态：铸态
组织说明：(Au)铸态结晶组织
浸 蚀 剂：Au-m5

图 2.5.2-9

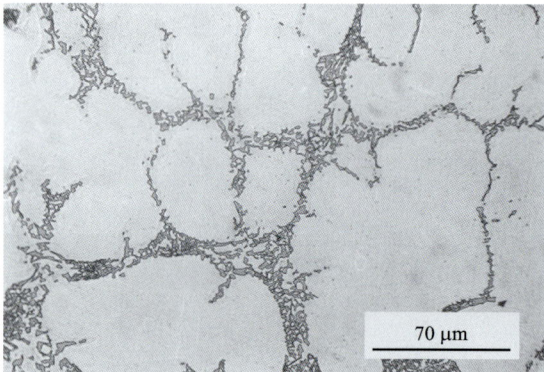

70 μm

牌　　号：Au-3Zn-1Cu-1Si
状　　态：铸态
组织说明：(Au)+[(Au)+(Si)]，铸态结晶组织
浸 蚀 剂：Au-m5

图 2.5.2-10

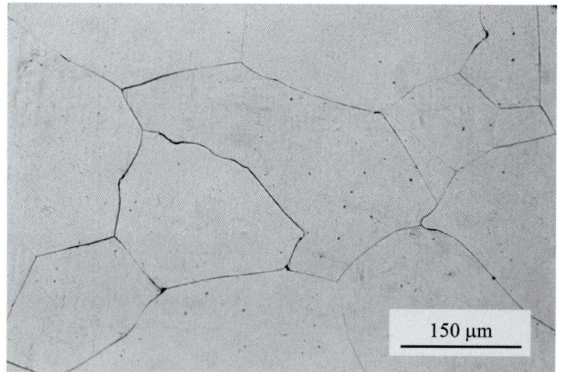

150 μm

牌　　号：Au-4Cr-1Cu
状　　态：铸态
组织说明：(Au)铸态结晶组织
浸 蚀 剂：Au-m5

图 2.5.2-11

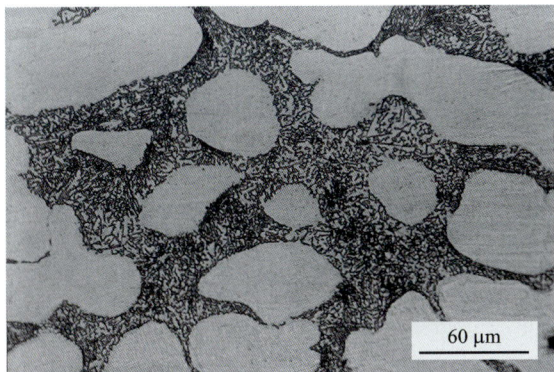

牌　　　号：Au-4Cr-1Si

状　　　态：铸态

组织说明：（Au）+[（Au）+（Si）]，铸态结晶组织

浸 蚀 剂：Au-m5

图 2.5.2-12

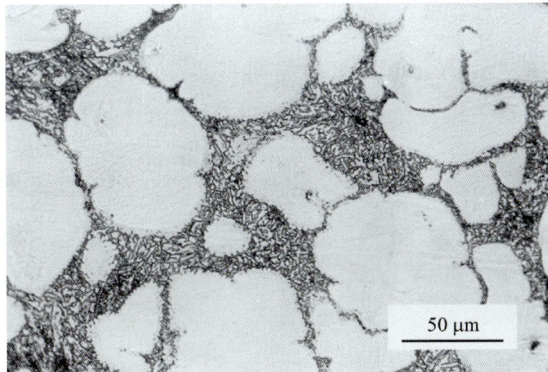

牌　　　号：Au-3Cr-1Cu-1Si

状　　　态：铸态

组织说明：（Au）+[（Au）+（Si）]，铸态结晶组织

浸 蚀 剂：Au-m5

图 2.5.2-13

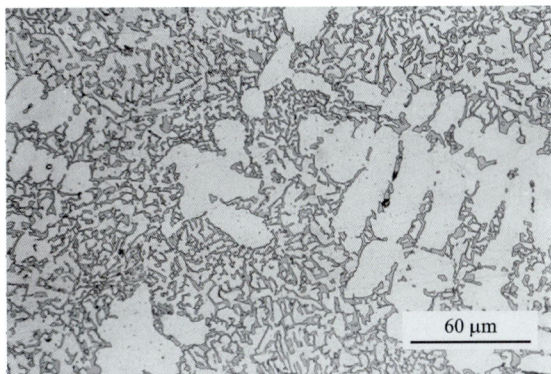

牌　　　号：Au-2Ag-3Si

状　　　态：铸态

组织说明：（Au）+[（Au）+（Si）]，铸态结晶组织

浸 蚀 剂：Au-m5

图 2.5.2-14

2.6　金镍系合金

2.6.1　金镍系合金的性能和用途

Au-Ni 合金固态存在不对称分解曲线，在 810.3℃ 以下出现调幅分解。将 Au-Ni 合金从高温单相区淬火，便得到过饱和单相固溶体。然后进行时效处理，过饱和固溶体分解。根据时效处理温度不同，过饱和固溶体分解的机制是不同的。在调幅分解曲线以上的高温区进行时效处理，合金出现不连续沉淀过程，形成富 Au 和富 Ni 层状结构，沉淀相的层间距随时效温度升高而增大，随 Ni 含量增加而减小。不连续沉淀效应给合金带来明显的时效硬化效应。在共格拐点线以下温度进行时效处理发生调幅分解，调幅波沿 $\langle 100 \rangle$ 方向传播，调幅波长与时效温度和合金成分有关：温度升高，调幅波长增大；合金中 Ni 含量增高，调幅波长则减小。因此，富 Au 合金比富 Ni 合金有更大的调幅波长。

由于 Au-Ni 合金系存在固溶体分解和调幅分解反应，因此其性能受热处理制度的影响。时效处理使合金硬度提高，电阻率降低。Ni 加入 Au 中可提高合金抗蠕变能力。

纯 Ni 的居里温度是 354.2℃。随着 Au-Ni 合金中 Ni 含量增高单相固溶体合金的居里温度呈线性增高，并可近似地表达为 $T_c = (1190x - 835.8)℃\,(x > 0.5)$。在两相混溶区内，合金的表观 $T_c = 348.4℃$，因此，根据 Ni 含量的不同，Au-Ni 合金按其磁性可以分为 4 个区：顺磁区（<35%Ni），极限区（37%~42%Ni），弱铁磁区（42%~52%Ni）和铁磁区（>55%Ni）。顺磁区和极限区内的合金，或者说富 Au 合金是无铁磁性的，而高 Ni 合金则是铁磁性的，对于从高温淬火得到的单相铁磁性 Au-Ni 合金，如 Au-40%Ni 合金，长时间退火处理可以提高其矫顽力。Ni 在 Au 中的扩散系数低于 Fe、Co 和其他过渡金属，这一特性使 Ni 常被用作镀层或复合材料中的阻挡层。

Au-Ni 合金有广泛的工业用途。Au-(17.5~18.0)%Ni 合金熔点为 955℃，且因其液固相线接近可以迅速熔化和凝固，快速冷却后其硬度强度高，耐蚀性高，蒸气压低，是优良的钎焊材料，用于电真空器件和航空发动机叶片的焊接。质量分数为（5%~10%）Ni 的合金用于轻负荷电接触材料。含 Cu 和 Zn 的 Au-Ni 合金可制作 10、12、14、18 K 开金"白色金合金"，即用来制作首饰和装饰材料。如标准坡莫合金（Ni-18%Fe）中加入 7%（22%* Au）可以明显提高合金矫顽力和改善其磁性，这种合金用于磁记忆装置中。表 2.6.1-1 为 Au-Ni 系合金成分、性能和用途。

表 2.6.1-1　Au-Ni 系合金化学成分、性能和用途

质量分数/%			熔化温度/℃	电阻率 /($\mu\Omega \cdot cm$)	特征和应用
Au	Ni	其他			
余量	2	—	910~925	—	钎焊材料
余量	5	—	1020	12.3	调幅分解强化，电刷，电阻
余量	9	—	960	19	
余量	16	—	~950	—	

＊　原子分数。

续表2.6.1-1

质量分数/%			熔化温度/℃	电阻率/(μΩ·cm)	特征和应用
Au	Ni	其他			
余量	9	0.5Y	990	21.2	固溶强化，第二相沉淀强化，电刷
余量	9	0.5Gd	990	20	
余量	9	1, 0Nb	约990	19	固溶强化，电刷
余量	5	1Cr	—	24~26	绕组材料
余量	5	2 Cr	—	40~42	
余量	7	1Cr	—	24~26	
余量	7.5	1.5Cr	约1000	19	
余量	20	5Cr	—	57~67	
余量	5	0.6Cr, 0.5Gd	—	22~24	
余量	10	3Cr, 2Sn	—	59~64	
余量	25	10Cr, 0.2Mn	—	92	
余量	20	10Cr, 0.2Mn	—	102.5	
余量	24	6Cr, 0.2Mn	—	75.2	
余量	30	12Cr, 0.2Mn	—	103.5	
余量	15	6Cr, 0.2Mn	—	81.6	
余量	5	1.5Fe	—	42	
余量	5	1.5Fe, 0.5Zr	—	—	
余量	8.9	1.0Cr, 0.1B	960~980	—	钎焊材料
余量	17.5	—	950	—	
余量	18	—	950~960	—	
余量	22	6Cr	975~1038	—	
余量	25~35	—	950~1070	—	
余量	—	10~12.5Zn, 0.2~1Sn	625~680	—	
余量	40	40Pd	1185~1200	—	
余量	25	25Pd	1100~1121	—	
余量	22	8Pd	1105~1040	—	
余量	5~35	1~45Ta	1200~1400	—	
余量	20~50	15~45Mo	1200~1400	—	
余量	3	15.5Cu	1000~1030	—	
余量	22	22Pd, 10Cr	1054~1110	—	

续表2.6.1-1

质量分数/%			熔化温度/℃	电阻率 /(μΩ·cm)	特征和应用
Au	Ni	其他			
余量	10	5 Cu	—	—	时效强化，滑环，电刷，绕组材料
余量	20	5Cr	—	—	
余量	7.5	1.5Cu	约1000	—	
余量	10	15Cu	约950	—	
余量	9	8In	—	—	自润滑电接触材料

2.6.2 金镍系合金的金相组织

Ni 加入 Au 中可降低合金熔点，使液相线降低，含42.5%(摩尔分数)Ni 合金达到最低熔点(955℃)。Ni 含量进一步增大时液固线又平稳上升，直到 Ni 的熔点1455℃。紧邻固相线以下的高温区为连续固溶体区(图2.6.2-1)：当温度继续降低，单一固溶体分解为具有不对称固溶度曲线的两相区。固溶度曲线的最高点是在 Ni 含量为70.6%时的810.3℃处，在两相区内存在调幅分解，见图2.6.2-1，Au-Ni 二元系合金相。图2.6.2-2~图2.6.2-36 是 Au-Ni 和 Au-Ni-Gd(Cr)的金相组织。

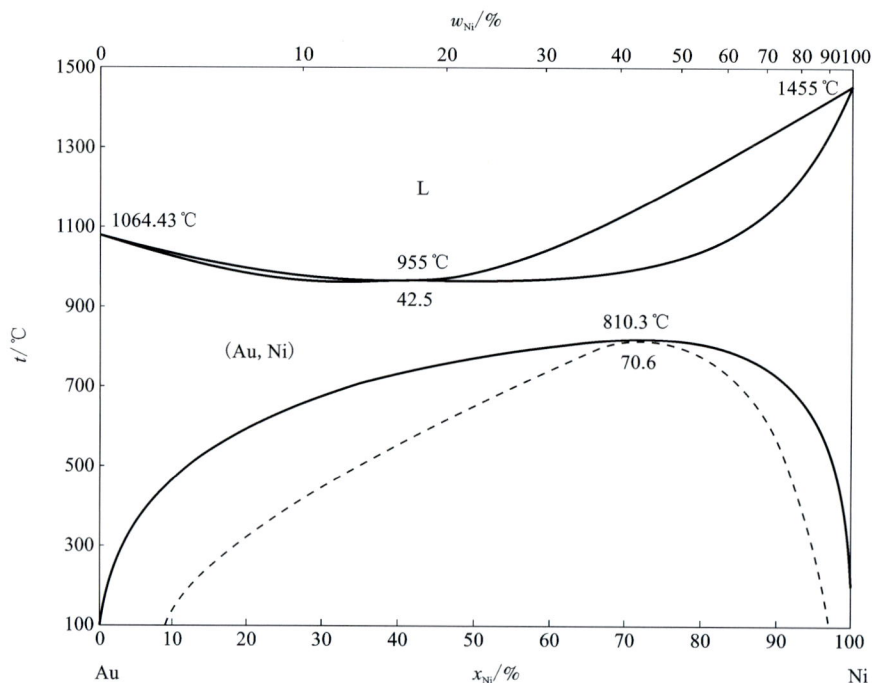

图2.6.2-1 Au-Ni 二元系合金相图

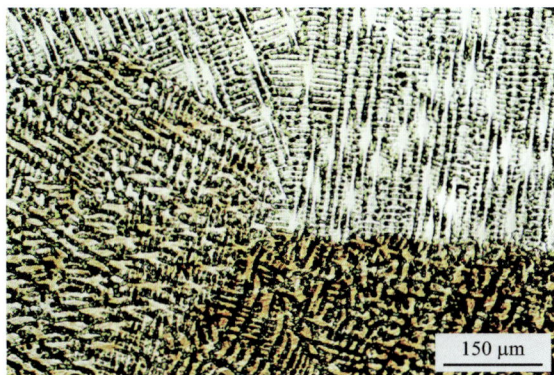

牌　　号：Au-9Ni
状　　态：铸态
组织说明：(Au)铸态晶内偏析组织
浸 蚀 剂：Au-m5

图 2.6.2-2

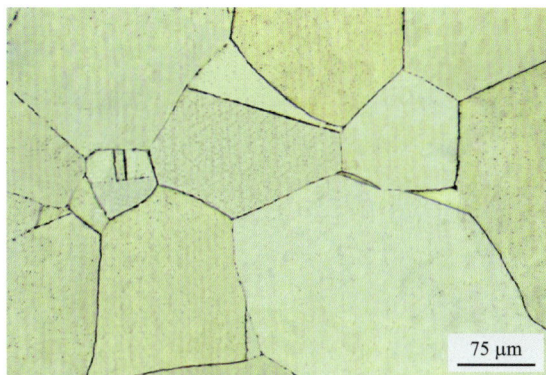

牌　　号：Au-9Ni
状　　态：冷加工，850℃/1 h 热处理
组织说明：(Au，Ni)单相再结晶组织
浸 蚀 剂：Au-m5

图 2.6.2-3

牌　　号：Au-9Ni
状　　态：850℃/1 h 急冷处理
组织说明：(Au，Ni)单相再结晶组织
浸 蚀 剂：Au-m5

图 2.6.2-4

牌　　号：Au-9Ni
状　　态：850℃/1 h 急冷处理，450℃/4 h 热处理
组织说明：(Au)+(Ni)，条幅分解组织
浸 蚀 剂：Au-m5

图 2.6.2-5

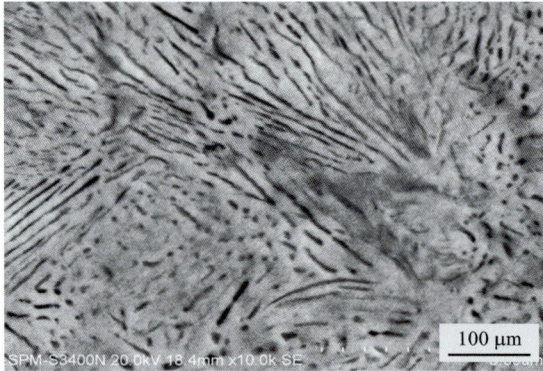

牌　　号：Au-9Ni
状　　态：850℃/1 h 急冷处理，450℃/4 h 热处理
组织说明：（Au）+（Ni），条幅分解组织，扫描电镜照片
浸 蚀 剂：Au-m2

图 2.6.2-6

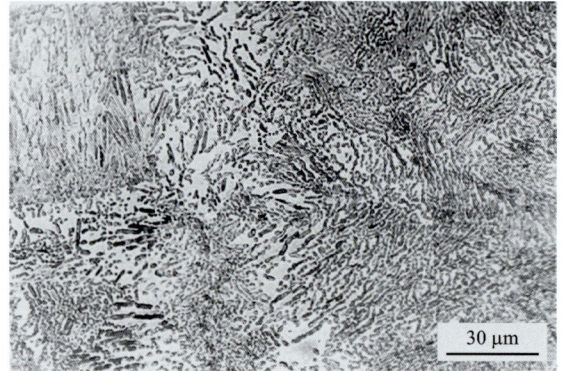

牌　　号：Au-9Ni
状　　态：850℃/1 h 固溶处理，400℃/10 h 热处理
组织说明：（Au）+（Ni），条幅分解组织
浸 蚀 剂：Au-m5

图 2.6.2-7

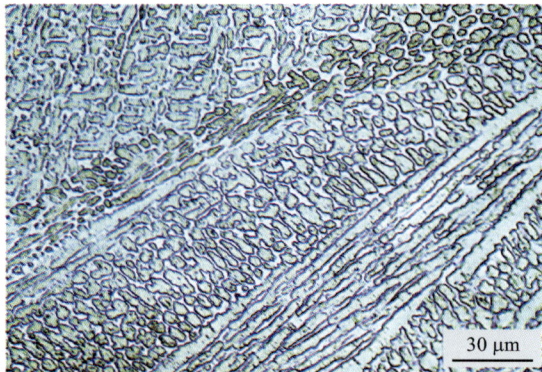

牌　　号：Au-18Ni
状　　态：铸态
组织说明：（Au，Ni）铸造偏析组织
浸 蚀 剂：Au-m5

图 2.6.2-8

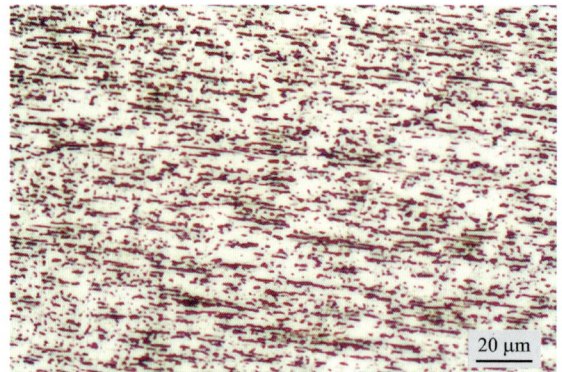

牌　　号：Au-18Ni
状　　态：冷加工，800℃/6 h 时效处理
组织说明：（Au）+（Ni），分解组织
浸 蚀 剂：Au-m5

图 2.6.2-9

牌　　　号：Au-18Ni

状　　　态：冷加工，800℃/6 h 时效处理

组织说明：（Au）+（Ni），分解组织

浸　蚀　剂：Au-m5

图 2.6.2-10

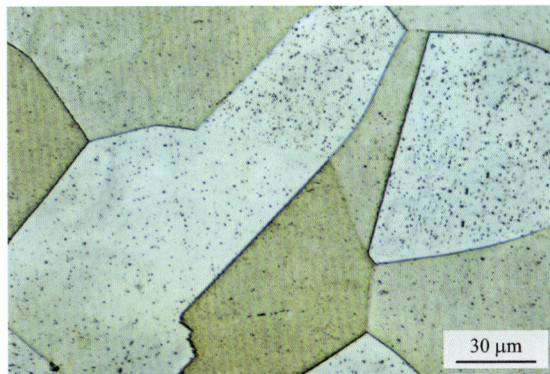

牌　　　号：Au-18Ni

状　　　态：冷加工，850℃/1 h 急冷固溶处理

组织说明：（Au，Ni）单相再结晶组织

浸　蚀　剂：Au-m5

图 2.6.2-11

牌　　　号：Au-18Ni

状　　　态：冷加工，大气中 850℃/1 h 热处理

组织说明：（Au，Ni）再结晶组织，晶内和局部晶界已氧化

浸　蚀　剂：Au-m5

图 2.6.2-12

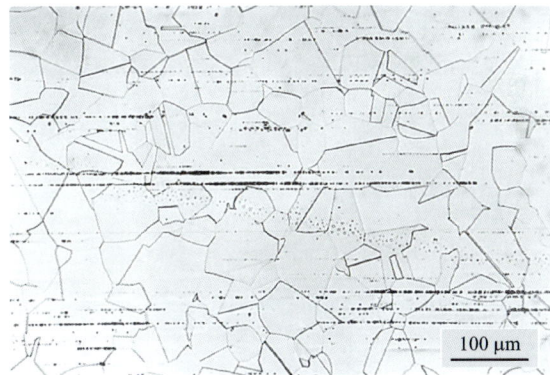

牌　　　号：Au-18Ni

状　　　态：冷加工，800℃/0.5 h 固溶处理

组织说明：（Au，Ni）+（Ni），其中（Ni）未完全固溶的组织

浸　蚀　剂：Au-m2

图 2.6.2-13

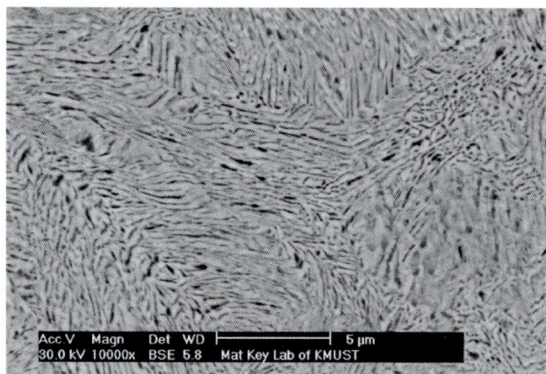

牌　　　号：Au-18Ni
状　　　态：850℃/1 h 急冷，450℃/4 h 退火处理
组织说明：(Au)+(Ni)，条幅分解组织，扫描电镜照片
浸　蚀　剂：Au-m2

图 2.6.2-14

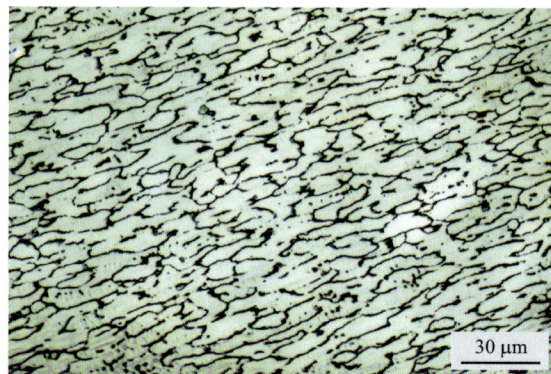

牌　　　号：Au-9Ni-0.5Gd
状　　　态：铸态
组织说明：(Au)+Gd$_2$Ni$_{17}$，铸态结晶组织
浸　蚀　剂：Au-m5

图 2.6.2-15

牌　　　号：Au-9Ni-0.5Gd
状　　　态：铸态
组织说明：(Au，Ni)+Gd$_2$Ni$_{17}$，铸态偏析组织
浸　蚀　剂：Au-m10

图 2.6.2-16

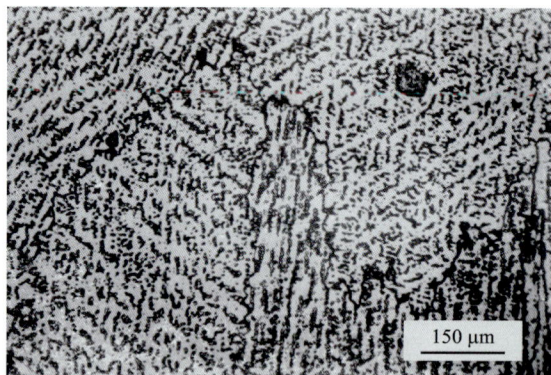

牌　　　号：Au-9Ni-0.5Gd
状　　　态：铸态
组织说明：(Au，Ni)+Gd$_2$Ni$_{17}$，铸态偏析组织
浸　蚀　剂：Au-m5

图 2.6.2-17

牌　　　号：Au-9Ni-0.5Gd

状　　　态：铸态，750℃/4 h 均匀化热处理

组织说明：（Au，Ni）+Gd$_2$Ni$_{17}$，铸态偏析组织

浸 蚀 剂：Au-m5

图 2.6.2-18

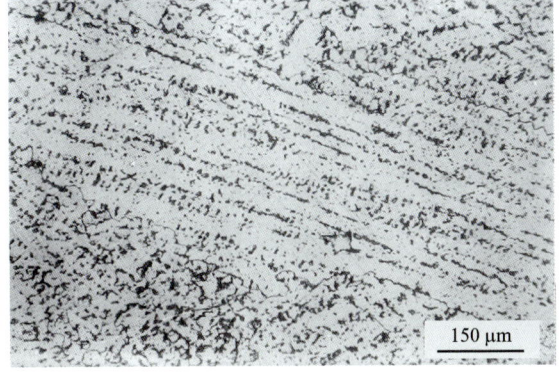

牌　　　号：Au-9Ni-0.5Gd

状　　　态：铸态，750℃/8 h 均匀化热处理

组织说明：（Au，Ni）+Gd$_2$Ni$_{17}$，铸态偏析组织

浸 蚀 剂：Au-m5

图 2.6.2-19

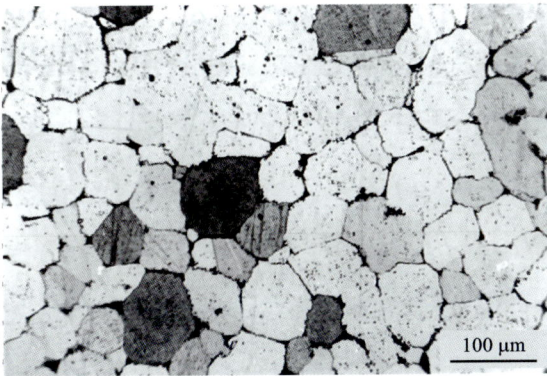

牌　　　号：Au-9Ni-0.5Gd

状　　　态：冷加工，850℃/1 h 热处理

组织说明：（Au，Ni）+Gd$_2$Ni$_{17}$（晶界分布），再结晶组织

浸 蚀 剂：Au-m10

图 2.6.2-20

牌　　　号：Au-9Ni-0.5Gd

状　　　态：冷加工，850℃/1 h 热处理

组织说明：（Au）+Gd$_2$Ni$_{17}$（晶界和晶内分布），再结晶组织

浸 蚀 剂：Au-m2

图 2.6.2-21

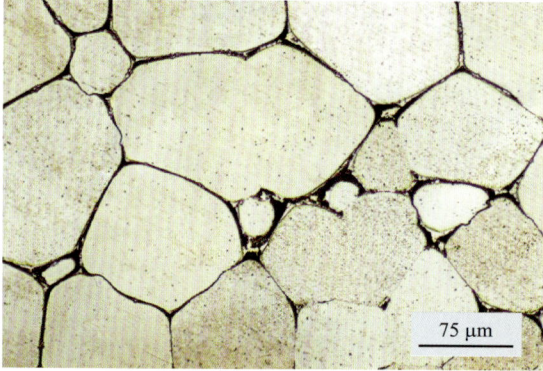

牌　　号：Au-9Ni-0.5Gd
状　　态：冷加工，850℃/1 h 急冷处理
组织说明：（Au，Ni）+Gd₂Ni₁₇（晶界分布），再结晶组织
浸 蚀 剂：Au-m5

图 2.6.2-22

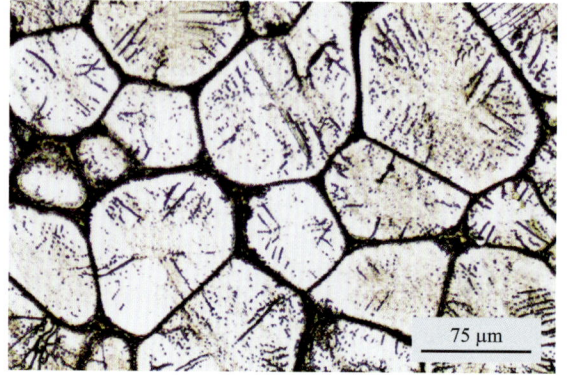

牌　　号：Au-9Ni-0.5Gd
状　　态：850℃/1 h 急冷，450℃/4 h 热处理
组织说明：（Au，Ni）+Gd₂Ni₁₇（晶界和晶内分布），再结晶
　　　　　组织
浸 蚀 剂：Au-m5

图 2.6.2-23

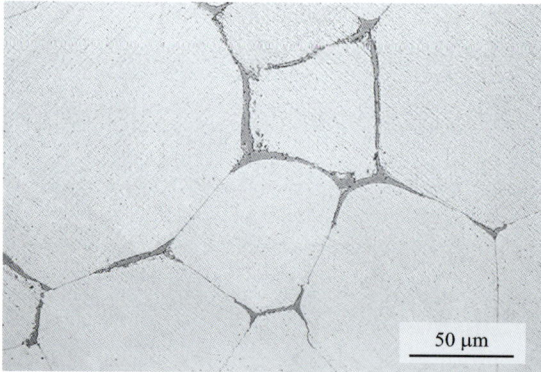

牌　　号：Au-9Ni-0.5Gd
状　　态：850℃/1 h 快冷，450℃/4 h 热处理
组织说明：（Au，Ni）+Gd₂Ni₁₇（晶界分布），再结晶组织
浸 蚀 剂：Au-m5

图 2.6.2-24

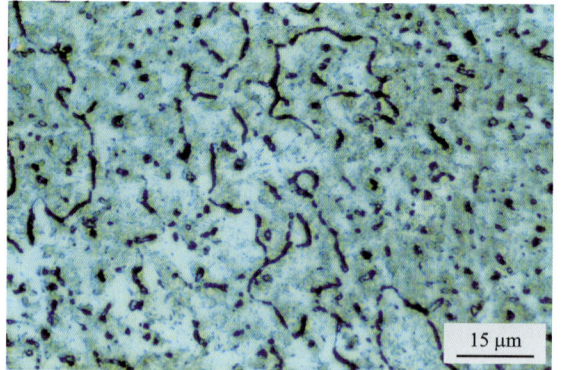

牌　　号：Au-9Ni-0.5Sm
状　　态：铸态
组织说明：（Au，Ni）+Sm₂Ni₁₇，铸态结晶组织
浸 蚀 剂：Au-m5

图 2.6.2-25

牌　　　号：Au-9Ni-0.5Sm
状　　　态：850℃/1 h 热处理
组织说明：(Au，Ni)+Sm$_2$Ni$_{17}$(晶界分布)，再结晶组织
浸 蚀 剂：Au-m5

图 2.6.2-26

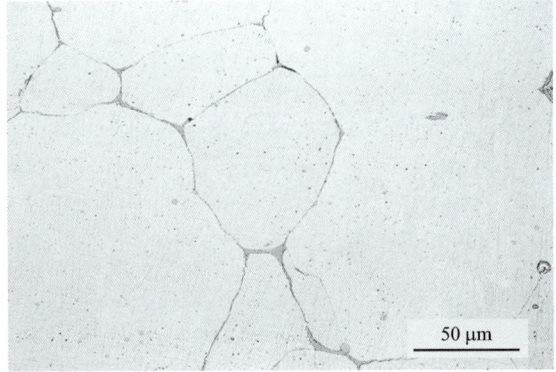

牌　　　号：Au-9Ni-0.5Sm
状　　　态：850℃/1 h 急冷，450℃/4 h 热处理
组织说明：(Au，Ni)+Sm$_2$Ni$_{17}$(晶界分布)，再结晶组织
浸 蚀 剂：Au-m2

图 2.6.2-27

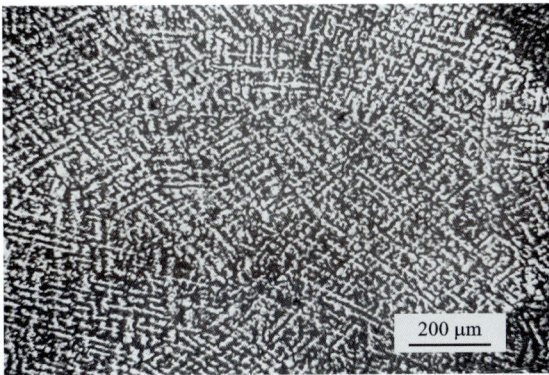

牌　　　号：Au-9Ni-0.5Y
状　　　态：铸态
组织说明：(Au，Ni，Y)铸态偏析组织
浸 蚀 剂：Au-m5

图 2.6.2-28

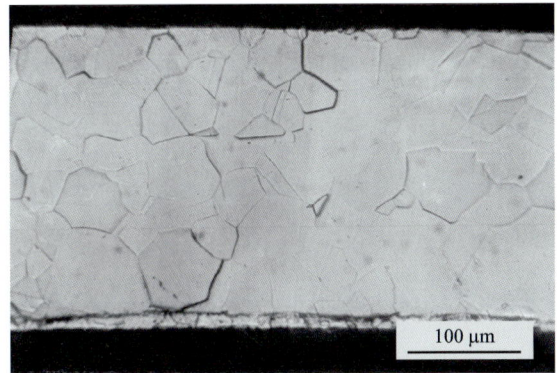

牌　　　号：Au-9Ni-0.5Y
状　　　态：加工态，750℃/1 h 热处理
组织说明：(Au，Ni)单相再结晶组织
浸 蚀 剂：Au-m5

图 2.6.2-29

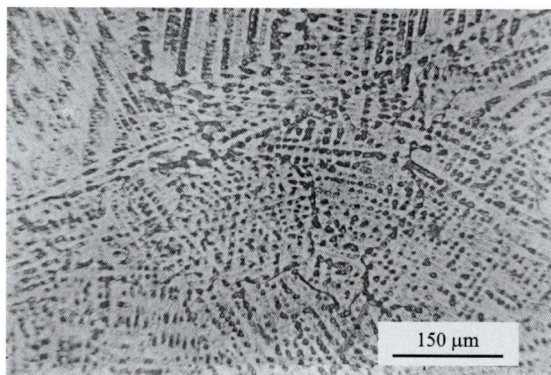

牌　　号：Au-5Ni-1Cr
状　　态：铸态
组织说明：（Au，Ni，Cr）铸态晶内偏析组织
浸 蚀 剂：Au-m5

图 2.6.2-30

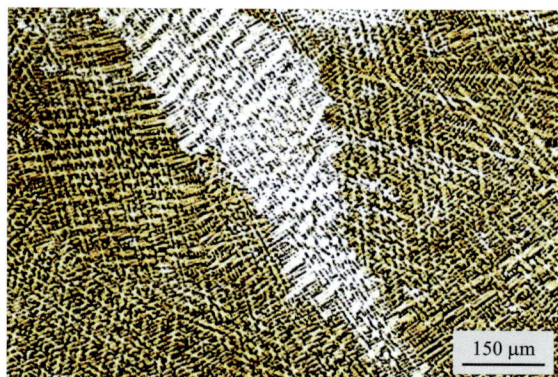

牌　　号：Au-5Ni-2Cr
状　　态：铸态
组织说明：（Au，Ni，Cr）铸态晶内偏析组织
浸 蚀 剂：Au-m5

图 2.6.2-31

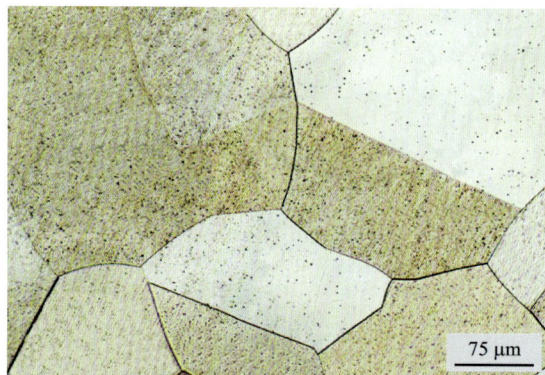

牌　　号：Au-5Ni-2Cr
状　　态：冷加工，850℃/1 h 急冷处理
组织说明：（Au，Ni）单相再结晶组织
浸 蚀 剂：Au-m5

图 2.6.2-32

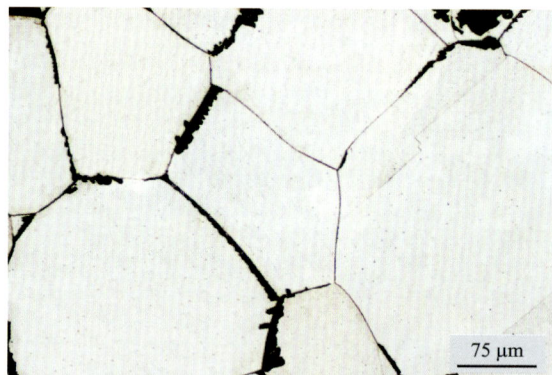

牌　　号：Au-5Ni-2Cr
状　　态：850℃/1 h 急冷，450℃/4 h 热处理
组织说明：（Au）+（Ni）沿晶界析出，再结晶组织
浸 蚀 剂：Au-m5

图 2.6.2-33

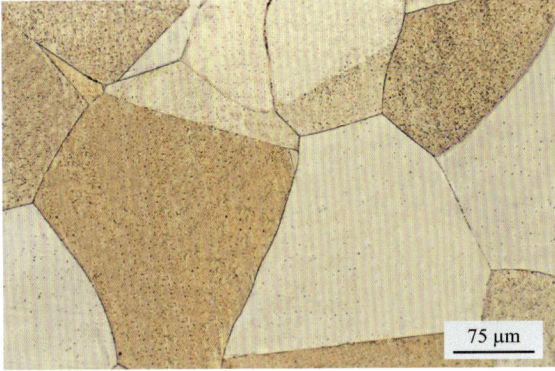

牌　　　号：Au-5Ni-2Cr
状　　　态：冷加工，850℃/1 h 热处理
组织说明：(Au，Ni，Cr) 单相再结晶组织
浸 蚀 剂：Au-m5

图 2.6.2-34

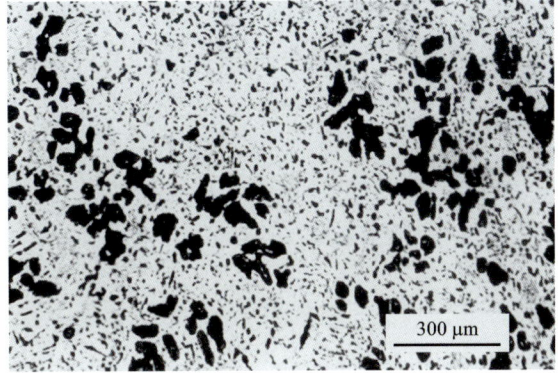

牌　　　号：Au-9.4Ni-4.5Cr
状　　　态：铸态
组织说明：(Au)+Au$_4$Cr′+CrNi$_2$，铸态结晶组织
浸 蚀 剂：Au-m2

图 2.6.2-35

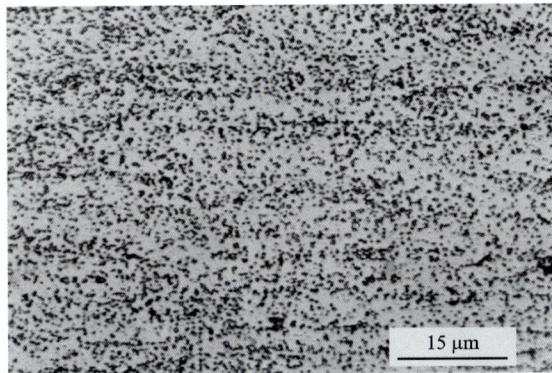

牌　　　号：Au-9.4Ni-4.5Cr
状　　　态：冷加工，750℃/1 h 退火态
组织说明：(Au)+Au$_4$Cr′+CrNi$_2$，结晶组织
浸 蚀 剂：电解抛光，未腐蚀

图 2.6.2-36

　　Au-Ni-Cu 合金在固相面之下为面心立方单相固溶体，在较低温度下，大部分合金分解为两相固溶体，沿着 Au-Ni 边，合金由富 Au 和富 Ni 固溶体组成。在 Au-Cu 二元系中形成的四方 AuCu$_3$(Ⅱ) 有序相可溶解 3%~4%Ni，见相图 2.6.2-37~图 2.6.2-38。图 2.6.2-39~图 2.6.2-44 是 Au-Ni-Cu 合金的金相组织。

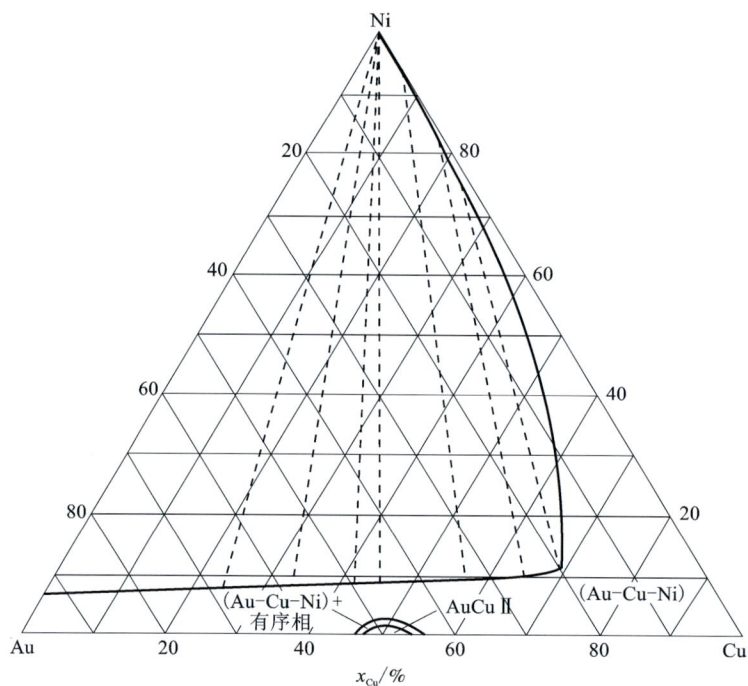

图 2.6.2-37　Au-Ni-Cu 系合金 400℃不混溶区边界图

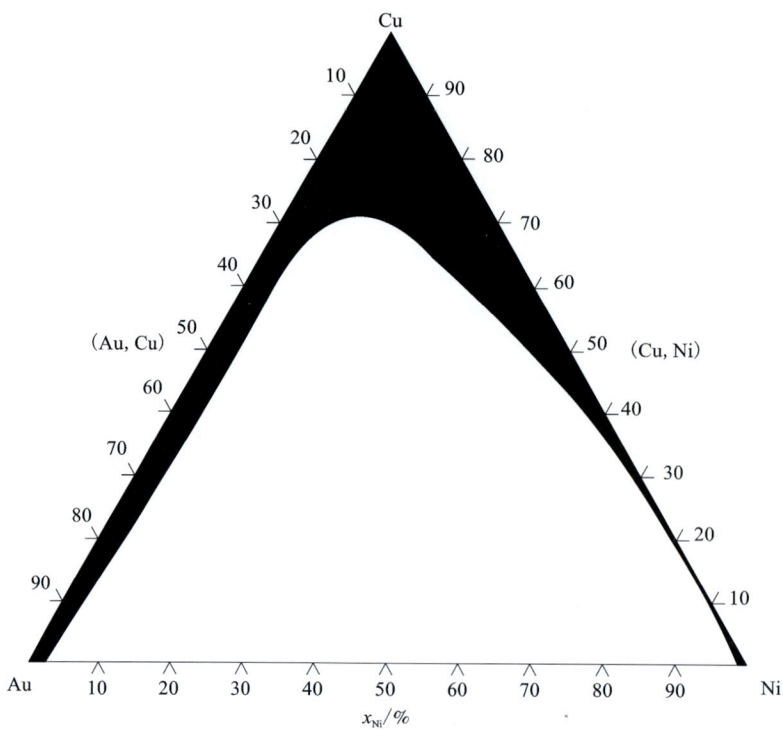

图 2.6.2-38　Au-Ni-Cu 系合金 300℃等温截面图

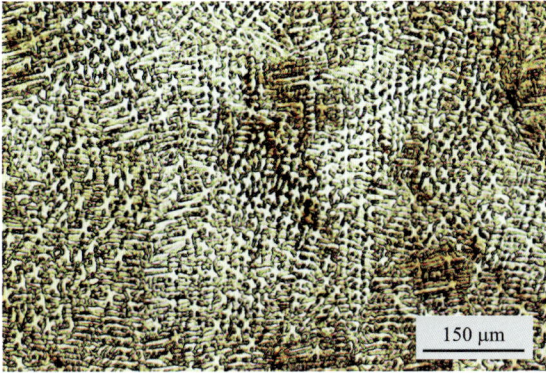

牌　　　号：Au-7.5Ni-1.5Cu(原子分数：Au-21.6Ni-3.9Cu)
状　　　态：铸态
组织说明：(Au，Cu，Ni) 铸态偏析组织
浸 蚀 剂：Au-m5

图 2.6.2-39

牌　　　号：Au-7.5Ni-1.5Cu
状　　　态：冷加工，850℃/1 h 退火处理
组织说明：(Au，Cu，Ni)单相再结晶组织
浸 蚀 剂：Au-m5

图 2.6.2-40

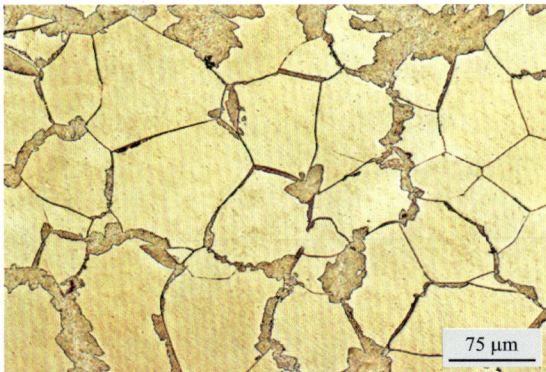

牌　　　号：Au-7.5Ni-1.5Cu
状　　　态：850℃/1 h 快冷，450℃/4 h 热处理
组织说明：(Au)+(Ni) 沿晶界析出，再结晶组织
浸 蚀 剂：Au-m5

图 2.6.2-41

牌　　　号：Au-7.5Ni-1.5Cu
状　　　态：冷加工，850℃/1 h 急冷处理
组织说明：(Au，Ni，Cu)单相再结晶组织
浸 蚀 剂：Au-m5

图 2.6.2-42

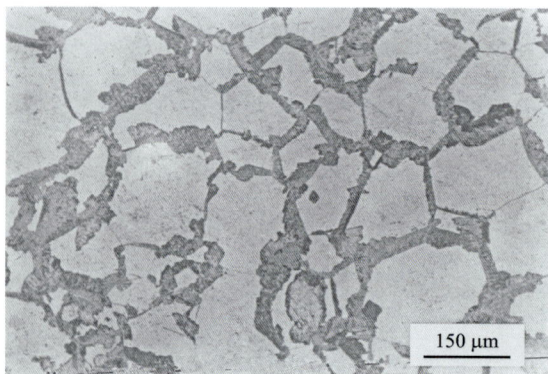

牌　　号：Au-10Ni-15Cu
状　　态：800℃/1 h急冷，500℃/90 min热处理
组织说明：（Au）+（Ni）沿晶界析出，再结晶组织
浸 蚀 剂：Au-m5

图 2.6.2-43

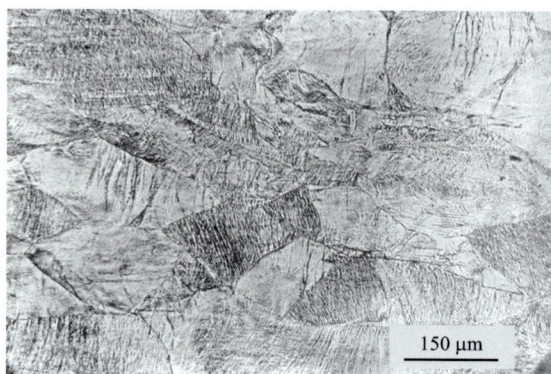

牌　　号：Au-10Ni-15Cu
状　　态：800℃/1 h急冷，200℃/24 h热处理
组织说明：（Au）+（Ni），条幅分解组织
浸 蚀 剂：Au-m5

图 2.6.2-44

2.7　金铬和金钴合金

2.7.1　金铬和金钴系合金的性能和用途

富金的 Au-Cr 合金具有中等的电阻系数、低的电阻温度系数和低的对铜热电势。Au-Cr 合金中含 Cr 不高时，其电阻系数和电阻温度系数随 Cr 含量增加呈直线上升。适当的退火能使合金的电阻温度系数降低，而机械加工却使电阻温度系数升高。

由于富 Au 的 Au-Cr 合金具有良好的化学稳定性、稳定的电阻系数、低的电阻温度系数和低的对铜热电势，因而适合作精密电阻材料，特别是标准电阻。Au-4Cr 可用作电接触材料，Au-2.1Cr-（0.25~0.5）Co 可用作电阻材料（见表 2.7.1-1）。

表 2.7.1-1　Au-Cr 合金化学成分和性能

序号	成分 （原子分数/%）	电阻率 ρ /（$\mu\Omega \cdot cm$）	电阻温度系数 $\alpha_{0\sim100℃}$ /（$\times10^{-4}℃^{-1}$）	对铜热电势 e /（$\mu V \cdot ℃^{-1}$）
1	Au-0.99Cr	17.3	0	—
2	Au-1.8Cr	28	0	—
3	Au-2Cr	32.55	7	—
4	Au-2.05Cr	33	1	7
5	Au-2.3Cr	35	1	-0.045
6	Au-2.5Cr	39.6	11	—

续表2.7.1-1

序号	成分 （原子分数/%）	电阻率 ρ /(μΩ·cm)	电阻温度系数 $\alpha_{0\sim100℃}$ /(×10^{-4}℃$^{-1}$)	对铜热电势 e /(μV·℃$^{-1}$)
7	Au-2.71Cr	42.78	—	—
	Au-4Cr	59	—	—
8	Au-5Cr	61~68	1.0	—
	Au-35Cr	约35	—	—
9	Au-2.1Cr-3.5Pd	36.9	-0.264	-8.75
10	Au-2.1Cr-9Pd	38.7	-0.296	-9.62
11	Au-2.1Cr-2Pt	34.7	0.8	-8.33
12	Au-2.1Cr-6Pt	25.6	1.89	-7.32
13	Au-2.1Cr-0.25Co	39.8	0.192	-14.3
14	Au-2.1Cr-0.5 Co	44.7	0.345	-18.7
15	Au-4.2Cr-0.4Co	57	0.349	-13.85

Au-Co 合金中 Co 含量增高，电阻率增大，电阻温度系数降低（见表2.7.1-2）。当 Co 含量达到 6.7%（摩尔分数）时，电阻温度系数为负值，时效处理进一步增大负的电阻温度系数。

相对于 Fe、Ni 而言，Co 在 Au 中固溶度较小。因此，Co 是 Au 的有效强化剂，Au-Co 合金电镀层因具有高硬度表面可提高耐磨性。淬火或冷变形态的 Au-2.11%Co 合金与 Cu 或与低 Au 的 Au-Ag 合金匹配的热电偶是液氦温度下的优良测温材料。Co 的可变固溶度可以制备含弥散磁性粒子的 Au 基合金。利用在磁场中 Au-Co 共晶定向结晶技术，可使 Au 基体中面心立方 Co 颗粒定向排列。增大冷却速度，磁性颗粒由球形变为片状，并增大矫顽力。拉伸后磁性颗粒呈纤维排布，随着纤维直径减小，矫顽力进一步增大。这种定向磁结构可用来制作高耐蚀性永磁铁和高温下工作的高速转子。Au-5Co 可作电接触材料。表2.7.1-2 列出 Au-Co 合金成分和性能。

表 2.7.1-2　Au-Co 合金化学成分和性能

编号	合金成分 （原子分数/%）	电阻率 ρ/(μΩ·cm)		电阻温度系数 $\alpha_{0\sim100℃}$ /(×10^{-4}℃$^{-1}$)
		0℃	18℃	
1	Au	2.06	—	4.003
2	Au-0.95Co	7.55	7.68	0.936
3	Au-2.11Co	13.36	13.45	0.368
4	Au-2.65Co	15.68	15.45	0.288
5	Au-6.7Co	34.2	—	-0.053(1) -0.235(2)

2.7.2　金铬和金钴系合金的金相组织

Au-Co 为共晶系（图 2.7.2-1）合金，共晶点浓度 24.8%Co*。在共晶温度 996.5℃ 时，Co 在 Au 中最大固溶度为 23.0%Co；在 400℃ 下，Co 在 Au 中的固溶度约 1%Co。Au 在高温面心立方 α-Co 中的最大固溶度为 2.5%Au（约在 1200℃），在低温密排六方 ε-Co 中，Au 的固溶度低于 0.05%Au。图 2.7.2-2~图 2.7.2-4 为 Au-Co 合金的金相组织。

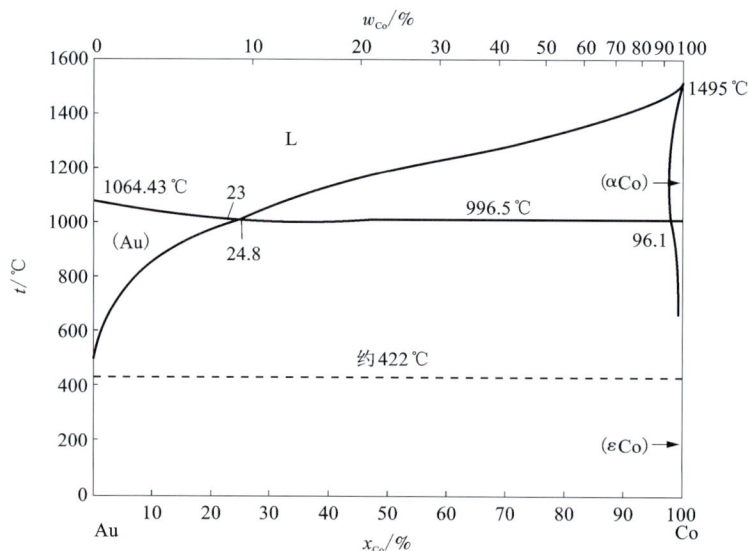

图 2.7.2-1　Au-Co 二元系合金相图

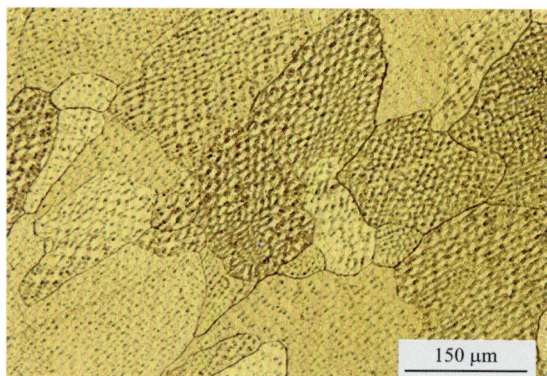

牌　　　号：Au-2.11Co
状　　　态：铸态
组织说明：（Au）+（εCo）铸态晶内偏析组织
浸 蚀 剂：Au-m5

图 2.7.2-2

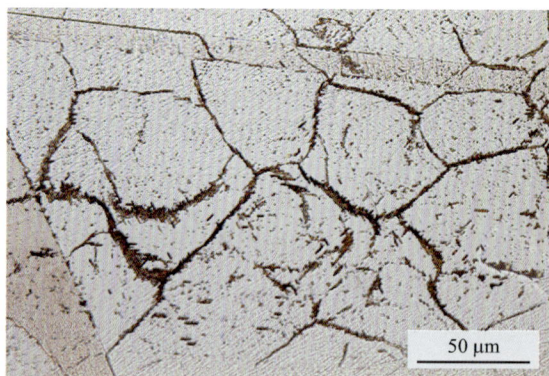

牌　　　号：Au-2.11Co
状　　　态：冷加工，900℃/30 min 热处理
组织说明：（Au）+（εCo）晶界和晶内分布，再结晶组织
浸 蚀 剂：Au-m5

图 2.7.2-3

---

*　本节指原子分数。

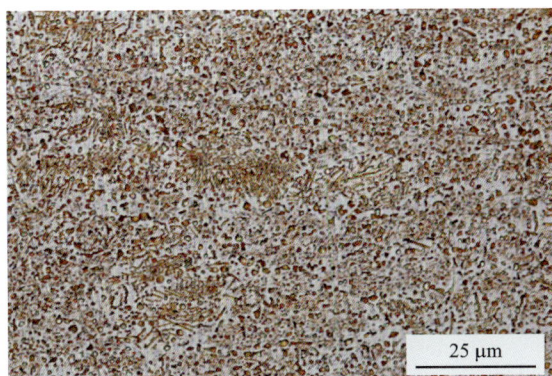

牌　　　号：Au-6.7Co
状　　　态：冷加工，900℃/30 min 热处理
组织说明：（Au）+（εCo），再结晶组织
浸　蚀　剂：Au-m5

图 2.7.2-4

图 2.7.2-5 为 Au-Cr 为包晶相图，富 Au 的 Au-Cr 合金在 1160℃ 发生包晶反应。Cr 在 Au 中的最大溶解度接近 50%（原子分数），在 400℃ 时约为此值的一半。图 2.7.2-5～图 2.7.2-10 为 Au-Cr 合金金相组织。

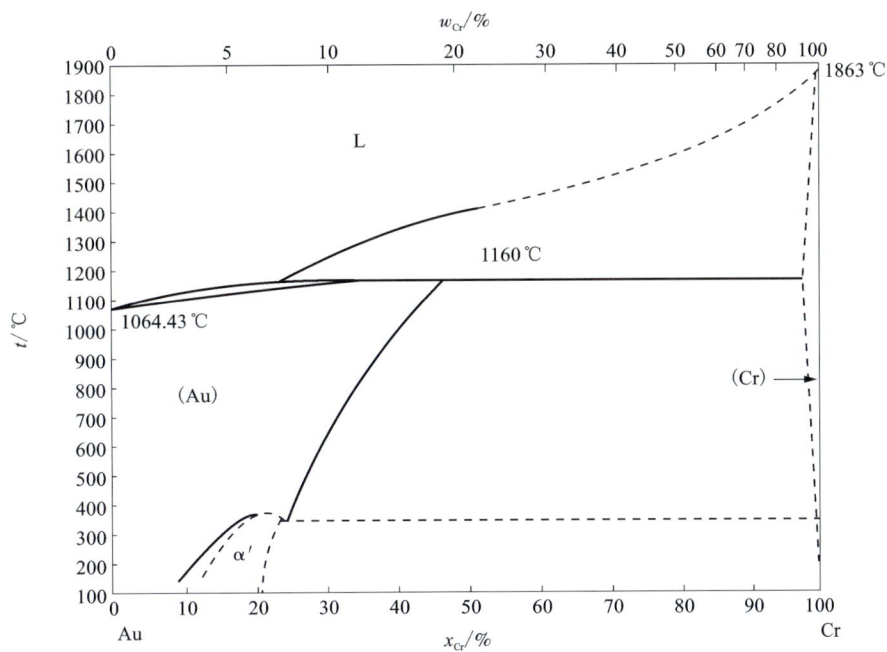

图 2.7.2-5　Au-Cr 二元系合金相图

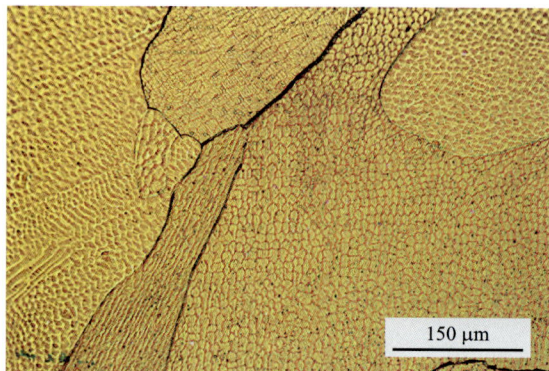

牌　　号：Au-2Cr
状　　态：铸态
组织说明：(Au，Cr)铸态晶内偏析组织
浸 蚀 剂：Au-m5

图 2.7.2-6

牌　　号：Au-2Cr
状　　态：冷加工，900℃/30 min 热处理
组织说明：(Au，Cr)单相再结晶组织
浸 蚀 剂：Au-m5

图 2.7.2-7

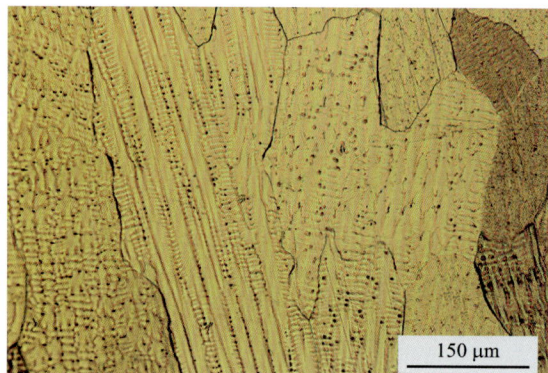

牌　　号：Au-5Cr
状　　态：铸态
组织说明：(Au，Cr)铸态晶内偏析组织
浸 蚀 剂：Au-m5

图 2.7.2-8

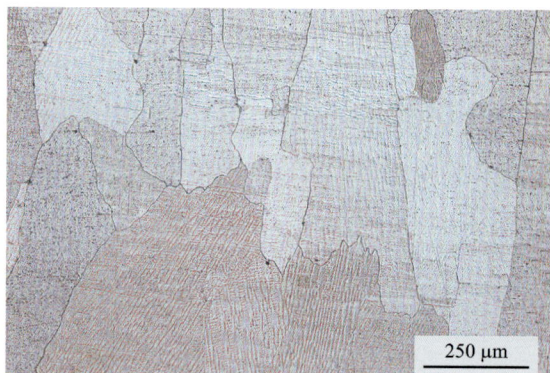

牌　　号：Au-5Cr- 0.5Co
状　　态：铸态
组织说明：(Au，Cr，Co)铸态晶内偏析组织
浸 蚀 剂：Au-m5

图 2.7.2-9

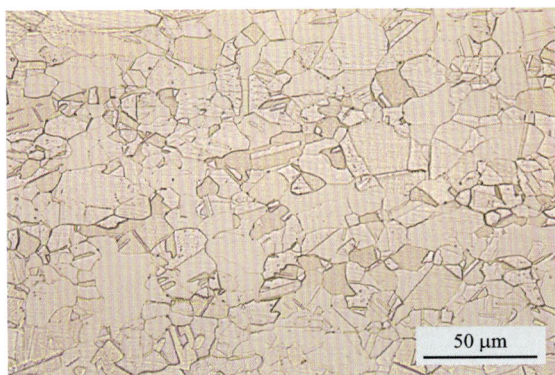

牌　　　号：Au-5Cr- 0.5Co
状　　　态：冷加工，900℃/30 min 热处理
组织说明：(Au，Cr，Co)单相再结晶组织
浸 蚀 剂：Au-m5

图 2.7.2-10

2.8　电子工业中的金基钎焊和气相沉积材料

2.8.1　电子工业中的金基钎焊和气相沉积材料的性能和用途

电子工业中的焊接技术是把半导体元件相互连结和装配成电子设备，焊料在这项技术中起着重要作用。随着电子工业的发展，电子元件材料从金属扩展到非金属材料，焊料与焊接技术也随之发展。电子工业中使用的焊料有 Au 基、Ag 基、Sn 基、Pb 基、Sn-Pb 基和 In 基合金焊料。

Au 与 Si、Sn、Ge、Sb、Ga、In 等元素都形成低熔点合金，它们广泛地用作电子工业的焊料。Au 基钎料具有优良的流动性、浸润性、导电性、导热性以及耐热耐蚀性，容易与半导体 Si 或 GaAs 芯片形成共晶键合，能满足微电子元器件与电路的高可靠性要求，主要用作封焊元器件和 Si 芯片或基体的模片键合。

电子工业的金基焊料主要是共晶型合金焊料。Au-Si 和 Au-Ge 共晶温度分别为 363℃ 和 356℃，主要用于模片组合中的钎焊。Au-Sn 共晶焊料熔点稍低，主要用于半导体晶体管的气密性封装。以 Ga 改性的 Au-Sn 共晶焊料主要用于 CaAs 元件的焊接与组合装配。金基焊料的共同特征是低蒸汽压、低熔化温度、高稳定性、耐热耐蚀、高导电性和导热性，在半导体器件上有良好的流散性与浸润性。共晶型 Au 基合金焊料的共同缺点是难以加工成材，它们的加工与制备需采用较为特殊的工艺，如包覆轧制、热复合工艺、液态轧制快速凝固技术等，可将这些共晶型合金加工成型材，也可以将合金制成粉末和膏状焊料使用。表 2.8.1-1 为电子工业用典型金基钎料，表 2.8.1-2 列出气相沉积用 Au 合金类型及应用。

表 2.8.1-1　电子工业用典型金基钎料

序号	成分(质量分数)/%							熔化温度/℃	
	Au	Ge	Si	Sn	Sb	Ga	其他	固相线	液相线
1	余量	7	—	—	—	—	—	356	780
2	余量	12	—	—	—	—	—	356	356
3	余量	—	1	—	—	—	—	363	1000
4	余量	—	2	—	—	—	—	363	800
5	余量	—	3.15	—	—	—	—	363	363
6	余量	—	—	10	—	—	—	498	720
7	余量	—	—	20	—	—	—	280	280
8	余量	—	—	25	—	—	—	280	330
9	余量	—	—	27	—	—	—	278	370
10	余量	—	—	68	—	—	—	252	310
11	余量	—	—	90	—	—	—	217	217
12	余量	—	—	—	1	—	—	360	1021
13	余量	—	—	—	25	—	—	360	360
14	余量	—	—	—	—	1	—	1025	1030
15	余量	—	—	—	—	15.4	—	341	341
16	余量	—	—	—	—	—	5In	647	830
17	余量	—	—	—	—	—	20In	550	630
18	余量						26.7In	451	451
19	余量						82Bi	241	241
29	余量			15			9Pb	246	383
21	余量						85Pb	213	213
22	余量			20			20Ag	300	360
23	余量			40			30Ag	411	412
24	余量			19.3		3.4		255	308
25	余量						87Cd	309	309

表 2.8.1-2　气相沉积用 Au 合金类型与应用

合金 (质量分数)/%	拉伸强度/MPa (退火态)	主要状态 /(mm×mm)	应用
Au-(0.5~1.0)Be	—	—	半导体焊接，发光二极管电极
Au-(1~12)Ge	—	—	—

续表2.8.1-2

合金 （质量分数）/%	拉伸强度/MPa （退火态）	主要状态 /（mm×mm）	应用
Au-（1~4）Si	27	圆柱体（φ×L）： 1.5×10，2.0×10，2.0×15 等	半导体焊接，电极
Au-20Sn	—	圆柱体（φ×L）： 3.0×5，3.0×10，5.0×5 等	半导体焊接，电极
Au-（0.5~1.0）Sb	30	圆柱体（φ×L）： 5.0×10，5.0×15 等	电阻膜，欧姆接点
Au-（0.5~3）Ga	26	—	电阻膜，欧姆接点，电极
Au-（1~4）Zn	26	—	电阻膜，欧姆接点，电极

2.8.2　电子工业中的金基钎料和气相沉积材料的金相组织

Au-Ga 系相图较复杂，如图 2.8.2-1 所示，包括包晶、共晶转变。作为蒸发材料 Ga 含量一般不超过3%，这个范围内 Au-Ga 合金具有加工塑性，由（Au）+β′相构成。图 2.8.2-2~图 2.8.2-4 为 Au-Ga 合金金相组织。

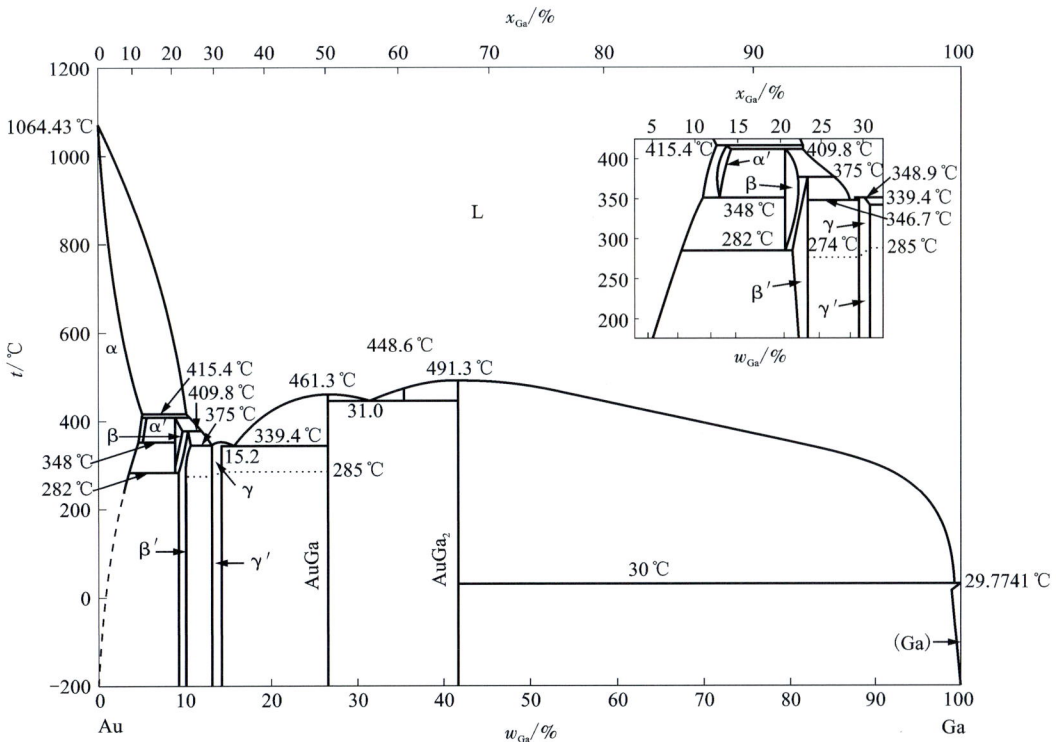

图 2.8.2-1　Au-Ga 二元系合金相图

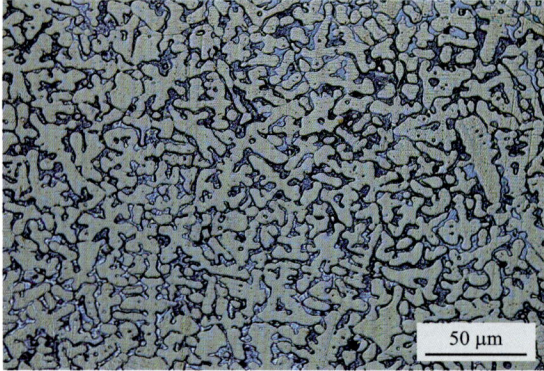

牌　　　号：Au-3Ga
状　　　态：铸态
组织说明：（Au）+β′，铸态晶内偏析组织
浸　蚀　剂：Au-m5

图 2.8.2-2

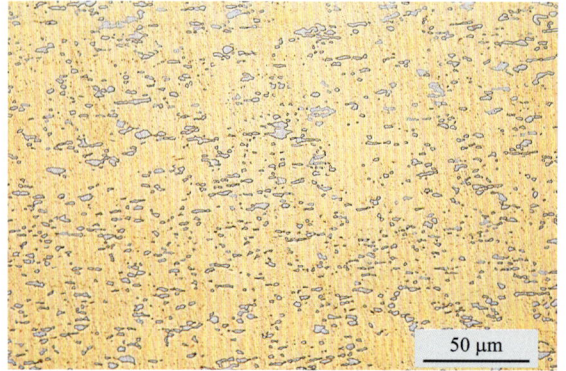

牌　　　号：Au-3Ga
状　　　态：300℃/30 min 热处理
组织说明：（Au）+β′，再结晶组织
浸　蚀　剂：Au-m9

图 2.8.2-3

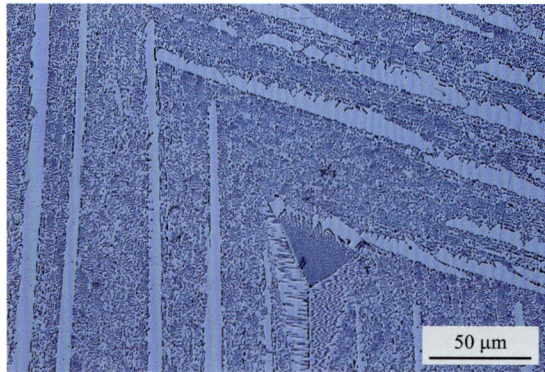

牌　　　号：Au-15.4Ga
状　　　态：铸态
组织说明：AuGa+［AuGa+γ′］，凝固结晶组织
浸　蚀　剂：Au-m5

图 2.8.2-4

　　Au-In 二元平衡图为复杂相图，见图 2.8.2-5，包括共晶转变、共析转变、包晶转变。其中 Au-24In 合金熔化温度为 547.5℃，对金和金合金、Cu 和 Cu 合金、Ni 具有很好的钎焊性，由 γ′+AuIn 构成，皆为金属间化合物，加工成型困难。图 2.8.2-6~图 2.8.2-7 为 Au-In 共晶合金金相组织。

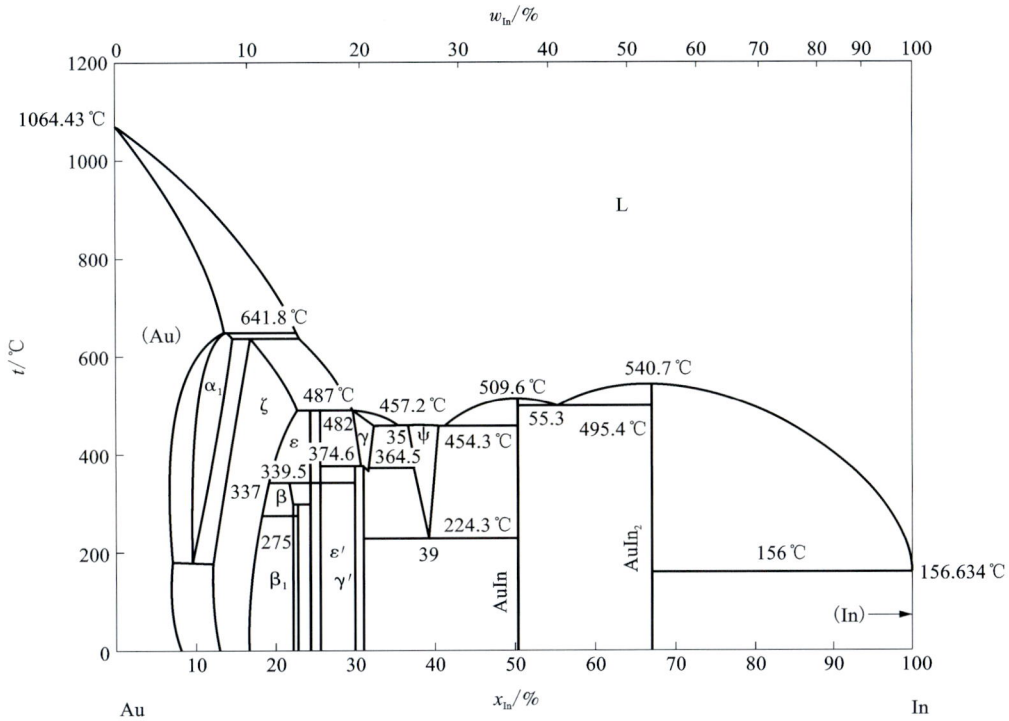

图 2.8.2-5　Au-In 二元系合金相图

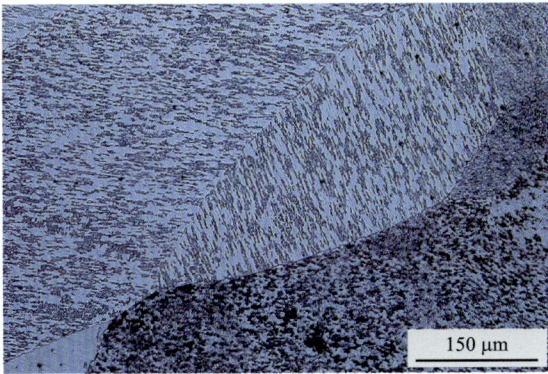

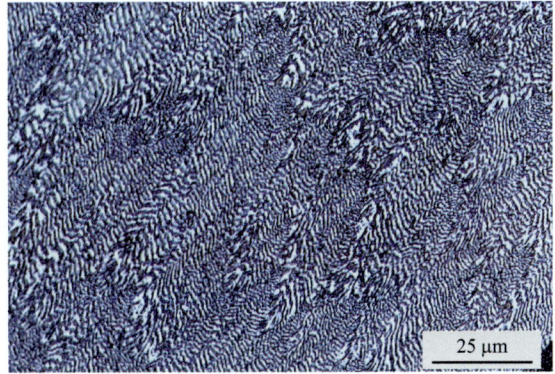

牌　　号：Au-24In
状　　态：铸态
组织说明：AuIn+γ′，铸态结晶组织
浸 蚀 剂：Au-m5

图 2.8.2-6

牌　　号：Au-41.9In
状　　态：铸态
组织说明：AuIn+AuIn₂，铸态结晶组织
浸 蚀 剂：Au-m5

图 2.8.2-7

Au-3.15%Si 是共晶合金，见图 2.8.2-8，共晶温度 363℃。室温下，Si 在 Au 中不固溶，Au 在 Si 中也不固溶。因此，Au-3.15%Si 合金固态是由富 Au 的固溶体和 Si 组成的共晶体，该合金对 Au 及 Au 合金钎焊性良好。图 2.8.2-9~图 2.8.2-10 是 Au-Si 共晶合金金相组织。

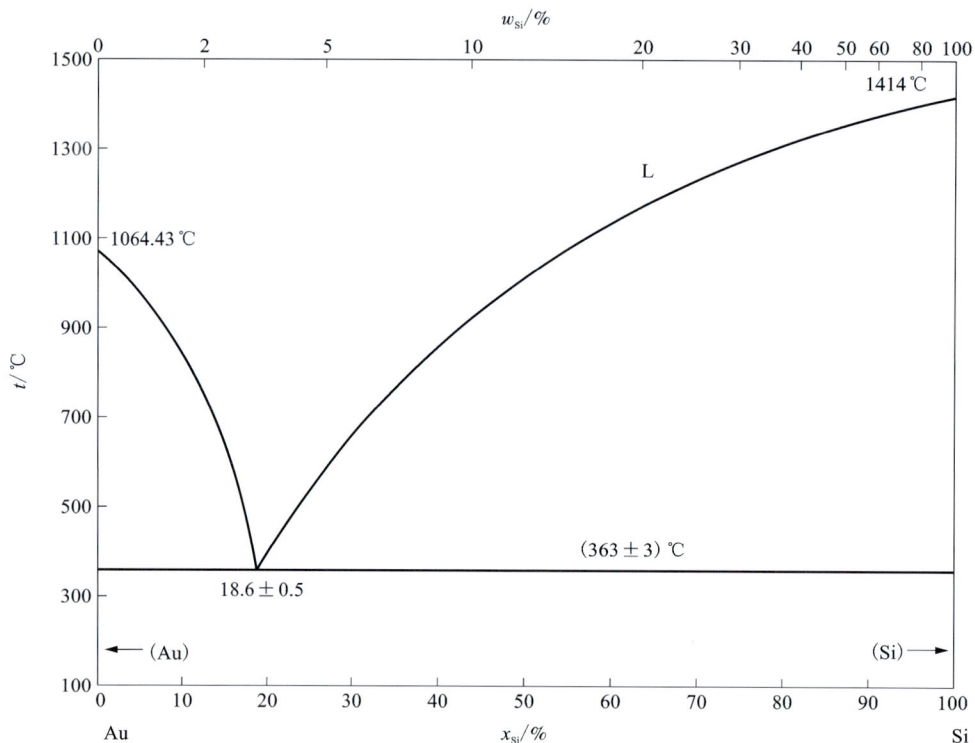

图 2.8.2-8　Au-Si 二元系合金相图

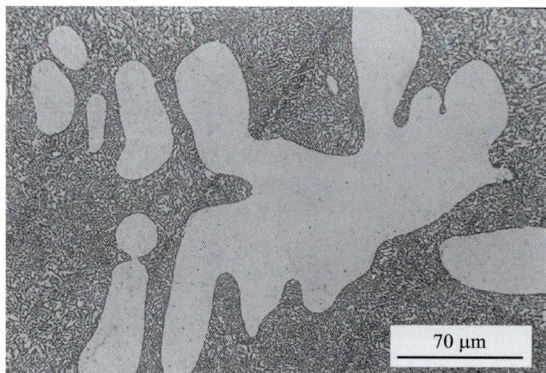

牌　　号：Au-2Si
状　　态：铸态
组织说明：(Au)+[(Au)+(Si)]，铸态结晶组织
浸 蚀 剂：Au-m5

图 2.8.2-9

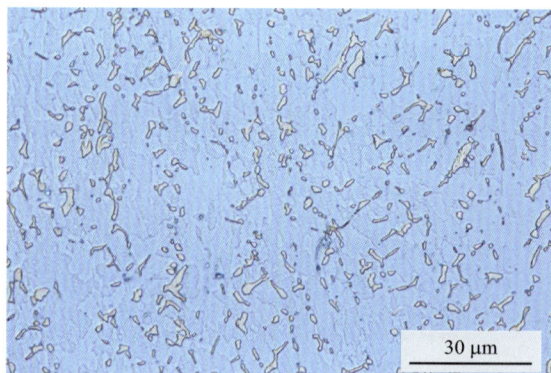

牌　　号：Au-3.15Si
状　　态：铸态
组织说明：[(Au)+(Si)]共晶组织
浸 蚀 剂：Au-m5

图 2.8.2-10

　　Au-12%Ge 是共晶合金，见图 2.8.2-11，共晶温度为 361℃。室温下，Ge 在 Au 中固溶度(质量分数)w_{Ge}≤0.1%，Au 在 Ge 中实际不固溶。因此，Au-12%Ge 合金固态是由富 Au

的固溶体和纯 Ge 组成的共晶体。图 2.8.2-12~图 2.8.2-16 为 Au-Ge 共晶和 Au-Ge-Ni (Si)合金金相组织。

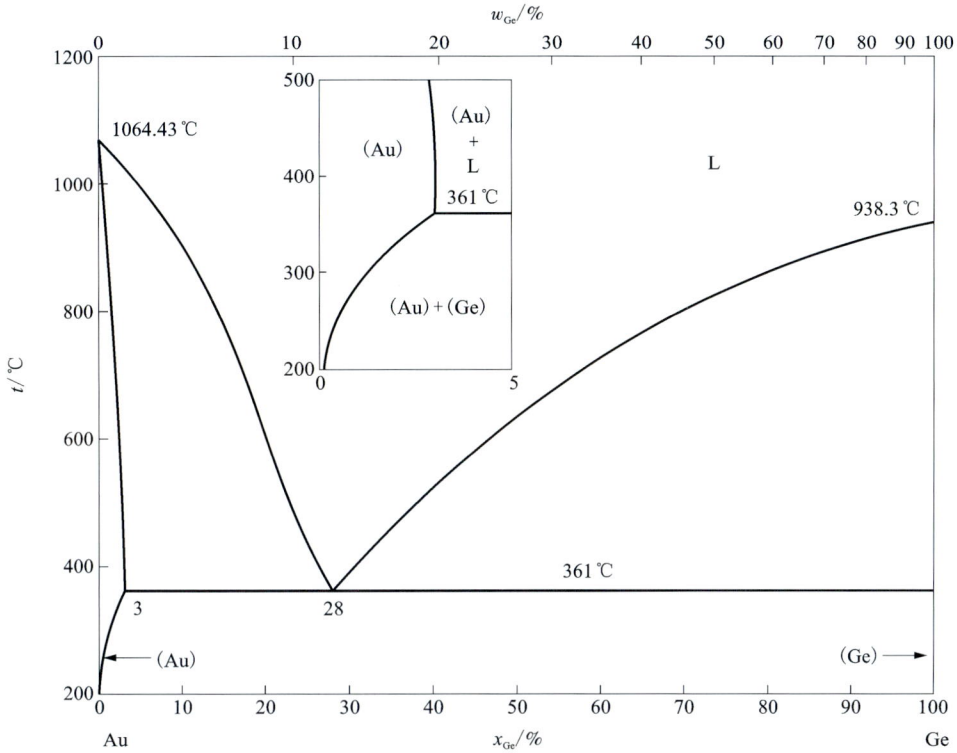

图 2.8.2-11　Au-Ge 二元系合金相图

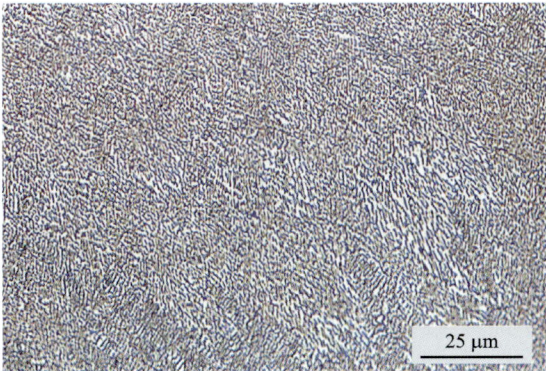

牌　　号：Au-12.5Ge
状　　态：铸态
组织说明：[(Au)+(Ge)]共晶组织
浸 蚀 剂：Au-m5

图 2.8.2-12

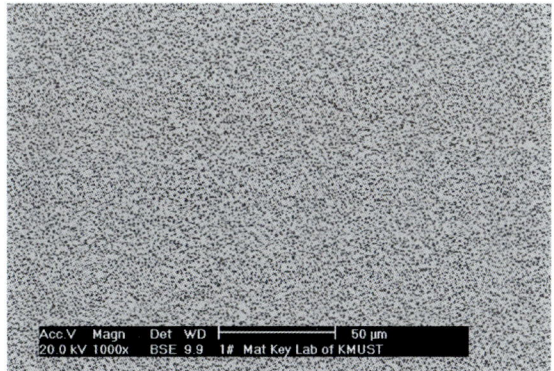

牌　　号：Au-12.5Ge
状　　态：200℃/20 min 退火热处理
组织说明：(Au)+(Ge)，再结晶组织，扫描电镜照片
浸 蚀 剂：Au-m5

图 2.8.2-13

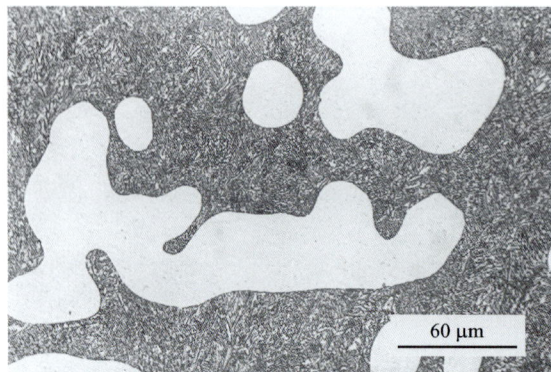

牌　　　号：Au-4Ge-1Si
状　　　态：铸态
组织说明：（Au）+[（Au）+（Ge，Si）]，铸态结晶组织
浸 蚀 剂：Au-m5

图 2.8.2-14

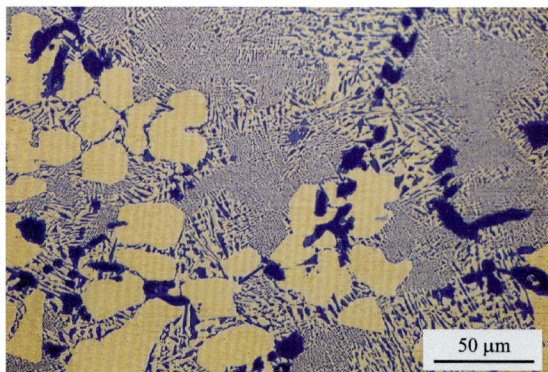

牌　　　号：Au-11.5Ge-2Ni
状　　　态：铸态
组织说明：（Au）+（Ge）+[（Au）+（GeNi）]，铸态结晶组织
浸 蚀 剂：Au-m5

图 2.8.2-15

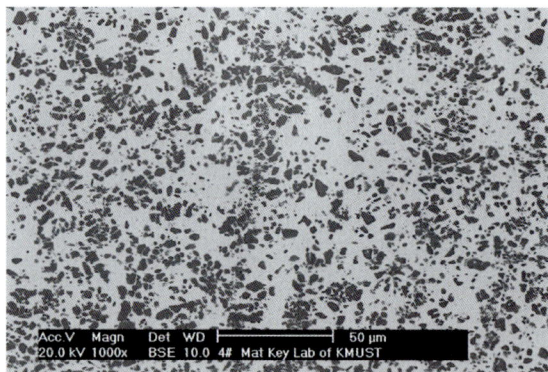

牌　　　号：Au-11.5Ge-2Ni
组织说明：（Au）+（Ge）+（GeNi），再结晶组织
浸 蚀 剂：Au-m5

图 2.8.2-16

　　Au-Sn 二元系合金有 2 个共晶点，见图 2.8.2-17，分别为 Au-20Sn、Au-90Sn，熔化温度分别为 280℃和 217℃。室温下，Au-20Sn 合金由 2 相化合物（ξ'+δ）组成，Au-90Sn 合金由化合物、βSn 组成（η+βSn）。图 2.8.2-18~图 2.8.2-34 是 Au-20Sn 和 Au-Sn-Si 合金金相组织。

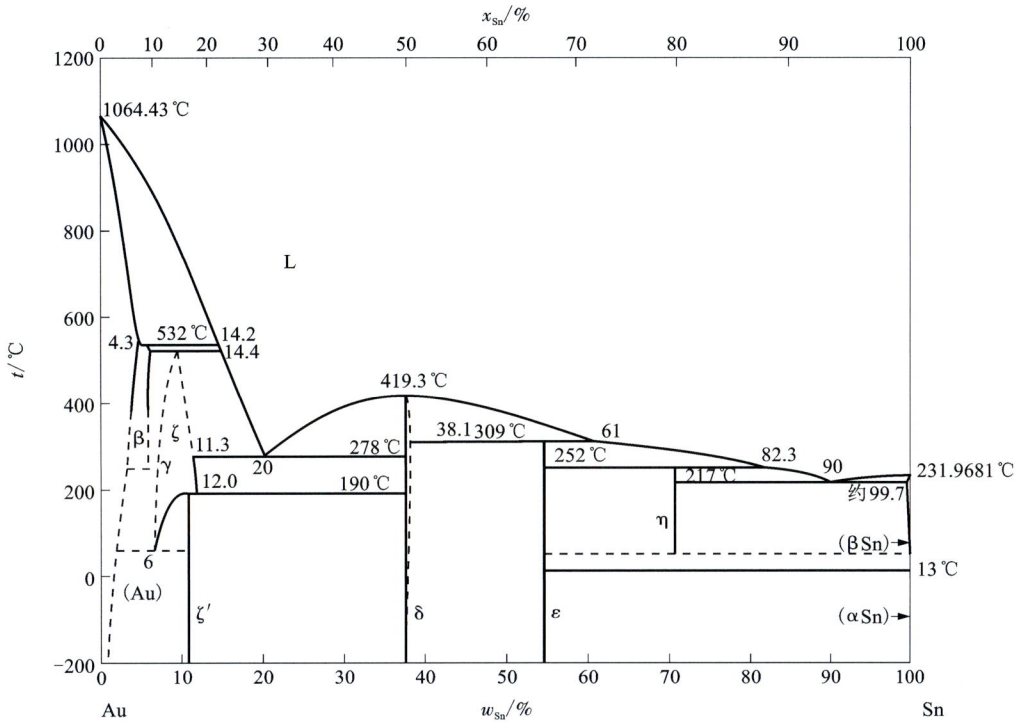

图 2.8.2-17　Au-Sn 二元系合金相图

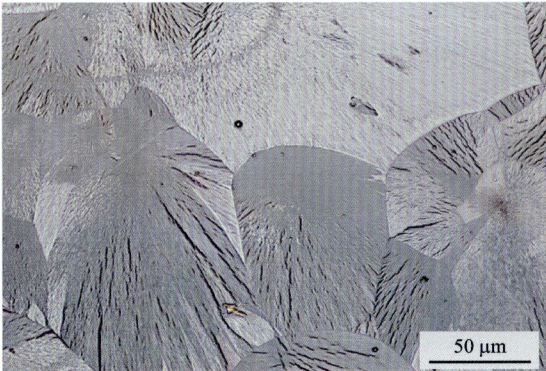

牌　　　号：Au-20Sn
状　　　态：铸态
组织说明：ζ'(Au$_5$Sn)+δ(AuSn)，铸态结晶应力腐蚀裂纹
浸　蚀　剂：Au-m5

图 2.8.2-18

牌　　　号：Au-20Sn
状　　　态：连续铸造
组织说明：ζ'(Au$_5$Sn)+δ(AuSn)，横截面低倍结晶组织
浸　蚀　剂：Au-m5

图 2.8.2-19

牌　　号：Au-20Sn

状　　态：连续铸造

组织说明：ζ′(Au$_5$Sn)+δ(AuSn)，纵截面低倍结晶组织

浸 蚀 剂：Au-m5

图 2. 8. 2-20

牌　　号：Au-20Sn

状　　态：连续铸造

组织说明：ζ′(Au$_5$Sn)+δ(AuSn)，纵截面低倍结晶组织

浸 蚀 剂：Au-m5

图 2. 8. 2-21

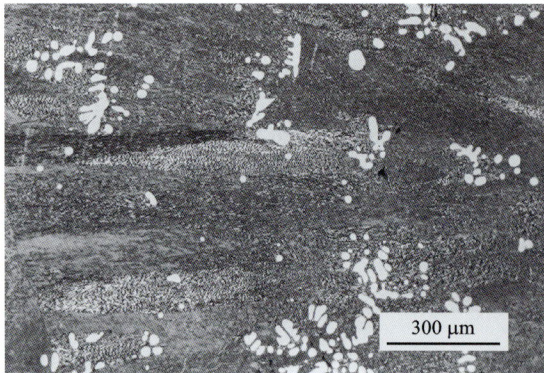

牌　　号：Au-20Sn

状　　态：铸态

组织说明：ζ′(Au$_5$Sn)+[ζ′(Au$_5$Sn)+δ(AuSn)]，铸态结晶
　　　　　组织

浸 蚀 剂：Au-m5

图 2. 8. 2-22

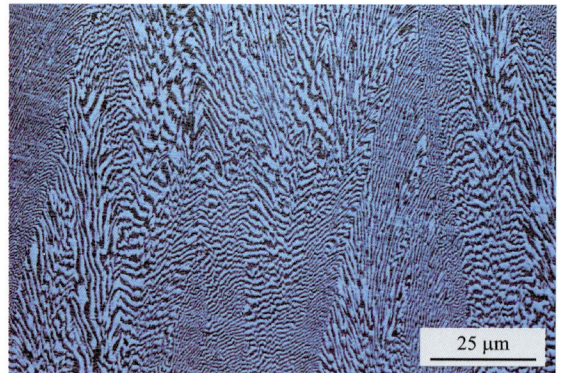

牌　　号：Au-20Sn

状　　态：铸态

组织说明：[ζ′(Au$_5$Sn)+δ(AuSn)]共晶组织

浸 蚀 剂：Au-m2

图 2. 8. 2-23

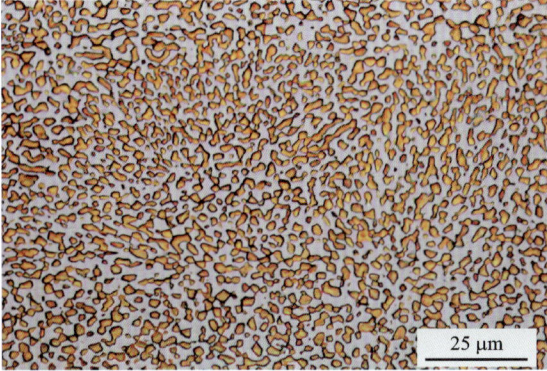

牌　　　号：Au-20Sn

状　　　态：急冷，270℃/2 h 退火热处理

组织说明：ζ′(Au$_5$Sn)+δ(AuSn)，再结晶组织

浸　蚀　剂：Au-m5

图 2.8.2-24

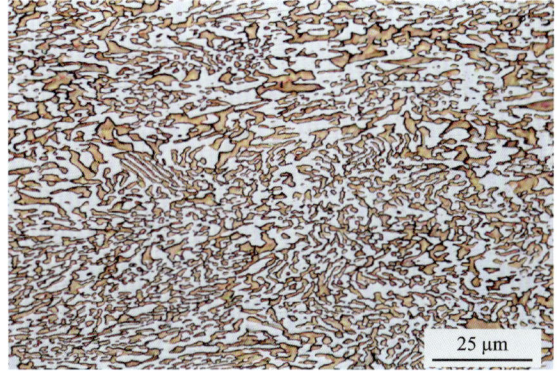

牌　　　号：Au-20Sn

状　　　态：热加工，260℃/30 min 退火热处理

组织说明：ζ′(Au$_5$Sn)+δ(AuSn)，再结晶组织

浸　蚀　剂：Au-m5

图 2.8.2-25

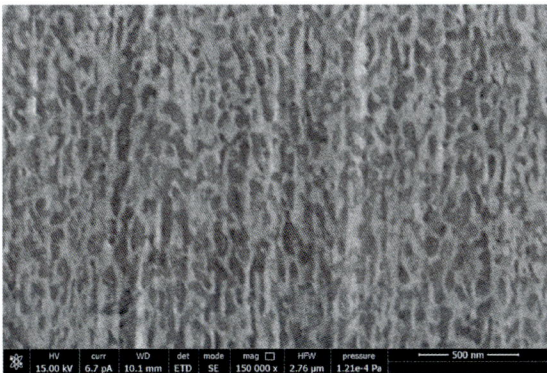

牌　　　号：Au-20Sn

状　　　态：急冷甩带

组织说明：ζ′(Au$_5$Sn)+δ(AuSn)，结晶组织

浸　蚀　剂：表面粒子轻度轰击

图 2.8.2-26

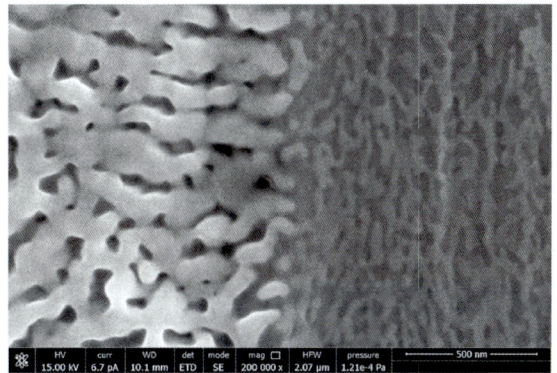

牌　　　号：Au-20Sn

状　　　态：急冷甩带

组织说明：右侧 ζ′(Au$_5$Sn)+δ(AuSn)，左侧 ζ′(Au$_5$Sn)骨架，结晶组织

浸　蚀　剂：表面粒子左侧重度轰击、右侧轻度轰击

图 2.8.2-27

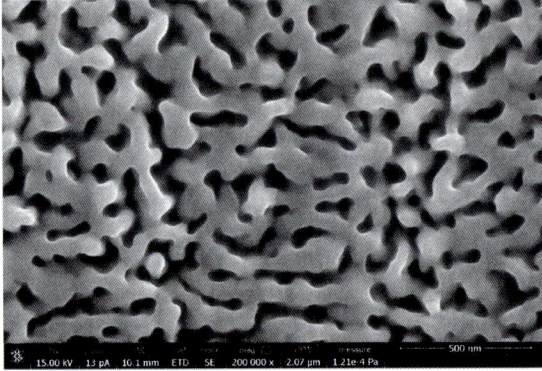

牌　　号：Au-20Sn
状　　态：急冷甩带
组织说明：残留的 $\zeta'(Au_5Sn)$ 骨架
浸　蚀　剂：表面粒子重度轰击

图 2.8.2-28

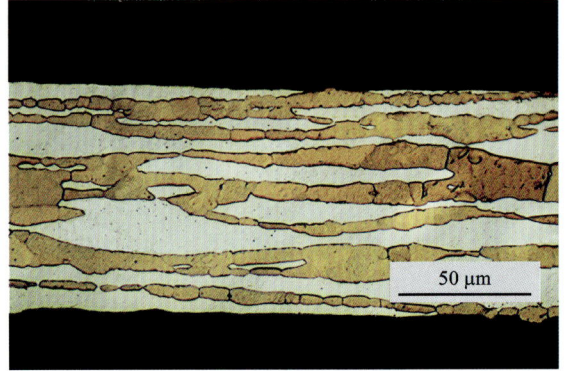

牌　　号：Au-20Sn
状　　态：Au/Sn/Au/Sn 多层复合，扩散热处理
组织说明：$\zeta'(Au_5Sn)+\delta(AuSn)$，层状组织
浸　蚀　剂：Au-m5

图 2.8.2-29

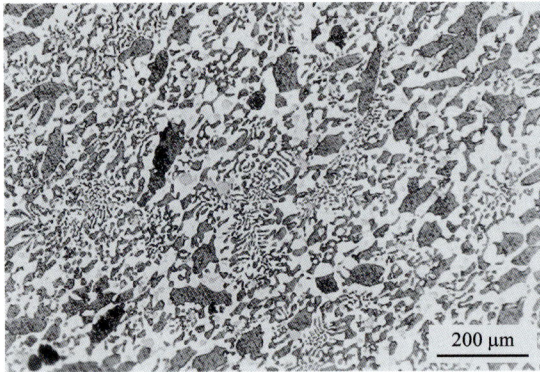

牌　　号：Au-20Sn-0.5Si
状　　态：铸态
组织说明：$(Si)+\zeta'(Au_5Sn)+\delta(AuSn)$，铸态结晶组织
浸　蚀　剂：Au-m8

图 2.8.2-30

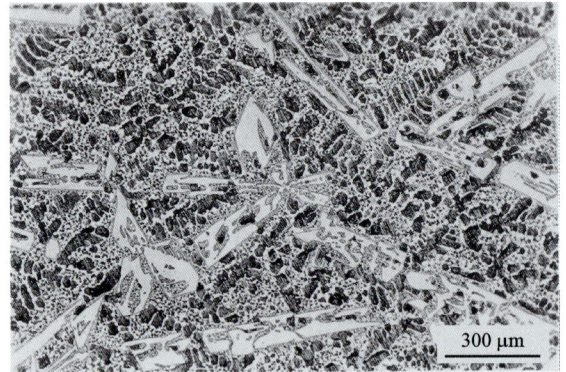

牌　　号：Au-22Sn-1.76Si
状　　态：铸态
组织说明：$(Si)+\zeta'(Au_5Sn)+\delta(AuSn)$，铸态结晶组织
浸　蚀　剂：Au-m8

图 2.8.2-31

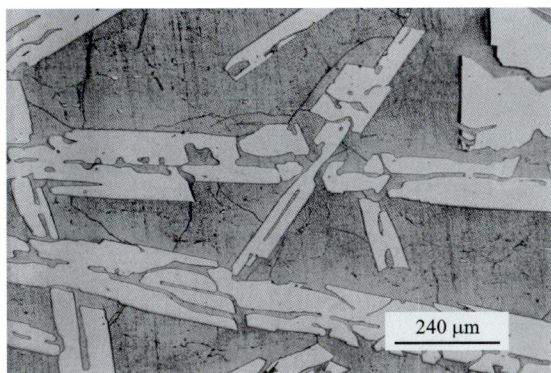

牌　　　号：Au-33Sn-11Si
状　　　态：铸态
组织说明：(Si)+AuSn，铸态结晶组织
浸　蚀　剂：Au-m5

图 2.8.2-32

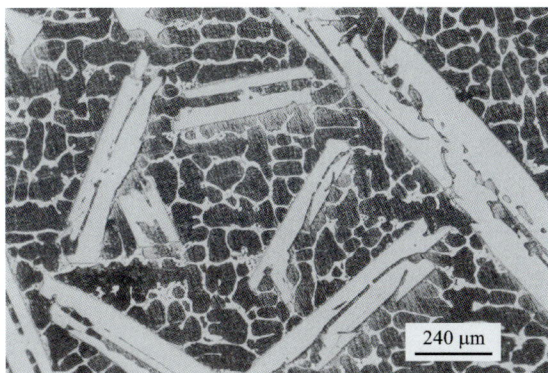

牌　　　号：Au-28Sn-7Si
状　　　态：铸态
组织说明：(Si)+AuSn+[γ+AuSn]，铸态结晶组织
浸　蚀　剂：Au-m5

图 2.8.2-33

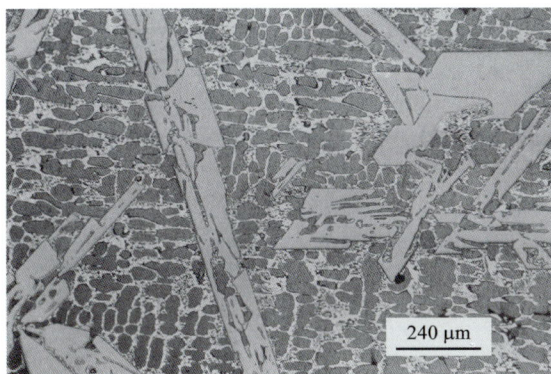

牌　　　号：Au-25Sn-4Si(原子分数：Au-29.6Sn-19.7Si)
状　　　态：铸态
组织说明：(Si)+AuSn+[γ+AuSn]，铸态结晶组织
浸　蚀　剂：Au-m5

图 2.8.2-34

　　Au-Be 二元系合金从部分相图中可以看出，分别在 20%(原子百分数)Be、40%* Be 处有 2 个共晶转变点，共晶点温度为 580℃和 620℃。Be 在 Au 中基本不溶解，随着 Be 含量增加生成多种化合物：Au_3Be、Au_2Be、Au_4Be、$AuBe$……见图 2.8.2-35，Au-Be 二元系合金相图。图 2.8.2-36~图 2.8.2-37 为 Au-Be 合金金相组织。

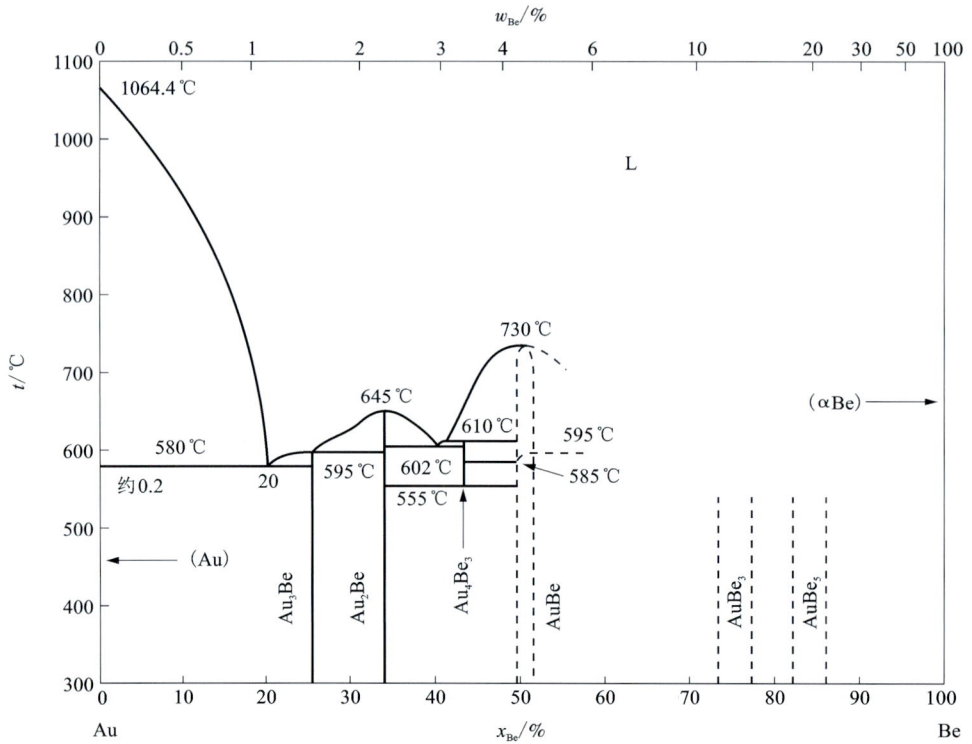

图 2.8.2-35　Au-Be 二元系合金相图

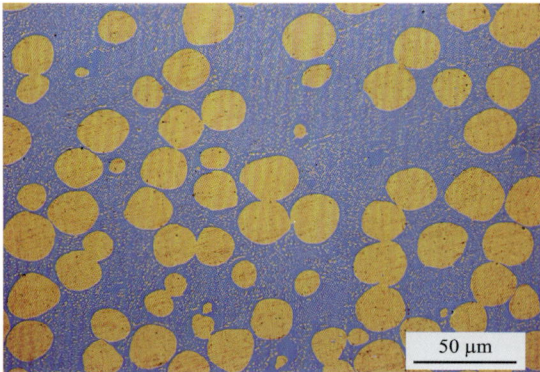

50 μm

牌　　号：Au-Be
状　　态：铸态
组织说明：（Au）+［（Au）+Au₃Be］，铸态结晶组织
浸　蚀　剂：未腐蚀

图 2.8.2-36

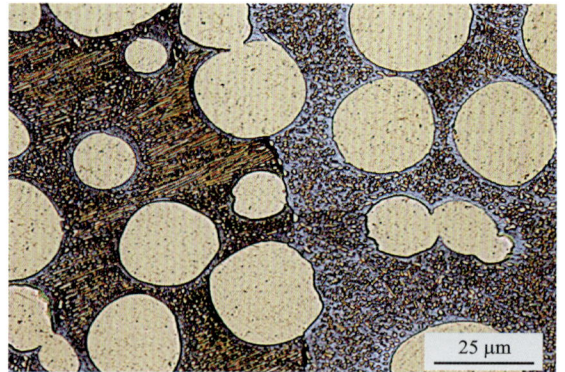

25 μm

牌　　号：Au-Be
状　　态：铸态
组织说明：（Au）+［（Au）+Au₃Be］，铸态结晶组织
浸　蚀　剂：Au-m5

图 2.8.2-37

第 3 章　铂及铂合金

3.1　铂的性能和用途

铂是银白色有光泽的金属，熔点 1772℃，沸点（3827±100）℃，密度 21.45 g/cm³（20℃），较软，有良好的延展性、导热性和导电性。海绵铂为灰色海绵状物质，有很大的比表面积，对气体（特别是氢气、氧气和一氧化碳）有较强的吸收能力。粉末状的铂黑能吸收大量氢气。Pt 具有很好的化学稳定性，在空气和潮湿环境中稳定，低于 450℃加热时，表面形成二氧化铂薄膜，高温下能与硫、磷、卤素发生反应。铂不溶于单一酸和碱，如 HCl、H_2SO_4、HNO_3 和碱溶液，但可溶于王水和熔融的碱。

随着冷加工率的增加，Pt 的硬度有所提高，Pt 在加工率达到 80% 之后，硬度曲线变得较陡。退火温度升高，Pt 的硬度降低（见图 3.1-1）。

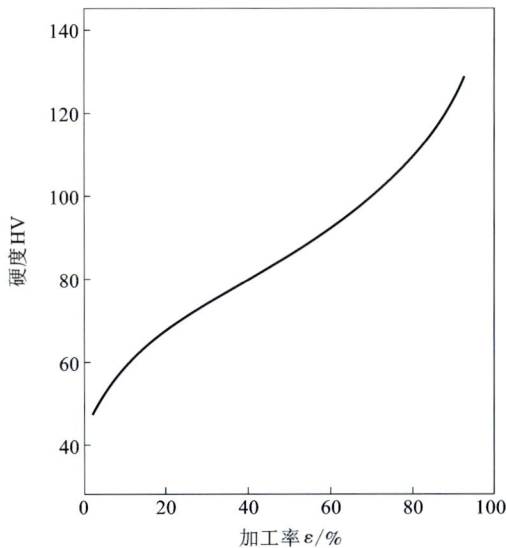

图 3.1-1　Pt 冷加工率与硬度的变化关系

在 Pt 族金属中 Pt 是应用最广历史最悠久的金属。由于 Pt 的抗氧化能力强、熔点高，在日常生产活动中被用于制作宇航服。另外还用来做耐腐蚀的仪表、仪器的零部件，如铂器皿、铂电极、电阻温度计、笔尖、钟表仪器、轴承等。在电子工业中用作电阻、继电器、火花塞电极、电触头、热电偶及印刷线路。Pt 及其合金，在石油化学工业中主要作催化剂，被广泛用于汽车尾气催化净化装置，为保护环境起到重要作用。任何人的皮肤对 Pt 都不会有过敏现象，因此 Pt 可做成电极用于电子脉冲调节器，直接植入人体心脏，救治心律不齐患者。Pt 及 Pt 合金可作首饰(如镶宝石戒指)和表壳，也可掺于金中做牙科材料用。表 3.1-1 和表 3.1-2 分别列出了铂锭的化学成分和 Pt 的相关性能。

表 3.1-1　铂锭化学成分

牌号		IC-Pt 99.99	IC-Pt 99.95	IC-Pt 99.9
铂质量分数/%，≥		99.99	99.95	99.90
杂质含量(质量分数/%)，≤	Pd	0.003	0.010	0.030
	Rh	0.003	0.020	0.030
	Ir	0.003	0.020	0.030
	Ru	0.003	0.020	0.040
	Au	0.003	0.010	0.030
	Ag	0.001	0.005	0.010
	Cu	0.001	0.005	0.010
	Fe	0.001	0.005	0.010
	Ni	0.001	0.005	0.010
	Al	0.003	0.005	0.010
	Pb	0.002	0.005	0.010
	Mn	0.002	0.005	0.010
	Cr	0.002	0.005	0.010
	Mg	0.002	0.005	0.010
	Sn	0.002	0.005	0.010
	Si	0.003	0.005	0.010
	Zn	0.002	0.005	0.010
	Bi	0.002	0.005	0.010
杂质元素的总量(质量分数/%)[1][2]，≤		0.010	0.050	0.100

注：[1]铂质量分数为 100%减去杂质元素质量分数总和，杂质元素包括但不限于表中所列杂质元素。[2]本标准未规定的元素控制限及分析方法，由供需双方共同协商。

表 3.1-2　不同纯度 Pt 的性能

性能	温度计级 Pt	热电偶纯 Pt	一级纯 Pt	二级纯 Pt	三级纯 Pt	四级纯 Pt
纯度/%	99.999 以上	99.999	99.99	99.9	99.5	99
电阻率/（$\mu\Omega \cdot cm$）（温度）	9.4（0℃）	9.81（0℃）	10.58（20℃）	10.6（20℃）	11.6（20℃）	14.9（20℃）
电阻温度系数 $\alpha_{0\sim100℃}$ /（$10^{-6} \cdot ℃^{-1}$）	3927～3925	2925～3920	3920	3900	3500	—
熔点/℃	1769	1769	1769	1768.5	1768.5	—
密度（20℃）/（$g \cdot cm^{-3}$）	21.45	21.45	21.40	21.40	21.29	—
抗拉强度/（9.8 MPa）	约 14	约 14	约 14	14～16	约 17	约 18
对 Pt27 的热电势（E_0^{1200}）	−10	−6～4	0～+30	约+150	约+1000	—
硬度（HV）	37～42	约 40	约 42	42～46	约 50	约 52

3.1.1　铂的金相组织

形变金属在随后的退火过程中发生结构的驰豫、回复和再结晶，再结晶温度是度量这一过程的重要性质。金属的再结晶温度与纯度和预形变程度有关，纯度越高和变形程度越大，再结晶温度越低。商业纯金属的再结晶温度为$(0.4\sim0.5)T_m$（T_m 是熔点）。图 3.1.1-1 示出了预形变率 95% 的不同纯度 Pt 的再结晶曲线，其再结晶温度 T_r 大约相当于 300℃（物理纯）、450℃（化学纯）和 650℃（商业纯）。对于相同纯度的 Pt，减小变形量可增高再结晶温度，如预变形率为 50% 的化学纯 Pt 和商业纯 Pt 的再结晶温度分别可增至 525℃ 和 800℃。

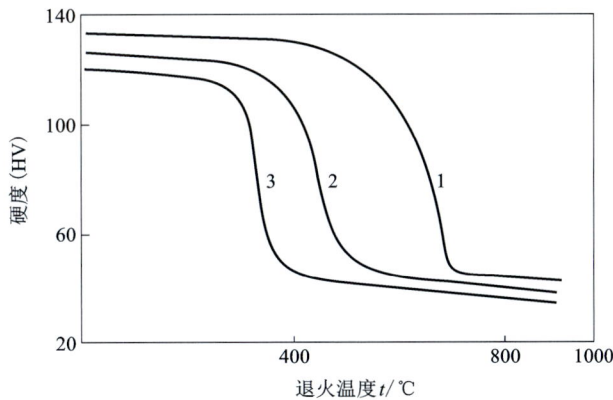

1—商业纯：99.5% Pt；2—化学纯：>99.9% Pt；3—物理纯：>99.99% Pt

图 3.1.1-1　商业纯、化学纯和物理纯 Pt 的再结晶温度曲线

图 3.1.1-2 显示了 Pt 的再结晶图，退火态 Pt 的晶粒尺寸也与变形量和退火温度有关：在相同退火温度下，Pt 的晶粒尺寸随变形量增大而减小；在相同变形量下，Pt 的晶粒尺寸随温度升高而增大。表 3.1.1-1 列出了退火态 Pt 的平均晶粒面积与预变形量和退火温度的关系。

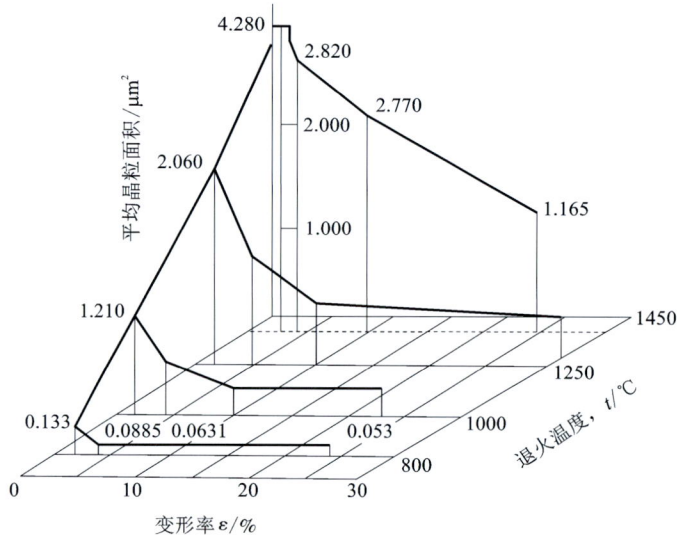

图 3.1.1-2　Pt 的再结晶图

表 3.1.1-1　退火态 Pt 的平均晶粒面积(μm^2)与预变形量和退火温度的关系

退火温度, $t/℃$	预形变率, $\varepsilon/\%$				退火温度, $t/℃$	预形变率, $\varepsilon/\%$			
	2	5	10	25		2	5	10	25
800	0.133	0.090	0.060	0.050	1250	2.060	1.180	0.700	0.530
1000	1.210	0.590	0.360	0.280	1450	4.280	2.820	2.300	0.850

合金元素对 Pt 或 Pt 合金再结晶温度及晶粒细化的影响与合金元素的类型有关，特别与其对 Pt 原子半径相差值有关，即再结晶温度值 ΔT_r 随溶质-溶剂间原子半径差增大而增高。因此，那些对 Pt 原子半径差值大及在 Pt 中固溶度低的合金元素，如碱金属、碱土金属、稀土金属、类金属等，都可以明显地提高 Pt 的再结晶温度和细化 Pt 的晶粒尺寸，但它们的作用仅限制在稀浓度或微量合金化范围内，超过固溶极限浓度，其强化作用、晶粒细化作用及增高再结晶温度的作用都减缓或减小。过渡金属与 Pt 的原子半径相差较小而在 Pt 中固溶度较大，它们能在一定程度上提高 Pt 的再结晶温度和细化晶粒尺寸，虽然当相同浓度时，其幅度较稀土元素要小，但其对再结晶温度和晶粒度细化的影响较平稳且可持续到高溶质浓度。图 3.1.1-3~图 3.1.1-9 为 Pt 的金相组织。

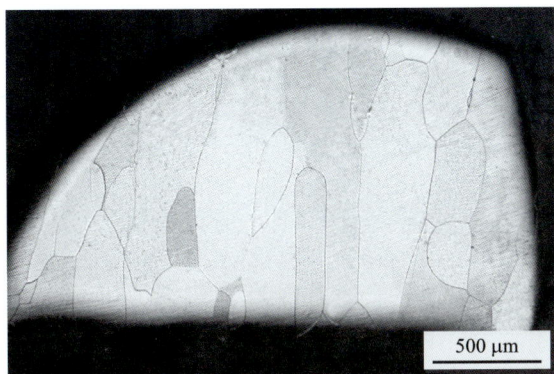

牌　　　号：Pt
状　　　态：铸态
组织说明：晶粒沿凝固方向自下而上生长的柱状铸态组织
浸　蚀　剂：Pt-M3

图 3.1.1-3

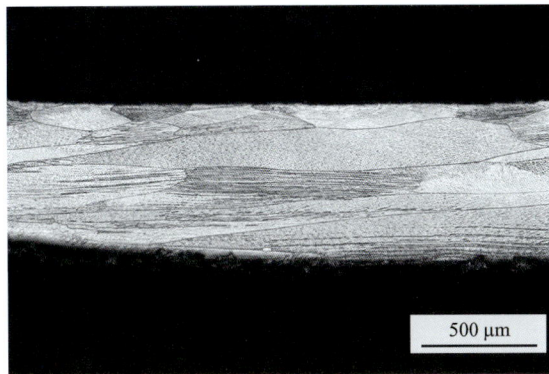

合金牌号：Pt
工艺条件：冷加工率 60%
组织说明：冷加工纵截面形变组织
浸　蚀　剂：Pt-M3

图 3.1.1-4

合金牌号：Pt
工艺条件：冷加工率 95%
组织说明：冷加工纵截面形变组织
浸　蚀　剂：Pt-M3

图 3.1.1-5

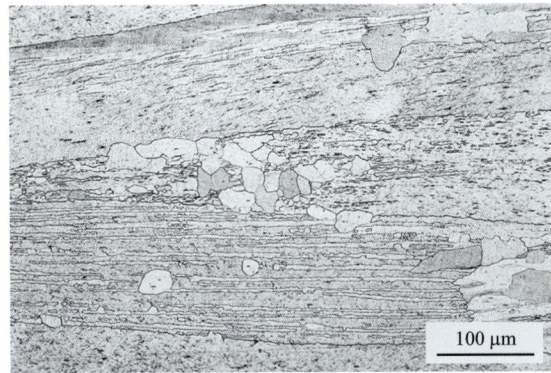

合金牌号：Pt
工艺条件：冷加工率 60%，大气 800℃/30 min 退火处理
组织说明：冷加工形变组织+少量开始再结晶组织
浸　蚀　剂：Pt-M3

图 3.1.1-6

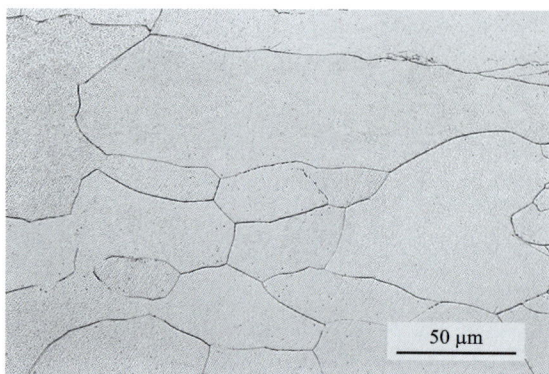

合金牌号：Pt
工艺条件：冷加工率60%，大气800℃/2 h退火处理
组织说明：完全再结晶组织
浸 蚀 剂：Pt-M3

图 3.1.1-7

合金牌号：Pt
工艺条件：冷加工丝材，大气1150℃/15 h退火处理
组织说明：竹节状再结晶组织
浸 蚀 剂：Pt-M3

图 3.1.1-8

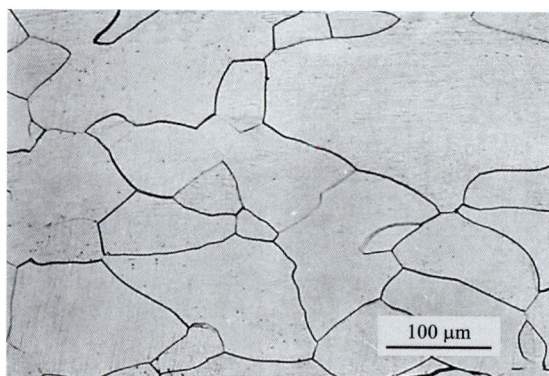

合金牌号：Pt
工艺条件：冷加工率95%、φ0.5mm，大气通电 10.5A/3 h+
　　　　　1100℃/4 h退火处理
组织说明：完全再结晶组织
浸 蚀 剂：Pt-M3

图 3.1.1-9

3.1.2　少量金属元素对铂性能和组织的影响

　　Pt 具有较低的硬度，图 3.1.2-1 显示金属 W 极大地提高 Pt 的硬度，Ru、Os、Ir、Rh、Pd 对 Pt 的硬度的影响依次递减。

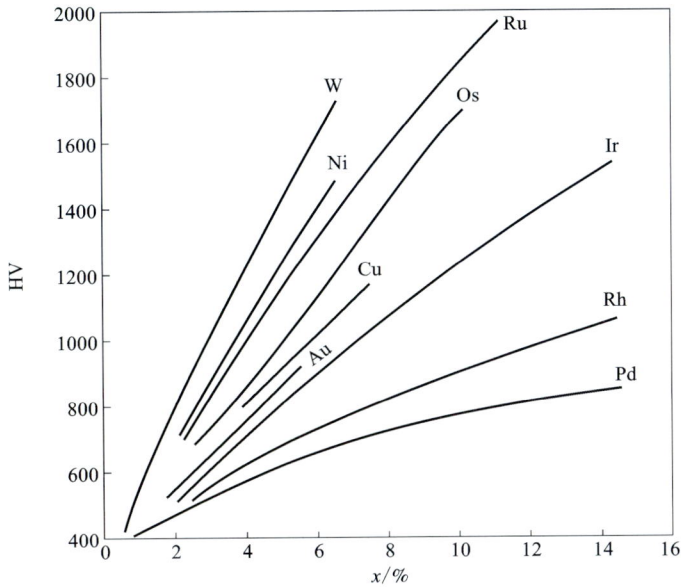

图 3.1.2-1　合金元素对铂硬度的影响

　　本书选取 0.5%（质量分数）的 Ni、Cu、W 元素加入化学纯 Pt 中，采用熔铸合金化法制备铸锭，冷加工后再结晶处理，观察添加元素对 Pt 组织的影响。从照片中可以看出 0.5%（质量分数）的 Ni、Cu、W 提高了化学纯 Pt 的再结晶温度，其中 Ni、Cu 的添加，提高再结晶温度大于 200℃，W 的添加，提高再结晶温度大于 300℃。图 3.1.2-2～图 3.1.2-8 为少量合金元素对 Pt 组织的影响金相组织。

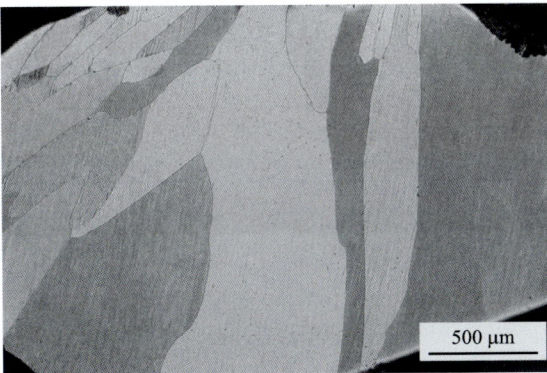

合金牌号：Pt-0.5Cu
工艺条件：真空熔铸
组织说明：沿凝固方向生长的柱状单相铸态组织
浸　蚀　剂：Pt-M3

图 3.1.2-2

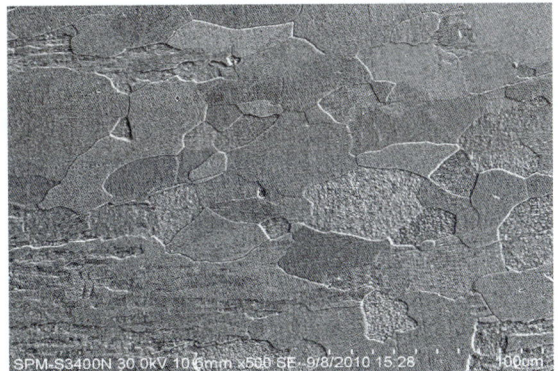

合金牌号：Pt-0.5Cu
工艺条件：铸态，冷加工形变 50%，800℃/2 h 退火处理
组织说明：完全再结晶单相组织，SEM 照片
浸　蚀　剂：Pt-M3

图 3.1.2-3

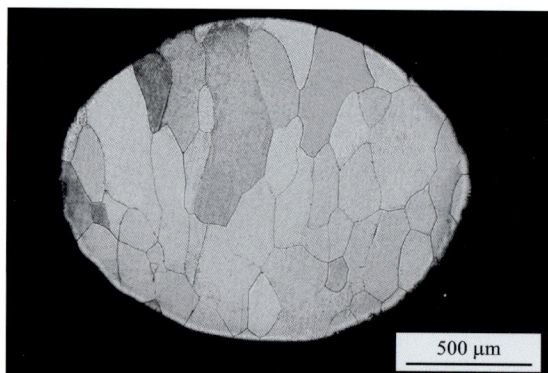

合金牌号：Pt-0.5Ni

工艺条件：真空熔铸

组织说明：单相铸态组织

浸 蚀 剂：Pt-M3

图 3.1.2-4

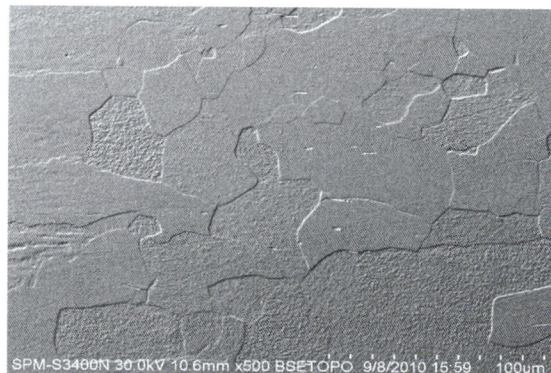

合金牌号：Pt-0.5Ni

工艺条件：铸态，形变50%，800℃/2 h 退火处理

组织说明：完全再结晶组织，SEM 照片

浸 蚀 剂：Pt-M3

图 3.1.2-5

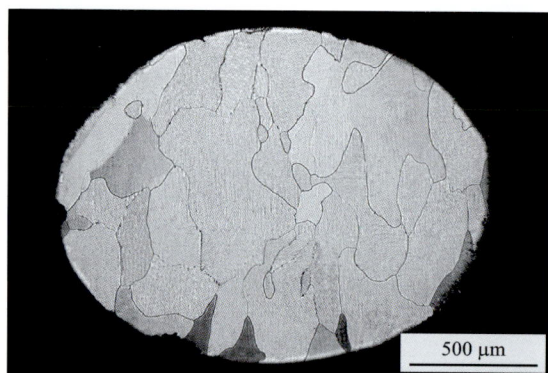

合金牌号：Pt-0.5W

工艺条件：真空熔铸

组织说明：单相铸态组织

浸 蚀 剂：Pt-M3

图 3.1.2-6

合金牌号：Pt-0.5W

工艺条件：铸态，形变50%，800℃/2 h 退火处理

组织说明：仍然保持加工态组织，未发生再结晶

浸 蚀 剂：Pt-M3

图 3.1.2-7

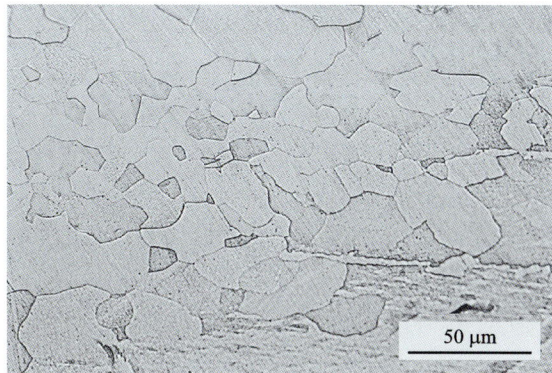

合金牌号：Pt-0.5W
工艺条件：铸态，形变 50%，900℃/0.5 h 退火处理
组织说明：完全再结晶组织
浸　蚀　剂：Pt-M3

图 3.1.2-8

3.2　铂铱系合金

3.2.1　铂铱系合金的性能和用途

Ir 是 Pt 重要的强化元素之一。图 3.2.1-1 示出了淬火态单相 Pt-Ir 合金及其后续加工态合金的硬度和抗拉强度与 Ir 质量分数的关系；随着 Ir 质量分数增加，Pt-Ir 合金的强度急剧升高。由于存在相分解反应，在相分解曲线以下温度时效过程中 Pt-Ir 合金具有很强的时效强化效应，并随着 Ir 质量分数的增高而增强，见图 3.2.1-2。图 3.2.1-3 显示了 Pt-Ir 合金加工率和硬度的变化与 Ir 质量分数的关系。图 3.2.1-4 示出了 Pt-Ir 合金高温应力-断裂曲线，随着 Ir 质量分数增加，Pt-Ir 合金高温持久强度显著增大，而随着温度升高，持久强度降低，但其增强趋势高于 Pt-Rh 合金。

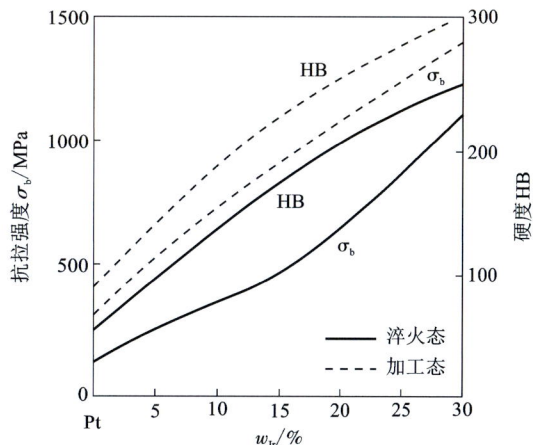

图 3.2.1-1　Pt-Ir 合金的硬度和抗拉强度与 Ir 质量分数的关系

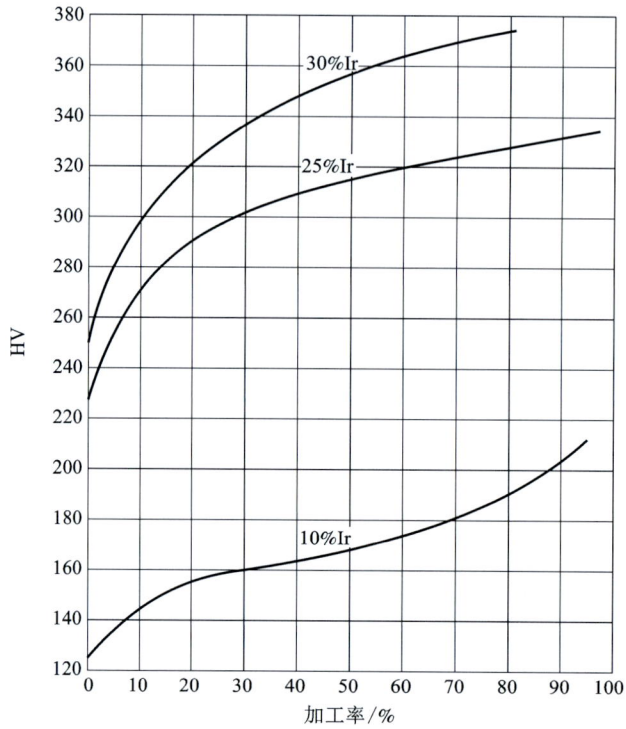

图 3.2.1-2　Pt-Ir 合金加工率对硬度的影响

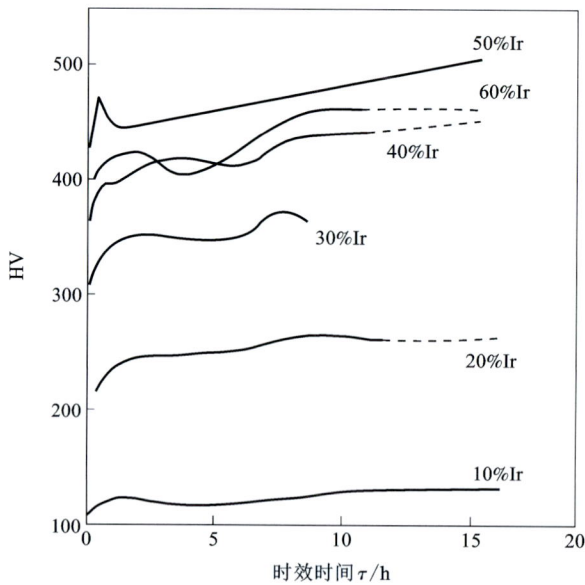

（1400℃淬火，700℃时效）

图 3.2.1-3　Pt-Ir 合金的时效硬化效应

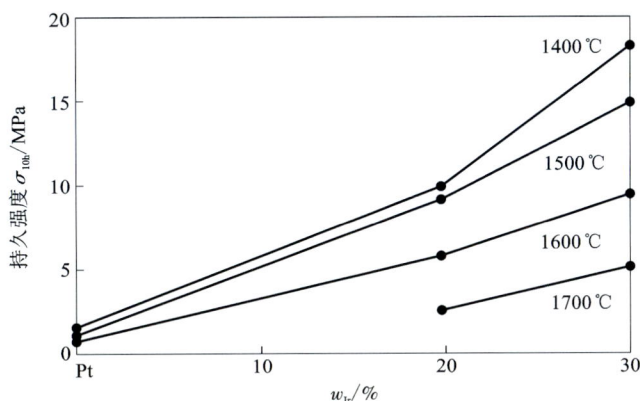

图 3.2.1-4　Pt-Ir 合金高温 10 h 持久强度与 Ir 质量分数的关系

Pt-Ir 合金有非常广泛的工业应用，主要用于：

（1）高可靠弱电流精密电接触材料，包括航空发动机点火触头材料、高灵敏继电器和微电机用电接触材料和导电滑环材料等。

（2）精密仪器仪表用电阻材料和其他材料，如精密电位器用绕组材料、游丝张丝材料、传感器引线材料等。

（3）微电子工业用导电和电阻浆料。

（4）电化学工业用各类电机材料。

（5）质量分数 5%～15%Ir 的 Pt-Ir 合金用作牙科材料和饰品材料。

（6）因高的生物稳定性和相容性，Pt-Ir 合金用作体内置入导体与电极材料。

（7）25%～30%Ir 的 Pt-Ir 合金用作弹性元件和耐磨损元件，如张丝、弹簧、轴尖、笔尖，注射器针尖等。

（8）因高的质量和电阻稳定性，用作标准砝码、米尺和标准电阻材料。

（9）Ir 质量分数为 10%～17.5% 的 Pt-Ir 合金是优质焊料，用于微波电子器件阴极及 W、Mo 等高熔点金属钎焊。

工业中最常用的是质量分数低于 30%Ir 的 Pt-Ir 合金，主要合金有 Pt-5Ir、Pt-10Ir、Pt-17.5Ir 和 Pt-25Ir。以 Pt-Ir 合金所装备的仪器仪表主要用于飞机、导弹、舰艇等国防和尖端技术用的装备中以保证高可靠性，其中 Pt-5Ir 和 Pt-10Ir 是经典的电位器绕组材料，Pt-17.5Ir 是电刷材料，Pt-25Ir 是航空发动机高可靠点火触头材料。由于铂族金属资源短缺且价格昂贵，某些应用的 Pt-Ir 合金已经被 Au 基合金取代，但 Pt-Ir 合金许多关键应用特别是作为航空发动机点火触头的应用至今未能被替代。Pt-Ir 合金的成分和性能见表 3.2.1-1。

表 3.2.1-1　Pt-Ir 合金的成分和性能

性能		合金牌号							
		Pt-5Ir	Pt-10Ir	Pt-15Ir	Pt-17.5Ir	Pt-20Ir	Pt-25Ir	Pt-30Ir	Pt-40Ir
熔点/℃		—	1780	1790	—	1815	1840	1890	—
密度/(g·cm^{-3})		21.49	21.6	21.6		21.7	21.7	21.8	21.88
电阻率/(μΩ·cm)		19	24,5	27	28.3	30	33	35	—
电阻温度系数 $\alpha_\rho/(10^{-3}·℃^{-1})$		1.88	1.39	1.0	—	0.8	0.5	0.3	—
导热系数 $\lambda/[W·(cm·℃)^{-1}]$		—	0.3	0.23	—	0.17	0.164	0.156	—
电弧电压 U/V		—	2.0			19	20		
极限电流 L/A		—	1.0			0.8	0.74		
抗拉强度 σ_b/MPa	退火态	276	379	516	519	6889	862	1078	
	硬态	483	620	827	853	1000	1173	1372	
比例极限 σ_p/MPa	退火态	159~123	25~21	—	—	421~407	—	—	
	硬态	368	38	—	—	696	—	—	
延伸率/%	退火态	22~32	25~27	—	—	20~21	—	—	
	硬态	2.0	2.5	1568	—	2.5	—	—	
布氏硬度（HB）	退火态	90	130	160		200	240	280	
	硬态	140	183	230		265	310	360	450Hv
弹性模量 E/(kg·mm^{-2})						21800[*]	25000		
断面收缩率 Ψ(退火态)/%		95~94	95~94	—	—	84~88	—	—	

注：[*] 合金含铱 21%。

3.2.2　铂铱系合金的金相组织

图 3.2.2-1 显示了 Pt-Ir 合金相图,高温区为连续固溶体。随着 Ir 含量增高,高温淬火态单相固溶体合金的晶格常数从 Pt 的 0.3916 nm 直线降低到 Ir 的 0.3839 nm,遵循 Vegard 定律。低温区出现相分解,最高点在 975℃ 和 50%(摩尔分数)Ir 的合金处;在 700℃ 下时,相分解区扩大到 7%~9%(摩尔分数)Ir 的广大相区(Pt)+(Ir)两相并存。图 3.2.2-2~图 3.2.2-16 为 Pt-Ir 系合金的金相组织。

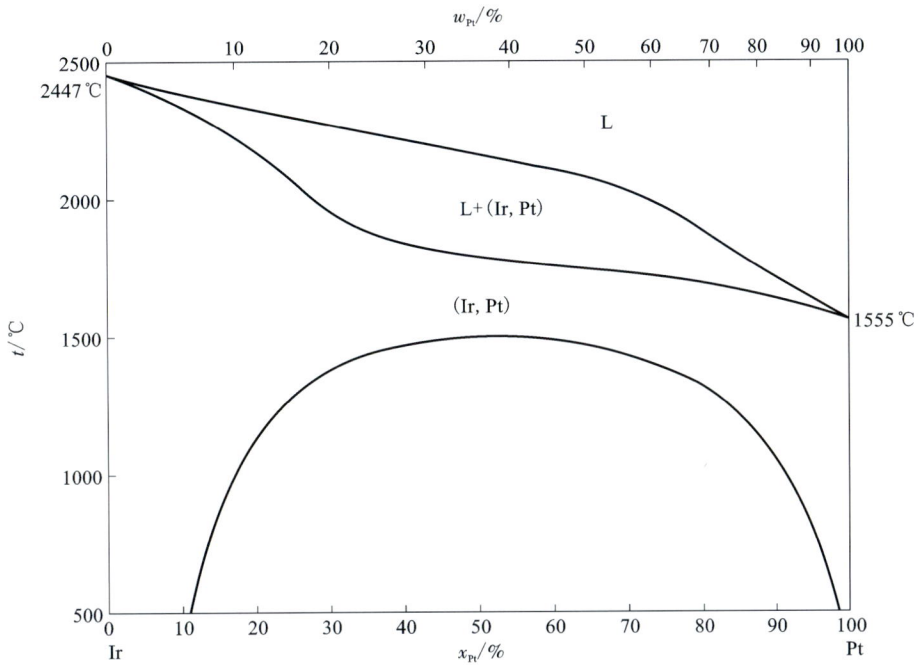

图 3.2.2-1　Pt-Ir 二元系合金相图

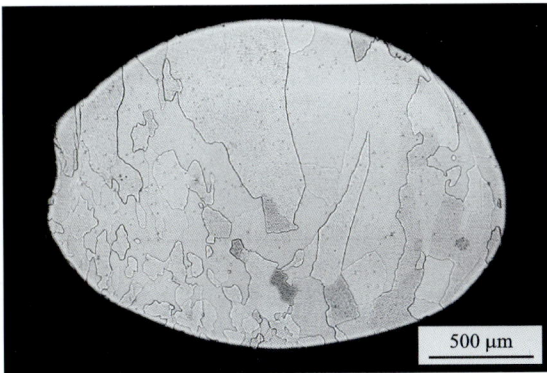

合金牌号：Pt-10Ir
工艺条件：铸态
组织说明：(Pt, Ir)单相铸态组织
浸 蚀 剂：Pt-M3

图 3.2.2-2

合金牌号：Pt-10Ir
工艺条件：铸态，冷加工态
组织说明：冷加工形变纤维组织，SEM 照片
浸 蚀 剂：Pt-M3

图 3.2.2-3

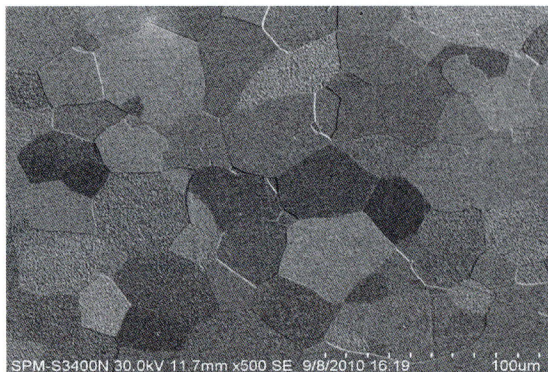

合金牌号：Pt-10Ir

工艺条件：铸态，冷加工，1200℃/30 min 大气退火处理

组织说明：(Pt, Ir)单相再结晶组织，SEM 照片

浸 蚀 剂：Pt-M3

图 3.2.2-4

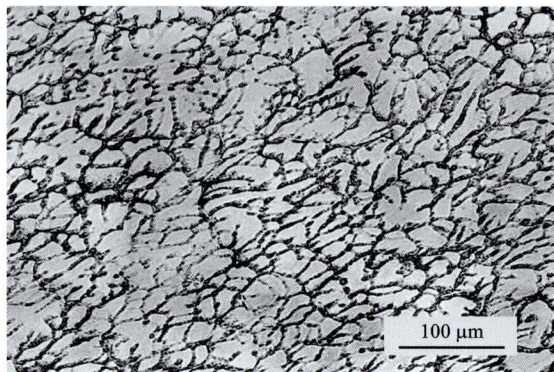

合金牌号：Pt-25Ir

工艺条件：铸态

组织说明：(Pt, Ir)晶内树枝状偏析组织

浸 蚀 剂：Pt-M3

图 3.2.2-5

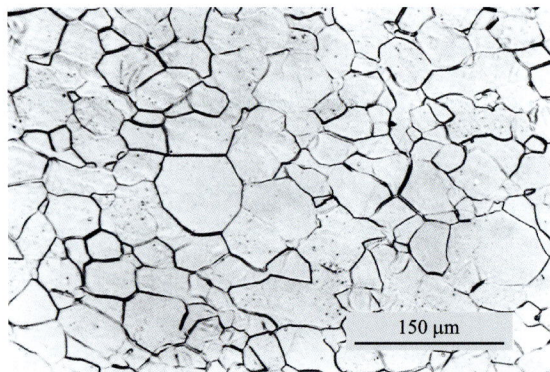

合金牌号：Pt-25Ir

工艺条件：冷加工，1200℃/20 min 大气退火处理

组织说明：(Pt, Ir)单相再结晶组织

浸 蚀 剂：Pt-M3

图 3.2.2-6

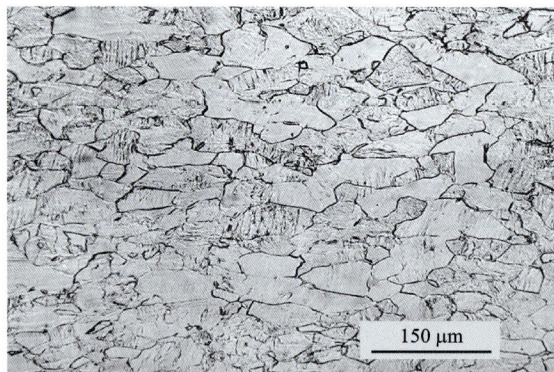

合金牌号：Pt-25Ir

工艺条件：冷加工，1200℃/20 min 退火处理，10%冷轧

组织说明：(Pt, Ir)单相再结晶形变组织

浸 蚀 剂：Pt-M3

图 3.2.2-7

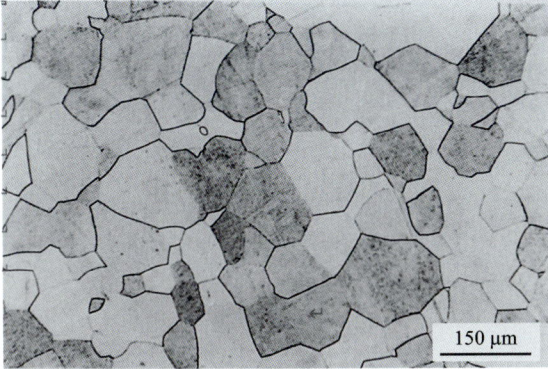

合金牌号：Pt-25Ir
工艺条件：冷加工，1250℃/30 min 退火处理
组织说明：(Pt, Ir)单相再结晶形变组织
浸　蚀　剂：Pt-M3

图 3.2.2-8

合金牌号：Pt-50Ir
工艺条件：铸态
组织说明：(Pt, Ir)晶内偏析组织
浸　蚀　剂：Pt-M3

图 3.2.2-9

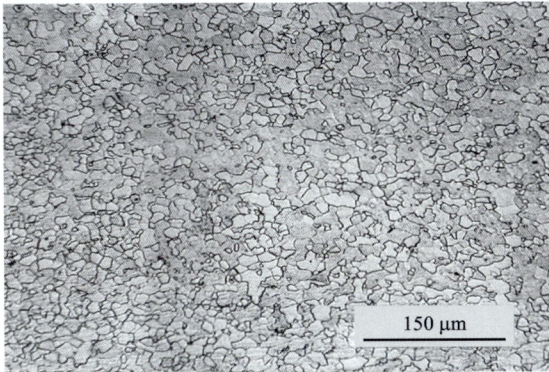

合金牌号：Pt-25Ir-25Rh
工艺条件：冷加工，1050℃/1 h 退火处理
组织说明：(Pt, Ir, Rh)单相再结晶组织
浸　蚀　剂：Pt-M3

图 3.2.2-10

合金牌号：Pt-25Ir-25Rh
工艺条件：冷加工，1050℃/1 h 退火处理
组织说明：(Pt, Ir, Rh)单相再结晶组织，相衬照片
浸　蚀　剂：Pt-M3

图 3.2.2-11

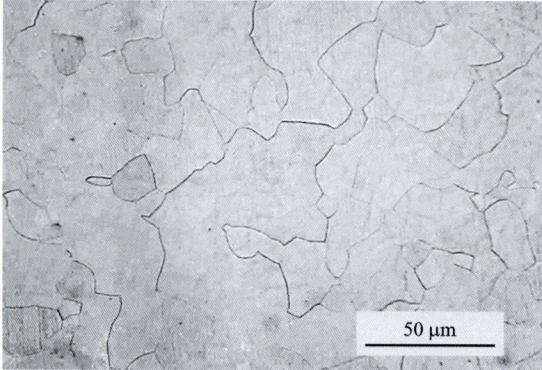

合金牌号：Pt-25Ir-25Rh
工艺条件：冷加工，1050℃/11 h 退火处理
组织说明：(Pt，Ir，Rh)单相再结晶组织
浸 蚀 剂：Pt-M3

图 3.2.2-12

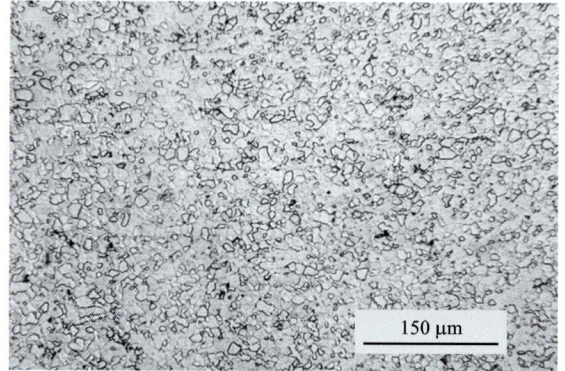

合金牌号：Pt-41Ir-18Rh
工艺条件：冷加工，1050℃/1 h 退火处理
组织说明：(Pt，Ir，Rh)单相再结晶组织
浸 蚀 剂：Pt-M3

图 3.2.2-13

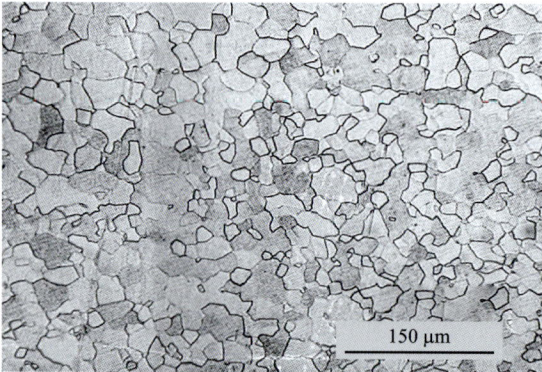

合金牌号：Pt-42Ir-23Rh
工艺条件：冷加工，1050℃/1 h 退火处理
组织说明：(Pt，Ir，Rh)单相再结晶组织
浸 蚀 剂：Pt-M3

图 3.2.2-14

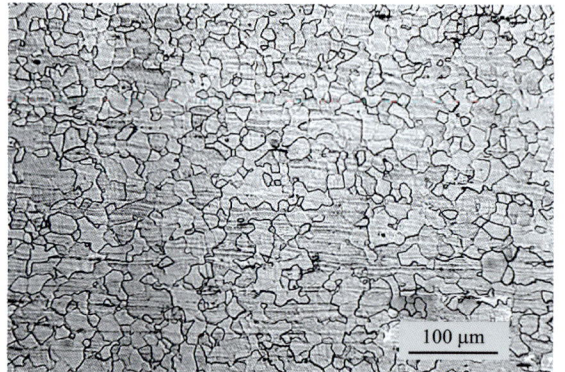

合金牌号：Pt-23Ir-13Rh
工艺条件：冷加工，1050℃/1 h 退火处理
组织说明：(Pt，Ir，Rh)单相再结晶组织
浸 蚀 剂：Pt-M3

图 3.2.2-15

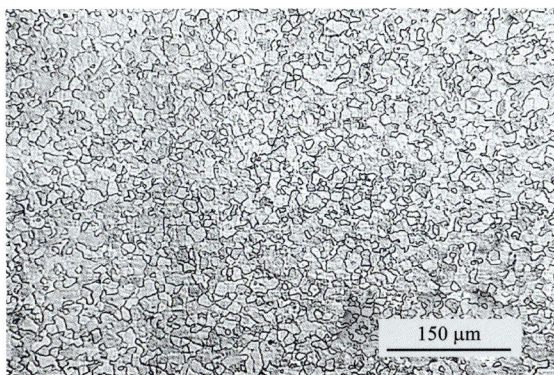

合金牌号：Pt-43Ir-22Rh
工艺条件：冷加工，1050℃/1 h 退火处理
组织说明：(Pt，Ir，Rh) 单相再结晶组织
浸　蚀　剂：Pt-M3

图 3.2.2-16

3.3　铂铜系合金

3.3.1　铂铜系合金的性能和用途

高温淬火态 Pt-Cu 合金为单相连续固溶体，合金的硬度、电阻率和电阻温度系数等性能随成分改变而连续平滑地变化，显示典型的固溶体性能变化特征，正如图 3.3.1-1 中曲线 1 所示。另外，图 3.3.1-1 中曲线 2 表明，在临界温度 T_c 以下温度热处理明显改变了合金的物理性能，即有序化使合金的硬度增加、电阻率降低和电阻温度系数增加等。在 600~900℃大气中加热，Pt-5Cu 合金呈现轻度增重，但在 900℃以上温度加热时，该合金表现为失重，如在 1560℃大气中加热 4 h 合金失重 40%。表 3.3.1-1 列出了某些 Pt-Cu 合金的基本物理性能。

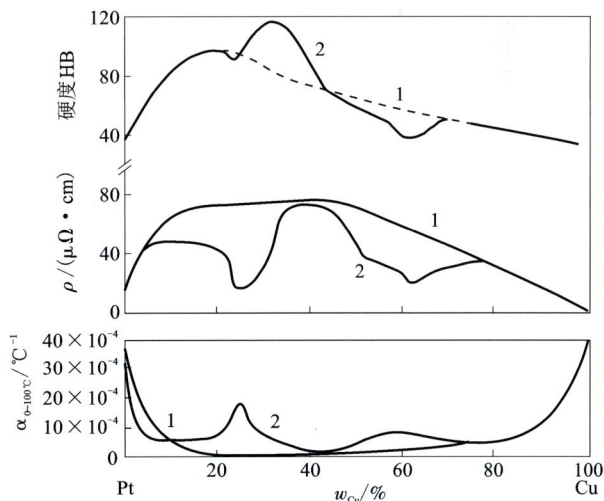

1—900℃淬火态合金；2—T_c 以下温度热处理合金。

图 3.3.1-1　Pt-Cu 合金的性能

表3.3.1-1　Pt-Cu合金的化学成分和性能

合金牌号	密度 /(g·cm⁻³)	电阻率 /(μΩ·cm)	电阻温度系数 α_ρ /(10⁻⁵·℃⁻¹)	1100℃对Pt 热电势/mV	硬度(HV)		抗拉强度* /MPa	延伸率 /%
					淬火态	加工态		
Pt-2.5Cu	—	29	33	—	105	195	347	20.0
Pt-5Cu	—	37.8	—	3.48	140	240	430	—
Pt-8.5Cu	—	50	22	—	105	285	780	—
Pt-10Cu	20.5	65	21	—	90		1030	16.5
Pt-13Cu	20.1	—	20	—	107			—
Pt-15Cu	20	71.7	—	—	—		—	—
Pt-20Cu	—	82.5	16	0.80	—		—	—
Pt-25Cu	—	88.4	12	—	—		—	—
Pt-30Cu	—	83.3	—	-5.05	—		—	—

注：＊抗拉强度和加工态硬度为60%变形量的值，在变形量为90%时，Pt-5Cu合金断裂强度达820 MPa

Pt-Cu合金主要用作电接触材料、电阻材料、牙科材料与饰品材料。Cu质量分数为0～30%的Pt-Cu合金都可用作电接触材料，因其具有良好的抗腐蚀和抗电弧侵蚀能力，因而在长期使用中质量损失较少，缺点是接触电阻比其他Pt合金(Pt-Ir和Pt-Pd等)大。Pt-Cu合金也用作电阻材料，主要用于制作精密线绕电位器的绕组材料，Pt-20%Cu合金绕组材料与Au-Ag-Pt合金电刷匹配使用寿命可以很长。质量分数小于15%Cu的Pt-Cu合金可用作牙科材料和饰品材料，具有良好的耐腐蚀性和对人体组织的相容性。

3.3.2　铂铜系合金的金相组织

Pt-Cu合金在高温下形成连续固溶体。低温下，在含3%～93%(原子分数)Cu的宽广范围内存在着有序—无序转变，但在含72%(原子百分数)Cu附近有一个无序间隙。有序相PtCu₃、PtCu、Pt₃Cu和Pt₇Cu相应的成分为22.5%、50%、72.5%和86%(原子百分数)Pt。以热分析为基础，在成分83.3%(原子分数)Cu、转变温度为736℃处发现了PtCu₅。有的资料显示有Pt₅Cu₃存在。它们的最高转变温度除图示外，Pt₃Cu为510℃(25%Cu)、Pt₇Cu为498℃(13.5%Cu)。见图3.3.2-1，Pt-Cu二元系合金相图。

最近的实验证明，Pt-Cu有序转变过程属于第一有序化转变，而结构变化(立方晶格变成菱面体晶格)产生的内应力，是使合金显著强化的根本原因。图3.3.2-2～图3.3.2-11为Pt-Cu系合金金相组织。

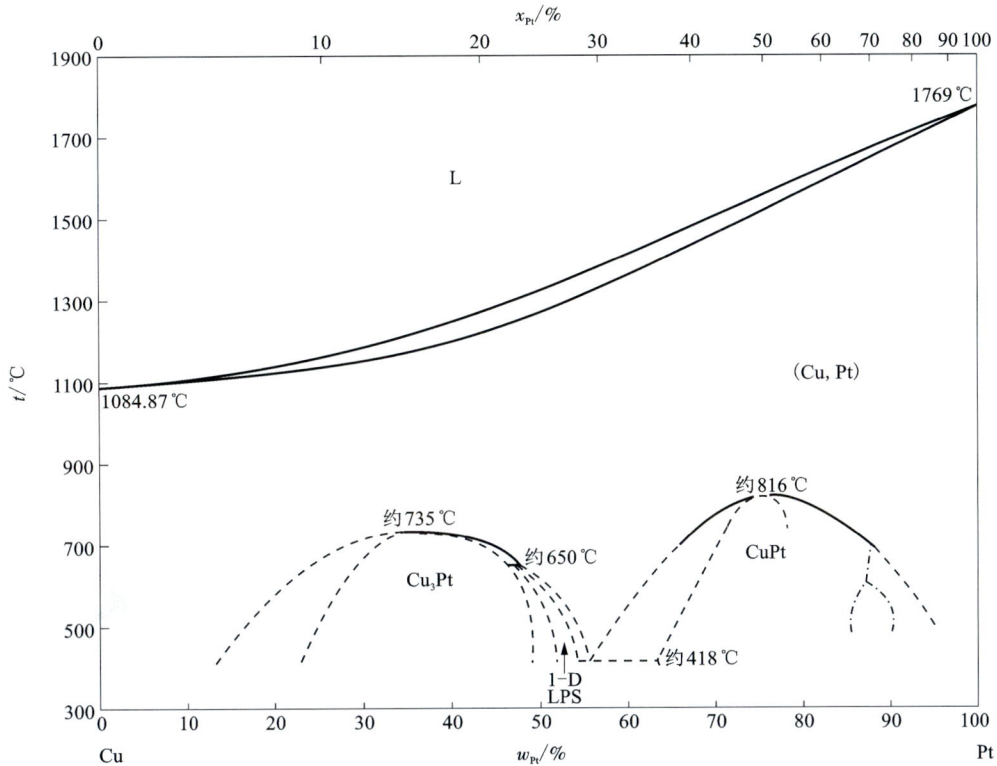

图 3.3.2-1　Pt-Cu 二元系合金相图

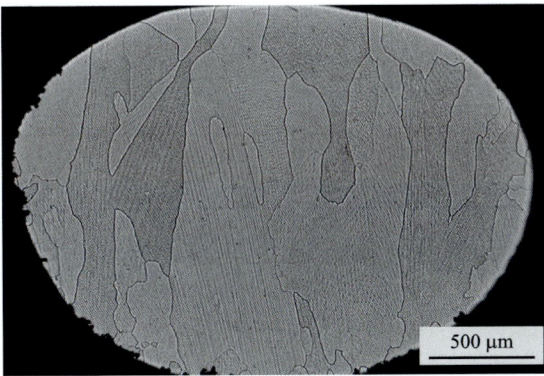

500 μm

合金牌号：Pt-5Cu

工艺条件：铸态

组织说明：(Pt, Cu) 单相晶内偏析铸态组织

浸 蚀 剂：Pt-M3

图 3.3.2-2

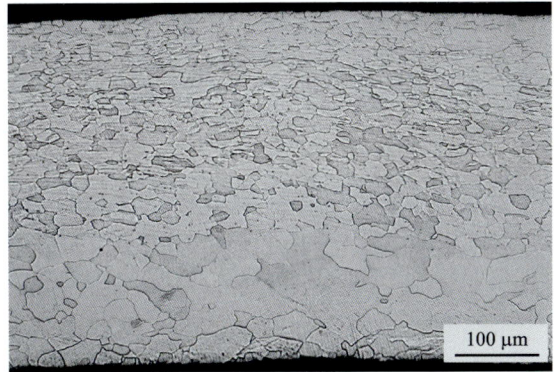

100 μm

合金牌号：Pt-5Cu

工艺条件：铸态，冷加工，真空 1000℃/0.5 h 退火处理

组织说明：(Pt, Cu) 单相再结晶组织

浸 蚀 剂：Pt-M3

图 3.3.2-3

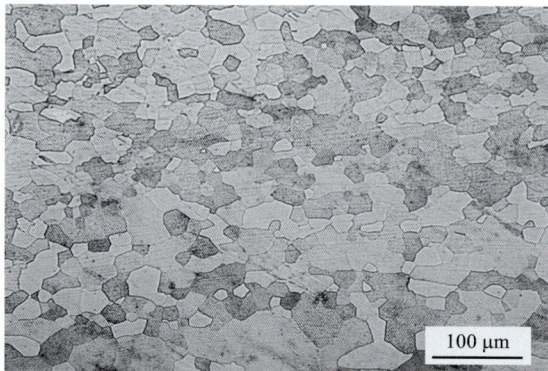

合金牌号：Pt-5Cu

工艺条件：冷加工，真空 1000℃/0.5 h 固溶+600℃/0.5 h
         时效处理

组织说明：(Pt，Cu) 单相再结晶组织

浸 蚀 剂：Pt-M3

图 3.3.2-4

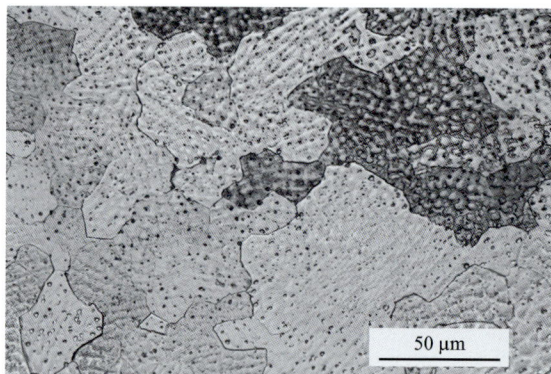

合金牌号：Pt-25Cu

工艺条件：铸态

组织说明：(Pt，Cu) 单相晶内偏析铸态组织

浸 蚀 剂：Pt-M3

图 3.3.2-5

合金牌号：Pt-25Cu

工艺条件：冷加工，900℃/0.5 h 固溶处理

组织说明：(Pt，Cu) 单相再结晶组织

浸 蚀 剂：Pt-M3

图 3.3.2-6

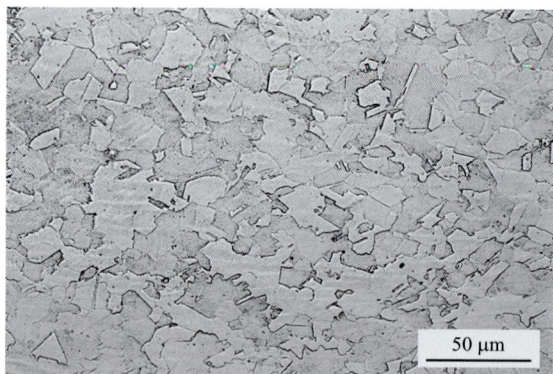

合金牌号：Pt-25Cu

工艺条件：冷加工，900℃/0.5 h 固溶+600℃/0.5 h 时效
         处理

组织说明：(Pt，Cu)+CuPt，再结晶组织

浸 蚀 剂：Pt-M3

图 3.3.2-7

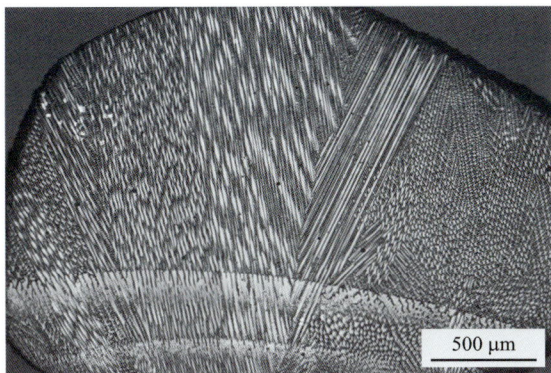

合金牌号：Pt-65Cu
工艺条件：铸态
组织说明：(Cu, Pt) 单相晶内偏析铸态组织
浸 蚀 剂：Pt-M3

图 3.3.2-8

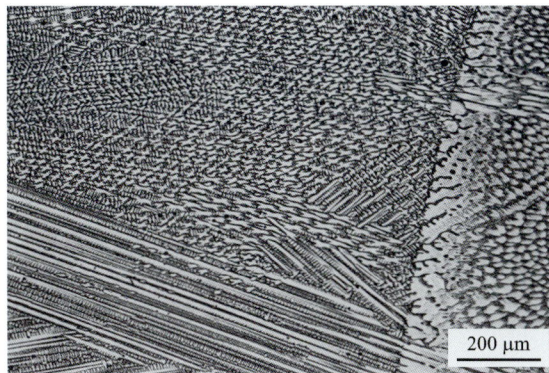

合金牌号：Pt-65Cu
工艺条件：铸态
组织说明：(Cu, Pt) 单相晶内偏析铸态组织
浸 蚀 剂：Pt-M3

图 3.3.2-9

合金牌号：Pt-65Cu
工艺条件：冷加工，1000℃/0.5 h 固溶处理
组织说明：(Cu, Pt) 单相再结晶组织
浸 蚀 剂：Pt-M3

图 3.3.2-10

合金牌号：Pt-65Cu
工艺条件：冷加工，1000℃/0.5 h 固溶处理+600℃/0.5 h 时效处理
组织说明：(Cu, Pt)+Cu_3Pt，再结晶组织
浸 蚀 剂：Pt-M3

图 3.3.2-11

3.4 铂钨(钼、铼)系合金

3.4.1 铂钨(钼、铼)系合金的性能和用途

图 3.4.1-1 显示了退火态和加工态 Pt-W 合金的力学性能。W 是 Pt 的高强化元素和高电阻率影响元素之一，随着 W 含量增加，Pt-W 合金的硬度、抗拉强度、电阻率和对 Pt 热电势明显增大，电阻温度系数则明显减小。由于 W 对 Pt 的高强化效应和 W 的高氧化挥发倾向，常用 Pt-W 合金的 W 质量分数一般低于 10%，向 Pt-W 合金中添加 Re、Ni、Cr 和微量稀土等元素，可提高 Pt-W 合金的强度，也可提高其电阻率和抗氧化性能，降低合金的电阻温度系数，改善合金高温性能的稳定性。常用 Pt-W 合金的物理性能列于表 3.4.1-1。

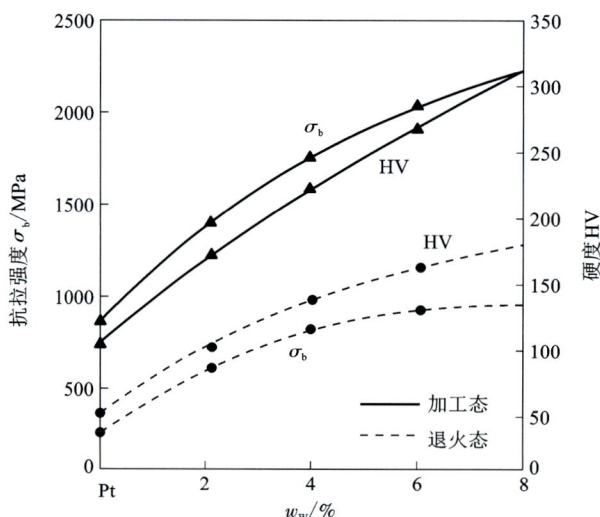

图 3.4.1-1 Pt-W 合金的力学性能和成分的关系

W 质量分数为 8% 以下的 Pt-W 合金主要用于制作航空发动机的电火花塞，用作电位器绕组材料和雷达功率管的栅极、氨氧化催化剂，也可用作首饰、饰品。这些合金具有高强度、高耐磨性、好的耐腐蚀性、低的电子发射能力，以及抗 Pb 污染的能力。含 W8%～9.5% 的 Pt-W 合金主要用于制作电阻应变规，可在 0～700℃ 内使用，以这些 Pt-W 合金为基体而发展的 Pt-W-Re、Pt-W-Re-Ni、Pt-W-Re-Ni-Cr、Pt-W-Re-Ni-Cr-Y 等多元合金则可用于直至 900℃ 的应变测量。

强烈硬化过的 Pt-4W 合金在航空工业中用作火花塞电极，具有低的电子发射能力的 Pt-4W 合金，其退火态产品还用作雷达功率管的栅极。

Pt-8W 合金用作电位计绕组非常耐磨，并且噪声低。用它作高温应变栅也令人满意。Pt-8W、Pt-9.5W 也可用作应变计。Pt-9W 合金有小的热传导系数，在高磁场中于 1～40 K 之间用作超导体的引线。含 W3% 的合金在氨氧化时用作催化剂。

表 3.4.1-1　Pt-W(-Re, -Mo) 合金的成分和性能

性能	合金牌号											
	Pt-2W	Pt-4W	Pt-6W	Pt-8W	Pt-8.5W	Pt-9.5W	Pt-5W-5.5Re	Pt-8W-6Re	Pt-7.5W-5.5Re	Pt-7.5W-2Ni	Pt-8W-4Re-2Ni-0.5Cr	Pt-8W-4Re-2Ni-1Cr-0.5Y
电阻率/($\mu\Omega \cdot cm$)	21.5	36	53	66.5	77	76	84	87	82	77	80.3	73
电阻温度系数 $\alpha_{(0\sim100℃)}$/($10^{-6} \cdot ℃^{-1}$)	2200	1100	600	250	180①	1.39③	88①	82	113	171	142	160
1200℃对 Pt 热电势 e/mV	19	26.5	31.5	34	6.4②	6.5②	3.6②	3.9	—	—	—	
弹性模量 E/MPa	—	—	—	—	16300	17000	13700	—	—	—	—	—
抗拉强度, σ_b/MPa　退火态④	570	770	862	895	1254	1195	1392	1430	—	—	—	—
抗拉强度, σ_b/MPa　加工态⑤	1345	1690	1930	2070	—	—	—	—	—	—	—	—
硬度 (HV)　退火态④	100	133	158	180	—	—	—	—	—	—	—	—
硬度 (HV)　加工态⑥	170	220	260	300	—	—	—	—	—	—	—	—

注：①为 0~800℃ 的值；②为对 Cu 热电势；③为 0~1600℃ 的值；④1200℃退火处理；⑤ε=99.8%；⑥ε=50%。

3.4.2　铂钨(钼、铼)系合金的金相组织

从图 3.4.2-1 可以看出 Pt-W 合金为简单包晶型相图,包晶反应温度约为 2460℃。富 Pt 端合金为广阔的固溶体,其结构为面心立方晶格。图 3.4.2-2～图 3.4.2-11 为 Pt-W 及多元合金的金相组织。

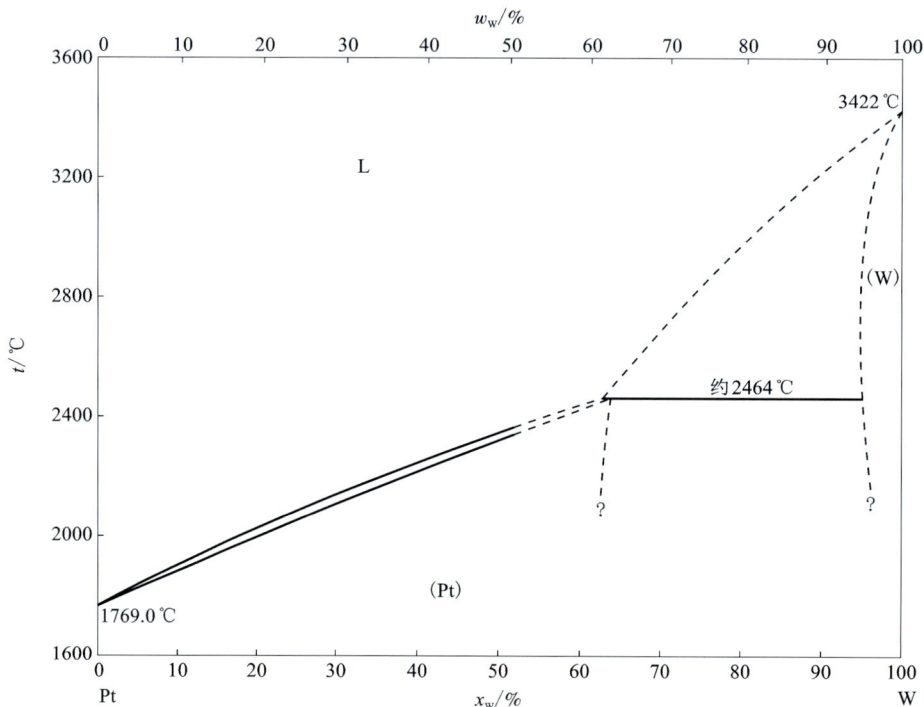

图 3.4.2-1　Pt-W 二元系合金相图

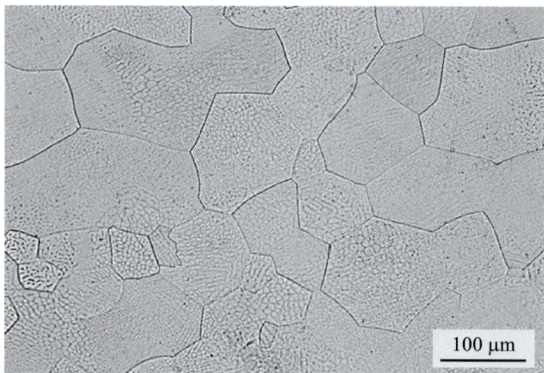

合金牌号:Pt-8W
工艺条件:铸态
组织说明:(Pt, W)单相晶内偏析组织
浸蚀剂:Pt-M3

图 3.4.2-2

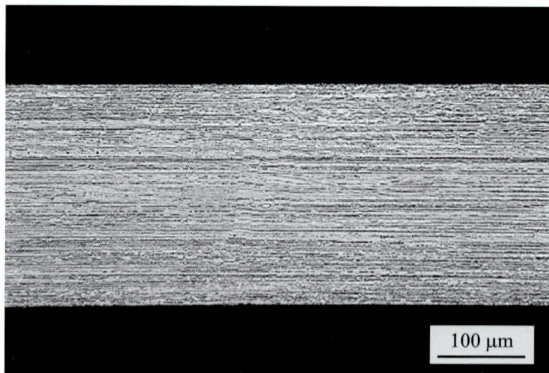

合金牌号:Pt-8W
工艺条件:冷加工态,850℃/30 min 退火处理
组织说明:(Pt, W)单相形变纤维组织
浸蚀剂:Pt-M3

图 3.4.2-3

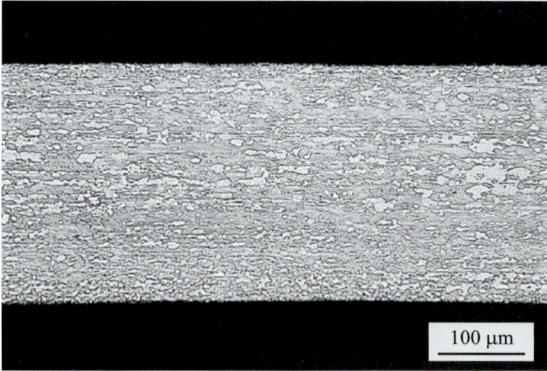

合金牌号：Pt-8W

工艺条件：冷加工态，950℃/30 min 退火处理

组织说明：(Pt, W) 单相部分再结晶组织

浸 蚀 剂：Pt-M3

图 3.4.2-4

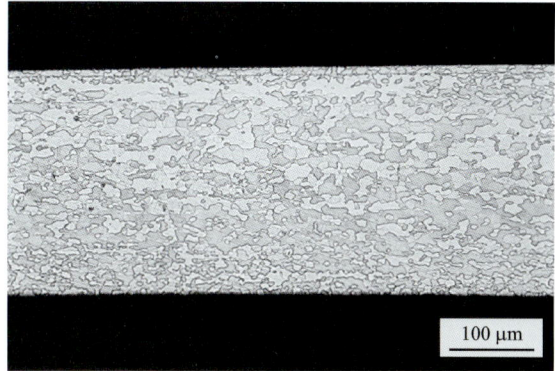

合金牌号：Pt-8W

工艺条件：冷加工态，1050℃/30 min 退火处理

组织说明：(Pt, W) 单相再结晶组织

浸 蚀 剂：Pt-M3

图 3.4.2-5

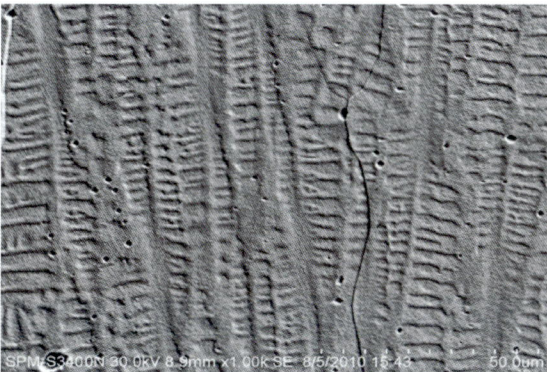

合金牌号：Pt-8.5W-5Re-2Ni

工艺条件：铸态

组织说明：(Pt, W) 单相晶内偏析组织，SEM 照片

浸 蚀 剂：Pt-M3

图 3.4.2-6

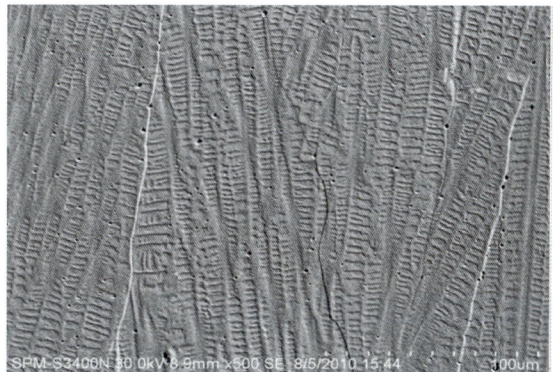

合金牌号：Pt-8.5W-3Rh-2Re-2Ni-0.5Cr

工艺条件：铸态

组织说明：(Pt, W) 单相晶内偏析组织，SEM 照片

浸 蚀 剂：Pt-M3

图 3.4.2-7

合金牌号：Pt-8.5W-3Rh-2Re-2Ni-0.5Cr
工艺条件：冷加工，850℃/0.5 h 退火处理
组织说明：(Pt，W)单相冷加工形变组织，SEM 照片
浸　蚀　剂：Pt-M3

图 3.4.2-8

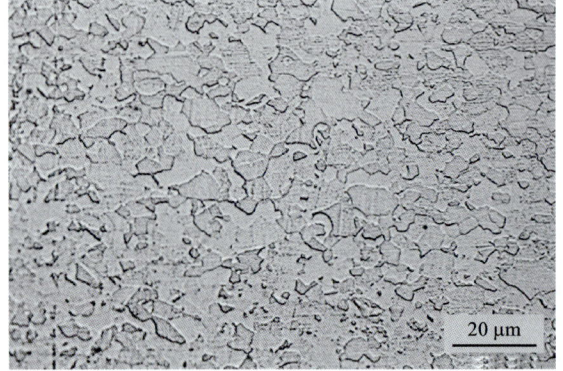

合金牌号：Pt-8.5W-3Rh-2Re-2Ni-0.5Cr
工艺条件：冷加工，950℃/0.5 h 退火处理
组织说明：(Pt，W)单相再结晶组织，SEM 照片
浸　蚀　剂：Pt-M3

图 3.4.2-9

合金牌号：Pt-8.5W-3Rh-2Re-2Ni-0.5Cr
工艺条件：冷加工，1000℃/0.5 h 退火处理
组织说明：(Pt，W)单相再结晶组织，SEM 照片
浸　蚀　剂：Pt-M3

图 3.4.2-10

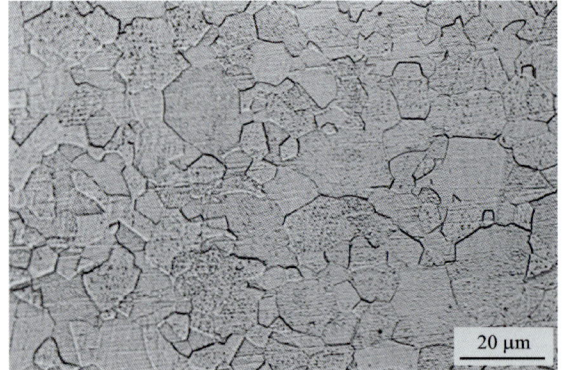

合金牌号：Pt-8.5W-3Rh-2Re-2Ni-0.5Cr
工艺条件：冷加工，1050℃/0.5 h 退火处理
组织说明：(Pt，W)单相再结晶组织，SEM 照片
浸　蚀　剂：Pt-M3

图 3.4.2-11

3.5　铂铑系合金

3.5.1　铂铑系合金的性能和用途

图 3.5.1-1 显示了 Pt-Rh 合金在室温时的强度和硬度与成分的关系，图 3.5.1-2 显示了 Pt-Rh 合金在 1400~1700℃、10 h 下持久强度。随着 Rh 质量分数的增加，Pt-Rh 合金的室温强度、高温持久强度都明显升高，尤其是 Rh 质量分数低于 40% 的合金。虽然 Pt-Rh 合金的高温持久强度的增长幅度小于 Pt-Ir 合金，但 Pt-Rh 合金的高温力学性能的稳定性却高于 Pt-Ir 合金。基于高的力学与化学稳定性，Pt-Rh 合金可以用作高温钎料。表 3.5.1-1~表 3.5.1-3 分别列出了某些 Pt-Rh 合金的基本物理性能、Pt-Rh 合金热电偶测温范围和 Pt-Rh-M 合金的成分和性能。

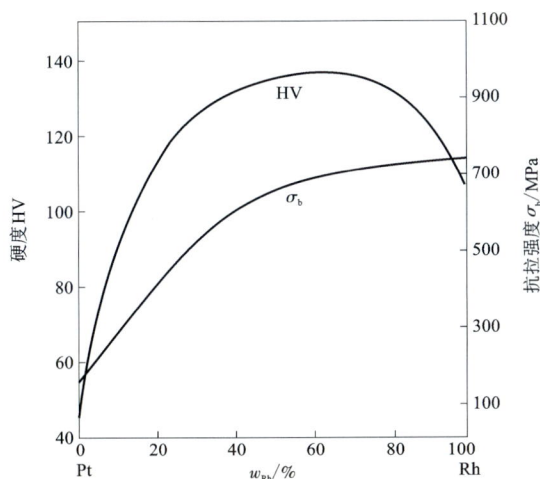

图 3.5.1-1　Pt-Rh 合金在室温时的强度
和硬度与成分的关系

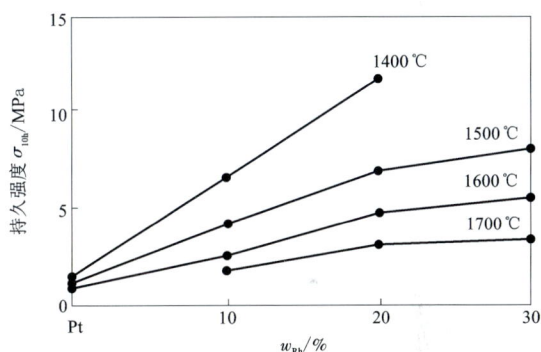

图 3.5.1-2　Pt-Rh 合金 10 h 下持久
强度与成分的关系

表 3.5.1-1　Pt-Rh 合金的室温基本物理性能

性质 ＼ 牌号	Pt	Pt-7Rh	Pt-10Rh	Pt-20Rh	Pt-30Rh	Pt-40Rh
熔点/℃	1769	1840	1860	1905	1930	1945
密度/(g·cm⁻³)	21.45	20.6	19.97	18.74	17.62	16.63
电阻率(20℃)/(μΩ·cm)	10.6	18.4	19.2	20.8	19.4	17.5
电阻温度系数(20~100℃)/℃⁻¹	3.6×10^{-3}	2.0×10^{-3}	1.7×10^{-3}	1.4×10^{-3}	1.3×10^{-3}	1.4×10^{-3}
硬度 HV	50	80	90	110	125	130
抗拉强度(20℃)/MPa	147	270	310	480	540	565
再结晶温度/℃	450	650	700	780	800	820

表 3.5.1-2　Pt-Rh 合金热电偶测温范围

正极(质量分数)/%	负极(质量分数)/%	测温范围/℃	
		长期	短期
Pt-10Rh	Pt	1300	1600
Pt-13Rh	Pt	1400	1600
Pt-13Rh	Pt-1Rh	1450	1600
Pt-20Rh	Pt-5Rh	1500	1700
Pt-30Rh	Pt-6Rh	1600	1800
Pt-40Rh	Pt-3Rh	1500	1700
Pt-40Rh	Pt-20Rh	1700	1880
Rh	Pt-20Rh	1800	

表 3.5.1-3　Pt-Rh-M 合金的成分和性能

合金牌号	熔点/℃	密度/(g·cm⁻³)	电阻率/(μΩ·cm)	电阻温度系数 α_ρ/(10⁻⁴·℃⁻¹)	抗拉强度 σ_b/MPa		硬度/HV		用途
					退火态	硬态	退火态	硬态	
Pt-15Rh-5Ru			31	7	101	173	101	173	电位器绕组材料
Pt-10Rh-5Au			20	11	42	63			
Pt-9Rh-9Mo			67	0.22①		100			电阻应变材料
Pt-48Rh-10Fe			160	0.20①		130~140			
Pt-45Rh-10Os			28	7.30①		152			
Pt-20Rh-42Pd			30.1	6.57①		805			
Pt-3.5Rh-4Pd									氨氧化催化剂
Pt-12Rh-3Au			24.0	0.1②	40~45	6.0~7.0	130~140	240~250	坩埚、玻璃纤维漏板材料
Pt-7Rh-7Au			21.0	0.13②	33~38③	5.0~6.0③	110~120	210~220	
ZGSPt	21.38					18.6	60		
Pt-40Rh-5W								226	电接触材料

注：①为(1/℃)0~800℃的电阻温度系数值；②为0~1200℃的电阻温度系数值；③为1200℃高温下的结果。

　　Pt-Rh 合金具有适合的电阻率、稳定的热电性能、优异的催化活性、高熔点、优异的高温抗氧化性和耐腐蚀性、优异的高温持久强度和抗蠕变性能，广泛应用于工业领域，其中尤以 Pt-10Rh 合金应用最广，有"标准合金"的美誉。Pt-Rh 合金的主要用途如下。

　　(1)用作航空航天和军工仪表的高可靠电接触材料、电火花塞和长寿命电位器绕组材料。

　　(2)用作高温加热电阻炉的电阻发热体材料，其中 Pt-40Rh 合金可在大气中使用至 1800℃。

（3）用于制作测温热电偶和电阻温度计，其中 Pt-10Rh/Pt 热电偶是 300~1350℃ 最准确的热电偶，也是 630.74~1064.43℃（Au 的熔点）范围内的国际温标基准热电偶；Pt-13Rh/Pt 热电偶可用到 1400℃；Pt-30Rh/Pt-6Rh 热电偶可用到 1600℃，短时可用到 1800℃。

（4）用作多种化学过程的催化剂，如在硝酸和氢氰酸制备工业中用于制作氨氧化催化剂。

（5）在玻璃和玻璃纤维工业中用于制作坩埚、漏板、容器、搅拌器、电极和各种工具。

（6）在人造纤维和人造晶体材料制造工业中用作喷嘴和坩埚。

（7）在实验室和化学分析过程中用作分析坩埚、器皿和相关器具。

（8）在各种电化学过程中用作电极材料。

（9）用作宇宙飞船核燃料包封材料。

（10）Rh 的质量分数为 20% 以下的 Pt-Rh 合金是优良的高温钎料，用于航空航天工业和其他应用的难熔金属部件的钎焊。

Pt-Rh 合金最重要的特性是它们的高温化学性能、力学性能和热的稳定性，是至今唯一可在大气中直接使用直至 1800℃ 的功能型和结构型材料。Pt-Rh 合金在工业中被广泛应用，虽然由于资源相对短缺使得 Pt-Rh 合金的价格居高不下，但至今还没有其他的材料可以代替 Pt-Rh 合金作为高温功能型和结构型材料使用。

3.5.2　铂铑系合金的金相组织

Pt-Rh 合金在高温下为连续固溶体，大约 760℃ 以下温区出现（Pt）+（Rh）相分解区。见图 3.5.2-1。大多数合金元素都使 Pt 和 Pt 合金的再结晶温度升高和晶粒细化。试验证明，向化学纯 Pt（$T_r = 450℃$）中添加 Rh 可使 Pt-Rh 合金再结晶温度增高，质量分数为 13% 的 Rh 使再结晶温度升高到 750℃，质量分数为 20%~40% 的 Rh 再结晶温度增高幅度趋于平缓，见图 3.5.2-2。图 3.5.2-3~图 3.5.2-16 系 Pt-Rh 合金的金相组织。

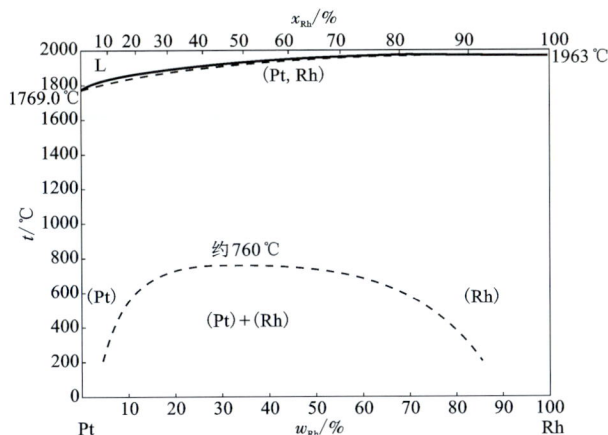

图 3.5.2-1　Pt-Rh 二元系合金相图

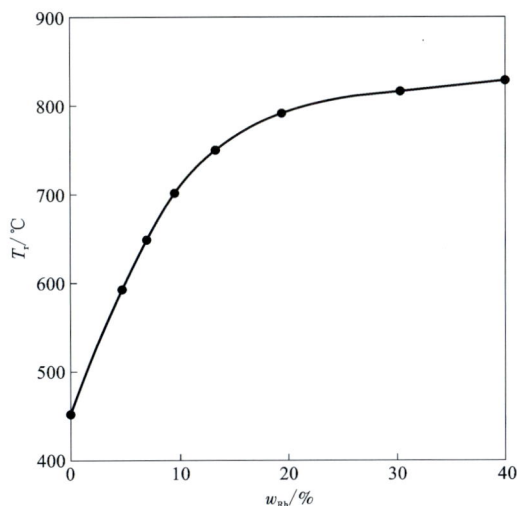

图 3.5.2-2　Rh 含量对 Pt-Rh 合金再结晶温度的影响

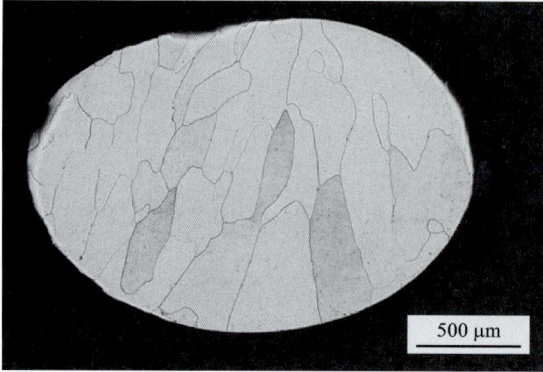

合金牌号：Pt-6Rh

工艺条件：铸态

组织说明：(Pt，Rh)单相铸态组织

浸 蚀 剂：Pt-M3

图 3.5.2-3

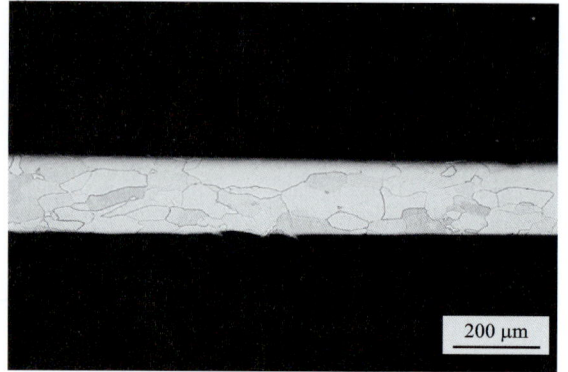

合金牌号：Pt-6Rh

工艺条件：冷加工丝材，1000℃/0.5 h 退火处理

组织说明：(Pt，Rh)单相再结晶组织

浸 蚀 剂：Pt-M3

图 3.5.2-4

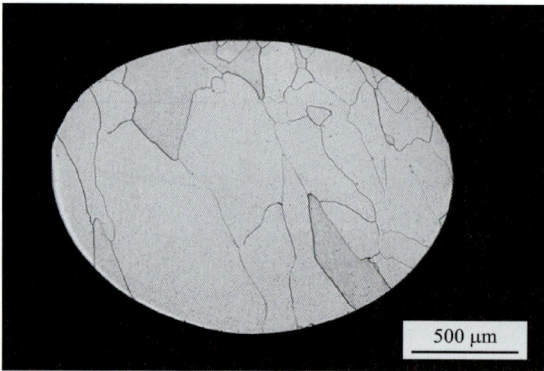

合金牌号：Pt-10Rh

工艺条件：铸态

组织说明：(Pt，Rh)单相铸态组织

浸 蚀 剂：Pt-M3

图 3.5.2-5

合金牌号：Pt-10Rh

工艺条件：冷加工丝材，1000℃/0.5 h 退火处理

组织说明：(Pt，Rh)单相再结晶组织

浸 蚀 剂：Pt-M3

图 3.5.2-6

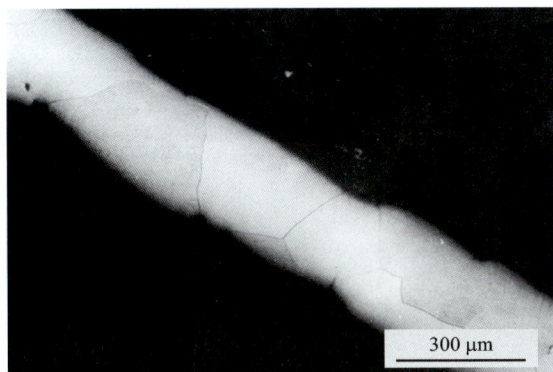

合金牌号：Pt-10Rh

工艺条件：冷加工丝材，1350℃/58 h 大气退火处理

组织说明：(Pt，Rh)单相再结晶竹节状组织

浸 蚀 剂：Pt-M3

图 3.5.2-7

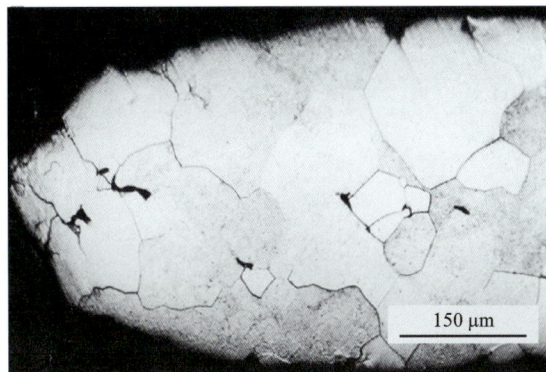

合金牌号：Pt-10Rh

工艺条件：1350℃/7 h，1 kg 蠕变断口

组织说明：局部晶界形成蠕变孔洞的再结晶组织

浸 蚀 剂：Pt-M3

图 3.5.2-8

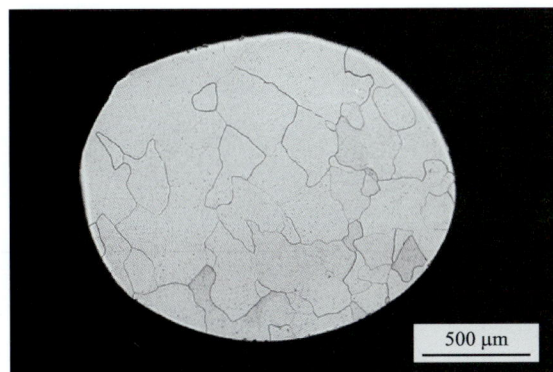

合金牌号：Pt-13Rh

工艺条件：铸态

组织说明：(Pt，Rh)铸态凝固组织

浸 蚀 剂：Pt-M3

图 3.5.2-9

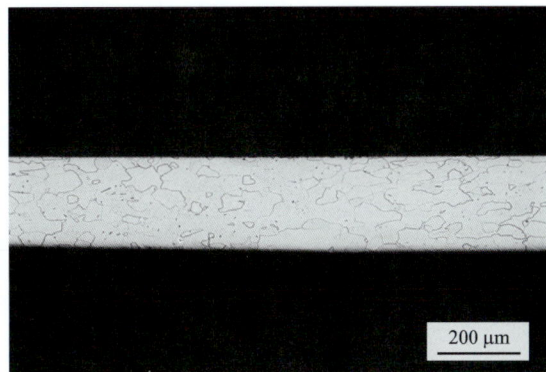

合金牌号：Pt-13Rh

工艺条件：冷加工丝材，1000℃/0.5 h 退火处理

组织说明：(Pt，Rh)单相再结晶组织

浸 蚀 剂：Pt-M3

图 3.5.2-10

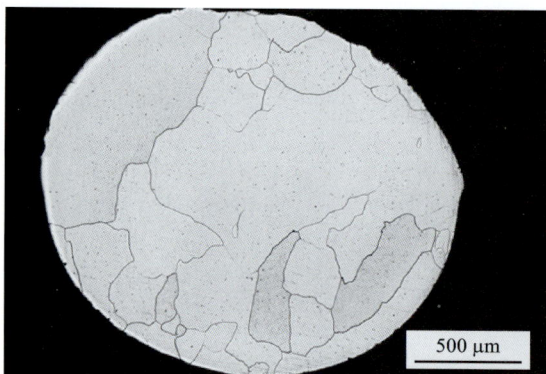

合金牌号：Pt-30Rh

工艺条件：铸态

组织说明：(Pt，Rh)单相铸态组织

浸 蚀 剂：Pt-M3

图 3.5.2-11

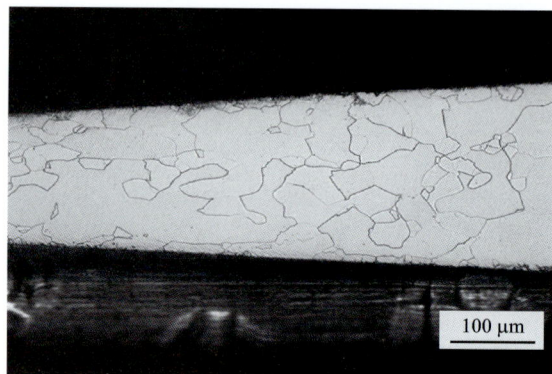

合金牌号：Pt-30Rh

工艺条件：冷加工丝材，1000℃/0.5 h 退火处理

组织说明：(Pt，Rh)单相再结晶组织

浸 蚀 剂：Pt-M3

图 3.5.2-12

合金牌号：Pt-40Rh

工艺条件：冷加工丝材，1350℃/7 h，1 kg 蠕变断口

组织说明：局部晶界形成蠕变孔洞的组织

浸 蚀 剂：Pt-M3

图 3.5.2-13

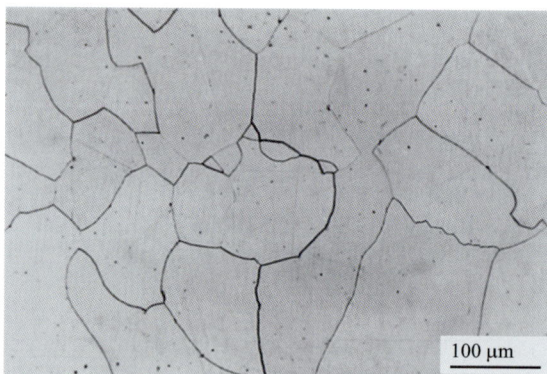

合金牌号：Pt-50Rh

工艺条件：铸态

组织说明：(Pt，Rh)铸态凝固组织

浸 蚀 剂：Pt-M3

图 3.5.2-14

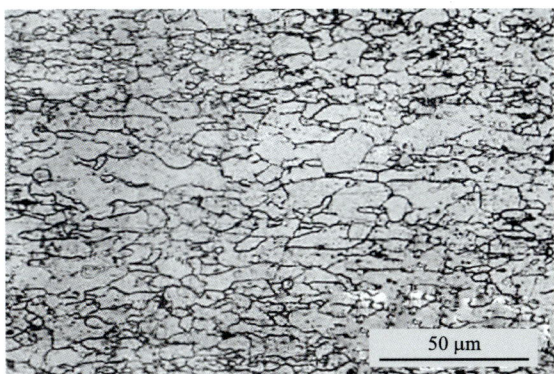

合金牌号：Pt-70Rh
工艺条件：冷加工，800℃/0.5 h 退火处理
组织说明：(Pt, Rh) 再结晶组织
浸　蚀　剂：Pt-M3

图 3.5.2-15

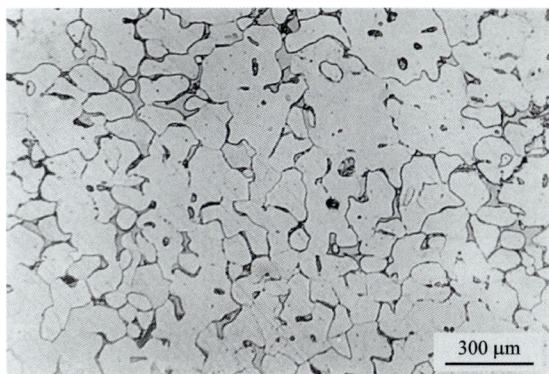

合金牌号：Pt-22.5Rh-13.5Ir
工艺条件：铸态
组织说明：(Pt, Rh, Ir)，晶内偏析组织
浸　蚀　剂：Pt-M3

图 3.5.2-16

3.6　铂钯铑合金

3.6.1　铂钯铑合金的性能和用途

图 3.6.1-1 显示了退火态 Pt-Pd-Rh 合金在室温下的等温硬度曲线，随着 Pd 和 Rh 含量的增加，三元合金的硬度从 Pt 角的最低值逐渐增大，Rh 质量分数为 30%~70% 的 Pd-Rh 二元合金达到最大值。表 3.6.1-1 列出了 Pt-Pd-Rh 合金在室温下的抗拉强度、弹性模量和归一化的抗拉强度数据，由此可以看出：

(1) 三元合金的抗拉强度随 Rh 含量增加而增大。

(2) Pd-Rh 二元合金的抗拉强度高于 Pt-Rh 二元合金。

(3) 对于一定 Rh 含量，三元合金的弹性模量随 Pd 含量增加而降低，而抗拉强度随 Pd 含量增加而增大，

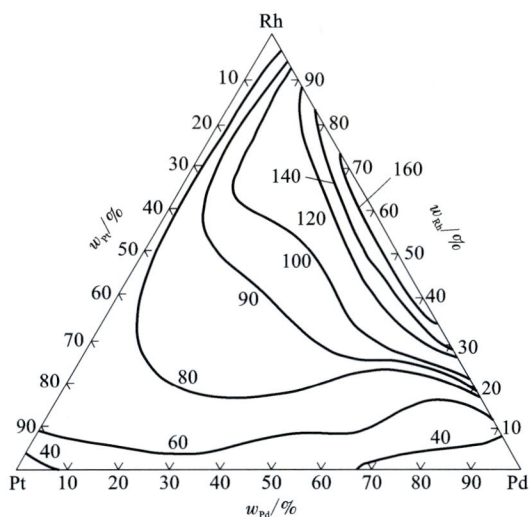

图 3.6.1-1　Pt-Pd-Rh 合金的等温硬度 (HB) 曲线

在质量分数为 20%~40%Pd 的合金上强度性质达到最高值。

(4) 对于一定 Rh 含量，Pd-Rh 二元合金比 Pt-Rh 合金有更高的归一化抗拉强度。

表 3.6.1-1　Pt-Pd-Rh 合金在室温时的抗拉强度、弹性模量和归一化的抗拉强度数据

合金成分(质量分数)/%			抗拉强度 σ_b/MPa	杨氏弹性模量 /GPa	归一化的抗拉强度 σ_b/MPa
Pt	Pd	Rh			
95	0	5	225.5	194.2	0.00116
90	5	5	264.8	186.3	0.00142
85	10	5	274.8	180.5	0.00152
80	15	5	304.8	176.5	0.00172
75	20	5	362.8	170.6	0.00213
70	25	5	324.9	168.7	0.00193
60	35	5	332.4	162.8	0.00204
50	45	5	329.8	158.9	0.00207
40	55	5	309.8	156.9	0.00197
30	65	5	309.8	149.1	0.00207
20	75	5	284.9	147.1	0.00194
10	85	5	257.3	145.1	0.00177
5	90	5	243.6	141.2	0.00173
0	95	5	284.0	133.4	0.00213
90	0	10	323.6	211.8	0.00153
80	10	10	374.6	200.0	0.00187
70	20	10	412.5	186.3	0.0022
60	30	10	406.0	174.6	0.00233
50	40	10	406.0	166.7	0.00243
40	50	10	360.0	160.8	0.00223
30	60	10	357.0	157.8	0.00226
20	70	10	330.5	153.0	0.00216
10	80	10	218.1	151.0	0.00186
0	90	10	372.6	149.0	0.00250
80	0	20	416.8	237.4	0.00176
70	10	20	443.9	225.5	0.00197
60	20	20	462.2	215.7	0.00214
50	30	20	512.2	206.0	0.00249
40	40	20	568.4	196.0	0.00290
30	50	20	562.1	190.3	0.00295
20	60	20	487.2	184.4	0.00264
0	80	20	500.2	172.6	0.00290

　　虽然在 Pt-Rh 合金中添加 Pd 可以提高三元合金在室温时的抗拉强度，但 Pt-Pd-Rh 合金的高温抗拉强度明显低于相同 Rh 含量的 Pt-Rh 合金。图 3.6.1-2 和图 3.6.1-3 显示了 Pt-Pd-Rh 合金在 1400℃时的应力-断裂特性和二次蠕变速率，图 3.6.1-4 显示了以部分 Pd 代替 Pt 的伪二元 Pt(Pd)-10Rh 合金在 1200℃ 和 1400℃ 的抗拉强度和 1200℃/100 h、1400℃/100 h 的致断持久强度。当 Rh 含量一定时(如 Pt-10Rh 合金)，随着 Pd 含量增高，

Pt-Pd-Rh 合金的持久强度和在一定应力下的蠕变寿命明显降低；Pd-Rh 合金的高温强度明显低于 Pt-Rh 合金，这与上述室温强度性质正相反。在高温拉伸条件下含高 Pd 的 Pt-Pd-Rh 合金的致断延伸率也较 Pt-10Rh 合金明显降低，如在 1400℃时 Pt-10Rh 合金的致断延伸率约为 62%，而图 3.6.1-2 所示 1~6 号 Pt-Pd-Rh 合金的延伸率明显低于 Pt-10Rh 合金。这是由于氧在 Pd 中的溶解度远高于它在 Pt 中的溶解度，随 Pd 含量增加，在 Pt-Pd-Rh 合金中的氧含量也增高，这使通过内氧化在晶界处形成的 PdO 和 Rh_2O_3 含量明显增加，导致含 Pd 高的 Pt-Pd-Rh 合金容易产生晶间脆性断裂，从而降低蠕变断裂寿命。为了改善 Pt-Pd-Rh 合金的高温力学性能和减小脆性倾向，通常可添加少量 Ru、Ir、Mo、Au、RE 等元素。

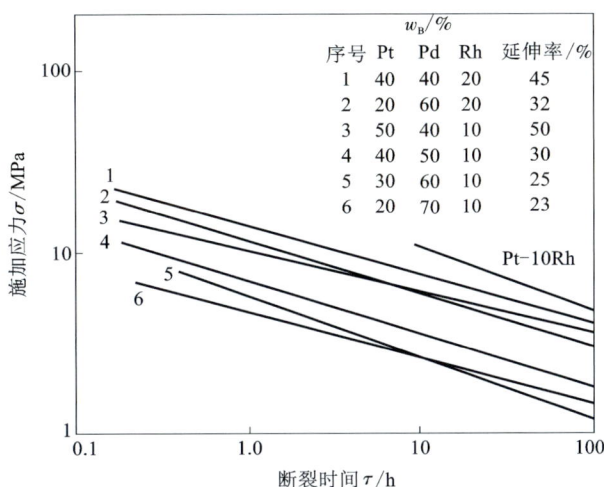

图 3.6.1-2　Pt-Pd-Rh 合金在 1400℃时的应力-断裂特性

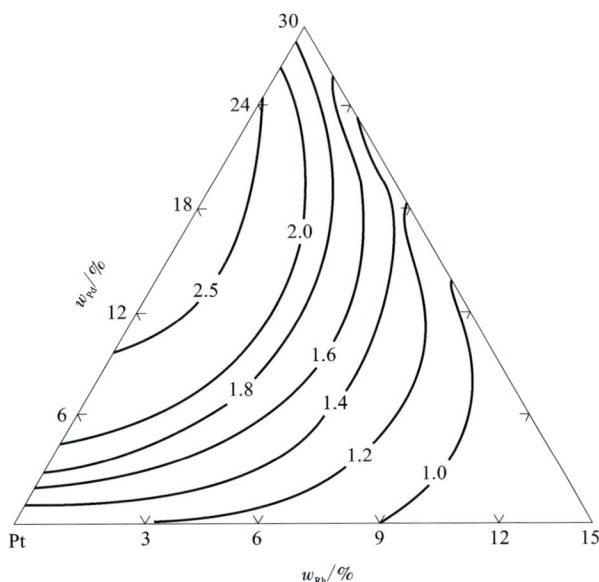

图 3.6.1-3　Pt-Pd-Rh 合金在 1400℃时的二次蠕变速度

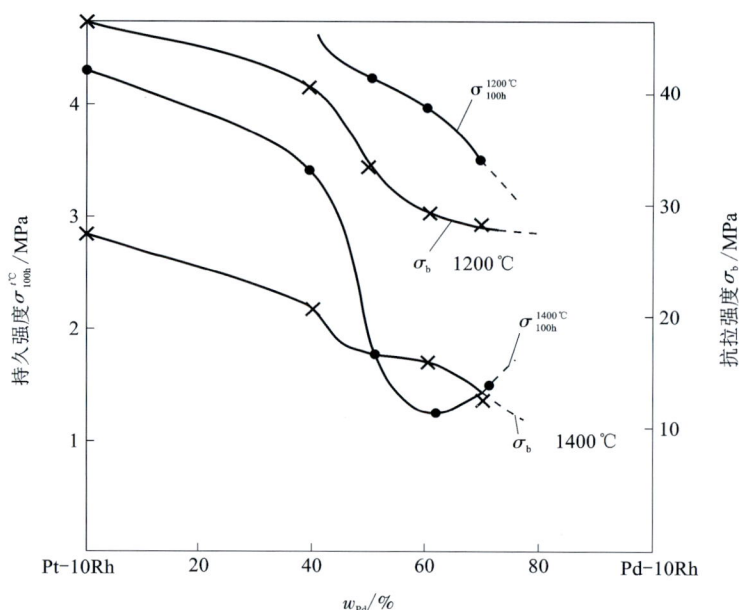

图 3.6.1-4 Pt(Pd)-10Rh 合金在 1200℃、1400℃的抗拉强度，
1200℃/100 h、1400℃/100 h 持久强度与 Pd 含量的关系

鉴于 Pt-Pd-Rh 合金的高温力学性能，发展了一系列 Pt-Pd-Rh 工业合金，按其 Pd 和 Rh 含量可分为含 Pd、Rh 相对低的合金和含 Pd、Rh 相对高的合金，前者主要是在 10%（质量分数）Rh 以下的 Pt-Rh 合金中添加 20%以下 Pd 的 Pt-Pd-Rh 合金，如 Pt-4Pd-3.5Rh、Pt-5Pd-5Rh、Pt-3Pd-7Rh、Pt-5Pd-10Rh、Pt-15Pd-3.5Rh、Pt-15Pd-3.5Rh-RE、Pt-15Pd-3.5Rh-Ru（或 Ir）合金等；后者的典型合金有 Pt-25Pd-10Rh、Pt-35Pd-13Rh 及含有少量 Ir、Ru 或 Au 的合金等。这些合金在 1250℃以下温度时仍有足够优异的力学性能，含 Rh 高的 Pt-Pd-Rh 合金在 1400℃的高温强度与 Pt-7Rh 合金相当。

含 Pd 高含 Rh 低的 Pt-Pd-Rh 合金可用作精密电阻材料。含 5%～7%（质量分数）Rh，5%～85%（质量分数）Pd 的 Pt-Rh-Pd 合金具有较高的电阻应变灵敏度和较好的抗腐蚀性，可用作应力传感器的应变丝。含 10%Rh 和含 20%Pd 以下的 Pt-Pd-Rh 合金在 1250℃以下中温区可用作结构型元器件，如用于熔化某些熔点较低的人造晶体或熔化温度较低的中碱玻璃的坩埚与器皿，特别用作硝酸工业氨氧化催化剂。含 Pd、Rh 高的合金可在 1300℃以下温区用作结构型材料。

3.6.2 铂钯铑合金的金相组织

在 Pt-Pd-Rh 三元系中，由于 Pt-Pd、Pt-Rh 和 Rh-Pd 系均为匀晶相图，二元合金高温固相为连续固溶体，在低温部分区出现相分解。因此，Pt-Pd-Rh 三元系在高温固相区为连续固溶体，在低温区一定成分范围内为相分解区。图 3.6.2-1～图 3.6.2-36 为 Pt-Pd-Rh 和 Pt-Pd-Au 合金的金相组织。

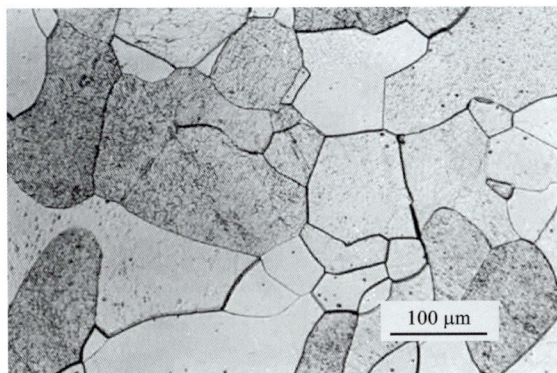

合金牌号：Pt-4Pd-3.5Rh
工艺条件：铸态
组织说明：(Pt, Pd, Rh)铸态组织
浸　蚀　剂：Pt-M

图 3.6.2-1

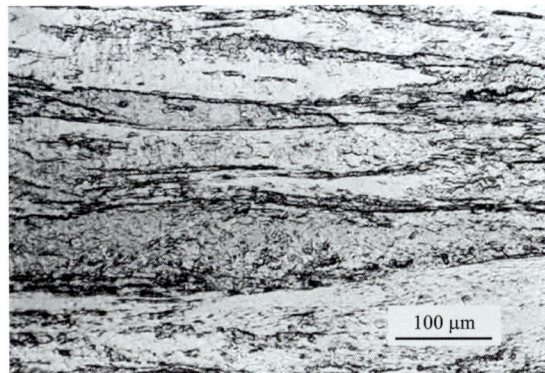

合金牌号：Pt-4Pd-3.5Rh
工艺条件：冷加工, 600℃/0.5 h 大气退火处理
组织说明：(Pt, Pd, Rh)冷加工形变组织
浸　蚀　剂：Pt-M3

图 3.6.2-2

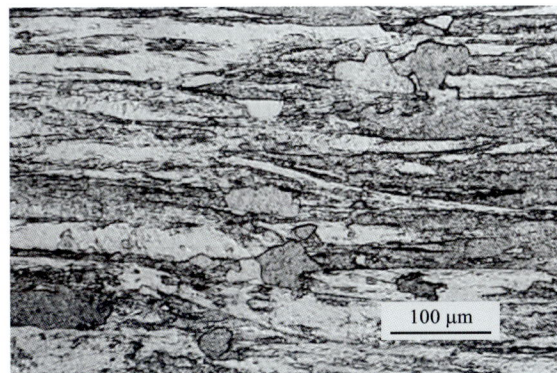

合金牌号：Pt-4Pd-3.5Rh
工艺条件：冷加工, 700℃/0.5 h 大气退火处理
组织说明：(Pt, Pd, Rh)局部再结晶组织
浸　蚀　剂：Pt-M3

图 3.6.2-3

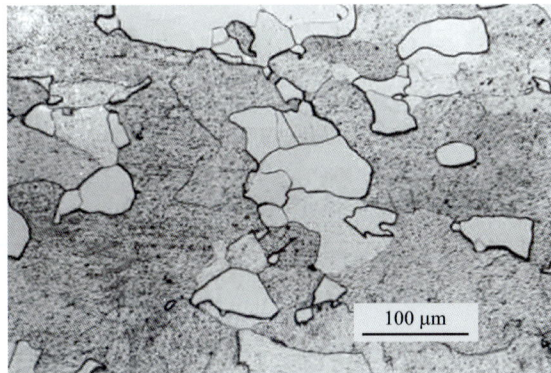

合金牌号：Pt-4Pd-3.5Rh
工艺条件：冷加工, 800℃/0.5 h 大气退火处理
组织说明：(Pt, Pd, Rh)完全再结晶组织
浸　蚀　剂：Pt-M3

图 3.6.2-4

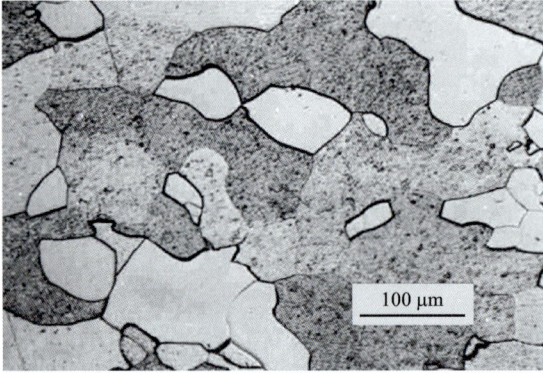

合金牌号：Pt-4Pd-3.5Rh
工艺条件：冷加工，900℃/0.5 h 大气退火处理
组织说明：(Pt，Pd，Rh)完全再结晶组织
浸 蚀 剂：Pt-M3

图 3.6.2-5

合金牌号：Pt-15Pd-3.5Rh
工艺条件：冷加工，700℃/0.5 h 大气退火处理
组织说明：(Pt，Pd，Rh)加工形变组织
浸 蚀 剂：Pt-M3

图 3.6.2-6

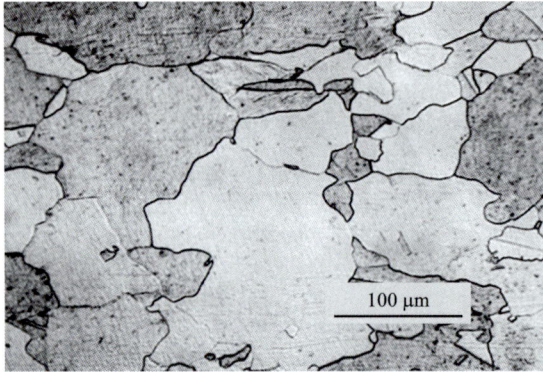

合金牌号：Pt-15Pd-3.5Rh
工艺条件：冷加工，800℃/0.5 h 大气退火处理
组织说明：(Pt，Pd，Rh)再结晶组织
浸 蚀 剂：Pt-M3

图 3.6.2-7

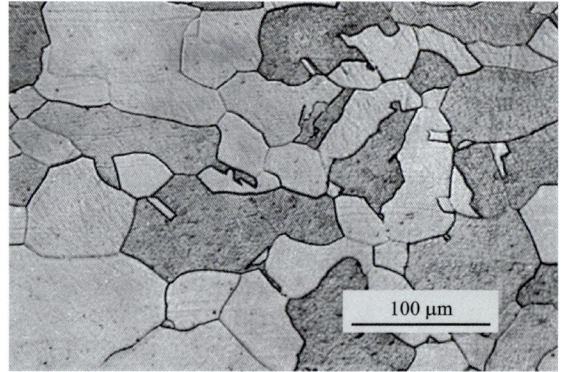

合金牌号：Pt-15Pd-3.5Rh
工艺条件：冷加工，900℃/0.5 h 大气退火处理
组织说明：(Pt，Pd，Rh)再结晶组织
浸 蚀 剂：Pt-M3

图 3.6.2-8

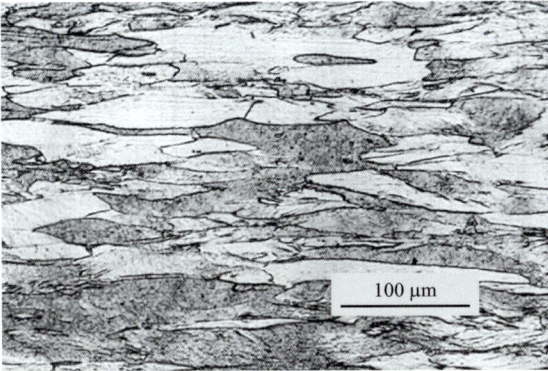

合金牌号：Pt-15Pd-3.5Rh-0.5Ru
工艺条件：冷加工，700℃/0.5 h 大气退火处理
组织说明：(Pt，Pd，Rh，Ru)未再结晶组织
浸 蚀 剂：Pt-M3

图 3.6.2-9

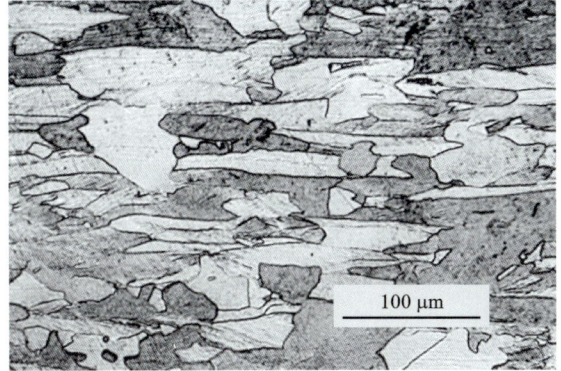

合金牌号：Pt-15Pd-3.5Rh-0.5Ru
工艺条件：冷加工，800℃/0.5 h 大气退火处理
组织说明：(Pt，Pd，Rh，Ru)局部再结晶组织
浸 蚀 剂：Pt-M3

图 3.6.2-10

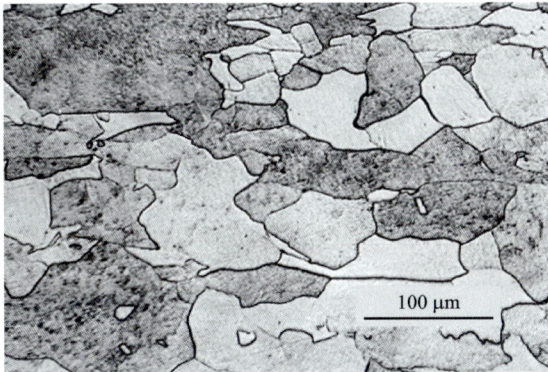

合金牌号：Pt-15Pd-3.5Rh-0.5Ru
工艺条件：冷加工，850℃/0.5 h 大气退火处理
组织说明：(Pt，Pd，Rh，Ru)再结晶组织
浸 蚀 剂：Pt-M3

图 3.6.2-11

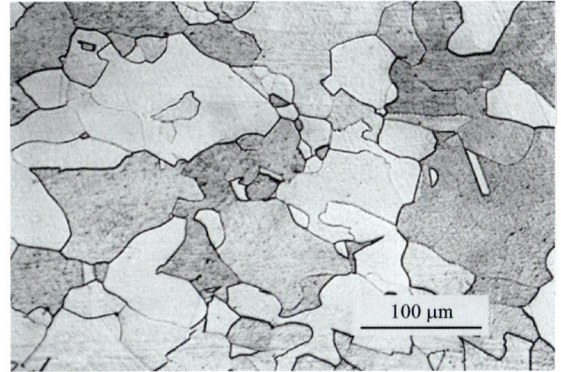

合金牌号：Pt-15Pd-3.5Rh-0.5Ru
工艺条件：冷加工，900℃/0.5 h 大气退火处理
组织说明：(Pt，Pd，Rh，Ru)再结晶组织
浸 蚀 剂：Pt-M3

图 3.6.2-12

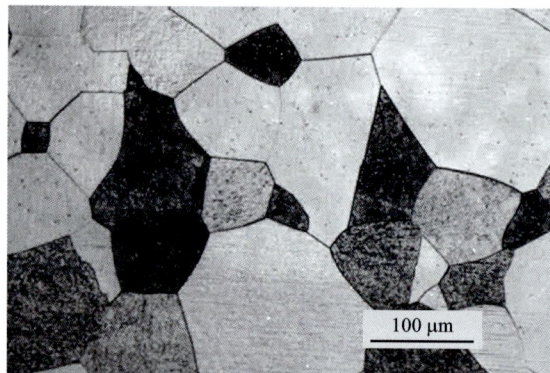

合金牌号：Pt-10Pd-3.5Rh-0.5Y

工艺条件：真空熔铸，铸态

组织说明：(Pt, Pd, Rh, Y)铸态组织

浸 蚀 剂：Pt-M3

图 3. 6. 2-13

合金牌号：Pt-10Pd-3.5Rh-0.5Y

工艺条件：冷加工，600℃/0.5 h 真空退火处理

组织说明：(Pt, Pd, Rh, Y)未再结晶组织

浸 蚀 剂：Pt-M3

图 3. 6. 2-14

合金牌号：Pt-10Pd-3.5Rh-0.5Y

工艺条件：冷加工，900℃/0.5 h 真空退火处理

组织说明：(Pt, Pd, Rh, Y)再结晶组织

浸 蚀 剂：Pt-M3

图 3. 6. 2-15

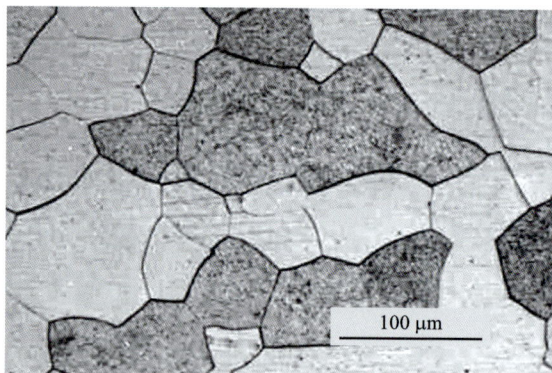

合金牌号：Pt-12Pd-4Rh-Ru-0.5Y

工艺条件：铸态

组织说明：(Pt, Pd, Rh, Ru, Y)铸态组织

浸 蚀 剂：Pt-M3

图 3. 6. 2-16

合金牌号：Pt-12Pd-4Rh-Ru-0.5Y
工艺条件：冷加工，900℃/0.5 h 真空退火处理
组织说明：(Pt，Pd，Rh，Ru，Y) 未再结晶组织
浸 蚀 剂：Pt-M3

图 3.6.2-17

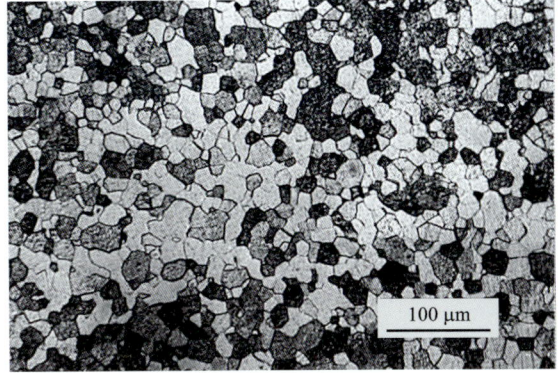

合金牌号：Pt-12Pd-4Rh-Ru-0.5Y
工艺条件：冷加工，1000℃/0.5 h 真空退火处理
组织说明：(Pt，Pd，Rh，Ru，Y) 再结晶组织
浸 蚀 剂：Pt-M3

图 3.6.2-18

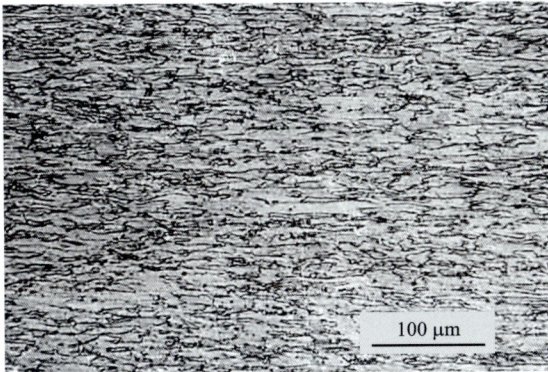

合金牌号：Pt-15Pd-3.5Rh-0.1Ce
工艺条件：冷加工，800℃/0.5 h 真空退火处理
组织说明：(Pt，Pd，Rh，Ce) 未再结晶组织
浸 蚀 剂：Pt-M3

图 3.6.2-19

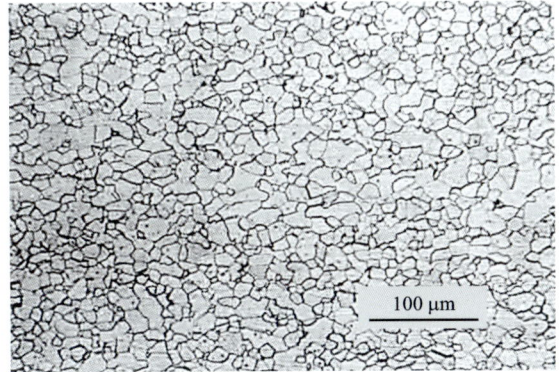

合金牌号：Pt-15Pd-3.5Rh-0.1Ce
工艺条件：冷加工，900℃/0.5 h 真空退火处理
组织说明：(Pt，Pd，Rh，Ce) 再结晶组织
浸 蚀 剂：Pt-M3

图 3.6.2-20

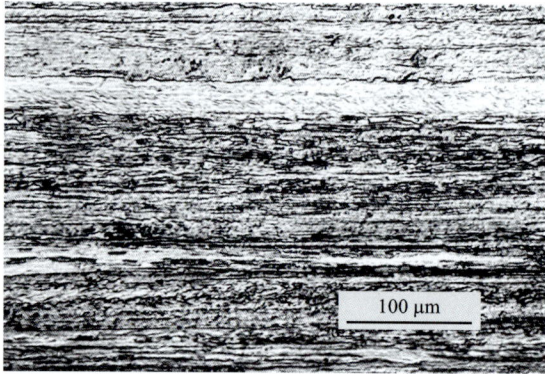

合金牌号：Pt-15Pd-3.5Rh-0.3Ce
工艺条件：冷加工，800℃/0.5 h真空退火处理
组织说明：(Pt，Pd，Rh，Ce)未再结晶组织
浸 蚀 剂：Pt-M3

图 3.6.2-21

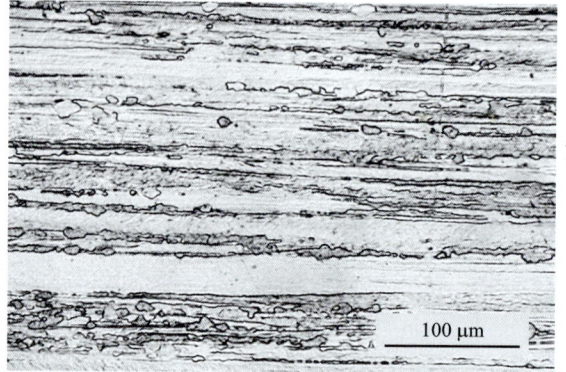

合金牌号：Pt-15Pd-3.5Rh-0.3Ce
工艺条件：冷加工，850℃/0.5 h真空退火处理
组织说明：(Pt，Pd，Rh，Ce)局部再结晶组织
浸 蚀 剂：Pt-M3

图 3.6.2-22

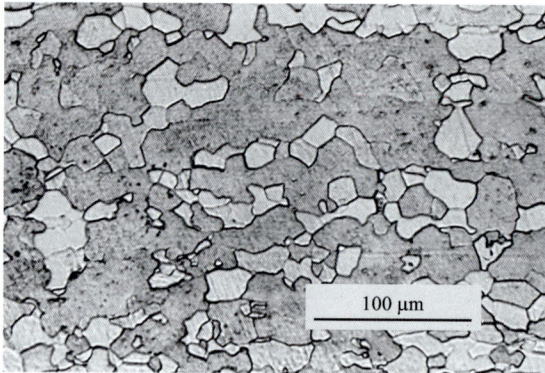

合金牌号：Pt-15Pd-3.5Rh-0.3Ce
工艺条件：冷加工，900℃/0.5 h真空退火处理
组织说明：(Pt，Pd，Rh，Ce)再结晶组织
浸 蚀 剂：Pt-M3

图 3.6.2-23

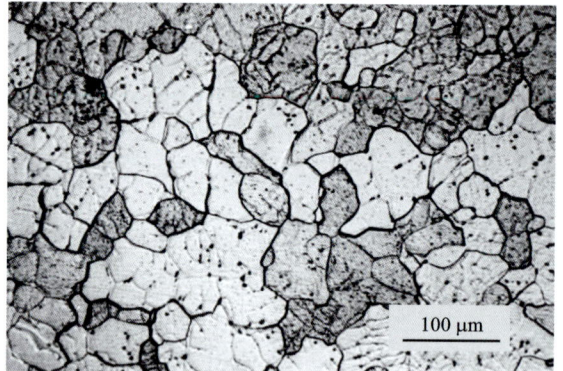

合金牌号：Pt-10Pd-3.5Rh-0.5Ce
工艺条件：铸态
组织说明：(Pt，Pd，Rh，Ce)晶内偏析铸态组织
浸 蚀 剂：Pt-M3

图 3.6.2-24

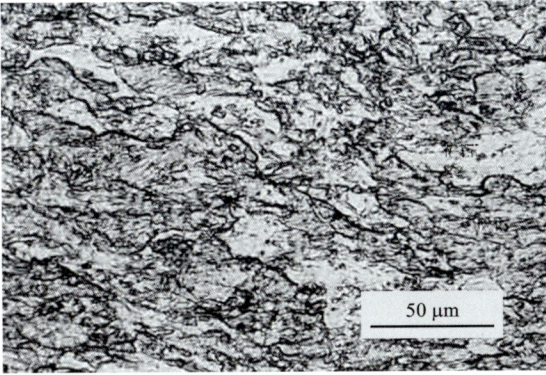

合金牌号：Pt-10Pd-3.5Rh-0.5Ce

工艺条件：冷加工，600℃/0.5 h 真空退火处理

组织说明：(Pt, Pd, Rh, Ce)未再结晶组织

浸 蚀 剂：Pt-M3

图 3.6.2-25

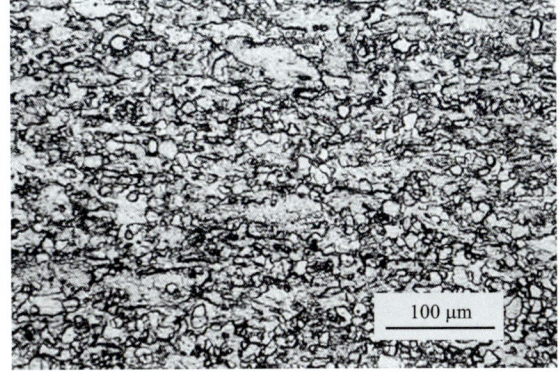

合金牌号：Pt-10Pd-3.5Rh-0.5Ce

工艺条件：冷加工，900℃/0.5 h 真空退火处理

组织说明：(Pt, Pd, Rh, Ce)再结晶组织

浸 蚀 剂：Pt-M3

图 3.6.2-26

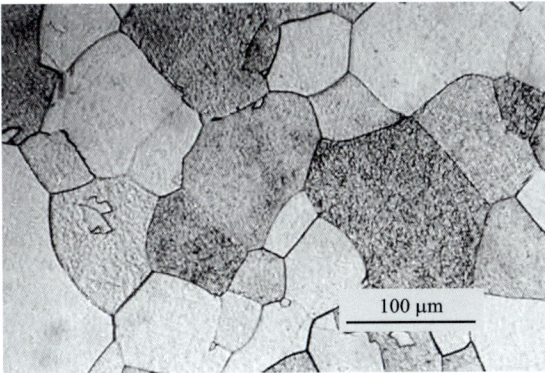

合金牌号：Pt-4Pd-3.5Rh-0.5Ce

工艺条件：冷加工，1000℃/25 h 真空退火处理

组织说明：(Pt, Pd, Rh, Ce)再结晶组织

浸 蚀 剂：Pt-M3

图 3.6.2-27

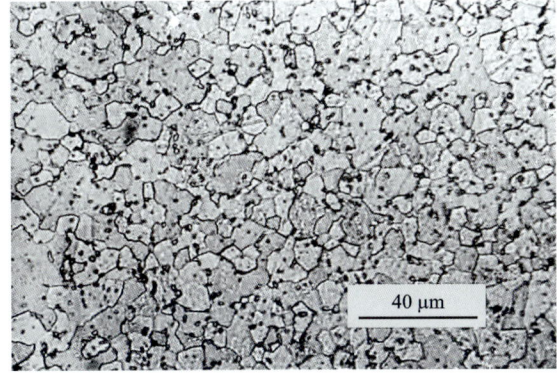

合金牌号：Pt-4Pd-3.5Rh-Ce

工艺条件：冷加工，1000℃/1 h 大气退火处理

组织说明：(Pt, Pd, Rh)+Pt_5Ce，再结晶组织

浸 蚀 剂：Pt-M3

图 3.6.2-28

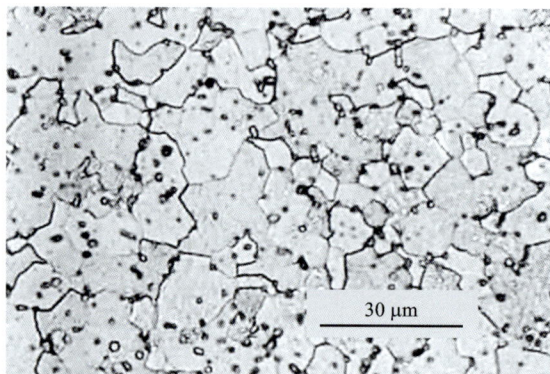

合金牌号：Pt-4Pd-3.5Rh-Ce

工艺条件：冷加工，1000℃/4 h 大气退火处理

组织说明：(Pt, Pd, Rh)+Pt₅Ce，再结晶组织

浸 蚀 剂：Pt-M3

图 3.6.2-29

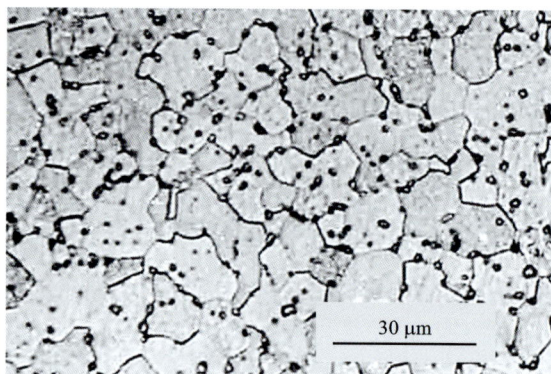

合金牌号：Pt-4Pd-3.5Rh-Ce

工艺条件：冷加工，1000℃/9 h 大气退火处理

组织说明：(Pt, Pd, Rh)+Pt₅Ce，再结晶组织

浸 蚀 剂：Pt-M3

图 3.6.2-30

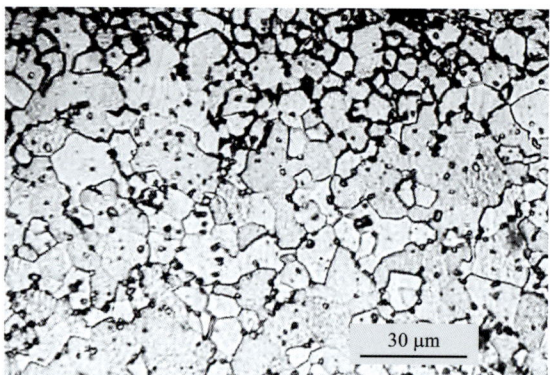

合金牌号：Pt-4Pd-3.5Rh-Ce

工艺条件：冷加工，1000℃/16 h 大气退火处理

组织说明：(Pt, Pd, Rh)+Pt₅Ce，局部晶界内氧化+再结晶
　　　　　组织

浸 蚀 剂：Pt-M3

图 3.6.2-31

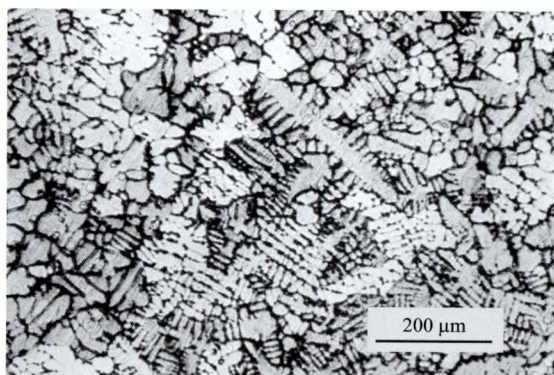

合金牌号：Pt-20Pd-10Au

工艺条件：铸态

组织说明：(Pt, Pd, Au)晶内偏析铸态组织

浸 蚀 剂：Pt-M3

图 3.6.2-32

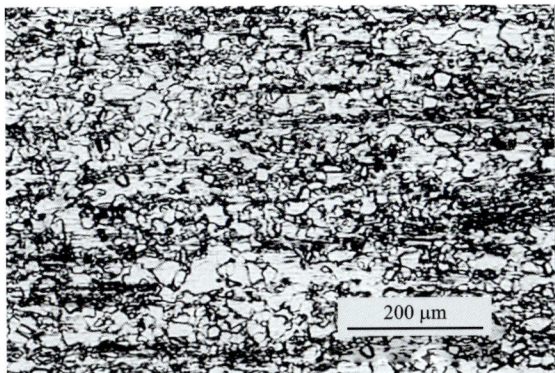

合金牌号：Pt-20Pd-10Au
工艺条件：冷加工，950℃/0.5 h 大气退火处理
组织说明：（Pt，Pd，Au）再结晶组织
浸　蚀　剂：Pt-M3

图 3.6.2-33

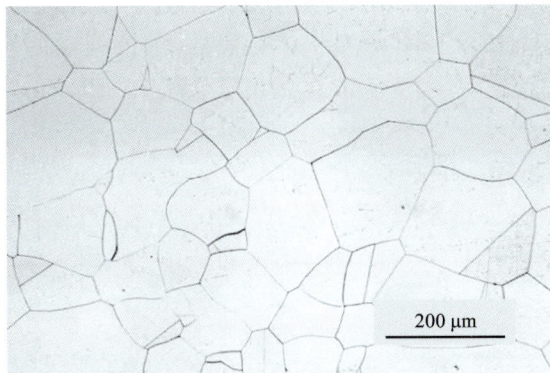

合金牌号：Pt-20Pd-10Au
工艺条件：冷加工，1320℃/0.5 h 大气退火处理
组织说明：（Pt，Pd，Au）完全再结晶组织
浸　蚀　剂：Pt-M3

图 3.6.2-34

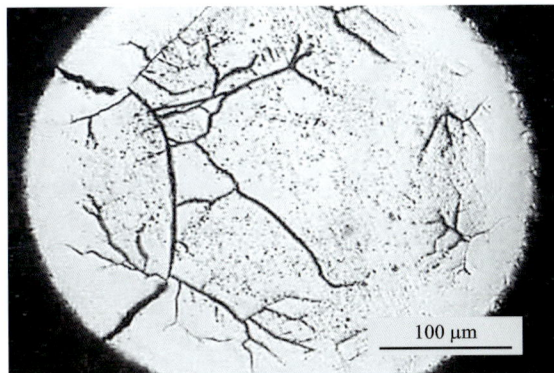

合金牌号：Pt-20Pd-10Au
工艺条件：铸态，冷加工丝材，横截面
组织说明：冷加工扩展裂纹
浸　蚀　剂：未腐蚀

图 3.6.2-35

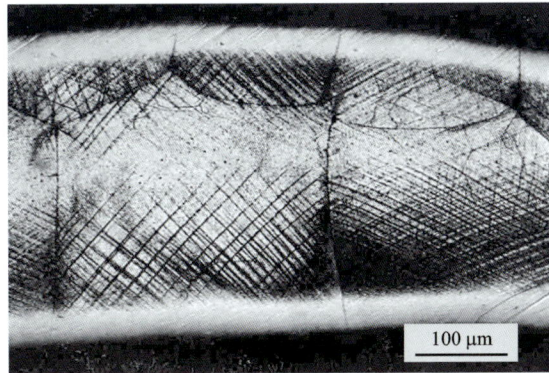

合金牌号：Pt-20Pd-10Au
工艺条件：铸态，冷加工丝材，纵截面
组织说明：交滑移组织
浸　蚀　剂：Pt-M3

图 3.6.2-36

3.7　铂铑金合金

3.7.1　铂铑金合金的性能和用途

图 3.7.1-1 显示了 Au 质量分数对 Pt-7Rh-Au 合金在室温和 1200℃时的抗拉强度及 1200℃/100 h 持久强度的影响，Au 作为添加剂可增大 Pt-Rh 合金的强度，也可增大 Pt-Rh

合金电阻率和降低电阻温度系数。Au 加入 Pt 或 Pt-Rh 合金中显著地提高了熔融玻璃对 Pt 合金的浸润接触角,这是含 Au 的 Pt 合金用作生产制作玻璃纤维的漏板和漏嘴的最重要的性能之一。表 3.7.1-1 给出了某些 Pt-Rh-Au(质量分数)合金性能。

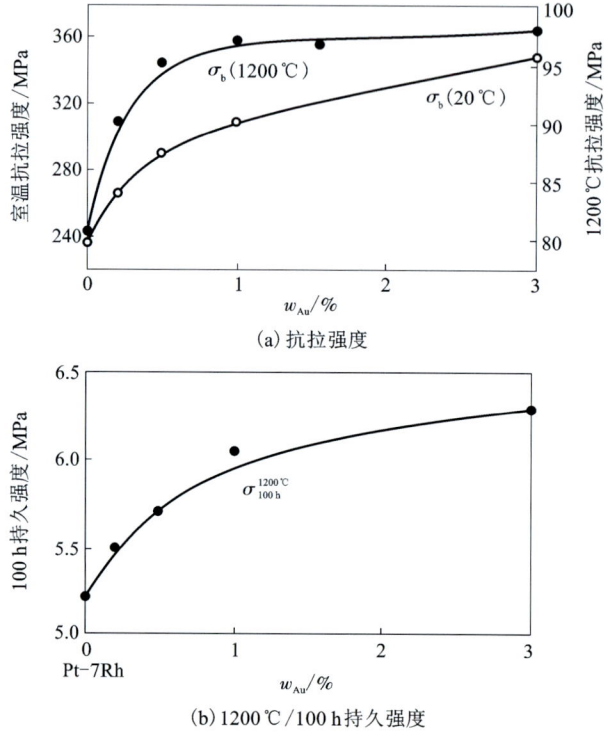

(a)抗拉强度

(b)1200℃/100 h持久强度

图 3.7.1-1 Au 含量对 Pt-7Rh-Au 合金强度的影响

表 3.7.1-1 某些 Pt-Rh-Au(质量分数)合金性能

性能 \ 牌号	Pt-7Rh-3Au	Pt-12Rh-Au	Pt-10Rh-5Au
密度(20℃)/(g·cm^{-3})	20.42	19.68	19.8
电阻率(20℃)/(μΩ·cm)	21	24	23.8
电阻温度系数(20~200℃)/℃$^{-1}$	0.00145	0.00124	
线膨胀系数(20~200℃)/℃$^{-1}$	0.00000837	0.00000836	
硬度 HV(20℃)	116	140	130
抗拉强度(20℃)/MPa	330	400	600

作为常温应用材料,Pt-Rh-Au 合金可用作精密低电阻材料和电接触材料;含低 Rh 的 Pt-Rh-Au 合金可用作首饰饰品。作为高温应用材料,Pt-Rh-Au 合金主要用作生产人造化学纤维的喷丝头和生产连续玻璃纤维的漏板和漏嘴材料。

3.7.2　铂铑金合金的金相组织

图 3.7.2-1 显示了 Pt 质量分数为 85% 的 Pt-Rh-Au 合金的相图截面，三元合金在高温时为单相固溶体，在低温时存在相分解区。向 Pt-Rh 合金中加入超过 3% 的 Au 时，合金的组织由于富 Pt 固溶体和少量富 Au 第二相组成，第二相的析出使合金具有沉淀强化效应，同时也使合金的加工性和焊接性相对变差，合金的脆性倾向增大。向 Pt-Au 合金添加 Rh 可以加宽 Pt-Au 系两相区甚至可以将 Au-Pt 系改造为包晶型合金。图 3.7.2-2~图 3.7.2-5 为 Pt-Rh-Au 合金的金相组织。

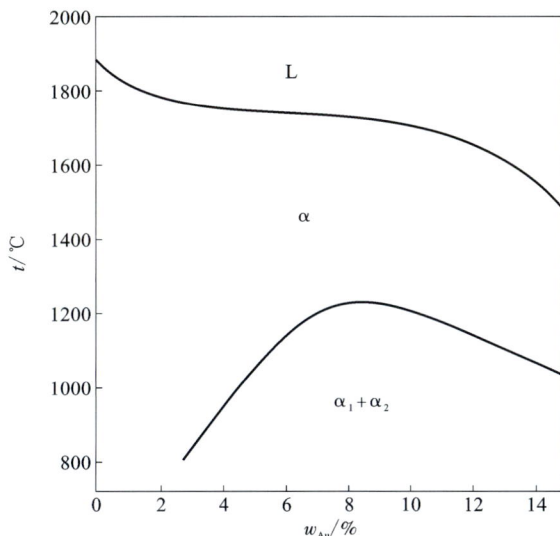

图 3.7.2-1　含 Pt85% 的 Pt-Rh-Au 合金的相图截面

合金牌号：Pt-10Rh-5Au
工艺条件：铸态
组织说明：(Pt，Rh，Au) 晶内偏析铸态组织
浸 蚀 剂：Pt-M3

图 3.7.2-2

合金牌号：Pt-10Rh-5Au
工艺条件：冷加工，800℃/5 min 退火处理
组织说明：(Pt，Rh，Au) 未再结晶组织
浸 蚀 剂：Pt-M3

图 3.7.2-3

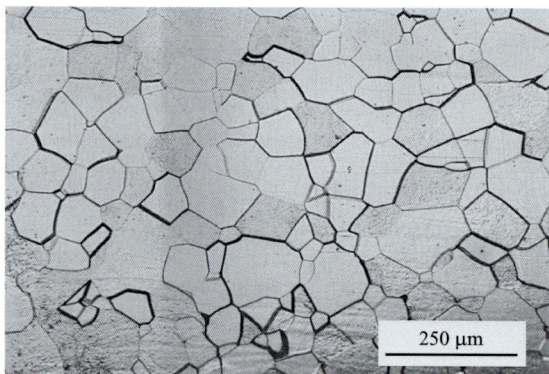

合金牌号：Pt-10Rh-5Au
工艺条件：冷加工，1050℃/5 min 退火处理
组织说明：(Pt, Rh, Au) 再结晶组织
浸 蚀 剂：Pt-M3

图 3.7.2-4

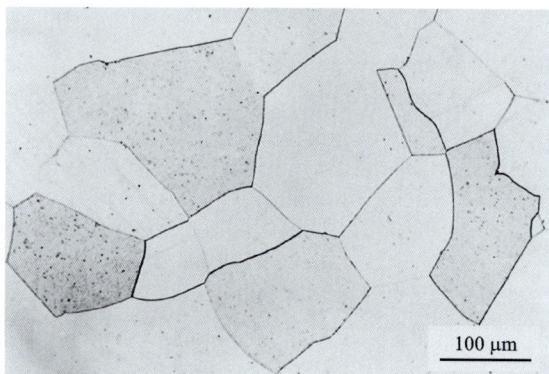

合金牌号：Pt-10Rh-5Au
工艺条件：冷加工，1350℃/12 h 退火处理
组织说明：(Pt, Rh, Au) 再结晶组织
浸 蚀 剂：Pt-M3

图 3.7.2-5

3.8 铂镍系合金

3.8.1 铂镍系合金的性能和用途

高温淬火的无序态合金的电学性能和力学性能随 Ni 质量分数的增高而连续变化，呈典型固溶体性能特征，Ni 是 Pt 的重要固溶强化元素，有序化则进一步提高合金的力学性能，如 Pt-20%（质量分数）Ni 合金经 75%冷变形后于 600℃退火 80 h，有序化使合金达到极限拉伸强度为 2200 MPa 和延伸率为 40%的最佳力学性能。Pt-Ni 合金可用作高温钎料，典型合金有 Pt-4.5%（质量分数）Ni（1720~1750℃）和 Pt-8.5%（质量分数）Ni（1690~1720℃），用于钎焊难熔金属和耐热合金。在氧化气氛中加热 Pt-Ni 合金会发生 Ni 选择性氧化，生成 NiO，因而随着 Ni 含量增加，Pt-Ni 合金的抗氧化和抗腐蚀性能下降，致使在 400℃以上温度合金的高温持久强度急剧降低。富 Ni 的 Ni-Pt 合金具有铁磁性，居里温度随着 Pt 含量增加而降低；富 Pt 的 Pt-Ni 合金则呈顺磁性。部分 Pt-Ni 合金的基本物理性能列于表 3.8.1-1 中。Pt-Ni 合金的物理、机械性能见图 3.8.1-1~图 3.8.1-3。

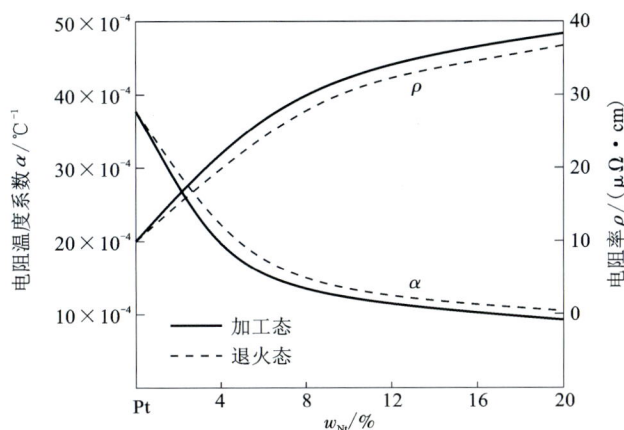

图 3.8.1-1　无序态 Pt-Ni 合金的电学性能与成分的关系

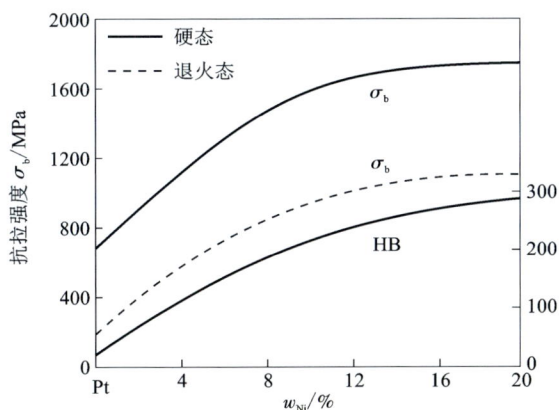

图 3.8.1-2　Pt-Ni 合金抗拉强度、布氏硬度与 Ni 含量的关系

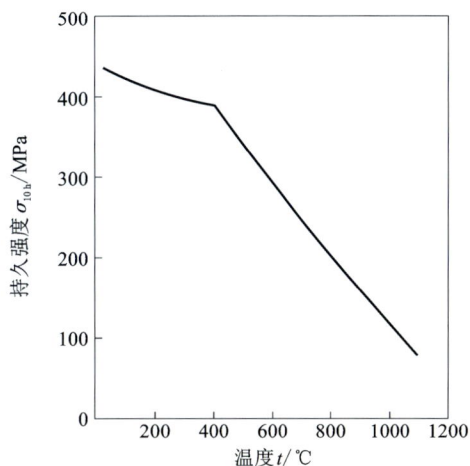

图 3.8.1-3　Pt-Ni 合金 10 h 持久强度与温度的关系

Ni 的质量分数小于 10%的 Pt-Ni 合金用作滑动电位器的电刷材料和真空管中长寿命热离子阴极，也用作高温钎料。高 Ni 质量分数的 Pt-Ni 合金，如 Pt-20Ni 和 Pt-23Ni 合金，具有高强度和高弹性，是重要的弹性材料，用来制作精密仪表中的弹性元件，如张丝、弹簧、簧片等。因为在高温大气中加热时发生 Ni 选择性氧化，除用作钎料外，Pt-Ni 合金较少用于高温用途。

Pt-5Ni 合金可用作电刷。这种合金用 Au-9Ni、Au-9Ni-0.5Gd、Au-9Ni-0.5Y 代替是可能的。由于其高温强度大，也用作电真空管中长寿命的氧化涂层的热离子阴极，若在大约 750℃下使用，可运转 50000 h 或更长的时间。含 2%Ni 的合金，在玻璃纤维生产中用作丝镶和联动设备，以及熔化硬质玻璃。Pt-8.5Ni 可用作张丝。

表 3.8.1-1　Pt-Ni 合金的基本物理性能

合金牌号	电阻率 /(μΩ·cm)		电阻温度系数 /℃⁻¹		硬度 HB	抗拉强度 /MPa		密度 /(g·cm⁻³)
	退火态	硬态	退火态	硬态		退火态	加工态	
Pt-Ni	12.7	—	0.0033	—	65 HV	207	—	21.1
Pt-2Ni	15.0	—	0.003	—	85 HV	283	—	20.8
Pt-4.5Ni	23.6				147 HV			
Pt-5Ni	22.8	23.4	0.00179	0.0017	130	540	972	20.0
Pt-8Ni	29		0.0015			640	1240	20
Pt-10Ni	29.8	30.4	0.00135	0.00125	200	815	1554	—
Pt-15Ni	33.0	34.0	0.00114	0.00105	255	910	1690	—
Pt-20Ni	35.0	36.0	0.00102	0.00094	280	910	1725	19.1
Pt-40Ni	37.4	37.2			380	930	1810	

3.8.2　铂镍系合金的金相组织

　　Pt-Ni 合金在高温时为连续固溶体，在较低温度下形成两种超结构化合物：Ni_3Pt(Cu_3Au 型)和 NiPt(CuAu 型)，Ni_3Pt 为 $L1_2$-Cu_3Au 型结构，临界温度 $T_c = 580℃$；NiPt 为 $L1_0$ 型结构，临界温度 $T_c = 645℃$。在 Pt-Ni 合金中随着 Ni 含量增加，合金的密度降低，见图 3.8.2-1。图 3.8.2-2~图 3.8.2-10 为 Pt-Ni 合金金相组织。

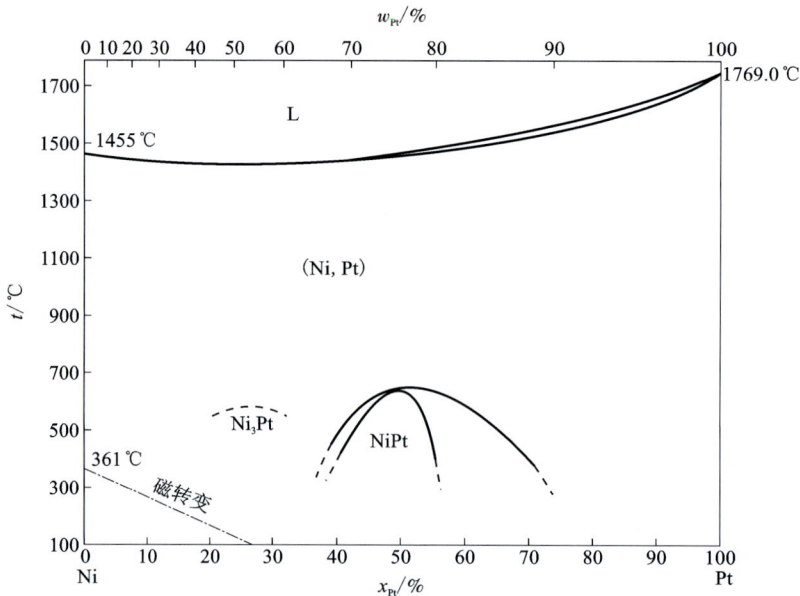

图 3.8.2-1　Pt-Ni 系二元相图

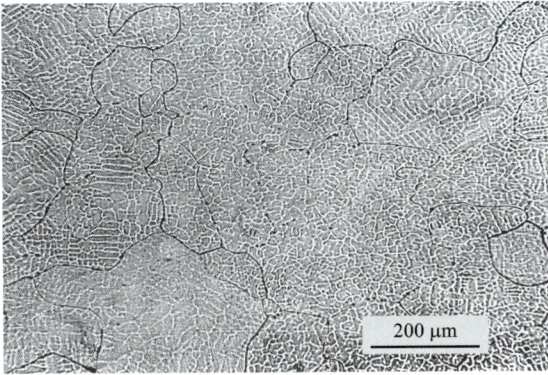

合金牌号：Pt-4.5Ni

工艺条件：铸态

组织说明：(Pt，Ni)晶内偏析组织

浸　蚀　剂：Pt-M3

图 3.8.2-2

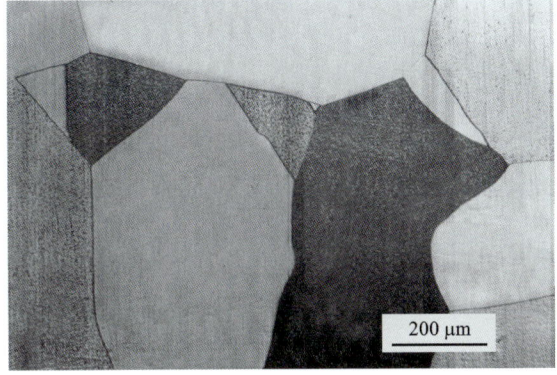

合金牌号：Pt-4.5Ni

工艺条件：冷加工，1300℃/6 h 热处理

组织说明：(Pt，Ni)再结晶组织

浸　蚀　剂：Pt-M3

图 3.8.2-3

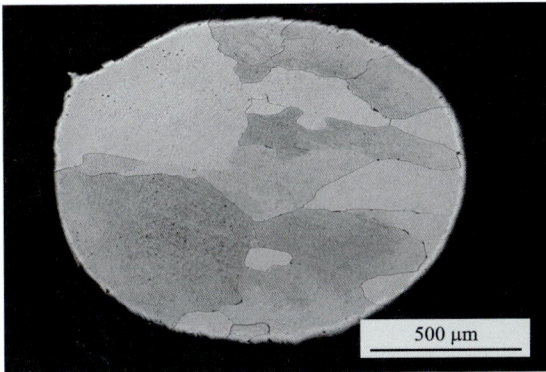

合金牌号：Pt-5Ni

工艺条件：铸态

组织说明：(Pt，Ni)铸态组织

浸　蚀　剂：Pt-M3

图 3.8.2-4

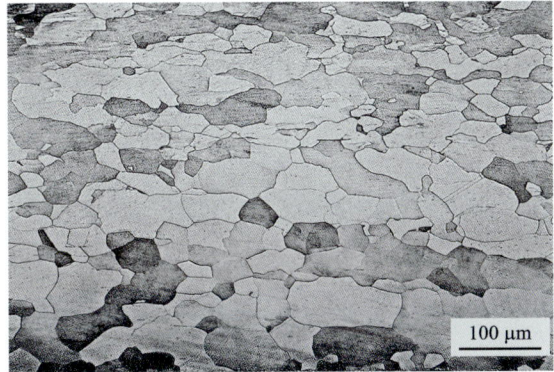

合金牌号：Pt-5Ni

工艺条件：冷加工，900℃/0.5 h 退火处理

组织说明：(Pt，Ni)单相再结晶组织

浸　蚀　剂：Pt-M3

图 3.8.2-5

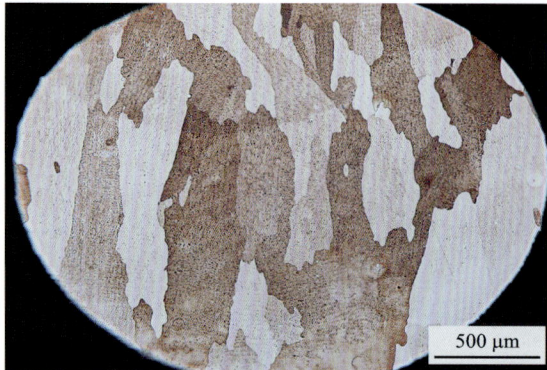

合金牌号：Pt-20Ni

工艺条件：铸态

组织说明：（Pt，Ni）晶内偏析铸态组织

浸 蚀 剂：Pt-M3

图 3.8.2-6

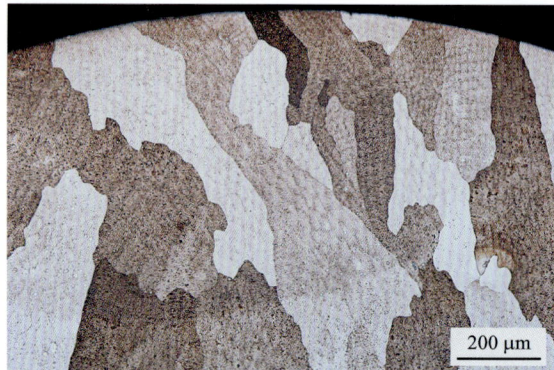

合金牌号：Pt-20Ni

工艺条件：铸态

组织说明：（Pt，Ni）晶内偏析铸态组织

浸 蚀 剂：Pt-M3

图 3.8.2-7

合金牌号：Pt-20Ni

工艺条件：冷加工丝材纵截面，900℃/0.5 h 固溶处理

组织说明：（Pt，Ni）再结晶组织

浸 蚀 剂：Pt-M3

图 3.8.2-8

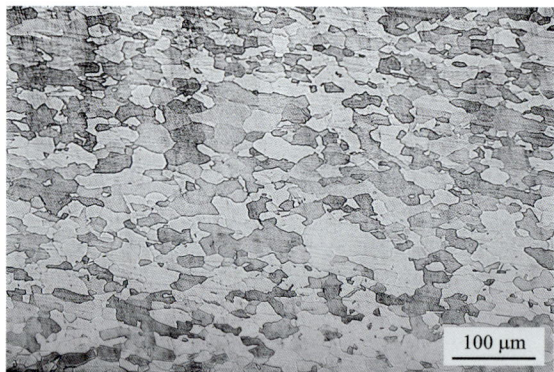

合金牌号：Pt-20Ni

工艺条件：冷加工，900℃/0.5 h 固溶处理，400℃/0.5 h 时效处理

组织说明：（Pt，Ni）再结晶组织

浸 蚀 剂：Pt-M3

图 3.8.2-9

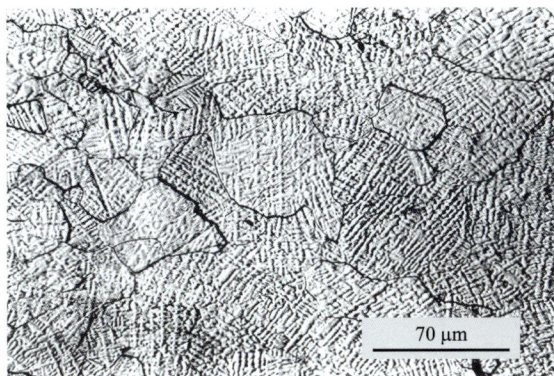

合金牌号：Pt-75Ni
工艺条件：铸态
组织说明：(Pt，Ni)晶内偏析铸态组织
浸蚀剂：Pt-M3

图 3.8.2-10

3.9　铂钌系合金

3.9.1　铂钌系合金的性能和用途

图 3.9.1-1 显示了退火态 Pt-Ru 合金的硬度和抗拉强度与成分的关系；图 3.9.1-2 是 Pt-4Ru 合金在不同温度和时间的持久强度。具有密排六方晶格的 Ru 溶质比 Ir 溶质对 Pt 有更强的固溶强化效应。因此，相同质量分数的 Pt-Ru 合金比 Pt-Ir 合金具有更高的硬度和抗拉强度。富 Pt 的 Pt-Ru 合金具有高的抗腐蚀性和抗变色能力。虽然金属 Ru 的蒸汽压低于 Pt，但 Ru 氧化物的蒸汽压比 Pt 的氧化物蒸汽压大几个数量级。因此，Pt-Ru 合金在大气中加热时因 Ru 的氧化挥发而失重。Ru 含量超过 15% 的 Pt-Ru 合金在大气中加热到 900℃ 以上时，Ru 的氧化挥发造成晶界腐蚀而使合金加工性能变坏且高温强度性质变差，因而不宜在高温大气中直接使用。常用 Pt-Ru 合金是 Ru 质量分数低于 15% 的合金，其中 Pt-Ru 合金的物理性能列于表 3.9.1-1。

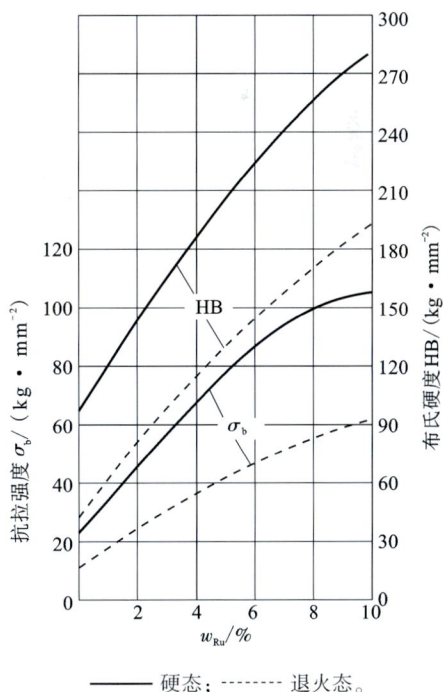

——— 硬态；------- 退火态。

图 3.9.1-1　Pt-Ru 合金的硬度及抗拉强度与成分的关系

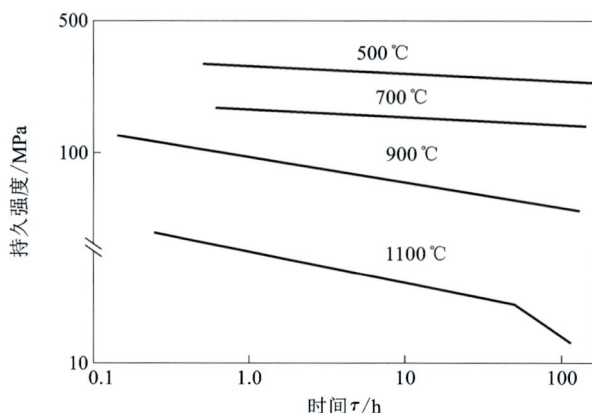

图 3.9.1-2   Pt-4Ru 合金的高温持久强度

表 3.9.1-1   Pt-Ru 合金的牌号和性能

合金牌号	密度 /(g·cm⁻³)	电阻率 /(μΩ·cm)	电阻温度系数 /℃⁻¹	抗拉强度/MPa		延伸率/%		硬度 HB	
				退火态	硬态	退火态	硬态	退火态	硬态
Pt-3Ru	—	—	—	29.5	56.3	—	—	—	—
Pt-4Ru	20.8	30	—					130	
Pt-5Ru	20.67	31.5	0.0009	415	795	34	2	130	210
Pt-10Ru	19.94	43	0.0008	570	1035	31	2	190	280
Pt-14Ru	—	46	0.00036	—	—		2	240 HV	—

Pt-Ru 合金主要用作电气与电子技术中的电接触材料和精密电阻材料，Ru 质量分数为 4%～15% 的 Pt-Ru 合金用作电触头可替代 Pt-Ir 合金，如 Pt-5Ru 替代 Pt-10Ir 合金用于中等负荷电触头，Pt-10Ru 替代 Pt-25Ir 合金用于重负荷电触头，Pt-10Ru 合金也用作电位器绕组材料；质量分数为 5%～10% 的 Pt-Ru 合金也用于制作首饰和其他饰品，含 Ru 高的 Pt-Ru 合金用于制作手表零件和其他耐磨损零件；Pt-Ru 合金也用于实验室和电化学工业用电极材料，如制作燃料电池催化剂电极等。

3.9.2   铂钌系合金的金相组织

Pt-Ru 合金相图至今尚未确定，而且各种资料报道的数据不一。根据最近的资料，初步确定了如图 3.9.2-1 所示包晶类型的相图。在富 Pt 和富 Ru 端形成广阔的固溶体区间。Ru 在 Pt 和 Pt 在 Ru 中的最大固溶度尚未确定，但在 1000℃ 时 Ru 在 Pt 中的固溶度高达 62%（摩尔分数），Pt 在 Ru 中固溶度达到 20%（摩尔分数）（图 3.9.2-2～图 3.9.2-3）。

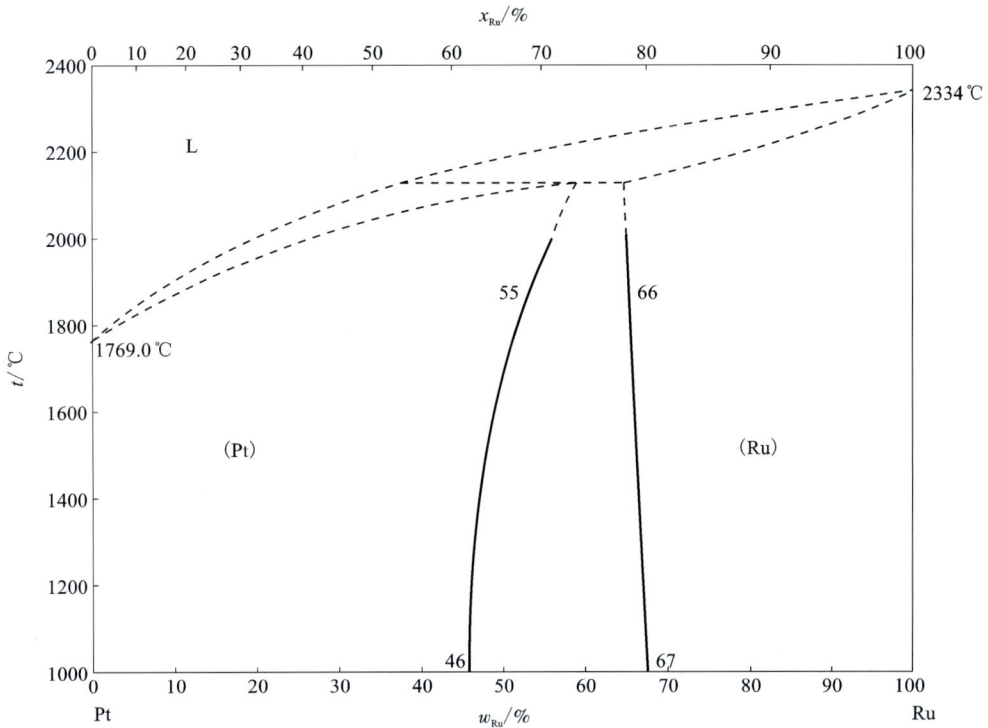

图 3.9.2-1　**Pt-Ru 系二元相图**

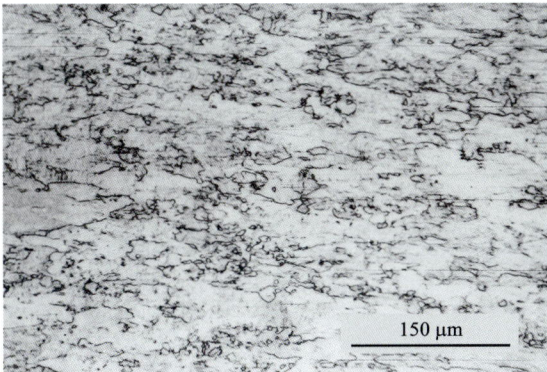

合金牌号：Pt-10Ru-10Ir
工艺条件：冷加工，900℃/0.5 h 退火处理
组织说明：(Pt，Ru，Ir)局部再结晶组织
浸 蚀 剂：Pt-M3

图 3.9.2-2

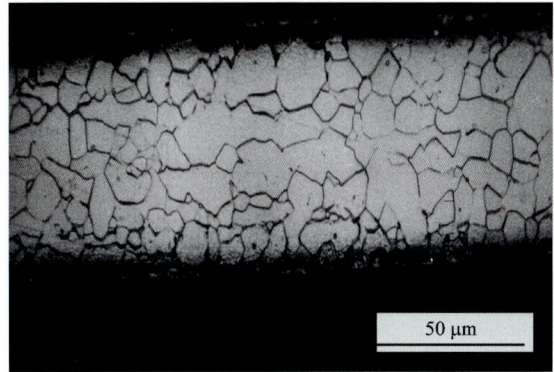

合金牌号：Pt-10Ru
工艺条件：冷加工丝材，1000℃/1 h 退火处理
组织说明：(Pt)再结晶组织
浸 蚀 剂：Pt-M3

图 3.9.2-3

3.10   铂银系合金

3.10.1   铂银系合金的性能和用途

图 3.10.1-1 显示了 Pt-Ag 合金的极限拉伸强度 σ_b 与成分及热处理的关系，这些性能的变化显示了 Pt-Ag 合金边端固溶体和中间相区的结构特性。富 Pt 或富 Ag 合金的强度随着 Ag 或 Pt 含量增加而平滑增大，在 Ag 质量分数约为 20% 的 Pt-Ag 合金上达到强度最大值。淬火态合金比退火态合金有更高的固溶度，因而有更高的电阻率；相反，退火态合金因第二相析出而显示沉淀强化(硬化)效应。

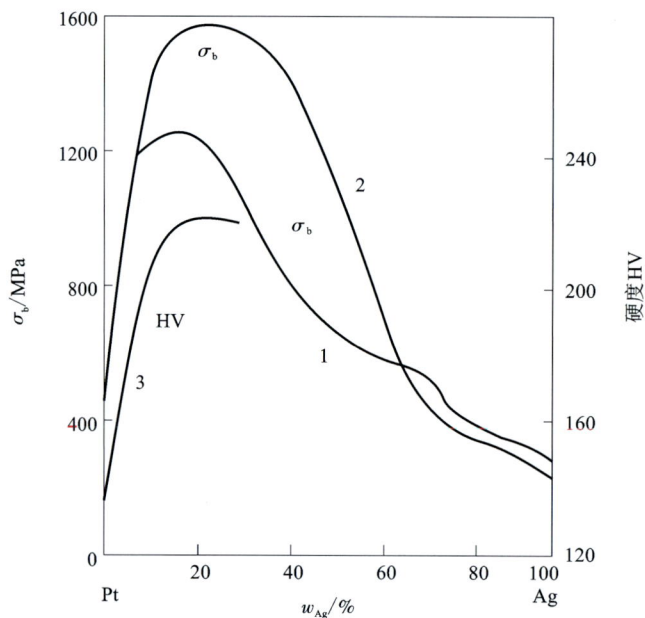

1—900℃淬火态；2—500℃退火态；3—500℃退火态(硬度)。

图 3.10.1-1 σ_b 与成分及热处理的关系

富 Ag 的 Ag-Pt 合金具有良好的导电性与耐蚀性，接触电阻低而稳定，其抗熔焊黏结的性能亦远优于 Ag，因此是良好的电接触材料，常用在密封继电器和调节器中。这类合金主要是含 5%~20%(质量分数)Pt 的 Ag-Pt 合金，其主要物理性能列于表 3.10.1-1。含 15%~25%(质量分数)Ag 的 Pt-Ag 合金具有高的强度和弹性，低的弹性后效，高的耐蚀性，无磁性，性能稳定，因此是优良的弹性材料，其综合性能优于其他弹性材料(如青铜类材料)，常用来制作精密仪表的张丝弹性元件。常用的合金有 Pt-5Ag，Pt-10Ag，Pt-20Ag 和 Pt-25Ag 等合金。表 3.10.1-2 列出了其中 3 种合金的主要物理性能。这类合金的主要缺点是加工困难，生产成品率低。向 Pt-Ag 合金中添加 Pd 并调整其成分而发展的 Pt-20Pd-10Ag 和 Pt-

30Pd-10Ag 等合金，其弹性性能类似于 Pt-Ag 合金但加工性能却大大优于 Pt-Ag 合金，可顺利地制成细丝、薄带和张丝材料。

表 3.10.1-1　几种 Ag-Pt 合金的主要物理性能

合金质量分数 /%	熔点 /℃	密度 /(g·cm⁻³)	硬度 HV	电阻率 /(μΩ·cm)	导热系数 /(W·cm⁻¹·K⁻¹)
Ag-5Pt	980	10.7	33	3.8	2.2
Ag-10Pt	1020	11	40	5.8	1.4
Ag-12Pt	1040	11.2	45	6.0	1.2
Ag-20Pt	1080	11.8	55	10.1	0.9

表 3.10.1-2　几种 Pt-Ag 弹性合金的主要物理性能

合金质量分数 /%	抗拉强度 /MPa	比例极限 /MPa	弹性模量 E/GPa	硬度 HV	扭转角 β/%	电阻率 /(μΩ·cm)	热电势 ε/(μV·℃⁻¹)
Pt-20Ag	196~216	176~186	186~196	550~600	0.04~0.05	28~32	8.0
Pt-23Ag	196~216	—	—	550~600	0.04~0.06	29~34	8.8
Pt-25Ag	216~274	176~196	186~196	600~650	0.04~0.06	30~35	8.8

注：Pt-Ag 合金为 600℃/40~120 min 退火态。

质量分数为 5%~20% 的 Pt 的 Ag-Pt 合金具有良好的导电性、导热性与耐蚀性，接触电阻低而稳定，其抗熔焊黏结的性能也远优于 Ag，是良好的电接触材料，常用在密封电器和调节器中。含 15%~25%Ag 的 Pt-Ag 合金及其以 Pd 改性的 Pt-(20~30)Pd-10Ag 合金具有高的强度和弹性、低的弹性后效(弹性模量温度系数)、高的耐蚀性，无磁性，性能稳定，是优良的弹性材料，其综合性能优于其他弹性材料，常用来制作精密仪表的张丝弹性元件。

3.10.2　铂银系合金的金相组织

Pt-Ag 合金在高温区为简单包晶系(见图 3.10.2-1)，合金系的包晶反应温度为 1186℃，包晶点 Pt 的浓度(摩尔分数)为 40.6%，它也是 Pt 在 Ag 中最大固溶度，Ag 在 Pt 中最大固溶度(摩尔分数)为 22.1%。在低温区相图显示存在 $Pt_3Ag(\gamma)$、$PtAg(\beta)$ 和 $PtAg_3(\alpha')$ 相，但它们的晶体结构尚未确定。图 3.10.2-2~图 3.10.2-7 为 Pt-Ag 合金的金相组织。

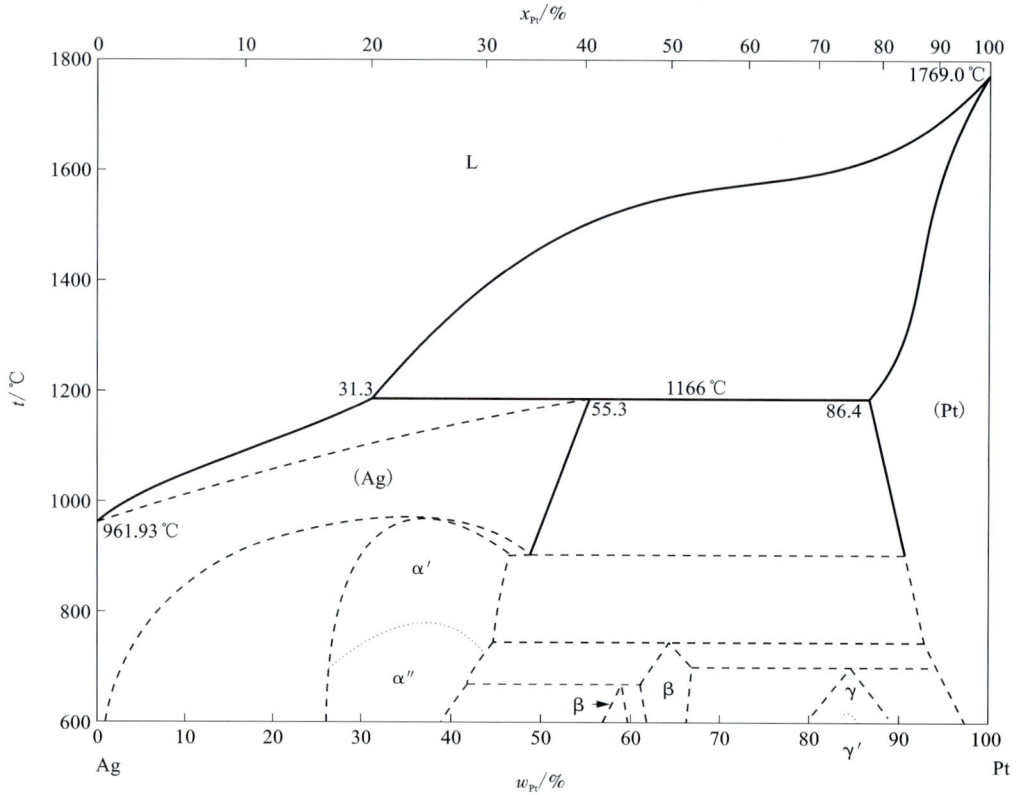

图 3.10.2-1   Pt-Ag 系二元相图

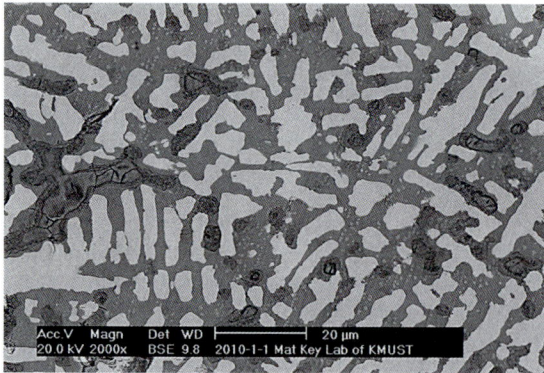

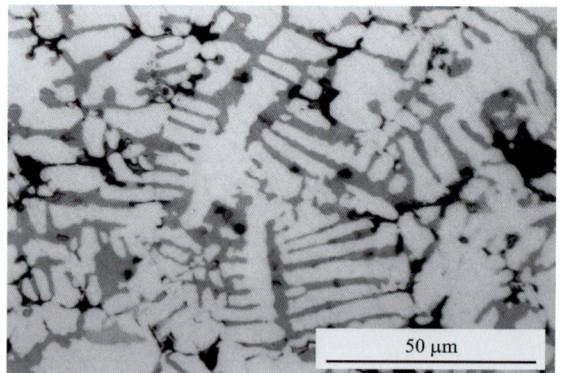

合金牌号：Pt-20Ag
工艺条件：铸态
组织说明：（Pt）+（Ag）+Pt₃Ag（γ），凝固偏析组织，SEM
　　　　　照片
浸 蚀 剂：Pt-M3

图 3.10.2-2

合金牌号：Pt-20Ag
工艺条件：铸态
组织说明：（Pt）+（Ag）+Pt₃Ag（γ），凝固偏析组织
浸 蚀 剂：Pt-M3

图 3.10.2-3

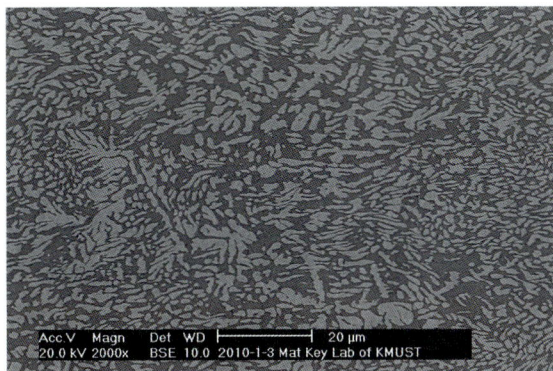

合金牌号：Pt-20Ag

工艺条件：冷加工，850℃/0.5 h 退火处理

组织说明：(Pt)+(Ag)+Pt₃Ag(γ)，SEM 照片

浸 蚀 剂：Pt-M3

图 3.10.2-4

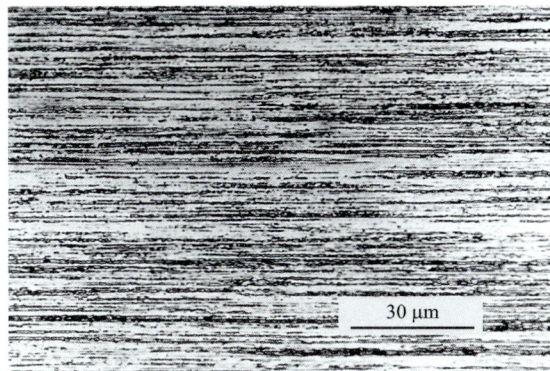

合金牌号：Pt-20Ag

工艺条件：冷加工，920℃/20 min 水淬

组织说明：(Pt)+(Ag)+Pt₃Ag(γ)，加工形变纤维组织

浸 蚀 剂：Pt-M3

图 3.10.2-5

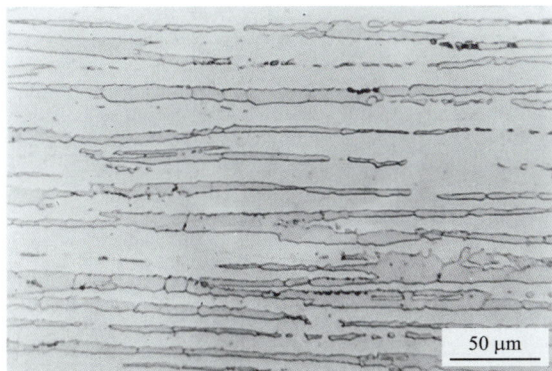

合金牌号：Pt-20Ag

工艺条件：冷加工，1100℃/1 h 水淬

组织说明：(Pt)+(Ag)+Pt₃Ag(γ)，固溶处理组织

浸 蚀 剂：Pt-M3

图 3.10.2-6

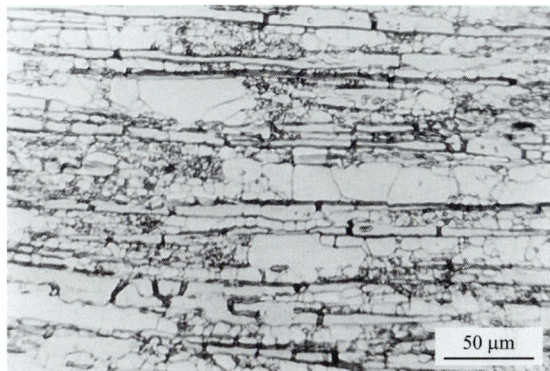

合金牌号：Pt-20Ag

工艺条件：冷加工，1100℃/1 h 水淬

组织说明：(Pt)+(Ag)+Pt₃Ag(γ)，固溶处理组织

浸 蚀 剂：Pt-M3

图 3.10.2-7

3.11　铂钴系合金

3.11.1　铂钴系合金性能和用途

图 3.11.1-1 显示了 Pt-Co 合金的力学与电学性能的一般趋势。高温淬火态合金保持单相固溶体的性能特征，即合金的硬度 HB 和电阻率 ρ 随溶质浓度增加而平滑地增大，约在等摩尔成分(相当于 Co 的质量分数为 23.3%)合金达到最大值，随后平滑地下降。电阻温度系数大体保持与电阻率相反的变化趋势。在有序相成分区退火态或时效态合金可以获得明显的

有序硬化,同时使合金的电阻率降低。图 3.11.1-2 显示了 Pt-48%(摩尔分数)Co 合金的有序相成分的合金,即有序度越高的合金,有序硬化效应越强,如在相同失效处理条件下,Pt-48%(摩尔分数)Co 合金的有序硬化效应高于 Pt-42%(摩尔分数)Co 合金。有序化也降低 Pt-Co 合金的电阻率,如 Pt-48%(摩尔分数)Co 合金在 600℃时效 10 h,有序化使电阻率降低约 40%(见图 3.11.1-3)。

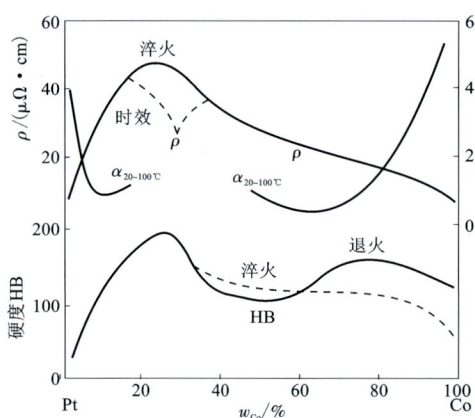

图 3.11.1-1　Pt-Co 合金的物理性能与 Co 含量的关系

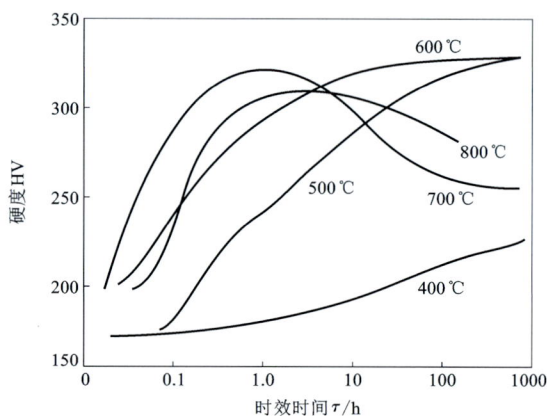

图 3.11.1-2　Pt-48%(摩尔分数)Co 合金的有序硬化效应与时效温度和时间的关系

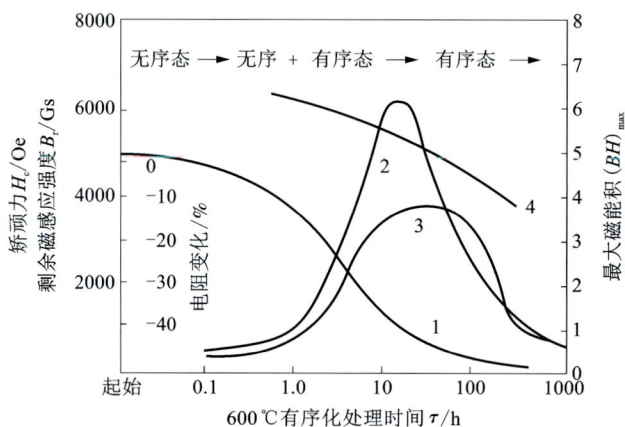

1—电阻变化;2—$(BH)_{max}$;3—矫顽力 H_c;4—剩余磁感应强度 B_r。

图 3.11.1-3　有序化对 Pt-48%(摩尔分数)Co 合金性能的影响

　　Pt-Co 合金具有良好的加工性能,高温淬火单相固溶体合金可以承受 96%以上的冷变形。无序态 Pt-23.3%(质量分数)Co[即 Pt-50%(摩尔分数)Co]合金经 60%~96%冷变形后于 700~800℃退火可以获得最佳有序结构状态和最佳力学性能,其极限拉伸强度可达 2250 MPa,屈服强度可达 1900 MPa,硬度 HV 可达 300~320,延伸率可达 25%~32%。无序态 Pt-8.5%(质量分数)Co 合金经 60%冷拉拔变形后于 600℃进行有序化退火,合金转变到 Pt_3Co 有序态,可以获得稳定的力学性能,极限拉伸强度可达 1350 MPa,屈服强度可达 1150 MPa,延伸率可达 24%。

Pt 是顺磁性金属，但它与铁族磁性元素 Co 合金化后被强烈磁化而显示铁磁性，其中以等摩尔成分的 Pt-Co 合金具有最强的铁磁性能。该合金的磁性对其结构十分敏感，单相无序 Pt-Co 合金和完全有序 Pt-Co 合金并不显示高的磁性。有序化降低 Pt-Co 合金的剩磁 B_r 值，类似于电阻率的降低；但有序化提高合金的矫顽力 H_c 和最大磁能积 $(BH)_{max}$，类似于有序硬化效应。只有局部有序化的合金即由局部有序相+无序相组成的"两相"结构可以获得最佳磁性。这主要归因于具有不同晶格常数的有序相和无序相并存时引起晶格畸变，增大合金的内应力从而增大矫顽力所致。因此，有序化热处理对 Pt-23.3%（质量分数）Co 合金磁性有重大影响。处于最佳结构状态的 Pt-23.3%（质量分数）Co 合金的矫顽力 $H_c = 5453.8$ Oe，最大磁能积 $(BH)_{max} = 104$ kJ/m^3，见表 3.11.1-1。在超高真空系统中通过电子束蒸发可制备 Pt-Co 合金膜或 Pt/Co 多层膜，含 20%~40%（摩尔分数）Co 的 Pt-Co 合金膜具有大的垂直磁各向异性，100%垂直剩余磁感应强度和约为 200 kA/m 的矫顽力，Pt/Co 多层膜的磁-光性能优于 TbFeCo。

表 3.11.1-1　Pt-23.3%（质量分数）Co 合金的最佳基本物理性能

性能	密度 /(g·cm^{-3})	最佳力学性能				电阻率 /(μΩ·cm)	居里温度 /℃	矫顽力 H_c/Oe	最大磁能积 $(BH)_{max}$/(kJ·m^{-3})	线膨胀系数 $\alpha_{0\sim100℃}$/℃$^{-1}$
		强度 /MPa	屈服强度 /MPa	硬度 HV	延伸率 /%					
数据	15.5	225r0	1900	310	25	30.2	约 500	5453.8	104	9.3×10^{-6}

Pt-Co 合金还具有高化学稳定性，它能耐酸、碱、盐等介质的腐蚀。

Pt-Co 合金是优良的永磁材料，虽然其磁性低于后来发现的稀土永磁材料，但仍然属于高磁能积永磁材料，主要商品合金是 Pt-23.3%（质量分数）Co 合金［即 Pt-50%（摩尔分数）Co］，可用于聚焦设备的电机转子、磁控管、电子钟和助听器等。Pt-Co 合金磁性薄膜或 Pt/Co 多层膜是优良的磁记录介质和磁-光记录介质，用于制作磁存储硬盘和磁光型光盘。含稀浓度 Co 的 Pt-Co 合金用于制作低温电阻温度计；质量分数低于 10% 的 Co 的 Pt-Co 合金用作饰品材料。虽然 Pt-Co 合金价格相对昂贵，但它的高化学稳定性使它在许多特殊应用和军工仪表应用中具有高可靠性。

Pt-23.3Co 合金是可压延的永磁合金中性能最优良的合金。由于 Pt-23.3Co 合金具有高的矫顽力和磁能积，较高的磁稳定性和磁各向同性（但也有人指出在<111>方向性能更佳），良好的可加工性和耐腐蚀性等，所以很受人们的重视。在某些特定的场合（受酸、碱、盐介质作用）下 Pt-23.3Co 合金是优良的永磁材料，缺点是 Pt 较昂贵。Pt-23.3Co 合金主要用于助听器、电子钟表、可控管、计测仪、聚焦设备和电极转子等，近年主要用于制作可擦除磁性光盘。

3.11.2　铂钴系合金的金相组织

在高于 825℃时，Pt 与 Co 能无限互溶，如图 3.11.2-1 所示，其固溶体为面心立方晶格。液相线最低处的温度为 1430℃，浓度为 63［85（原子分数）］% 的 Co。成分约为 9.14［25（原子分数）］%Co 和 9.6~29.4［26~58（原子分数）］%Co 的 Pt-Co 合金，高温缓慢冷却时会出现有序转变。但在中温区观察到两个有序相：在临界温度 $T_c = 825℃$ 出现 PtCo 相，它具有 L1$_0$ 型 AuCu 有序面心四方晶格，晶格常数 $a = 0.3793$ nm，$c = 0.3675$ nm，$c/a = 0.969$；在约 750℃ 出

现 Pt_3Co 有序相，具有 $L1_2$ 型 Cu_3Au 有序面心立方超晶格结构，晶格常数 $a = 0.3831$ nm。图 3.11.2-2~图 3.11.2-4 为 Pt-23.3Co 合金的金相组织。

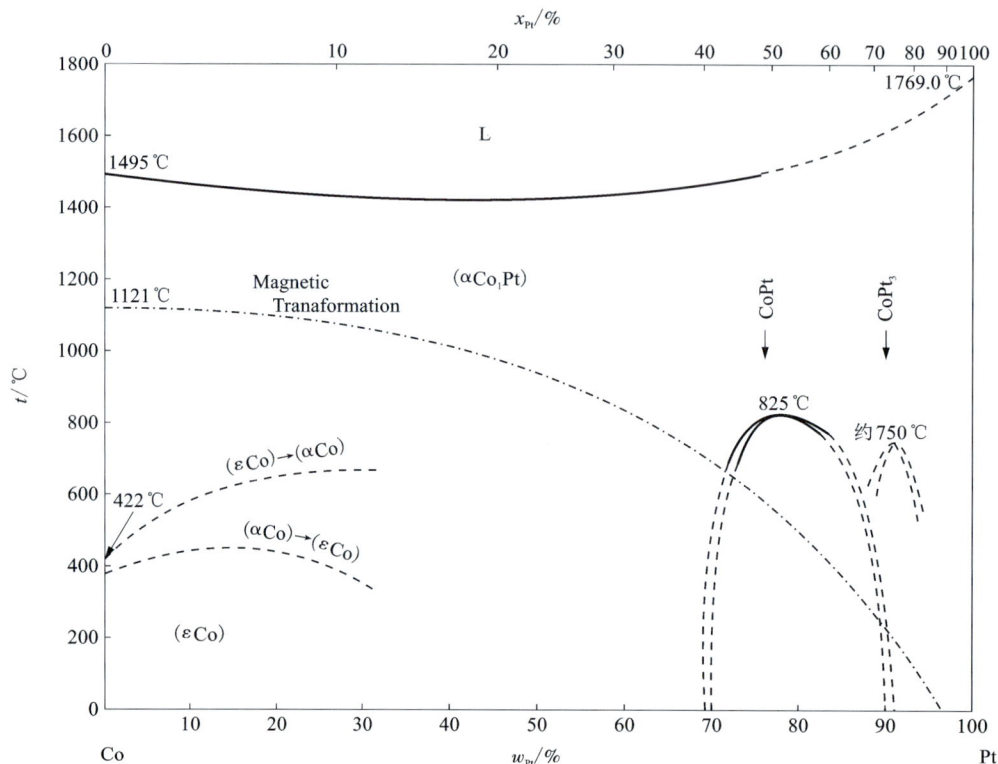

图 3.11.2-1   Co-Pt 系二元相图

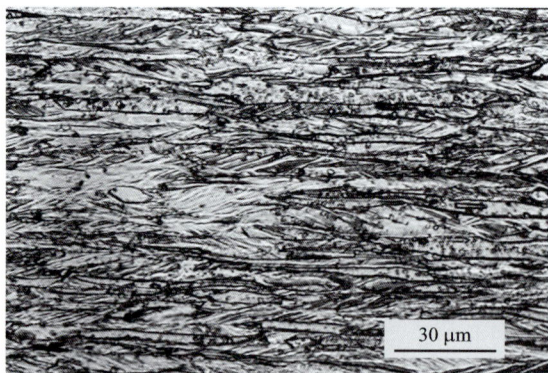

合金牌号：Pt-23.3Co
工艺条件：铸态，冷加工
组织说明：(Pt，Co) 加工形变组织
浸 蚀 剂：Pt-M3

图 3.11.2-2

合金牌号：Pt-23.3Co
工艺条件：冷加工，900℃/2.7 h 真空退火处理
组织说明：(Pt，Co) 再结晶组织
浸 蚀 剂：Pt-M3

图 3.11.2-3

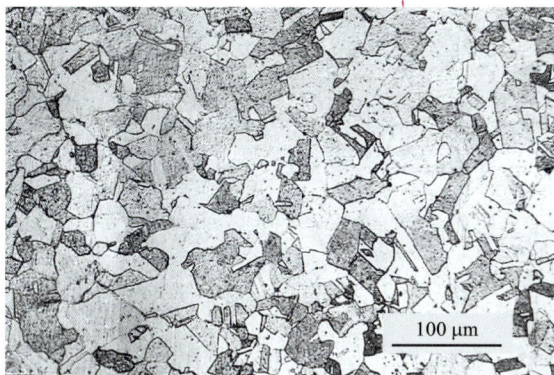

合金牌号：Pt-23Co-2Pd
工艺条件：冷加工，1000℃/10 min 真空退火处理
组织说明：(Pt，Co，Pd)再结晶组织
浸　蚀　剂：Pt-M3

图 3.11.2-4

3.12　铂-稀土系合金

3.12.1　铂-稀土系合金的性能和用途

稀土金属在 Pt 中的固溶度，根据现有相图资料，仅 Sc 的固溶度达到约 11%（摩尔分数）；Nd、Gd 和 Yb 有较小的固溶度，其他稀土金属在 Pt 中的固溶度极小。可以从两方面理解稀土金属在 Pt 中固溶度低的原因。从原子尺寸和电负性考虑，Pt 的原子半径（0.138 nm）与稀土元素原子半径差值达到 18.8%（Sc）~43.7%（Eu），远大于 Hume-Rothery 提出的形成大固溶度的极限原子尺寸差（14%）判据；Pt 的鲍林（Pauling）电负性为 2.2，与稀土金属电负性差达到 0.93（Sc）~1.03（La），也远超过获得大固溶度的电负性差判据（0.4）。这表明原子尺寸因素和电负性差因素都不利于 RE 金属在 Pt 中获得大的固溶度。另外，在大多数 Pt-镧系元素的合金系中都形成 Pt_5RE。富 Pt 的 Pt_5RE 相的存在是限制镧系元素获得大固溶度的结构原因。Sc 在 Pt 中有大的固溶度，首先是因为 Sc 与 Pt 的原子尺寸差最小；其次是因为在 Pt-Sc 系中不出现 Pt_5Sc 相。

3.12.2　铂-稀土系合金的金相组织

稀土金属在 Pt 中有小的固溶度（除 Sc 外）和形成 Pt_5RE 相和富 Pt 的中间相，这表明含有稀浓度 RE 元素的 Pt 合金具有高的固溶强化和沉淀强化效应。因此，稀土金属常作为微量元素加入 Pt 合金中起到提高强化效应、细化晶粒和提高再结晶温度等作用。

图 3.12.2-1 显示了名义质量分数为 0.5% 的 RE 添加剂对 Pt 再结晶温度的影响，可见微量稀土元素可将化学纯 Pt 的硬度提高到之前的 2 倍以上，将再结晶温度提高到 600~700℃，尤以 Y 的作用最明显。图 3.12.2-2 为 Pt-Gd 合金相图，图 3.12.2-3~图 3.12.2-21 为 Pt-Gd 合金金相组织，图 3.12.2-22 为 Pt-0.1Y 合金金相组织。

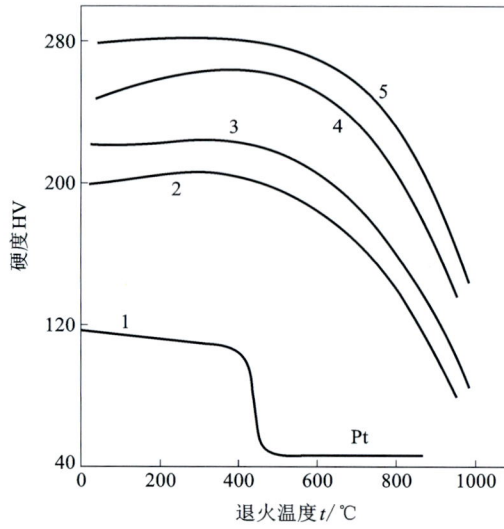

1—化学纯 Pt；2—La；3—Nd；4—Eu；5—Y。

图 3.12.2-1   0.5%(质量分数) RE 元素对化学纯 Pt 的硬度与再结晶温度的影响

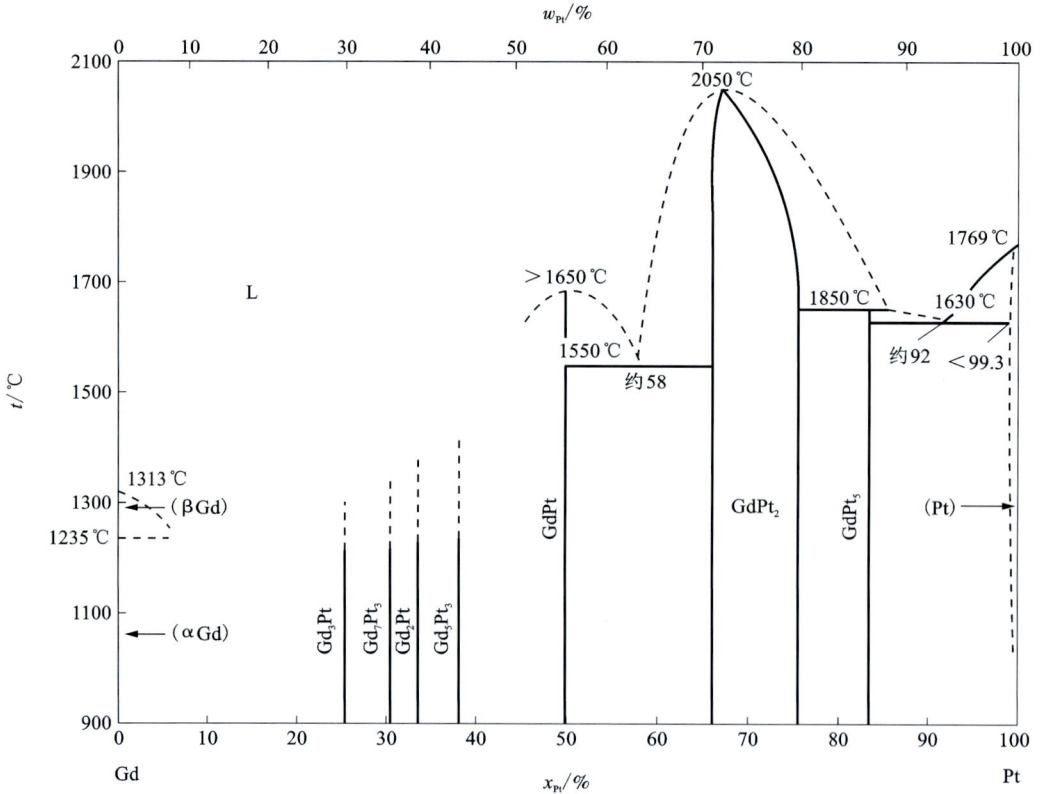

图 3.12.2-2   Pt-Gd 系二元相图

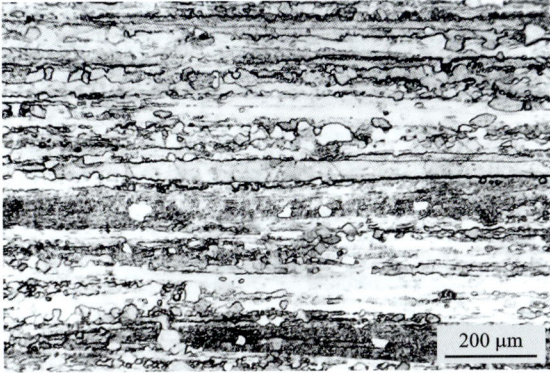

合金牌号：Pt-0.05Gd
工艺条件：冷加工，900℃/15 min 热处理
组织说明：(Pt)局部再结晶组织
浸蚀剂：Pt-M3

图 3.12.2-3

合金牌号：Pt-0.05Gd
工艺条件：冷加工，1000℃/15 min 热处理
组织说明：(Pt)再结晶组织
浸蚀剂：Pt-M3

图 3.12.2-4

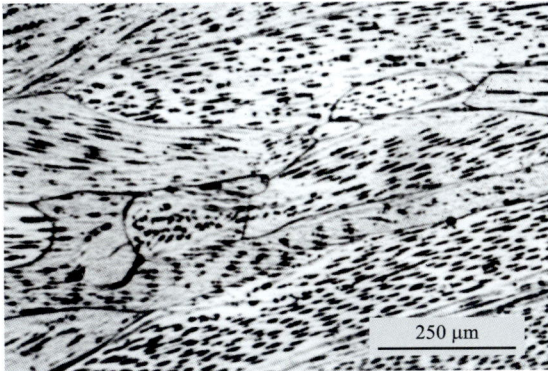

合金牌号：Pt-0.1Gd
工艺条件：真空熔铸，铸态
组织说明：(Pt, Gd)晶内偏析铸态组织
浸蚀剂：Pt-M3

图 3.12.2-5

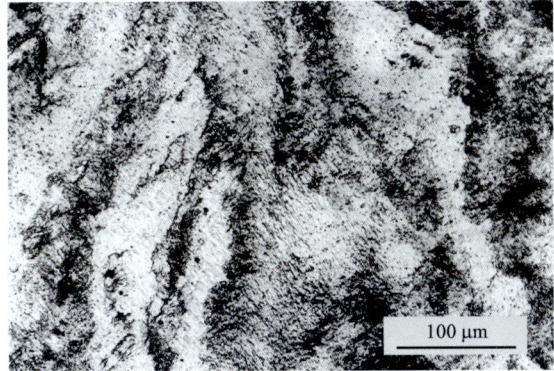

合金牌号：Pt-0.1Gd
工艺条件：真空熔铸，冷加工，700℃/15 min 真空退火处理
组织说明：(Pt, Gd)尚未再结晶，加工形变组织
浸蚀剂：Pt-M3

图 3.12.2-6

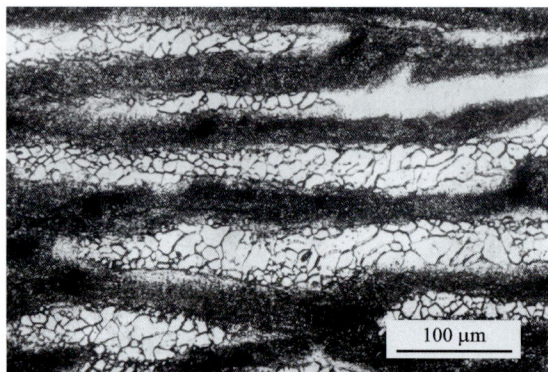

合金牌号：Pt-0.1Gd

工艺条件：真空熔铸, 冷加工, 800℃/15 min 真空退火处理

组织说明：(Pt, Gd)不均匀局部再结晶组织

浸 蚀 剂：Pt-M3

图 3.12.2-7

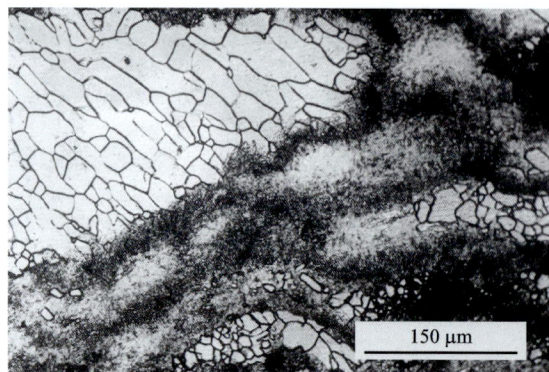

合金牌号：Pt-0.1Gd

工艺条件：真空熔铸, 冷加工, 900℃/15 min 真空退火处理

组织说明：(Pt, Gd)不均匀局部再结晶组织

浸 蚀 剂：Pt-M3

图 3.12.2-8

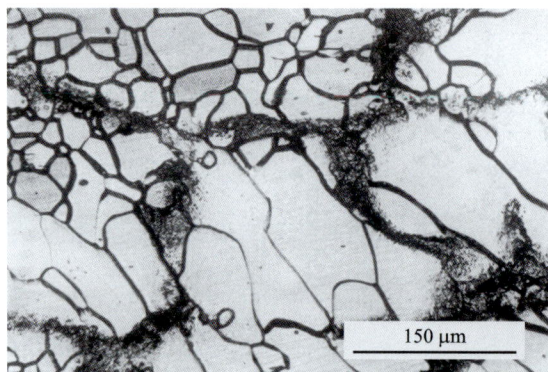

合金牌号：Pt-0.1Gd

工艺条件：真空熔铸, 冷加工, 1000℃/15 min 真空退火
处理

组织说明：(Pt, Gd)不均匀局部再结晶组织

浸 蚀 剂：Pt-M3

图 3.12.2-9

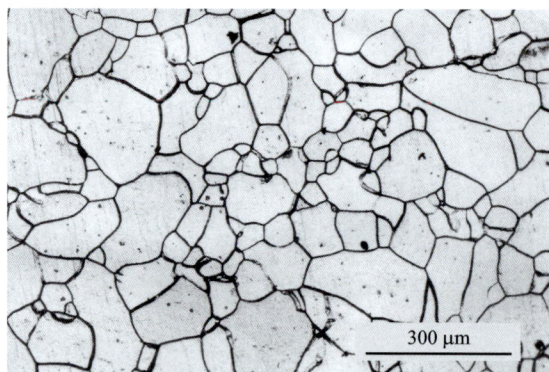

合金牌号：Pt-0.1Gd

工艺条件：真空熔铸, 冷加工, 1100℃/15 min 真空退火
处理

组织说明：(Pt, Gd)再结晶组织

浸 蚀 剂：Pt-M3

图 3.12.2-10

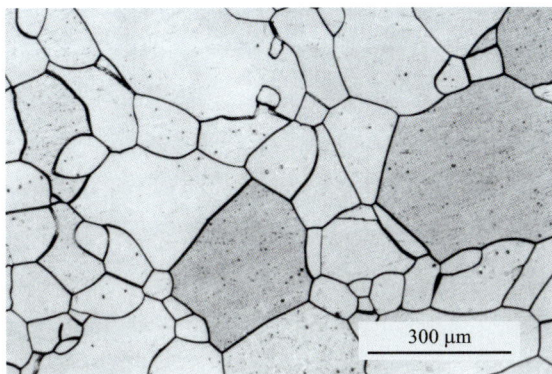

合金牌号：Pt-0.1Gd

工艺条件：真空熔铸，冷加工，1200℃/15 min 真空退火
　　　　　处理

组织说明：(Pt, Gd)再结晶组织

浸 蚀 剂：Pt-M3

图 3.12.2-11

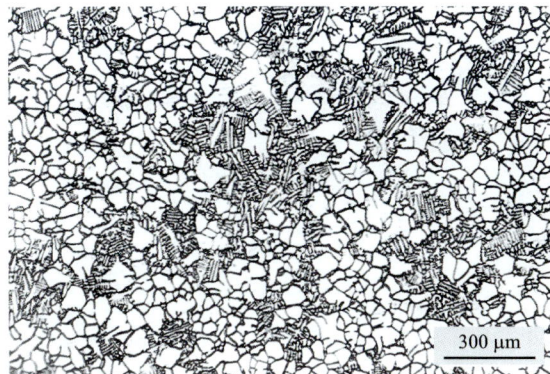

合金牌号：Pt-Gd

工艺条件：铸态

组织说明：(Pt)+Pt₅Gd，晶内偏析组织

浸 蚀 剂：Pt-M3

图 3.12.2-12

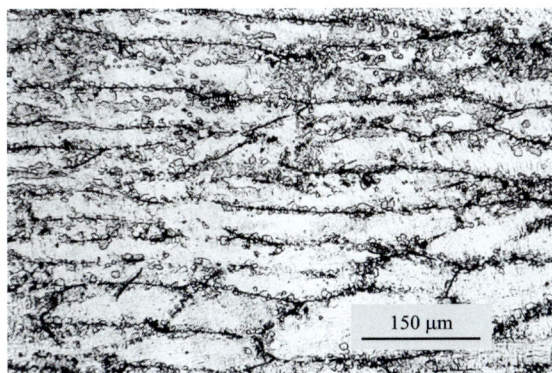

合金牌号：Pt-1.3Gd

工艺条件：真空熔铸，冷加工，800℃/15 min 真空退火处理

组织说明：(Pt)+Pt₅Gd，局部再结晶组织

浸 蚀 剂：Pt-M3

图 3.12.2-13

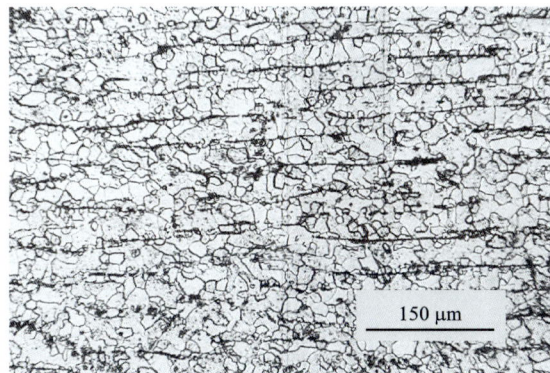

合金牌号：Pt-1.3Gd

工艺条件：真空熔铸，冷加工，900℃/15 min 真空退火处理

组织说明：(Pt)+Pt₅Gd，再结晶组织

浸 蚀 剂：Pt-M3

图 3.12.2-14

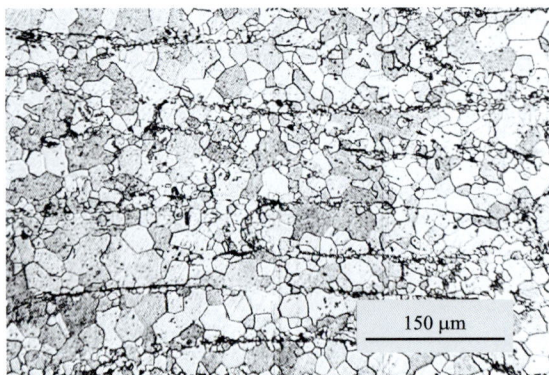

合金牌号：Pt-1.3Gd

工艺条件：真空熔铸，冷加工，1000℃/15 min 真空退火
　　　　　处理

组织说明：(Pt)+Pt$_5$Gd，再结晶组织

浸 蚀 剂：Pt-M3

图 3.12.2-15

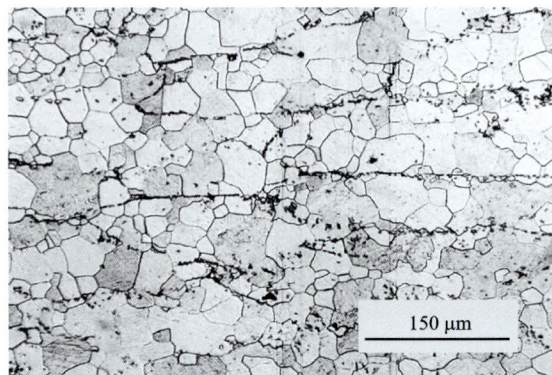

合金牌号：Pt-1.3Gd

工艺条件：真空熔铸，冷加工，1200℃/15 min 真空退火
　　　　　处理

组织说明：(Pt)+Pt$_5$Gd，再结晶组织

浸 蚀 剂：Pt-M3

图 3.12.2-16

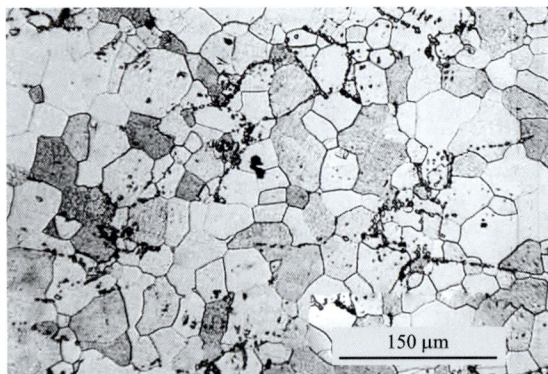

合金牌号：Pt-1.3Gd

工艺条件：真空熔铸，冷加工，1200℃/10 min 真空退火
　　　　　处理

组织说明：(Pt)+Pt$_5$Gd，再结晶组织

浸 蚀 剂：Pt-M3

图 3.12.2-17

合金牌号：Pt-16Gd(原子分数)

工艺条件：铸态

组织说明：[(Pt)+Pt$_5$Gd]+(Pt)，凝固结晶组织

浸 蚀 剂：Pt-M3

图 3.12.2-18

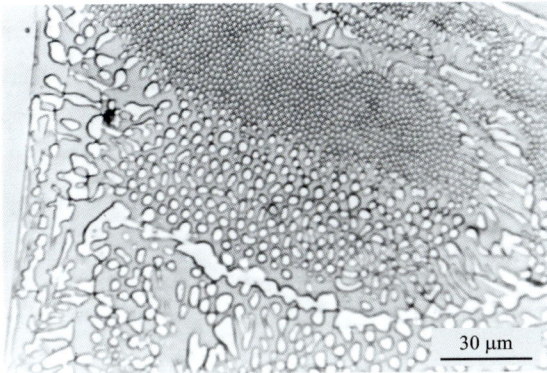

合金牌号：Pt-16Gd（原子分数）

工艺条件：铸态

组织说明：[（Pt）+Pt$_5$Gd]+（Pt），凝固结晶组织

浸 蚀 剂：Pt-M3

图 3.12.2-19

合金牌号：Pt-25Gd（原子分数）

工艺条件：铸态

组织说明：Pt$_2$Gd+Pt$_5$Gd，铸态凝固组织

浸 蚀 剂：Pt-M3

图 3.12.2-20

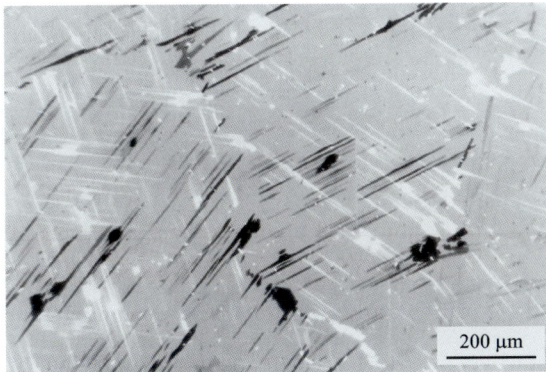

合金牌号：Pt-25Gd（原子分数）

工艺条件：铸态

组织说明：Pt$_2$Gd+Pt$_5$Gd，铸态凝固组织，偏振光照片

浸 蚀 剂：Pt-M3

图 3.12.2-21

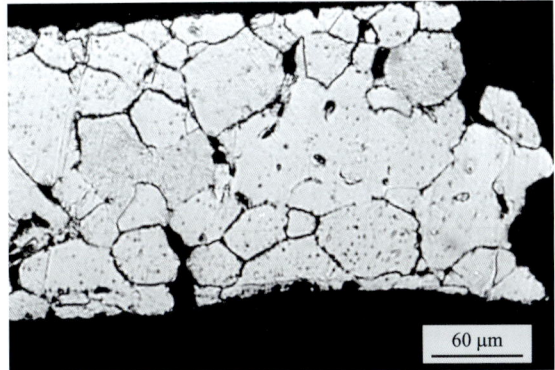

合金牌号：Pt-0.1Y

工艺条件：1200℃，10 MPa 蠕变断口

组织说明：（Pt）晶界出现蠕变孔洞的断口组织

浸 蚀 剂：Pt-M3

图 3.12.2-22

3.13 弥散强化铂合金

3.13.1 弥散强化铂合金的性能和用途

弥散强化是高温合金最常用和最有效的强化方式,是借助第二相微粒弥散分布在基体合金中实现的。对 Pt 与 Pt-Rh 合金,弥散强化相可以是碳化物、金属间化合物和氧化物等。

含有 0.06% ~ 0.3% * 的 ZrO₂ 颗粒稳定化的 Pt,简称 ZGSPt（zirconia grain stabilized platinum）。另外,还有含有 Rh、Au 的 ZGSPt-Rh（如 ZGSPt-5Rh、ZGSPt-10Rh 等）和 ZGSPt-Au（如 ZGSPt-5Au）等合金。

在弥散强化 Pt 或 Pt 合金中,氧化物（或碳化物）颗粒大小和分布与制备技术有关。在内氧化过程中,氧化物在晶界形成有限,而晶界迁移对氧化物的分布与形貌有重要影响。随着氧向晶内扩散,氧化物多沿滑移线形成和分布在晶内,氧化物颗粒尺寸可达到亚微米或纳米数量级。鉴于氧在 Pt 中的溶解度和扩散速率较小,尺寸细小的 Pt 或 Pt 合金材料有利于活性组分的充分内氧化。采用喷射成形的弥散强化 Pt,氧化物颗粒尺寸为 20 ~ 100 nm 并呈均匀分布。冷轧变形过程中,在较小变形程度时仍可见在基体晶内和晶界分散的氧化物颗粒。在大变形后,氧化物颗粒进一步细化并弥散分布在合金的晶界和晶内,加工态组织呈纤维状长晶体形态。弥散分布的氧化物颗粒阻碍晶界滑动和晶体长大。合金显微组织呈特别高的热稳定性,以至于高温长时间退火态组织仍呈现明显的纤维状长晶体形态并具有极细的晶界;而相同条件下,在 1400℃ 经不长时间退火的 Pt 急剧长大和粗化。在拉伸大变形作用下,通过晶界滑移和组元挥发导致沿晶界形成大量蠕变微孔。表 3.13.1-1 示出了不同方法制备的弥散强化铂的某些性能。

表 3.13.1-1 不同方法制备的弥散强化铂的某些性能比较

性能	纯 Pt	0.08%ZrO₂ 粉冶法	片材内氧化法	喷射成形法
密度/(g·cm⁻³)	21.45	21.24	21.34	21.32
晶粒尺寸/mm²(1400℃/1 h 退火)	0.5 0	0311	—	0.0215
硬度 HV(20℃)	38	54	73	60
抗拉强度/MPa(20℃)	138	145	201	213
蠕变寿命/h(1400℃,4.8 MPa)	0.5	40	115(1350℃)	93 (1400℃)

图 3.13.1-1 和图 3.13.1-2 给出了 ZGSPt 的室温常规性能与熔炼 Pt 和 Pt-Rh 合金的比较,表 3.13.1-2 列出了多种弥散强化 Pt、Pt-10Rh 合金的某些室温常规性能。以碳化物或氧化物弥散强化 Pt 和 Pt-10Rh 合金可以明显细化晶粒,因而可适度增大电阻率和降低电阻温度系数、适度提高高温强度和硬度而保持相当高的延伸率,还可以将合金再结晶温度提高

---

* 质量分数。

200~300℃。此外，弥散强化 Pt 或 Pt-10Rh 合金具有优良的可加工性，易于制备板、棒、丝、管半产品和各种坩埚产品，在一般情况下可以避免使用焊接技术。

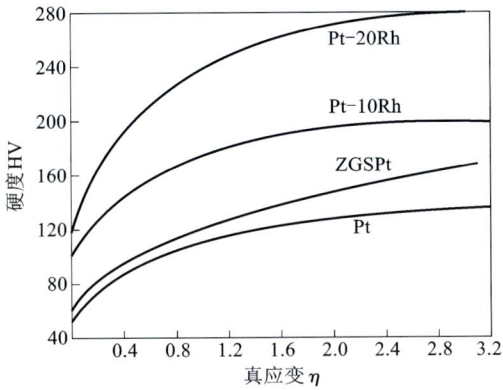

图 3.13.1-1　ZGSPt 合金的加工硬化特性

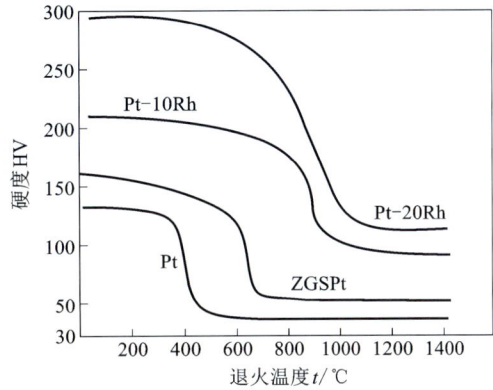

图 3.13.1-2　ZGSPt 合金的等温软化曲线

表 3.13.1-2　弥散强化 Pt 和 Pt-10Rh 合金室温常规物理性能(退火态)

性能	密度 /(g·cm⁻³)	电阻率 /(μΩ·cm)	电阻温度系数 (0~100℃) /℃⁻¹	弹性模量 /GPa	抗拉强度 /MPa	硬度 HV	延伸率 /%
熔炼 Pt	21.45	10.6	0.0039	155	125	40	40
TiC 弥散强化 Pt	21.29	12.0	0.0036		215		35
ZGSPt(Pt+ZrO₂)	21.38	11.12	0.0031	160	185	60	42
ODSPt(Pt+Y₃O₂)	21.28	10.8	0.0039	200	200	55	40
熔炼 Pt-10Rh	21.00	18.4	0.0017	189	330	75	35
TiC 强化 Pt-10Rh	19.86	21.22	0.0016		350		30
ZGSPt-5Rh	20.6				286	95	24
ZGSPt-10Rh	19.8	21.2	0.0016	196	355	110	30

图 3.13.1-3 分别给出了传统熔炼 Pt、Pt-Rh、ZGSPt 和 ZGSPt-Rh 合金在 1400℃时的应力-断裂曲线。图 3.13.1-4 显示了 1400℃下 Pt、Pt-10Rh、Pt-10Rh-5Au、ZGSPt-5Au 应力-断裂曲线。表 3.13.1-3 列出了 ZGSPt 合金的某些高温力学性能及其相应 Pt 合金的比较。

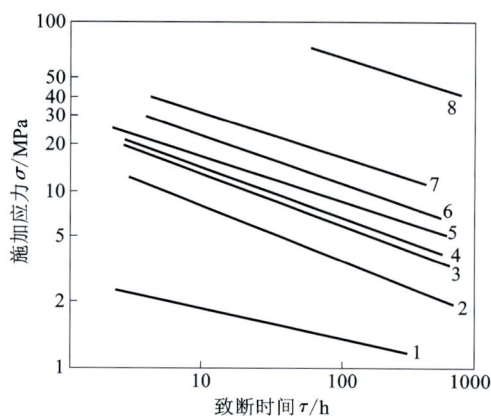

1—Pt；2—Pt-10Rh；3—Pt-20Rh；4—Pt-40Rh；5—ZGSPt；
6—ZGSPt-5Rh；7—ZGSPt-10Rh；8—ZGS'3'Pt。

图 3.13.1-3　ZGSPt 和 ZGSPt-Rh
合金 1400℃时应力-断裂曲线

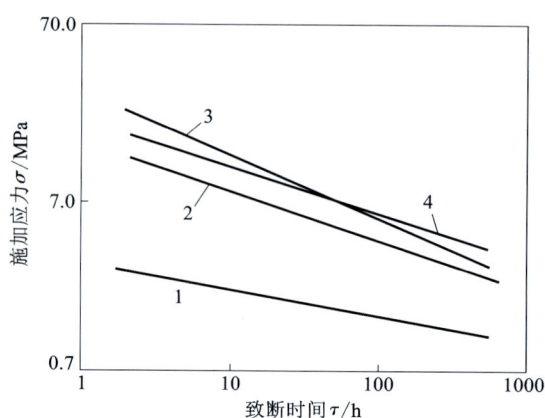

1—Pt；2—Pt-10Rh；3—Pt-10Rh-5Au；4—ZGSPt-5Au。

图 3.13.1-4　ZGSPt-5Au
合金的应力-断裂曲线(1400℃)

表 3.13.1-3　弥散强化 Pt 和 Pt 合金(质量分数)的高温力学性能

性质 \ 合金牌号		Pt	ZGSPt	Pt-10Rh	ZGSPt-5Rh	DZGSPt-10Rh	ZGSPt-5Au
抗拉强度/MPa	1200℃	34	38	59			
	1400℃	<4	29	36			
持久强度 σ_{Th}^{1400}/MPa	$t=10$ h	2.2	20	8	24	30	15
	$t=100$ h	1.5	9	3.6	10.3	14	6.5
蠕变速率 ε (应力 17.23 MPa) /(%·h^{-1})	1200℃		0.000027				
	1300℃		0.00057				
	1400℃		0.028	0.4			

3.13.2　弥散强化铂合金的金相组织

弥散强化 Pt 中含有细小的弥散强化氧化物，因氧化物极细小，在光学显微镜下难以直接观察到。经过高温长时间热处理氧化物将在晶界处富积。本书介绍了 Pt-0.1Zr、ZGSPt0.1 和 ZGSPt0.3 在不同热处理条件下的组织变化情况。图 3.13.2-1～图 3.13.2-16 为 Pt-Zr 和 ZGSPt 的金相组织。

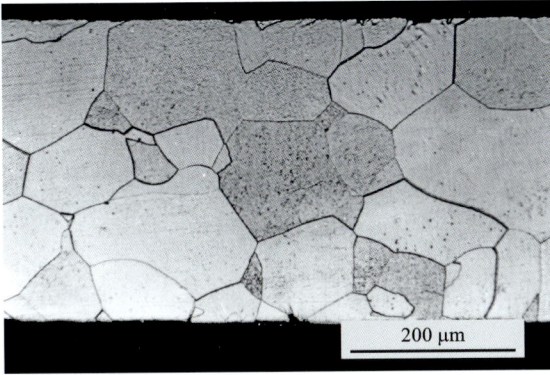

合金牌号：Pt-0.1Zr
工艺条件：800℃/30 min 退火处理
组织说明：(Pt)再结晶组织
浸　蚀　剂：Pt-M3

图 3.13.2-1

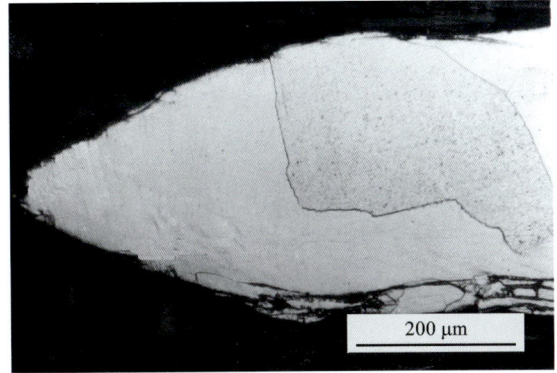

合金牌号：Pt-0.1Zr
工艺条件：1350℃/3 min，1 kg 蠕变断口
组织说明：(Pt)蠕变断口组织
浸　蚀　剂：Pt-M3

图 3.13.2-2

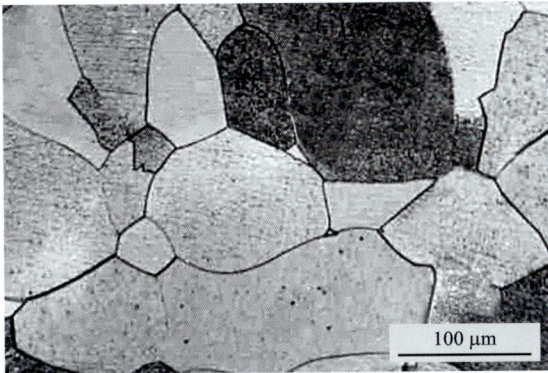

合金牌号：Pt-0.1Zr
工艺条件：1000℃/30 min 退火处理
组织说明：(Pt)再结晶组织
浸　蚀　剂：Pt-M3

图 3.13.2-3

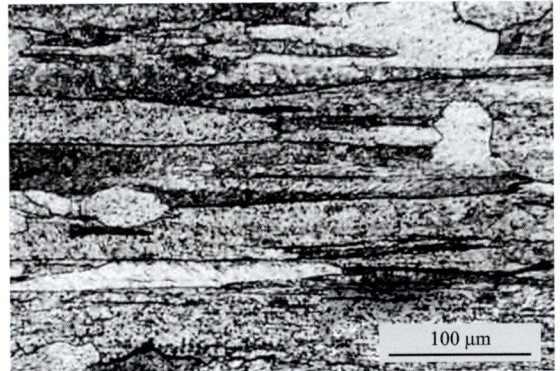

合金牌号：ZGSPt0.3
工艺条件：冷加工，800℃/30 min 退火处理
组织说明：ZGSPt0.3，局部再结晶组织
浸　蚀　剂：Pt-M3

图 3.13.2-4

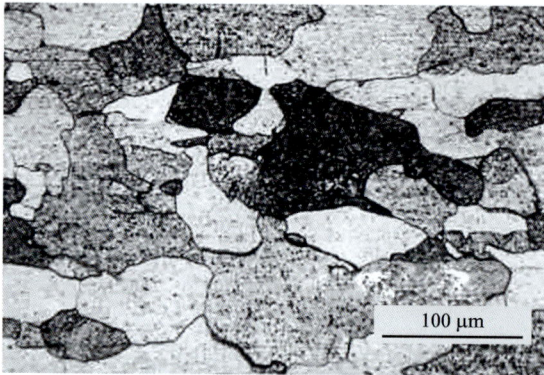

合金牌号：ZGSPt0.3
工艺条件：冷加工，1000℃/30 min 退火处理
组织说明：ZGSPt0.3，再结晶组织
浸 蚀 剂：Pt-M3

图 3.13.2-5

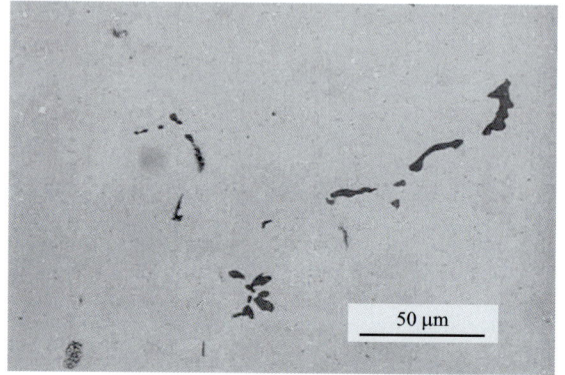

合金牌号：ZGSPt0.3
工艺条件：N_2 气中 1000℃/1000 h 退火处理
组织说明：Pt+ZrO_2，ZrO_2 发生集聚
浸 蚀 剂：未腐蚀

图 3.13.2-6

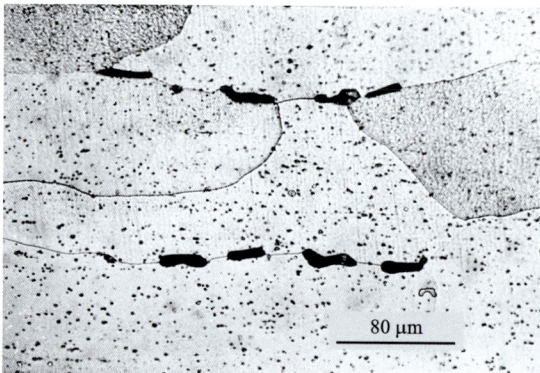

合金牌号：ZGSPt0.3
工艺条件：N_2 气中 1000℃/1000 h 退火处理
组织说明：Pt+ZrO_2，ZrO_2 聚集于晶界处
浸 蚀 剂：Pt-M3

图 3.13.2-7

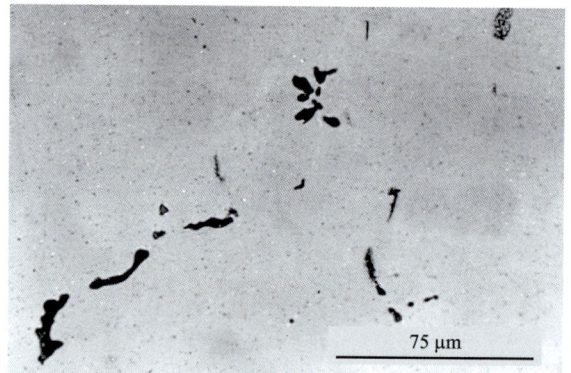

合金牌号：ZGSPt0.3
工艺条件：N_2 气中 1400℃/1000 h 退火处理
组织说明：Pt+ZrO_2，ZrO_2 发生集聚
浸 蚀 剂：未浸蚀

图 3.13.2-8

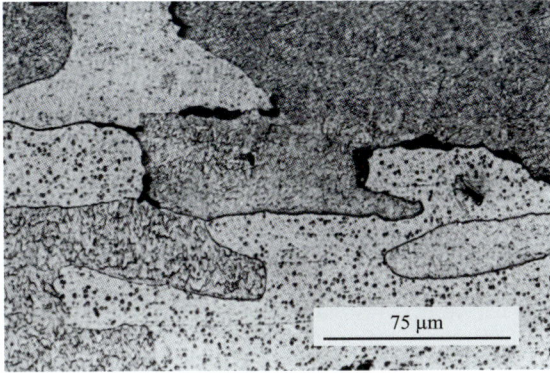

合金牌号：ZGSPt0.3

工艺条件：N_2 气中 1400℃/1000 h 退火处理

组织说明：Pt+ZrO_2，ZrO_2 聚集于晶界处

浸 蚀 剂：Pt-M3

图 3.13.2-9

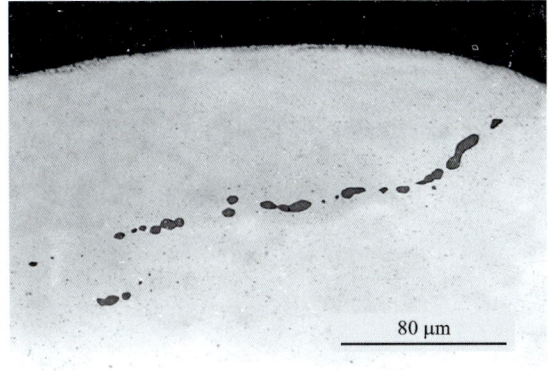

合金牌号：ZGSPt0.3

工艺条件：H_2 气中 1400℃/1000 h 退火处理

组织说明：Pt+ZrO_2，ZrO_2 发生集聚

浸 蚀 剂：未浸蚀

图 3.13.2-10

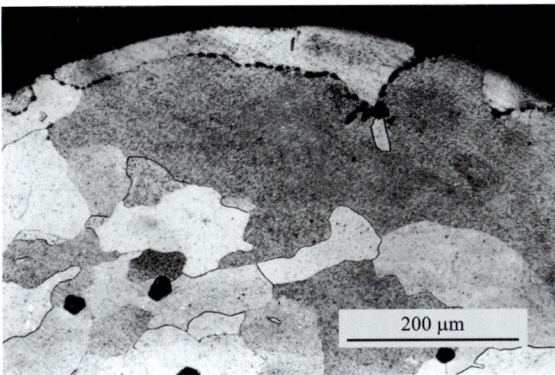

合金牌号：ZGSPt0.3

工艺条件：H_2 气中 1400℃/1000 h 退火处理

组织说明：Pt+ZrO_2，ZrO_2 聚集于晶界处

浸 蚀 剂：Pt-M3

图 3.13.2-11

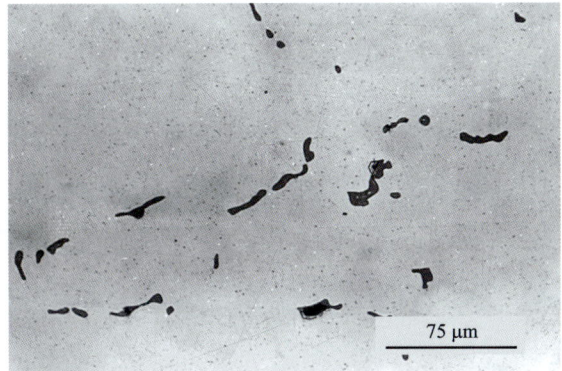

合金牌号：ZGSPt0.3

工艺条件：CO_2 气体中 1400℃/1000 h 退火处理

组织说明：Pt+ZrO_2，ZrO_2 发生集聚

浸 蚀 剂：未腐蚀

图 3.13.2-12

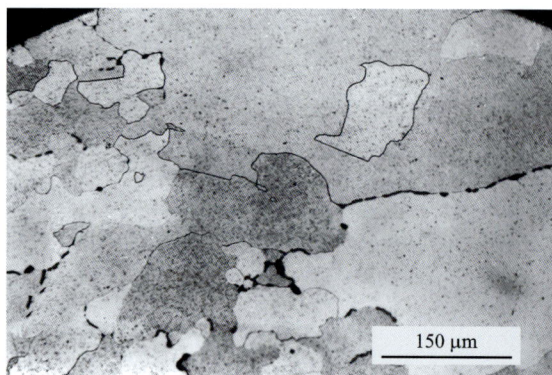

合金牌号：ZGSPt0.3
工艺条件：CO_2 气体中 1400℃/1000 h 退火处理
组织说明：Pt+ZrO_2，ZrO_2 聚集于晶界处
浸 蚀 剂：Pt-M3

图 3.13.2-13

合金牌号：ZGSPt0.1
工艺条件：1350℃/5.5 h，1 kg 蠕变断口
组织说明：局部晶界出现蠕变孔洞的断口组织
浸 蚀 剂：Pt-M3

图 3.13.2-14

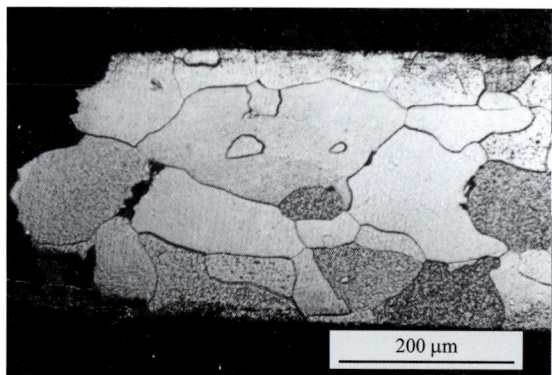

合金牌号：ZGSPt0.1
工艺条件：1350℃/68 h，0.5 kg 蠕变断口
组织说明：局部晶界出现蠕变孔洞的断口组织
浸 蚀 剂：Pt-M3

图 3.13.2-15

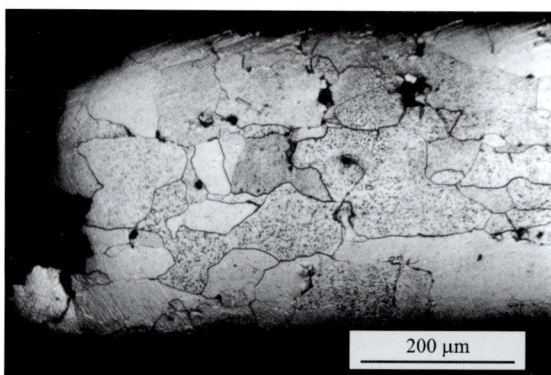

合金牌号：ZGSPt0.3
工艺条件：1350℃/158 h，0.5 kg 蠕变断口
组织说明：局部晶界出现蠕变孔洞的断口组织
浸 蚀 剂：Pt-M3

图 3.13.2-16

3.14　铂金系合金

3.14.1　铂金系合金的性能和用途

图 3.14.1-1 显示了单相固溶体 Pt-Au 合金的加工硬化曲线，一般含 40%～50%Au 的合金可以获得最高的加工硬化效应。图 3.14.1-2 显示了经固溶处理后淬火态合金的力学性能：向富 Pt（或富 Au）合金中添加少量 Au（或 Pt），Pt-Au 合金的强度迅速提高，尤以 Au 对 Pt 的强化效应更显著；850℃淬火处理可以获得最软和延展性最好的合金，1100℃淬火可以大大地提高合金的硬度、拉伸强度和屈服强度；对于含 20%～60%Au 的 Pt-Au 合金，1200℃以上淬火合金的强度性质显示了分散性，见图 3.14.1-2（b），因为在这个成分范围内合金的高温固溶区很小，高温淬火不能完全抑制相分解，并可能引发晶

图 3.14.1-1　Pt-Au 合金的加工硬化曲线

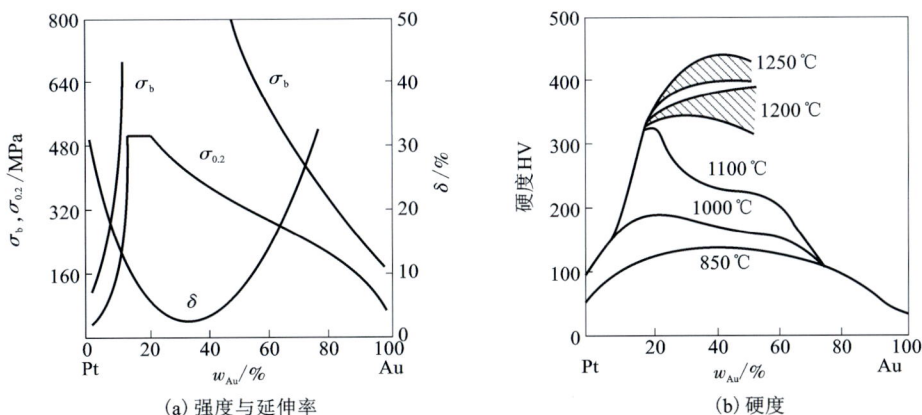

间裂纹出现。将淬火态合金进行低温时效处理，借助调幅分解使合金强化；进行高温时效处理，借助相分散使合金沉淀强化。图 3.14.1-3 显示了低温时效处理对 Pt-Au 合金强度和硬度的影响，在两相区内的合金可以获得高的强度和硬度。Pt-Au 合金的沉淀强化效应与固溶处理温度、时效温度和时间有关，一般以 1100～1200℃固溶处理和 500～550℃时效的强化效果更好。在 Pt-Au 合金中添加少量 Fe、Re、Mn 等元素可加快时效过程和增大强化效应。Au 添加剂可以改善 Pt 的高温抗蠕变性能，如含 Au5% 的 Pt-Au 合金在 900℃/100 h 的持久强度是纯 Pt 的 3 倍以上，见图 3.14.1-4，但在高温应力作用下，Au 的存在增大合金晶间分离的倾向，而添加少量 Rh 可以明显改善 Pt-Au 合金的高温力学性能。表 3.14.1-1 列出了 Pt-Au 合金的物理性能。

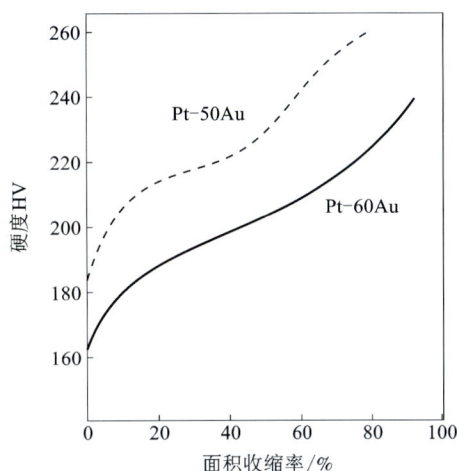

(a) 强度与延伸率

(b) 硬度

图 3.14.1-2　固溶处理后淬火态 Pt-Au 合金的力学性能

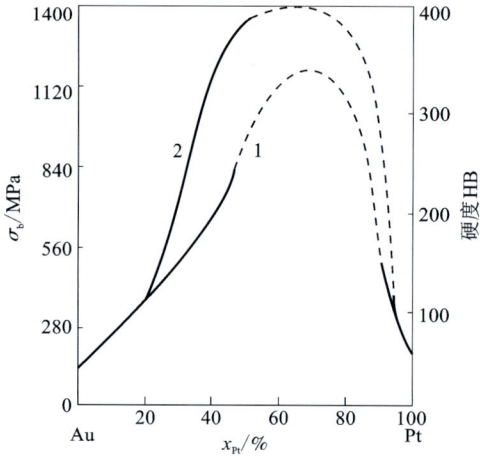

1—淬火态(1100℃)；2—时效态(550℃)。

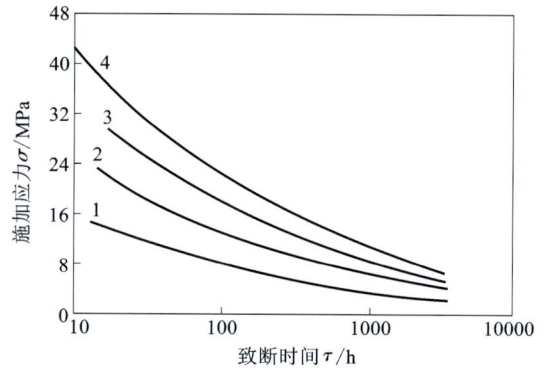

图 3.14.1-3　时效处理对 Au-Pt 合金力学性能的影响

1—Pt；2—Pt-Au；3—Pt-3Au；4—Pt-5Au。

图 3.14.1-4　Pt-Au 合金在 900℃的持久强度

表 3.14.1-1　某些 Au-Pt 合金的物理性能

合金(质量分数)/%	硬度 HV	比例极限/MPa	抗拉强度/MPa	电阻率/(μΩ·cm)
Au-7Pt	60	120	260	12
Au-20Pt	100(110)	210	370(380)	30(20)
Au-30Pt	150(200)	250	500(720)	38(22)
Au-40Pt	220(360)	280	700(1180)	40(23)
Au-50Pt	250(420)		850(1400)	42(24)

注：括号外为单相固溶体性能，括号内为时效态性能，因处理工艺不同，不同文献的数据有差异。

质量分数为 5%～10%的 Pt 的 Au-Pt 合金可用作滑动触头材料和仪表用张丝或弹簧材料。质量分数为 30%～50%Pt 的 Au-Pt 合金因其高强度和高耐蚀性而用于制作人造纤维喷丝头及化学试验用坩埚与器皿。Au-Pt 合金还可用来制作电子工业用导电浆料、电阻浆料、薄膜电阻和其他薄膜器件。含少量 Au 的 Pt-Au 或弥散强化 Pt-Au 合金可用作生产玻璃纤维的漏板和漏嘴。

3.14.2　铂金系合金的金相组织

Pt-Au 合金在高温时为连续固溶体，在 1260℃以下温区存在很宽的(Au)+(Pt)相分解区(图 3.14.2-1)。采用高温固溶和淬火处理可得单相固溶体合金，随着 Au 含量增加，单相固溶合金的晶格常数从 Pt 的 0.3916 nm 增加到 Au 的 0.4078 nm，基本遵循 Vegard 定律。在缓慢冷却时，Pt-Au 合金形成(Pt)+(Au)两相组织。约在 920℃以下，合金形成调幅分解结构，随着 Au 含量增加，合金的调幅分解温度也随之增加，约在 55%(摩尔分数)Au 成分达到最高调幅分解温度 920℃，随后调幅分解温度降低，调幅波长随时效温度升高和时间延长而增大。在强烈冷变形后经 900℃退火的 40%(摩尔分数)Pt 的 Pt-Au 合金系中观察到 Au₃Pt 超结构亚稳相，在时效处理的薄膜材料中也观察到 Au₃Pt、AuPt 和 AuPt₃ 亚稳相。图 3.14.2-2～图 3.14.2-6 为 Pt-Au 合金的金相组织。

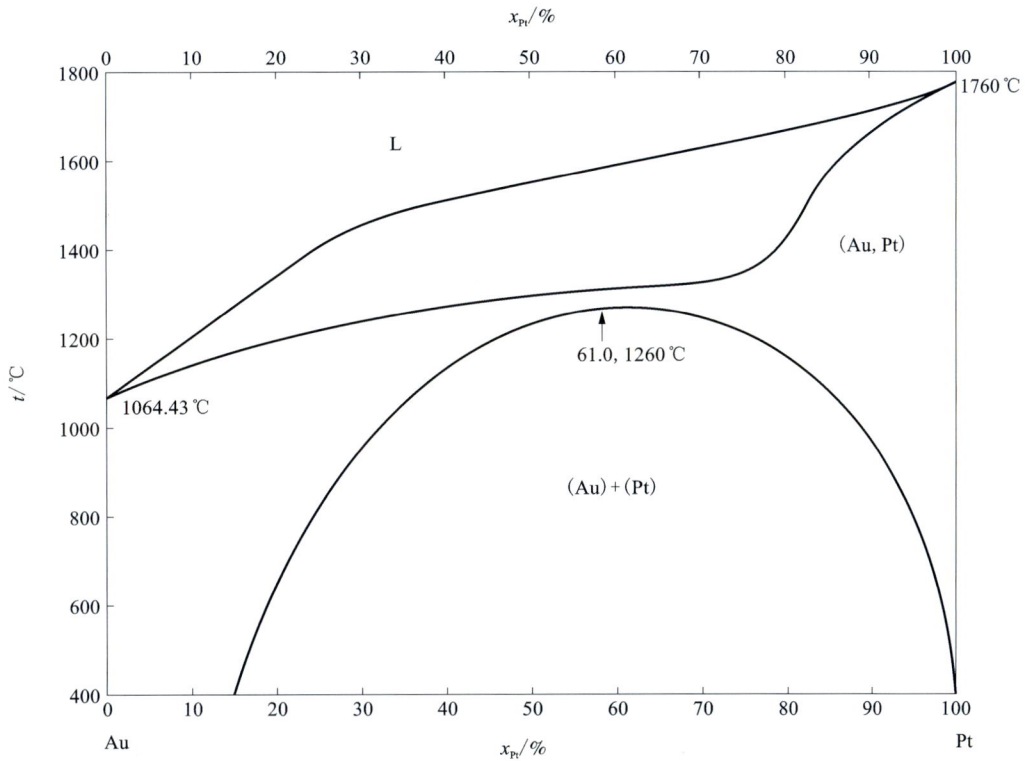

图 3.14.2-1　Pt-Au 二元系合金相图

合金牌号：Pt-5Au
工艺条件：铸态，冷加工
组织说明：(Pt，Au)冷加工形变组织
浸　蚀　剂：Pt-M3

图 3.14.2-2

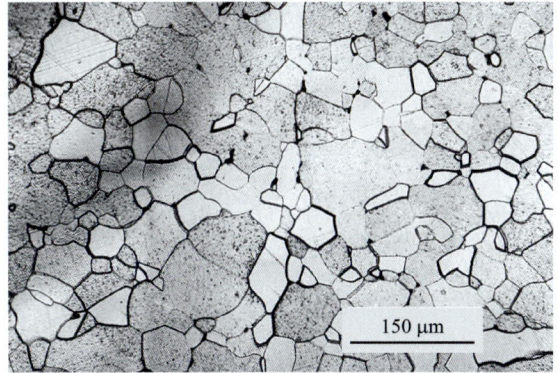

合金牌号：Pt-5Au
工艺条件：冷加工，900℃/0.5 h 固溶+450℃/48 h 时效处理
组织说明：(Pt，Au)时效组织
浸　蚀　剂：Pt-M3

图 3.14.2-3

合金牌号：Pt-5Au

工艺条件：冷加工丝材，900℃/0.5 h 固溶处理

组织说明：(Pt, Au)再结晶组织

浸 蚀 剂：Pt-M3

图 3.14.2-4

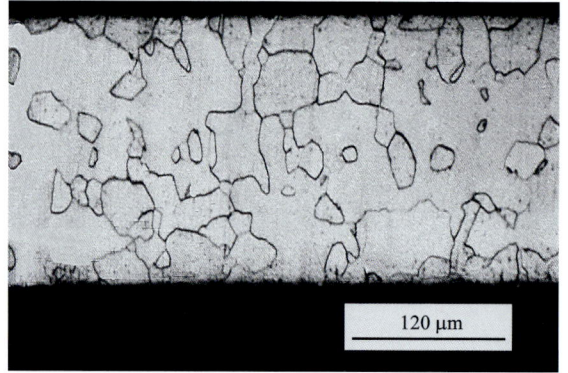

合金牌号：ZGSPt-5Au

工艺条件：冷加工，1350℃/0.5 h 固溶处理

组织说明：(Pt, Au)再结晶组织

浸 蚀 剂：Pt-M3

图 3.14.2-5

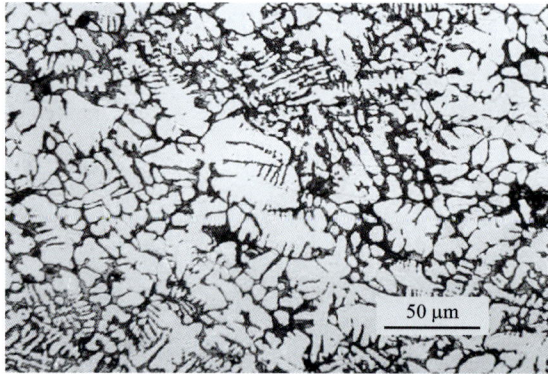

合金牌号：Pt-40Au

工艺条件：铸态

组织说明：(Pt, Au)晶内偏析铸态组织

浸 蚀 剂：Pt-M3

图 3.14.2-6

第 4 章　钯及钯合金

4.1　钯

钯，元素符号 Pd，外观与铂金相似，呈银白色金属光泽，色泽鲜明。钯的密度为 12 g/cm^3，轻于铂金，熔点为 1555℃，硬度 HV 4~4.5，比铂金稍硬，是良好的热导体和电导体，有良好的延展性和可塑性，能锻造、压延和拉丝。块状金属钯能吸收大量氢气，使体积显著胀大，变脆乃至破裂成碎片。常温下，1 体积海绵钯可吸收 900 体积氢气，1 体积胶体钯可吸收 1200 体积氢气。加热到 40~50℃，吸收的氢气即大部分释出。Pd 的化学性质较稳定，不溶于有机酸、冷硫酸或盐酸，但溶于硝酸和王水，常态下不易氧化和失去光泽。

Pd 是航天、航空、航海、兵器和核能等高科技领域以及汽车制造业不可缺少的关键材料，也是国际贵金属投资市场上的不容忽视的投资品种。Pd 合金主要用作氢气净化材料、电接触材料、焊料、催化剂材料、导电材料、电阻浆料、人造纤维喷丝嘴，以及热电偶材料。同时，Pd 及其合金在首饰业、牙科、医疗器械、装饰领域，还占有一定的地位。海绵钯的化学成分见表 4.1-1。

表 4.1-1　海绵钯的化学成分

牌号		SM-Pd99.99	SM-Pd99.95	SM-Pd99.9
Pd(质量分数/%)，不小于		99.99	99.95	99.9
杂质（质量分数/%），不大于	Pt	0.003	0.02	0.03
	Rh	0.002	0.02	0.03
	Ir	0.002	0.02	0.03
	Ru	0.003	0.02	0.04
	Au	0.002	0.01	0.03
	Ag	0.001	0.005	0.01
	Cu	0.001	0.005	0.01
	Fe	0.001	0.005	0.01
	Ni	0.001	0.005	0.01
	Al	0.003	0.005	0.01

续表4.1-1

牌号		SM-Pd99.99	SM-Pd99.95	SM-Pd99.9
杂质（质量分数/%），不大于	Pb	0.002	0.005	0.01
	Mn	0.002	0.005	0.01
	Cr	0.002	0.005	0.01
	Mg	0.002	0.005	0.01
	Sn	0.002	0.005	0.01
	Si	0.003	0.005	0.01
	Zn	0.002	0.005	0.01
	Bi	0.002	0.005	0.01
	Ca	—	0.005	0.01
杂质质量分数/%，不大于		0.01	0.05	0.1

4.1.1　钯的金相组织

钯是面心立方结构，冷加工形变率80%纯度99.95%的Pd，经过30 min不同温度真空热处理，结果表明再结晶温度约为510℃；晶粒度（晶粒颗数/mm^2）随热处理温度升高而降低，分别见图4.1.1-1~图4.1.1-2。图4.1.1-3~图4.1.1-9是Pd在不同状态下的金相组织。

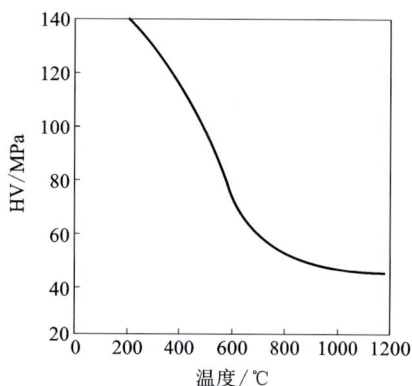

图4.1.1-1　Pd的硬度与退火温度关系曲线

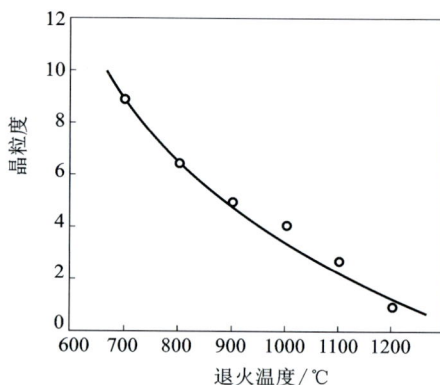

图4.1.1-2　Pd晶粒度与退火温度的关系

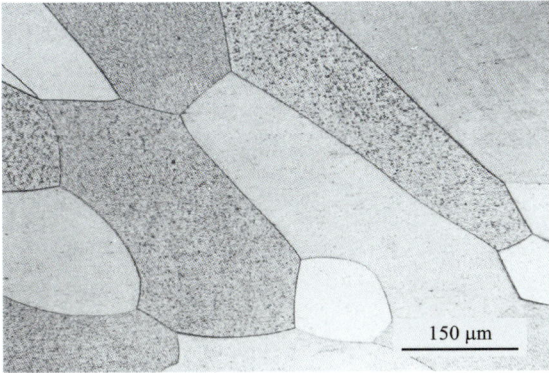

牌　　号：Pd

状　　态：铸态

组织说明：凝固结晶组织

浸 蚀 剂：Au-m5

图 4.1.1-3

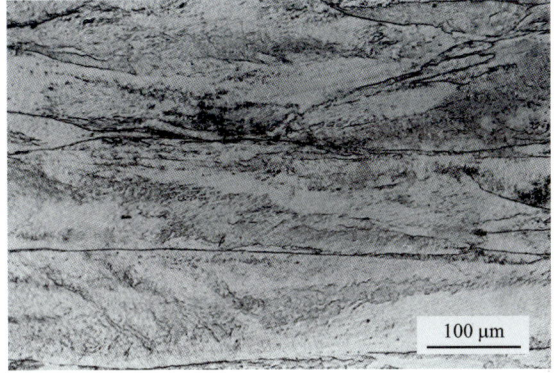

牌　　号：Pd

状　　态：真空熔炼，冷加工 80%

组织说明：冷加工形变组织

浸 蚀 剂：Au-m5

图 4.1.1-4

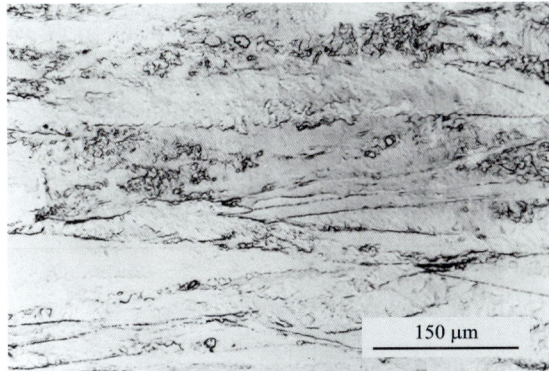

牌　　号：Pd

状　　态：真空熔炼，冷加工形变量 80%，500℃/0.5 h 退火处理

组织说明：局部初始再结晶组织+形变组织

浸 蚀 剂：Au-m5

图 4.1.1-5

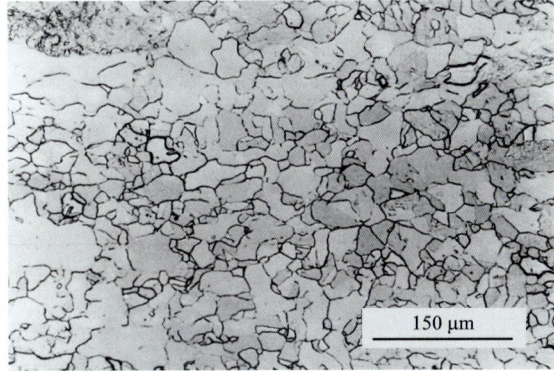

牌　　号：Pd

状　　态：真空熔炼，冷加工形变量 80%，600℃/0.5 h 退火处理

组织说明：完全再结晶组织

浸 蚀 剂：Au-m5

图 4.1.1-6

牌　　号：Pd

状　　态：真空熔炼，冷加工 80%，900℃/0.5 h 真空退火
　　　　　处理

组织说明：完全再结晶组织

浸 蚀 剂：Au-m5

图 4.1.1-7

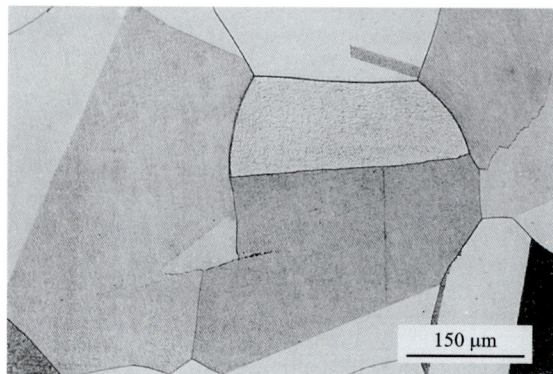

牌　　号：Pd

状　　态：真空熔炼，冷加工 80%，1200℃/0.5 h 真空退火
　　　　　处理

组织说明：完全再结晶组织

浸 蚀 剂：Au-m5

图 4.1.1-8

牌　　号：Pd

状　　态：真空熔炼，冷加工 80%，500℃/2.5 h，3.5 kg 持
　　　　　久强度断口

组织说明：局部晶界处产生孔洞的断口组织

浸 蚀 剂：Au-m5

图 4.1.1-9

4.1.2　氧对钯组织的影响

　　Pd 在大气中，400℃ 开始氧化，生成氧化物，在 800℃ 以上氧化物分解。Pd 的氧化物有：PdO、Pd_5O_6、Pd_2O_3 和 PdO_2。在 700~900℃，Pd 与氧反应成生成 PdO。在 877℃ 时氧化钯离解压为 $1×10^5$ Pa。生成 PdO 时氧分压与温度关系见图 4.1.2-1。图 4.1.2-2~图 4.1.2-8 是大气中熔炼 Pd 不同状态下的金相组织。

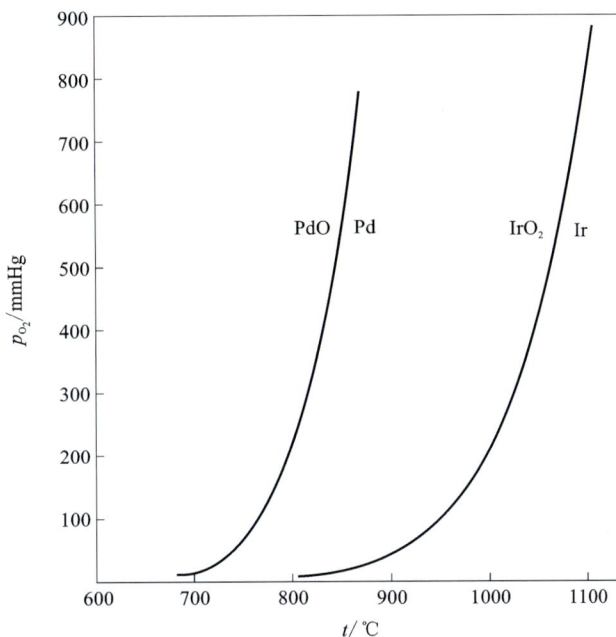

图 4.1.2-1　PdO 和 IrO_2 表面的氧分压与温度的关系

牌　　号：Pd
状　　态：大气熔炼，铸锭
组织说明：铸锭内部有大量的宏观孔洞
浸 蚀 剂：Au-m5

图 4.1.2-2

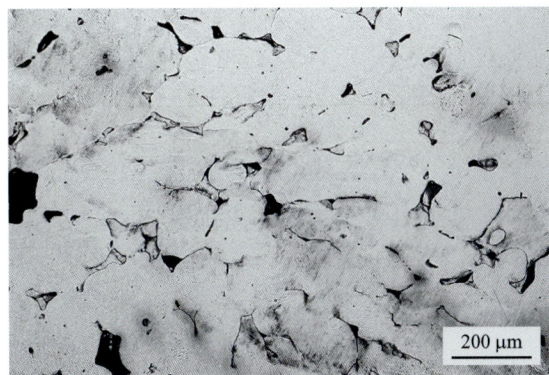

牌　　号：Pd
状　　态：大气熔炼，铸态
组织说明：组织中有大量微观孔洞
浸 蚀 剂：Au-m5

图 4.1.2-3

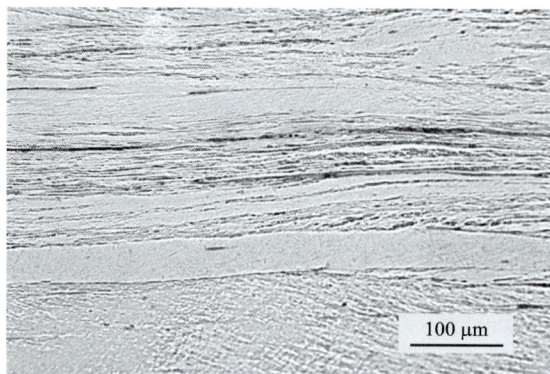

牌　　号：Pd

状　　态：大气熔炼，冷加工

组织说明：冷加工形变组织

浸 蚀 剂：Au－m5

图 4.1.2－4

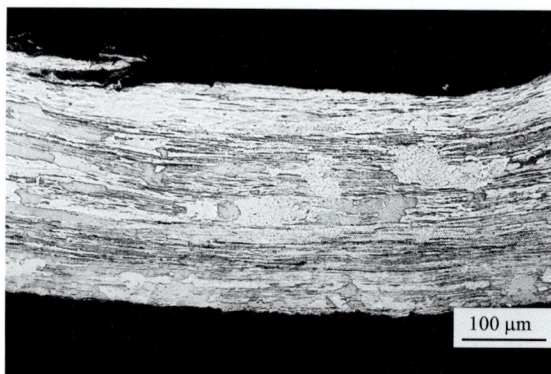

牌　　号：Pd

状　　态：大气熔炼，冷加工，250℃/0.5 h 退火处理

组织说明：局部再结晶组织+形变组织

浸 蚀 剂：Au－m5

图 4.1.2－5

牌　　号：Pd

状　　态：大气熔炼，冷加工，300℃/0.5 h 退火处理

组织说明：具有退火孪晶的完全再结晶组织+缺陷(黑色)

浸 蚀 剂：Au－m5

图 4.1.2－6

牌　　号：Pd

状　　态：大气熔炼，冷加工，450℃/0.5 h 退火处理

组织说明：具有退火孪晶的完全再结晶组织+缺陷(黑色)

浸 蚀 剂：Au－m5

图 4.1.2－7

牌　　号：Pd

状　　态：大气熔炼，冷加工，550℃/0.5 h 退火处理

组织说明：具有退火孪晶的完全再结晶组织+缺陷(黑色)

浸 蚀 剂：Au-m5

图 4.1.2-8

4.1.3　氢对钯组织的影响

Pd 强烈地吸收氢，生成两种钯氢固溶体 α 和 α'，见图 4.1.3-1，它们都是面心立方结构。$\alpha_{饱和}$ 相的晶格常数为 3.902 Å；$\alpha'_{初始}$ 相的晶格常数则为 4.026 Å，随着吸氢量增加，α' 相的晶格常数也随着增大。当 Pd 中加入 Au、Ag 或其他过渡族元素(如 Ni 等)时、可以抑制 $\alpha \rightarrow \alpha'$ 的转变，合金原子比 H/Me(1 g 原子的金属或合金吸收氢的克原子数)为 0.3~0.4 时，合金可以保持单一的 α 结构及相当高的渗透氢的能力。

Pd 的吸 H_2 能力随温度的升高而降低。在 20℃ 时，一体积 Pd 吸收 800 体积 H_2，而在 140℃、1400℃ 时，分别为 58 体积和 8 体积。但一体积的金属 Pd 最多可吸收 2800 体积 H_2。Pd 吸收 H_2 气后，密度减小，导电性、磁化率及抗拉强度也随 H_2 含量的增加而降低。

H_2 所饱和的 Pd，在真空中加热至 300℃，可以脱去 H_2。Pd 对 H_2 及其同位素具有选择性透过能力(见图 4.1.3-1)。

H_2 容易扩散到 Pd 及 Pd 合金中，这在理论上和实践上都是重要的。H_2 通过 Pd 的这种极好的选择性扩散长期以来就被认为是获得极纯的 H_2 的最有效的方法，并在过去几年内已成为一种重要的从裂化氨或其他不纯 H_2 来源中获得超纯 H_2 的方法。图 4.1.3-2 是氢气中热处理 Pd 的金相组织。

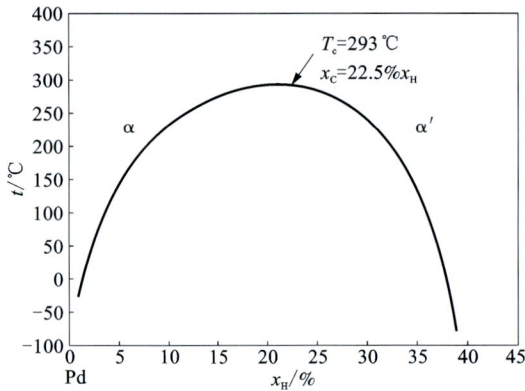

图 4.1.3-1　Pd-H 系二元相图

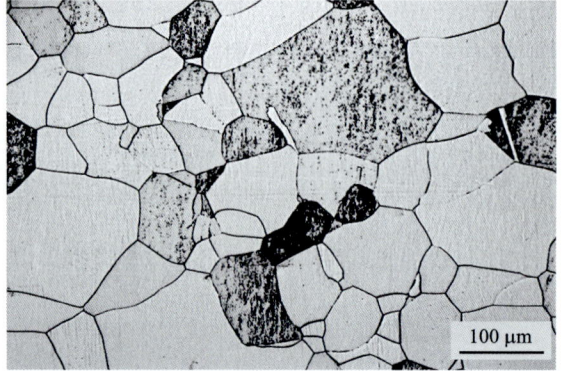

牌　　号：Pd
状　　态：真空熔炼，冷加工，850℃/10 min 氢气中处理
组织说明：完全再结晶退火组织
浸 蚀 剂：Au-m5

图 4.1.3-2

4.1.4　杂质对钯组织的影响

能强化 Pd 的合金元素有 Te、Nb、Mo、Zr、Sb 等，从图 4.1.4-1~图 4.1.4-3 可以看出强化元素对 Pd 合金抗拉强度和硬度的影响。本书选择了 Ni、Sb、Cu 3 种元素，分别加入 0.5%（质量分数）的这 3 种元素于纯 Pd 中，试验这 3 种元素对 Pd 铸态组织和再结晶温度的影响。结果表明，少量的 Ni、Sb、Cu 加入使 Pd 铸态组织形成枝晶偏析，再结晶温度较纯 Pd 高约 200℃，详见图 4.1.4-4~图 4.1.4-14。

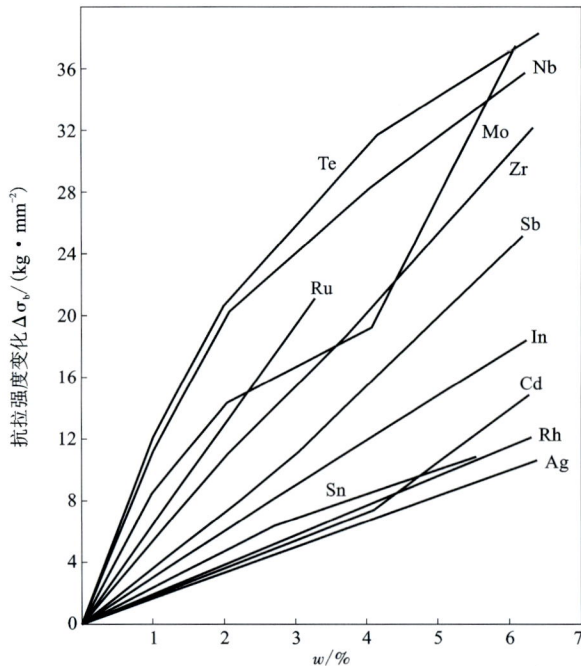

图 4.1.4-1　合金元素对 Pd 抗拉强度的影响

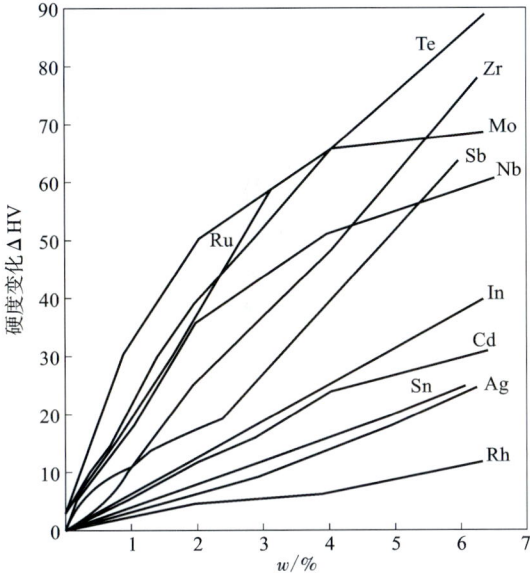

图 4.1.4-2　合金元素对 Pd 硬度变化的影响

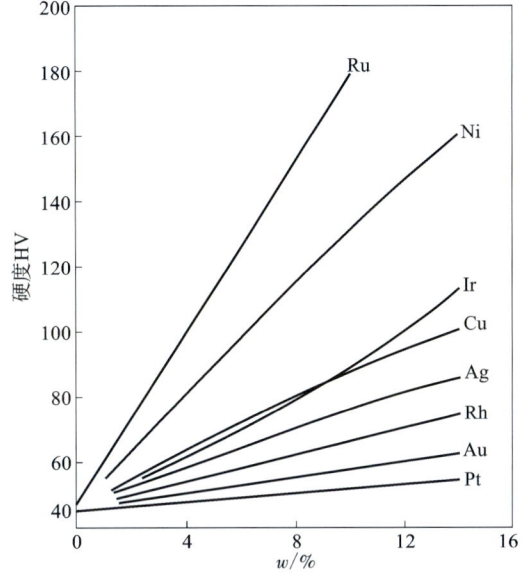

图 4.1.4-3　合金元素对 Pd 硬度的影响

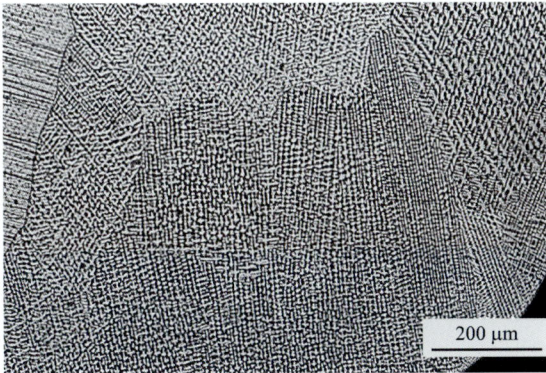

牌　　　号：Pd-0.5Cu
状　　　态：真空熔炼，铸态
组织说明：(Pd) 晶内偏析的铸态组织
浸　蚀　剂：Au-m5

图 4.1.4-4

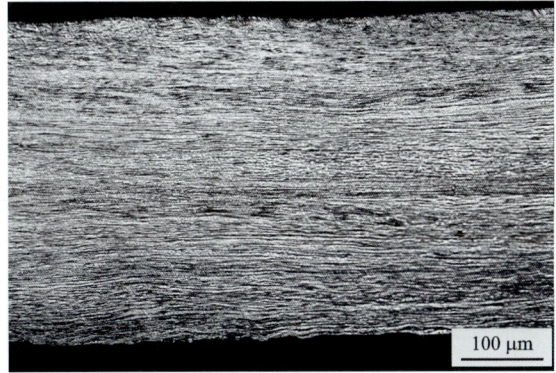

牌　　　号：Pd-0.5Cu
状　　　态：真空熔铸，冷加工，650℃/0.5 h 退火处理
组织说明：尚未再结晶的退火形变组织
浸　蚀　剂：Au-m5

图 4.1.4-5

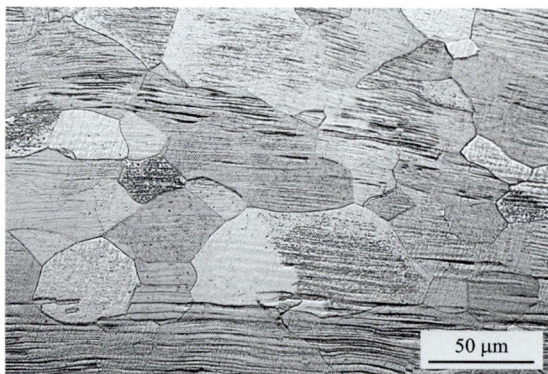

牌　　　号：Pd-0.5Cu
状　　　态：真空熔铸，750℃/0.5 h 退火处理
组织说明：局部仍保留形变痕迹的不完全再结晶组织
浸 蚀 剂：Au-m5

图 4.1.4-6

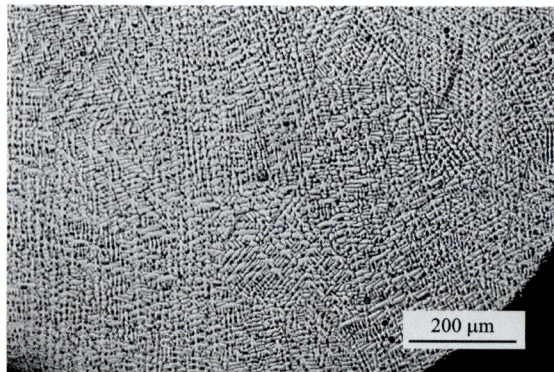

牌　　　号：Pd-0.5Ni
状　　　态：真空熔炼，铸态
组织说明：晶内偏析的铸态组织
浸 蚀 剂：Au-m5

图 4.1.4-7

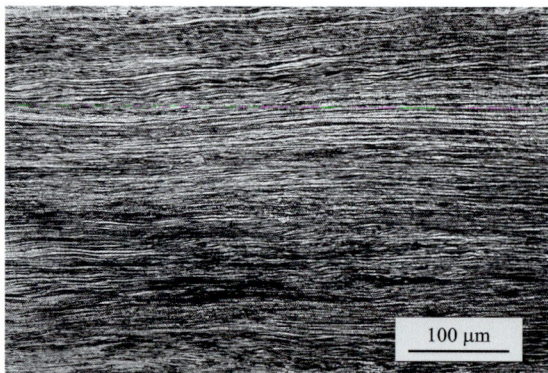

牌　　　号：Pd-0.5Ni
状　　　态：真空熔铸，真空 650℃/0.5 h 退火处理
组织说明：尚未再结晶的退火组织
浸 蚀 剂：Au-m5

图 4.1.4-8

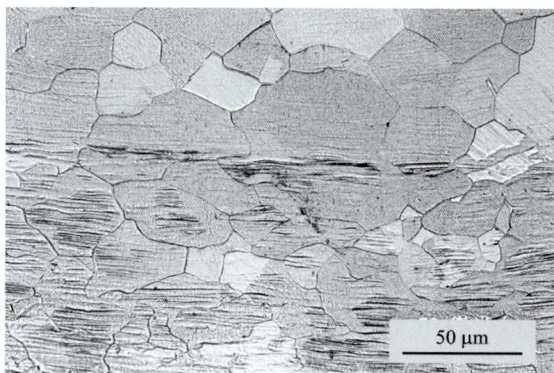

牌　　　号：Pd-0.5Ni
状　　　态：真空熔铸，真空 700℃/0.5 h 退火处理
组织说明：局部仍保持形变痕迹的不完全再结晶组织
浸 蚀 剂：Au-m5

图 4.1.4-9

牌　　　号：Pd-0.5Ni
状　　　态：真空熔铸，真空 750℃/0.5 h 退火处理
组织说明：局部仍保持形变痕迹的不完全再结晶组织
浸 蚀 剂：Au-m5

图 4.1.4-10

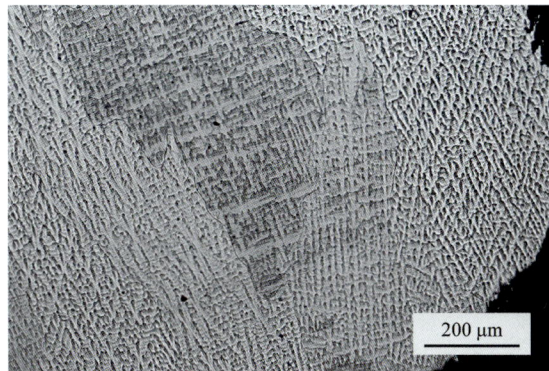

牌　　　号：Pd-0.5Sb
状　　　态：真空熔炼，铸态
组织说明：晶内偏析的铸态组织
浸 蚀 剂：Au-m5

图 4.1.4-11

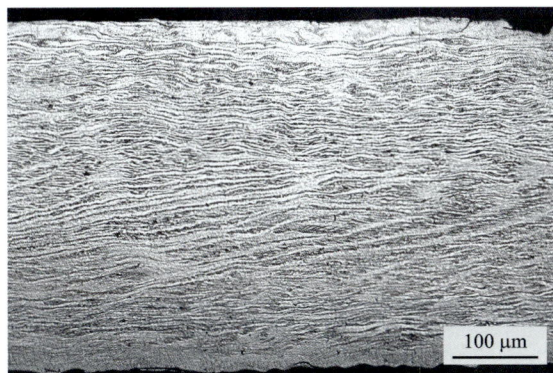

牌　　　号：Pd-0.5Sb
状　　　态：真空熔铸，650℃/0.5 h 真空退火处理
组织说明：尚未再结晶的退火组织
浸 蚀 剂：Au-m5

图 4.1.4-12

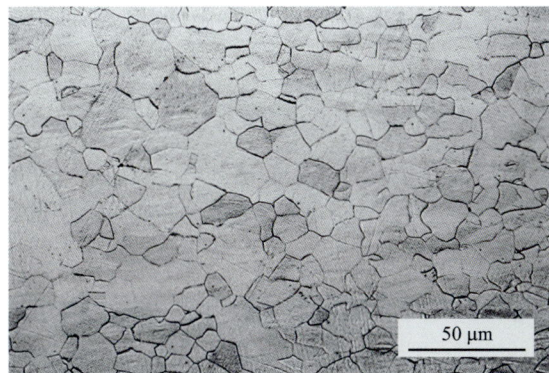

牌　　　号：Pd-0.5Sb
状　　　态：真空熔铸，700℃/0.5 h 真空退火处理
组织说明：单相完全再结晶组织
浸 蚀 剂：Au-m5

图 4.1.4-13

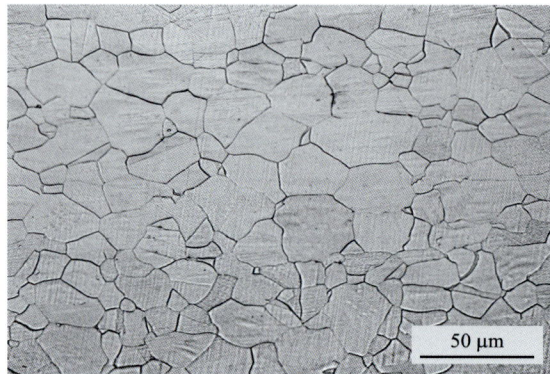

牌　　号：Pd-0.5Sb

状　　态：真空熔铸，750℃/0.5 h 真空退火处理

组织说明：单相完全再结晶组织

浸 蚀 剂：Au-m5

图 4.1.4-14

4.2　钯银系合金

4.2.1　钯银系合金的性能和用途

Pd-Ag 合金具有强烈的吸氢能力，见表 4.2.1-1。当 Ag 含量达到 70% 时，吸氢量减少至零。Pd-Ag 合金的另一个突出特点是选择性透 H_2 性能。Ag 含量对透氢速度（Q）的影响见表 4.2.1-2。

表 4.2.1-1　Pd-Ag 合金的吸 H_2 能力

合金牌号（质量分数/%）	原子比*（H/Me）20℃
Pd-10Ag	0.70
Pd-20Ag	0.58
Pd-30Ag	0.41
Pd-40Ag	0.37

注：＊原子比（H/Me），1 g 原子 Pd 或合金所能吸收的 H_2 原子数。

表 4.2.1-2 Pd-Ag 合金的透 H$_2$ 速度(Q)

合金牌号(质量分数/%)	透 H$_2$ 速度/(mL·cm^{-2}·min^{-1})500℃ $P_1^{①}$-3/(kg·cm^{-2}) $P_2^{②}$-0 kg·cm^{-2} $\delta^{③}$-0.15 mm
Pd	2.3
Pd-10Ag	3.4
Pd-20Ag	3.8
Pd-30Ag	4.1

注:①H$_2$ 进气端(透过合金膜前)的压力;②H$_2$ 透过合金膜的压力;③透气的合金膜的厚度。

Pd-23Ag、Pd-25Ag、Pd-30Ag、Pd-40Ag 等牌号合金,具有强烈吸 H$_2$ 能力和选择性透 H$_2$ 能力,经其过滤的 H$_2$ 纯度可达到 99.99999%。其在室温下具有良好的抗氧化性,在高温下随 Pd 含量增加抗氧化能力亦随之提高,在含硫气氛中不变色,能为硝酸溶解和氰化物腐蚀。抗拉强度在含 Ag38%~40%时达到最大值。含 Ag 约 38%处电阻率达到最大值,相应地含 Ag38%~40%时出现一极小的电阻温度系数(约 0.00003/℃)。

Pd-Ag 合金具有广泛的应用,主要可用作弱电和中负荷接点、滑动接点、电阻应变材料、精密电阻材料、燃料电池电极、高纯 H$_2$ 净化材料、厚膜导电浆料和电阻浆料等。与 Ag-Au 合金一样,Pd-Ag 合金也是构成许多三元和多元合金的基础合金。某些 Pd-Ag 合金的主要物理性能见表 4.2.1-3。

表 4.2.1-3 退火态 Pd-Ag 系合金的成分和主要性能

合金成分 (质量分数)/%	熔点 /℃	密度 /(g·cm^{-3})	硬度 HB	强度 /MPa	电阻率 /(μΩ·cm)	电阻温度系数 /(×10^{-3}·℃$^{-1}$)	导热系数 /(W·cm^{-1}·K^{-1})	抗拉强度 σ_b/MPa
Pd-95Ag	980~1020	10.5	26	200	3.8	—	2.2	20
Pd-90Ag	1000~1060	10.6	30	220	5.9	0.94	1,42	22
Pd-80Ag	1070~1150	10.7	35	250	10.2	0.58	0.92	25
Pd-70Ag	1160~1230	10.8	36	270	16.0	0.43	0.60	27
Pd-60Ag	1230~1285	11.1	40	280	23.0	0.40	0.46	28
Pd-50Ag	1290~1340	11.3	42	310	31.0	0.27	0.35	31
Pd-40Ag	1330~1390	11.4	52	390	42.0	0.025	0.30	39

含 1%、3%、10%、30%、40%、50%和 60%Pd 的钯银合金用作电接点材料。低钯的钯银合金金属转移比纯银少。这类合金多用作弱电接点,如电话及普通继电器接点。高钯的合金

则接触更为可靠，原因是表面没有无光泽膜生成。这部分合金用作滑动接点、精密仪器及电话继电器、选择器，信号仪表中的中负荷接点。

Pd-40Ag 合金作为精密电阻丝，接触电阻小、不易产生火花，并具有良好的耐腐蚀性能。但其耐有机物污染性能差，质地软，不耐磨。

目前，已用 Au-5Ni-1.5Fe-0.3Zr，Au-5Ni-Cr 等金基合金代替 Pd-40Ag，并与 Au-22.5Cu-2.5Ni-Zn-0.02Mn、Au-9Ni-0.5Y、Au-9Ni-0.5Gd 等合金配对使用。

Pd-23Ag、Pd-25Ag、Pd-30Ag 等合金均用作高纯氢净化材料。其中 Pd-23Ag 具有透氢速度和机械强度高的优点，因此，曾被广泛采用过。现已用 Pd-25Ag-5Au 所代替，并逐渐推广使用 Pd-23Ag-3Au-0.3Ni 和 Pd-23Ag-3Au-Ni 四元合金。

钯银合金还用作燃料电池电极。令其表面生成一薄层"钯黑"，以提高活性。也用作焊料，焊接不锈钢和耐热合金。

Pd-35Ag 和 Pd-45Ag 两种合金适于作电阻应变材料，使用在仪器和自动装置中。Pd-35Ag 合金的电阻温度系数较大，但抗氧化性能比 Pd-45Ag 合金好。在 Pd-35Ag 合金中加入锆、钽、铼和钨明显地改善了它的电阻与温度的关系。图 4.2.1-1、图 4.2.1-2 分别示出了 Pd-23Ag 和 Pd-40Ag 合金退火温度对硬度的影响情况，2 种合金的再结晶温度分别约为 650℃、620℃。

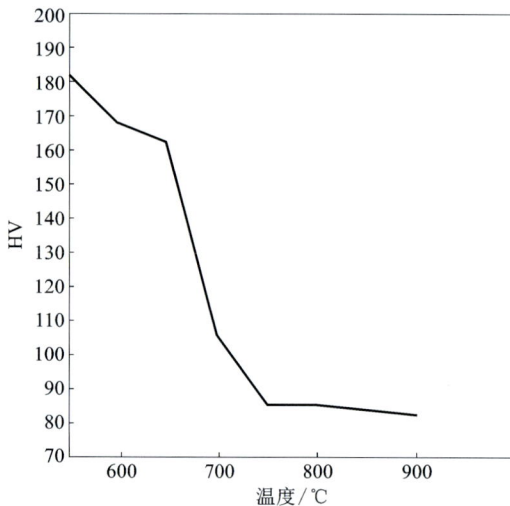

（加工率 60%，退火时间 0.5 h）

图 4.2.1-1　退火温度对
Pd-23Ag 合金硬度的影响

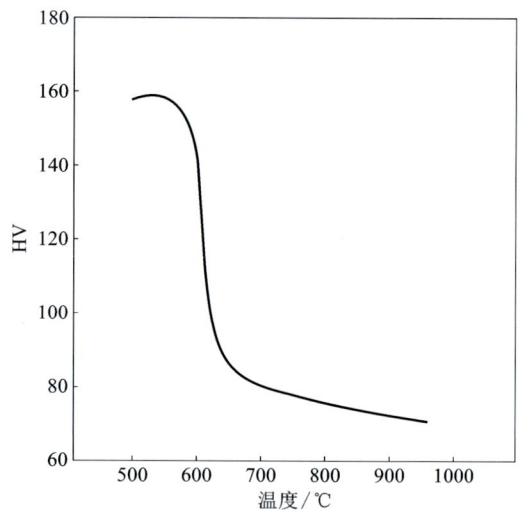

（加工率 65%，退火时间 1 h）

图 4.2.1-2　退火温度对
Pd-40Ag 合金硬度的影

4.2.2　钯银系合金的金相组织

图 4.2.2-1 为 Pd-Ag 二元系合金相图。Pd-Ag 二元系合金是连续固溶体，固相线和液相线非常靠近，成分偏析较小，合金液相线从 Ag 的熔点 961.93℃ 随 Pd 含量增加而平滑升高到 Pd 的熔点 1555℃。苏联学者萨维斯基(Saviski E.M.)等人曾经认为在固态 1200℃ 以下形成 Ag$_2$Pd 和 AgPd 有序相，但未得到确认。图 4.2.2-2～图 4.2.2-41 是 Pd-Ag 系和 Pd-Ag-

Y(Zr、Eu、Ga、Ce)合金金相组织。

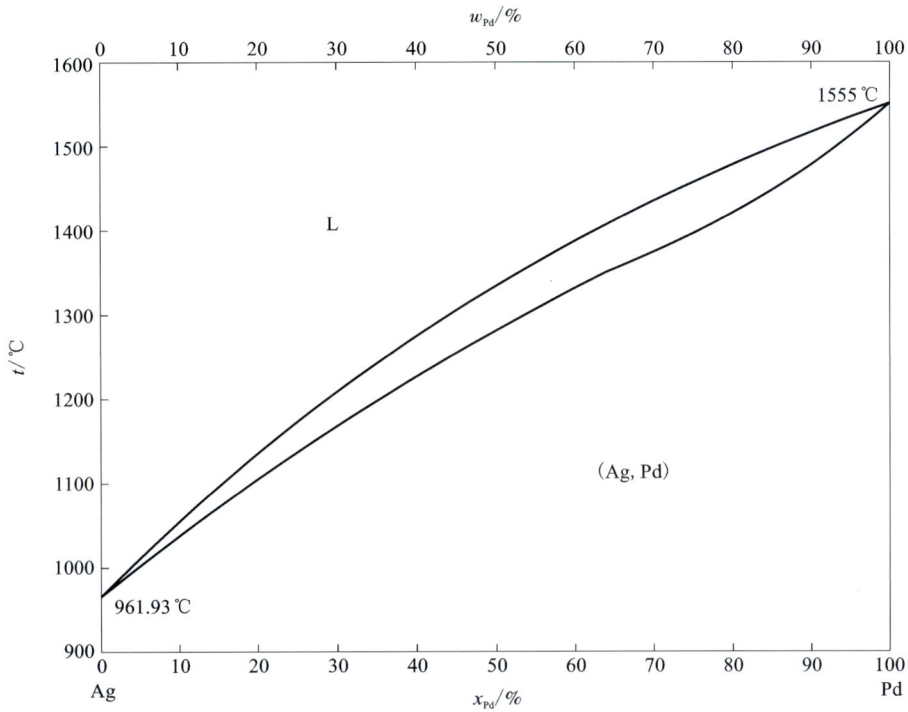

图 4.2.2-1　Pd-Ag 二元系合金相图

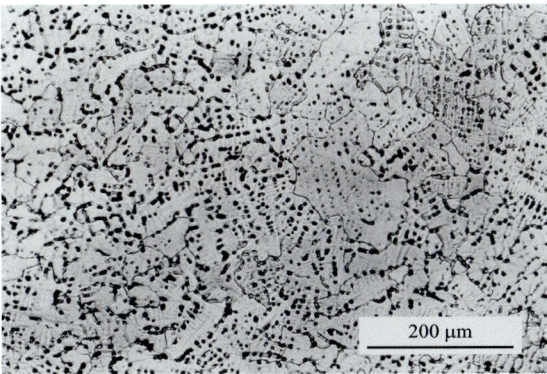

牌　　号：Pd-25Ag
状　　态：真空熔炼，铸态
组织说明：(Pd，Ag)晶内偏析的铸态组织
浸 蚀 剂：Au-m5

图 4.2.2-2

牌　　号：Pd-25Ag
状　　态：真空熔炼，冷加工
组织说明：(Pd，Ag)冷加工形变组织
浸 蚀 剂：Au-m5

图 4.2.2-3

牌　　　号：Pd-25Ag

状　　　态：真空熔炼，冷加工，800℃/2 h 热处理

组织说明：(Pd，Ag)再结晶组织

浸 蚀 剂：Au-m5

图 4.2.2-4

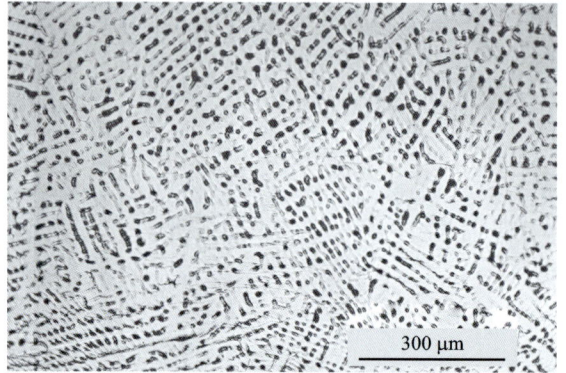

牌　　　号：Pd-40Ag

状　　　态：真空熔炼，铸态

组织说明：(Pd，Ag)晶内偏析的铸态组织

浸 蚀 剂：Au-m5

图 4.2.2-5

牌　　　号：Pd-40Ag

状　　　态：真空熔炼，冷加工丝材，1000℃/1 h 退火处理，
　　　　　　丝材横截面

组织说明：(Pd，Ag)中部晶粒大于边沿晶粒，具有退火孪
　　　　　　晶的再结晶组织

浸 蚀 剂：Au-m5

图 4.2.2-6

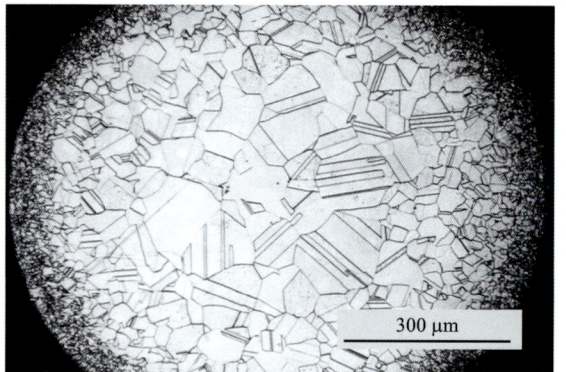

牌　　　号：Pd-40Ag

状　　　态：真空熔炼，冷加工丝材，1200℃/1 h 退火处理，
　　　　　　丝材横截面

组织说明：(Pd，Ag)中部晶粒大于边沿晶粒，具有退火孪
　　　　　　晶的再结晶组织

浸 蚀 剂：Au-m5

图 4.2.2-7

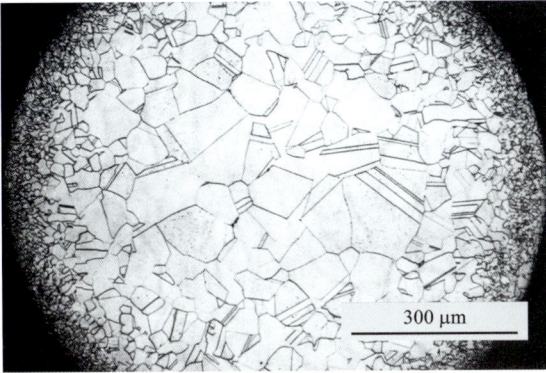

牌　　号：Pd-40Ag

状　　态：真空熔炼，冷加工丝材，1200℃/6 h 退火处理，丝材横截面

组织说明：（Pd，Ag）中部晶粒大于边沿晶粒，具有退火孪晶的再结晶组织

浸 蚀 剂：Au-m5

图 4.2.2-8

牌　　号：Pd-40Ag

状　　态：冷加工丝材，800℃/1.5 h 蠕变实验断口，纵截面

组织说明：（Pd，Ag）形成局部晶界蠕变孔洞沿晶界断裂组织

浸 蚀 剂：Au-m5

图 4.2.2-9

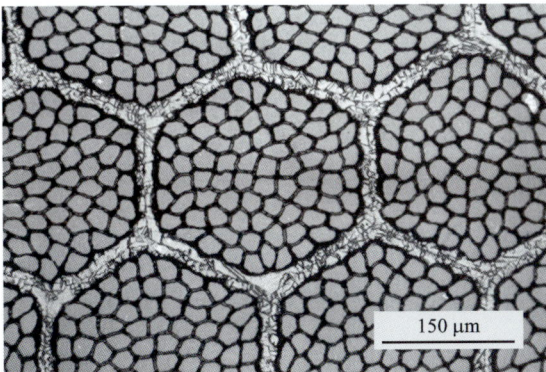

牌　　号：Pd-40Ag

状　　态：Pd/Ag 复合丝材横截面

组织说明：Ag 包 Pd 纤维组织

浸 蚀 剂：Au-m5

图 4.2.2-10

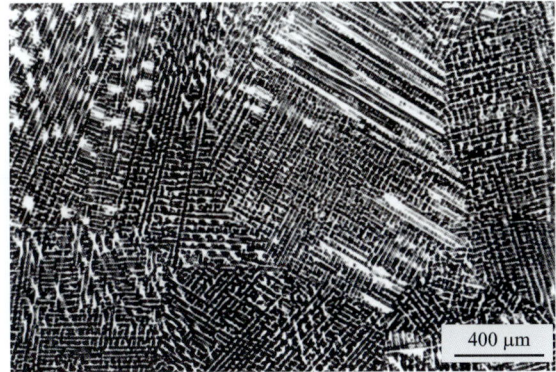

牌　　号：Pd-70Ag

状　　态：铸态

组织说明：（Pd，Ag）晶内偏析的铸态组织

浸 蚀 剂：Au-m5

图 4.2.2-11

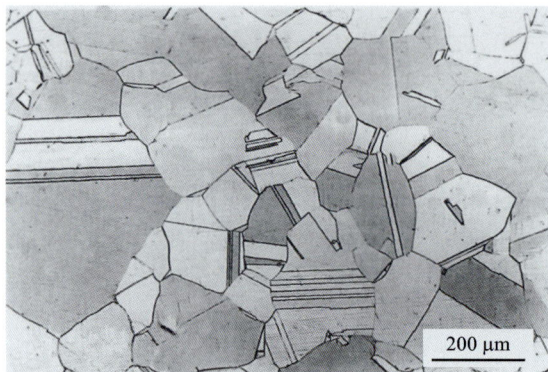

牌　　　号：Pd-70Ag
状　　　态：冷加工，800℃/15 min 热处理
组织说明：(Pd，Ag)再结晶组织
浸 蚀 剂：Au-m5

图 4.2.2-12

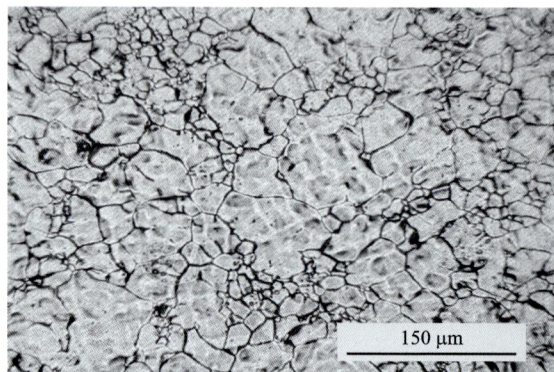

牌　　　号：Pd-80Ag
状　　　态：铸态
组织说明：(Pd，Ag)晶内偏析的铸态组织
浸 蚀 剂：Au-m5

图 4.2.2-13

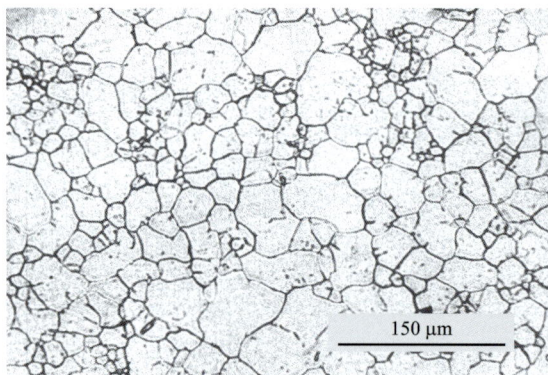

牌　　　号：Pd-80Ag
状　　　态：冷加工，900℃/40 min 热处理
组织说明：(Pd，Ag)再结晶组织
浸 蚀 剂：Au-m5

图 4.2.2-14

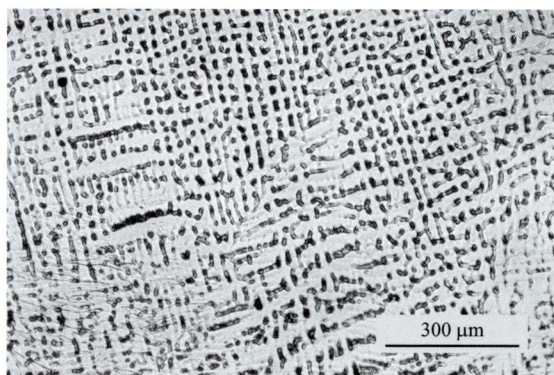

牌　　　号：Pd-40Ag-Y
状　　　态：真空熔炼，铸态
组织说明：(Pd，Ag)晶内偏析的铸态组织
浸 蚀 剂：Au-m5

图 4.2.2-15

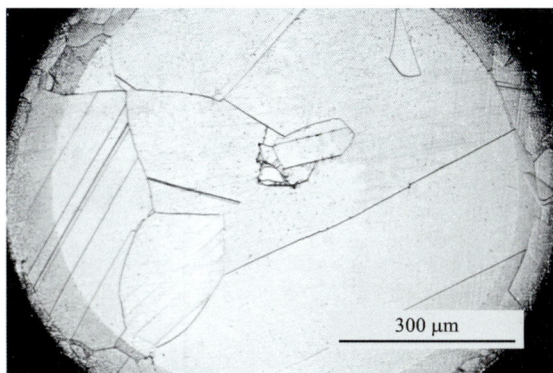

牌　　　号：Pd-40Ag-Y

状　　　态：真空熔炼, 冷加工丝材, 1200℃/0.5 h 大气内氧
化处理, 丝材横截面

组织说明：边沿内氧化区[Y$_2$O$_3$+(Pd, Ag)]+中部(Pd, Ag,
Y)再结晶组织

浸　蚀　剂：Au-m5

图 4.2.2-16

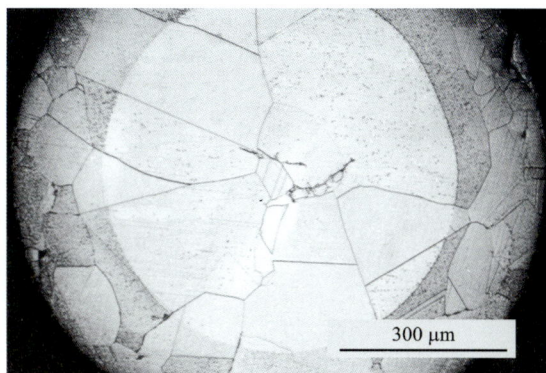

牌　　　号：Pd-40Ag-Y

状　　　态：真空熔炼, 冷加工丝材, 1200℃/1 h 大气内氧化
处理, 丝材横截面

组织说明：边沿内氧化区[Y$_2$O$_3$+(Pd, Ag)]+中部(Pd, Ag,
Y)再结晶组织

浸　蚀　剂：Au-m5

图 4.2.2-17

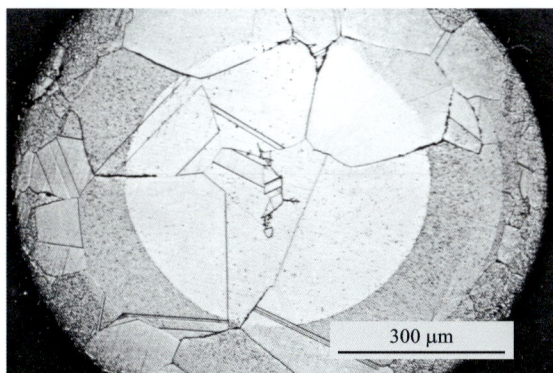

牌　　　号：Pd-40Ag-Y

状　　　态：真空熔炼, 冷加工丝材, 1200℃/1.5 h 大气内氧
化处理, 丝材横截面

组织说明：边沿内氧化区[Y$_2$O$_3$+(Pd, Ag)]+中部(Pd, Ag,
Y)再结晶组织

浸　蚀　剂：Au-m5

图 4.2.2-18

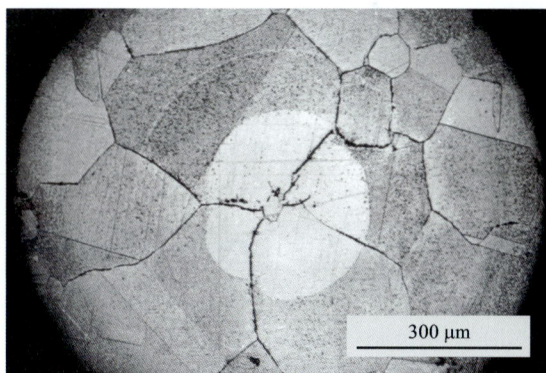

牌　　　号：Pd-40Ag-Y

状　　　态：真空熔炼, 冷加工, 1200℃/2.5 h 大气内氧化处
理, 丝材横截面

组织说明：边沿内氧化区[Y$_2$O$_3$+(Pd, Ag)]+中部(Pd, Ag,
Y)再结晶组织

浸　蚀　剂：Au-m5

图 4.2.2-19

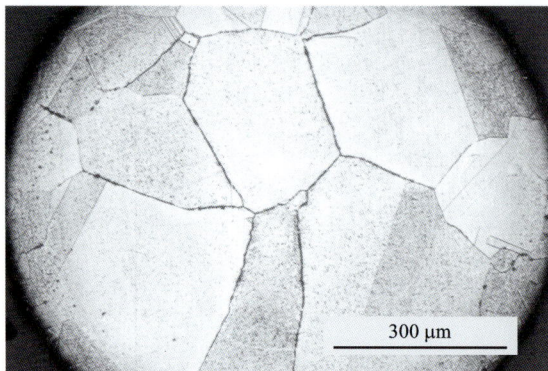

牌　　　号：Pd-40Ag-1Y
状　　　态：真空熔炼，冷加工丝材，1200℃/4 h 大气内氧化
　　　　　　处理，丝材横截面
组织说明：完全内氧化的[Y₂O₃+(Pd，Ag)]再结晶组织
浸　蚀　剂：Au-m5

图 4.2.2-20

牌　　　号：Pd-40Ag-1Y
状　　　态：冷加工丝材，800℃/1.5 h/20 kg，蠕变实验断口
组织说明：(Pd，Ag)形成局部晶界蠕变孔洞的沿晶界断裂
　　　　　　组织
浸　蚀　剂：Au-m5

图 4.2.2-21

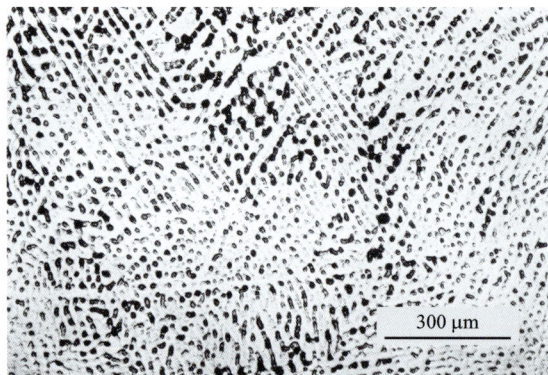

牌　　　号：Pd-40Ag-1Zr
状　　　态：真空熔炼，铸态
组织说明：(Pd，Ag)晶内偏析的铸态组织
浸　蚀　剂：Au-m5

图 4.2.2-22

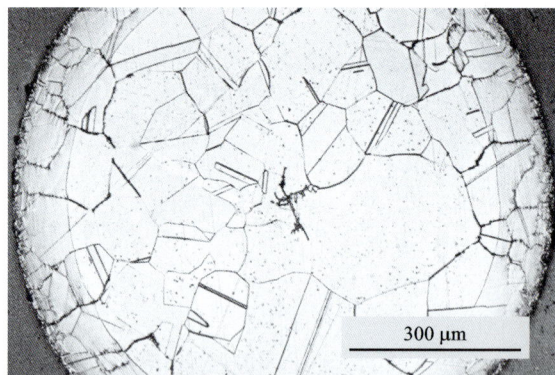

牌　　　号：Pd-40Ag-1Zr
状　　　态：真空熔炼，冷加工丝材，1200℃/0.5 h 大气内氧
　　　　　　化处理，丝材横截面
组织说明：边沿内氧化区[ZrO₂+(Pd，Ag)]+中部(Pd，Ag，
　　　　　　Zr)再结晶组织
浸　蚀　剂：Au-m5

图 4.2.2-23

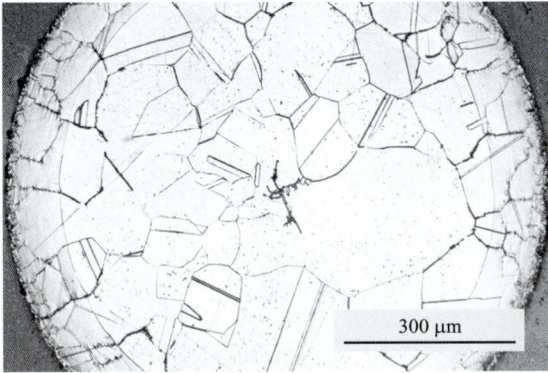

牌　　号：Pd-40Ag-1Zr

状　　态：真空熔炼，冷加工丝材，1200℃/1 h大气内氧化
　　　　　处理，丝材横截面

组织说明：边沿内氧化区[ZrO$_2$+(Pd，Ag)]+中部(Pd，Ag，
　　　　　Zr)再结晶组织

浸 蚀 剂：Au-m5

图 4. 2. 2-24

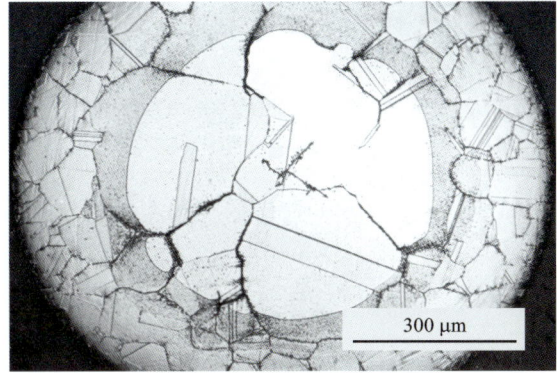

牌　　号：Pd-40Ag-1Zr

状　　态：真空熔炼，冷加工丝材，1200℃/1.5 h大气内氧
　　　　　化处理，丝材横截面

组织说明：边沿内氧化区[ZrO$_2$+(Pd，Ag)]+中部(Pd，Ag，
　　　　　Zr)再结晶组织

浸 蚀 剂：Au-m5

图 4. 2. 2-25

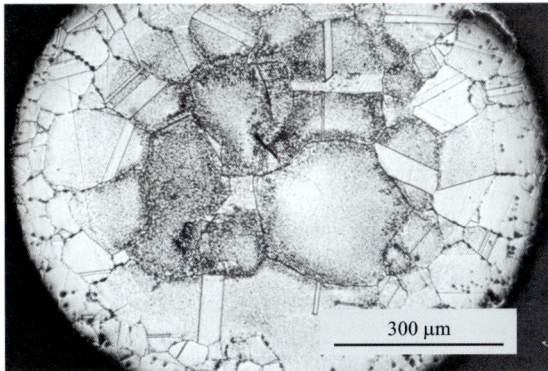

牌　　号：Pd-40Ag-1Zr

状　　态：真空熔炼，冷加工丝材，1200℃/6 h大气内氧化
　　　　　处理，丝材横截面

组织说明：完全内氧化的[ZrO$_2$+(Pd，Ag)]再结晶组织

浸 蚀 剂：Au-m5

图 4. 2. 2-26

牌　　号：Pd-40Ag-1Zr

状　　态：冷加工丝材，800℃/1.5 h/10 kg，蠕变实验断口

组织说明：(Pd，Ag)沿晶界裂纹扩展的断口组织

浸 蚀 剂：Au-m5

图 4. 2. 2-27

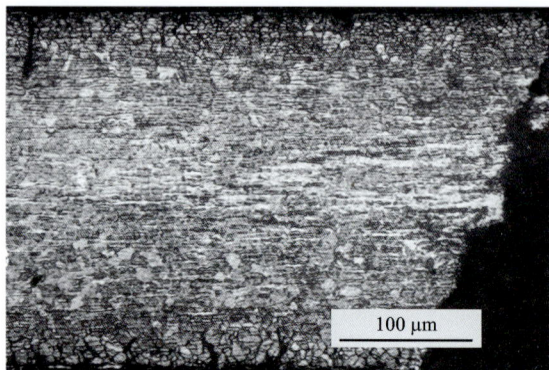

牌　　　号：Pd-40Ag-Zr

状　　　态：冷加工丝材，800℃/4 h/5 kg，蠕变实验断口

组织说明：（Pd，Ag）沿晶界裂纹扩展的断口组织

浸　蚀　剂：Au-m5

图 4.2.2-28

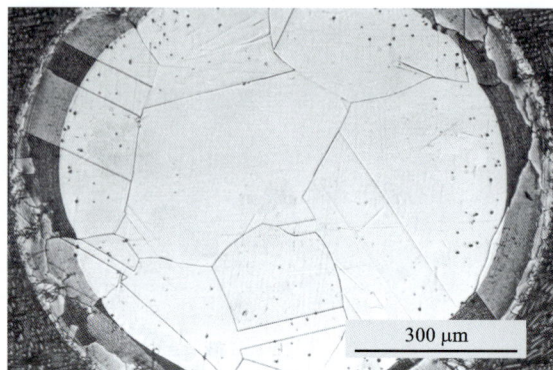

牌　　　号：Pd-40Ag-1Li

状　　　态：真空熔炼，冷加工丝材，1000℃/2.5 h 大气内氧化处理，丝材横截面

组织说明：边沿内氧化区[Li$_2$O+（Pd，Ag）]+中部区（Pd，Ag，Li）再结晶组织

浸　蚀　剂：Au-m5

图 4.2.2-29

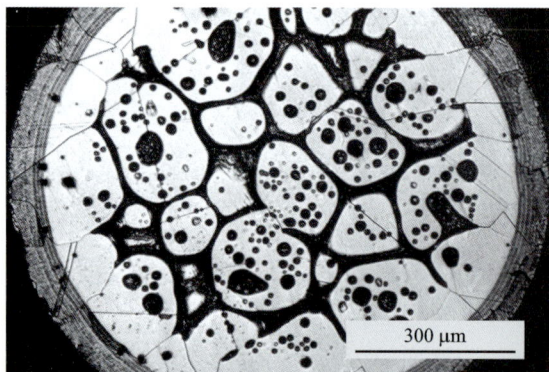

牌　　　号：Pd-40Ag-1Li

状　　　态：真空熔炼，冷加工丝材，1200℃/2.5 h 大气内氧化处理，丝材横截面

组织说明：边沿内氧化区[Li$_2$O+（Pd，Ag）]+中部为局部熔化的组织

浸　蚀　剂：Au-m5

图 4.2.2-30

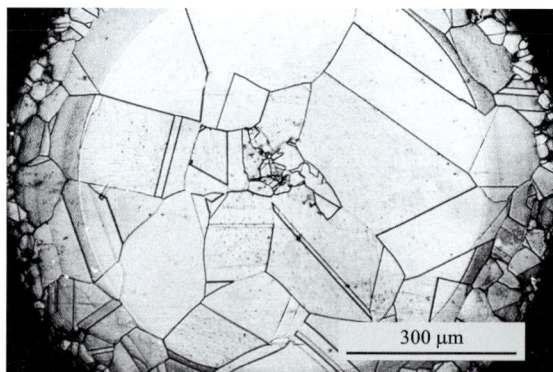

牌　　　号：Pd-40Ag-1Eu

状　　　态：真空熔炼，冷加工丝材，1200℃/2.5 h 大气内氧化处理，丝材横截面

组织说明：边沿内氧化区[Eu$_2$O$_3$+（Pd，Ag）]+中部（Pd，Ag，Eu）再结晶组织

浸　蚀　剂：Au-m5

图 4.2.2-31

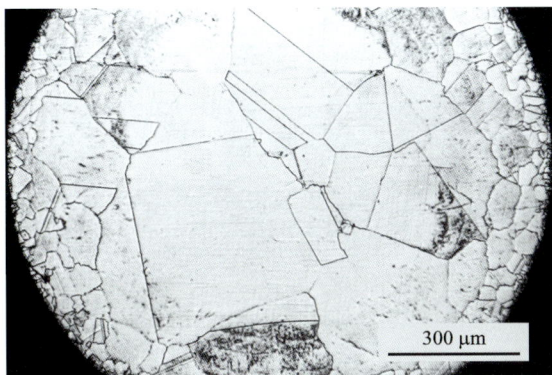

牌　　　号：Pd-40Ag-1Sm
状　　　态：真空熔炼，冷加工丝材，1200℃/2.5 h 大气内氧
化处理，丝材横截面
组织说明：边沿内氧化区[Sm_2O_3+(Pd，Ag)]+中部为(Pd，
Ag，Sm)再结晶组织
浸 蚀 剂：Au-m5

图 4.2.2-32

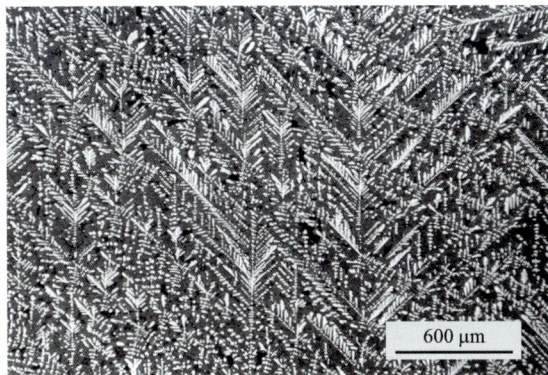

牌　　　号：Pd-40Ag-1Gd
状　　　态：真空熔炼，铸态
组织说明：(Pd，Ag)树枝状偏析组织
浸 蚀 剂：Au-m5

图 4.2.2-33

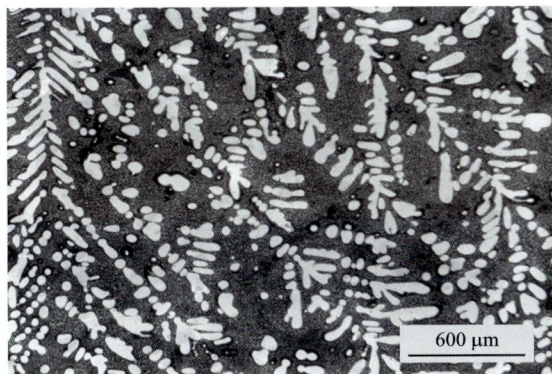

牌　　　号：Pd-40Ag-1Gd
状　　　态：真空熔炼，铸态
组织说明：(Pd，Ag)树枝状偏析组织
浸 蚀 剂：Au-m5

图 4.2.2-34

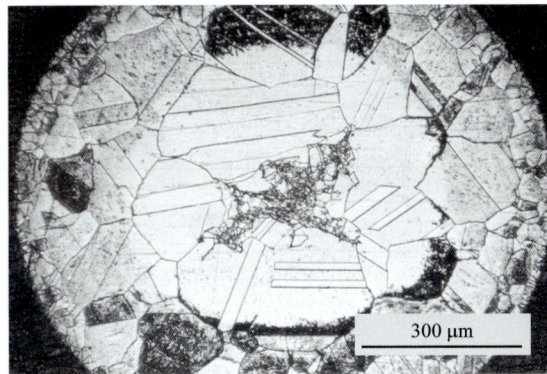

牌　　　号：Pd-40Ag-1Gd
状　　　态：真空熔炼，冷加工丝材，1200℃/2.5 h 大气内氧
化处理，丝材横截面
组织说明：边沿内氧化区[Gd_2O_3+(Pd，Ag)]+中部为(Pd，
Ag，Gd)再结晶组织
浸 蚀 剂：Au-m5

图 4.2.2-35

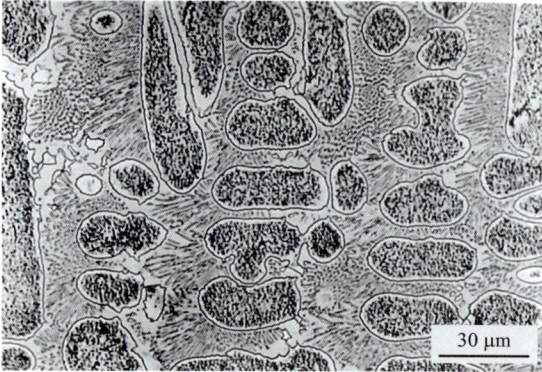

牌　　　号：Pd-47Ag-6Ce

状　　　态：铸态，600℃/480 h 热处理

组织说明：[(α-(AgPd)Ce+α-Ce(PdAg)$_7$+(Ag)]+[(α-
　　　　　Ce(PdAg)$'_7$+(PdAg)$_4$Ce)'+(Pd)'], 热处理组织

浸 蚀 剂：Au-m5

图 **4. 2. 2-36**

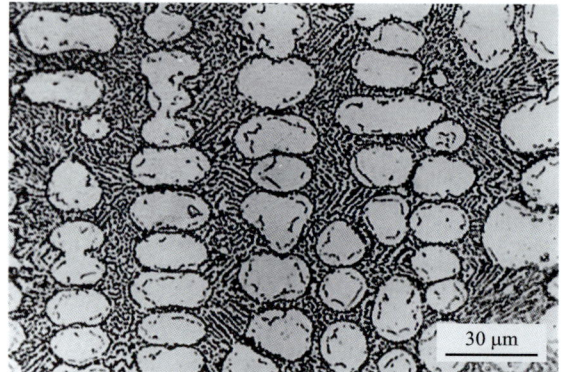

牌　　　号：Pd-47Ag-6Ce

状　　　态：铸态，600℃/480 h，950℃/4 h 热处理

组织说明：[(α-(AgPd)Ce+α-Ce(PdAg)$_7$+(Ag)]+[(α-
　　　　　Ce(PdAg)$'_7$+(PdAg)$_4$Ce)'+(Pd)'], 均匀化组织

浸 蚀 剂：Au-m5

图 **4. 2. 2-37**

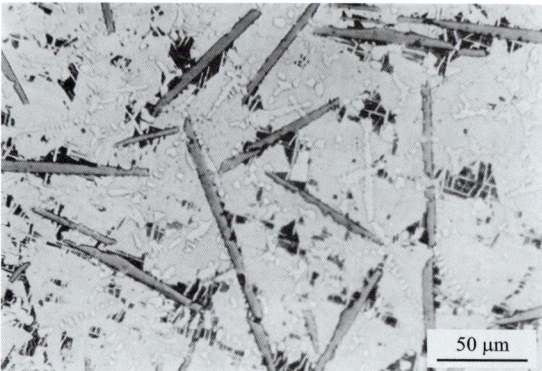

牌　　　号：Pd-40Ag-20Ce

状　　　态：铸态

组织说明：(Pd，Ag)+(Pd，Ce)+Ce(PdAg)$'_7$+(PdAg)$_4$Ce'，
　　　　　凝固结晶组织

浸 蚀 剂：Au-m5

图 **4. 2. 2-38**

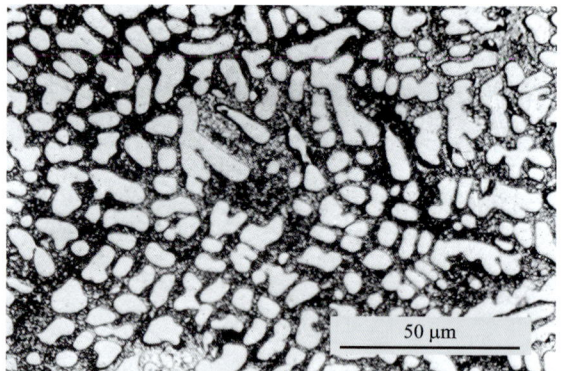

牌　　　号：Pd-44Ag-12Ce

状　　　态：铸态

组织说明：(Pd)+(Ag+Ag$_4$Ce)，铸态结晶组织

浸 蚀 剂：Au-m5

图 **4. 2. 2-39**

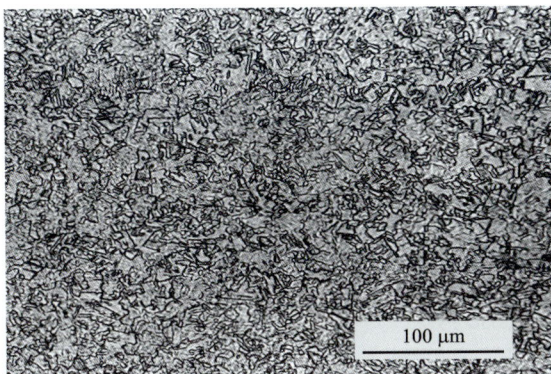

牌　　　号：Pd-80Ag-0.5Ce
状　　　态：冷加工，600℃/20 min 热处理
组织说明：(Ag, Pd, Ce) 再结晶组织
浸 蚀 剂：Au-m5

图 4.2.2-40

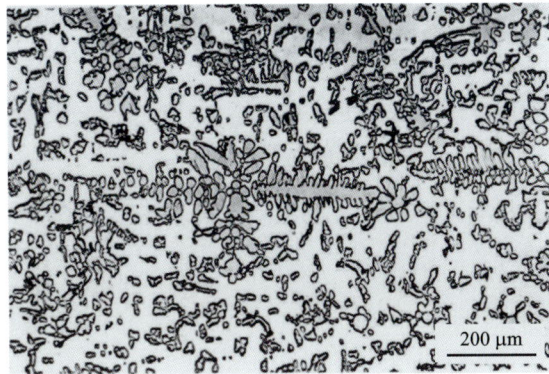

牌　　　号：Pd-82Ag-9Ga
状　　　态：铸态
组织说明：(Ag, Pd)+(Ag, Ga)，枝晶偏析组织
浸 蚀 剂：Au-m5

图 4.2.2-41

4.3　钯银+M 系合金

4.3.1　钯银+M 系合金的性能和用途

Pd-Ag 二元合金是构成三元合金的基础合金，常用的 Pd-Ag 基三元合金是在其中加入 Cu、Mn、Co 和 Pt 等元素。

Ag 和 Cu 都能提高 Pd 的强度，并且 Cu 的强化效果远大于 Ag。Pd-Ag 合金中加 Cu 可以缩小合金的凝固区间。大多数 Pd-Ag-Cu 合金都可以时效硬化，含 Cu 少于 5% 或含 Cu 大于 45% 的合金不能时效硬化，其性能介于 Ag-Pd 和 Cu-Pd 之间。

Pd-Ag-Cu 合金主要用作电位计绕组材料与滑动电接触材料，代表合金有 Pd-40Ag-4Cu 和 Pd-65Ag-5Cu。另外，质量分数为 10%~25%Pd 的 Ag-Cu 合金具有良好的流动性、润湿性，可作高温钎料(液相线温度为 1400℃左右)。在 Pd-Ag-Cu 三元系合金中添加 Au 和 Pt，可提高合金的抗失泽性，可用作牙科与饰品材料。

Pd-Ag-Co 合金具有较好的强度、抗氧化性与耐蚀性，可制作弹性接点材料并能在较恶劣的条件下工作。代表合金有 Pd-35Ag-5Co(质量分数)，它的强度性质和电阻率与 Pd-18Ir 合金相当(硬度 HB 192，电阻率 $\rho = 38\ \mu\Omega \cdot cm$)，在某些应用中可代替 Pd-18Ir 合金。

Pd-Ag-Pt 合金可制作弹性张丝材料，其弹性性能类似于 Ag-Pt 合金，但比 Ag-Pt 合金具有更好的可加工性。表 4.3.1-1 是 Pd-Ag-M 合金的成分和性能。

表 4.3.1-1 Pd-Ag-M 合金的成分和性能

合金成分 (质量分数)/%	熔点 /℃	密度 /(g·cm⁻³)	硬度	电阻率 /(μΩ·cm⁻¹)	抗拉强度 σ_b /MPa	透 H_2 速度 $Q/(mL·mm^{-2}·min^{-1})$ $P_1=3\ atm, P_2=0,$ $t=0.15\ mm, 500℃$
Pd-36Ag-4Cu				42	820(硬态)	
Pd-65Ag-5Cu				15	860(硬态)	
Pd-65Ag-20Cu	860~870					
Pd-52Ag-28Cu	879~898					
Pd-59Ag-31Cu	830~850					
Pd-68Ag-27Cu	807~810					
Pd-64Ag-3Mn	1180~1200					
Pd-75Ag-5Mn	1000~1120					
Pd-25Ag-5Au			205 HV		725	30*
Pd-20Ag-35Au- 3Rh-2Fe			92 HV		160	3.1
Pd-40Ag-5Au-2Pt			89 HV		185	4.0
Pd-28Ag-5Au-2Ru			90 HV		150	4.8
Pd-30Ag-19Au-1Ru			87 HV		180	3.4
Pd-23Ag-3Au-0.3Ni			232 HV		740	36*
Pd-23Ag-3Au-1Ni					780	32*
Pd-30Ag-20Au-5Ni	1731	12.5	88Hc			
Pd-35Ag-5Co		11.1	192HB	38		
Pd-30Ag-5Pt			110 HV		200	
Pd-14Ag-6Al	1200					
Pd-72Ag-10In						
Pd-26Ag-2Ni	1382	11.55		25		
Pd-30Ag-3Fe			140 HV		177(500℃)	4.6
Pd-30Ag-2Ru			150 HV		235(500℃)	5.0
Pd-30Ag-2Rh			110 HV		220(500℃)	4.6

注：* P_1—8 atm；P_2—0；$t=0.05$ mm(t 为厚度)。1 atm$=10^5$ Pa。

Pd-Ag-Au 是优良的氢气净化材料。当合金的原子比(H/Me)为 0.3~0.4 时，合金可以保持"α-相结构及其相当高的渗透氢的能力"。在 Pd 中添加 Ag、Au 或 Ni 都具有降低原子比的作用。合金的组成在下列范围内，它的透氢速度并不比 Pd-Ag 二元合金的低。(2%~

40%）Ag，（1%～3%）Au，余量为钯。Au+Ag 二者总量不得超过 40%，Au 含量不能高于 30%，否则透 H_2 速率急剧下降。添加 Au 提高了 Pd-Ag 合金的高温抗拉强度，而且随温度的升高，抗拉强度降低的相对数比 Pd-Ag 合金要小得多。在 Pd-Ag-Au 三元合金中，加入少量的 Ni 也进一步提高了高温抗拉强度。

Pd-Ag-Au 合金最早在医学上用于镶牙。Pd-Ag-Au（或加少量镍）合金用作氢气净化材料。Pd-25Ag-5Au 合金用作燃料电池的电极，25%～35%Pd，35%～45%Ag，25%～35%Au 的合金可做弱电流的接点材料。

4.3.2　钯银+M 系合金的金相组织

Pd-Ag 与 Pd-Cu 为二元连续固溶体，Ag-Cu 为共晶。在 Ag-Cu-Pd 三元合金中，靠近银铜方是共晶区，富 Pd 区为单相固溶体，随着温度升高，单相固溶体区扩大，其最大固溶度等温线示于图 4.3.2-1。Pd 能提高 Ag-Cu 合金的熔点与凝固点，增加 Ag 和 Cu 的相互溶解度。在高温区大部分三元合金均为单相固溶体，在低温区，Cu-Pd 二元系中形成的有序相扩展到三元系中，出现以 PdCu 和 PdCu$_3$ 为基的有序相。因此，大部分三元合金都可以时效硬化，但含 Cu 低于 5% 和含 Pd 大于 45% 的合金不能时效硬化。Pd-Ag-Cu 系合金相图见图 4.3.2-2～图 4.3.2-4。

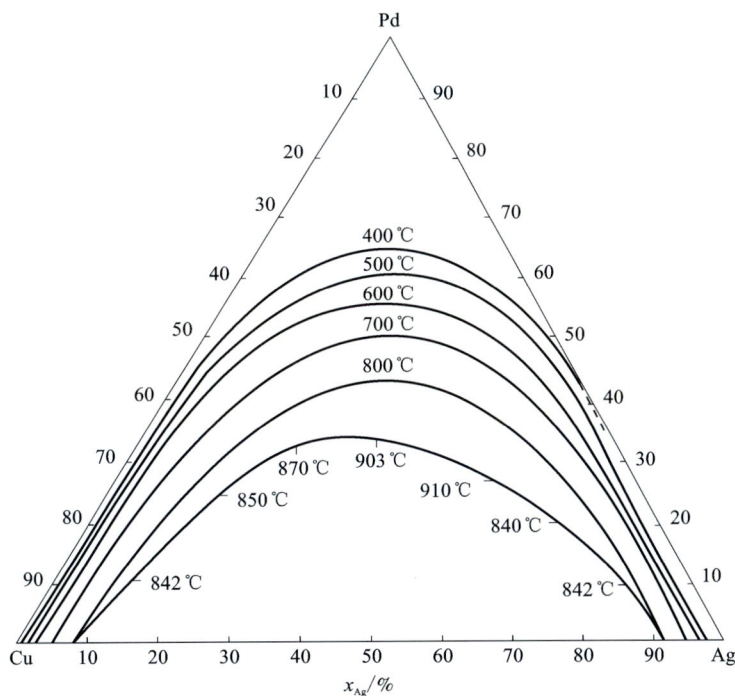

图 4.3.2-1　Pd-Ag-Cu 合金最大固溶度

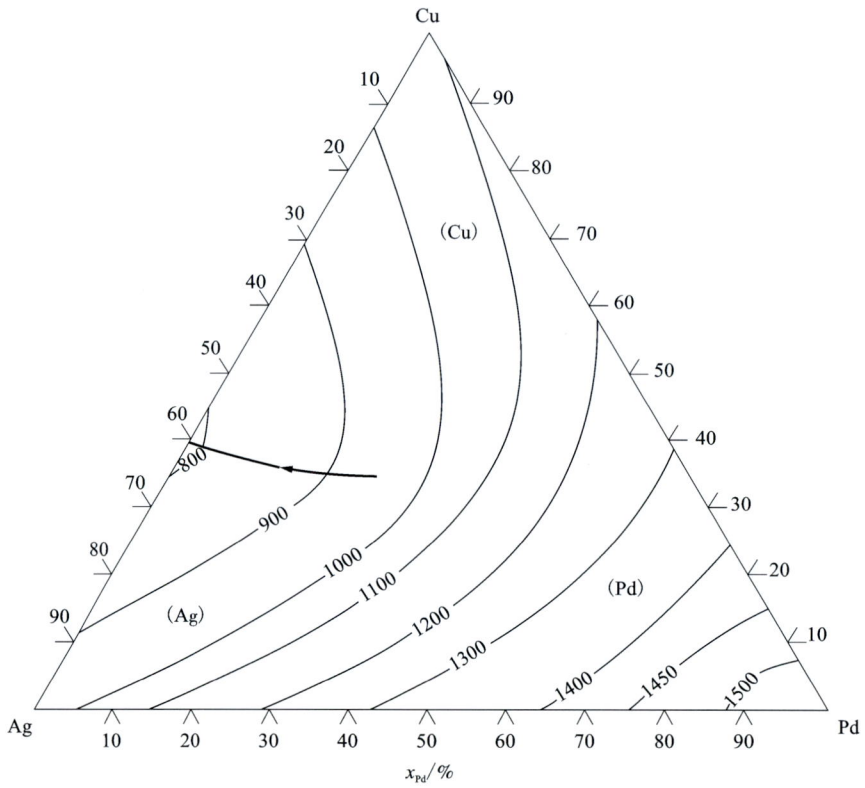

图 4.3.2-2 Pd-Ag-Cu 系合金液相面投影图

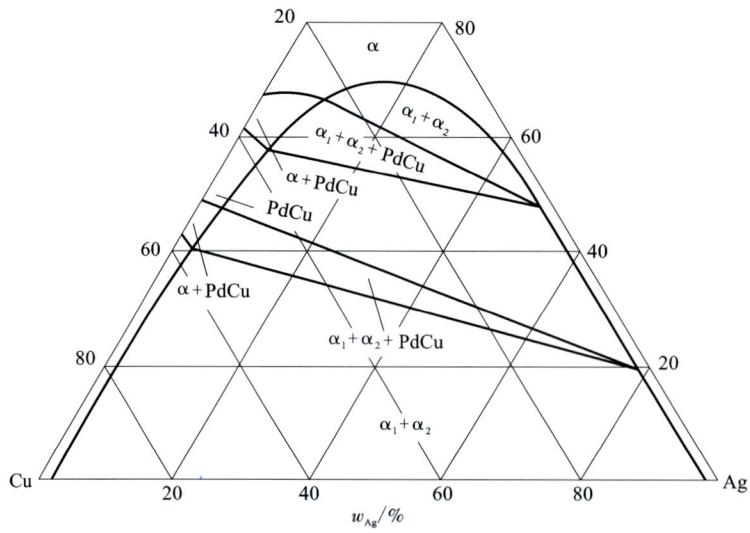

图 4.3.2-3 Pd-Ag-Cu 系合金 400℃等温截面

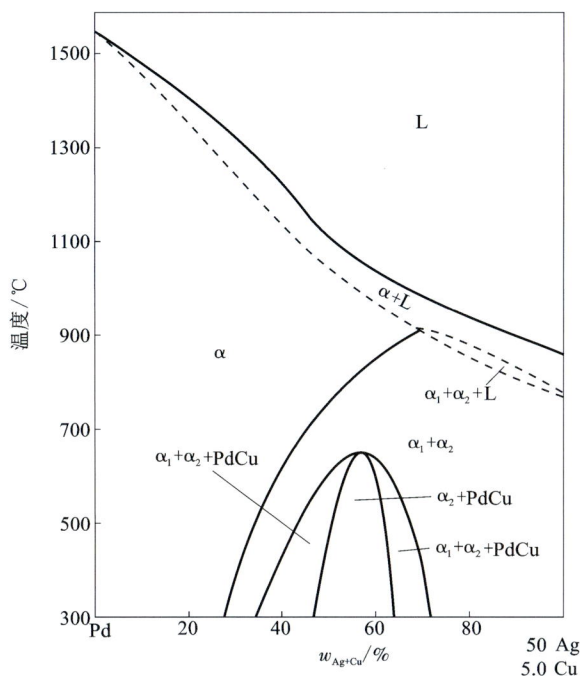

图 4.3.2-4　Pd-Ag-Cu 系合金 Pd-Ag$_{50}$Cu$_{50}$ 垂直截面图

　　鉴于 Pd-Ag、Pd-Pt 二元系为连续固溶体，Ag-Pt 系为简单包晶系，Pd-Ag-Pt 三元系中的 Pd 角的富 Pd 合金为单相固溶体区，Ag-Pt 边的包晶反应向三元系中延伸，在一定区域形成富 Pt 与富 Ag 两相固溶体区，合金系中不出现中间相，Pd-Ag-Au 合金都是单相固溶体，在固态没有相变。图 4.3.2-5~图 4.3.2-23 为部分 Pd-Ag-M 合金的金相组织。

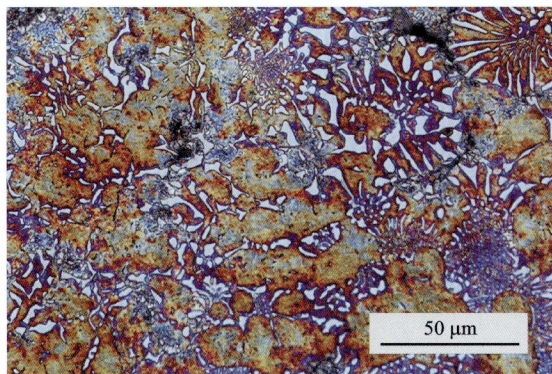

牌　　号：Pd-68Ag-27Cu
状　　态：真空熔炼，铸态
组织说明：$\alpha_1 + (\alpha_1 + \alpha_2)$ 凝固结晶组织
浸 蚀 剂：Ag-m2

图 4.3.2-5

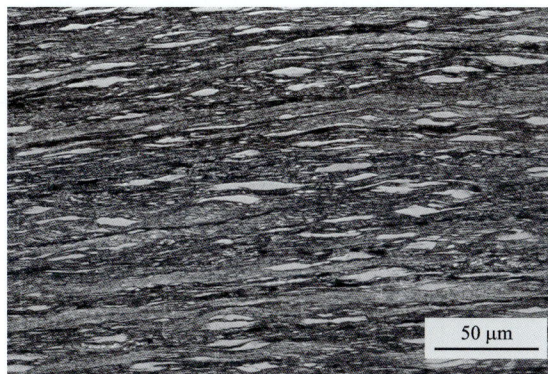

牌　　号：Pd-68Ag-27Cu
状　　态：真空熔铸，冷加工
组织说明：$\alpha_1 + \alpha_2$ 加工形变组织
浸 蚀 剂：Ag-m2

图 4.3.2-6

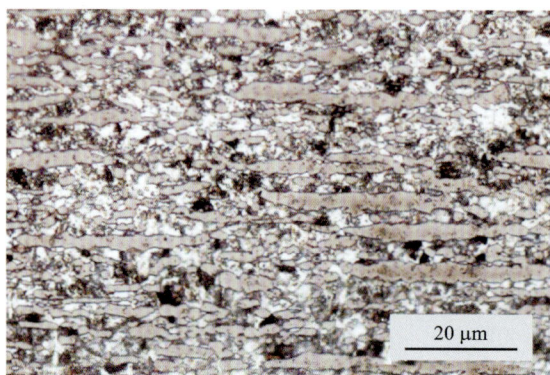

牌　　　号：Pd-68Ag-27Cu

状　　　态：真空熔铸，冷加工，750℃/2 h 真空退火处理

组织说明：$\alpha_1 + \alpha_2$ 再结晶组织

浸 蚀 剂：Ag-m2

图 4.3.2-7

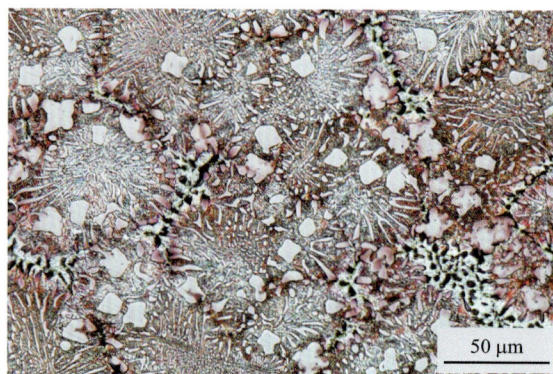

牌　　　号：Pd-65Ag-20Cu

状　　　态：真空熔炼，铸态

组织说明：$\alpha_1 + (\alpha_1 + \alpha_2)$，凝固结晶组织

浸 蚀 剂：Ag-m2

图 4.3.2-8

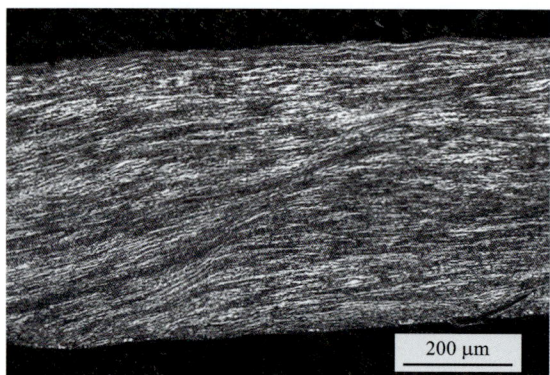

牌　　　号：Pd-65Ag-20Cu

状　　　态：真空熔铸，冷加工

组织说明：$\alpha_1 + \alpha_2$ 加工形变组织

浸 蚀 剂：Ag-m2

图 4.3.2-9

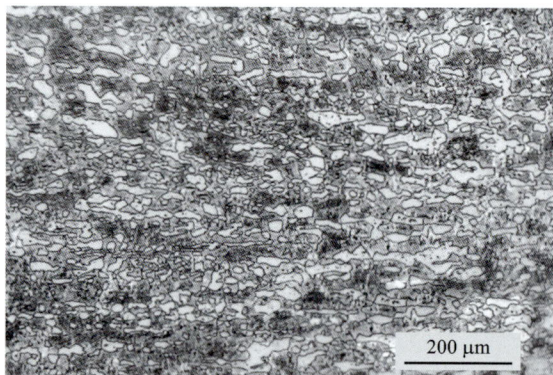

牌　　　号：Pd-65Ag-20Cu

状　　　态：真空熔铸，冷加工，800℃/0.5 h 真空退火处理

组织说明：$\alpha_1 + \alpha_2$ 再结晶组织

浸 蚀 剂：Ag-m2

图 4.3.2-10

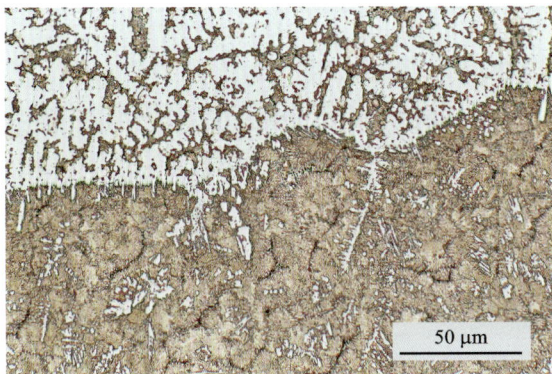

牌　　　号：Pd-66Ag-26Cu-3Ti
状　　　态：铸锭随炉冷却
组织说明：严重密度偏析，上部为富 Ti 相，下部为富(Ag)+
　　　　　(Cu)相
浸　蚀　剂：Au-m5

图 4.3.2-11

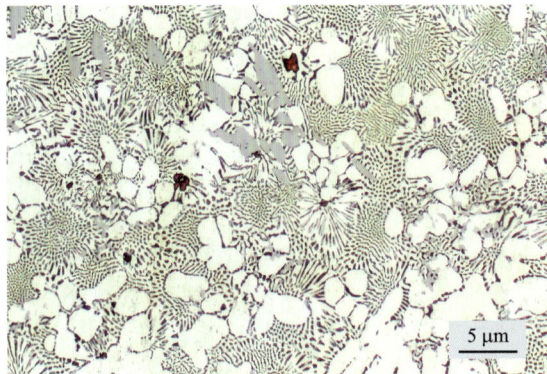

牌　　　号：Pd-66Ag-26Cu-3Ti
状　　　态：水冷铜模浇铸铸锭
组织说明：(Ag)+[(Ag)+(Cu)]+Cu_4Ti
浸　蚀　剂：Au-m5

图 4.3.2-12

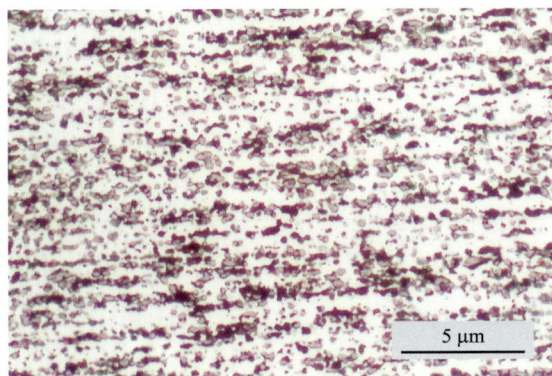

牌　　　号：Pd-66Ag-26Cu-3Ti
状　　　态：冷加工，700℃/30 min 真空热处理
组织说明：(Ag)+(Cu)+Cu_4Ti
浸　蚀　剂：Au-m5

图 4.3.2-13

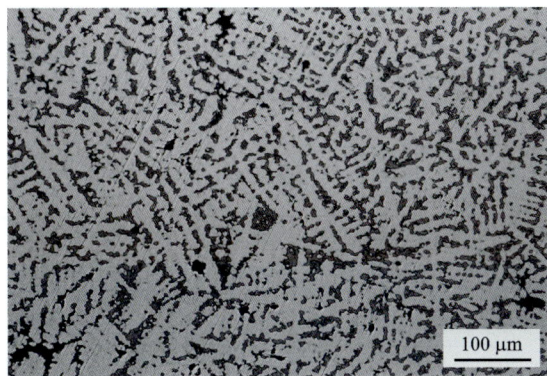

牌　　　号：Pd-30Ag-14Cu-10Au-10Pt-1Zn
状　　　态：铸态
组织说明：$\alpha_1+\alpha_2$，凝固结晶偏析组织
浸　蚀　剂：Ag-m2

图 4.3.2-14

牌　　　号：Pd-30Ag-14Cu-10Au-10Pt-Zn

状　　　态：真空熔铸，冷加工

组织说明：$\alpha_1+\alpha_2$，加工形变组织

浸　蚀　剂：Ag-m2

图 4.3.2-15

牌　　　号：Pd-30Ag-14Cu-10Au-10Pt-Zn

状　　　态：真空熔铸，冷加工，700℃/0.5 h 退火处理

组织说明：$\alpha_1+\alpha_2$，再结晶组织

浸　蚀　剂：Ag-m2

图 4.3.2-16

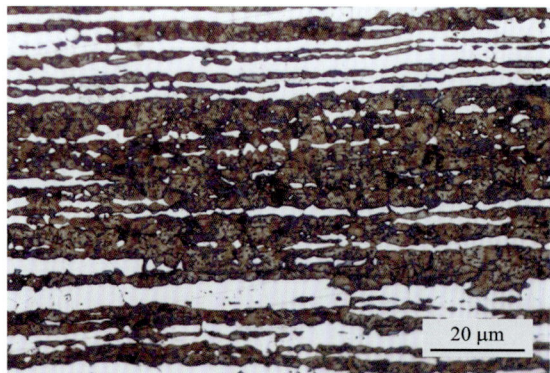

牌　　　号：Pd-30Ag-14Cu-10Au-10Pt-Zn

状　　　态：真空熔铸，冷加工，800℃/0.5 h 退火处理

组织说明：$\alpha_1+\alpha_2$，再结晶组织

浸　蚀　剂：Ag-m2

图 4.3.2-17

牌　　　号：Pd-30Ag-14Cu-10Au-10Pt-Zn

状　　　态：真空熔铸，冷加工，950℃/24 h 退火处理

组织说明：(Pd)再结晶组织

浸　蚀　剂：Ag-m2

图 4.3.2-18

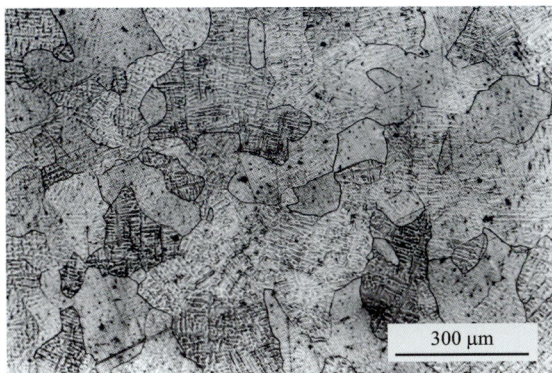

牌　　　号：Pd-23Ag-3Au-0.3Ni
状　　　态：真空熔炼，铸态
组织说明：(Pd, Ag)晶内偏析铸态组织
浸 蚀 剂：Au-m5

图 4.3.2-19

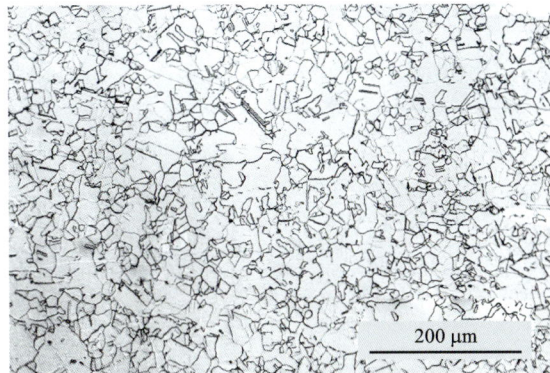

牌　　　号：Pd-23Ag-3Au-0.3Ni
状　　　态：真空熔炼，冷加工，800℃/0.5 h 退火热处理
组织说明：(Pd, Ag)再结晶组织
浸 蚀 剂：Au-m5

图 4.3.2-20

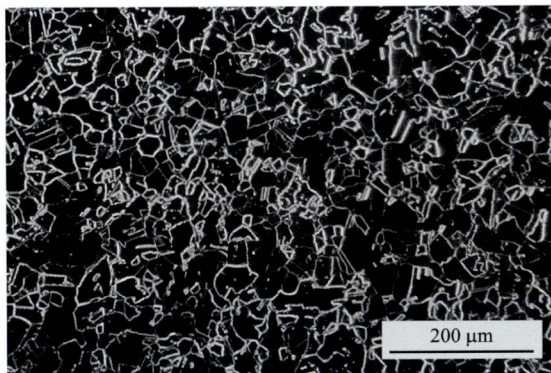

牌　　　号：Pd-23Ag-3Au-0.3Ni
状　　　态：真空熔炼，冷加工，800℃/0.5 h 退火热处理
组织说明：(Pd, Ag)再结晶组织(暗场照片)
浸 蚀 剂：Au-m5

图 4.3.2-21

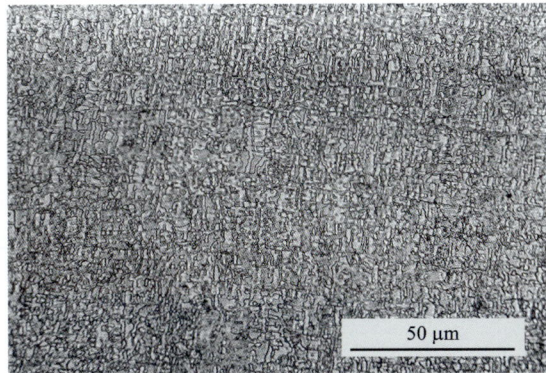

牌　　　号：Pd-40Ag-18Cu-2Ni
状　　　态：冷加工，750℃/0.5 h 固溶处理，300℃/0.5 h 热
　　　　　　处理
组织说明：(Pd)+PdCu，固溶时效组织
浸 蚀 剂：Au-m5

图 4.3.2-22

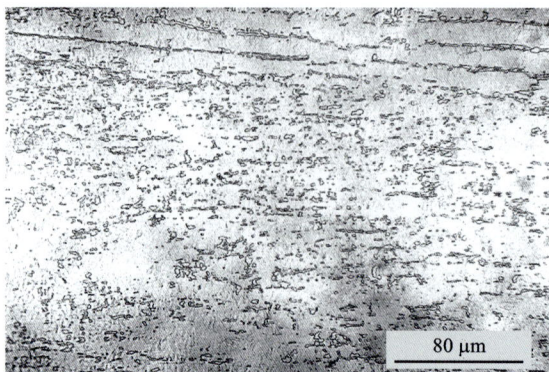

牌　　　号：Pd-30Ag-10Cu-3Ga
状　　　态：冷加工，700℃/1 h 热处理
组织说明：α_1+α 再结晶组织
浸　蚀　剂：Au-m5

图 4.3.2-23

4.4 钯金系合金

4.4.1 钯金系合金的性能和用途

Pd-Au 合金具有透氢能力。在一定成分范围内金能提高 Pd 的透氢速度(见表 4.4.1-1)。Pd-Au 合金耐腐蚀性能良好，特别是抗硫化腐蚀性好，这一点是 Pd、Pd-Ag 或 Pd-Cu 合金无法比拟的。Pd-40Au 合金膜在浓度为百万分之四的 H_2S 的粗氢中工作时，其透氢速度降低很慢。8 天后，渗透氢的速度仍保持在正常值的 80%左右。而 Pd-27Ag 合金膜，在同样气氛中，经数小时后，透氢速度几乎为零。Pd-40Cu 合金膜透氢速度降低了 95%，纯 Pd 降低了 70%。但是，把粗氢中的 H_2S 除去后合金的透氢速度又将恢复。Pd-Au 合金的物理性能及机械性能见图 4.4.1-1。

表 4.4.1-1　部分 Pd-Au 合金的透氢速度

合金牌号	硬度 HV		抗拉强度 500℃ /MPa	透氢速度 Q /(mL·cm^{-2}·min^{-1}) $P_1=29.4$ Pa, $P_2=0$, $t=0.15$ mm 500℃
	使用前	使用后		
Pd	48	120	68.6	2.3
Pd-5Au	57	88	70.56	4.6
Pd-10Au	50	60	74.48	5.0
Pd-15Au	65	55	82.32	4.8
Pd-20Au	66	53	89.18	4.6
Pd-25Au	65	50	102.9	4.6
Pd-30Au	64	55	107.8	4.3
Pd-35Au	68	65	114.66	4.0

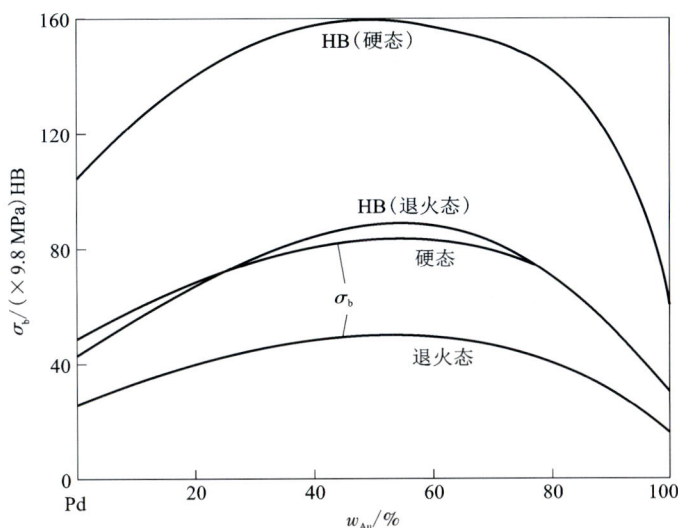

图 4.4.1-1　Pd-Au 的硬度和抗拉强度

Pd-Au 合金用作热电偶材料，其热稳定性比贱金属的高，温差热电势大，灵敏度高，可以在某些腐蚀性介质中使用。典型的热电偶合金为 Pd-60Au，使用温度为 1000~1200℃。另外，在 Pd-60Au 合金中添加 10%的 Pt 的三元合金（Pd-60Au-10Pt），在 1100~1200℃，能长期稳定地工作。因为 Pt 进一步提高了抗氧化性，但热电势有所下降。

Pd-Au 合金另一主要用途是作氢气净化材料。金具有抑制 β 相变作用。因此，能提高合金的使用寿命。Pd-Au 合金熔点高，耐腐蚀性强，所以可用来制造化工器皿。含 20%~30% Au 的合金可用作人造纤维喷丝头。Pd-Au 合金还应用于氨氧化法制硝酸的回收生产中作催化剂。Pt-10Rh 催化剂在这一过程中有少量损失。在 Pt-10Rh 合金网下加一层 Pd-20Au 合金网，中间隔一个耐热不锈钢网。氧化 Pt 从 Pt-10Rh 脱离后，与 Pd-20Au 合金表面接触，迅速生成 Pt-Pd-Au 合金，并向其内部扩散，Pt 从而得到回收。

Pd-Au 合金可作燃料电池的电极。Au 含量的最佳成分范围为 35%~82%。添加少量的 Ru、Rh 等，还可进一步改善 Pd-Au 合金的性能。

在 Pd-Au 合金中添加一定量的 Fe，可获得高电阻 Au-48Pd-10Fe 合金。该合金不但有高的电阻系数，而且电阻温度系数接近于零，可用作压力传感器电阻应变丝。Pd-Au 合金的流动性好，故可用作可熔保险丝。Pd-Au 合金还用来焊接喷气发动机。

4.4.2　钯金系合金的金相组织

Pd 和 Au 能无限固溶，形成连续固溶体。固相线和液相线极为靠近，见图 4.4.2-1；但近来有人认为，固态时，Pd-Au 合金会发生短程有序-无序转变。图 4.4.2-2~图 4.4.2-21 是部分 Pd-Au 合金的金相组织。

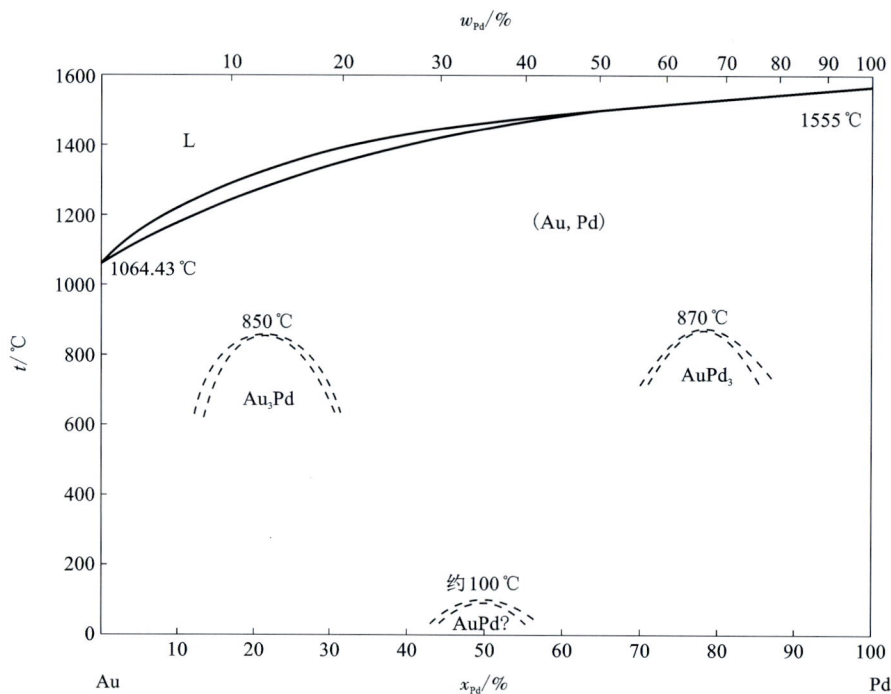

图 4.4.2-1　Pd-Au 二元合金相图

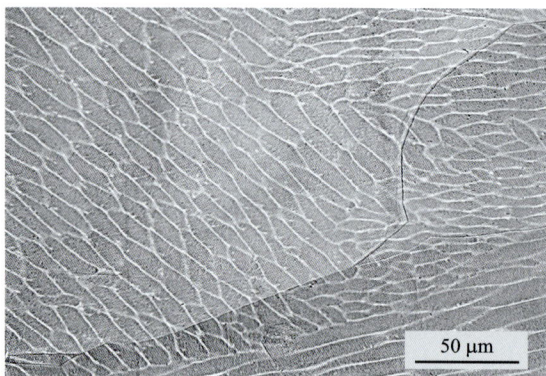

50 μm

牌　　号：Pd-10Au
状　　态：真空熔铸
组织说明：(Pd, Au)晶内偏析的铸态组织
浸 蚀 剂：Au-m5

图 4.4.2-2

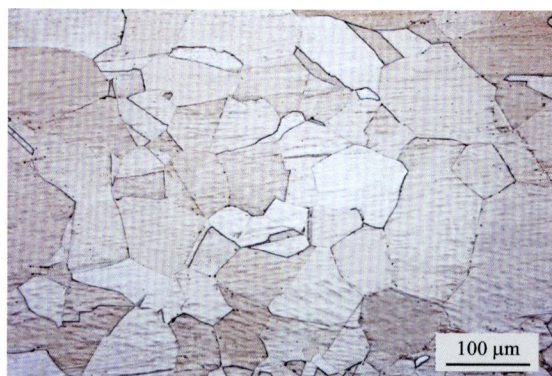

100 μm

牌　　号：Pd-10Au
状　　态：冷加工，真空 1000℃/0.5 h 处理
组织说明：(Pd, Au)再结晶组织
浸 蚀 剂：Au-m5

图 4.4.2-3

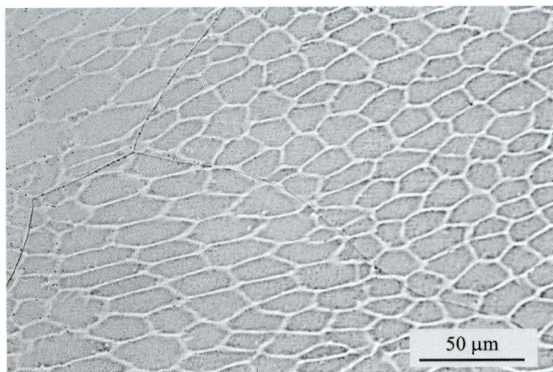

牌　　号：Pd-30Au
状　　态：真空熔铸
组织说明：（Pd, Au）晶内偏析的铸态组织
浸 蚀 剂：Au-m5

图 4.4.2-4

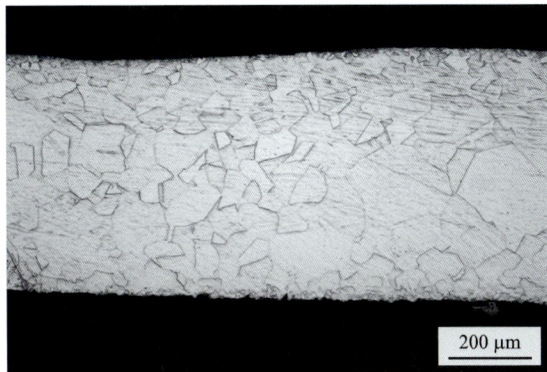

牌　　号：Pd-30Au
状　　态：冷加工，真空 1000℃/0.5 h 固溶处理
组织说明：（Pd, Au）再结晶组织
浸 蚀 剂：Au-m5

图 4.4.2-5

牌　　号：Pd-30Au
状　　态：冷加工，真空 1000℃/0.5 h 固溶，700℃/100 min
　　　　　时效处理
组织说明：（Pd, Au）再结晶组织
浸 蚀 剂：Au-m5

图 4.4.2-6

牌　　号：Pd-65Au
状　　态：铸态
组织说明：（Au, Pd）凝固结晶组织，干涉相衬照片
浸 蚀 剂：Au-m5

图 4.4.2-7

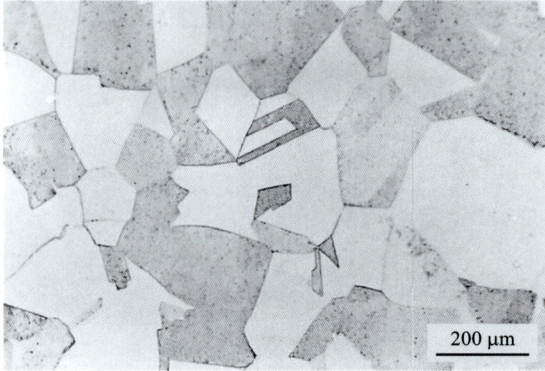

牌　　　号：Pd-82Au
状　　　态：冷加工，850℃/1 h 热处理
组织说明：(Au，Pd)再结晶组织
浸　蚀　剂：Au-m5

图 4.4.2-8

牌　　　号：Pd-38Au-11Fe-1Al
状　　　态：铸态
组织说明：(Pd，Au)+AlAu$_4$，枝晶偏析组织
浸　蚀　剂：Au-m5

图 4.4.2-9

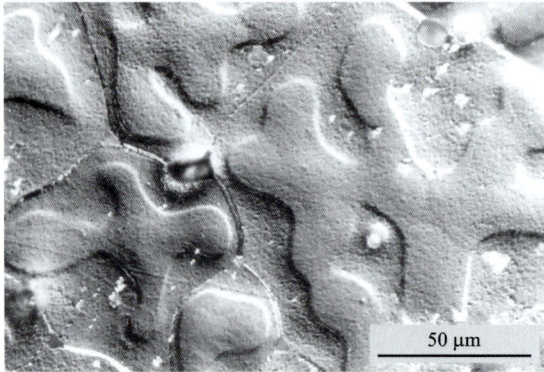

牌　　　号：Pd-38Au-11Fe-1Al
状　　　态：铸态，900℃/1.5 h 均匀化热处理
组织说明：(Pd，Au)+AlAu$_2$，偏振光干涉相衬晶内偏析
　　　　　组织
浸　蚀　剂：Au-m5

图 4.4.2-10

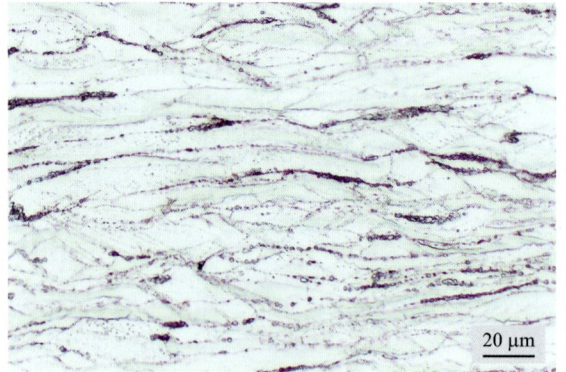

牌　　　号：Pd-38Au-11Fe-1Al
状　　　态：铸态，900℃/30 min 固溶处理，冷轧
组织说明：(Pd，Au)+AlAu$_2$，冷加工形变组织
浸　蚀　剂：Au-m5

图 4.4.2-11

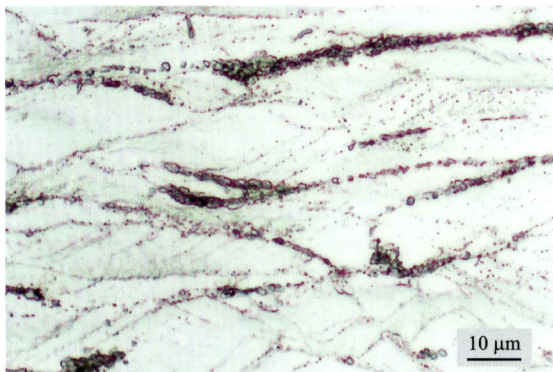

牌　　　号：Pd-38Au-11Fe-Al

状　　　态：铸态，900℃/30 min 固溶处理，冷轧

组织说明：(Pd，Au)+AlAu₂，冷加工形变组织

浸　蚀　剂：Au-m5

图 4.4.2-12

牌　　　号：Pd-38Au-11Fe-Al

状　　　态：冷加工，900℃/30 min 固溶，600℃/7 h 水淬

组织说明：(Pd，Au)+AlAu₂，再结晶组织

浸　蚀　剂：Au-m5

图 4.4.2-13

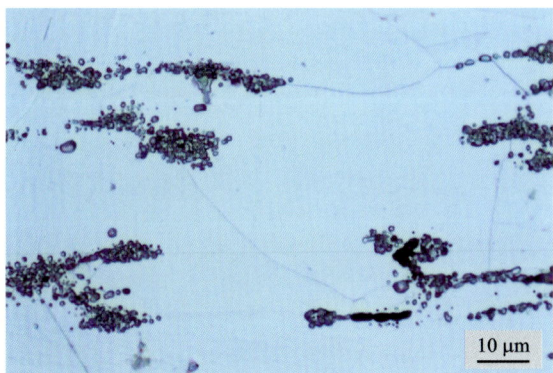

牌　　　号：Pd-38Au-11Fe-1Al

状　　　态：冷加工，900℃/30 min 固溶处理，600℃/7 h
　　　　　　水淬

组织说明：(Pd，Au)+AlAu₂，再结晶组织

浸　蚀　剂：Au-m5

图 4.4.2-14

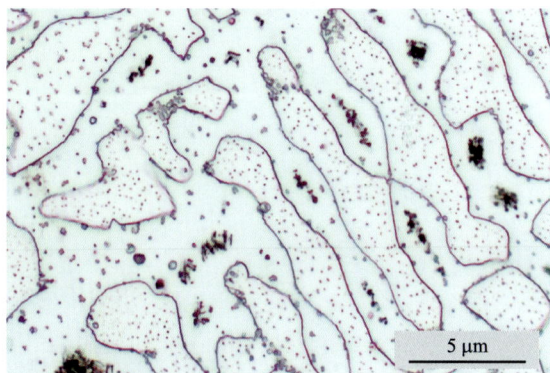

牌　　　号：Pd-38Au-11Fe-1Al

状　　　态：电弧熔炼铸锭，真空 900℃/30 min 缓慢冷却

组织说明：(Pd，Au)+AlAu₂，+AlAu₂′，未完全均化铸态
　　　　　　组织

浸　蚀　剂：Au-m5

图 4.4.2-15

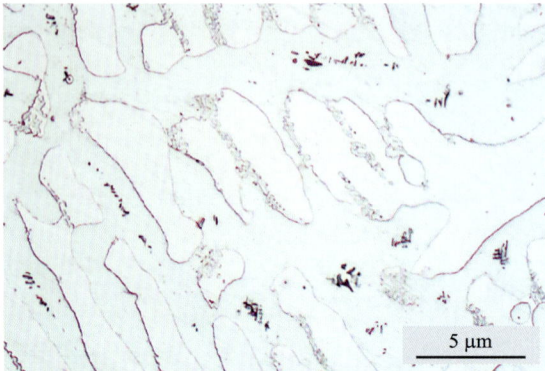

牌　　　号：Pd-38Au-11Fe-Al
状　　　态：电弧熔炼，900℃/30 min 固溶处理
组织说明：(Pd，Au)+AlAu$_2$，未完全固溶铸态组织
浸 蚀 剂：Au-m5

图 4.4.2-16

牌　　　号：Pd-38Au-11Fe-1Al
状　　　态：冷加工丝材，950℃/1 h 热处理
组织说明：(Pd，Au)再结晶组织
浸 蚀 剂：Au-m5

图 4.4.2-17

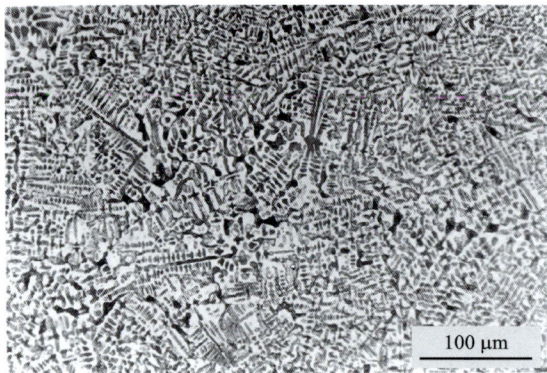

牌　　　号：Pd-47Au-5Mo-2Al
状　　　态：铸态
组织说明：(Pd，Au)晶内偏析组织
浸 蚀 剂：Au-m5

图 4.4.2-18

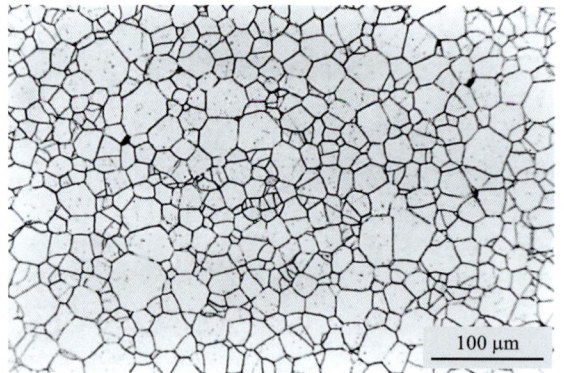

牌　　　号：Pd-47Au-5Mo-2Al
状　　　态：冷加工，850℃/1 h 热处理
组织说明：(Pd，Au)再结晶组织
浸 蚀 剂：Au-m5

图 4.4.2-19

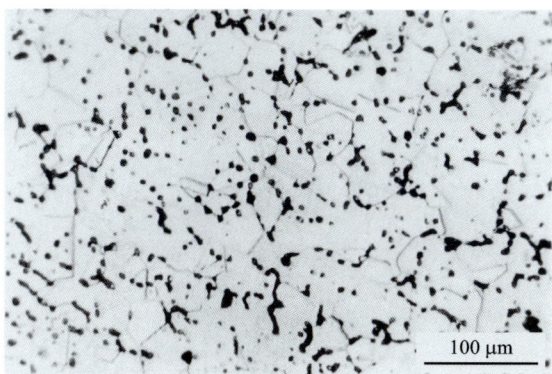

牌　　　号：Pd-87.5Au-2Ag-0.5Sr
状　　　态：冷加工，850℃/0.5 h 热处理
组织说明：(Au，Pd)+(αSr)
浸 蚀 剂：Au-m5

图 4.4.2-20

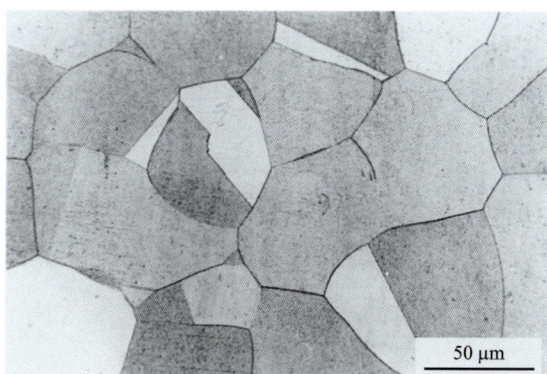

牌　　　号：Pd-34Au-31Pt
状　　　态：冷加工，850℃/1.5 h 热处理
组织说明：(Pd，Au，Pt)再结晶组织
浸 蚀 剂：Au-m5

图 4.4.2-21

4.5　钯铜系合金

4.5.1　钯铜系合金的性能和用途

Pd-Cu 合金中的 Cu 可提高 Pd 的硬度、抗拉强度及电阻系数。当生成有序相时，电阻系数则显著下降。硬度和强度增加显著。Pd-Cu 合金随着 Cu 含量的增加，合金的耐蚀性下降。

Pd-Cu 合金具有选择性透氢能力。用作高纯氢净化材料有如下特点：

(1) 30%~60%Cu 的 Pd-Cu 合金都是有效的透氢材料。Pd-40Cu 合金的透氢速度为纯 Pd 的 1.25~1.5 倍。

(2) 在上述成分范围内，合金至少部分或全部是体心立方结构(β)。

(3) 使用温度不得高于 600℃，在 300~450℃ 使用较为适宜。

Pd-Cu 合金的物理、机械性能见表 4.5.1-1、图 4.5.1-1~图 4.5.1-2。

表 4.5.1-1　Pd-Cu 合金成分和性能

合金牌号	熔化温度/℃	密度/(g·cm^{-3})	硬度 HB	电阻率/(μΩ·cm)	电阻温度系数 α_ρ/($\times 10^{-3}$·℃$^{-1}$)	抗拉强度 σ_b/MPa
Pd-5Cu	1480~1490	11.4	55	21.6	1.3	—
Pd-10Cu	1420~1450	11.7	69	29.4	0.8	—
Pd-30Cu	1250~1280	10.75	80	44.7	0.2	—
Pd-40Cu	1200~1230	10.60	80	35.0	0.36	53

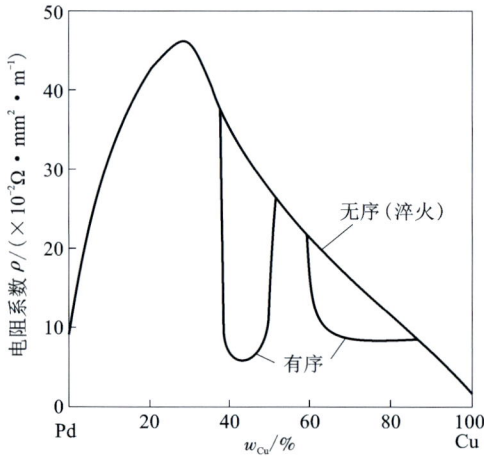

图 4.5.1-1　Pd-Cu 合金的电阻率

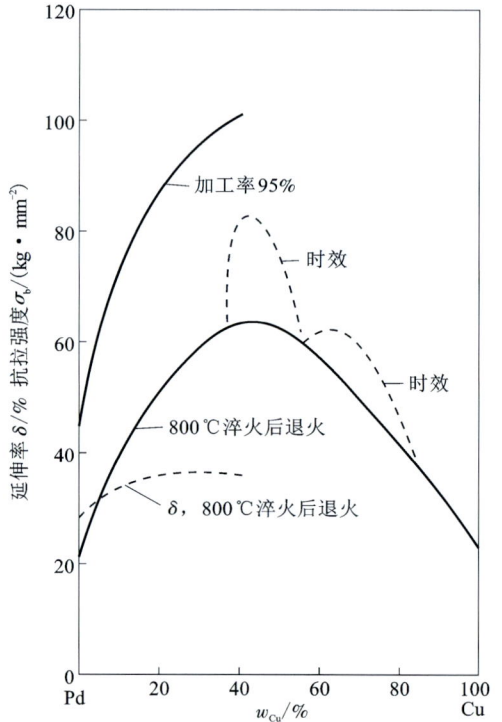

图 4.5.1-2　Pd-Cu 合金的抗拉强度和延伸率

Pd-40Cu 用作弱电接触材料,具有不可焊性,桥式转移小,能承受很大的电流冲击等优点。比 Pd-Ag 合金硬,不会失去光泽,能保证长期工作。也有采用含 Cu10%~15% 的 Pd-Cu 合金作弱电接触材料的。Pd-40Cu 合金还用作滑环和电刷,耐磨性好。合金有序化后,传导条件大大地改善。Pd-40Cu 合金的透氢速度大于纯 Pd,并且强度高,价格低廉。某些成分的 Pd-Cu 合金,用作高温焊料。例如 Pd-82Cu,特点是熔点高,熔点和凝固点非常接近(970~1010℃),比银焊料的机械性能高,与镍合金、钨、钼焊接性好。

Pd-Cu 合金中添加 Ni 和 Mn 形成的四元高温钎料合金,有 Pd-55Cu-15Ni-10Mn 和 Pd-35Cu-20Ni-15Mn。前者的熔点为 1060~1105℃,钎焊温度为 1110℃。

4.5.2　钯铜系合金的金相组织

Pd-Cu 合金在高温时形成连续固溶体(见图 4.5.2-1),在低温时,出现有序-无序转变。有序相是 $PdCu_5$(74.86% Cu)和 Pd_3Cu_5(49.8% Cu)。一般,含 Pd 越少,有序化速度越快。图 4.5.2-2~图 4.5.2-7 为部分 Pd-Cu 系的金相组织。

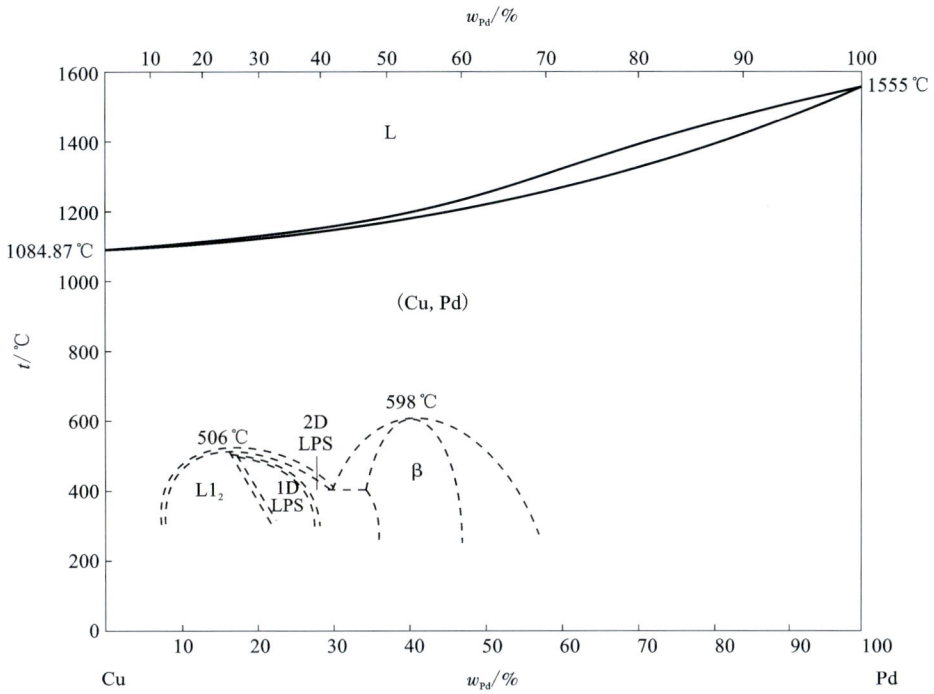

图 4.5.2-1　Pd-Cu 二元合金相图

牌　　　号：Pd-60Cu
状　　　态：包卷复合
组织说明：白色为 Pd、灰色为 Cu
浸 蚀 剂：Au-m5

图 4.5.2-2

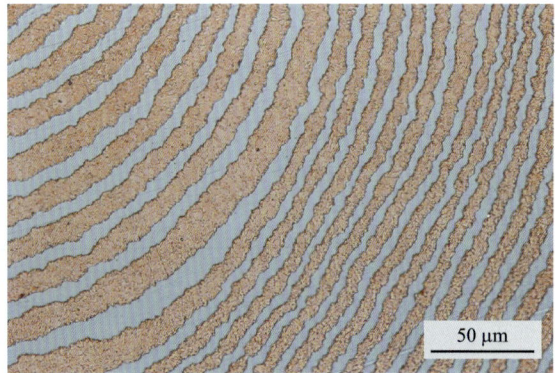

牌　　　号：Pd-60Cu
状　　　态：包卷复合
组织说明：蓝色为 Pd+红色为 Cu
浸 蚀 剂：Au-m5

图 4.5.2-3

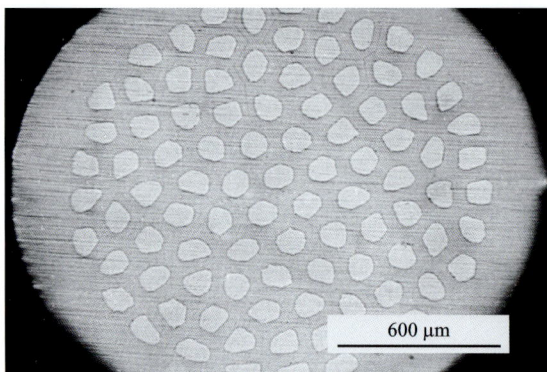

牌　　　号：Pd-50Cu
状　　　态：Cu 包 Pd 纤维复合丝材料横截面
组织说明：白色为 Pd，灰色为 Cu
浸 蚀 剂：Au-m5

图 4.5.2-4

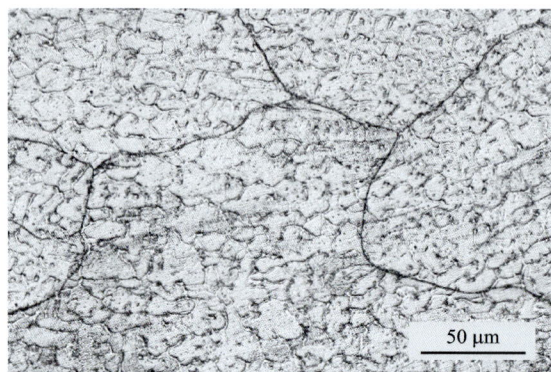

牌　　　号：Pd-70Cu
状　　　态：真空熔铸
组织说明：(Pd，Cu)晶内偏析组织
浸 蚀 剂：Au-m5

图 4.5.2-5

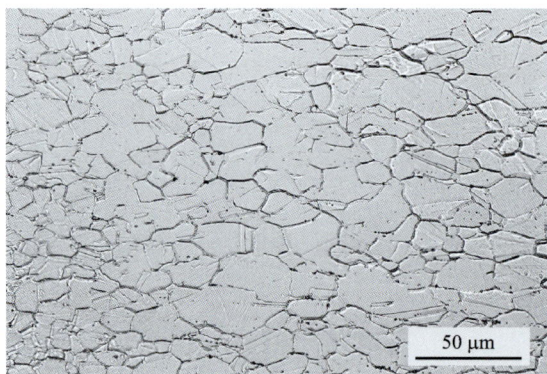

牌　　　号：Pd-70Cu
状　　　态：冷加工，850℃/0.5 h 固溶处理
组织说明：(Pd，Cu)再结晶组织
浸 蚀 剂：Au-m5

图 4.5.2-6

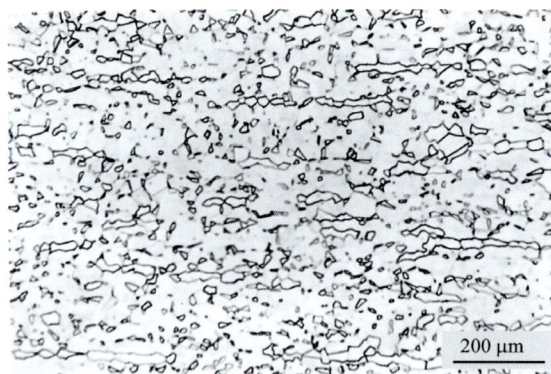

牌　　　号：Pd-10Cu-10Gd
状　　　态：冷加工，850℃/3 h 随炉冷却
组织说明：(Pd，Cu)+Cu_6Gd，再结晶组织
浸 蚀 剂：Au-m5

图 4.5.2-7

4.6　钯铱合金

4.6.1　钯铱合金的性能和用途

Ir 提高了 Pd 的电阻系数，使电阻温度系数降低（图 4.6.1-1），而硬度（图 4.6.1-2）得到显著提高。Pd-10Ir 和 Pd-18Ir 合金的性能列于表 4.6.1-1。

表 4.6.1-1　Pd-Ir 合金的成分和性能

合金牌号	密度 /(g·cm^{-3})	电阻率 /(μΩ·cm)	电阻温度系数 α_ρ/(×10^{-3}·℃$^{-1}$)	硬度		抗拉强度 σ_b/MPa	延伸率 /%	熔点 /℃	对铜热电势 (0~100℃)/mV
				HV	HB				
Pd-10Ir	12.6	26	0.133	125	125	37.6	30	1555	1.24
Pd-18Ir	13.5	35.1	0.75	—	195	61.9	—	1555	—

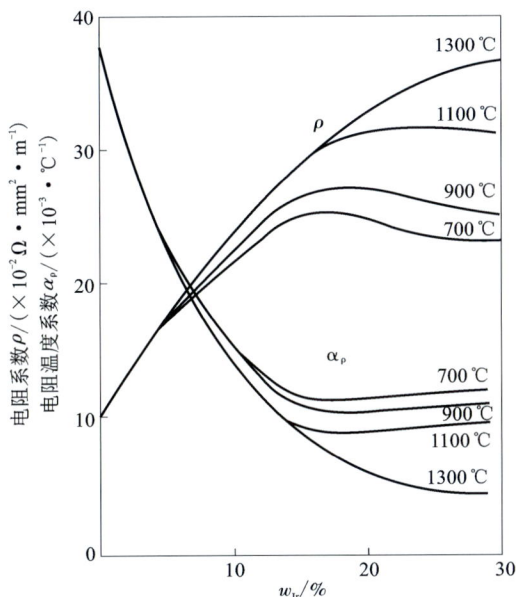

图 4.6.1-1　Pd-Ir 合金的电阻率和电阻温度系数

Pd-Ir 合金主要用作电接触（电刷）材料。Pd-10Ir 和 Pd-18Ir 在一定条件下可以代替某些 Pt-Ir 合金，Pd-30Ir 合金，具有更高的硬度及稳定性，可在较恶劣环境下使用。Pd-Ir 合金还可用来生产人造纤维的喷丝头。合金的成分有：（95%~99.7%）Pd、（5%~0.3%）Ir；（70%~80%）Pd、（20%~30%）Ir；（7%~15%）Ir、（15%~30%）Rh 的 Pd 合金以及（20%~30%）Ir、（5%~30%）Rh 的 Pd 合金。

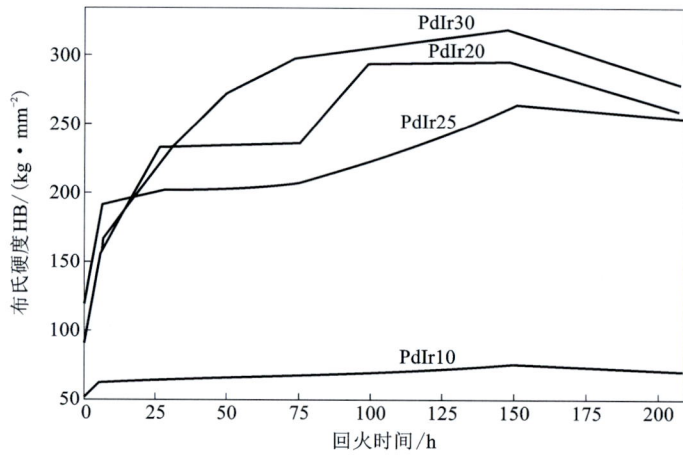

（1300℃淬火，700℃回火）

图 4.6.1-2　Pd-Ir 合金的硬度与回火时间的关系

4.6.2　钯铱合金的金相组织

Pd-Ir 合金在高温时形成连续固溶体，在 1480℃ 和（5%～55%）Pd 处发生固溶体分解，见图 4.6.2-1。图 4.6.2-2～图 4.6.2-10 是 Pd-Ir 部分合金的金相组织。

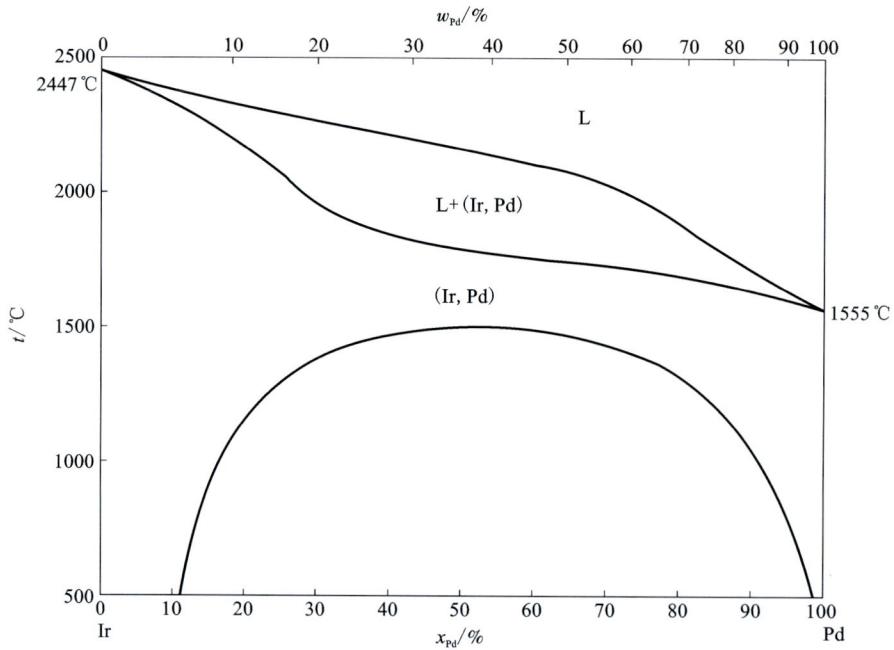

图 4.6.2-1　Pd-Ir 二元合金相图

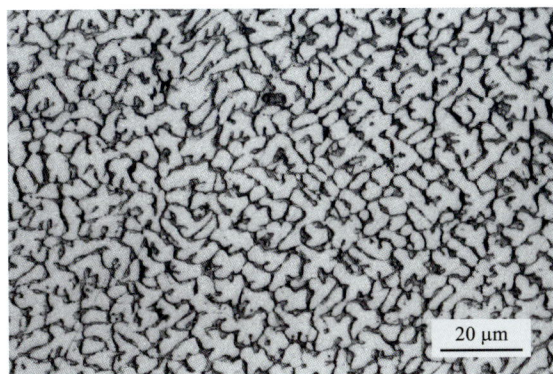

牌　　　号：Pd-18Ir
状　　　态：真空熔炼，铸态
组织说明：(Pd, Ir)晶内偏析组织
浸 蚀 剂：Au-m5

图 4.6.2-2

牌　　　号：Pd-18Ir
状　　　态：真空熔炼，铸态
组织说明：(Pd, Ir)晶内偏析组织，偏振光干涉相衬照片
浸 蚀 剂：Au-m5

图 4.6.2-3

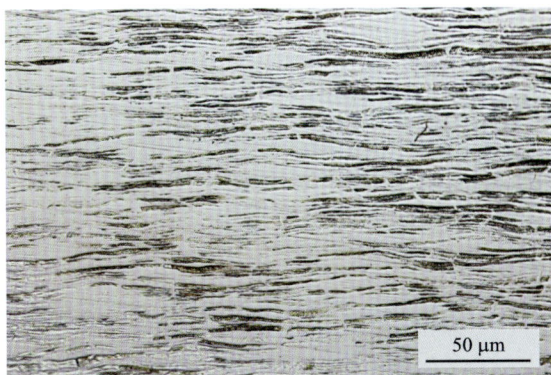

牌　　　号：Pd-18Ir
状　　　态：真空熔炼，冷加工，1000℃/0.5 h 退火处理
组织说明：(Pd, Ir)冷加工形变组织
浸 蚀 剂：Au-m5

图 4.6.2-4

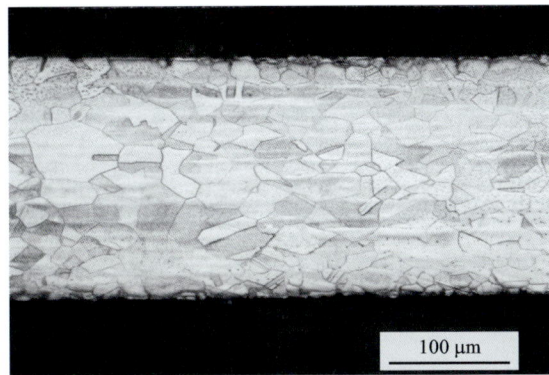

牌　　　号：Pd-18Ir
状　　　态：真空熔炼，冷加工，1500℃/0.5 h 固溶处理
组织说明：(Pd, Ir)再结晶组织
浸 蚀 剂：Au-m5

图 4.6.2-5

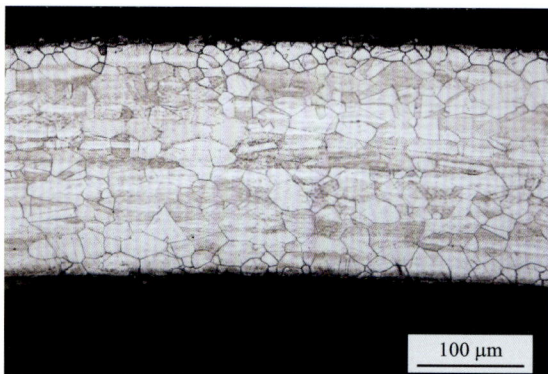

牌　　号：Pd-18Ir

状　　态：真空熔炼，冷加工，1500℃/0.5 h 固溶，800℃/
　　　　　0.5 h 时效处理

组织说明：(Pd, Ir)再结晶组织

浸 蚀 剂：Au-m5

图 4.6.2-6

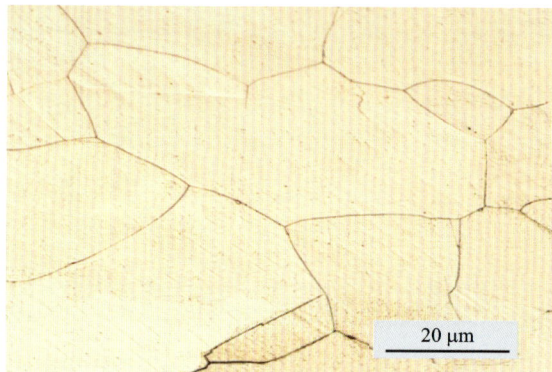

牌　　号：Pd-18Ir

状　　态：真空熔炼，冷加工，1500℃/0.5 h 固溶，1000℃/
　　　　　6 h 时效处理

组织说明：(Pd, Ir)再结晶组织

浸 蚀 剂：Au-m5

图 4.6.2-7

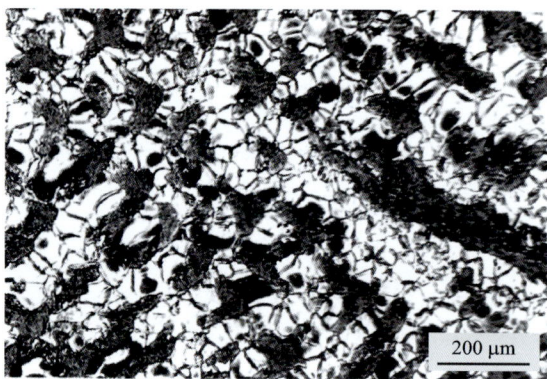

牌　　号：Pd-18Ir

状　　态：冷加工，1100℃/15 min，高温金相显微镜实验

组织说明：(Pd)+(Ir)，分解组织

浸 蚀 剂：未腐蚀

图 4.6.2-8

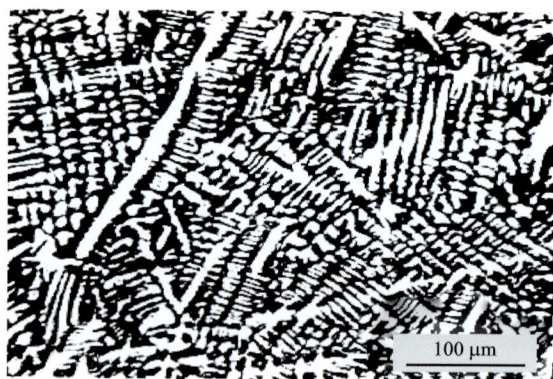

牌　　号：Pd-18Ir-0.5Y

状　　态：铸态

组织说明：(Pd, Ir)晶内偏析组织

浸 蚀 剂：Au-m5

图 4.6.2-9

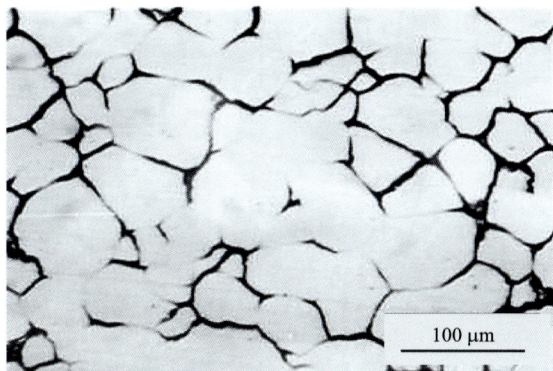

牌　　号：Pd-18Ir-0.5Y
状　　态：冷加工，1500℃/30 min 退火处理
组织说明：(Pd，Ir)再结晶组织
浸 蚀 剂：Au-m5

图 4.6.2-10

4.7　钯镍合金

4.7.1　钯镍合金的性能和用途

Pd-Ni 合金的电阻温度系数和布氏硬度示于图 4.7.1-1，含 Pd 约 70% 的合金电阻系数最大。Pd-Ni 合金透氢性能的变化见图 4.7.1-2。含 5%Ni 的合金透氢的速度比纯 Pd 稍高，继续增加 Ni 含量时，透气速度急剧下降。Pd-Ni 合金在氢气中的热稳定性随镍含量的增加而提高。含 (2%~3.5%)Ni 的合金，吸 H_2 后生成 α 及 β 相，当 $w_{Ni} \geqslant 5\%$ 时即使为 H_2 所饱和，只生成 α 相。

Pd-Ni 合金可作电接触材料。Pd-40Ni-0.5Si-0.25Bi 合金(熔点约 1115℃)可作耐热合金材料，Pd-20Ni 可作电位器绕组材料，含 (2%~9%)Ti、(30%~75%)Pd，余为 Ni 的合金可作金属陶瓷-金属陶瓷、

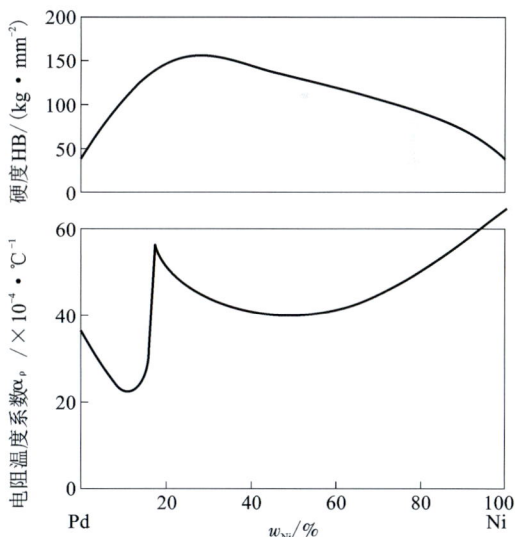

图 4.7.1-1　Pd-Ni 合金的布氏硬度和电阻温度系数

金属陶瓷-金属之间的焊料。Pd-22Ni-70Au、Pd-25Ni-25Au 和 Pd-40Ni-20Au 3 种合金，具有良好的耐蚀性和良好的塑性，易加工成材，可用作真空钎料，用于钎接真空器件的密封缝。Pd-48Ni-31Mn 合金的熔点为 1120℃。用来钎焊不锈钢、镍合金、钨和钼，钎焊接头高温度强度比 Pd-Ag-Mn 合金还要高，此外还可钎接(真空中)钛、锆和铌等材料。

4.7.2 钯镍合金的金相组织

Pd-Ni 合金为连续固溶体。液固相线有一最低点（含 40% Ni 处），即 1237℃，如图 4.7.2-1 所示。在 356℃以下发生磁性转变，含镍量大于 5%的合金在氢中为氢所饱和时生成 α 相。图 4.7.2-2~图 4.7.2-9 是部分 Pd-Ni 合金的金相组织。

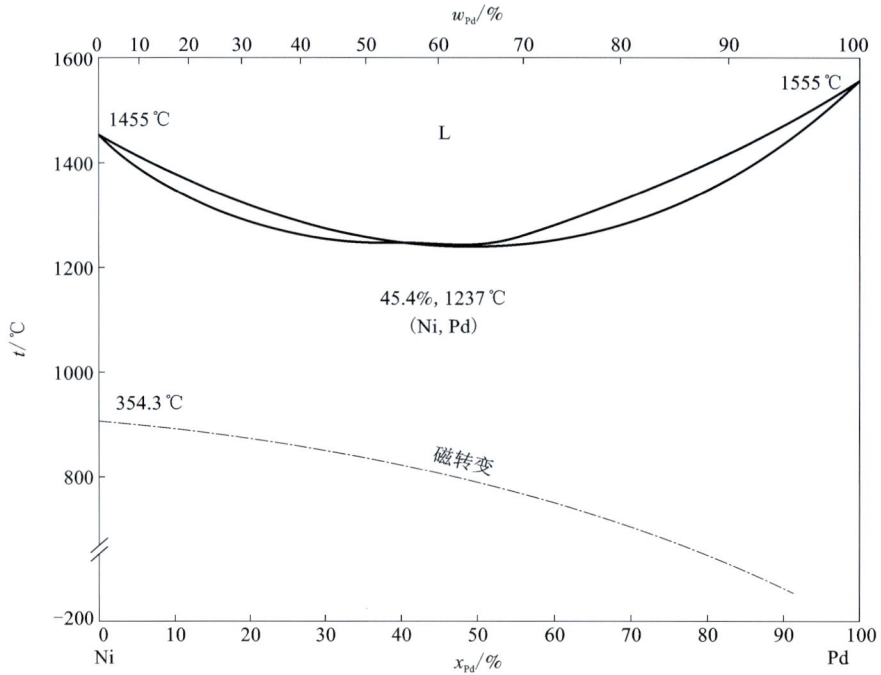

图 4.7.2-1　Pd-Ni 二元合金相图

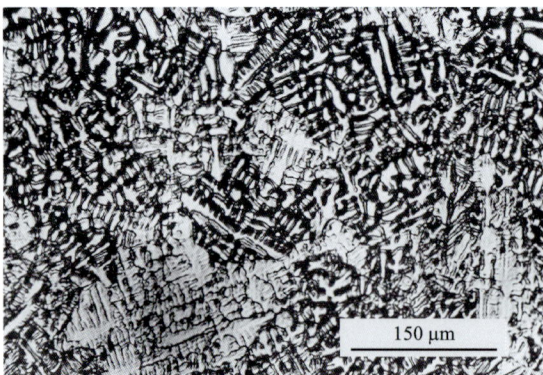

牌　　号：Pd-5Ni
状　　态：真空熔炼，铸态
组织说明：(Pd, Ni) 晶内偏析组织
浸　蚀剂：Au-m5

图 4.7.2-2

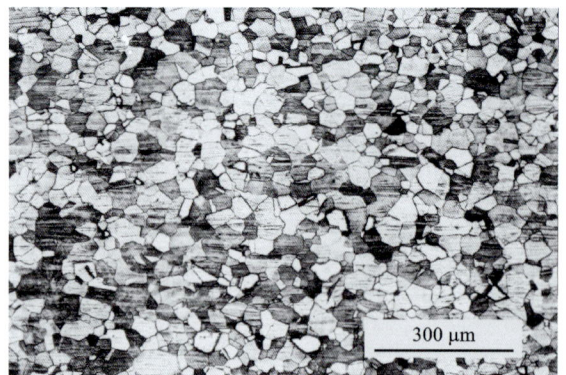

牌　　号：Pd-5Ni
状　　态：真空熔炼，冷加工，950℃/10 min 退火处理
组织说明：(Pd, Ni) 完全再结晶组织
浸　蚀剂：Au-m5

图 4.7.2-3

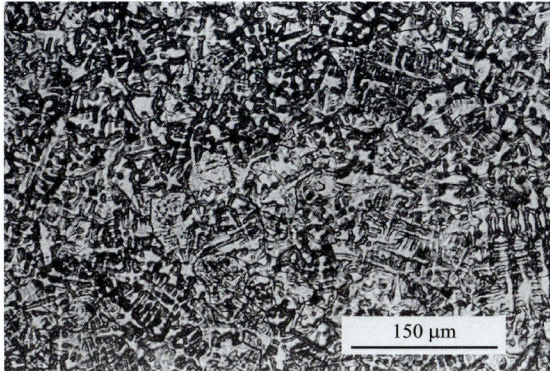

牌　　　号：Pd-3Ni-2Ru

状　　　态：真空熔炼，铸态

组织说明：(Pd，Ni)晶内偏析组织

浸　蚀　剂：Au-m5

图 4.7.2-4

牌　　　号：Pd-3Ni-2Ru

状　　　态：真空熔炼，冷加工，850℃/10 min 退火处理

组织说明：(Pd，Ni，Ru)再结晶组织

浸　蚀　剂：Au-m5

图 4.7.2-5

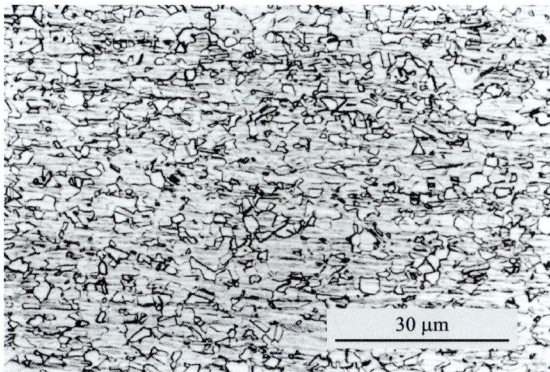

牌　　　号：Pd-80Ni

状　　　态：真空熔炼，冷加工，850℃/10 min 退火处理

组织说明：(Pd，Ni)部分再结晶组织

浸　蚀　剂：Au-m5

图 4.7.2-6

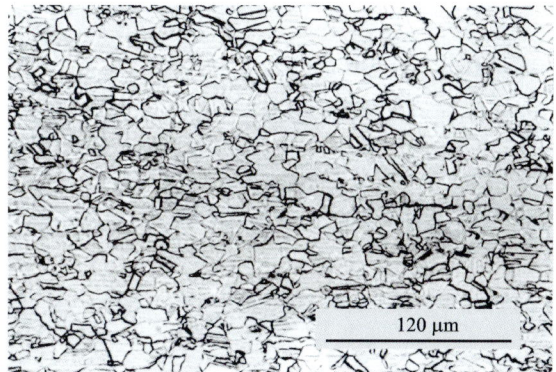

牌　　　号：Pd-70Ni

状　　　态：真空熔炼，冷加工，850℃/10 min 退火处理

组织说明：(Pd，Ni)再结晶组织

浸　蚀　剂：Au-m5

图 4.7.2-7

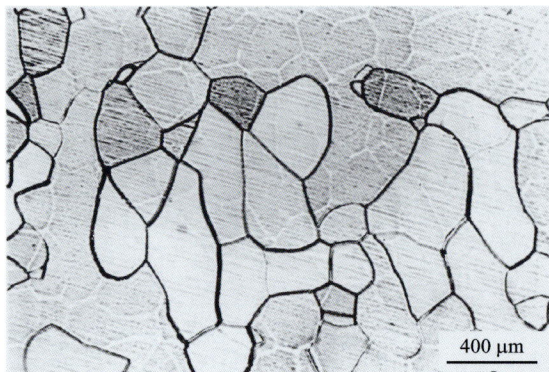

牌　　　号：Pd-40Ni
状　　　态：铸态
组织说明：(Pd，Ni)，可见亚晶界铸态凝固结晶组织
浸　蚀　剂：Au-m5

图 4.7.2-8

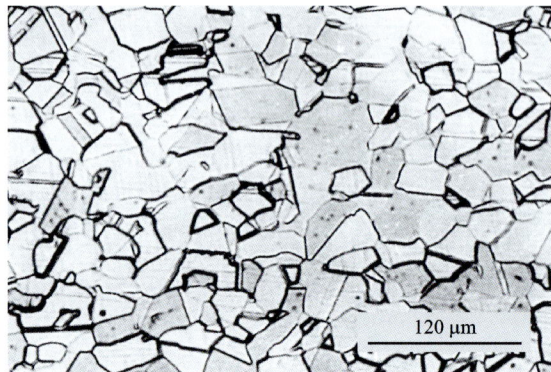

牌　　　号：Pd-40Ni
状　　　态：真空熔炼，冷加工，850℃/10 min 退火处理
组织说明：(Pd，Ni)单相再结晶组织
浸　蚀　剂：Au-m5

图 4.7.2-9

4.8　钯钨合金

4.8.1　钯钨合金的性能和用途

Pd-W 合金可形成"K-状态"，其特点如下：①形成 K-状态的成分在(13%～20%)W 范围内；②在 700℃退火缓慢冷却时出现 K-状态，退火后加快冷却速度，K-状态生成量减少，淬火态则更少；③在形成 K-状态时，电阻系数，对铜热电势以及硬度都增大，电阻温度系数减小。Pd-W 合金的性能见表 4.8.1-1，Pd-W 合金对铜的热电势见图 4.8.1-1。

表 4.8.1-1　Pd-W 合金的成分和性能

合金牌号	硬度 HB		抗拉强度 σ_b/MPa		延伸率 δ/%		电阻率 /($\mu\Omega\cdot$cm)
	硬态	退火态	硬态	退火态	硬态	退火态	
Pd-10W	260	100	980	500	2	31	38
Pd-20W	330	130	1607	627	2	40	110
Pd-25W	350	140	1764	706	2	40	118

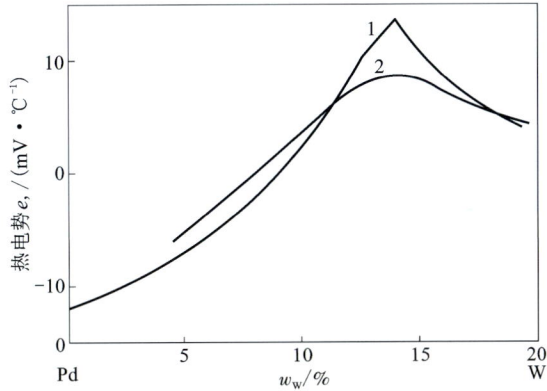

1—700℃ 退火 1 h，慢冷；2—加工率 50%。

图 4.8.1-1 Pd-W 合金对铜热电势

Pd-8W 合金的弹性好，导电性和耐腐蚀性也比较好，而且容易与 Ni-Ti 合金丝焊接。Pd-W 合金作为电阻材料有如下几种牌号：Pd-5W、Pd-10W、Pd-20W、Pd-25W。

4.8.2 钯钨合金的金相组织

Pd-W 合金具有简单的包晶反应，见图 4.8.2-1，包晶点为含 W33%（质量分数）处。图 4.8.2-2~图 4.8.2-8 示出 Pd-20W 合金的金相组织。

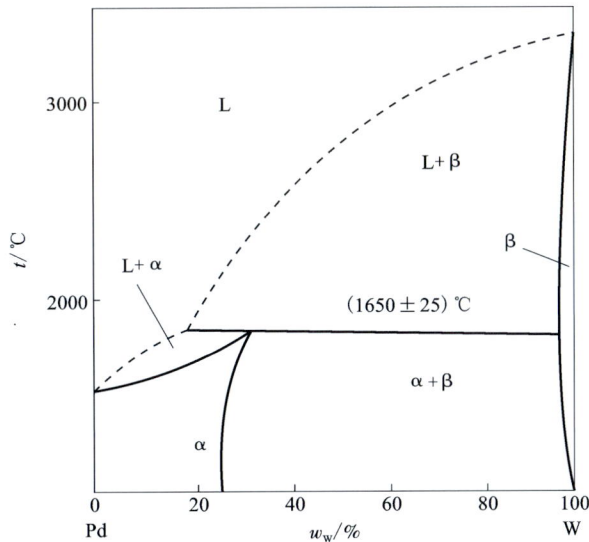

图 4.8.2-1 Pd-W 二元合金相图

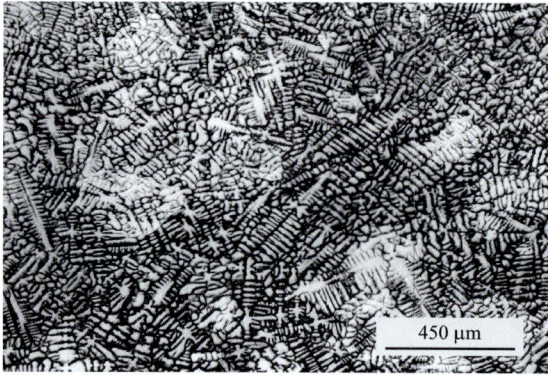

牌　　号：Pd-20W
状　　态：真空熔炼，铸态
组织说明：(Pd，W)晶内偏析组织
浸 蚀 剂：Au-m5

图 4.8.2-2

牌　　号：Pd-20W
状　　态：真空熔炼，铸态
组织说明：(Pd，W)晶内偏析组织
浸 蚀 剂：Au-m5

图 4.8.2-3

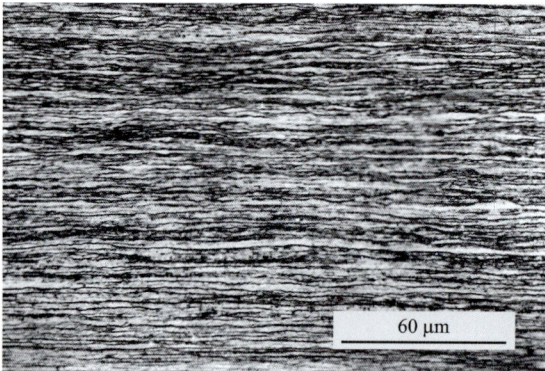

牌　　号：Pd-20W
状　　态：真空熔炼，铸态，冷拉丝材
组织说明：(Pd，W)加工形变组织
浸 蚀 剂：Au-m5

图 4.8.2-4

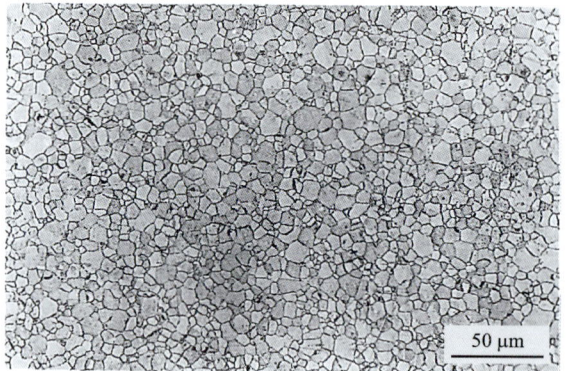

牌　　号：Pd-20W
状　　态：真空熔炼，铸态，加工，1050℃/1 h 真空退火
组织说明：(Pd，W)再结晶组织
浸 蚀 剂：Au-m5

图 4.8.2-5

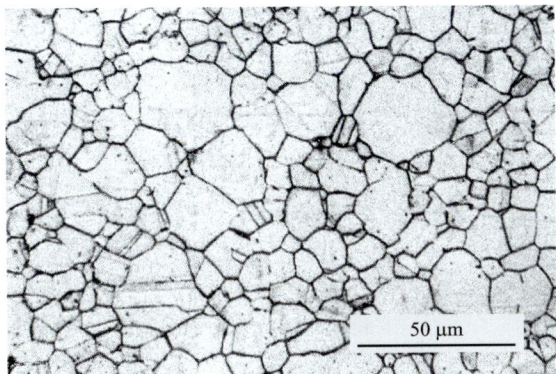

牌　　　号：Pd-20W

状　　　态：真空熔炼，铸态，加工，1050℃/1 h 真空退火

组织说明：(Pd，W)再结晶组织

浸　蚀　剂：Au-m5

图 4.8.2-6

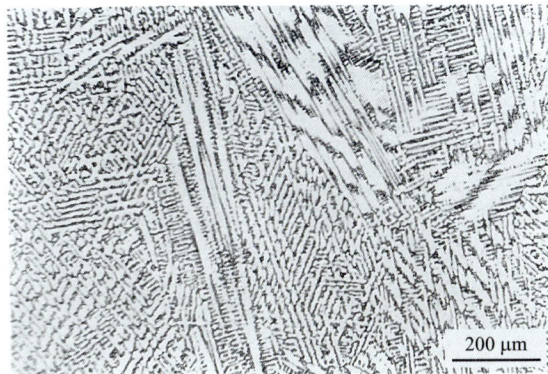

牌　　　号：Pd-20W-V-微量 Gd

状　　　态：真空熔炼，铸态

组织说明：(Pd，W)+Gd 化合物，偏析组织

浸　蚀　剂：Au-m5

图 4.8.2-7

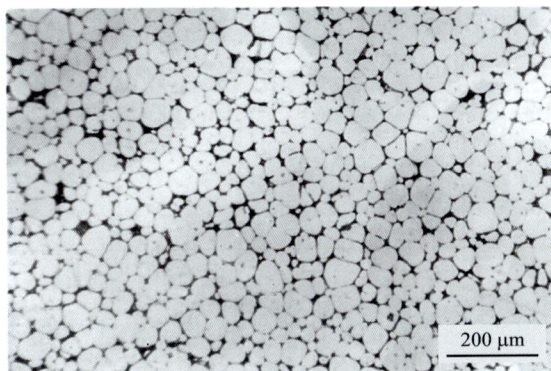

牌　　　号：Pd-20W-V-微量 Gd

状　　　态：冷加工，1000℃/1 h 热处理

组织说明：(Pd，W)+Gd 化合物

浸　蚀　剂：Au-m5

图 4.8.2-8

4.9　钯稀土合金

4.9.1　钯稀土合金的性能和用途

微量稀土元素加入 Pd 中，可明显地提高 Pd 的室温和高温力学性能及延伸率。在 Pd-稀土合金中 PdEu 合金的强度最高，其 $\Delta\sigma_b/0.3\%^*$ 为 228 MPa/%，PdY 和 PdCe 合金的强度仅低于 PdEu 合金，其 $\Delta\sigma_b/0.3\%$ 分别为 188 和 185 MPa/%。Pd-1.37Eu 合金在 600~1000℃ 的高温瞬时强度是纯 Pd 的 4.5~10 倍，其在 900℃ 的蠕变断裂时间是纯 Pd 的 1000 倍以上。稀土元素可提高 Pd 的电阻率 ρ，降低 Pd 的电阻温度系数 α。并且 $(\rho\cdot\alpha)_{\text{Pd-RE}}=(\rho\cdot\alpha)_{\text{Pd}}$。Ce、Eu、Yb 又一次显示出对电学性能的反常影响。在 Pd-稀土合金的氧化过程中，稀土元素较钯优先氧化，具有一定的氧化增重，稀土元素可减缓钯的氧化和挥发。Pd-稀土合金在 700℃ 的氧化增重符合抛物线规律：$1\ \text{mg/cm}^2=1\ \text{Bt}^{1/2}$，但在 900℃ 氧化则失重。Pd-2.97Eu 合金丝材在 900℃ 的内氧化表明它偏离抛物线规律：$\xi=Kt^{0.6}$。稀土元素可细化钯的晶粒，稳定晶粒组织，提高 Pd 的再结晶温度 100~280℃。稀土元素提高 Pd 的位错密度，降低层错能。稀土元素 Eu 使 Pd 的堆垛层错能由 $120\times10^{-7}\ \text{J/cm}^2$ 降低到 $60\times10^{-7}\ \text{J/cm}^2$。对于 Pd-稀土合金，目前只有 Pd-Y 合金扩散薄膜的特性得到研究，研究结果表明这种薄膜既稳固又比工业用的 Pd-Ag 薄膜有更好的透氢能力。由于大的 Y 原子产生固溶强化，Pd-Y 合金比 Pd-Ag 合金用作薄膜材料有更大的优越性，从而有可能取代 Pd-Ag 合金薄膜。

表 4.9.1-1 示出了 Pd-稀土二元合金的室温力学性能。

4.9.2　钯稀土合金的金相组织

Pd-稀土二元合金相图至今仍不完善，已有完整相图的合金系是 Pd-Sc、Pd-Y、Pd-Sm、Pd-Eu、Pd-Gd、Pd-Dy、Pd-Ho、Pd-Er、Pd-Yb、Pd-Ce，只有部分相图是 Pd-La、Pd-Pr 和 Pd-Nd，其他 Pd-稀土二元合金至今无相图。

表 4.9.2-1 列出了稀土元素在 Pd 中的最大固溶度和 500~800℃ 时的固溶度。除轻稀土元素 La、Pr、Nd 在 Pd 中固溶度较低以外，其他稀土元素在钯中的固溶度都在 10% 以上。

稀土在 Pd 中的室温固溶度，至今没有任何数据，从 Pd-稀土二元合金相图上可推断出的固溶度也列在表 4.9.2-1 中。合金的固溶度受组元晶体结构、原子尺寸、电负性和化合价的影响。从表 4.9.2-1 中可看出稀土元素与 Pd 的原子尺寸差都在 19% 以上，远远超过了 Hume-Rothery 规律中原子尺寸差极限小于 15% 时才有大的溶解度标准。稀土元素与 Pd 的电负性差也远远超过了 Darken 和 Gurry 提出的 0.4 极限值。但是少数轻稀土元素和大多数重稀土元素在 Pd 中的溶解度都大于 10%，即使 La、Pr、Nd 等在 Pd 中的溶解度也大于它们在 Ag 或 Au 中的固溶度。稀土元素在 Pd 中溶解度大的原因至今尚未得到圆满解释。从表 4.9.2-1 可以看出除 Sc、Y、Ce、Sm 以外，轻稀土元素在 Pd 中固溶度很小，按从 Eu 至 Lu 的顺序，在 Pd 中的固溶度增大，这种趋势与稀土元素的电子结构有关。

---

* 本节都指原子分数。

表 4.9.1-1　Pd 及 Pd-稀土合金的室温力学性能

合金牌号	稀土原子半径 /nm	密度 /(g·cm⁻³)	弹性模量 E/MPa	硬度/HV 铸态	硬度/HV 900℃退火	抗拉强度 σ_b/MPa 加工态	抗拉强度 σ_b/MPa 900℃退火	延伸率 δ/% 加工态	延伸率 δ/% 900℃退火	点阵常数 a /nm	ΔE /0.3% (MPa/%)	$\Delta\sigma_b$/0.3% (MPa/%)	Δa/0.3% ×10⁻⁴ (nm/%)
Pd	0.137	12.06	124000	70	59	395	170	0.4	8	0.38901	—	—	—
Pd-0.58La	0.1877	11.86	126000	72	—	738	356	0.6	18	0.38942	1035	96	2.1
Pd-0.17Ce	0.1824	11.81	131000	77	62	602	275	0.7	18	0.38912	12353	185	1.9
Pd-0.58Pr	0.1826	11.86	127000	95	—	853	400	1.0	20	0.38928	1552	119	1.4
Pd-0.1Nd	0.1822	12.03	125000	99	97	693	210	0.7	8	0.38905	3000	120	1.2
Pd-0.34Sm	0.1802	11.85	127000	89	66	452	340	0.9	17	0.38912	2647	150	1.0
Pd-0.3Eu	0.1983	11.76	148000	100	93	717	398	0.9	20	0.38951	18000	228	5.0
Pd-0.48Gd	0.1801	11.85	129000	111	82	687	330	0.7	20	0.38920	3125	100	1.2
Pd-0.37Tb	0.1783	11.83	132000	103	75	532	270	0.5	14	0.38915	6487	81	1.1
Pd-0.27Dy	0.1775	11.91	132000	105	—	547	270	0.5	12	0.38910	8889	111	1.0
Pd-0.65Er	0.1758	11.91	131000	91	—	540	300	0.7	16	0.38921	3231	60	0.9
Pd-0.2Yb	0.1939	11.86	132000	76	—	492	295	0.7	15	0.38930	12000	188	4.4
Pd-0.43Y	0.1803	11.99	133000	96	—	703	270	0.4	16	0.38915	6279	70	1.0

表 4.9.2-1　影响稀土元素在 Pd 中固溶度的参数

元素	原子半径	电负性	化合价	尺寸差 $[(r_R/r_{Pd})-1]\times100\%$	电负性差	最大固溶度 /%	500~800℃ 固溶度/%
Pd	0.137	2.2	—	×100%			—
Sc	0.164	1.27	3	19.7	0.93	15	约10(700℃)
Y	0.180	1.20	3	31.4	1.00	12	约10
La	0.1887	1.17	3	37.0	1.30	1.5	—
Ce	0.1824	1.21	3	33.2	0.99	12	约12(800℃)
Pr	0.1826	—	3	33.3	—	2	—
Nd	0.1822	1.19	3	32.9	1.01	3.0	—
Pm	—						
Sm	0.1802	1.18	3	31.5	1.02	11	约8
Eu	0.1983	1.20	2	44.7	1.0	12	—
Gd	0.1801	1.20	3	31.5	1.0	11	约9
Tb	0.1783	1.21	3	30.0	0.90		—
Dy	0.1775	1.21	3	29.6	0.99	12	约10
Ho	0.1767	1.21	3	29.0	0.99	12.5	约11
Er	0.1758	1.22	3	28.3	0.98	13	约10
Tm	0.1747	1.22	3	27.5	0.98		—
Yb(2)	0.1939	0.99	2	41.5	1.21	12	10
Yb(3)	0.1740	1.21	3	27.0	0.99	12	10
Lu	0.1735	1.21	3	26.6	0.99	15	—

　　Pd-稀土二元合金的晶体结构比较复杂，但仍然可以总结出其规律。首先，当稀土原子在固溶度范围内取代 Pd 晶体晶格上的原子形成置换固溶体时，它仍保持 Pd 的 fcc 结构，在固溶度范围内，Pd-稀土二元合金的点阵参数随稀土溶质含量的增加线性变化，即随着溶质含量增加，固溶体的点阵常数增大。从表 4.9.2-1 可以看出 Ce 原子半径（0.1824 nm）大，Pd-Ce 合金的固溶体点阵常数也超过了 Pd-Y 合金。图 4.9.2-1 示出了 Pd-RE 合金的硬度-退火温度关系，图 4.9.2-2 示出了 Pd 和 Pd-RE 合金的晶粒度与退火温度的关系。

　　有关 Pd-稀土合金的系统研究结果认为：①纯 Pd 铸态为等轴晶粒，而 Pd-稀土合金的铸态组织为树枝晶；②铸锭为 φ10 mm，在铸锭组织明显存在 3 个晶区，即表面细晶粒区、中部柱状晶区和中部树枝状晶区；③稀土元素明显细化晶粒；④纯 Pd 的晶界呈规则多边形，而 Pd-稀土晶粒形状较复杂，晶界弯曲。

　　Pd-稀土元素分布特征：①铸态组织存在明显的成分偏析，高熔点的 Pd 凝固形成树枝晶干，低熔点稀土元素偏聚在树枝晶干之间。②在退火态合金中，稀土元素在枝晶间的偏析消失，但在晶界处含量较晶内高。图 4.9.2-3~4.9.2-150 示出了 Pd-Eu、Pd-La、Pd-Ce、

Pd–Pr、Pd–Nd、Pd–Sm、Pd–Gd、Pd–Tb、Pd–Dy、Pd–Er、Pd–Yb、Pb–Y、Pd–C 的二元系合金相图和它们的合金金相组织。

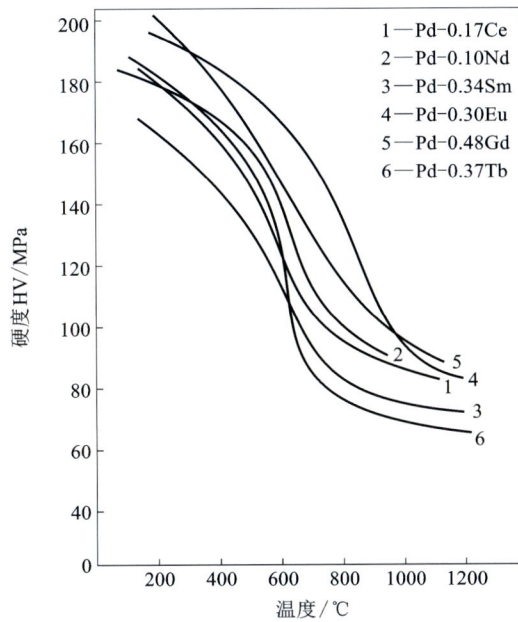

图 4.9.2-1　Pd–RE 合金的硬度–退火温度曲线

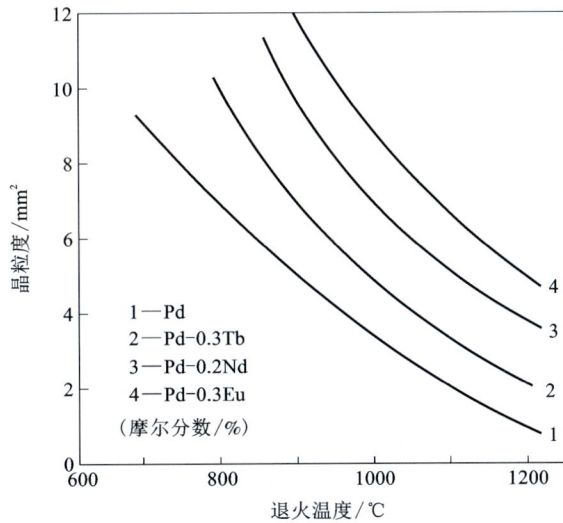

图 4.9.2-2　Pd 和 Pd–RE 合金的晶粒度与退火温度的关系

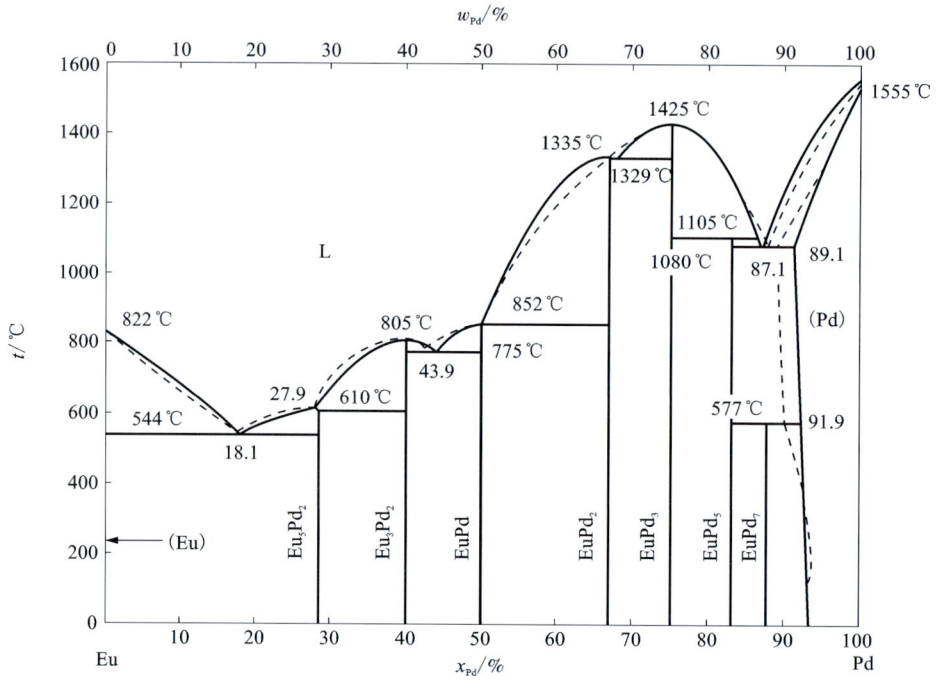

图 4.9.2-3　Pd-Eu 二元合金相图

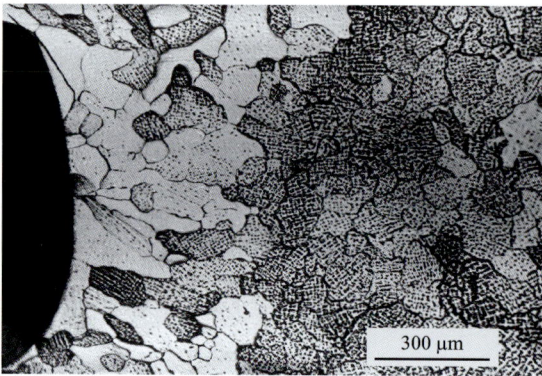

牌　　号：Pd-0.4Eu
状　　态：真空熔炼，铸态
组织说明：(Pd)边沿为柱状晶，中心为成分偏析的等轴晶
　　　　　铸态组织
浸 蚀 剂：Au-m5

图 4.9.2-4

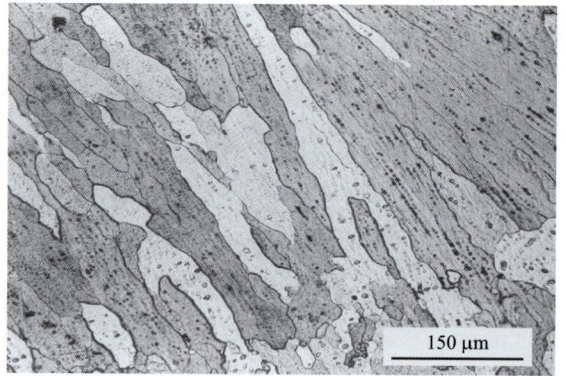

牌　　号：Pd-0.4Eu
状　　态：真空熔炼，铸态
组织说明：(Pd)铸锭边沿成分偏析的柱状晶组织
浸 蚀 剂：Au-m5

图 4.9.2-5

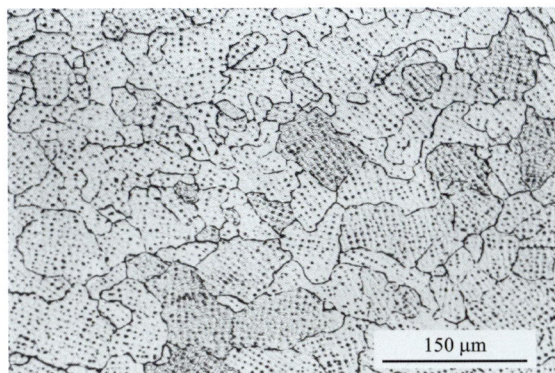

牌　　　号：Pd-0.4Eu
状　　　态：真空熔炼，铸态
组织说明：(Pd)铸锭心部成分偏析等轴晶组织
浸　蚀　剂：Au-m5

图 4.9.2-6

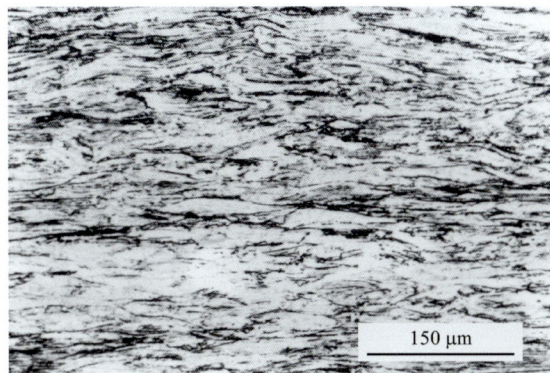

牌　　　号：Pd-0.4Eu
状　　　态：真空熔铸，冷加工，700℃/0.5 h 退火处理
组织说明：(Pd)尚未再结晶，仍然保持加工形变的组织
浸　蚀　剂：Au-m5

图 4.9.2-7

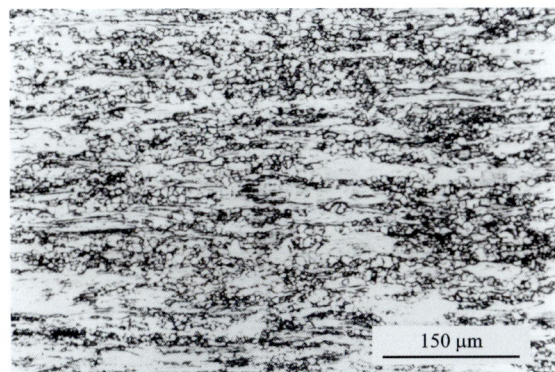

牌　　　号：Pd-0.4Eu
状　　　态：真空熔铸，冷加工，800℃/0.5 h 退火处理
组织说明：(Pd)局部初始再结晶组织
浸　蚀　剂：Au-m5

图 4.9.2-8

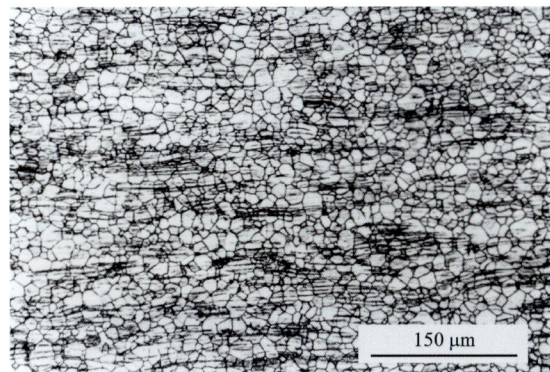

牌　　　号：Pd-0.4Eu
状　　　态：真空熔铸，冷加工，900℃/0.5 h 退火处理
组织说明：(Pd)部分形变未完全消除的再结晶组织
浸　蚀　剂：Au-m5

图 4.9.2-9

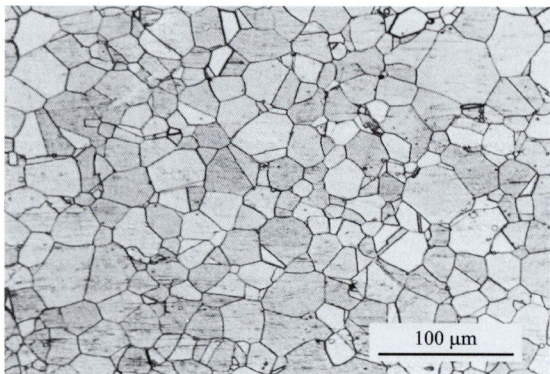

牌　　号：Pd-0.4Eu
状　　态：真空熔铸，冷加工，1000℃/0.5 h 退火处理
组织说明：（Pd）再结晶组织
浸 蚀 剂：Au-m5

图 4.9.2-10

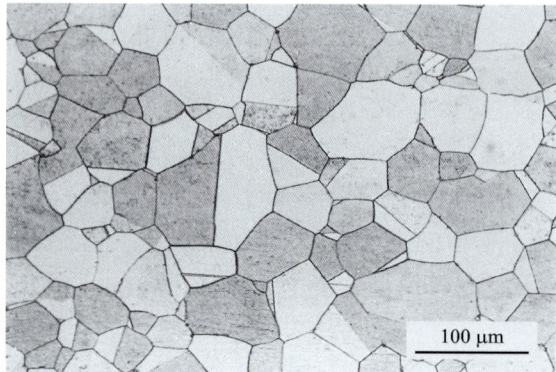

牌　　号：Pd-0.4Eu
状　　态：真空熔铸，冷加工，1100℃/0.5 h 退火处理
组织说明：（Pd）再结晶组织
浸 蚀 剂：Au-m5

图 4.9.2-11

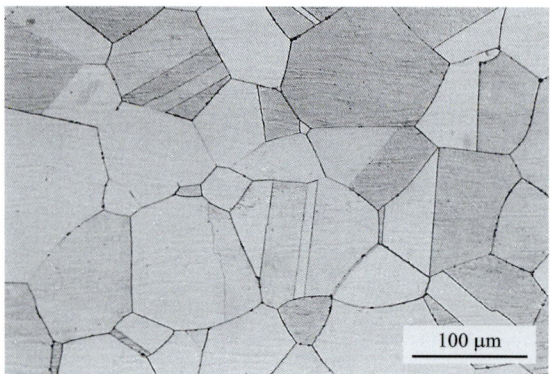

牌　　号：Pd-0.4Eu
状　　态：真空熔铸，冷加工，1200℃/0.5 h 退火处理
组织说明：（Pd）再结晶组织
浸 蚀 剂：Au-m5

图 4.9.2-12

牌　　号：Pd-0.4Eu
状　　态：冷加工丝材，600℃/2 h/3 kg 持久强度断口
组织说明：（Pd）沿晶界断裂组织
浸 蚀 剂：Au-m5

图 4.9.2-13

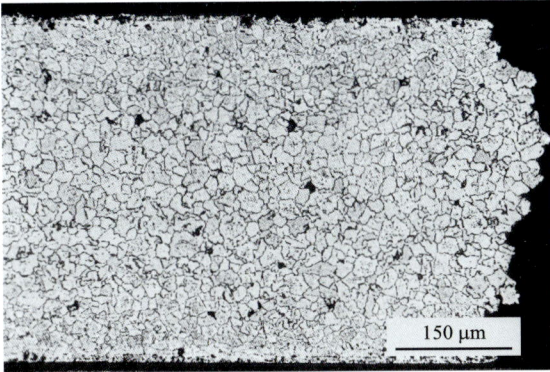

牌　　号：Pd-0.4Eu
状　　态：900℃/2.5 h/5 kg 持久强度断口
组织说明：(Pd)局部晶界形成蠕变孔洞的沿晶界断裂组织
浸 蚀 剂：Au-m5

图 4.9.2-14

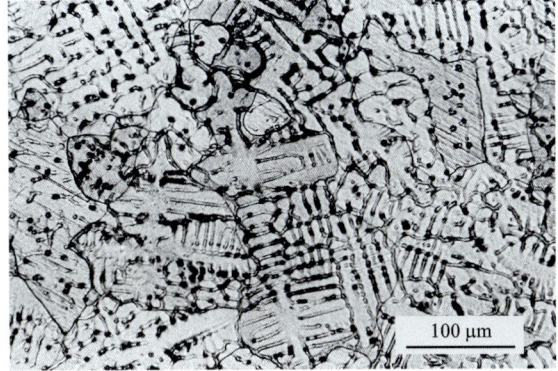

牌　　号：Pd-0.5Eu
状　　态：真空熔铸
组织说明：(Pd)凝固偏析组织
浸 蚀 剂：Au-m5

图 4.9.2-15

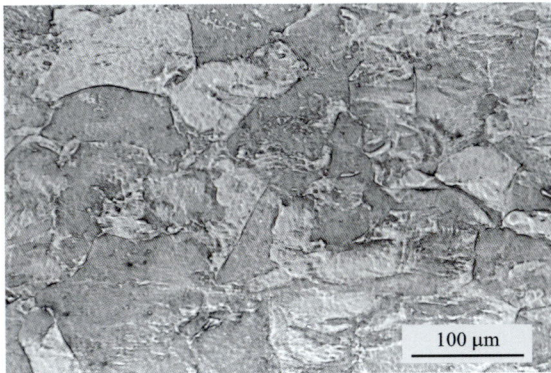

牌　　号：Pd-0.5Eu
状　　态：冷加工，600℃/0.5 h 退火处理
组织说明：(Pd)尚未再结晶，仍然保持加工形变的组织
浸 蚀 剂：Au-m5

图 4.9.2-16

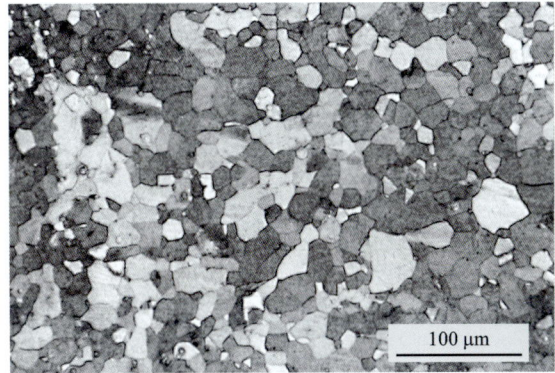

牌　　号：Pd-0.5Eu
状　　态：冷加工，700℃/0.5 h 退火处理
组织说明：(Pd)再结晶组织
浸 蚀 剂：Au-m5

图 4.9.2-17

牌　　　号：Pd-0.5Eu
状　　　态：冷加工，800℃/0.5 h 退火处理
组织说明：（Pd）再结晶组织
浸 蚀 剂：Au-m5

图 4.9.2-18

牌　　　号：Pd-0.5Eu
状　　　态：冷加工，900℃/0.5 h 退火处理
组织说明：（Pd）再结晶组织
浸 蚀 剂：Au-m5

图 4.9.2-19

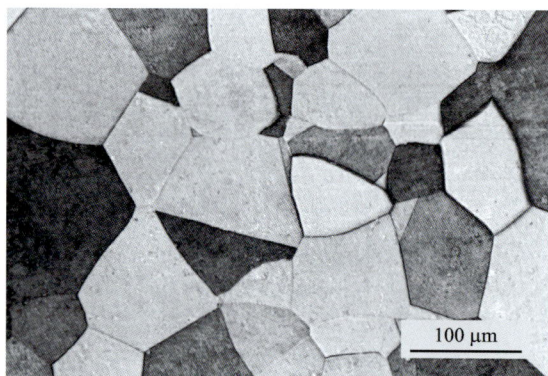

牌　　　号：Pd-0.5Eu
状　　　态：冷加工，1000℃/0.5 h 退火处理
组织说明：（Pd）再结晶组织
浸 蚀 剂：Au-m5

图 4.9.2-20

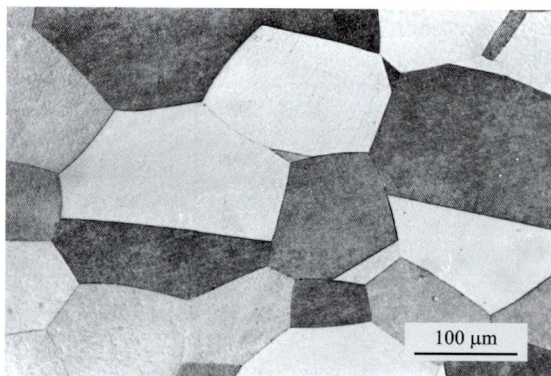

牌　　　号：Pd-0.5Eu
状　　　态：冷加工，1100℃/0.5 h 退火处理
组织说明：（Pd）再结晶组织
浸 蚀 剂：Au-m5

图 4.9.2-21

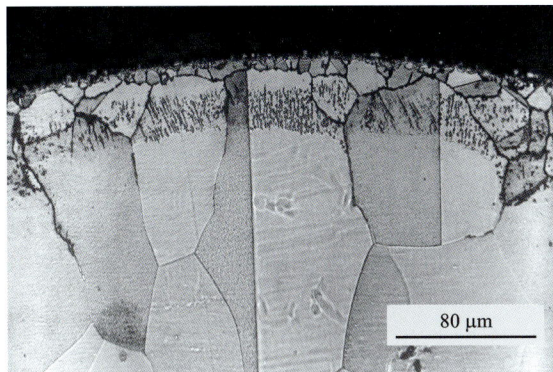

牌　　　号：Pd-0.5Eu

状　　　态：冷加工丝材横截面，900℃/1 h 大气内氧化处理

组织说明：中部(Pd)再结晶组织，边沿形成[(Pd)+Eu$_2$O$_3$]组织

浸　蚀　剂：Au-m5

图 4.9.2-22

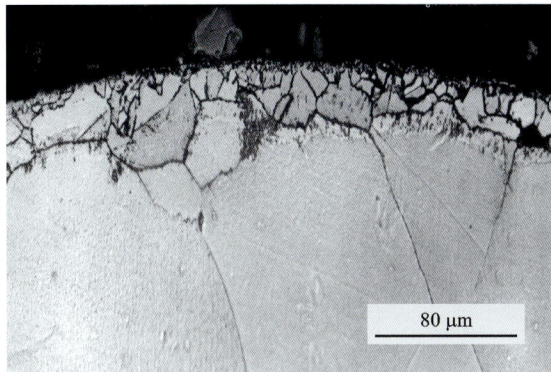

牌　　　号：Pd-0.5Eu

状　　　态：冷加工丝材横截面，900℃/1 h 大气内氧化处理

组织说明：中部(Pd)再结晶组织，边沿形成[(Pd)+Eu$_2$O$_3$]组织

浸　蚀　剂：Au-m5

图 4.9.2-23

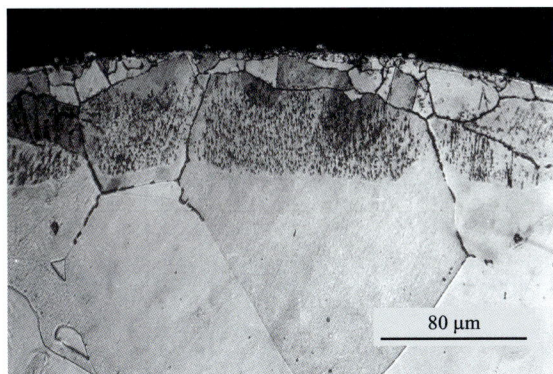

牌　　　号：Pd-0.5Eu

状　　　态：冷加工丝材横截面，900℃/2 h 大气内氧化处理

组织说明：中部(Pd)再结晶组织，边沿形成[(Pd)+Eu$_2$O$_3$]组织

浸　蚀　剂：Au-m5

图 4.9.2-24

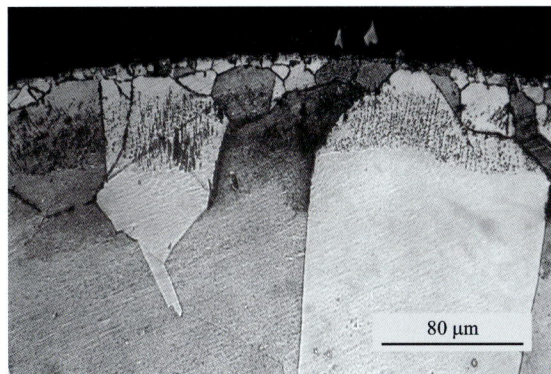

牌　　　号：Pd-0.5Eu

状　　　态：冷加工丝材横截面，900℃/4 h 大气内氧化处理

组织说明：中部(Pd)再结晶组织，边沿形成[(Pd)+Eu$_2$O$_3$]组织

浸　蚀　剂：Au-m5

图 4.9.2-25

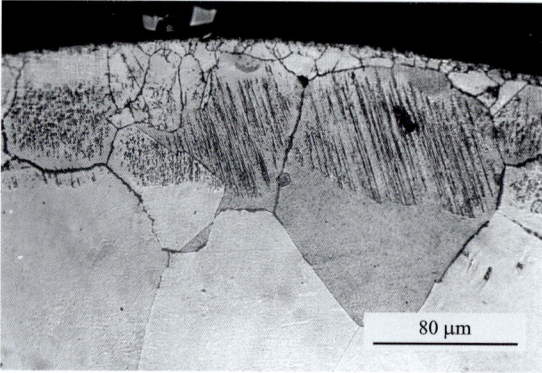

牌　　　号：Pd-0.5Eu

状　　　态：冷加工丝材横截面，900℃/8 h 大气内氧化处理

组织说明：中部(Pd)再结晶组织，边沿形成[(Pd)+Eu₂O₃]
　　　　　　组织

浸 蚀 剂：Au-m5

图 4.9.2-26

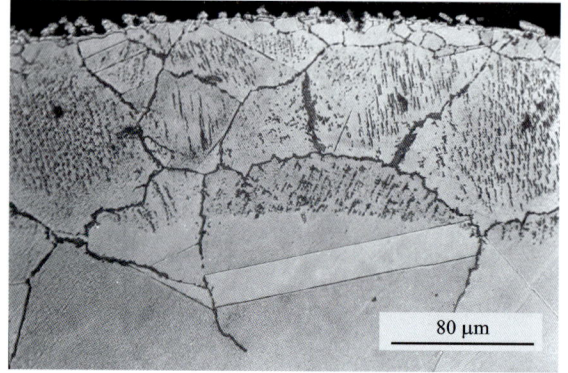

牌　　　号：Pd-0.5Eu

状　　　态：冷加工丝材横截面，900℃/8 h 大气内氧化处理

组织说明：中部(Pd)再结晶组织，边沿形成[(Pd)+Eu₂O₃]
　　　　　　组织

浸 蚀 剂：Au-m5

图 4.9.2-27

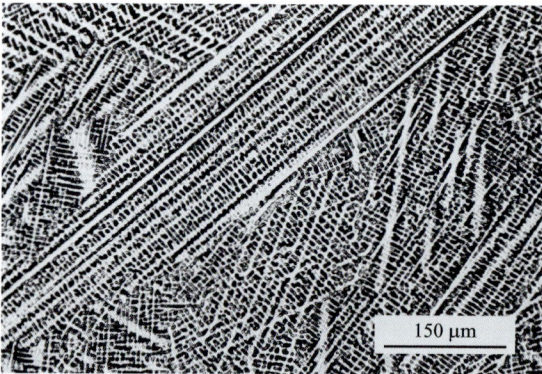

牌　　　号：Pd-0.8Eu

状　　　态：真空熔炼，铸态

组织说明：(Pd)成分偏析的铸态组织

浸 蚀 剂：Au-m5

图 4.9.2-28

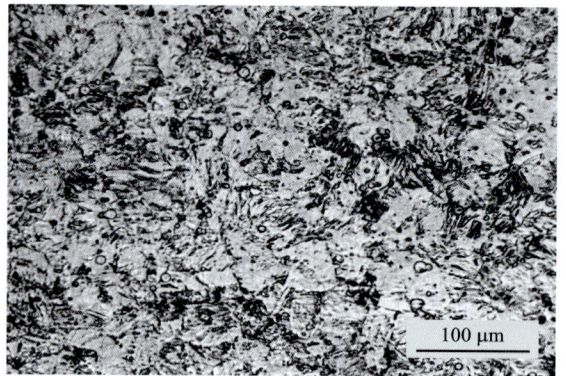

牌　　　号：Pd-0.8Eu

状　　　态：真空熔铸，冷加工，600℃/0.5 h 退火处理

组织说明：(Pd)仍然保持加工形变，出现少量再结晶晶粒
　　　　　　的组织

浸 蚀 剂：Au-m5

图 4.9.2-29

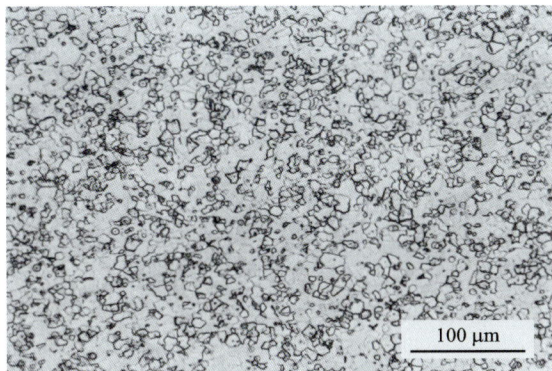

牌　　号：Pd-0.8Eu
状　　态：真空熔铸，冷加工，700℃/0.5 h 退火处理
组织说明：(Pd)未完全再结晶的组织
浸 蚀 剂：Au-m5

图 4.9.2-30

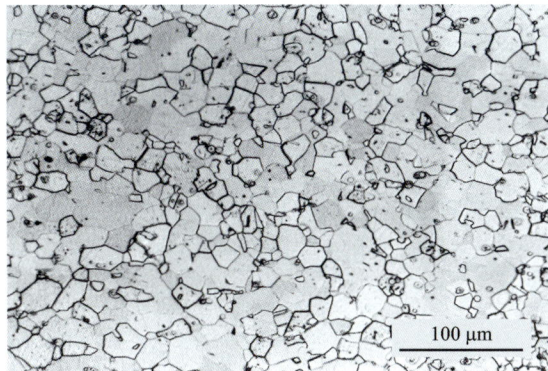

牌　　号：Pd-0.8Eu
状　　态：真空熔铸，冷加工，800℃/0.5 h 退火处理
组织说明：(Pd)再结晶的组织
浸 蚀 剂：Au-m5

图 4.9.2-31

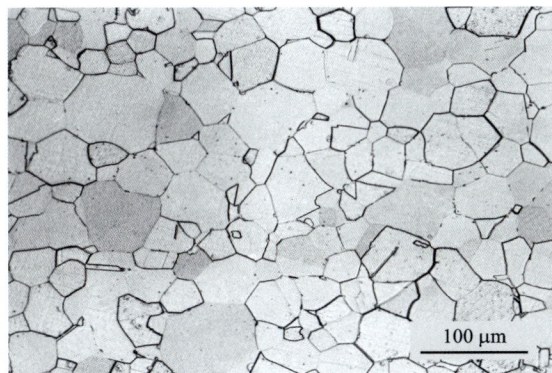

牌　　号：Pd-0.8Eu
状　　态：真空熔铸，冷加工，900℃/0.5 h 退火处理
组织说明：(Pd)再结晶的组织
浸 蚀 剂：Au-m5

图 4.9.2-32

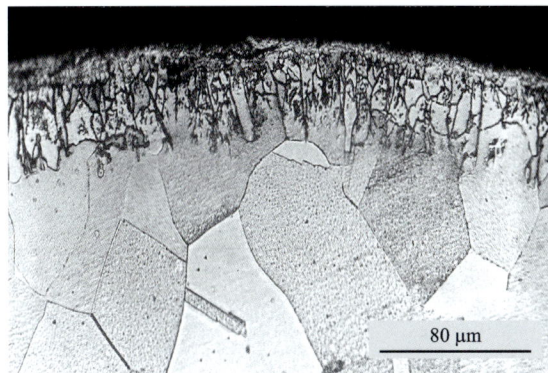

牌　　号：Pd-0.8Eu
状　　态：冷加工丝材横截面，900℃/0.5 h 大气内氧化处理
组织说明：中部(Pd)再结晶组织，边沿形成[(Pd)+Eu$_2$O$_3$]组织
浸 蚀 剂：Au-m5

图 4.9.2-33

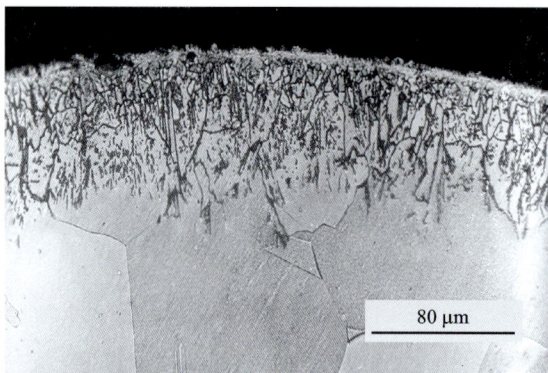

牌　　　号：Pd-0.8Eu
状　　　态：冷加工丝材横截面，900℃/1 h 大气内氧化处理
组织说明：中部(Pd)再结晶组织，边沿形成[(Pd)+Eu₂O₃]
　　　　　组织
浸 蚀 剂：Au-m5

图 4.9.2-34

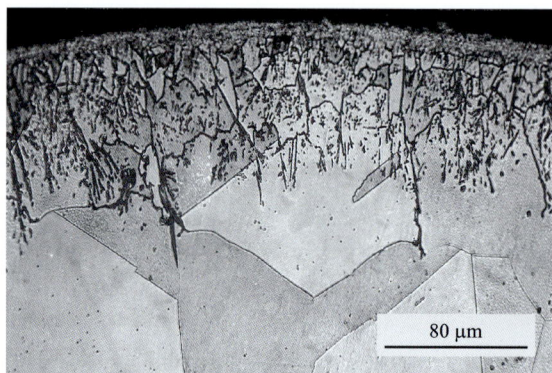

牌　　　号：Pd-0.8Eu
状　　　态：冷加工丝材横截面，900℃/2 h 大气内氧化处理
组织说明：中部(Pd)再结晶组织，边沿形成[(Pd)+Eu₂O₃]
　　　　　组织
浸 蚀 剂：Au-m5

图 4.9.2-35

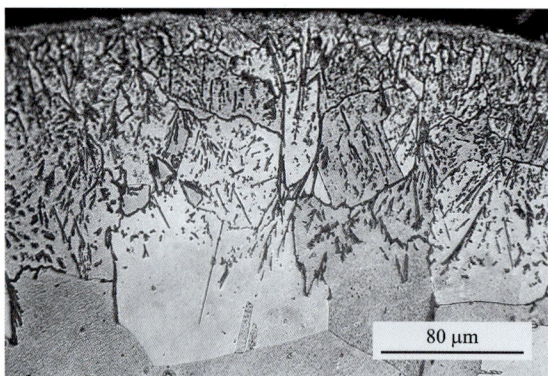

牌　　　号：Pd-0.8Eu
状　　　态：冷加工丝材横截面，900℃/4 h 大气内氧化处理
组织说明：中部(Pd)再结晶组织，边沿形成[(Pd)+Eu₂O₃]
　　　　　组织
浸 蚀 剂：Au-m5

图 4.9.2-36

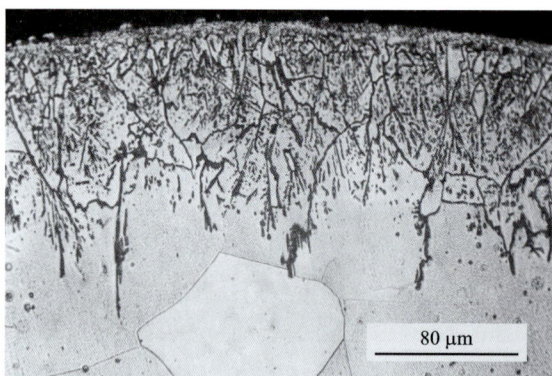

牌　　　号：Pd-0.8Eu
状　　　态：冷加工丝材横截面，900℃/8 h 大气内氧化处理
组织说明：中部(Pd)再结晶组织，边沿形成[(Pd)+Eu₂O₃]
　　　　　组织
浸 蚀 剂：Au-m5

图 4.9.2-37

牌　　号：Pd-0.8Eu

状　　态：冷加工丝材横截面，900℃/25 h 大气内氧
　　　　　化处理

组织说明：中部(Pd)再结晶组织，边沿形成[(Pd)+
　　　　　Eu_2O_3]组织

浸 蚀 剂：Au-m5

图 4.9.2-38

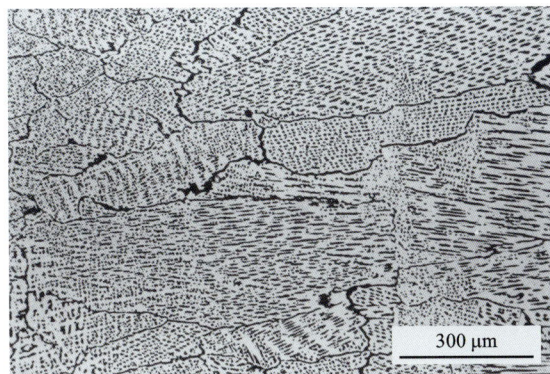

牌　　号：Pd-1.9Eu

状　　态：真空熔炼，铸态

组织说明：(Pd)成分偏析铸态组织

浸 蚀 剂：Au-m5

图 4.9.2-39

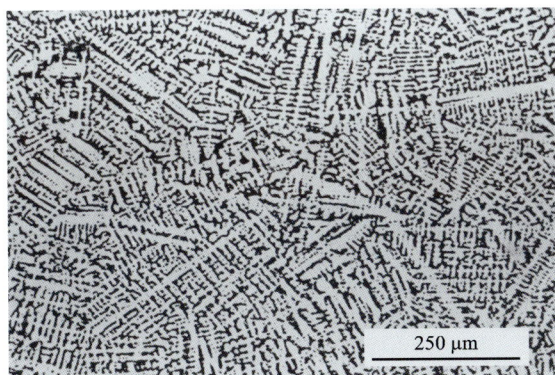

牌　　号：Pd-1.9Eu

状　　态：真空熔炼，铸态

组织说明：(Pd)成分偏析铸态组织

浸 蚀 剂：Au-m5

图 4.9.2-40

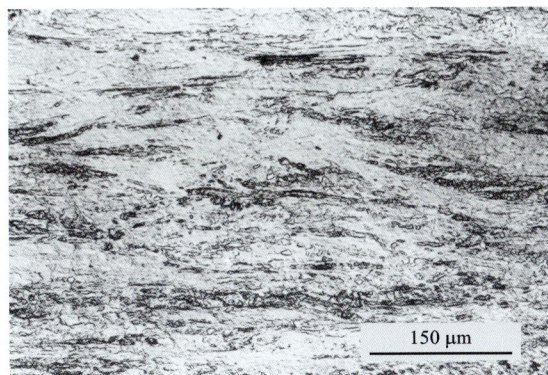

牌　　号：Pd-1.9Eu

状　　态：真空熔铸，冷加工，700℃/0.5 h 退火处理

组织说明：(Pd)仍然保持加工形变，出现少量再结晶晶粒
　　　　　的组织

浸 蚀 剂：Au-m5

图 4.9.2-41

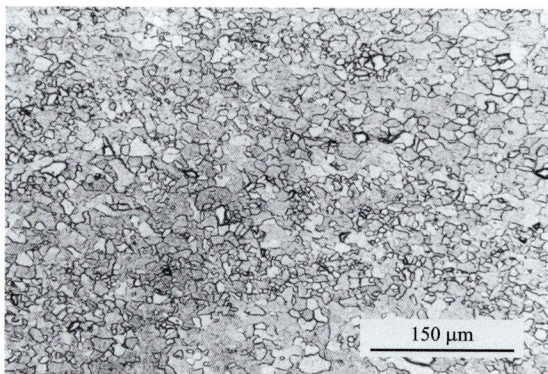

牌　　　号：Pd-1.9Eu
状　　　态：真空熔铸，冷加工，800℃/0.5 h 退火处理
组织说明：（Pd）再结晶的组织
浸　蚀　剂：Au-m5

图 4.9.2-42

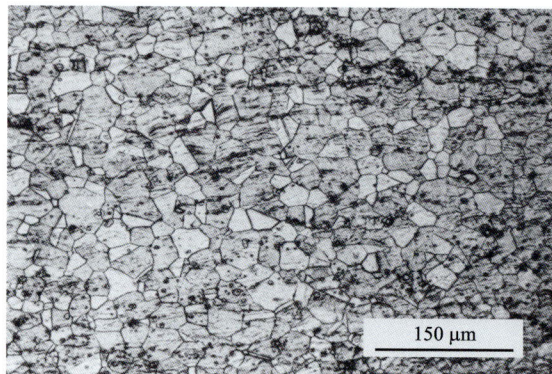

牌　　　号：Pd-1.9Eu
状　　　态：真空熔铸，冷加工，900℃/0.5 h 退火处理
组织说明：（Pd）再结晶的组织
浸　蚀　剂：Au-m5

图 4.9.2-43

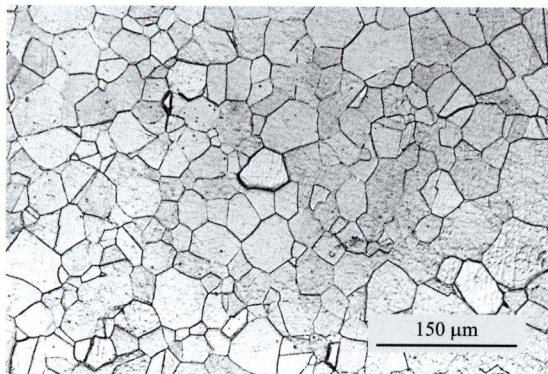

牌　　　号：Pd-1.9Eu
状　　　态：真空熔铸，冷加工，1000℃/0.5 h 退火处理
组织说明：（Pd）再结晶的组织
浸　蚀　剂：Au-m5

图 4.9.2-44

牌　　　号：Pd-1.9Eu
状　　　态：真空熔铸，冷加工，1100℃/0.5 h 退火处理
组织说明：（Pd）再结晶的组织
浸　蚀　剂：Au-m5

图 4.9.2-45

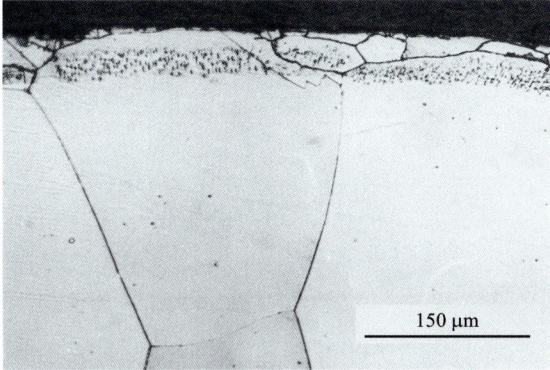

牌　　号：Pd-1.9Eu

状　　态：冷加工丝材横截面，1000℃/1 h 退火处理

组织说明：中部(Pd)再结晶组织，边沿形成[(Pd)+Eu₂O₃]
　　　　　组织

浸　蚀　剂：Au-m5

图 4.9.2-46

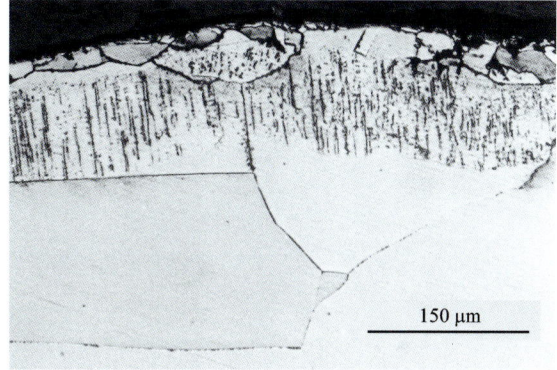

牌　　号：Pd-1.9Eu

状　　态：冷加工丝材横截面，1000℃/4 h 退火处理

组织说明：中部(Pd)再结晶组织，边沿形成[(Pd)+Eu₂O₃]
　　　　　组织

浸　蚀　剂：Au-m5

图 4.9.2-47

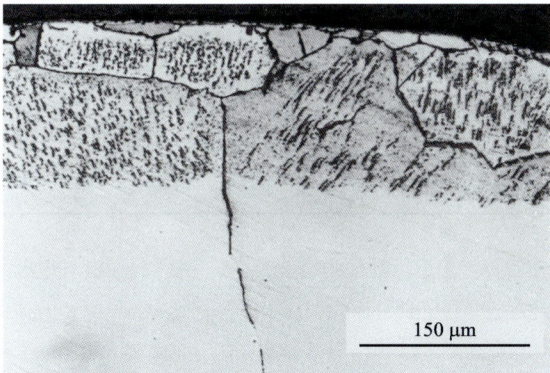

牌　　号：Pd-1.9Eu

状　　态：冷加工丝材横截面，1000℃/9 h 退火处理

组织说明：中部(Pd)再结晶组织，边沿形成[(Pd)+Eu₂O₃]
　　　　　组织

浸　蚀　剂：Au-m5

图 4.9.2-48

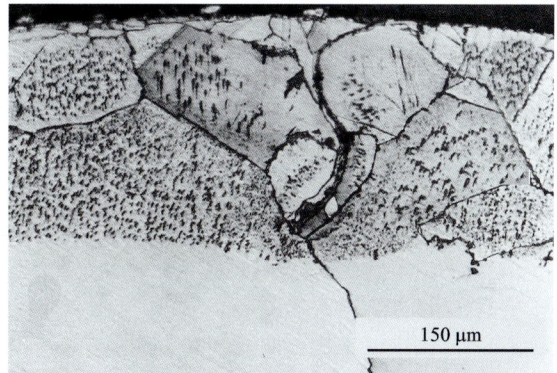

牌　　号：Pd-1.9Eu

状　　态：冷加工丝材横截面，1000℃/16 h 退火处理

组织说明：中部(Pd)再结晶组织，边沿形成[(Pd)+Eu₂O₃]
　　　　　组织

浸　蚀　剂：Au-m5

图 4.9.2-49

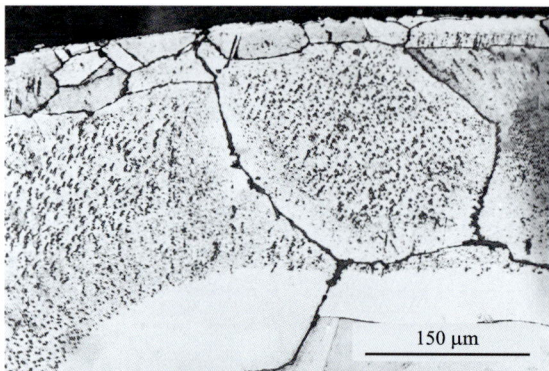

牌　　号：Pd-1.9Eu
状　　态：冷加工丝材横截面，1000℃/25 h 退火处理
组织说明：中部(Pd)再结晶组织，边沿形成[(Pd)+Eu₂O₃]
　　　　　组织
浸 蚀 剂：Au-m5

图 4.9.2-50

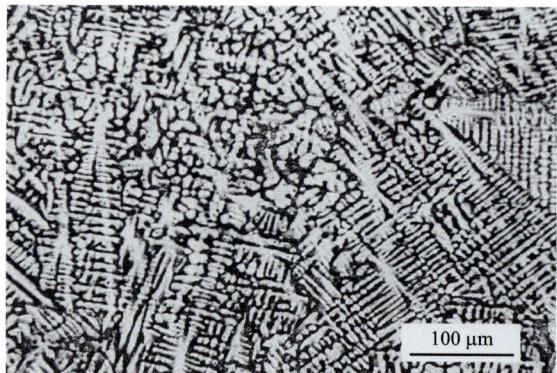

牌　　号：Pd-4Eu
状　　态：真空熔炼，铸态
组织说明：成分偏析的铸态组织
浸 蚀 剂：Au-m5

图 4.9.2-51

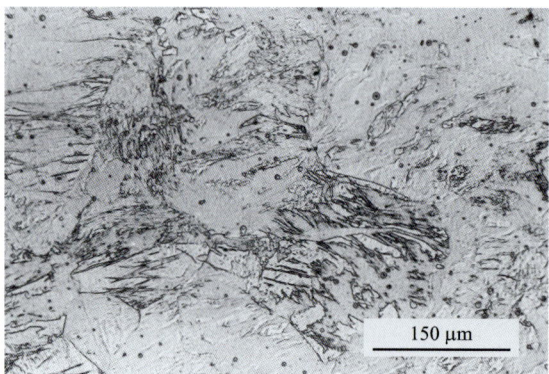

牌　　号：Pd-4Eu
状　　态：真空熔铸，冷加工，500℃/0.5 h 退火处理
组织说明：(Pd)仍然保持冷加工形变，刚出现少量再结晶
　　　　　晶粒的组织
浸 蚀 剂：Au-m5

图 4.9.2-52

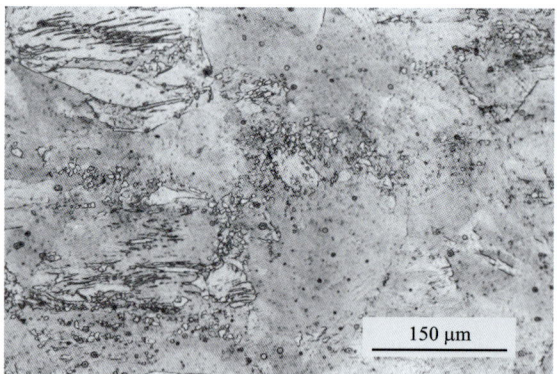

牌　　号：Pd-4Eu
状　　态：真空熔铸，冷加工，600℃/0.5 h 退火处理
组织说明：(Pd)仍然保持冷加工形变，刚出现少量再结
　　　　　晶粒的组织
浸 蚀 剂：Au-m5

图 4.9.2-53

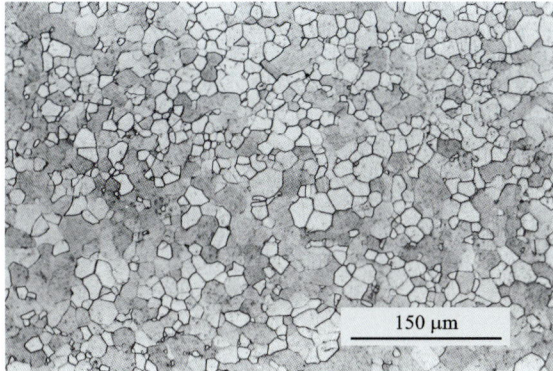

牌　　号：Pd-4Eu
状　　态：真空熔铸，冷加工，700℃/0.5 h 退火处理
组织说明：(Pd)再结晶组织
浸 蚀 剂：Au-m5

图 4.9.2-54

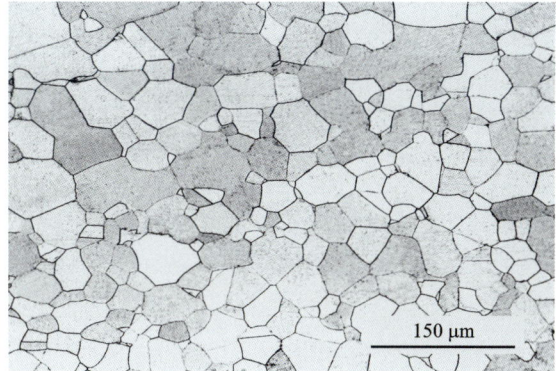

牌　　号：Pd-4Eu
状　　态：真空熔铸，冷加工，800℃/0.5 h 退火处理
组织说明：(Pd)再结晶组织
浸 蚀 剂：Au-m5

图 4.9.2-55

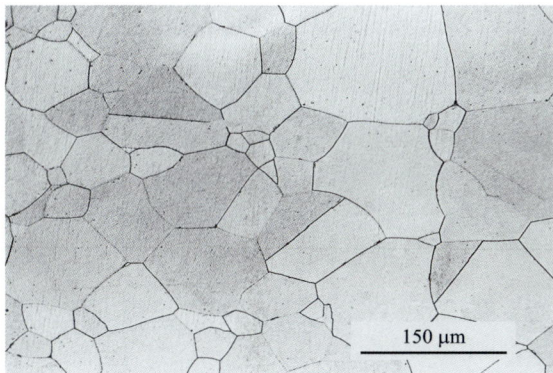

牌　　号：Pd-4Eu
状　　态：真空熔铸，冷加工，900℃/0.5 h 退火处理
组织说明：(Pd)再结晶组织
浸 蚀 剂：Au-m5

图 4.9.2-56

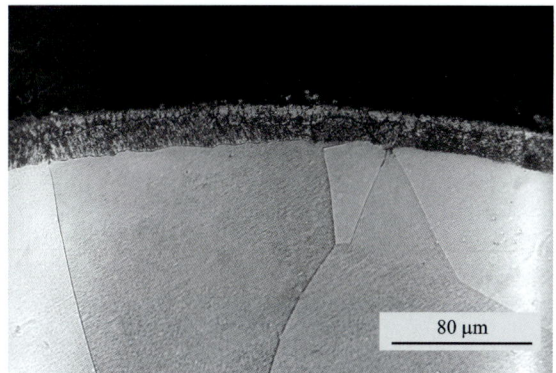

牌　　号：Pd-4Eu
状　　态：冷加工丝材横截面，900℃/0.5 h 退火处理
组织说明：中部(Pd)再结晶组织，边沿形成[(Pd)+Eu$_2$O$_3$]
　　　　　组织
浸 蚀 剂：Au-m5

图 4.9.2-57

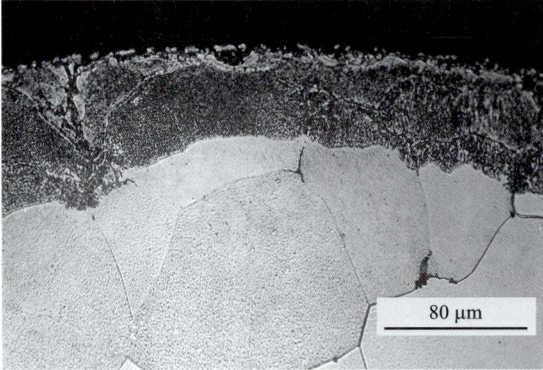

牌　　号：Pd-4Eu
状　　态：冷加工丝材横截面，900℃/1 h 退火处理
组织说明：中部(Pd)再结晶组织，边沿形成[(Pd)+Eu$_2$O$_3$]
　　　　　组织
浸 蚀 剂：Au-m5

图 4.9.2-58

牌　　号：Pd-4Eu
状　　态：冷加工丝材横截面，900℃/2 h 退火处理
组织说明：中部(Pd)再结晶组织，边沿形成[(Pd)+Eu$_2$O$_3$]
　　　　　组织
浸 蚀 剂：Au-m5

图 4.9.2-59

牌　　号：Pd-4Eu
状　　态：冷加工丝材横截面，900℃/4 h 退火处理
组织说明：中部(Pd)再结晶组织，边沿形成[(Pd)+Eu$_2$O$_3$]
　　　　　组织
浸 蚀 剂：Au-m5

图 4.9.2-60

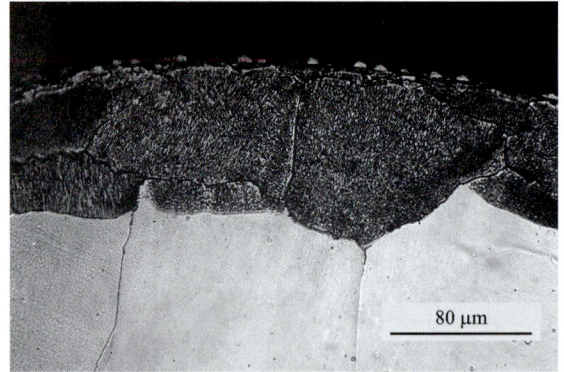

牌　　号：Pd-4Eu
状　　态：冷加工丝材横截面，900℃/8 h 退火处理
组织说明：中部(Pd)再结晶组织，边沿形成[(Pd)+Eu$_2$O$_3$]
　　　　　组织
浸 蚀 剂：Au-m5

图 4.9.2-61

牌　　号：Pd-4Eu
状　　态：冷加工丝材横截面，900℃/25 h 退火处理
组织说明：中部（Pd）再结晶组织，边沿形成［（Pd）+
　　　　　Eu₂O₃］组织
浸 蚀 剂：Au-m5

图 4.9.2-62

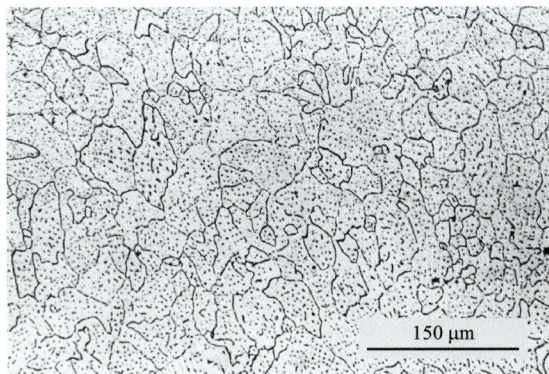

牌　　号：Pd-0.4La
状　　态：真空熔炼，铸态
组织说明：（Pd）铸锭边沿成分偏析的铸态组织
浸 蚀 剂：Au-m5

图 4.9.2-63

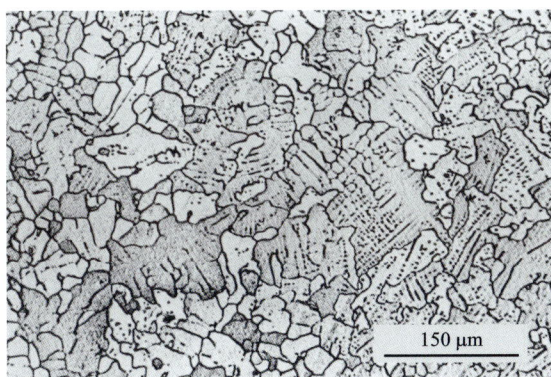

牌　　号：Pd-0.4La
状　　态：真空熔炼，铸态
组织说明：（Pd）铸锭中部成分偏析的铸态组织
浸 蚀 剂：Au-m5

图 4.9.2-64

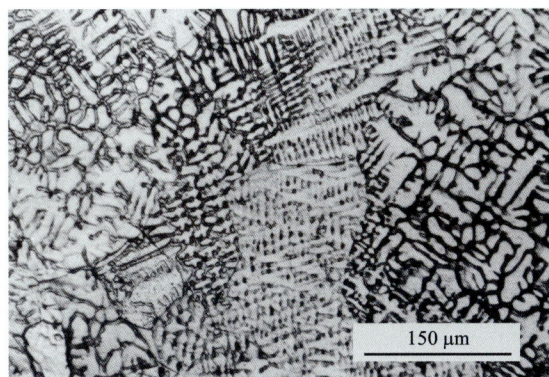

牌　　号：Pd-0.75La
状　　态：真空熔炼，铸态
组织说明：（Pd）铸锭中部成分偏析的铸态组织
浸 蚀 剂：Au-m5

图 4.9.2-65

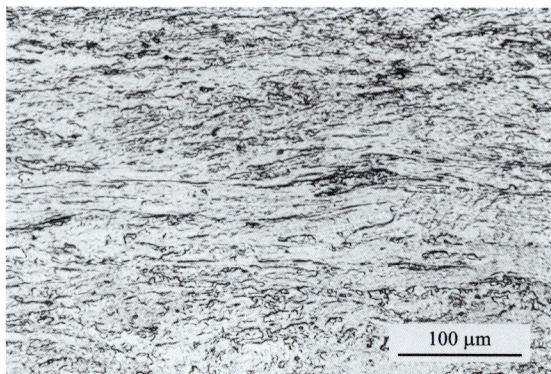

牌　　　号：Pd-0.75La

状　　　态：真空熔炼，冷加工，300℃/0.5 h 退火处理

组织说明：(Pd)保持冷加工形变，尚未再结晶组织

浸 蚀 剂：Au-m5

图 4.9.2-66

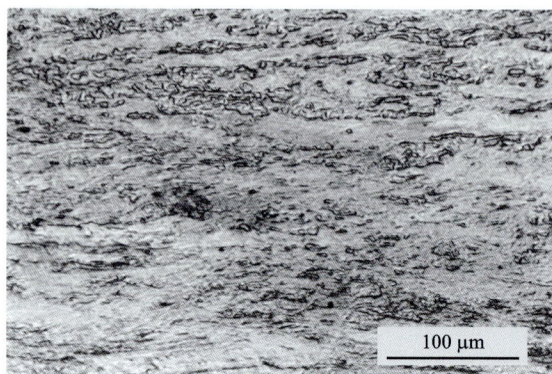

牌　　　号：Pd-0.75La

状　　　态：真空熔炼，冷加工，600℃/0.5 h 退火处理

组织说明：(Pd)保持冷加工形变，刚出现再结晶晶粒的
　　　　　组织

浸 蚀 剂：Au-m5

图 4.9.2-67

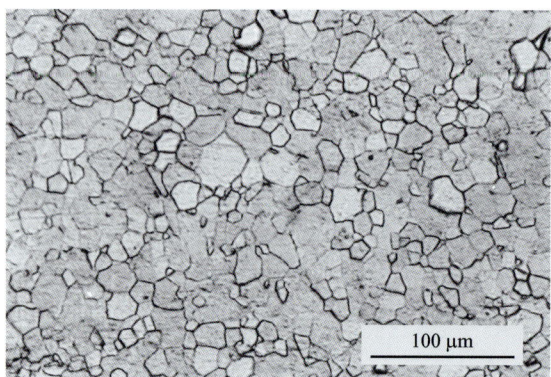

牌　　　号：Pd-0.75La

状　　　态：真空熔炼，冷加工，700℃/0.5 h 退火处理

组织说明：(Pd)再结晶组织

浸 蚀 剂：Au-m5

图 4.9.2-68

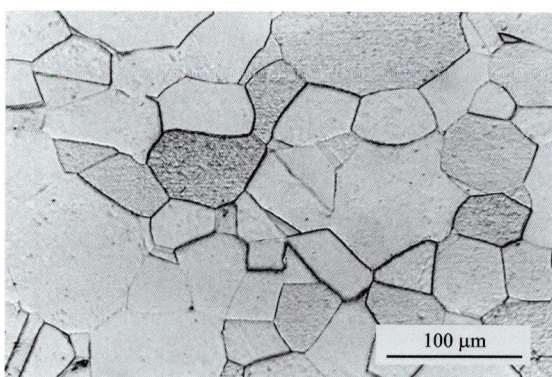

牌　　　号：Pd-0.75La

状　　　态：真空熔炼，冷加工，800℃/0.5 h 退火处理

组织说明：(Pd)再结晶组织

浸 蚀 剂：Au-m5

图 4.9.2-69

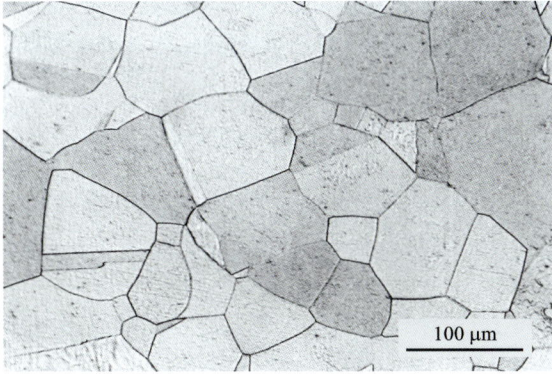

牌　　　号：Pd-0.75La
状　　　态：真空熔炼，冷加工，900℃/0.5 h 退火处理
组织说明：(Pd)再结晶组织
浸　蚀　剂：Au-m5

图 4.9.2-70

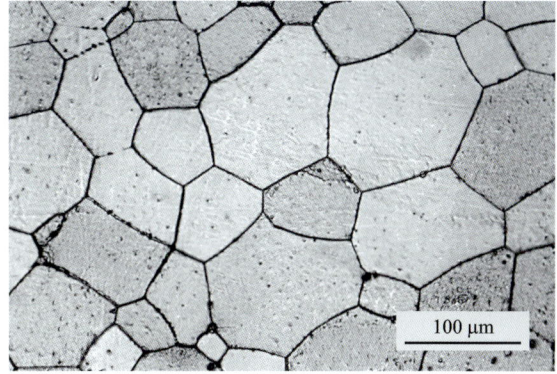

牌　　　号：Pd-0.75La
状　　　态：真空熔炼，冷加工，1100℃/0.5 h 退火处理
组织说明：(Pd)再结晶组织
浸　蚀　剂：Au-m5

图 4.9.2-71

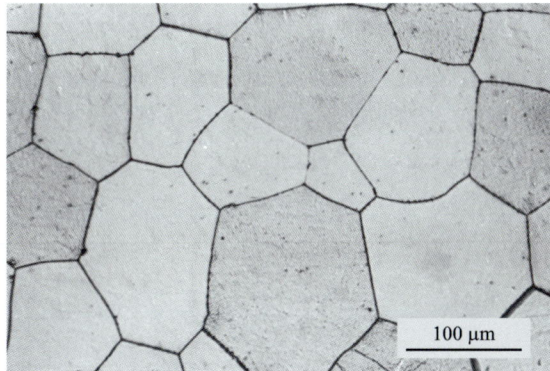

牌　　　号：Pd-0.75La
状　　　态：真空熔炼，冷加工，1200℃/0.5 h 退火处理
组织说明：(Pd)再结晶组织
浸　蚀　剂：Au-m5

图 4.9.2-72

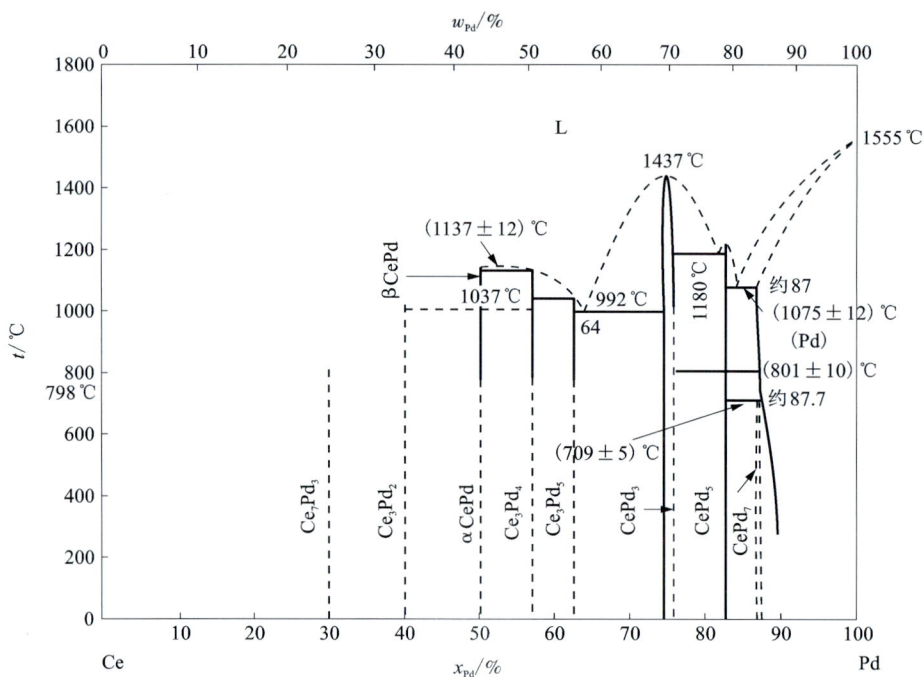

图 4.9.2-73　Pd-Ce 二元合金相图

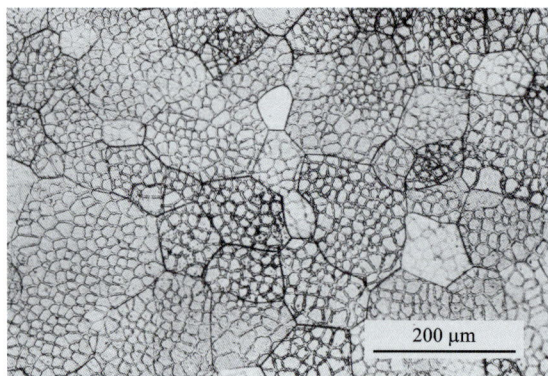

200 μm

牌　　号：Pd-0.2Ce
状　　态：真空熔炼，铸态
组织说明：(Pd) 晶内偏析的铸态组织
浸 蚀 剂：Au-m5

图 4.9.2-74

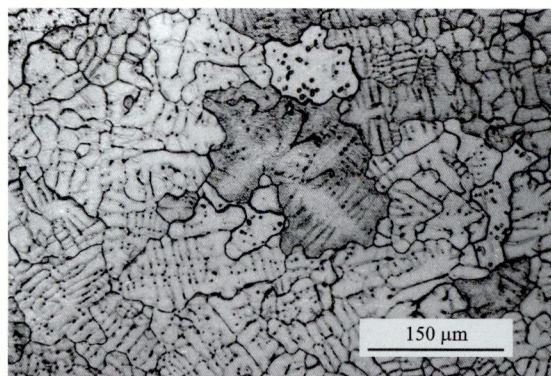

150 μm

牌　　号：Pd-0.2Ce
状　　态：真空熔炼，铸态
组织说明：(Pd) 晶内偏析的铸态组织
浸 蚀 剂：Au-m5

图 4.9.2-75

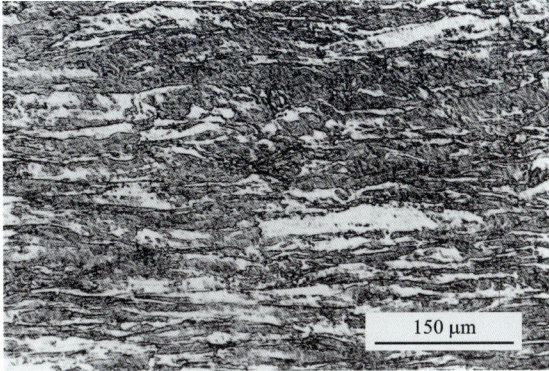

牌　　　号：Pd-0.2Ce
状　　　态：真空熔炼，冷加工，500℃/0.5 h 退火处理
组织说明：(Pd)保持冷加工形变，尚未再结晶的组织
浸 蚀 剂：Au-m5

图 4.9.2-76

牌　　　号：Pd-0.2Ce
状　　　态：真空熔炼，冷加工，600℃/0.5 h 退火处理
组织说明：(Pd)局部出现再结晶晶粒的组织
浸 蚀 剂：Au-m5

图 4.9.2-77

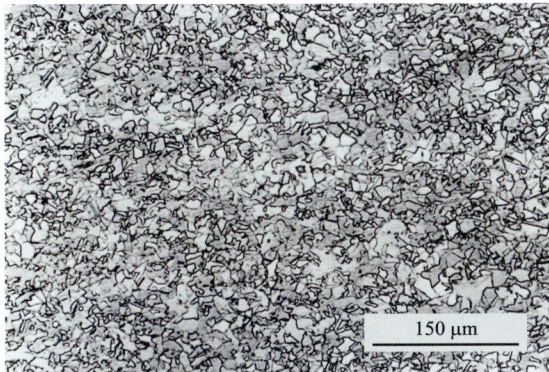

牌　　　号：Pd-0.2Ce
状　　　态：真空熔炼，冷加工，700℃/0.5 h 退火处理
组织说明：(Pd)结晶组织
浸 蚀 剂：Au-m5

图 4.9.2-78

牌　　　号：Pd-0.2Ce
状　　　态：真空熔炼，冷加工，900℃/0.5 h 退火处理
组织说明：(Pd)再结晶组织
浸 蚀 剂：Au-m5

图 4.9.2-79

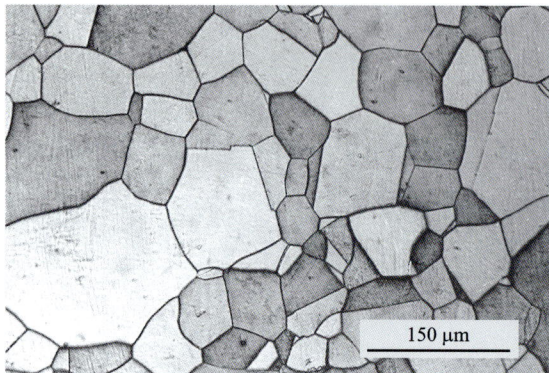

牌　　　号：Pd-0.2Ce
状　　　态：真空熔炼，冷加工，1100℃/0.5 h 退火处理
组织说明：(Pd) 再结晶组织
浸　蚀　剂：Au-m5

图 4.9.2-80

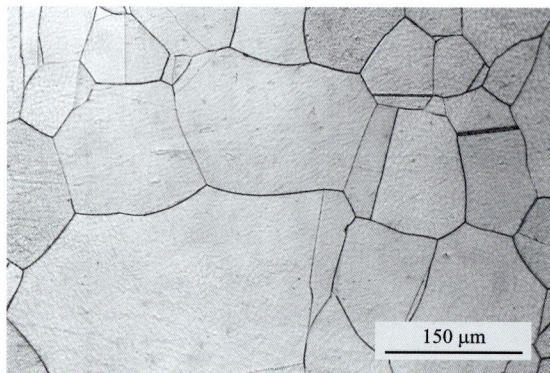

牌　　　号：Pd-0.2Ce
状　　　态：真空熔炼，冷加工，1200℃/0.5 h 退火处理
组织说明：(Pd) 再结晶组织
浸　蚀　剂：Au-m5

图 4.9.2-81

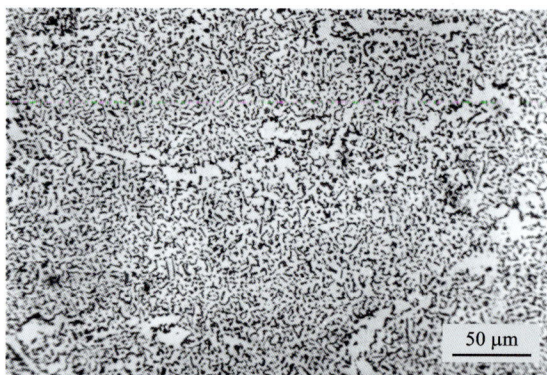

牌　　　号：Pd-18Ce
状　　　态：铸态，1075℃/2 h 退火处理
组织说明：$CePd_5$+$CePd_7$，均匀化组织
浸　蚀　剂：Au-m5

图 4.9.2-82

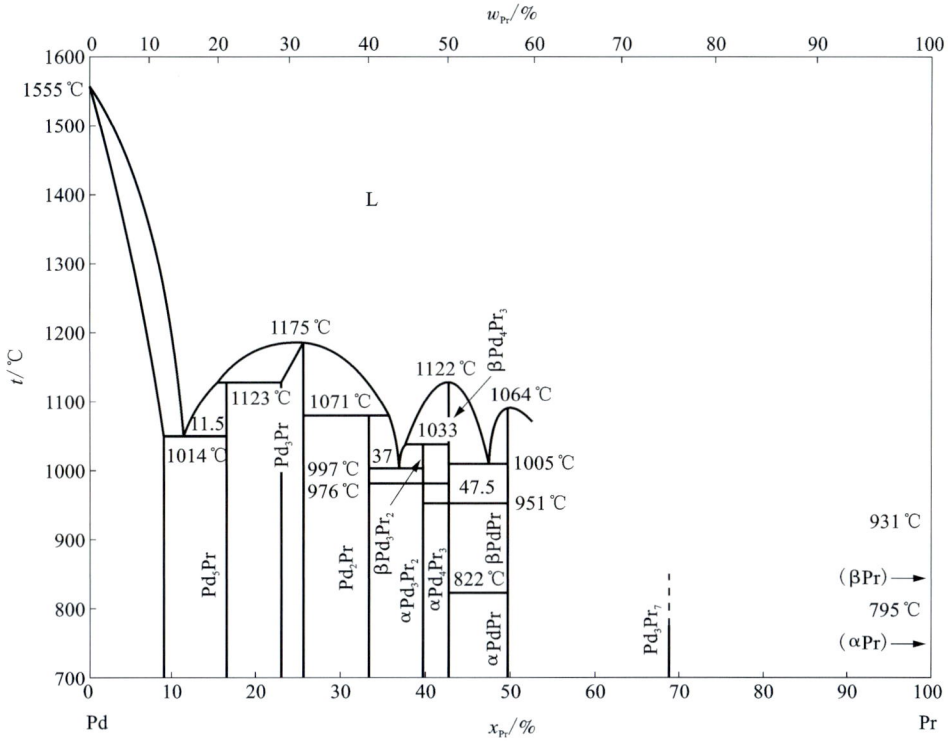

图 4.9.2-83 **Pd-Pr** 二元合金相图

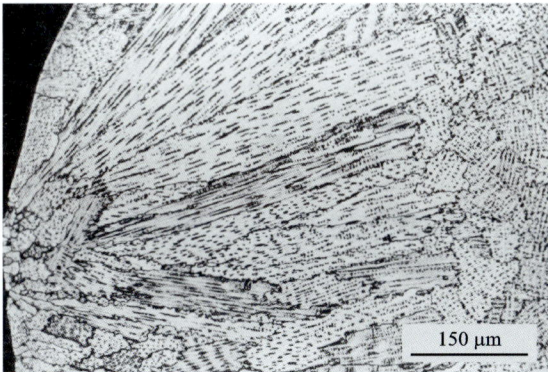

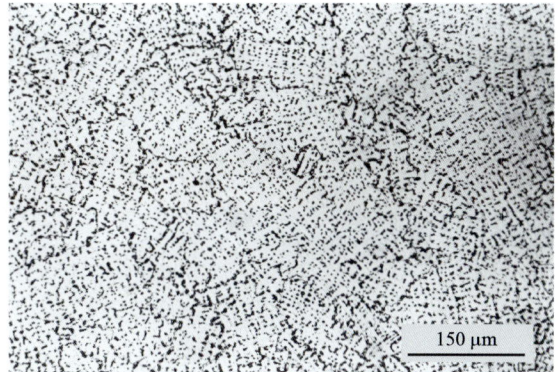

牌　　号：Pd-0.8Pr
状　　态：真空熔炼，铸态
组织说明：(Pd)铸锭边沿晶内偏析组织
浸　蚀　剂：Au-m5

图 4.9.2-84

牌　　号：Pd-0.8Pr
状　　态：真空熔炼，铸态
组织说明：(Pd)铸锭中部晶内偏析组织
浸　蚀　剂：Au-m5

图 4.9.2-85

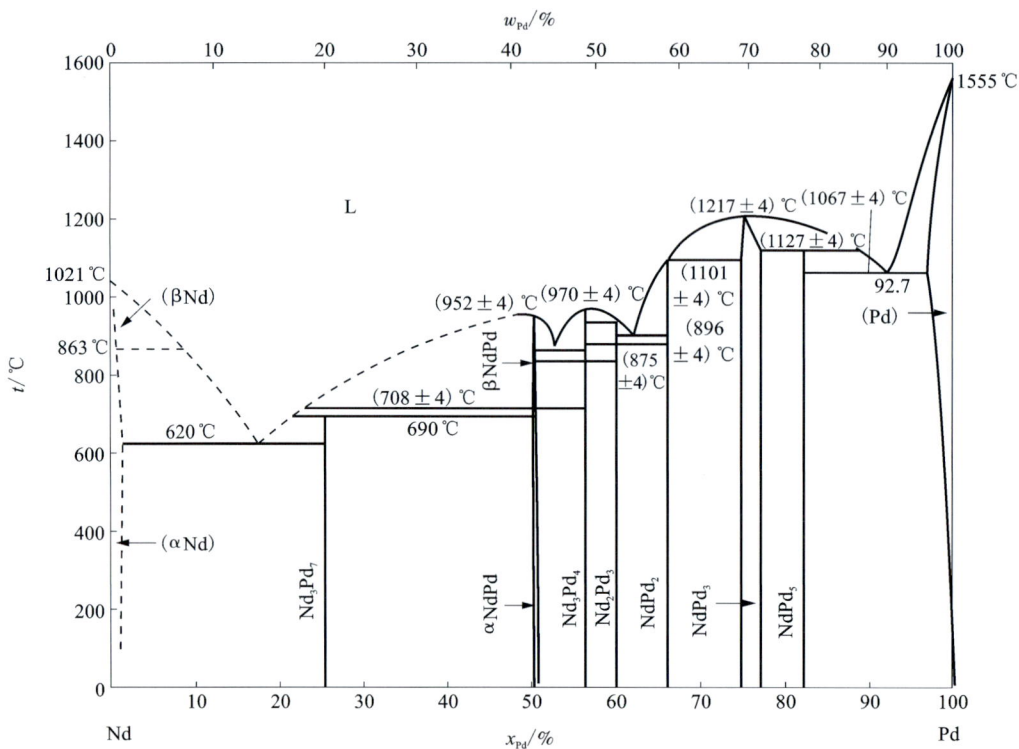

图 4.9.2-86　Pd-Nd 二元合金相图

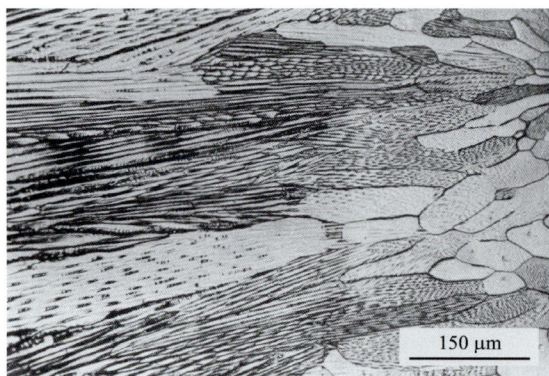

牌　　　号：Pd-0.11Nd
状　　　态：真空熔炼，铸态
组织说明：(Pd) 铸锭边沿晶内偏析组织
浸 蚀 剂：Au-m5

图 4.9.2-87

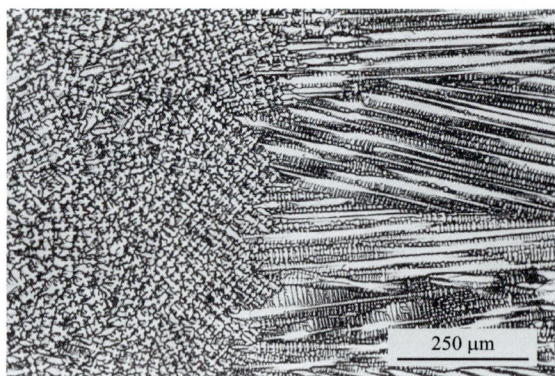

牌　　　号：Pd-0.11Nd
状　　　态：真空熔炼，铸态
组织说明：(Pd) 铸锭边沿和中部交汇处晶内偏析组织
浸 蚀 剂：Au-m5

图 4.9.2-88

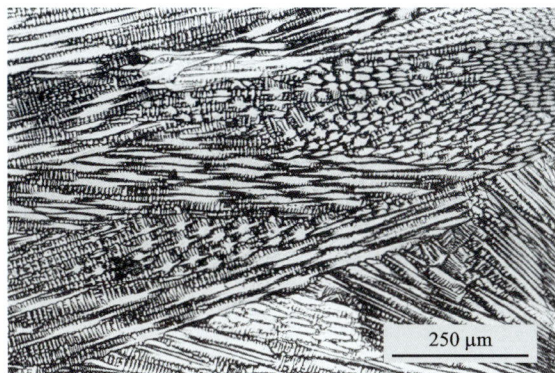

牌　　号：Pd-0.11Nd
状　　态：真空熔炼，铸态
组织说明：(Pd)铸锭边沿晶内偏析组织
浸 蚀 剂：Au-m5

图 4.9.2-89

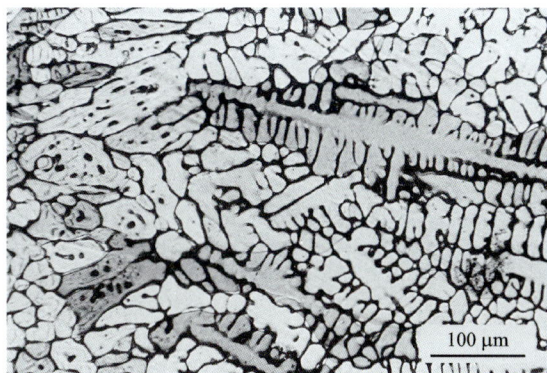

牌　　号：Pd-0.11Nd
状　　态：真空熔炼，铸态
组织说明：(Pd)铸锭晶内偏析组织
浸 蚀 剂：Au-m5

图 4.9.2-90

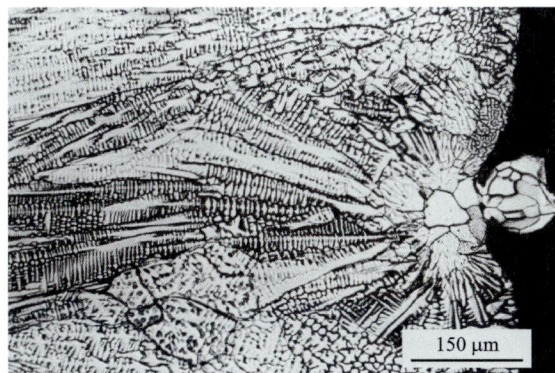

牌　　号：Pd-0.11Nd
状　　态：真空熔炼，铸态
组织说明：(Pd)铸锭晶内偏析组织
浸 蚀 剂：Au-m5

图 4.9.2-91

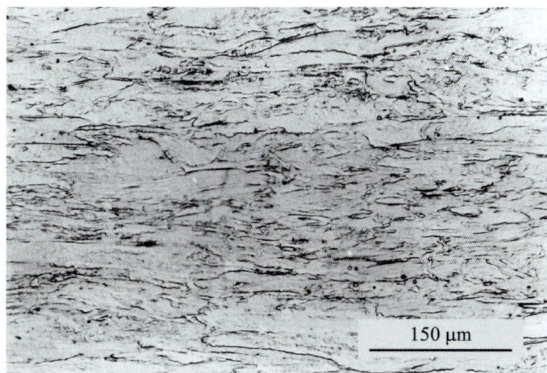

牌　　号：Pd-0.11Nd
状　　态：真空熔炼，冷加工丝材，600℃/0.5 h 退火处理
组织说明：(Pd)局部出现再结晶晶粒的组织
浸 蚀 剂：Au-m5

图 4.9.2-92

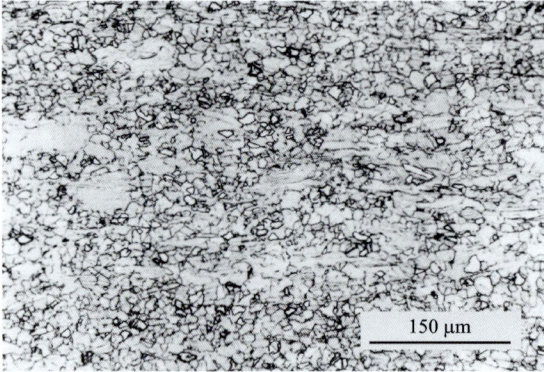

牌　　　号：Pd-0.11Nd
状　　　态：真空熔炼，冷加工丝材，700℃/0.5 h 退火处理
组织说明：（Pd）再结晶组织
浸 蚀 剂：Au-m5

图 4.9.2-93

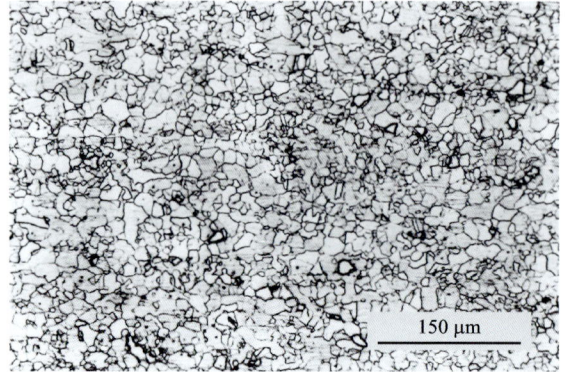

牌　　　号：Pd-0.11Nd
状　　　态：真空熔炼，冷加工丝材，800℃/0.5 h 退火处理
组织说明：（Pd）再结晶组织
浸 蚀 剂：Au-m5

图 4.9.2-94

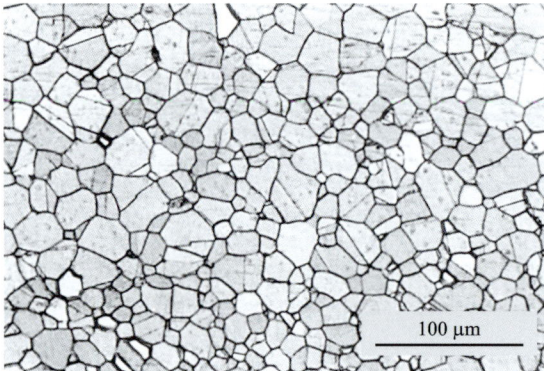

牌　　　号：Pd-0.11Nd
状　　　态：真空熔炼，冷加工丝材，1000℃/0.5 h 退火处理
组织说明：（Pd）再结晶组织
浸 蚀 剂：Au-m5

图 4.9.2-95

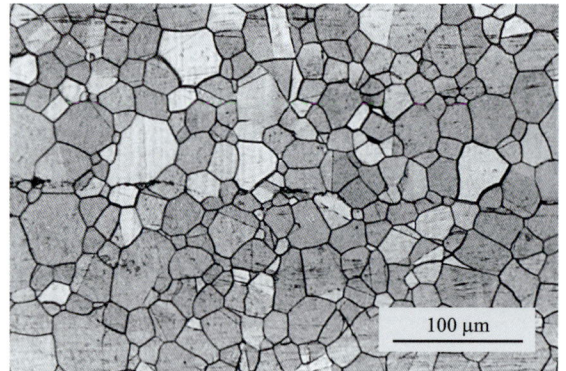

牌　　　号：Pd-0.11Nd
状　　　态：真空熔炼，冷加工丝材，1100℃/0.5 h 退火处理
组织说明：（Pd）再结晶组织
浸 蚀 剂：Au-m5

图 4.9.2-96

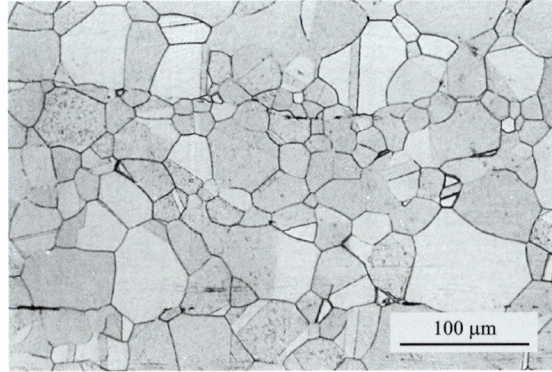

牌　　　号：Pd-0.11Nd

状　　　态：真空熔炼，冷加工丝材，1200℃/0.5 h 退火处理

组织说明：(Pd)再结晶组织

浸　蚀　剂：Au-m5

图 4.9.2-97

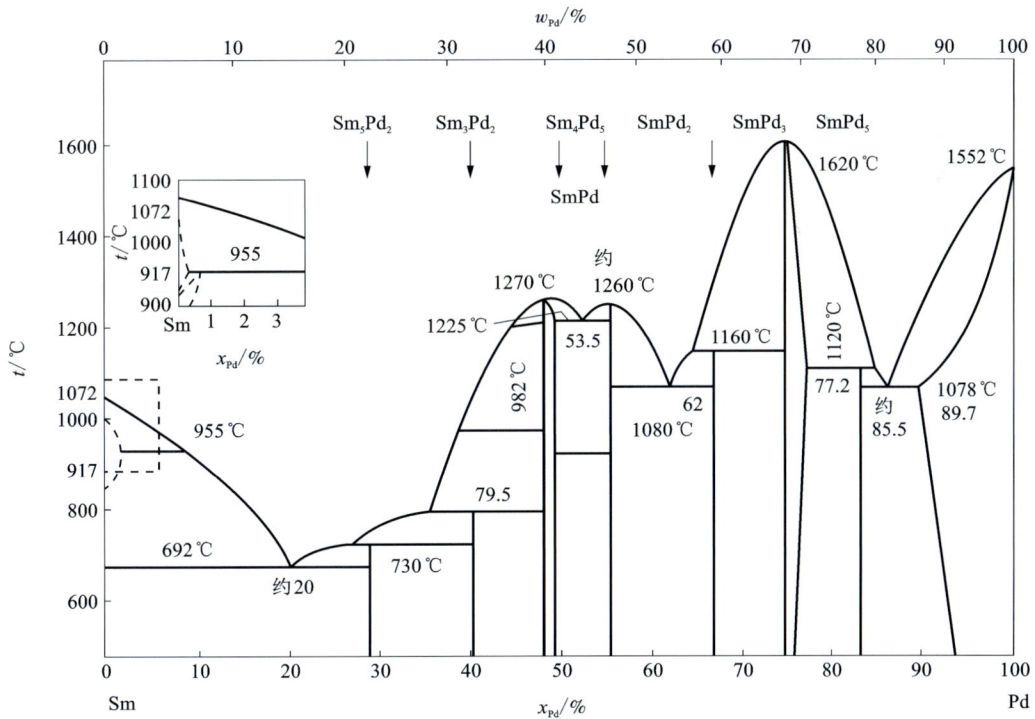

图 4.9.2-98　Pd-Sm 二元合金相图

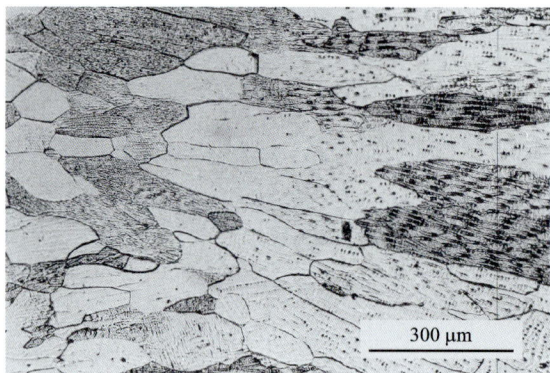

牌　　　号：Pd-0.5Sm
状　　　态：真空熔炼，铸态
组织说明：(Pd)铸锭边沿晶内偏析组织
浸　蚀　剂：Au-m5

图 4.9.2-99

牌　　　号：Pd-0.5Sm
状　　　态：真空熔炼，铸态
组织说明：(Pd)铸锭中部晶内偏析组织
浸　蚀　剂：Au-m5

图 4.9.2-100

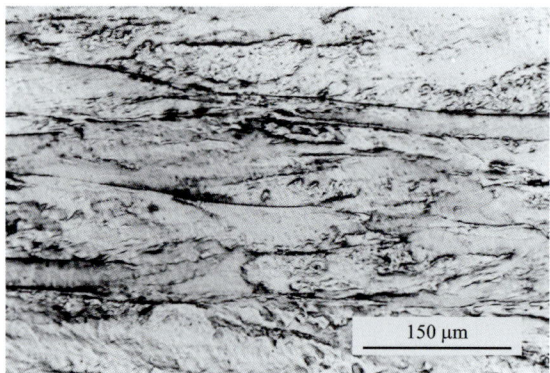

牌　　　号：Pd-0.5Sm
状　　　态：真空熔炼，冷加工，500℃/0.5 h 退火处理
组织说明：(Pd)局部出现再结晶晶粒的组织
浸　蚀　剂：Au-m5

图 4.9.2-101

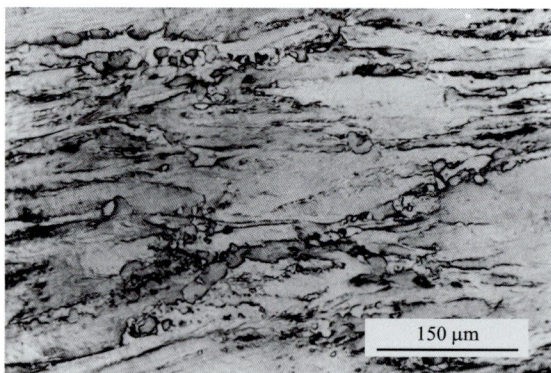

牌　　　号：Pd-0.5Sm
状　　　态：真空熔炼，冷加工，600℃/0.5 h 退火处理
组织说明：(Pd)局部出现再结晶晶粒的组织
浸　蚀　剂：Au-m5

图 4.9.2-102

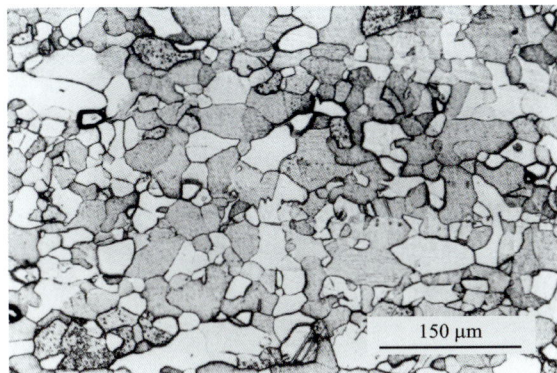

牌　　号：Pd-0.5Sm
状　　态：真空熔炼，冷加工，700℃/0.5 h 退火处理
组织说明：(Pd) 再结晶组织
浸 蚀 剂：Au-m5

图 4.9.2-103

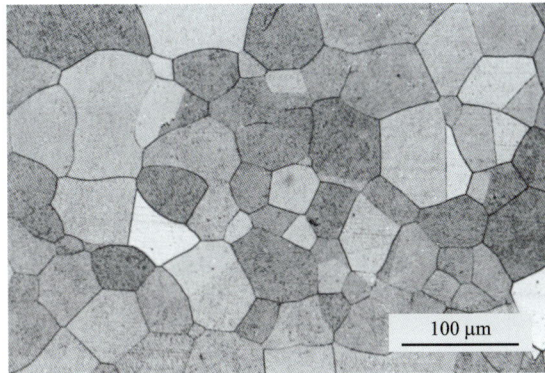

牌　　号：Pd-0.5 Sm
状　　态：真空熔炼，冷加工，900℃/0.5 h 退火处理
组织说明：(Pd) 再结晶组织
浸 蚀 剂：Au-m5

图 4.9.2-104

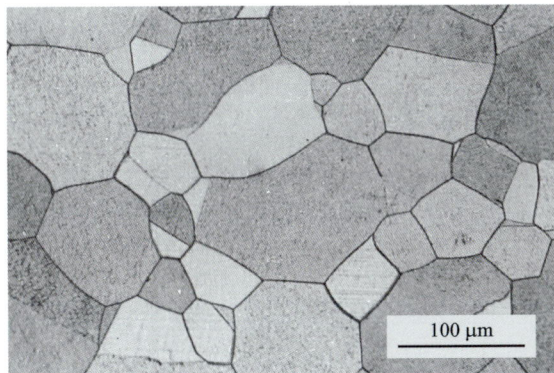

牌　　号：Pd-0.5Sm
状　　态：真空熔炼，冷加工，1000℃/0.5 h 退火处理
组织说明：(Pd) 再结晶组织
浸 蚀 剂：Au-m5

图 4.9.2-105

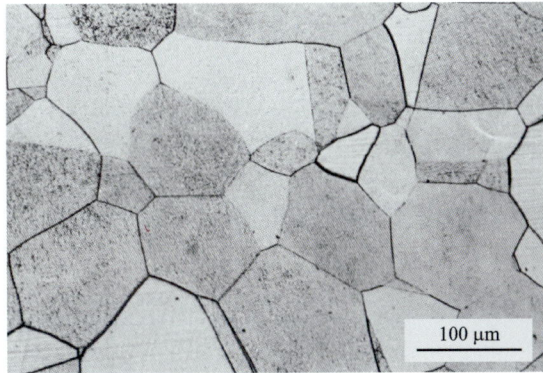

牌　　号：Pd-0.5Sm
状　　态：真空熔炼，冷加工，1100℃/0.5 h 退火处理
组织说明：(Pd) 再结晶组织
浸 蚀 剂：Au-m5

图 4.9.2-106

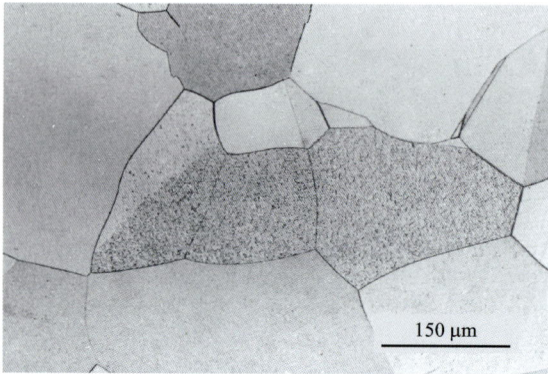

牌　　　号：Pd-0.5Sm
状　　　态：真空熔炼，冷加工，1200℃/0.5 h 退火处理
组织说明：(Pd)再结晶组织
浸　蚀　剂：Au-m5

图 4.9.2-107

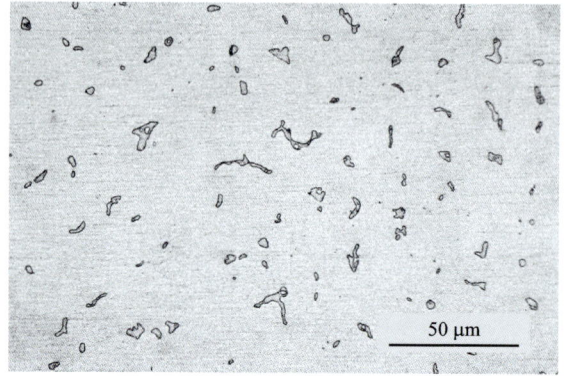

牌　　　号：Pd-10Sm
状　　　态：真空熔炼，铸态
组织说明：(Pd)+Pd$_5$Sm，铸锭结晶组织
浸　蚀　剂：Au-m5

图 4.9.2-108

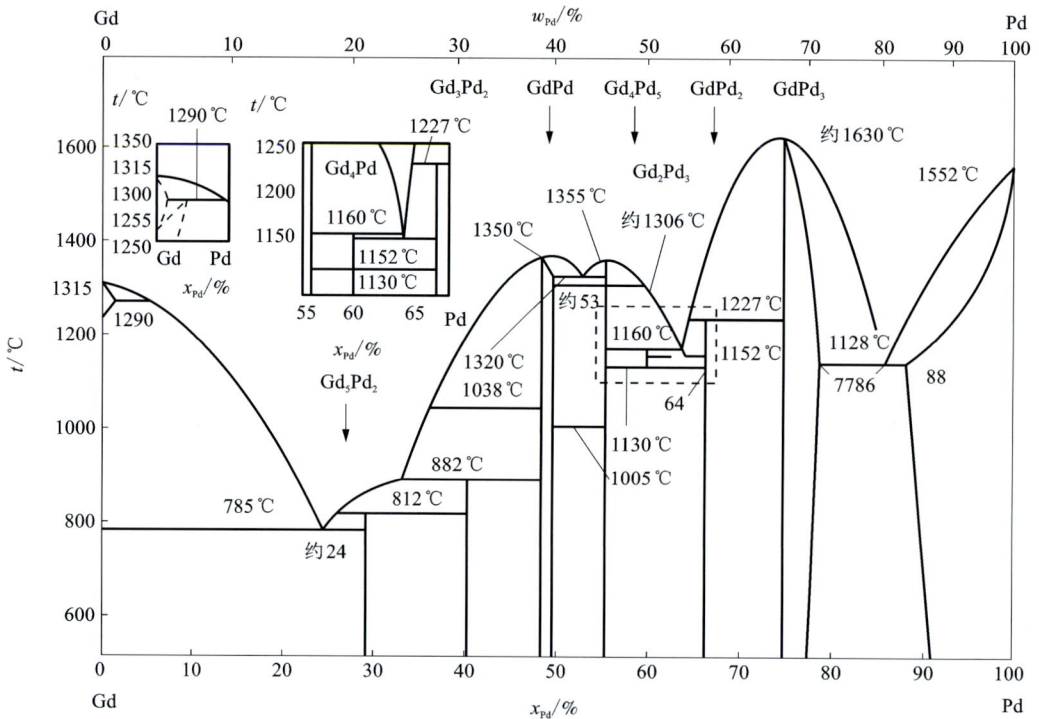

图 4.9.2-109　Pd-Gd 二元合金相图

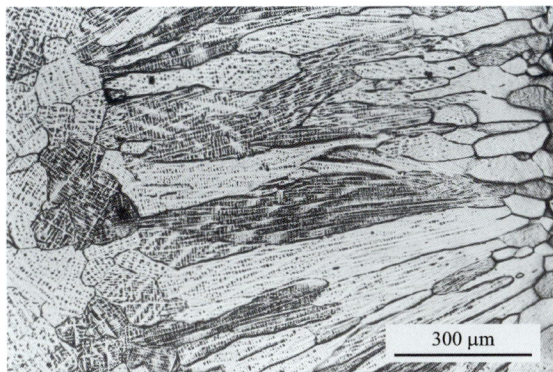

牌　　号：Pd-0.7Gd

状　　态：真空熔炼，铸态

组织说明：(Pd)铸锭边沿晶内偏析组织

浸 蚀 剂：Au-m5

图 4.9.2-110

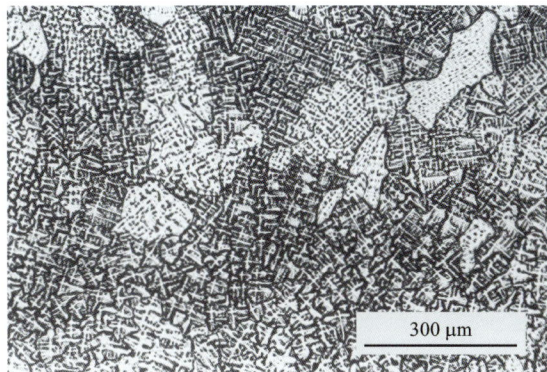

牌　　号：Pd-0.7Gd

状　　态：真空熔炼，铸态

组织说明：(Pd)铸锭中部晶内偏析组织

浸 蚀 剂：Au-m5

图 4.9.2-111

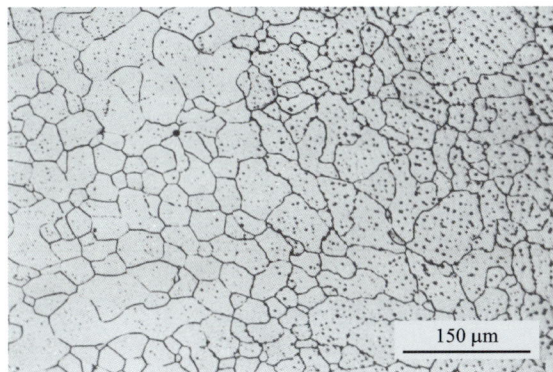

牌　　号：Pd-0.7Gd

状　　态：真空熔炼，铸态

组织说明：(Pd)铸锭边沿晶内偏析组织

浸 蚀 剂：Au-m5

图 4.9.2-112

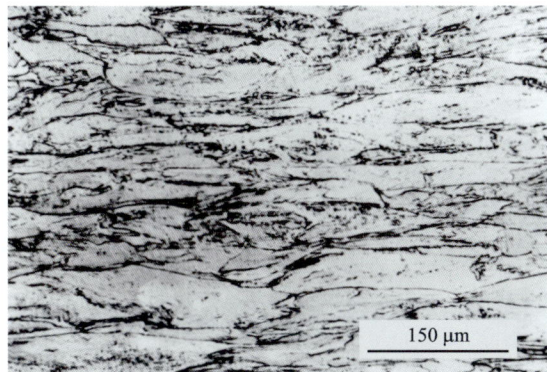

牌　　号：Pd-0.7Gd

状　　态：真空熔炼，冷加工，600℃/0.5 h 退火处理

组织说明：(Pd)仍然保持加工形变的组织

浸 蚀 剂：Au-m5

图 4.9.2-113

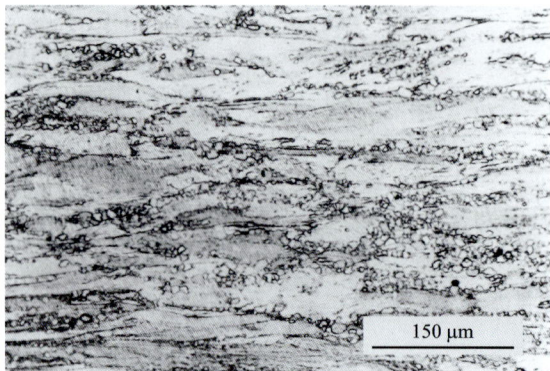

牌　　　号：Pd-0.7Gd
状　　　态：真空熔炼，冷加工，700℃/0.5 h 退火处理
组织说明：(Pd)局部出现再结晶晶粒的组织
浸　蚀　剂：Au-m5

图 4.9.2-114

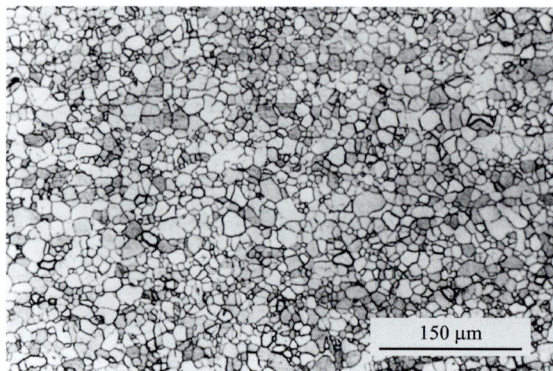

牌　　　号：Pd-0.7Gd
状　　　态：真空熔炼，冷加工，800℃/0.5 h 退火处理
组织说明：(Pd)再结晶组织
浸　蚀　剂：Au-m5

图 4.9.2-115

牌　　　号：Pd-0.7Gd
状　　　态：真空熔炼，冷加工，900℃/0.5 h 退火处理
组织说明：(Pd)再结晶组织
浸　蚀　剂：Au-m5

图 4.9.2-116

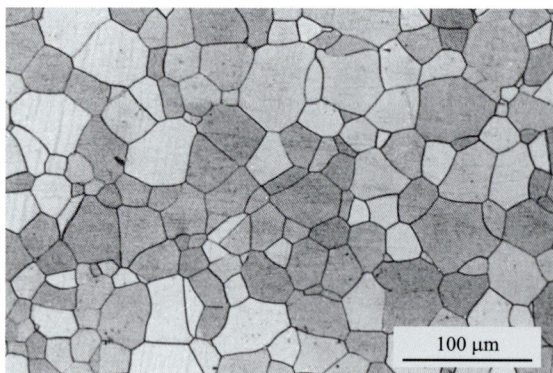

牌　　　号：Pd-0.7Gd
状　　　态：真空熔炼，冷加工，1000℃/0.5 h 退火处理
组织说明：(Pd)再结晶组织
浸　蚀　剂：Au-m5

图 4.9.2-117

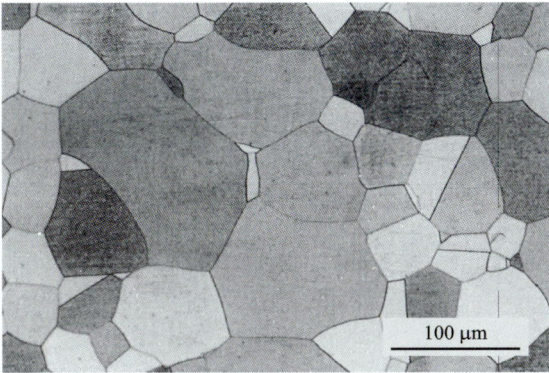

牌　　　号：Pd-0.7Gd
状　　　态：真空熔炼，冷加工，1100℃/0.5 h 退火处理
组织说明：（Pd）再结晶组织
浸　蚀　剂：Au-m5

图 4.9.2-118

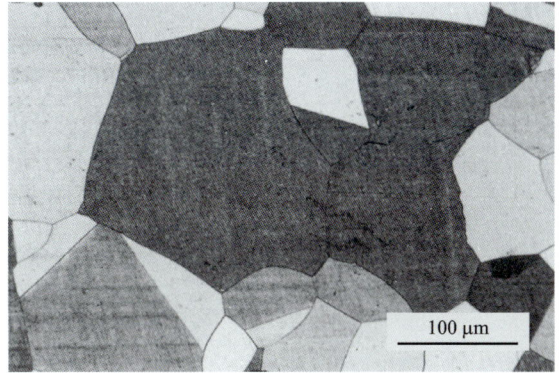

牌　　　号：Pd-0.7Gd
状　　　态：真空熔炼，冷加工，1200℃/0.5 h 退火处理
组织说明：（Pd）再结晶组织
浸　蚀　剂：Au-m5

图 4.9.2-119

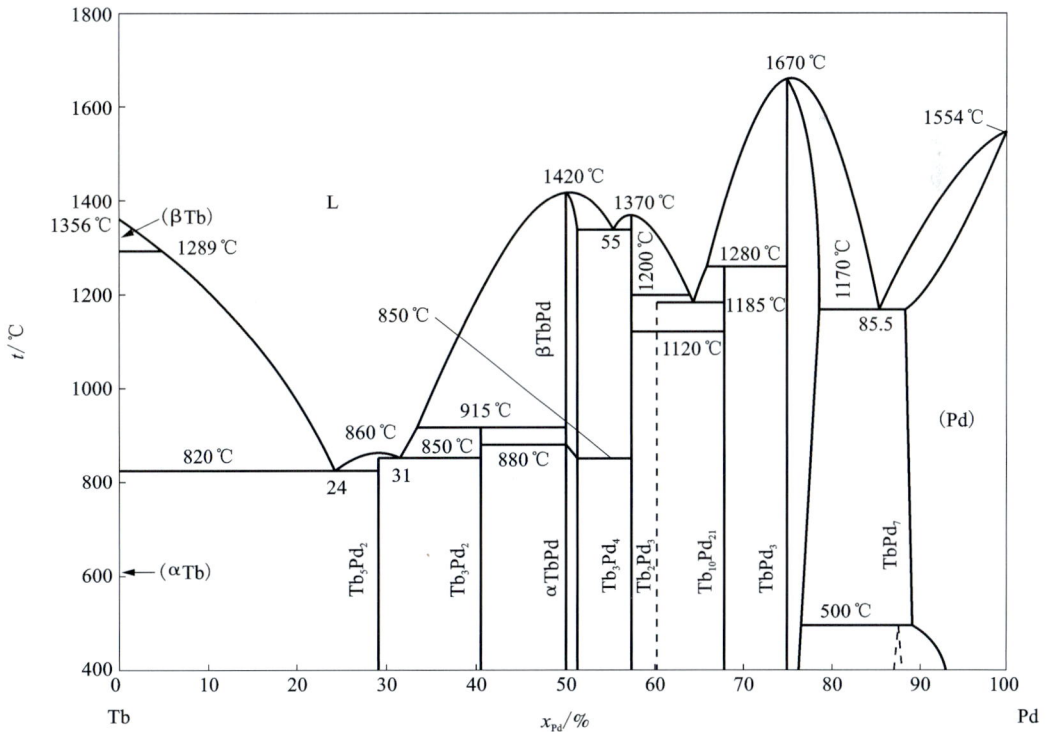

图 4.9.2-120　Pd-Tb 二元合金相图

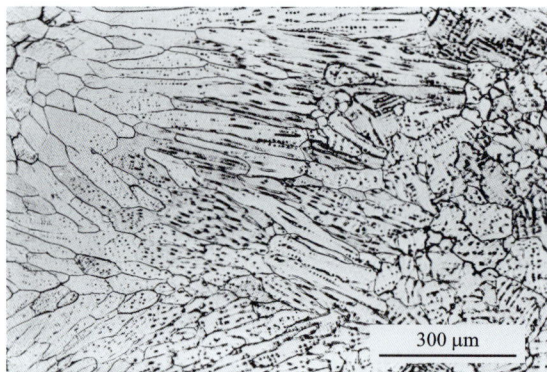

牌　　　号：Pd-0.6Tb
状　　　态：真空熔炼，铸态
组织说明：(Pd)铸锭边沿晶内偏析组织
浸 蚀 剂：Au-m5

图 4.9.2-121

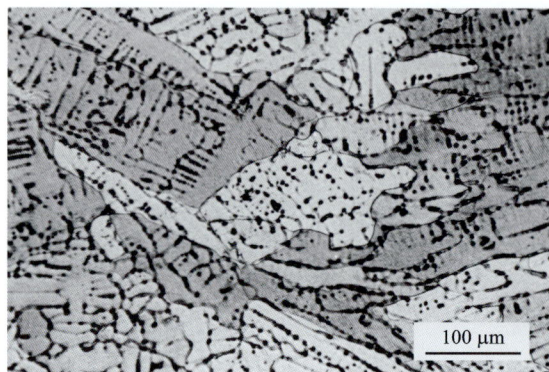

牌　　　号：Pd-0.6Tb
状　　　态：真空熔炼，铸态
组织说明：(Pd)铸锭中部成分偏析组织
浸 蚀 剂：Au-m5

图 4.9.2-122

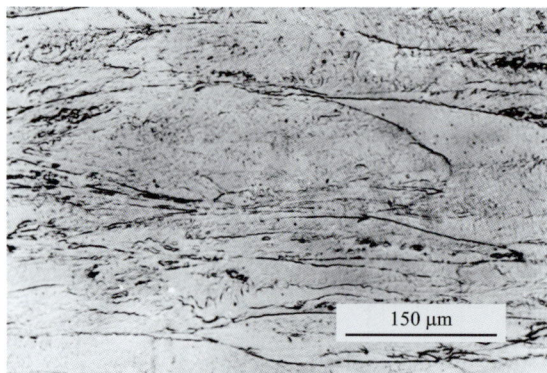

牌　　　号：Pd-0.6Tb
状　　　态：真空熔炼，冷加工，500℃/0.5 h 退火处理
组织说明：(Pd)仍然保持加工形变的组织
浸 蚀 剂：Au-m5

图 4.9.2-123

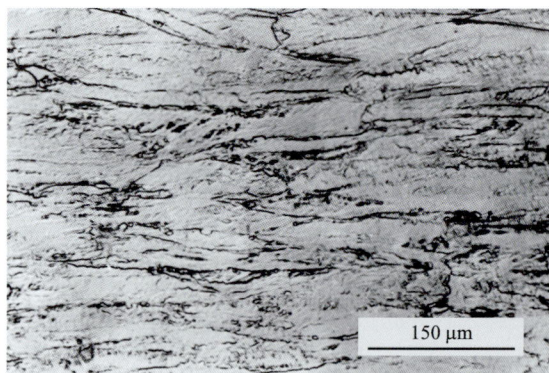

牌　　　号：Pd-0.6Tb
状　　　态：真空熔炼，冷加工，600℃/0.5 h 退火处理
组织说明：(Pd)局部出现再结晶晶粒的组织
浸 蚀 剂：Au-m5

图 4.9.2-124

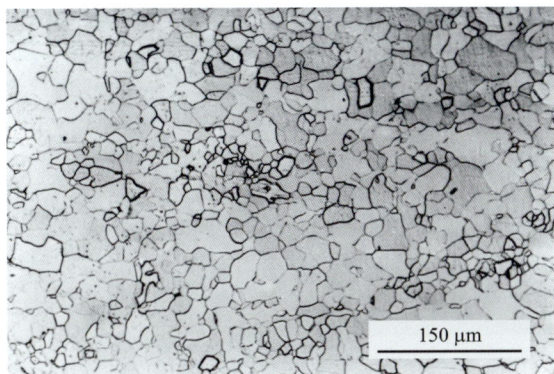

牌　　号：Pd-0.6Tb
状　　态：真空熔炼，冷加工，700℃/0.5 h 退火处理
组织说明：(Pd)再结晶组织
浸 蚀 剂：Au-m5

图 4.9.2-125

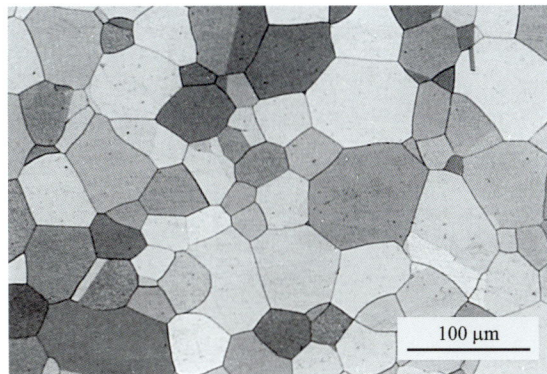

牌　　号：Pd-0.6Tb
状　　态：真空熔炼，冷加工，900℃/0.5 h 退火处理
组织说明：(Pd)再结晶组织
浸 蚀 剂：Au-m5

图 4.9.2-126

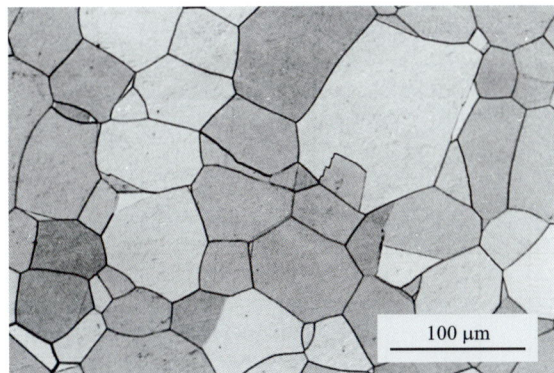

牌　　号：Pd-0.6Tb
状　　态：真空熔炼，冷加工，1000℃/0.5 h 退火处理
组织说明：(Pd)再结晶组织
浸 蚀 剂：Au-m5

图 4.9.2-127

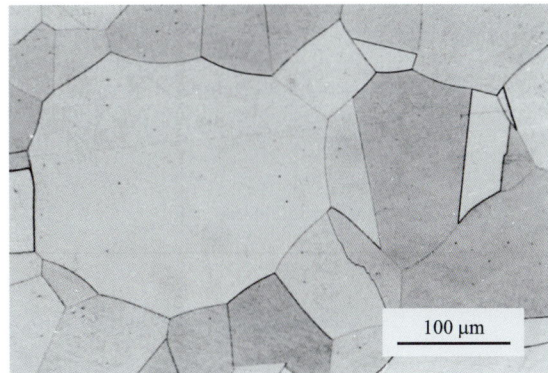

牌　　号：Pd-0.6Tb
状　　态：真空熔炼，冷加工，1100℃/0.5 h 退火处理
组织说明：(Pd)再结晶组织
浸 蚀 剂：Au-m5

图 4.9.2-128

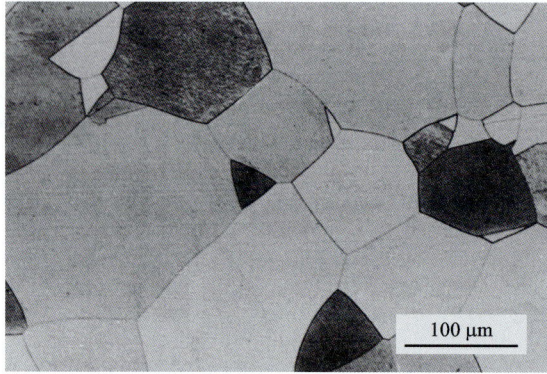

牌　　　号：Pd-0.6Tb

状　　　态：真空熔炼，冷加工，1200℃/0.5 h 退火处理

组织说明：(Pd)再结晶组织

浸 蚀 剂：Au-m5

图 4.9.2-129

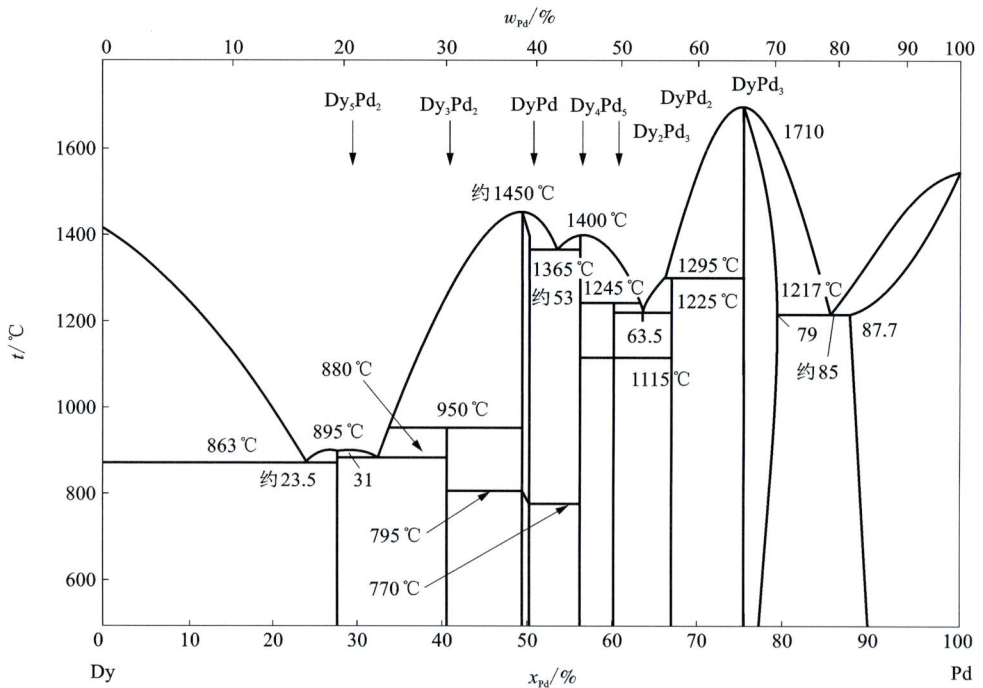

图 4.9.2-130　Pd-Dy 二元合金相图

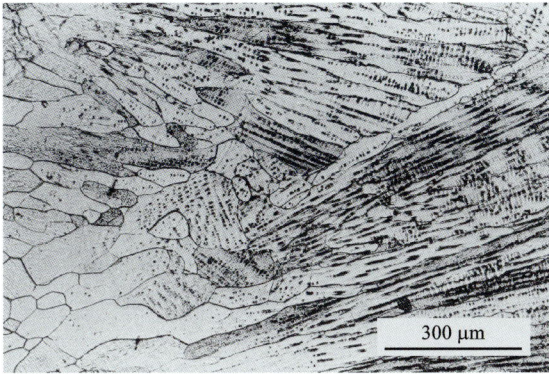

牌　　号：Pd-0.4Dy
状　　态：真空熔炼，铸态
组织说明：(Pd)铸锭边沿晶内偏析组织
浸 蚀 剂：Au-m5

图 4.9.2-131

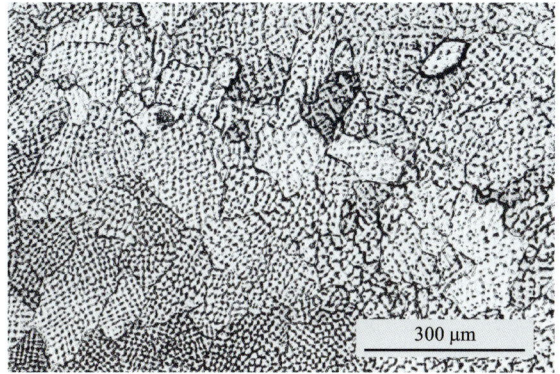

牌　　号：Pd-0.4Dy
状　　态：真空熔炼，铸态
组织说明：(Pd)铸锭中部晶内偏析组织
浸 蚀 剂：Au-m5

图 4.9.2-132

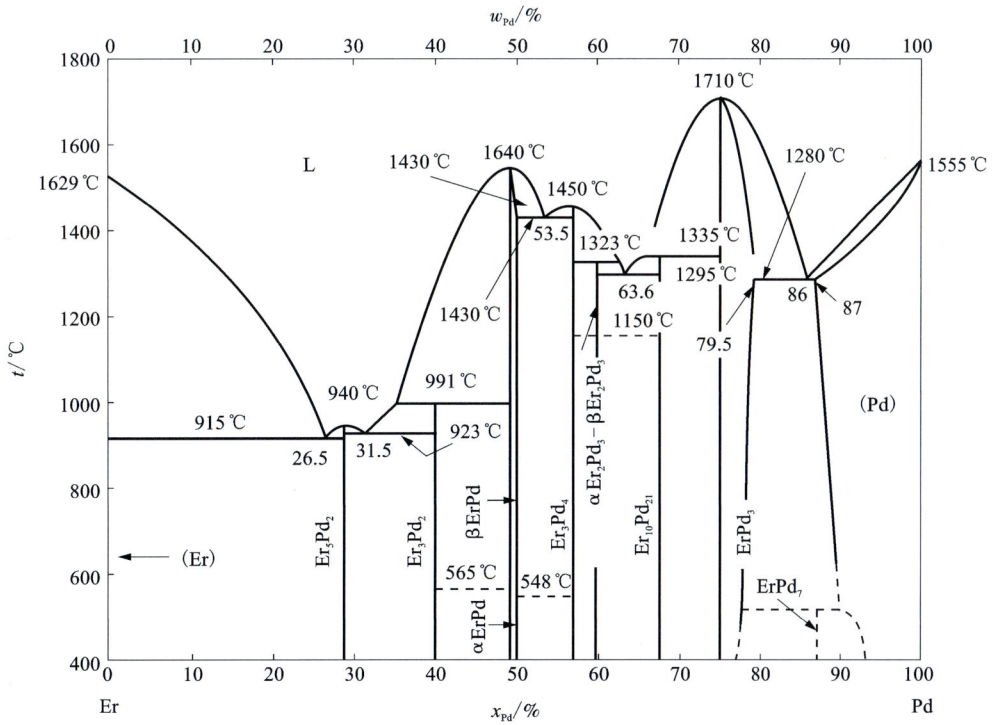

图 4.9.2-133　Pd-Er 二元合金相图

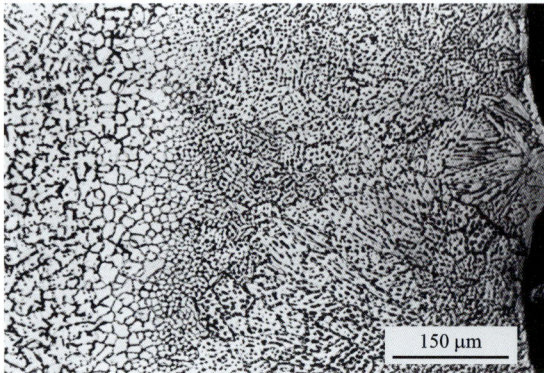

牌　　号：Pd-1.0Er
状　　态：真空熔炼，铸态
组织说明：(Pd)铸锭边沿晶内偏析组织
浸 蚀 剂：Au-m5

图 4.9.2-134

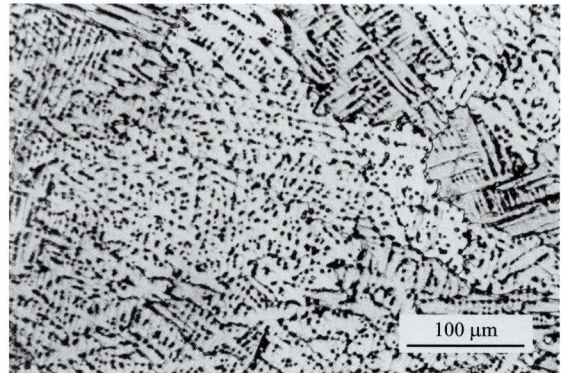

牌　　号：Pd-1.0Er
状　　态：真空熔炼，铸态
组织说明：(Pd)铸锭中部晶内偏析组织
浸 蚀 剂：Au-m5

图 4.9.2-135

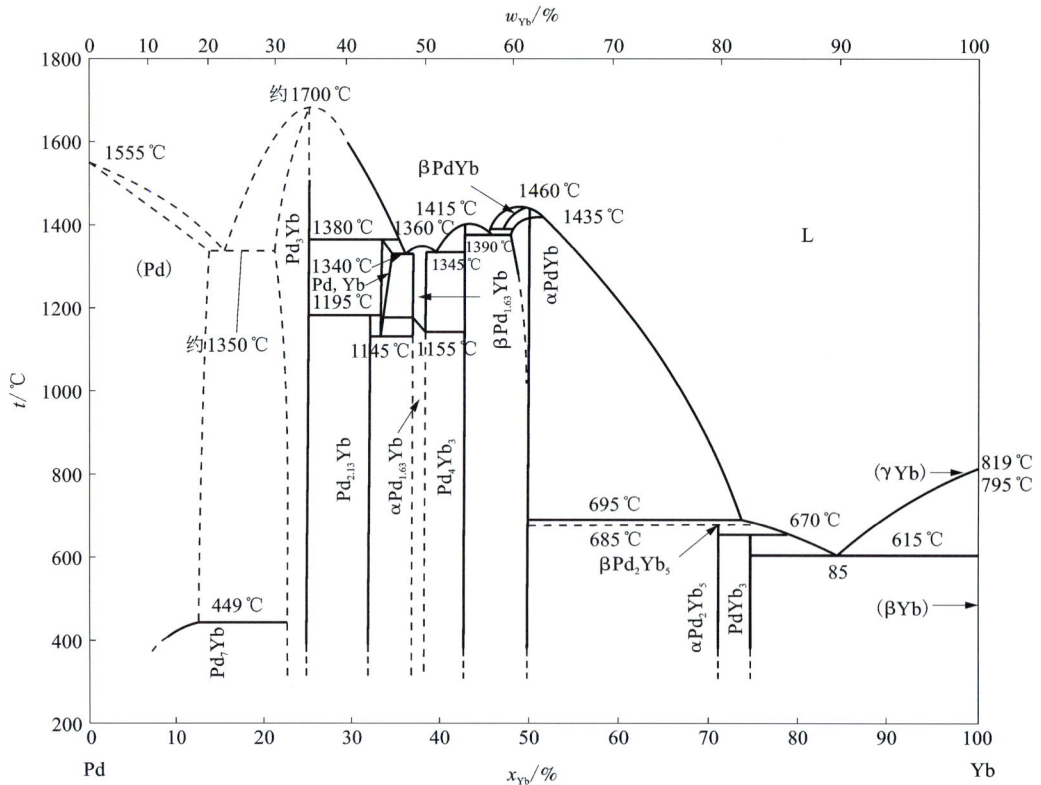

图 4.9.2-136　Pd-Yb 二元合金相图

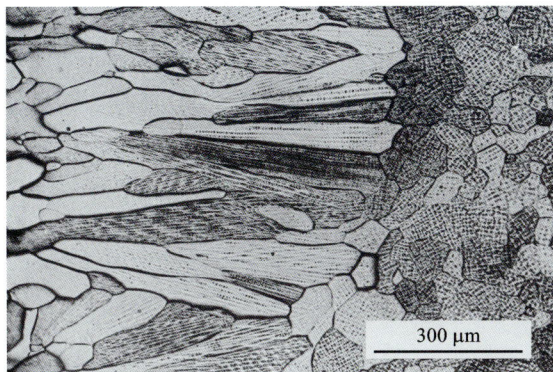

300 μm

牌　　　号：Pd-0.3Yb
状　　　态：真空熔炼，铸态
组织说明：(Pd)铸锭边沿晶内偏析组织
浸 蚀 剂：Au-m5

图 4.9.2-137

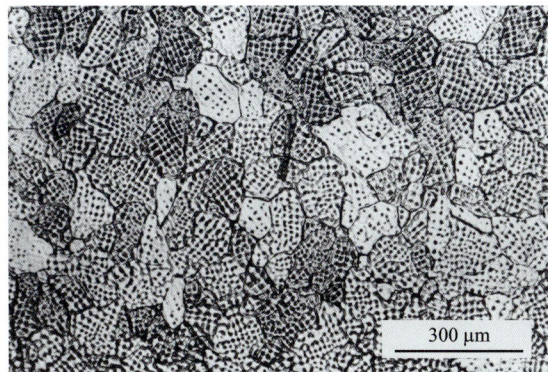

300 μm

牌　　　号：Pd-0.3Yb
状　　　态：真空熔炼，铸态
组织说明：(Pd)铸锭中部晶内偏析组织
浸 蚀 剂：Au-m5

图 4.9.2-138

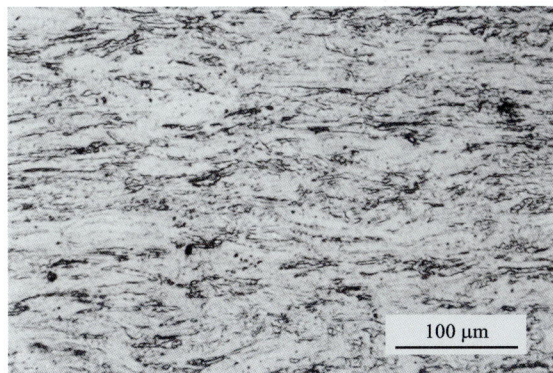

100 μm

牌　　　号：Pd-0.3Yb
状　　　态：真空熔炼，冷加工，800℃/0.5 h退火处理
组织说明：(Pd)局部出现再结晶晶粒的组织
浸 蚀 剂：Au-m5

图 4.9.2-139

100 μm

牌　　　号：Pd-0.3Yb
状　　　态：真空熔炼，冷加工，900℃/0.5 h退火处理
组织说明：(Pd)再结晶组织
浸 蚀 剂：Au-m5

图 4.9.2-140

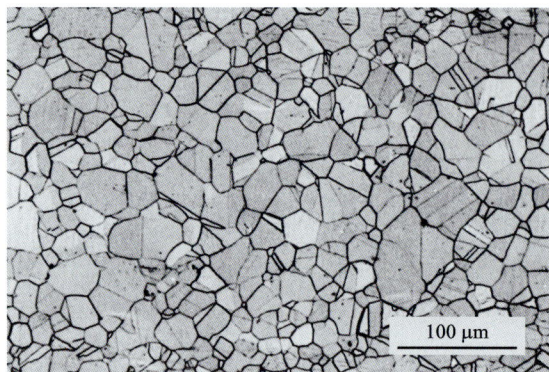

牌　　　号：Pd-0.3Yb

状　　　态：真空熔炼，冷加工，1000℃/0.5 h 退火处理

组织说明：(Pd)再结晶组织

浸 蚀 剂：Au-m5

图 4.9.2-141

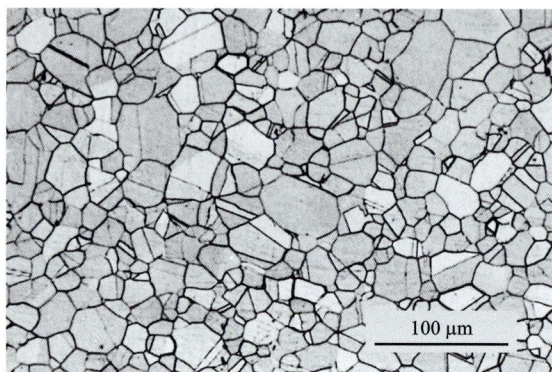

牌　　　号：Pd-0.3Yb

状　　　态：真空熔炼，冷加工，1100℃/0.5 h 退火处理

组织说明：(Pd)再结晶组织

浸 蚀 剂：Au-m5

图 4.9.2-142

牌　　　号：Pd-0.3Yb

状　　　态：真空熔炼，冷加工，1200℃/0.5 h 退火处理

组织说明：(Pd)再结晶组织

浸 蚀 剂：Au-m5

图 4.9.2-143

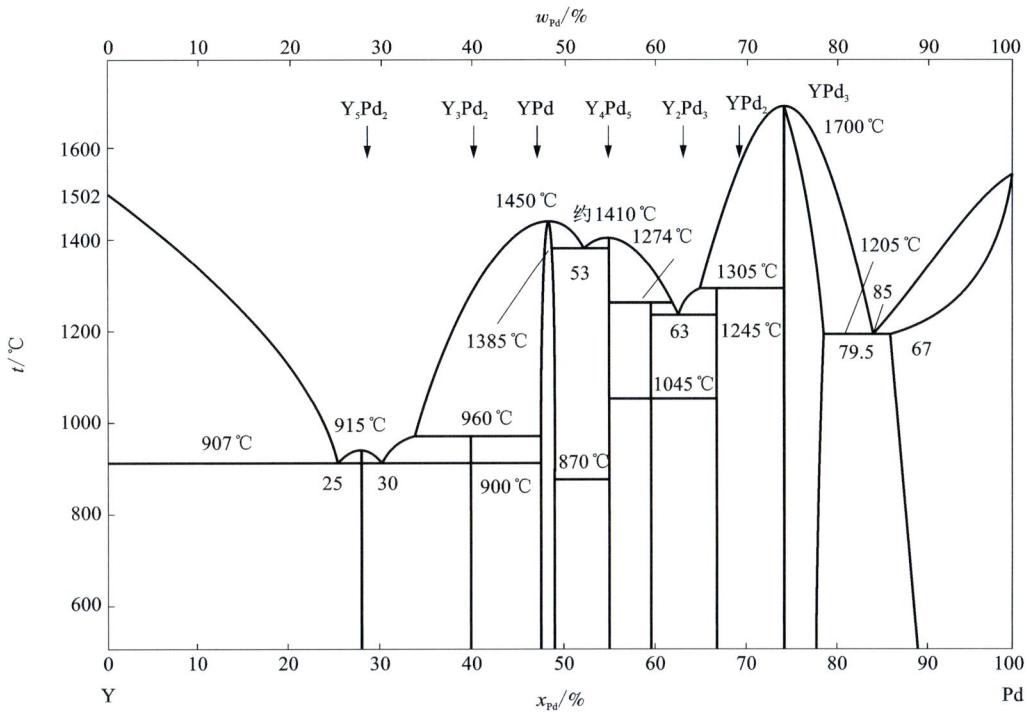

图 4.9.2-144　Pd-Y 二元合金相图

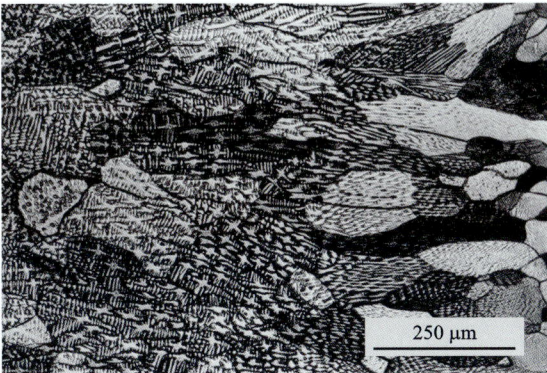

牌　　号：Pd-0.4Y
状　　态：真空熔炼，铸态
组织说明：(Pd)铸锭边沿晶内偏析组织
浸 蚀 剂：Au-m5

图 4.9.2-145

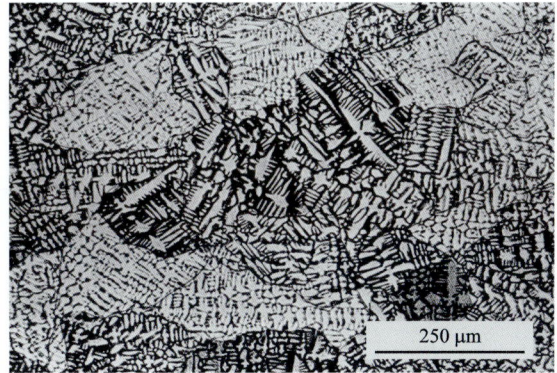

牌　　号：Pd-0.4Y
状　　态：真空熔炼，铸态
组织说明：(Pd)铸锭中部晶内偏析组织
浸 蚀 剂：Au-m5

图 4.9.2-146

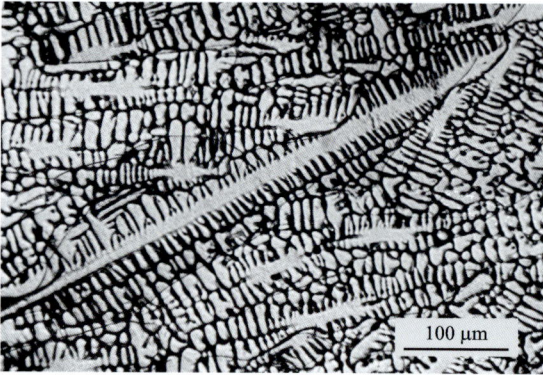

牌　　　号：Pd-0.4Y

状　　　态：真空熔炼，铸态

组织说明：(Pd)铸锭晶内偏析组织

浸　蚀　剂：Au-m5

图 4.9.2-147

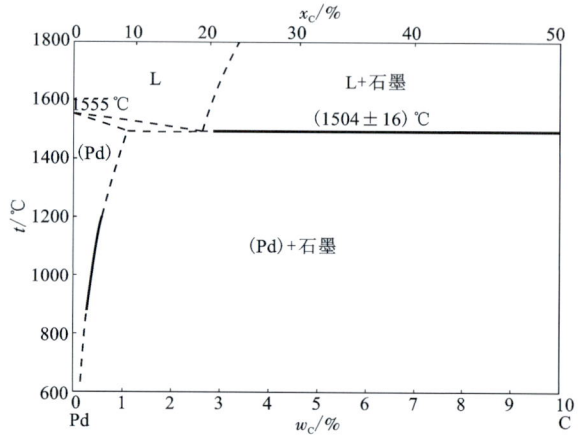

图 4.9.2-148　Pd-C 二元系合金相图

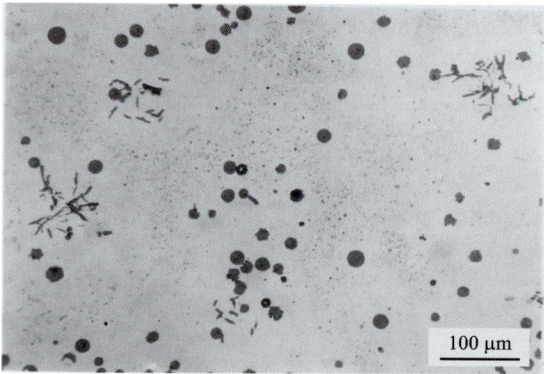

牌　　　号：Pd-C

状　　　态：铸态

组织说明：(Pd)+C，铸锭偏析组织

浸　蚀　剂：未腐蚀

图 4.9.2-149

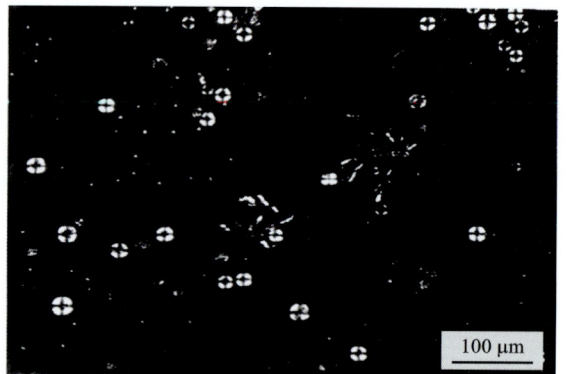

牌　　　号：Pd-C

状　　　态：铸态

组织说明：(Pd)+C，铸锭偏析组织，偏振光下 C 有十字
　　　　　　现象

浸　蚀　剂：未腐蚀

图 4.9.2-150

第5章 铑、铱、锇、钌及合金

5.1 铑的性能和金相组织

Rh，源自希腊文 rhodon，意为"玫瑰"，因为铑盐的溶液呈现玫瑰的淡红色，它于 1803 年被发现，是一种类似于铝的青白色金属，质极硬，耐磨，也有相当的延展性，加热状态下特别柔软，但冷塑性加工性能稍差，具有较强的反射能力。铑的高温强度、抗氧化性很好，在空气中能长期保持光泽，在高温下铑与氧气作用生成挥发性的氧化物，增加它的蒸发速度。但铑在加热时会蒙上一层黑色氧化膜，而当温度超过 1200℃ 时氧化膜会消失。在中等的温度下，也能抵抗大多数普通酸(包括王水在内)。在 200~600℃ 可与热浓硫酸、热氢溴酸、次氯酸钠和游离卤素起化学反应。不与许多熔融金属，如金、银、钠和钾以及熔融的碱起反应。

为提高 Pt、Pd 等金属的机械性能、耐腐蚀性能，以及使用时的稳定性，Rh 常用作它们的合金元素。Rh 可用于制造加氢催化剂、热电偶、铂铑合金等。Rh 丝和铑铂合金也是一种良好的高温热电偶材料。Rh 对可见光具有高的反射率，它随波长的变化比其他铂族金属小，稳定性高，故电镀 Rh 通常用作工业用镜及探照灯反射镜。Rh 可用作其他金属的光亮而坚硬的镀膜，例如，镀在银器或照相机零件上。还用来作为宝石的加光抛光剂和电接触部件。汽车制造业是铑的最大用户。目前汽车制造业中铑的主要用途是汽车尾气催化剂。其他消耗铑的工业部门是玻璃制造业、镶牙合金制造业、珠宝制品业。而随着燃料电池技术的不断发展和燃料电池汽车技术的逐步成熟，汽车工业的用铑量将持续增加。表 5.1-1 是纯 Rh 的化学成分。

表 5.1-1 铑及其合金的化学成分

牌号		SM-Rh99.99	SM-Rh99.95	SM-Rh99.9
Rh 质量分数/%，不小于		99.99	99.95	99.9
杂质质量分数/%，不大于	Pt	0.003	0.02	0.03
	Ru	0.003	0.02	0.04
	Ir	0.003	0.02	0.03
	Pd	0.001	0.01	0.02
	Au	0.001	0.02	0.03
	Ag	0.001	0.005	0.01

续表5.1-1

牌号		SM-Rh99.99	SM-Rh99.95	SM-Rh99.9
杂质质量分数/%，不大于	Cu	0.001	0.005	0.01
	Fe	0.001	0.005	0.01
	Ni	0.001	0.005	0.01
	Al	0.003	0.005	0.01
	Pb	0.001	0.005	0.01
	Mn	0.002	0.005	0.01
	Mg	0.002	0.005	0.01
	Sn	0.001	0.005	0.01
	Si	0.003	0.005	0.01
	Zn	0.002	0.005	0.01
	Ca	—	—	—
杂质总质量分数/%，不大于		0.01	0.05	0.1

注：1. 本表中未规定的元素和挥发物的控制限及分析方法，由供需双方共同协商确定。2. Ca 为非必要元素。

Rh 为面心立方结构，密度为 12.4 g/cm³，熔点为（1966±3）℃，沸点为（3727±100）℃，化合价为+2、+4 和+6 价，第一电离能为 7.46 eV。铸态 Rh 的硬度 HV 为 139，退火态 HV 为 100~102，电解沉积的 HV 为 750~900。冷加工率对 Rh 硬度的影响示于图 5.1-1，冷加工工率对硬度的影响示于图 5.1-2。硬态 Rh 抗拉强度为 1411 MPa，延伸率为 2.0%；退火态的 Rh 抗拉强度为 725 MPa，延伸率为 46%。图 5.1.1-3~图 5.1-5 是 Rh 的金相组织。

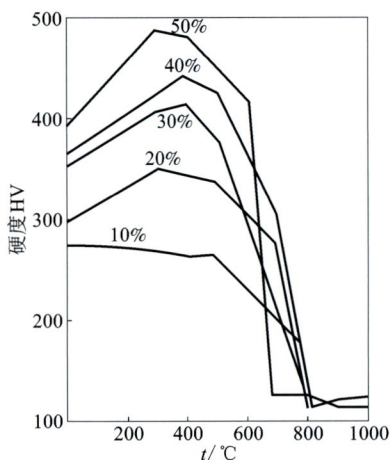

图 5.1-1　退火温度和加工率对 Rh 硬度的影响

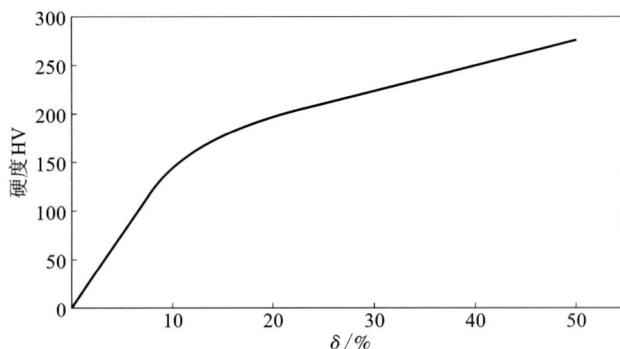

图 5.1-2　冷加工率对 Rh 硬度的影响

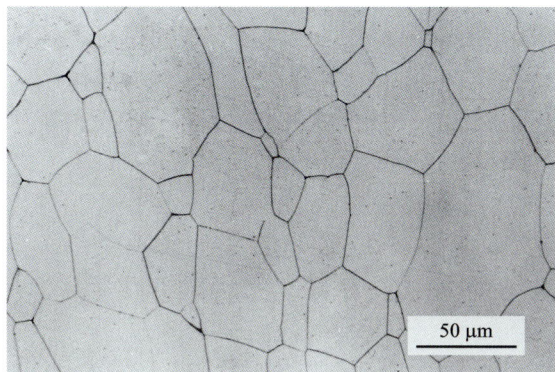

牌　　　号：Rh
状　　　态：真空熔炼，铸态
组织说明：Rh 凝固结晶铸态组织
浸　蚀　剂：Au–m16

图 5.1–3

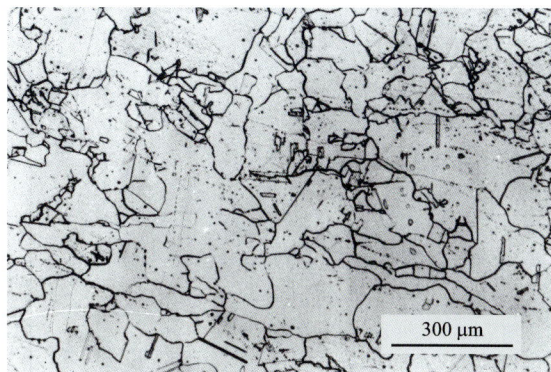

牌　　　号：Rh
状　　　态：真空熔铸，1200℃热锻
组织说明：Rh 热锻组织
浸　蚀　剂：Au–m16

图 5.1–4

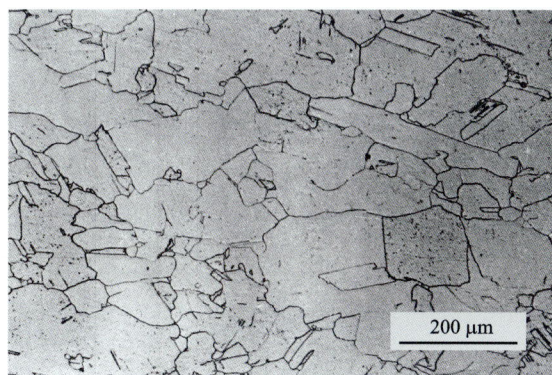

牌　　　号：Rh
状　　　态：真空熔铸，920℃热轧
组织说明：Rh 热轧组织
浸　蚀　剂：Au–m16

图 5.1–5

5.2 铱的性能和金相组织

Ir 是银白色金属，硬而脆。热加工时，只要不退火，可延展加工成细丝和薄片；一旦退火，就失去延展性变得硬脆。铱的化学性质很稳定，是最耐腐蚀的金属，铱对酸的化学稳定性极高，不溶于酸，只有海绵状的铱才会缓慢地溶于热王水中，如果是致密的铱，即使是沸腾的王水，也不能腐蚀；铱稍受熔融的氢氧化钠、氢氧化钾和重铬酸钠的侵蚀。一般的腐蚀剂都不能腐蚀铱。

铱及其合金极高的熔点和超强的抗腐蚀性、高温稳定性使其在高温结构材料领域中得到广泛应用，如航天航空、化工、机电仪表、医药行业等。如用作催化剂、高温抗氧化热电偶、电接触材料、高性能点火电极材料、高温涂层材料、高温电阻丝、灯丝材料等。铱的最早应用是作笔尖材料，后来又用于注射针头、天平刀刃、罗盘支架等。铱虽然可单独使用，但这样的情况比较少，单独以致密金属形式出现的一般是锭状，或者丝状。铱经常以合金形式出现，它与铂形成的合金(10%的 Ir 和 90%的 Pt)，因膨胀系数极小，常用来制造国际标准米尺，世界上的千克原器也是由铂铱合金制作的。

铱的高温抗氧化性和热电性能使铱/铱铑热电偶成为唯一能在大气中测量 2100℃高温的贵金属测温材料；可用作放射性热源的容器材料；阳极氧化铱膜是一种有前途的电显色材料。Ir192 是 γ 射线源，可用于无损探伤和放射化学治疗。同时，铱是一个很重要的合金化元素，如用于火箭发动机喷嘴的铱铼合金高温涂层材料，铱化合物亦有其特有用途。

值得一提的是近年来铱及其合金在汽车火花塞行业中正获得越来越广泛的应用，随着汽车工业的飞速发展，为抑制温室效应，减少环境污染，在研究开发发动机时，低油耗、低污染成为主要课题。这就要求火花塞在稀薄燃烧化、高涡流化、采用 EGR(废气再循环)等严峻环境中实现稳定打火及燃烧。细化火花塞电极直径，提高点火性能是最好的办法。铱及其合金的高熔点和高温抗腐蚀性能、高强度、低电阻的特点正是适应该要求的良好材料。采用铱金电极的火花塞与传统的火花塞相比表现出点火容易、省油、噪声低、动力强等优点，近年来铱金火花塞的销售额保持着 20%的年增长，并在世界上 60 多个国家销售。表 5.2-1 是纯 Ir 的化学成分。

表 5.2-1　铱的化学成分

牌号/%		SM-Ir99.99	SM-Ir99.95	SM-Ir99.9
Ir 质量分数/%，不小于		99.99	99.95	99.9
杂质质量分数/%，不大于	Pt	0.003	0.02	0.03
	Ru	0.003	0.02	0.04
	Rh	0.003	0.02	0.03
	Pd	0.001	0.01	0.02
	Au	0.001	0.02	0.02
	Ag	0.001	0.005	0.01
	Cu	0.002	0.005	0.01
	Fe	0.002	0.005	0.01

续表5.2-1

牌号/%		SM-Ir99.99	SM-Ir99.95	SM-Ir99.9
杂质质量分数/%，不大于	Ni	0.001	0.005	0.01
	Al	0.003	0.005	0.01
	Pb	0.001	0.005	0.01
	Mn	0.002	0.005	0.01
	Mg	0.002	0.005	0.01
	Sn	0.001	0.005	0.01
	Si	0.003	0.005	0.01
	Zn	0.002	0.005	0.01
	Ca	—	—	—
杂质总质量分数，不大于		0.01	0.05	0.1

注：1. 本表中未规定的元素和挥发物的控制限及分析方法，由供需双方共同协商确定。2. Ca 为非必要元素。

Ir 为面心立方结构，原子直径为 2.709 Å，原子间距为 2.715 Å，晶格常数为 3.8349 Å。密度为 22.42 g/cm³。熔点为 (2410±40)℃，沸点为 4130℃。第一电离能为 9.1 eV，有形成配位化合物的强烈倾向，主要化合价有 +2、+4、+6 价。铸态 Ir 的硬度 HV 为 210~240，退火态 (HV) 为 60，1200℃时 Ir 的硬度 HV 是 70。不同加工率对 Ir 硬度的影响示于图 5.2-1，退火温度和加工率与 Ir 硬度的关系示于图 5.2-2。硬态 Ir 的抗拉强度为 2342 MPa。热加工态的抗拉强度为 1235 MPa，延伸率为 15%~18%。Ir 的高温抗拉强度与温度的关系示于图 5.2-3，Ir 的高温屈服强度和延伸率与温度的关系示于图 5.2-4。图 5.2-5~图 5.2-10 是 Ir 的金相组织，图 5.2-11~图 5.2-13 是 Ir-Rh 相图和 Ir-40Rh 合金组织，图 5.2-14 是 Ir-81Hf 的组织。

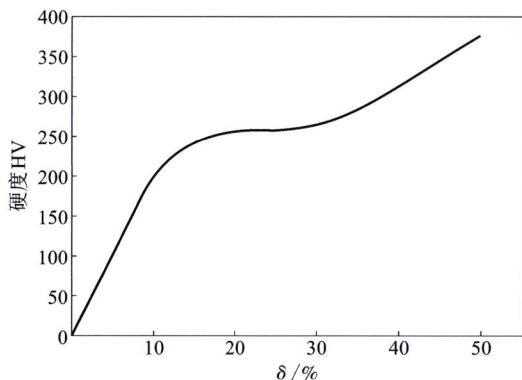

图 5.2-1　冷加工率对 Ir 硬度的影响

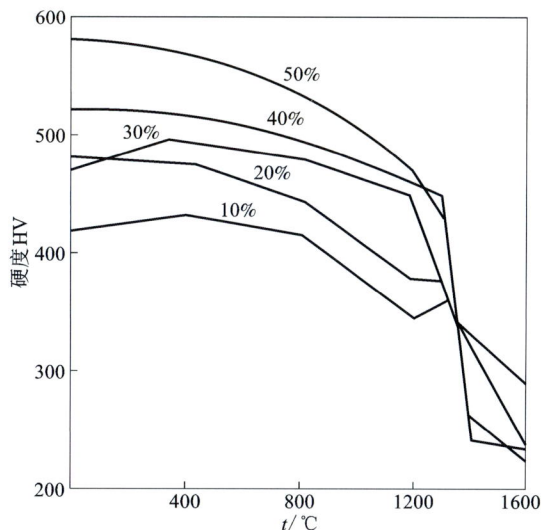

图 5.2-2　退火温度 (1 h) 和冷加工率与 Ir 硬度的关系

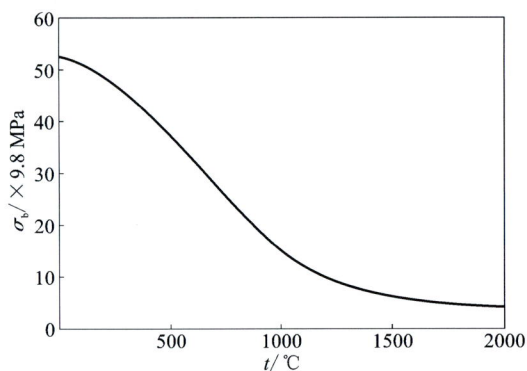

图 5.2-3 Ir 的高温抗拉强度

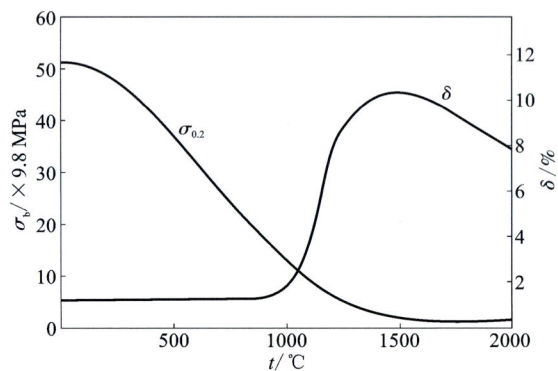

图 5.2-4 Ir 的高温屈服强度和延伸率

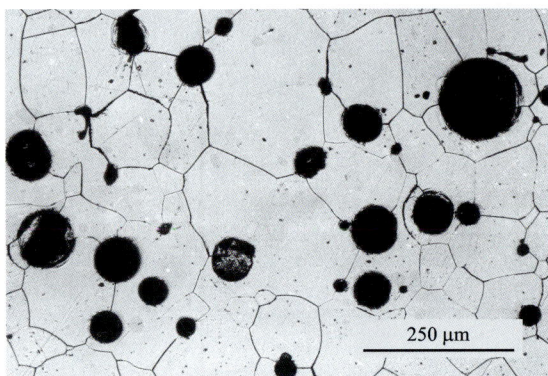

牌   号：Ir
状   态：大气熔炼，水冷铜模浇铸
组织说明：具有大量气孔的铸态组织
浸 蚀 剂：Au-m16

图 5.2-5

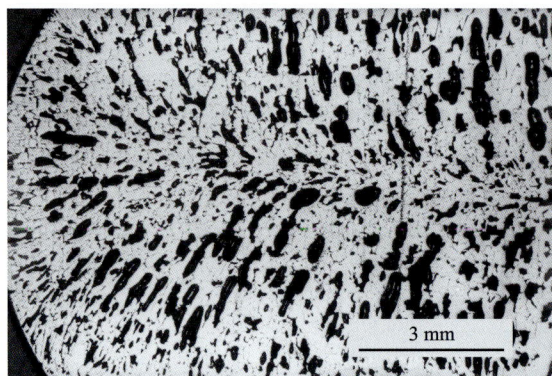

牌   号：Ir
状   态：大气熔炼，砂模铸造
组织说明：具有大量气孔的铸态组织
浸 蚀 剂：Au-m16

图 5.2-6

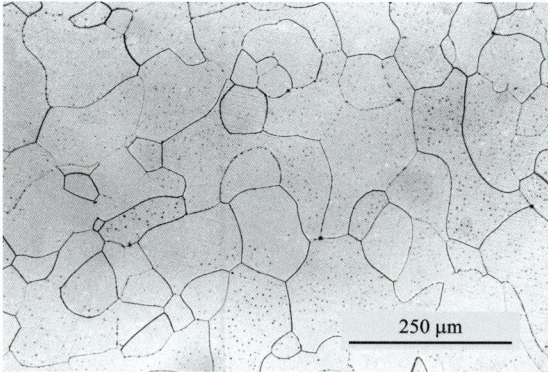

牌　　　号：Ir
状　　　态：真空熔炼，水冷铜模铸造
组织说明：晶粒分布均匀的铸态组织
浸　蚀　剂：Au-m16

图 5.2-7

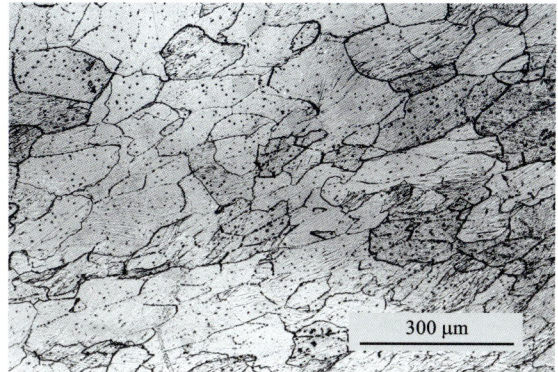

牌　　　号：Ir
状　　　态：真空熔铸，1500℃热轧
组织说明：具有加工方向的形变组织
浸　蚀　剂：Au-m16

图 5.2-8

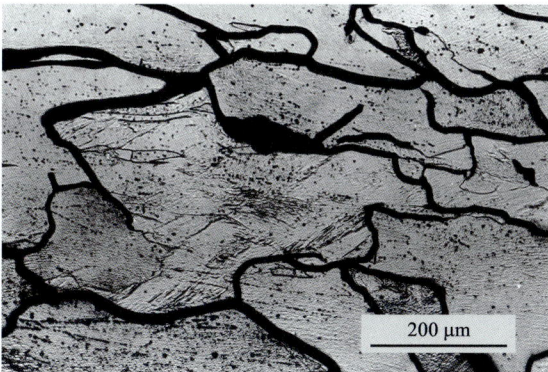

牌　　　号：Ir
状　　　态：真空熔铸，1500℃热轧
组织说明：沿晶界开裂的组织
浸　蚀　剂：Au-m16

图 5.2-9

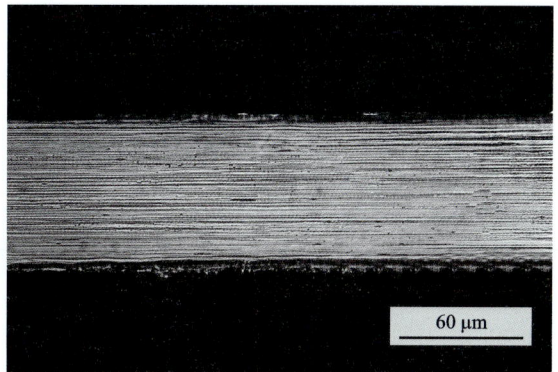

牌　　　号：Ir
状　　　态：真空熔铸，1500℃热拉丝材
组织说明：纤维状加工形变组织
浸　蚀　剂：Au-m16

图 5.2-10

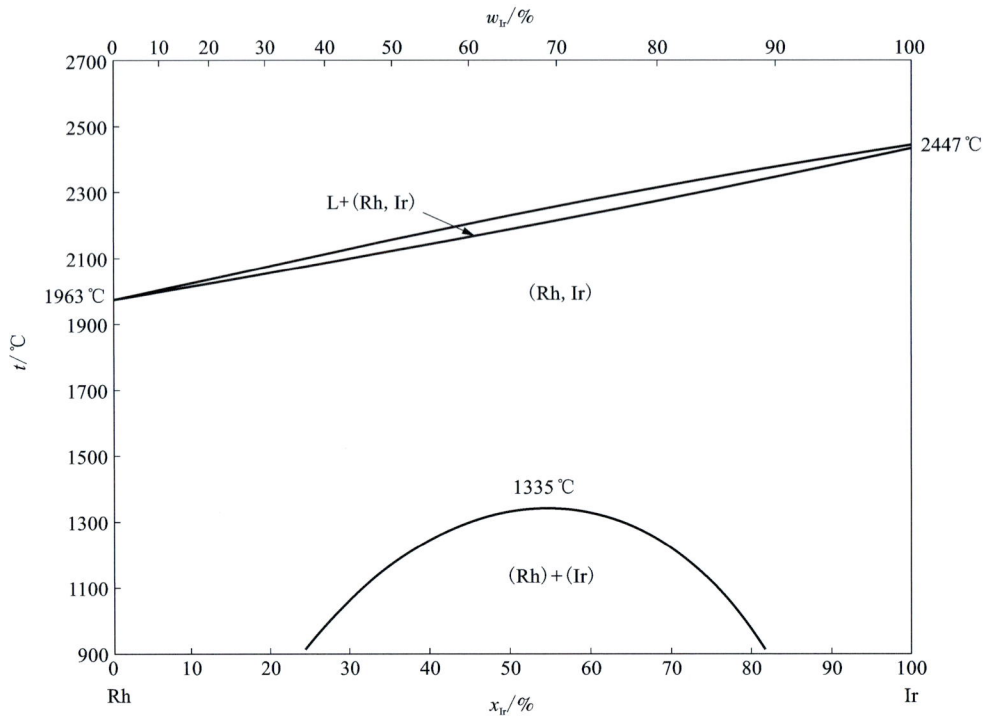

图 5.2-11 Ir-Rh 系相图

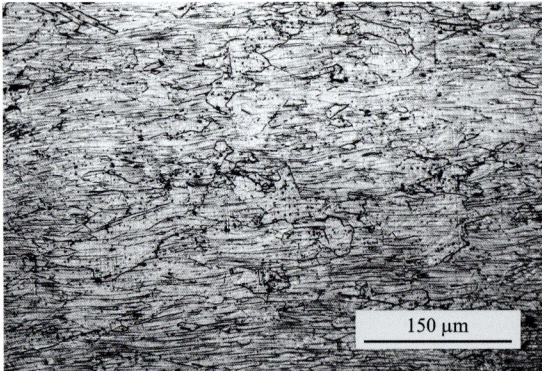

牌　　号：Ir-40Rh
状　　态：真空熔铸，1500℃热加工
组织说明：(Ir，Rh)，热加工组织
浸 蚀 剂：Au-m16

图 5.2-12

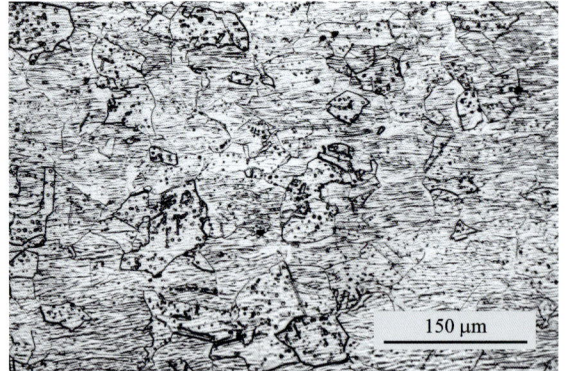

牌　　号：Ir-40Rh
状　　态：真空熔铸，1500℃热加工，1500℃/20 min 退
　　　　　火态
组织说明：(Ir，Rh)，仍然保留热加工形变，部分再结晶
　　　　　组织
浸 蚀 剂：Au-m16

图 5.2-13

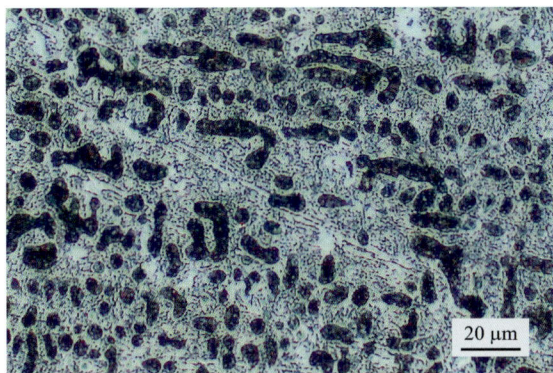

牌　　　号：Ir−81Hf
状　　　态：铸态
组织说明：αHf+[αHf+Hf₂Ir]，凝固结晶组织
浸　蚀　剂：Au−m16

图 5.2−14

5.3　锇的性能和金相组织

Os，蓝灰色金属，是最重的元素之一，铱仅次于之，Os 也是最硬的金属，几乎不能加工，放在铁臼里捣，就会很容易地变成粉末，Os 粉呈蓝黑色。Os 是具有最多价态的元素之一，有多种 Os 化合物。金属 Os 在空气中十分稳定，它不溶于普通的酸，甚至在王水里也不会被腐蚀。粉末状的 Os 易氧化。浓硝酸、浓硫酸、次氯酸钠溶液都能使它氧化。加热易生成易挥发有剧毒的晶体 OsO_4。Os 的蒸气有剧毒，会强烈地刺激人眼的黏膜，严重时会造成失明。

Os 为密排六方结构，原子直径为 2.70 Å，原子间距 $d_1 = 2.670$ Å，$d_2 = 2.7298$ Å，晶格常数为 2.7341 Å。密度为 22.59 g/cm³(20℃)，是密度最大的金属，熔点为 3054℃，沸点为 5027℃。化合价有+2、+3、+4 和+8 价。铸态纯 Os 的硬度 HV 为 300~670，而在 1200℃时的平均硬度 HV 为 300，电沉积 Os 的硬度 HV 为 330~760。在高温下硬(1200℃时，HV 为 300)而脆，因此非常难加工。

Os 同 Rh、Ru、Ir 或 Pt 的合金在石油化学工业上主要作催化剂。在电子电器工业上，作电阻、继电器、火花塞电极、电触头、热电偶及印刷电路等。在玻璃工业上，Os 不会使熔化的玻璃污染，可作为制造光学玻璃时的容器内衬。制造超高硬度的合金，Os-Ir 合金可以作钟表和仪器中的轴承，制造笔尖和唱针，产品十分耐磨，能使用多年而不损坏。如果在 Pt 里掺一点 Os，就可做成又硬又锋利的手术刀，也可应用于靶材生产。图 5.3−1~图 5.3−3 是 Os 的外观和金相组织。

牌　　号：Os
状　　态：海绵 Os 粉末
组织说明：蓝色的海绵 Os 粉
浸 蚀 剂：未腐蚀

图 5.3-1

牌　　号：Os
状　　态：真空熔炼，铸锭
组织说明：铸锭呈蓝色
浸 蚀 剂：未腐蚀

图 5.3-2

牌　　号：Os
状　　态：真空电弧炉熔炼，铸态
组织说明：凝固结晶组织
浸 蚀 剂：Au-m6

图 5.3-3

5.4　钌的性能和金相组织

　　Ru，硬而脆，银灰色金属，化学性质很稳定，在温度达 100℃时，对普通的酸包括王水在内均有抗御力，对氢氟酸和磷酸也有抗御力。在室温时，氯水、溴水和醇中的碘能轻微地腐蚀 Ru。对很多熔融金属包括 Pb、Li、K、Na、Cu、Ag 和 Au 有抗御力。与熔融的碱性氢氧化物、碳酸盐和氰化物发生反应。

　　Ru 是极好的催化剂，用于氢化、异构化、氧化和重整反应。纯金属 Ru 用途很少。它是 Pt 和 Pd 的有效硬化剂。用它制造电接触合金，以及耐磨硬质合金等。Ru 及其合金在石油化学工业上主要用作催化剂。在电子电器工业上可作阳极涂层。涂 Ru 和 Pt 的 Ti 阳极已代替了电解槽中的石墨阳极，可提高效率，延长电极寿命。Pt-Ru 合金可用于制造飞机发动机的火花塞接点。在玻璃工业上，Ru 不会使熔化的玻璃着色，可作为制造光学玻璃时的容器内衬。由于制备工艺的不断改进，焊接技术的发展，目前已能制造 Ru 坩埚和 Ru 搅拌器。Ru 对于高分子的碳氢合成是一个非常好的催化剂。在常温常压下，Ru 能结合氮，只有某些细菌能起这样的作用。表 5.4-1 是纯 Ru 的化学成分。

表 5.4-1 钌的化学成分

	品级，不小于		99.95	99.90
化学成分/%	杂质质量分数，不大于	Pt	0.005	0.01
		Pd	0.002	0.005
		Ir	0.002	0.005
		Rh	0.005	0.01
		Os	0.001	0.005
		Fe	0.005	0.02
		Si	0.003	0.005
		Cu	0.005	0.005
		Sn	0.005	0.005
		Ag	0.003	0.005
		Au	0.005	0.005
杂质总质量分数/%，不大于			0.05	0.1

注：如需方有特殊要求，供需双方可协商解决。

Ru 为密排六方结构，有 3 个同素异形体转变，在 1035℃为 Ru（α）⇌Ru（β），在 1190℃时为 Ru（β）⇌Ru（γ），在 1500℃时为 Ru（γ）⇌Ru（δ）。Ru 的原子直径为 2.70 Å，原子间距 $d_1 = 2.6449$ Å，$d_2 = 2.7003$ Å，晶格常数 a 为 2.7056 Å。密度为 12.30 g/cm³。熔点为 2310℃，沸点为 3900℃。化合价为+2、+3、+4 和+8 价。第一电离能为 7.37 eV。

Ru 的硬度随六方晶格取向不同而变化。单晶 Ru 的硬度，在〈0001〉晶面上 HV 为 200，在〈1010〉晶面上 HV 为 480，在〈1120〉晶面上 HV 为 230，电弧法熔炼的 Ru，其 HV 为 200～500，而烧结的 Ru 棒经加工、退火后，其纵向截面的 HV 为 250～300。电沉积的

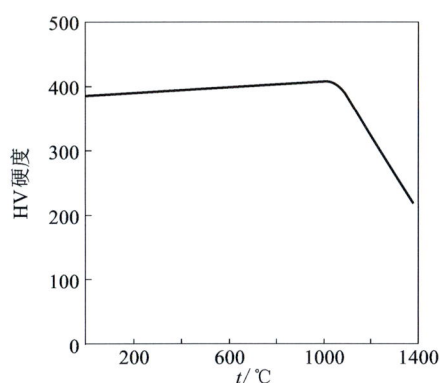

图 5.4-1 退火温度对冷加工 85%的 Ru 硬度的影响

Ru，其 HV 为 900～1300。退火温度对冷加工率为 85%的电子束熔炼 Ru 的硬度影响示于图 5.4-1。图 5.4-2～图 5.4-7 为 Ru 和 Ru-Mo，Ru-Ti 的金相组织。

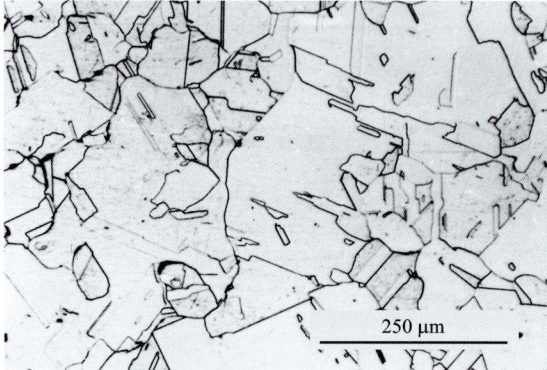

牌　　号：Ru
状　　态：真空熔铸，1000℃，1300℃/30 min 热处理
组织说明：具有孪晶的不规则组织
浸 蚀 剂：Au-m7

图 5.4-2

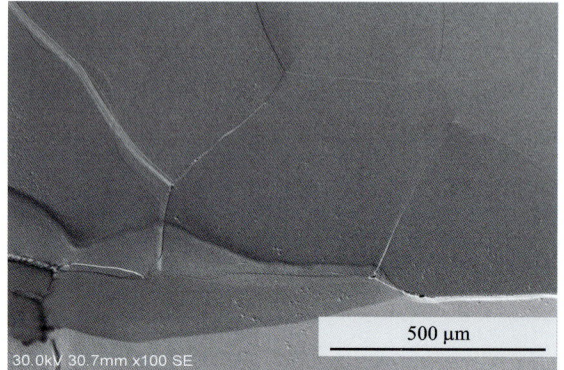

牌　　号：Ru
状　　态：真空熔铸，冷加工，1500℃/30 min 热处理
组织说明：再结晶组织
浸 蚀 剂：Au-m7

图 5.4-3

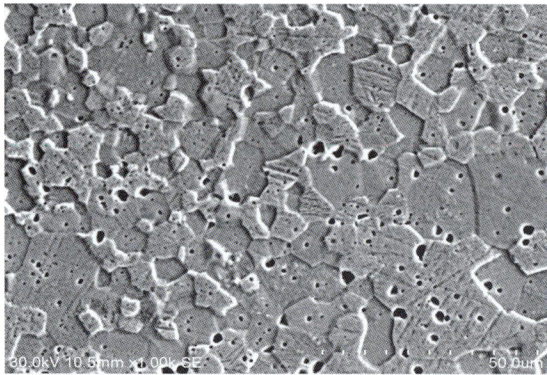

牌　　号：Ru
状　　态：1600℃粉末热压
组织说明：粉末颗粒已相互连接，其中有气孔
浸 蚀 剂：Au-m7

图 5.4-4

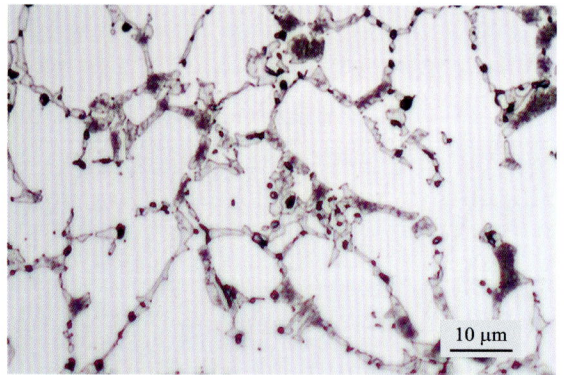

牌　　号：Ru-56.7Mo
状　　态：铸态
组织说明：（Mo）+（Ru）+（Mo'），凝固结晶组织
浸 蚀 剂：Au-m7

图 5.4-5

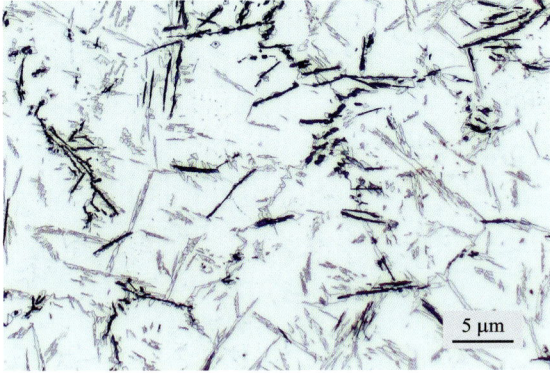

牌　　　号：Ru-91Ti
状　　　态：感应熔炼，铸态
组织说明：（αTi）+（βTi），凝固结晶组织
浸　蚀　剂：Au-m7

图 5.4-6

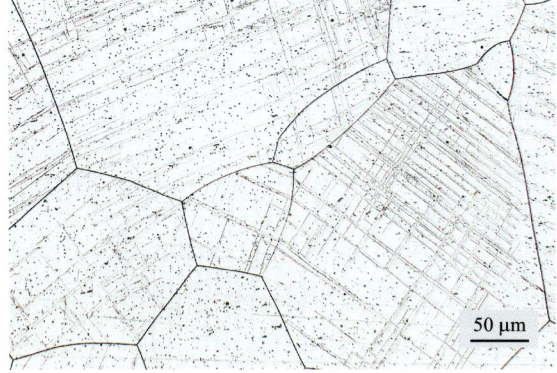

牌　　　号：Ru-91Ti
状　　　态：电弧熔炼，铸态
组织说明：（αTi）+（βTi），凝固结晶组织
浸　蚀　剂：Au-m7

图 5.4-7

附　录

附表　贵金属及其合金常用金相浸蚀剂

编号	浸蚀剂		使用条件	适用范围说明
Ag-M1	浓度为95%的甲醇 硝酸(1.40)	90 mL 10 mL	浸蚀几分钟	用于宏观浸蚀纯 Ag 和低 Ag 合金时的晶粒反差
Ag-m1	蒸馏水 硫酸(1.84) 氧化铬(Ⅵ) （浓度可变）	100 mL 2~11 mL 2 g	最多浸蚀 1 min	Ag 和 Ag 合金 Ag-Ni、Ag-Mg-Ni 合金和 Ag +氧化物材料
Ag-m2	硫酸(1.84) 重铬酸钾饱和水溶液 氯化钠饱和水溶液	10 mL 100 mL 2 mL	浸蚀几秒至几分钟，用蒸馏水按1∶9比例稀释，必要时可不用硫酸	纯 Ag 和 Ag 合金银焊料
Ag-m3	a 蒸馏水 　过硫酸铵 b 蒸馏水 　氰化钾	100 mL 10 g 100 mL 10 g	浸蚀 30 s~2 min 使用时将a和b溶液按1∶1的比例混合后浸蚀	Ag 和低 Ag 合金
Ag-m4	氨水 氰化钾	100 mL 5~10 g	浸蚀几秒	纯银和含银基复合材料
Ag-m5	氨水 过氧化氢(3%)	50 mL 50 mL	最多浸蚀 1 min 使用新鲜溶液	纯银、Ag-Ni 合金和 Ag-Pd 合金
Ag-m6	蒸馏水 过氧化氢(3%) 氨水	25 mL 50 mL 25 mL	最多浸蚀 1 min 使用新鲜溶液	含 Ag 高的 Ag-Cd 合金、银焊料、Ag-Cu 合金
Ag-m7	蒸馏水 氯化铁(Ⅲ)	100 mL 2 g	浸蚀 5~30 s	银焊料和 Ag-Cu 合金
Ag-m8	10%氢氧化钠水溶液 30%铁氰化钾水溶液	10 mL 10 mL	浸蚀 5~15 s 若反应过快可用蒸馏水稀释至50%的浓度	Ag-Mo 合金 Ag-W 合金 Ag-WC

续附表

编号	浸蚀剂	使用条件	适用范围说明
Ag-m9	电解浸蚀： 蒸馏水　100 mL 柠檬酸　10 g	直流电：6 V 时间：15 s~1 min 阴极：Ag 有时加 2~3 滴硝酸(1.40)	Ag 合金
Ag-m10	电解浸蚀： 硫代硫酸钠　20 g 蒸馏水　400 mL	直流电密度：0.8~1 A/cm^2 时间：30 s~1.5 min 阳极：不锈钢 电解-机械联合抛光	Ag 和 Ag 合金
Au-M1	盐酸(1.19)　66 mL 硝酸(1.40)　34 mL	浸蚀几分钟	Au、Pt 合金和 Pd 合金的宏观浸蚀
Au-M2	乳酸(90%)或盐酸(1.19)　50 mL 硝酸(1.40)　20 mL 氢氟酸(40%)　30 mL	浸蚀几分钟	Ru 和 Ru 合金、Os 和 Os 合金和 Rh 和 Rh 合金的宏观浸蚀
Au-M3	饱和氯化钠水溶液　80 mL 盐酸(1.19)　20 mL	直流电：6 V 时间：几分钟 Pt 作阴极	Pt 和 Pt 合金的宏观浸蚀
Au-m1	盐酸(1.19)　66 mL 硝酸(1.40)　34 mL	浸蚀几秒至几分钟，必要时需加热，使用新鲜溶液	纯 Au 和 Pd，Au-Pt 合金，贵金属含量大于 90% 的 Pd 合金，Rh 合金，Pt、Pt-Ag、Pt-Pd 等合金，一些 Ir 含量低的 Pt-Ir 合金
Au-m2	a 蒸馏水　100 mL 　氰化钾　10 g b 蒸馏水　100 mL 　过硫酸铵　10 g	浸蚀 30 s~2 min 使用前将 a 和 b 溶液按 1:1 的比例混合后浸蚀 氰化钾和过硫酸铵的含量可加倍	纯 Pd 和 Pt 贵金属含量低于 90% 的 Au 合金 贵金属含量高的 Au 合金，白金，Pd 和 Pt 合金
Au-m3	蒸馏水　100 mL 过氧化氢(3%)　100 mL 氯化铁(Ⅲ)　32 g	浸蚀几秒至几分钟	Au-Cu-Ag 合金
Au-m4	蒸馏水　30(50) mL 盐酸(1.19)　25(100) mL 硝酸(1.40)　5(10) mL (浓度可变)	浸蚀 1~5 min 使用时需加热 用氨水去除氯化金的沉淀	纯 Pt 和 Pd Au 合金 括弧内所列成分特别适用于 Pt
Au-m5	盐酸(1.19)　100 mL 氧化铬(Ⅵ)　1~5 g	浸蚀几秒至几分钟	纯金和富金合金 Pd 和 Pd 合金

续附表

编号	浸蚀剂		使用条件	适用范围说明
Au—m6	蒸馏水 铁氰化钾 氢氧化钠	150 mL 3.5 g 1 g	浸蚀几分钟	Os 和 Os—W 合金
Au—m7	蒸馏水 盐酸(1.19) 过氧化氢(3%)	80 mL 20 mL 1 mL	浸蚀几分钟	富 Ru 合金 Ru—Mo 合金
Au—m8	硝酸(1.40) 蒸馏水	25 mL 25 mL	10 s~1 min	Pd 和 Pd 合金
Au—m9	溴 乙醇 (浓度可变)	30 mL 70 mL	浸蚀几秒至几分钟	Au 和 Au 合金 Pd 和 Pd 合金
Au—m10	溴饱和水溶液		浸蚀几秒至几分钟	Au—Pd 合金等
Au—m11	结晶碘 乙醇	5 g 100 mL	浸蚀 1~3 min，表面的斑点通过浸入 $NaHSO_2$ 或 KCN 溶液除去，对于含金的银合金浓度可提高	Au 基合金 含 Zn、Cd、Pb 和 Sb 的 Ag 合金 含 Au 的 Ag 合金
Au—m12	硫化钾(K_2S)饱和水溶液		浸蚀 1~5 min，使用时需加热	Au—Ni 合金
Au—m13	苛性钾 KOH 硝酸钾 KNO_3 (可用 10 g $KHSO_4$ 代替)	100 g 10 g	将混合盐熔化，将试样浸入熔融盐内几分钟	Pt(在王水不起作用时使用)
Au—m14	次氯酸钠溶液		棉球擦拭	Ir、Rh、Os、Ru 基合金
Au—m15	电解浸蚀： 蒸馏水 氰化钾	65 mL 5 g	交流电：1~5 V 电流密度：0.5~1.5 A/cm^2 时间：1~2 min 阴极：Pt	Pt 和 Pt 合金 Au 和 Au 合金
Au—m16	电解浸蚀： 蒸馏水 盐酸(1.19) 氯化钠	65 mL 20 mL 25 g	交流电：10 V　时间：25 s 交流电：1.5 V　时间：1 min 交流电：20 V　时间：2 min 交流电：6 V　时间：1 min 交流电：6 V　时间：1 min 阴极：石墨或 Pt	Rh 基合金 Pt—10%Rh 合金 Ir 合金 纯 Pt 和 Pt 合金 Ru 基合金
Au—m17	电解浸蚀： 乙醇(96%) 盐酸(1.19)	90 mL 10 mL	交流电：10 V 时间：30 s 阴极：石墨	Os 基合金 纯 Pd 和 Pd 合金 Pt—Au 合金，Ir 合金

续附表

编号	浸蚀剂	使用条件	适用范围说明
Au-m18	电解浸蚀： 盐酸(1.19)	交流电：5 V 时间 1~2 min，AC 阴极：Pt	Ru 基合金，Au 和 Pt，晶面腐蚀(grain-contrast etch)
Au-m19	电解浸蚀： 蒸馏水 90 mL 盐酸(1.19) 5~10 mL (浓度可变)	电流密度：0.1 A/cm² 时间：30 min~3 h 阴极：石墨或 Pt	Ir
Au-m20	电解浸蚀： 蒸馏水 80 mL 硫酸(1.84) 20 mL	交流电：1~5 V 电流密度：0.05~0.2 A/cm² 时间：最多至 1 h 阴极：石墨	Pt 合金，Rh，Ir
Au-m21	电解浸蚀： KCl 过饱和水溶液 400 mL 盐酸(1.19) 几滴	直流电：0.07~0.09 A/cm² 时间：2~3 min 阳极：不锈钢 电解-机械联合抛光	纯 Au
Au-m22	电解浸蚀： 硫脲 8~10 g 硫酸(1.84) 20 mL 乙酸(1.05) 40 mL	直流电：10~15 V 时间：10 s~1 min	Au 基合金
Au-m23	电解浸蚀： 盐酸(1.19) 66 mL 硝酸(1.40) 34 mL	交流电：6 V 阴极：石墨	Pt 和 Pt 合金 Rh 和 Rh 合金
Au-m24	电解浸蚀： 盐酸(1.19) 25 mL 丙三醇(甘油) 5 mL 蒸馏水 70 mL	交流电：6 V 时间：30 min 阴极：石墨	Ir 和 Ir-Rh 合金
Au-m25	电解浸蚀： 硝酸(1.40) 8.3 mL 盐酸(1.19) 25 mL 蒸馏水 66.7 mL	交流电：6~10 V 电流密度：1.5~2.0 A/cm² 时间：8~10 min 阴极：纯铂	Pt，Ir
Au-m26	电解浸蚀： 次氯酸钠溶液	直流电：10~15 V 时间：15~20 s	Os 基合金 Ru 基合金

参考文献

［1］ GB/T4135—2002.银锭.

［2］ 宁远涛，赵怀志.银［M］.长沙：中南大学出版社，2005.

［3］ Swartzendruber L J. Bulletin of Alloy Phase Diagrams. 1984，5(6)：560-564.

［4］ 唐仁政，田荣璋.二元合金相图及中间相晶体结构［M］.长沙：中南大学出版社，2009.

［5］ Karakaya I. Thompson W T. Bulletin of Alloy Phase Diagrams. 1987，8(4)：326-334.

［6］ Karakaya I. Thompson W T. J. Phase Equilibria. 1993，14(4)：525-529.

［7］ Subramanian P R. J. Phase Equilibria. 1993，14(1)：62-75.

［8］ Petzow G, Effenberg G. Ternary Alloys，Vol. 2，VCH，Verlagesellschaft，Weinhein, FGR, 1988.

［9］ Petzow G, Effenberg G. Ternary Alloys，Vol. 1，VCH，Verlagesellschaft，Weinhein, FGR, 1988.

［10］ 何纯孝.贵金属合金相图及化合物结构参数［M］.北京：冶金工业出版社，2007.

［11］ P Villars，A Prince & H Okamoto. Handbook of Ternary Alloy phase Diagrams［M］.Ohio：ADM International, 1995.

［12］ Chada S, Laub W, Foumelle R A, etal. Electron Mat［J］. 1999，26：1194-1202.

［13］ 赵明.AgCuSn 脆性中温钎料的成型制备及性能研究［D］.昆明：昆明贵金属研究所，2015.

［14］ 谭庆麟，马光晨.贵金属［J］.1985，6(10)：1-4.

［15］ Kang D H, jung I H. intermetallics［J］. 2010，18：815-833.

［16］ Yuehua Z, Huaizhi Z, Kanghou Z. J. Less-Common Metals［J］. 1988，138(1)：7-10.

［17］ Chang Y A, Goldber G D, Neumann J P. Phase diagrams and thermodynamic properties of ternary copper-silver systems［J］.Journal of Physical and Chemical Reference Data, 1977，6(3)：621-674.

［18］ Zeng L, Zhuang Y, Li D, etal. Acta Met. Sin［J］. 1991，27(2)：B140-B142.

［19］ Takemoto T, Okamoto I, Matsumura J. J. Jap. Weld Soc.［J］. 1987，5(1)：81-86.

［20］ Liu Z G, Luo X M, etal. Acta Metallurgical Sinica［J］. 1998，11(5)：325-328.

［21］ Karakaya I, Thomopson W T. Bulletin of Alloy Phase Diagrams［J］. 1988，9(3)：226-227.

［22］ Gscherwood F W. Bulletin of Alloy Phase Diagrams［J］. 1985，6(5)：439.

［23］ 〈贵金属材料加工手册〉编写组.贵金属材料加工手册［M］.北京：冶金工业出版社，1978.

［24］ Karakaya I, Thompson W T. Bulletin of Alloy Phase Diagrams［J］. 1990，11(5)：480-485.

［25］ McAlister A J. Bulletin of Alloy Phase Diagrams［J］. 1987，8(6)：526-533.

［26］ Petzow G, Effenberg G. Ternary Alloys［M］. Wein-heim：VCH Verlagsgesellschaft, 1990.

［27］ Witusiewicz V T, Hecht H, Fres S G, etal. L Alloys Compound［J］. 2005，387：217-227.

［28］ Savitskii Ye M. HPM［J］. 1989：189.

［29］ GB/T4134—1994 金锭.

［30］ 赵怀志，宁远涛.金［M］.长沙：中南大学出版社，2003.

［31］ Okamoto H, Massalski T B. Bulletin of Alloy Phase Diagrams［J］. 1983，4(1)：30-38.

［32］ Prince A, Raynor G V, Evans D S. Phase Diagrames of Temary Alloys［M］. London：Inst Metals, 1990.

［33］ Zoro E. Servant C. Legendre B. Themal Anal Calor［J］. 2007, 90: 374-353.

［34］ Okamoto H, Chakrabarti D J, et al. Bulletin of Alloy Phase Diagrams［J］. 1987, 8(5): 454-474.

［35］ Brook G B, Iles R F. Gold Bul［J］. 1975, 8(1): 16.

［36］ Udoh K, Ohta M, OkL K, et al. J. Phase Equilibria［J］. 2001, 22(3): 310.

［37］ Normandeau G. Gold Techno［J］. 1996(18), 2.

［38］ Ott D. Gold Technol［J］. 1996(18), 2.

［39］ Zwingmann G. Gold Bulletin［J］. 1978, 11(1), 9.

［40］ David M J, Satti P S S. Gold Bulletin［J］. 1996, 29(1), 3.

［41］ Murray J L, Okamoto H. J. Phase Equilibria［J］. 1991, 12(1): 114-115.

［42］ Okamoto H, Massalski T B. Phase Diagrams Binary Gold Alloy. ASM International Materials Park, OH, 1987.

［43］ Okamoto H, Massalski T B. Bulletin of Alloy Phase Diagrams［J］. 1985, 6(5): 490-453.

［44］ Okamoto H, Massalski T B. Bulletin of Alloy Phase Diagrams［J］. 1985, 6(3): 224-227, 2009.

［45］ Okamoto H. J. Phase Equilibria and Diffusion［J］. 2004, 25(2): 198.

［46］ Okamoto H, Massalski T B. Bulletin of Alloy Phase Diagrams［J］. 1983, 4(2): 190-198.

［47］ Okamoto H, Massalski T B. Bulletin of Alloy Phase Diagrams［J］. 1984, 5(6): 601-610.

［48］ 谢宏潮, 阳岸恒, 庄滇湘, 等. Ni 对 AuGe12 合金组织和性能的影响［J］. 贵金属, 2011, 32(1): 35-39.

［49］ 谢宏潮, 阳岸恒, 庄滇湘, 等. Ni 对 AuGe12 合金组织和性能的影响［J］. 贵金属, 2011, 32(1): 35-39.

［50］ 黎鼎鑫. 贵金属材料学［M］. 长沙: 中南工业大学出版社, 1991.

［51］ GB ／ T37653-2019 铂

［52］ 宁远涛, 杨正芬, 文飞. 铂［M］. 北京: 冶金工业出版社, 2010.

［53］ Tripathi S N, Bharadwaj S R. J. Phase Equilibria［J］. 1991, 12, (5): 603-605.

［54］ 胡新, 宁远涛. Pt-Pd-Rh 合金的高温力学性能［J］. 贵金属, 1998, 19(2): 1-7.

［55］ 宁远涛, 戴红, 文飞, 等. 催化合金 Pt-Pd-Rh-M 四元系的结构与性能［J］. 贵金属, 1997, 18(2): 1-7.

［56］ Nash P, Singleton M F. Bulletin of Alloy Phase Diagrams［J］. 1989, 10(3): 258-262.

［57］ Massalski T. B, Okamoto H. Binary Alloy Phase Diagrams［M］. New York: ASM International Materals Park, 1990.

［58］ 宁远涛. 贵金属与稀土金属的相互作用: (Ⅰ) Au-RE 系［J］. 贵金属, 2000, 21(1): 42-51.

［59］ 宁远涛. 弥散强化型铂基高温合金［J］. 贵金属, 2010, 31(2): 60-66.

［60］ Okamoto H, Massalski T B. Bulletin of Alloy Phase Diagrams［J］. 1985, 6(1): 46-56.

［61］ GB/T 1420—2004 海绵钯.

［62］ 宁远涛. 贵金属与稀土金属的相互作用: (Ⅴ) Rh-RE 和 Ir-RE 系［J］. 贵金属, 2001, 22(3): 51-59, 73.

［63］ Manchester F D, San-Mar-tin A, Pitre J M. 1994, 15(1): 62-83.

［64］ 何纯孝. 贵金属合金相图［M］. 北京: 冶金工业出版社, 1983.

［65］ Okamoto H, Massalski T B. Bulletin of Alloy Phase Diagrams［J］. 1985, 6(3): 229-235.

［66］ Subramanian P R, Laughlin D E. J. Phase Equilibria［J］. 1991, 12(2): 231-241.

［67］ Tripathi S N, Bharadwaj S R. J. Phase Equilibria［J］. 1991, 12(5): 603-605.

［68］ Nash A, Nash P. Bulletin of Alloy Phase Diagrams［J］. 1984 5(5): 446-450.

［69］ 文飞. 钯-稀土合金的某些物理性能与结构研究［D］. 昆明贵金属研究所, 1988.

［70］宁远涛，文飞，赵怀志，等.稀土元素对 Pd 的再结晶特性之影响［J］.贵金属，1993，14(2)：1-8.

［71］宁远涛，张晓辉，胡新.钯［M］.长沙：中南大学出版社，2017.

［72］Okamoto H. J. Phase Equilibria. 2003，24(2)：197.

［73］Barsoum M. J. Phase Equilibria［EB/OL］. 2019.

［74］Okamoto H. J. Phase Equilibria［J］. 1991，12(6)：700-701.

［75］Okamoto H. J. Phase Equilibria［J］. 1993，14(1)：126-127.

［76］Okamoto H. J. Phase Equilibria［J］. 1992，13(2)：220-223.

［77］Okamoto H. J. Phase Equilibria［J］. 1991，12(2)：252-253.

［78］Okamoto H. J. Phase Equilibria［J］. 1991，12(1)：116-117.

［79］Okamoto H. J. Phase Equilibria［J］. 1993，14(6)：770-771.

［80］Savitskii Ye M. Handbook of Precious Metals［M］. Washington：Hemisphere Publishing Corporation. 1989.

［81］Massalski T B，et al. Bulletin of Alloy Phase Diagrams. 1990. 582.

［82］GB/T1421-2004 Rh 粉.

［83］Soso 网

［84］昆明富尔诺林科技发展有限公司 www. fullro. cn

［85］GB/T1422-2004 Ir 粉.

［86］Tripathi S N，Bharadwaj S R. JPE［J］. 1991，12(5)：606-608.

［87］地大矿冶技术网 ky580. com.

［88］中国金属新闻网 metalnews. cn. Soso 网.

［89］有色金属冶金网.

［90］百度.工业资源网.

［91］Q/IPM38—1999 Ru 粉.

［92］G. Petzow. Metallographic Etching［M］. Ohio：American Society For Metals，1978.

［93］E. B. 攀钦科等著 孙一唐译. 金相实验室［M］，北京：冶金工业出版社，1960.

［94］中华人民共和国冶金工业部部标准. 贵金属及其合金的金相试样制备方法，YB935 78.

［95］中华人民共和国有色金属行业标准. 贵金属及其合金的金相试样制备方法，YS/T370-2006.

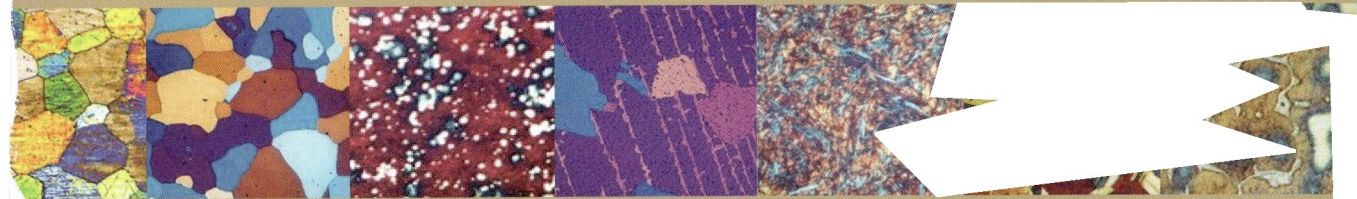

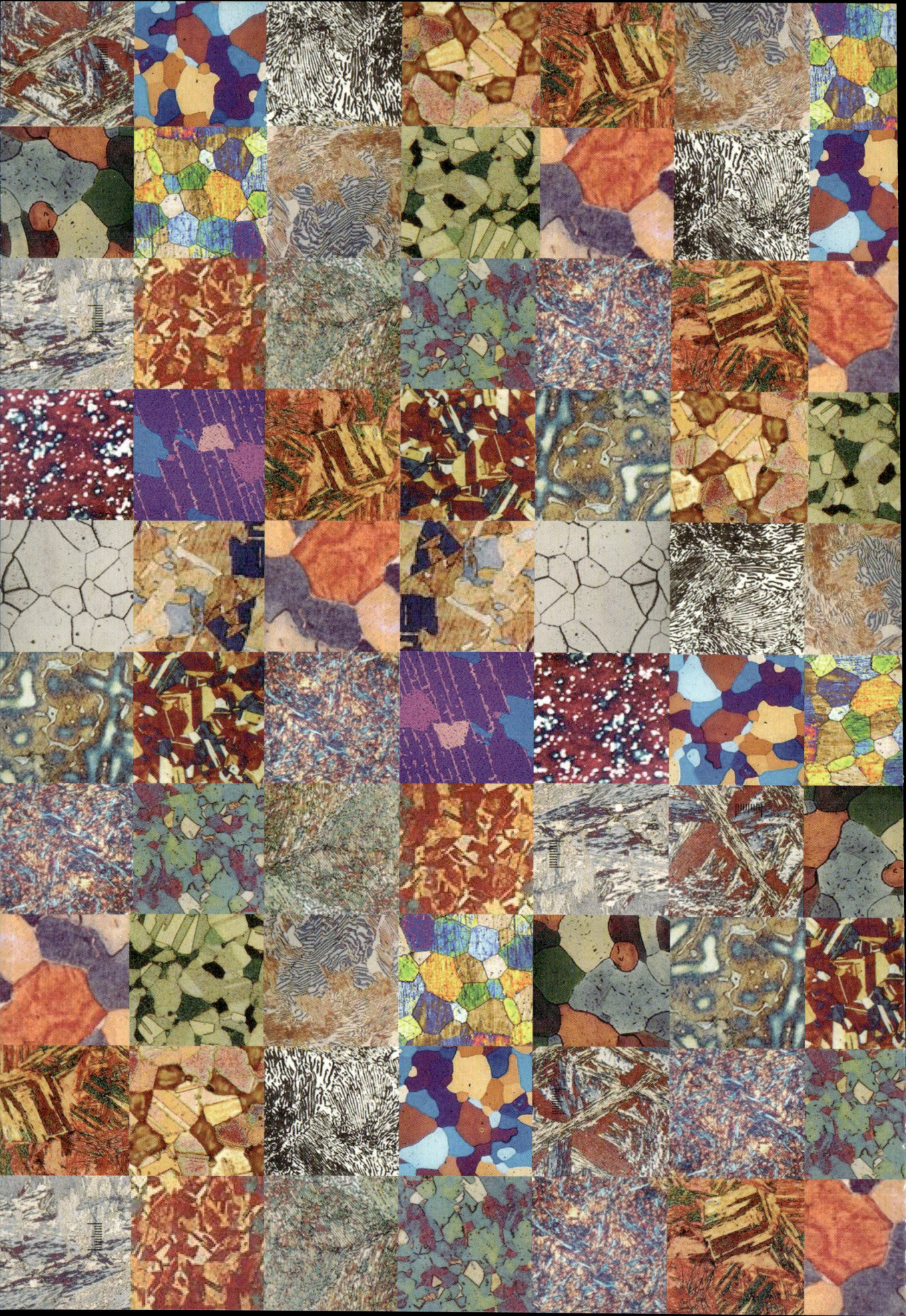